集成电路科学与工程前沿

"十四五"时期国家重点出版物出版专项规划项目

集成电路
科学与工程导论

（第2版）

赵巍胜 尉国栋 潘彪 等 ◎ 编著

Introduction to Integrated Circuit Science and Engineering

(Second Edition)

人 民 邮 电 出 版 社
北 京

图书在版编目（CIP）数据

集成电路科学与工程导论 / 赵巍胜等编著. -- 2版
. -- 北京：人民邮电出版社，2022.10
（集成电路科学与工程前沿）
ISBN 978-7-115-59579-9

Ⅰ. ①集… Ⅱ. ①赵… Ⅲ. ①集成电路 Ⅳ. ①TN4

中国版本图书馆CIP数据核字(2022)第116296号

内 容 提 要

集成电路是采用微纳加工工艺将电路元器件互连集成在一起构成的有特定功能的电路系统。随着信息技术的进步，集成电路已成为一个国家高端科技实力的重要体现和关乎国计民生的战略性产业，因此国务院学位委员会于 2020 年 12 月设立了新的一级学科——集成电路科学与工程。

本书作者经仔细调研，剖析国家集成电路领域知识和人才需求，结合国际研究和工程的最新热点及实践编写本书，旨在助力推动国内集成电路领域的基础研究和技术进步，加快学术界、工业界主动适应集成电路知识更新换代的速度。全书共 10 章，包括集成电路科学与工程发展史、集成电路关键材料、集成电路晶体管器件、集成电路工艺设备、集成电路制造工艺、大规模数字集成电路、大规模模拟及通信集成电路、先进存储器技术、先进传感器技术和集成电路电子设计自动化技术。

本书内容力求兼具系统性、前沿性和创新性，同时与产业实践相结合，可作为集成电路科学与工程相关课程的教材，也可供集成电路领域研究及从业人员和感兴趣的读者参考。

◆ 编　　著　赵巍胜　尉国栋　潘　彪　等
　　责任编辑　贺瑞君
　　责任印制　李　东　焦志炜

◆ 人民邮电出版社出版发行　北京市丰台区成寿寺路 11 号
　　邮编　100164　电子邮件　315@ptpress.com.cn
　　网址　https://www.ptpress.com.cn
　　固安县铭成印刷有限公司印刷

◆ 开本：787×1092　1/16
　　印张：25.75　　　　　　　　　2022 年 10 月第 2 版
　　字数：673 千字　　　　　　　 2024 年 9 月河北第 11 次印刷

定价：99.80 元

读者服务热线：(010)81055410　印装质量热线：(010)81055316
反盗版热线：(010)81055315
广告经营许可证：京东市监广登字 20170147 号

序 言

　　集成电路是一种采用微纳加工工艺将深亚微米或纳米元器件集成到半导体晶圆表面，进而实现一定功能的电子电路。集成电路是信息产业的基石，对提升国家综合实力和保障国家安全具有极为重要的战略意义。

　　近年来，我国集成电路产业飞速发展，产业规模不断扩大，在国际市场中的影响越来越大，拥有全球最大的半导体产品消费市场。2020 年 8 月 4 日印发的《国务院关于印发新时期促进集成电路产业和软件产业高质量发展若干政策的通知》对我国高端集成电路技术发展目标做出更加明确的部署，通过加强集成电路技术研发和人才培养，在关键技术方面重点突破，实现我国在集成电路产业的自主可控发展并保障国家安全。

郝跃

中国科学院院士，我国著名集成电路学专家，西安电子科技大学教授。"核高基"科技重大专项实施专家组组长，国务院学科评议组电子一级学科召集人，总装备部微电子专家组组长。

　　从"十五"到"十三五"，我国的集成电路研究水平突飞猛进，一批有自主知识产权的新型器件及技术成果开始在国际上产生重要影响。同时，我国的微纳加工工艺也取得了长足进步，部分制造企业具备了较强的芯片研发和加工能力，一批芯片设计公司开始在世界市场上崭露头角。我国已经培养并凝聚了一支具有丰富经验和开拓创新精神的集成电路研究队伍，赵巍胜教授就是其中一员。他善于科研、勇于探索，在高性能存储器（尤其是自旋随机存储器）方面做出了突出的贡献，在国际上产生了重要的影响。这本书正是他多年教学和科研实践的总结。

　　集成电路产业已经遵循摩尔定律快速发展了若干年，大量的新材料、新器件及新工艺在集成电路生产过程中得到应用。本书汇总介绍了最新的集成电路技术，兼具先进性、科学性和科普性。书中科学、全面地阐述了集成电路科学与工程的发展背景、材料与器件加工工艺、关键设备与制造流程以及集成电路设计技术与应用等方面的知识，能够帮助读者对集成电路的最新关键技术建立起系统的认识，为读者将来更加深入地学习及从事相关工作打下坚实的基础。同时，书中以各种实例作为辅助，便于读者加深理解，也为相关领域的研究人员提供了一定的参考依据。本书的出版将对培养更多集成电路相关领域急需的人才起到推动作用，为我国集成电路产业的发展做出贡献。

第 1 版前言

  1958 年，美国德州仪器（Texas Instruments，TI）的杰克·基尔比（Jack Kilby）制备出全球第一块集成电路，揭开了信息化时代的序幕。在六十余年的发展历程中，集成电路的制造技术不断进步，集成规模不断扩大，以集成电路为基础制备的微处理器、存储器、传感器和其他功能芯片为个人计算机、5G 网络、智能手机、可穿戴设备和物联网等各类电子产品和高科技产业的快速发展创造了前提。当前，集成电路已经从一种小型化的电路演变为电子整机系统的核心，其功能也从单纯的信号处理发展为包含信息的感知、获取、处理、存储、通信与执行的闭环。集成电路的研究涵盖了"集成电路科学"与"集成电路工程"两个方面及交叉领域的内容，其中"集成电路科学"从半导体物理、电路理论、计算机科学、软件算法、化学、控制、机械、数学等基础理论出发，在总结集成电路理论及其发展规律的基础上形成知识体系，揭示集成电路发展的客观规律，并提供集成电路的学科理论、专业理论和应用理论。"集成电路工程"则根据国防安全、社会发展、经济建设对智能化、小型化、绿色节能化和高可靠电子信息系统的要求，聚焦集成电路设计、制造、封装、测试和相关材料等，研究集成电路开发、制造和应用的先进技术与系统工程。

  本书共 10 章，系统介绍集成电路科学与工程研究的知识要点，涉及集成电路中采用的材料、元器件、设备、工艺、电路、系统和设计工具等不同方面。第 1 章全面介绍集成电路科学与工程的发展史，从信息时代及集成电路底层的物理基础入手，详述晶体管、数字集成电路、模拟集成电路和集成电路产业的发展历程。第 2 章聚焦集成电路关键材料，系统论述集成电路制造所使用的半导体材料、介电材料、互连材料、信息存储材料等的基本特性和应用场景。第 3 章介绍集成电路晶体管器件，包括金属氧化物半导体场效应晶体管、绝缘体上晶体管和三维晶体管的基本性能及工艺参数，同时简要介绍基于低维材料、自旋效应、量子隧穿效应等新材料和新效应的晶体管器件。第 4 章主要围绕集成电路工艺设备展开，包括薄膜沉积设备、图形制作设备、图形刻蚀设备和表征设备等。第 5 章介绍集成电路制造工艺，重点讲述互补型金属氧化物半导体制造工艺，包括传统工艺流程和鳍式场效应晶体管、环栅场效应晶体管等新型场效应晶体管的工艺，同时对多重图形技术、混合刻蚀技术、新型互连线技术和三维堆叠技术等先进集成电路制造技术进行了概述。

在前 5 章所介绍的材料、元器件、设备及工艺的基础上，本书后续各章侧重介绍集成电路系统。第 6 章系统介绍大规模数字集成电路，包括基本数字逻辑电路、中央处理器、图形处理器等通用数字集成电路，以及近年来受到普遍关注的类脑计算芯片和片上系统等新型专用数字集成电路。第 7 章系统介绍大规模模拟及通信集成电路，包括运算放大器、模数转换器和数模转换器等通用模拟集成电路，以及 4G、5G 和 WiFi 等射频电路。第 8 章主要介绍先进存储器技术，重点介绍基于半导体存储技术的静态随机存取存储器、动态随机存取存储器、可编程只读存储器和闪速存储器。此外，第 8 章还介绍了新型非易失性存储器，包括磁性随机存取存储器、阻变随机存取存储器、相变存储器、铁电随机存取存储器等，并在此基础上介绍存储与计算相融合的存算一体技术。第 9 章介绍先进传感器技术，重点以材料、传感原理、发展历史及设计等为切入点阐述微机电系统传感器的物理原理和主要应用。第 10 章通过模拟电路、数字电路的设计流程介绍电子设计自动化（Electronic Design Automation，EDA）技术的起源及发展现状，包括集成电路设计中广泛使用的器件仿真模型、模拟集成电路和数字集成电路自动化设计工具等。本书各章的组织逻辑关系如下图所示。

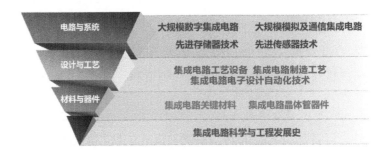

本书采用模块化的结构，适用于集成电路科学与工程、电子科学与技术、通信与信息工程、计算机科学与技术、软件工程等不同专业方向。本书的撰写、校对及相关资料的收集整理工作得到了北京航空航天大学集成电路科学与工程学院教师的大力支持，在此表示衷心的感谢。本书的编撰由赵巍胜主持，尉国栋、潘彪负责统稿。第 1 章由王新河、陈婧乐、黄阳棋共同撰写，第 2 章由聂天晓、曾琅、王航天共同撰写，第 3 章由曹凯华、林晓阳共同撰写，第 4 章由程厚义、柳洋共同撰写，第 5 章由尉国栋、张昆共同撰写，第 6 章由贾小涛、潘彪、王一娇共同撰写，第 7 章由张慧、王昭昊共同撰写，第 8 章由潘彪、黄阳棋共同撰写，第 9 章由温良恭、张昆共同撰写，第 10 章由王佑、贾小涛共同撰写。由于水平及时间所限，书中难免存在疏漏和不足之处，恳请读者指正。

编者

第 2 版前言

过去两年，尽管受到新冠肺炎疫情和国际形势的影响，我国集成电路产业的规模仍然保持了稳定的增长。根据中国半导体行业协会统计，2021 年我国集成电路产业销售额达到 10,458.3 亿元，同比增长 18.2%。相关预测显示，2022 年我国集成电路销售额将达 11,386 亿元。与此同时，国际业界形态及关键技术也在快速地发生着变化：欧美日韩等集成电路领先经济体都出台了规模巨大的集成电路发展规划，台积电（TSMC）为英特尔（Intel）建设了 3nm 芯片制造的专线，头部代工厂商纷纷展开了芯粒（Chiplet）的设计生产并大幅度提升了各种计算芯片的能效，新型存储器已经开始广泛使用，国内集成电路设备及 EDA 厂商快速崛起。作为集成电路科学与工程专业的教学和研究工作者，我们需要紧跟产业及学科的发展步伐，将集成电路领域的新研究成果和发展形势总结并分享给读者。

本次改版基于我们对集成电路学科理论研究和产业实践的新认识，在继续保持第一版特色的基础上，吸收了来自广大读者及产业界多位专家的反馈意见，改进了第 1 版中出现的不足之处，完善了本书的体系结构，使得本书内容得到进一步的丰富和凝练，时效性与应用性进一步提升。

本次改版更新的主要内容如下。

第 1 章：增加了近期产业动态和技术进展，特别是增加了相关国内厂商的布局情况，更新了产业数据。

第 2 章：重点调整了倒格矢空间的相关内容，同时增加了半导体材料领域的新进展。

第 3 章：补充介绍了应变硅、高 k/金属栅（HKMG）等 CMOS 技术变革，重新梳理了绝缘体上晶体管技术的发展脉络；增加了超薄体场效应晶体管的介绍，明晰了晶体管技术的发展趋势；增加了 1nm 以下超短沟道二维材料场效应晶体管的相关内容，丰富了碳纳米管晶体管的相关内容，并增加了磁旋逻辑器件的介绍。

第 4 章：在第 1 版内容的基础上，对当前国内外集成电路设备发展的新动向进行了更为深入的介绍，增加了扩散及离子注入设备和化学机械抛光设备的相关内容，并着重介绍了国内集成电路设备厂商的最新研制进展。

第 5 章：将硅通孔技术相关内容从原"新型互补型金属氧化物半导体制造工艺"小节调整至"先进集成电路制造工艺技术"小节，同时补充完善了绝缘体上硅工艺、鳍式场效应晶体管工艺和环栅场效应晶体管工艺的相关内容，补充介绍了 Chiplet 工艺的最新进展。

第 6 章：结合当前 CPU 发展的新趋势，增加了对苹果（Apple）M1 Pro、M1 Max、M1 Ultra 三款片上系统（SoC）芯片的介绍。

第 7 章：优化了本书第 1 版中的部分图片和文字，增加了关于高速模数转换器（ADC）的介绍。

第 8 章：增添了基于不同类型存储器的存算一体技术应用的内容，介绍了将易失性存储器与非易失性存储器作为计算介质实现存算一体技术的原理与具体案例，整理了近几年的部分研究成果，并分析了不同类型存储器应用于存算一体技术的优势与挑战。

第 9 章：增加了有关微机电系统（MEMS）陀螺仪的介绍；增加了"磁学应用：磁学传感器"和"多物理量融合——多轴传感器"两个小节，补充完善了霍尔传感器、磁敏传感器和多轴传感器的内容；增加了"微机电系统激光雷达"小节，其中介绍了 MEMS 激光雷达的基本原理和最新进展。

第 10 章：扩充了国产 EDA 技术公司名录，对国内的产业现状进行了进一步梳理和深入挖掘；补充介绍了基于人工智能的 EDA 技术。

此外，借本次改版的机会，我们为各章增加了"本章重点"，并扩展和调整了"思考与拓展"中的部分问题，以帮助读者整体把握章节知识要点、更好地回顾总结知识。

本书的第 2 版仍由北京航空航天大学集成电路科学与工程学院师生共同完成，希望我们的工作能够给读者带来新的收获，为我国集成电路领域的人才培养贡献一份力量。限于编者水平，本书在内容取舍、编写方面难免存在不足之处，恳请读者批评指正。

赵巍胜

2022 年 6 月 15 日

目　　录

第 1 章　集成电路科学与工程发展史

现代人类生活与集成电路密不可分。在不到 100 年的历史中，集成电路的飞速发展推动社会的现代化程度发生了阶跃式的提升，并深刻影响了人类的生活和思维方式。了解集成电路科学与工程发展史，对于掌握相关技术发展脉络、把握其核心技术特点具有重要意义。本章从信息科技史引出集成电路科学与技术的发端，在简要回顾相关物理学史后，阐述集成电路科学与工程在材料、工艺、元器件、电路、系统等不同层面的发展历程，并概述相关产业发展情况。通过本章，我们将体会到集成电路科学与工程在第三次科技革命中所扮演的核心角色，以及给人类生产和生活带来的革命性影响。

本章重点

知识要点	能力要求
信息科技革命和集成电路发展历程	1. 了解信息技术发展历程 2. 了解作为集成电路基础的物理学发展简史 3. 掌握从电子管、晶体管到集成电路的发展脉络
数字集成电路发展概况	1. 掌握数字集成电路的摩尔定律及背后的技术驱动概况 2. 了解中央处理器及存储器的发展历程 3. 了解集成电路设计工具发展简史
模拟集成电路发展概况	1. 掌握模拟集成电路的基本功能和分类 2. 了解模拟集成电路产业发展简史
集成电路产业发展情况	1. 了解集成电路的基本生产流程 2. 了解集成电路产业的组织模式和特点

1.1　第三次科技革命——走进信息时代

第三次科技革命兴起于 20 世纪四五十年代，是人类文明史上继机械革命和电气革命之后，在科技领域发生的又一次重大飞跃，以原子能、电子计算机、航天技术、生物工程的发展为标志，尤其是电子计算机的发明和应用推动人类社会进入了信息时代。作为此次科技革命浪潮中兴起的标志性学科，集成电路科学与工程是通信技术、计算机技术和网络技术的基础，已经成为人类科技前沿的代表。

1.1.1　信息及其流动

信息是事物现象及其属性标识的集合，有效信息意味着确定性的增加，换言之，信息就是最广泛意义上的知识。信息的流动涉及信息的产生、操纵、存储、转换、发送、接收，以及根据信息进行的分析决策。要使当今广泛知识化的人类社会顺畅运转，必须解决高通量信息流的问题，而芯片的问世使音视频通话、电子支付、卫星定位、飞行控制、交通识别及自动驾驶等技术的应用得以实现。毋庸置疑，正是芯片间的信息流动支撑起便捷、高效的现代文明。

如今，芯片已无所不在，日常的智能手机、计算机、汽车等都依赖芯片运行，而航空航天飞行器和卫星也通过装载芯片实现控制和定位等功能（见图 1.1）。

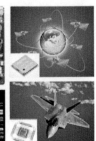

图 1.1　现代信息社会中的各种芯片

1.1.2　信息处理工具发展概述

信息处理工具的起源可追溯到人类通过"结绳记事"的方法进行计数和记录的历史。公元前 2500 年左右，人类社会中出现了手动计算工具，如苏美尔文明中使用的计数泥板、古代两河流域文明中出现的早期算盘等。17 世纪，对数表和计算尺的出现大大提升了工程师的专业数字处理能力。此外，欧洲的数学家发明了早期的机械式计算器，可以完成加减法等简单计算。18 世纪，机器生产的兴起标志着机械时代的到来，各种量产化的机械计算器纷纷面世，它们已经能够比较自动化地完成一般的四则运算。19 世纪，打孔卡片的发明揭开了可编程化通用计算机发展的序幕，相关的应用包括提花织布机图样的程序化控制、人口普查自动化制表统计等。进入 20 世纪，引入了电动机的机械计算机更加精巧灵活，开始被广泛应用于社会经济领域，甚至随之诞生了一个新的职业——专门操作计算机的"计算师"。随着经济活动日渐壮大，精密科学研究不断发展，以及战争带来的庞大军事需求，人们对数据计算的要求越来越高。1940 年左右，机电计算机出现，其工作原理是通过电磁开关控制电路的开合来完成计算，与机械计算机相比具有更快的速度和更高的自动化水平。但机电计算机的运算速度仍受机械动件的限制，机械磨损容易产生计算错误，同时高昂的制造维护成本制约了计算能力的进一步提升。计算机程序故障术语"bug"，即起源于描述大型机电计算机持续运行时产生的热吸引昆虫（bug）进入继电器而造成的故障。社会发展亟须新一代计算工具的诞生。

尽管人们常把晶体管和电子计算机的发展历程联系在一起，但仔细考察历史会发现，晶体管的发明首先是由通信技术发展的需求驱动的[1]。在电气化革命来临以前，人类典型的通信手段是生物通信（如飞鸽传书），以及原始的"光通信"（如狼烟报警）。1837 年发明的电报系统和 1874 年发明的电话一起推动人类迈入空间电信时代。在捕捉和检测来自空间的电磁信号时，常常需要对电路中的电流进行整流和放大，适时出现的电子管便派上了大用场（见 1.2 节），尤其是第二次世界大战中雷达的迅猛发展极大地刺激了对电子管的需求。但电子管脆弱易碎、容易烧坏，人们急需一种可靠性更高的器件来实现整流和放大功能。于是，晶体管作为一种新型固态放大器登上了历史舞台。

1947 年 12 月，美国贝尔实验室研制出最早的点接触锗晶体管。随着晶体管在通信领域全面代替电子管，它在计算方面的潜力被迅速挖掘出来。基于香农的理论，电路的开和关可以用来映射布尔逻辑的真和假，因此可以用开关电路来实现通用逻辑运算。在第二次世界大战中，人们用由真空管构建的计算机破译敌方的通信密码。1946 年美国宾夕法尼亚大学基于真空管制造的电子数字积分计算机（ Electronic Numerical Integrator And Computer, ENIAC ），是世界上第一台通用电子计算机。该计算机每秒可以进行 5000 次十位数加减法，与以前的机械计算机相比，其运算速度得到了 3 个量级的提升。当晶体管被发明出来后，人们迅速用它作为电子开关替代电子管来构建计算机。后来的历史证明，这种替代是革命性的：世界上第一个晶体管即可每秒开关上万次，并且体积远小于电子管，是更小、更便宜并且更稳定的计算器件。晶体管的使用使集成电路的大规模快速发展成为可能。如今，晶体管的尺寸已经达到纳米级，切换速度则达到每秒数十亿次，一个不到指甲盖大小的芯片中可以封装超过百亿个晶体管，推动了智能手机等移动设备的普及。图 1.2 展示了计算工具从算盘等手动工具到机械计算机，再到电子管计算机、晶体管计算机乃至现代智能手机这一发展历程的里程碑。

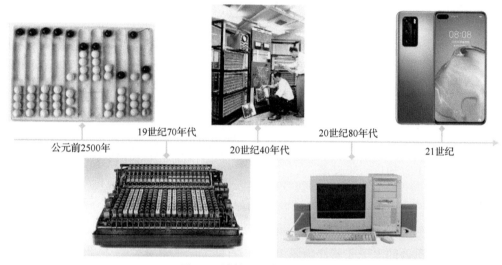

图 1.2　计算工具发展里程碑

　　一般认为，现代集成电路科技的进步主要体现在以下 3 个方面[2]：一是缩小集成电路元器件结构的尺寸，从而在同样的面积下扩大集成规模、降低功耗；二是不断优化材料和元器件架构，提高运算速度和通量；三是有针对性地开拓更多的应用设计，如类脑计算、认知物联网等。集成电路科学与工程的发展将进一步推动人类社会从信息化向智能化跃迁。推动这些进步的学科知识和技术内核将在本书的后续章节详细介绍。

1.1.3　集成电路背后的物理学基础

　　人类历史上的重大科学发现，无不推动了经济、社会、文化的巨大飞跃，如牛顿力学之于机械工业革命，麦克斯韦电磁学之于电气革命。信息革命的基础则是由以量子力学为代表的现代物理学奠定的。集成电路科学与工程的研究对象是基于固体材料的微型化电路与系统，包括晶体管、逻辑门电路和微机电系统等。该学科研究集成电路相关物理规律，探究并优化元器件设计、制造工艺等环节，集中了人类对固体材料的最前沿的知识和经验。

　　在科技发展史上，重要技术大多都是从对经验的积累运用中发展出科学。例如，先有火药的发明，后有对燃烧和爆炸中化学反应的认识；先有冶金的大规模应用，后有对元素、合金的理化认识；先有动植物的驯化、农业和游牧社会形态的建立和发展，后有对生物遗传变异及基因组的理解。相比之下，集成电路科学与工程最鲜明的特点是科学引领技术发展，而不是技术孕育科学。纵观集成电路科学与工程发展史，对基本材料性质的认知是其得以建立的前提，以量子理论为基础的固体（尤其是半导体）物理学直接促成了晶体管的发明和集成电路技术的发展[3]。

1900 年，物理学家普朗克在研究黑体辐射时提出的"能量量子"概念推开了量子物理世界的大门。随后在爱因斯坦、玻尔、狄拉克等人的带领下，人类建立了量子力学理论。布洛赫等人用量子力学的方法研究固体内部电子运动导电，发展了能带理论。基于能带的观点，物理学家威尔逊于 1931 年提出了半导体物理模型，阐明了杂质导电机制。能带理论的建立为人类理解金属、半导体的导电机制及电子调控的微观机理提供了出发点（详细知识可参阅本书第 2 章）。1939 年，肖特基、莫特和达维多夫解释了金属-半导体接触的整流效应，据此发明了整流二极管。1947 年 12 月 31 日，布拉顿和巴丁第一次成功地实验演示了点接触锗晶体管，巴丁前期对半导体表面物理的理解为他们的发明奠定了直接基础；而后物理学家肖克利提出了 PN 结理论[N 指带负（Negative）电的电子载流子，P 指带正（Positive）电的空穴载流子]，并于 1950 年成功研制出了 NPN 双极结型晶体管。此后，半导体的能带结构及工艺调控、半导体载流子的平衡及输运、半导体的光电特性等完整的理论体系为集成电路制造技术的发展奠定了基础。在相关技术的引领下，金属-半导体接触、表面物理、非晶态半导体物理、超晶格物理、低维物理等分支学科纷纷建立起来，推进了集成电路科学与工程的进一步发展。

1.2　从元器件到集成电路

科技史中最重要的电子元器件当属 19 世纪末期发明的电子管及 20 世纪中期发明的晶体管。前者标志着电子学作为一个独立学科诞生，而后者则成为构建集成电路的核心器件。接下来我们追溯历史，了解它们如何被发明出来，如何被历史选中来构建集成电路，并如何最终成为当今信息社会的基石。

1.2.1　电子管

1879 年，爱迪生在研制电灯的过程中发现，在封装于真空管中的热灯丝和灯丝附近的冷金属板之间加负电压会产生电流，加正电压则会抑制热电子到达金属板。热电子二极管作为第一类电子管器件于 1883 年诞生，其后，热电子三极管于 1906 年被发明出来。热电子三极管在真空管中加入了第 3 个电极，用来控制热电子电流的大小。热电子二极管被用来检测无线电信号，而热电子三极管则可以制作电流放大器，这对通信中信号的放大非常重要。更关键的是，热电子三极管的电开关功能可以用来实现逻辑运算。前面提到的世界上第一台通用电子计算机 ENIAC 就是基于电子管构建的，电子管还催生了收音机、电视机、电话、雷达以及无数其他的电子设备。

然而在进一步的应用中，电子管的 3 个致命缺陷日益凸显。第一个缺陷是体积过大，ENIAC 使用了 18,800 个真空管，占地面积为 170m^2，总重达 30t，而其计算能力还远不及现代袖珍计算器。第二个缺陷是功耗过高，ENIAC 的开机耗电量巨大，每次开机时，其所在的美国费城西区所有电灯的亮度都会受到影响。第三个缺陷是可靠性差，电子管由石英封装，结构脆弱，使用寿命只有几千小时。ENIAC 运行时，平均每 15min 就会烧毁一个电子管，需要耗时更换损坏的电子管，使用极为不便。这些缺陷严重制约了无线电设备及电子计算机的进一步发展。

1.2.2　晶体管

　　基于以上背景，从 1945 年起，美国贝尔实验室的威廉·肖克利（William Shockley）、约翰·巴丁（John Bardeen）和沃尔特·布拉顿（Walter Brattain）3 位物理学家基于半导体理论，开始探索可取代电子管的全固态电子器件，也就是后来的晶体管。他们首先聚焦于肖克利提出的金属-半导体结，这个结构与现代广泛使用的晶体管很接近，但却一直无法成功制备。巴丁随后认识到失败的原因在于半导体晶体表面的缺陷。在此基础上，巴丁和布拉顿转而寻求在晶体钝化表面形成点接触来实现放大效应，这样就可以尽可能减小体材料中缺陷的影响。经过狂热的探索加上天才的灵感，1947 年，巴丁和布拉顿首先用点接触锗晶体管实现了信号放大，这是历史上第一个固态信号放大器件。随后，肖克利发明了更加实用的双极结型晶体管。上述 3 位科学家凭发明晶体管获得了 1956 年的诺贝尔物理学奖，而晶体管被誉为 20 世纪人类最伟大的发明之一。

　　晶体管是完全使用固态材料构成的电子器件，其核心功能主要有两个：一个是放大，用于模拟电路中的信号放大；另一个是开关，用于数字电路中的二进制逻辑运算。与电子管相比，晶体管在寿命、性价比、最大集成密度等方面的优势是革命性的（见表 1.1），为集成电路的构建奠定了基础。各类晶体管的结构和功能将在第 3 章详述。

表 1.1　电子管与晶体管的基本区别

性质	电子管	晶体管
信号处理媒介	真空中的电子	半导体中的准粒子电子
功耗优值	$\approx 10^{-8}$J	$<10^{-19}$J（−170℃）
处理信号性质	模拟信号	模拟信号、数字信号
最大集成密度	1	超过 10^{10} 个/cm^2 且持续增长
性价比	低	高
寿命	短	长

1.2.3　从晶体管到集成电路

　　一般概念上的集成电路元器件主要有二极管、晶体管、非易失性存储器件、功率器件、光子器件、电阻器、电容器和传感器等。将这些元器件及它们之间的布线，通过一定的工艺集成制作在基片上，实现特定功能的电路，称为集成电路（Integrated Circuit，IC）。这一灵感最早来自英国科学家杰弗里·达默（Geoffrey Dummer），他在 1952 年的一次会议上提出：如果把常规电子线路中各种独立的元器件集中制作在一块半导体晶片上，就可以显著缩小电路的体积，同时提高可靠性。然而当时实现这一设想的最大障碍，就是在电路中承担电流放大功能的电子管，它们体积巨大而结构脆弱，很难被集成到半导体晶片上。几年以后，晶体管的发明使得集成电路的制作成为现实。1958 年 9 月 12 日，德州仪器的杰克·基尔比研制出世界上第一块集成电路，他将包含锗晶体管在内的 5 个元器件集成在一起，构成了相移振荡器，成功地实现了把电子元器件集成在一块半导体材料上的构想。这标志着电子信息技术进入了集成电路时代（见表 1.2），基尔比也凭借发明集成电路而获得了 2000 年的诺贝尔物理学奖。

表 1.2　集成电路发展里程碑

年份	事件
1942	高纯度硅和锗材料的生产技术出现
1947	晶体管问世
1958	第一块集成电路问世
1963	互补型金属氧化物半导体（CMOS）晶体管结构问世
1964	基于集成电路的计算机问世
1965	摩尔定律被提出
1966	动态随机存取存储器（DRAM）问世
1971	中央处理器（CPU）问世
1978	GCA 公司推出第一台光刻机
1984	现场可编程逻辑门阵列（FPGA）问世
1984	闪速存储器（Flash Memory）问世
1998	非易失性磁随机存储芯片问世
1999	鳍式场效应晶体管（FinFET）问世
2002	浸没式光刻技术出现
2010	极紫外（EUV）光刻机样机问世

　　前面讲到贝尔实验室的肖克利领导了晶体管的发明，随后他继续带领团队研发将晶体管投入实际生产所必需的技术，为集成电路制造做出了奠基性的贡献，例如发展了用光敏胶将图案刻到基片上的光刻技术，以及对半导体进行可控掺杂的离子注入技术，这些都是现代集成电路制造中的核心技术。肖克利因集科学家、发明家、工程师于一身而名垂青史。他于 1955 年离开贝尔实验室，在美国旧金山南部创办了公司"肖克利半导体实验室"。由于在技术路径选择上的错误和其本人的性格缺陷，他的创业在短短 4 年后就宣告失败，随后肖克利离开公司去斯坦福大学任教。虽然此次创业以失败告终，但他的公司汇聚了一批志同道合的青年才俊，孕育了日后的仙童半导体（Fairchild Semiconductor）、英特尔（Intel）等集成电路产业的代表性公司，也让其所在的地区很快发展为举世闻名的高科技中心——硅谷。硅谷得名于集成电路制造工艺中的基础半导体材料——硅。集成电路产业从硅谷发端，迅速成长为全球战略新兴产业，成为现代人类科技的代表。

　　现代集成电路一般可以按照其处理的信号性质分为两大类，即数字集成电路和模拟集成电路。数字集成电路处理二进制信号，以微处理器、中央处理器、存储器等为代表。而模拟集成电路则处理来自自然界的信息，如图像、声音、温度等，对这些连续信号进行电学转换，完成放大、滤波、解调、混频等功能。下面分别介绍这两类集成电路的发展脉络。

1.3　数字集成电路

　　经过六十余年的发展，集成电路已经成为现代信息社会的基石，而集成电路的含义也早已超出了它刚诞生时的范畴。但不管集成电路的概念如何发展，"集成"二字始终是其最核心的部分。自诞生起，数字集成电路一直遵循摩尔定律发展到今天，在追求更小、更快、更便宜的过程中，集成电路制造已经成为纳米尺度的宏大工程。

1.3.1　数字集成电路演进的摩尔定律

　　在集成电路制造工艺中，晶体管栅极长度是十分关键的参数，关系到电路的集成度、运行速度及功耗等核心指标。英特尔创始人之一戈登·摩尔（Gordon Earle Moore）在 1965 年提出了著名的指导数字集成电路演进的摩尔定律，预测"在价格不变的情况下，集成电路上可容纳的元器件的数量每隔 18～24 个月便会增加 1 倍，同时性能也将提升 1 倍"。需要注意的是，摩尔定律是一个指数定律，它意味着在同样面积的芯片上，晶体管数量将每 10 年增长 100 倍。这种指数级发展使集成电路的成本迅速大幅降低，同时成本的降低刺激了新需求的大规模爆发，生产规模的增长又进一步压低了成本，这样的良性循环最终让集成电路走进了人类生活的方方面面，成为信息化社会的基石。

20 世纪 60 年代初期，早期芯片还处于小规模集成（Small Scale Integration，SSI）阶段，上面的晶体管数量限制在 10 个左右。到 20 世纪 60 年代末期，集成电路上的晶体管数量可以达到 100 个左右，进入中规模集成（Medium Scale Integration，MSI）阶段。20 世纪 70 年代初期，集成电路进入大规模集成（Large Scale Integration，LSI）阶段，芯片可容纳的晶体管数量达到 1000 个左右。在 20 世纪 80 年代中期，一个芯片上的晶体管数量超过了 20,000 个，集成电路进入超大规模集成（Very Large Scale Integration，VLSI）阶段。随着晶体管集成数量不断增加，集成电路的发展依次进入了甚大规模（Ultra Large Scale Integration，ULSI）及千兆规模（Giga Scale Integration，GSI）阶段。目前集成电路已进入片上系统（System on Chip，SoC）或系统集成（System Integration，SI）的时代，单个芯片中包含的晶体管数量已超百亿。实践证明，从 20 世纪 60 年代只有十几个晶体管的第一批集成电路到今天集成有上百亿个晶体管的芯片，集成电路的发展（见图 1.3）一直遵循着摩尔定律。

历史上第一个集成电路模块

现代集成电路

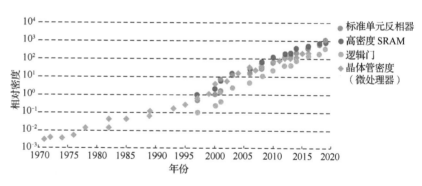

图 1.3　集成电路的发展及摩尔定律

集成电路的集成规模呈指数级增长的另一面，是单个晶体管特征尺寸的迅速缩小。在集成电路产业发展的前三十多年中，只简单按比例缩小平面晶体管的几何尺寸即可兑现摩尔定律的预言。直到 2000 年后，晶体管尺寸降至百纳米以下，落后的芯片光刻技术已经不能满足先进工艺尺寸的要求，同时平面晶体管结构按比例缩小所导致的栅极电压调控效率降低、漏电流增加等问题日益凸显。就在人们认为技术进步遭遇瓶颈，摩尔定律不再适用时，多次光刻技术的变革以及更先进晶体管结构的面世保证了集成电路遵循着摩尔定律继续发展。集成电路相关技术演进见表 1.3。2004 年出现的应变硅技术保障了 90nm 工艺节点的实现；2007 年突破的 45nm 工艺节点则得益于高介电材料及电容分层堆积结构的应用；2012 年，英特尔发布了基于 22nm 工艺的 3D 三闸极晶体管的 Ivy Bridge 处理器；2013 年，台积电（TSMC）

开始生产 16nm 鳍式场效应晶体管（Fin Field-Effect Transistor，FinFET）；2014 年，格罗方德半导体（Global Foundries）开始提供基于 14nm 工艺的 FinFET 制造技术；2018 年，台积电宣布量产 7nm FinFET；2020 年，5nm FinFET 也在台积电顺利量产；2022 年，三星 3nm GAAFET 和台积电 3nm FinFET 陆续开始量产。2017 年发布的国际器件与系统路线图（International Roadmap for Devices and System，IRDS）给出了 2017—2033 年集成电路发展趋势预测，表 1.4 是报告里面的部分数据。从表中可以看出，集成电路的特征尺寸将在未来几年继续缩小。有关集成电路制造工艺发展的内容将在本书第 5 章详细介绍。

表 1.3　集成电路相关技术演进

时间	20 世纪 90 年代前	20 世纪 90 年代	2004 年	2006 年	2007 年	2011 年	2012 年	2016 年	2017 年	2020 年	2022 年
工艺节点/nm	>3000	>130	90	65	45	28	22	10	7	5	3
材料	Si、SiO$_n$			应变硅		高介电绝缘层				Ge、GaN、SiC 等	
结构	PD-SOI、平面晶体管					FD-SOI、FinFET				GAA、BPR 等	
光刻技术	汞灯		KrF 248nm		ArF 193nm		浸没式		极紫外（EUV） 13.5nm		
封装技术	QFP 等		BGA		QFN、芯片级、系统级			晶圆级、层叠式、2.5D、3D 等			
设计工具	CAD 等		面向过程			面向对象 EDA					

表 1.4　IRDS 2017—2033 年集成电路发展趋势预测（部分）

年份	2017	2019	2021	2024	2027	2030	2033
逻辑器件特征尺寸/nm	10	7	5	3	2.1	1.5	1.0
逻辑器件结构选项	鳍式管、耗尽型绝缘体上硅	鳍式管、横向环栅	鳍式管、横向环栅	横向环栅、纵向环栅	横向环栅、纵向环栅	纵向环栅、横向环栅、3D 叠层	纵向环栅、横向环栅、3D 叠层
栅极尺寸/nm	20	18	16	14	12	12	12
最小器件宽度或者直径/nm	8	7	7	7	6	6	6
DRAM 特征尺寸/nm	18	17.5	17	14	11	8.4	7.7

2020 年以来，集成电路器件的工艺节点已发展至 5nm 以下，极紫外（Extreme Ultra-Violet，EUV）光刻技术成为其工艺核心。近来器件结构方面的创新则包括纳米片（Nanosheet）、叉指片（Forksheet）、环绕栅（Gate-all-around，GAA，常称环栅），以及在晶体管下埋入电源线（Buried Power Rail，BPR）的构造等。尽管有预测认为晶体管的工艺节点还可以遵循摩尔定律缩小至 1nm，但相应固定功耗下性能的提升将会减缓。最新研究提出了各种提高性能的方法，包括互补场效应晶体管（Complementary Field-Effect Transistor，CFET）、3D 异构集成、新型互连金属（钌或钼）及气隙介质层的采用等。但是，随着工艺节点继续下探，材料本身也达到了其物理极限：晶体管沟道（Channel）过短时，量子隧穿效应开始显现，电流通断不能被很好地控制，运算准确性将受到严重影响，同时能耗也将大大提高。目前硅晶体管继续缩小的边际效用已经开始递减，这意味着以摩尔定律为驱动的集成电路技术发展路线已走到了尽头。一方面，开发新型芯片材料和新型晶体管机理被认为是解决这一问题的主要途径，例如采用低维材料和二维电子气作为沟道、采

用自旋输运和隧穿电子替代传统电荷传输（见第 2、3 章相关内容）；另一方面，面向人工智能、深度学习等的新型计算架构（ARM、GPU、TPU、NPU 等，见第 6 章相关内容）也成为推进集成电路科技进一步向前发展的力量。

1.3.2　中央处理器的发展

中央处理器（Central Processing Unit，CPU）用于执行逻辑运算，是现代电子产品的核心，其发展水平决定了芯片在人类生活中应用的深度和广度。第一片 CPU 诞生于 1971 年，之后 CPU 相关技术经历了突飞猛进的发展。在大规模集成电路的时代，CPU 架构设计的更迭、集成电路工艺的提升使得 CPU 的晶体管数量遵循摩尔定律的预测，以迅猛的速度不断增长。

CPU 制造领域最有代表性的公司是英特尔。1971 年英特尔推出的第一款处理器 4004 集成了 2300 个晶体管；2000 年，其奔腾（Pentium）4 处理器的晶体管数量已经达到 4200 万个；2013 年，其酷睿（Core）i7 处理器的晶体管数量达到 18.6 亿个。短短 40 年间，英特尔处理器产品中包含的晶体管数量增加了 80 多万倍。下面我们通过英特尔 CPU 产品迭代史了解其发展脉络。

1971 年，英特尔发布了世界上首款商用微处理器 4004，它将运算器和控制器集成在同一块芯片上，被摩尔称为"人类历史上最具有革新性的产品之一"。该处理器是 4 位处理器，时钟频率为 108kHz。一年后，英特尔又发布了 4008 微处理器。这一阶段，微处理器芯片还未大量应用到 CPU 上，还处于 4 位和 8 位低档微处理器时代。

1972 年，英特尔 8008 微处理器诞生，这是人类历史上第 1 个 8 位处理器。

1974 年，英特尔 8080 微处理器诞生，这是人类历史上第 1 个通用微处理器，运算速度为每秒 29 万次（约为 8008 微处理器的 10 倍），时钟频率为 2MHz。它的指令系统比较完善，被广泛应用到各种控制系统和嵌入式系统中，自此微处理器逐渐普及。

1978 年，英特尔推出了第 1 个 16 位微处理器 8086，它是广为人知的 x86 架构的开端。英特尔随后于 1979 年推出了 8088 微处理器，该处理器是 8086 的简化版本。

1985 年，英特尔 x86 系列 32 位微处理器 80386 发布，它被广泛应用于 20 世纪 80 年代中期到 20 世纪 90 年代中期的 IBM PC 兼容机中。

1989 年，英特尔发布 80486 微处理器。这款微处理器是英特尔最后一款以数字编号的微处理器，采用 5 级标准流水线，同一时刻每一级流水线都运行不同的指令，提高了处理器性能，这标志着 CPU 技术的初步成熟。这一时期，英特尔发布的 80386 和 80486 处理器都大获成功，这使得英特尔逐渐确立了在 CPU 领域的霸主地位。

1993 年，英特尔推出了奔腾系列处理器。奔腾系列处理器架构在 5 级标准流水线的基础上增加了第 2 条独立的超标量流水线，用于并行地运行一些较简单的指令。超标量流水线结构引入了指令的乱序执行和分支预测，极大地提高了处理器的性能，之后的现代处理器均采用了超标量流水线结构。

2006 年 7 月 27 日，英特尔推出代号为 Conroe 的新一代台式机处理器，包括了"Core 2 Duo"和"Core 2 Quad"两个品牌，由此开启了酷睿系列微处理器的时代。与奔腾系列相比，酷睿系列综合了跨平台、功耗及性能等多方面的优势，一直发展至今。

目前，英特尔依旧是世界上最大的计算机 CPU 制造商，仅次于英特尔的是美国超威半导体（Advanced Micro Devices，AMD），二者的全球市场占有率接近 100%。

近年来，CPU 在智能手机方面获得了迅猛的发展。不同于计算机的 CPU，手机中的 CPU 不再是英特尔和超威半导体的天下，这个领域更广为人知的是 ARM（Advance RISC Machine）。该公司成立于 1990 年 11 月，主要设计基于精简指令集计算机（Reduced Instruction Set Computer，RISC）的处理器内核，并提供基于 ARM 架构的开发设计技术，ARM 架构虽然在性能方面逊于 x86 架构，但其具有显著的低功耗优势，因而在手机市场中获得了主导地位。与英特尔的垂直整合制造（Integrated Design and Manufacture，IDM）模式不同，ARM 的盈利模式是将 ARM 架构内核的产权售卖给生产和销售使用该内核的产品的公司。ARM 的合作伙伴遍布全球各地，由于手机制造业的快速发展，采用 ARM 架构的 CPU 出货量暴增，早已占据全球大部分手机市场。

ARM 部分处理器内核的发布时间线如图 1.4 所示，其中包含了多个系列的处理器内核，用于满足不同场景的需求，如 ARM7 系列、ARM9 系列、ARM9E 系列、ARM10E 系列、ARM11 系列和 Cortex 微处理器系列等，其中 ARM7、ARM9 和 ARM11 为通用处理器系列，Cortex 包含 3 个系列（A、R 及 M），分别针对不同应用场景的性能需求进行优化。

ARM7、ARM9 和 ARM11 均为 ARM 授权较早的 32 位 RISC ARM 处理器内核系列。ARM7 系列发布于 1993—2003 年，拥有多种内核家族，其中应用最为广泛的是 ARM7TDMI 和 ARM7TDMI-S；ARM9 系列发布于 1998—2006 年；ARM11 系列发布于 2002—2005 年。

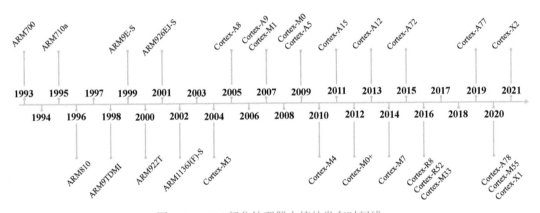

图 1.4　ARM 部分处理器内核的发布时间线

Cortex 系列自 2004 年起开始发布，直到今天仍在不断推出新的处理器内核。Cortex-M 系列于 2004 年起发布，该系列均为 32 位 RISC ARM 处理器内核，针对低成本和高能效的应用场景进行优化，已应用于数百亿台消费类设备中。Cortex-A 系列于 2005 年起发布，适用于虚拟内存的操作系统和用户应用程序领域，该系列在发布之初仅有 32 位 RISC ARM 处理器内核，2012 年起 64 位的 Cortex-A 系列开始发布。Cortex-R 系列于 2011 年起发布，该系列也为 32 位 RISC ARM 处理器内核，用于实时系统和安全相关的应用。

除通用处理器系列和 Cortex 系列外，ARM 的微处理器内核系列还包括 SecurCore 系列、英特尔的 StrongARM 微处理器系列、Xscale 处理器系列等。

CPU 目前有两类主流架构：一类是 x86 架构，善于处理大量数据和复杂计算，基于复杂指令集计算机（Complex Instruction Set Computer，CISC）开发，主导了计算机和服务器 CPU 市场；另一类是 ARM 架构，擅长处理对实时性、低功耗要求高的快数据，基于 RISC

开发，是移动终端市场的霸主。近年来，被称为 RISC-V 的新型架构迅速崛起，隐然有与 x86 架构、ARM 架构三足鼎立的趋势。它基于 RISC 的开源指令集架构，于 2010 年由美国加利福尼亚大学伯克利分校的研究团队设计推出，并于 2013 年 1 月实现了其原型芯片的流片。RISC-V 架构最大的特性在于结构精简，支持模块化可配置的指令子集，支持可扩展定制指令，另外一个重大优势是其全面开源，允许任何用户自由修改、扩展，从而量身定制，大大降低应用门槛。与 x86 和 ARM 架构相比，RISC-V 可以兼顾数据传输速度与传输量，简洁灵活，在低时延、多样化应用等方面拥有得天独厚的优势，将在迎面而来的物联网（Internet of Things，IoT）时代中大有作为。近年来，基于 RISC-V 架构的处理器百花齐放，出现了一大批新兴的芯片厂商，CPU 在向新的发展方向大踏步迈进。CPU 相关技术将在本书第 6 章详细介绍。

1.3.3　存储器的发展

存储器用于存储数据或指令，是芯片的核心组成部分，其发展极大地影响了计算机的演进。计算机体系结构下的存储器为层次化架构，以适用于不同的容量、功耗、速度等要求。按照距离处理器由近到远分类，存储器包括寄存器（上层）、高速缓冲存储器（中上层）、主存储器（中层）、本地二级存储（中下层）和远程二级存储（下层）。每一层速度更快、容量更小的存储器都是下一层存储设备的缓存，较上层的存储器缓存需频繁访问的数据和程序，下层的存储器中存储不常用且占据存储空间较大的数据，利用程序的时间局部性和空间局部性，提高存储系统的效率。通常，高速缓冲存储器使用静态随机存取存储器（Static Random Access Memory，SRAM），主存储器使用动态随机存取存储器（Dynamic Random Access Memory，DRAM），本地二级存储使用闪速存储器[简称闪存（Flash）]。

存储器是计算机的核心之一，存储器产业也是半导体产业中的核心支柱产品之一。据世界半导体贸易统计协会的数据，2021 年全球存储器市场规模约为 1538 亿元，约占集成电路市场规模的 1/3。

在存储器五十多年的发展历程中，由于计算机性能的不断发展给存储器的容量、体积和功耗等都提出了越来越高的要求，不同类型的存储器经历了工艺和架构方面的创新，存储器芯片的厂商也在大浪淘沙的市场中不断寻求创新和突破，从上百家厂商到今天的几家独大。其中，DRAM 的发展历程极具代表性。DRAM 的市场具有显著波动的特点，DRAM 厂商在市场好时盈利丰厚，进而大举扩产，过剩的产能在市场需求不足时导致价格的大幅下跌，往往使得厂商亏损严重，甚至倒闭破产。今天的 DRAM 市场由三星、SK 海力士、美光 3 家主导，占 95% 以上的市场份额，最初参与这一领域的英特尔、IBM 等则早已退出，奇梦达、尔必达等曾经耳熟能详的企业都消逝于一场场内存“战争”之中。

1966 年，IBM 的工程师罗伯特·丹纳德（Robert H. Dennard）最早提出 1T1C（即一个晶体管加一个电容器）DRAM 存储单元结构，并沿用至今。1968 年，仙童半导体生产出了 256bit 的 DRAM 产品，也是最早的量产型 DRAM。英特尔继承了仙童半导体的人员和技术，于 1970 年生产出了具备 1Kbit 容量的 C1103 DRAM 芯片，这一芯片将每位的存储价格降低到了 1 美分，使得 DRAM 真正具备了经济效益，迅速替代了之前的磁心存储器，具有跨时代的意义。凭借在 DRAM 领域的成功，英特尔在 1970 年收入突破了 400 万美元，并于 1971 年开始涉足微处理器，推出了 4004 微处理芯片。1974 年，英特尔一度占据了全球 80%以上的 DRAM 市场份额。

1973 年的石油危机使得欧美经济陷入停滞，个人计算机需求放缓。德州仪器、NEC 等企业纷纷进入 DRAM 市场。德州仪器通过拆解、仿制英特尔的芯片，推出了 4Kbit 的 TMS4030 内存。

20 世纪 70 年代后期，由德州仪器工程师创办的美国企业 Mostek 逐渐崛起，凭借其更低的成本以及 CPU 与 DRAM 的集成方案迅速抢占市场，甚至一度获得了超过 85%的 DRAM 市场份额。1979 年，Mostek 陷入困境，被联合技术公司收购，随后又被转卖给意法半导体。但值得一提的是，3 名从 Mostek 离职的员工于 1978 年创立的美光，今天已经成为存储器领域最大的美国公司。

20 世纪 80 年代，日本厂商开始逐步挤占美国厂商的份额。实际上，早在 1971 年，日本 NEC 就成功研发了 1Kbit 的 DRAM 产品，但 20 世纪 70 年代的日本集成电路产业一直受制于美国的关键制程设备和原材料。1976 年，日本政府启动了"DRAM 制法革新"项目，由政府出资 320 亿日元，日立、NEC、富士通、三菱、东芝联合筹资 400 亿日元，日本电子综合研究所和计算机综合研究所牵头设立 VLSI 技术研究所，着力发展自主 DRAM 技术。经过为期 4 年的联合研发，日本积累了大量的专利和制造设备，提升了 DRAM 的量产良率，降低了生产成本。到 1980 年，NEC、日立、富士通等日本企业在 DRAM 的良率上已经远远超过英特尔、Mostek 和德州仪器。1982 年，日本成为最大的 DRAM 生产国，日本厂商以更低的成本、更大规模产量使当时的 DRAM 价格暴跌 90%。日本对美国的半导体出口额也从 1979 年的 4400 万美元大幅上涨到 1984 年的 23 亿美元。

日本企业的大量倾销使其能够获得先进产品的利润空间，并持续研发保持技术领先，而美国企业则往往落后一代，产品还未推出，利润空间就被挤压殆尽。英特尔甚至已经不能赚回研发新产品的费用。1984—1985 年，英特尔的 DRAM 业务陷入巨额亏损。1985 年 10 月，英特尔被迫退出 DRAM 市场。同年，日本 NEC 的集成电路销量达到全球第一，日本企业占据了 DRAM 市场 90%的份额，在这一战役中取得完胜。

1985—1987 年，DRAM 市场价格低迷，这既使得美国厂商纷纷退出 DRAM 市场，同时也使得日本厂商利润下降、投资减少。1988 年，1Mbit DRAM 开始普及，但日本厂商根据之前的经验对投资采取谨慎态度，同时，日本房地产泡沫的兴起也使得大量厂商将资金转投房地产。随着 1989 年日本经济泡沫破灭，加上美国对日本半导体的刻意遏制，日本公司在全球半导体市场中的份额迅速滑落。日本在 DRAM 领域的技术优势迅速消失，韩国企业则在这一时期逆周期投资，成为新的 DRAM 龙头。

1995 年，微软推出的操作系统 Windows 95 使个人计算机市场爆发，DRAM 供不应求，日韩厂商均大肆提高产能，导致 1996 年 DRAM 价格暴跌 70%。1997 年亚洲金融危机进一步加剧了市场衰退，这期间全球 DRAM 厂商均出现了大规模亏损。1999 年，日本富士通退出 DRAM 市场，NEC、日立、三菱将 DRAM 部门合并，成立了尔必达，东芝也在 2001 年退出 DRAM 市场。到了 2008 年金融危机之前，DRAM 市场的主要厂商只剩 5 家，分别是韩国的三星、SK 海力士，德国的奇梦达，美国的美光和日本的尔必达。2009 年年初，第 3 名奇梦达宣布破产；2012 年年初，第 5 名尔必达宣布破产。最终，DRAM 领域只剩 3 个"玩家"，即三星、SK 海力士和美光。

DRAM 针对不同应用场景和需求细分出双倍速率（Double Data Rate，DDR）、低功耗双倍速率（Low Power Double Data Rate，LPDDR）和图形用双倍速率（Graphics Double Data Rate，GDDR）3 类，并诞生了 3D 堆叠的高带宽内存（High Bandwidth Memory，HBM）和混合内存立方体（Hybrid Memory Cube，HMC）技术。其中，DDR 的应用最为广泛。截至 2022 年，仅美国、韩国的 3 家大厂拥有 DDR5、LPDDR5 的量产能力，DDR4 仍占据 DDR 市场主要份额。

我国的 DRAM 发展历程非常曲折，经历了 3 个阶段：20 世纪 70 年代至 90 年代的自主研发阶段，20 世纪 90 年代至 2010 年的自主技术量产和技术引进阶段，以及 2010 年后多种方式发展的阶段。

20 世纪 70 年代，北京大学物理系和中国科学院承担 DRAM 的研发和量产工作。1981 年，中国科学院半导体所成功研制出 16Kbit DRAM。

20 世纪 80 年代，无锡 742 厂引进了东芝 3 英寸生产线，用于量产 64Kbit DRAM。1986—1989 年，在"八五"计划"908"工程的支持下，无锡华晶电子集团成立。该集团由 742 厂和永川半导体所无锡分所合并而成，成功研制出中国第一块 2.5μm 工艺的 64Kbit DRAM。

1990—2010 年，华晶电子和由"九五"时期"909"计划支持的上海华虹微电子分别探索了自主技术研发和海外技术引进的两种国产 DRAM 市场化路线。然而随着《瓦森纳协定》的签订，西方对中国先进电子器件、计算机、电信设备展开了联合封锁。在此限制下，华晶和华虹的设备采购受阻，先进技术无法引进，与国际先进水平的差距被不断拉大。

2014 年以来，中国逐渐将集成电路产业作为重点发展方向，中国存储器产业走向 IDM 模式。2016 年，晋华集成、长鑫存储和长江存储三大存储器公司相继成立，成立时间分别是 2 月 26 日、6 月 26 日和 7 月 26 日，总投资超过 1000 亿元。2019 年 9 月 20 日，由长鑫存储注册的中国大陆第一座 12 英寸 DRAM 工厂投产，并首度发布了与国际主流 DRAM 产品同步的 10nm 级第一代 8Gbit DDR4。图 1.5（a）所示为长鑫存储自主研发的 DDR4，可满足市场主流需求，这标志我国在内存芯片领域实现了量产技术突破，拥有了这一关键战略性元器件的自主产能。

（a）　　　　　　　　　　　　　　　　（b）

图 1.5　长鑫存储自主研发的 DDR4 和长江存储提出的 Xtacking 架构

（a）长鑫存储自主研发的 DDR4　（b）长江存储提出的 Xtacking 架构

（图片来源：长鑫存储及长江存储官方网站）

除 DRAM 之外，存储器的另一类型——NAND Flash 也是巨头争霸的主战场之一。NAND Flash 是 Flash 的一种，多用于相对大容量的数据存储，其市场空间巨大。目前，NAND Flash 市场中，三星、东芝、闪迪、美光和 SK 海力士占据了 99% 的销售额。我国在 NAND Flash 领域较为突出的公司是长江存储。该公司是一家专注于 3D NAND Flash 设计制造一体化的 IDM 集成电路企业。2017 年 10 月，长江存储通过自主研发和国际合作相结合的方式，成功设计制造了中国首款 3D NAND Flash。2019 年 9 月，搭载长江存储自主创新 Xtacking 架构［见图 1.5（b）］的 64 层 TLC 3D NAND Flash 正式量产。Xtacking 架构的优点在于提升了 3D NAND Flash 的 I/O 接口速度、存储密度，同时提高了研发效率并缩短了生产周期。2020 年 4 月 13 日，长江存储宣布业内首款拥有 128 层 QLC（四阶存储单元）的 3D NAND Flash 研发成功。该芯片拥有当时业内已知型号产品中最大的存储密度、最快的 I/O 传输速度和最大的单颗 NAND Flash 芯片容量。同时，长江存储还发布了 128 层 512Gbit TLC（三阶存储单元）（3bit/cell）规格的 Flash。

除传统存储器类型之外，磁性随机存取存储器（Magnetic Random Access Memory，MRAM）、阻变随机存取存储器（Resistive Random Access Memory，RRAM），相变存储器（Phase-Change Memory，PCM）和铁电随机存取存储器（Ferroelectric RAM，FeRAM）等新型非易失性存储器也因在功耗、读写特性、访问速度和使用寿命等方面各具优势受到了广泛关注。这部分内容将在本书第 8 章详细介绍。

1.3.4　集成电路设计工具

在数字集成电路的设计实现中，电子设计自动化（Electronic Design Automation，EDA）扮演着举足轻重的角色。EDA 软件帮助芯片设计工程师们把上百亿个晶体管、存储器件、电阻器、电容器等安排在面积不到 $1cm^2$ 的硅片上，并连接成极其复杂的电路。在通过仿真验证后，集成电路才被送到工艺产线上去完成生产制造。EDA 软件的工作内容包括：

（1）硬件描述语言输入及编译；

（2）电路综合、布局和布线优化；

（3）电路仿真模拟；

（4）生成并导出制造数据。

EDA 软件是驾驭现代集成电路设计的必备工具，是实现计算机自动处理芯片电路设计、性能分析、版图制作的基础。它几乎和集成电路硬件发展同时起步，大致经历了 4 个发展阶段：

第一阶段（20 世纪 70～80 年代）为计算机辅助设计（Computer Aided Design，CAD）时代。电路设计工程师在图形化交互界面的辅助下完成晶体管布图、布局布线、设计规则检查、门级电路的模拟验证等。

第二阶段（20 世纪 80 年代）为计算机辅助工程（Computer Aided Engineering，CAE）时代。多种 CAD 工具被聚合在同一套系统中，通过电气连接网络使电路的结构设计和功能结合起来，实现工程化的电路设计界面。

第三阶段（20 世纪 90 年代）为 EDA 成熟商业化发展阶段。随着硬件描述语言的标准化和芯片设计方法的发展，语言编程以及顶到底设计芯片的方法逐渐普及。

第四阶段（进入 21 世纪以来）为 EDA 系统级设计阶段。支持设计和仿真验证两个层面的标准硬件语言变得更加全面，更大规模的软件套装不断推出，系统级行为级硬件语言更加简单高效。

当前 EDA 发展的趋势是应用人工智能算法赋能芯片设计，采用机器学习功能来提高布局布线和物理优化效率，提升芯片性能。机器学习还可以将利用光学邻近效应修正输出预测的精度提升到纳米级，提高版图制作精度。2020 年，谷歌大脑（Google Brain）的两名研究人员在 arXiv 发布的手稿中提出了一种使用人工智能进行芯片设计的算法[4]。该算法基于深度强化学习，通过研究现有芯片设计实现芯片的最佳布局。这项开创性的工作于 2021 年正式发表于 *Nature*[5]，并已经被谷歌用于商业用途。但该工作的科学严谨性仍有争论[6]。EDA 相关技术将在本书第 10 章展开介绍。

作为集成电路领域上游"小而精"的产业链环节，EDA 产业营收额不足总体芯片产业的 2%，然而它是芯片产业的基础之一，一旦缺少它，所有的芯片设计工作都难以完成。目前，EDA 产业已经表现出技术门槛高、产业投资周期长、生态圈壁垒高的行业特征。

1.4　模拟集成电路

如前所述，集成电路按其功能和结构分为数字集成电路和模拟集成电路两大类。在数字集成电路飞速发展、数字信号处理功能日益强大的今天，模拟集成电路依旧是集成电路产业中不可缺少的部分。本节简要介绍模拟集成电路的功能、分类及其产业现状，详细内容将于本书第 7 章介绍。

1.4.1　模拟电路的基本构成

模拟信号是指具有时间连续性和强度连续性特征的信号。自然界中的物理量，如温度、压强、高度等，由于其变化具备连续性，其转换形成的电信号都是模拟信号。目前大多数信号的处理都在数字电路中进行，因此，要处理自然界中的信号，信号处理电路的前端需配有使模拟信号数字化的电路，即模数转换器（Analog to Digital Converter，ADC），用于对模拟信号进行抽样、量化、编码，形成数字信号。除此之外，由于自然界中物理量转换成的电信号振幅过小，难以直接被 ADC 量化，因此 ADC 的前端还需要滤波器和放大器，其中滤波器用于滤除带外噪声，放大器用于放大有效信号[7]。自然界信号的处理过程（简化形式）如图 1.6 所示。

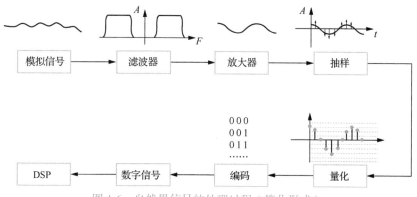

图 1.6　自然界信号的处理过程（简化形式）

与 ADC 作用相反的器件被称为数模转换器（Digital to Analog Conversion，DAC），该器件的作用是将数字信号转换为连续变化的模拟信号。信号处理中，DAC 一般作为数字信号处理器（Digital Signal Processor，DSP）的后端器件，将处理过的数字信号重新变为模拟信号[8]。

模拟电路拥有多种不同的类别，应用场景广阔，接口电路、放大器、滤波器和电源管理芯片等都是其重要组成部分。低噪声小信号放大器在射频接收机、光纤通信接收机等设备中非常关键，该放大器用于实现放大低噪声及抑制带外噪声的功能，其性能直接决定了接收机能接收到的最小信号。在传感器中，ADC、放大器、滤波器等的级联实现了从检测到的模拟电信号到数字信号的转换（关于传感器的详细介绍参见本书第 9 章）。电源管理芯片的功能是将电源合理分配给系统中的不同部分。

20 世纪 80 年代初，许多专家预言了模拟电路的衰落。当时数字电路的迅猛发展大量挤占了模拟电路的市场空间，传统用模拟电路实现的功能可被数字电路轻松实现。因此有些专家预测，随着数字电路功能的不断强大，数字电路将完全取代模拟电路。然而直到现在，市场对模拟集成电路设计人员的需求依旧强劲。《中国集成电路产业人才白皮书（2017—2018）》指出，2017—2018 年集成电路十大热门岗位中，模拟芯片设计排名第 2；《中国集成电路产业人才白皮书（2018—2019）》显示，2018—2019 年集成电路产业十大紧缺岗位中，模拟芯片设计排名首位。在过去的 40 年里，数字集成电路取得了惊人的成就，但由于模拟电路在许多系统中的不可替代性，模拟集成电路依旧是集成电路产业中必不可少的一部分。

1.4.2　各类模拟集成电路

模拟集成电路是指对连续变化的模拟信号进行传输、变换、放大和测量等工作的集成电路，包括电源管理芯片、放大器、接口集成电路和微波集成电路等[9]。

电源管理芯片的作用是选取不同电源，并将电源分配给工作电压不同的元件、器件、电路和系统。电源管理芯片涵盖电源选择、直流-直流（DC-DC）变换、交流-直流（AC-DC）变换、低压差稳压（Low Dropout Regulator，LDO）、动态电压调节、脉冲宽度调制（Pulse Width Modulation，PWM）、电池充电等功能中的一种或几种，包括电池管理集成电路、电压基准电路、电源监控电路、LCD/LED 驱动器、电动机驱动器、稳压器、含 DC-DC 变换器的电源模块等不同种类。由于各种需要供电的系统中都需要电源管理，电源管理芯片的市场需求较大。国外多家半导体公司也为旗下处理器生产专用电源管理芯片，如英特尔、高通（Qualcomm）、联发科技（Mediatek，MTK）和飞思卡尔（Freescale）等。电源管理技术的指标要求基本稳定，技术迭代速度较慢，技术壁垒较低，在这方面有布局的国内企业有上海贝岭、圣邦微电子、思瑞浦、力芯微电子和艾为电子等。

放大器即放大信号电压或功率的装置，是信号处理的重要器件。放大器包括运算放大器、差分放大器、仪表放大器、可变增益放大器及其他特殊的放大器。运算放大器是一种使用反馈电路实现放大功能的电路单元，是许多模拟信号系统和混合信号系统的重要组成部分。其分类有通用运算放大器、高速放大器、功率放大器及精密放大器等，分别侧重不同的功能。差分放大器即放大两个输入端信号之差的放大器，拥有抑制零点漂移的优异性能。仪表放大器用于电子测量仪器，其优点是低噪声、低成本、高精度及精确的阻抗匹配。可变增益放大器即放大增益可变的放大器，其中包括可编程增益放大器、自动增益控制放大器等，能够提高电路的动态范围、实时调整信号振幅，主要用于专业视频、测试测量、军事、通信以及医疗市场等。特殊放大器包括 4～20mA 信号调节器、频率转换器、隔离放大器、线路驱动器、对数放大器、采样保持放大器、跨导放大器、互阻放大器、视频放大器等，分别应用于不同场景。

接口电路是 CPU 与外部进行信息交互时起连接作用的"桥梁"，包括时钟电路、数据交换器、多协议接口集成电路、隔离集成电路、电路保护集成电路、电平转换器、开关和多路复用器等。其中，数据交换器也拥有不同的类型，DAC 和 ADC 就是数据交换器中的两类，集成交换器、传感器模拟前端、数字电位器也是不同类型的数据交换器。数据交换器需要紧跟通信技术发展，技术迭代速度快，技术壁垒高，国内布局较少，以华为海思等为主。

微波集成电路是处理射频信号的集成电路，可分为单片微波集成电路和混合微波集成电路，主要的生产厂商有亚德诺半导体、德州仪器、Microsemi 和 MACOM。微波集成电路的发展始于 20 世纪 60 年代，而 70 年代砷化镓衬底材料的使用促进了单片微波集成电路的发展。单片微波集成电路是一种把有源和无源元器件制作在同一块半导体基片上的微波电路，初期成本昂贵，但大量生产时拥有成本低廉、可重复性好和可靠性高的优点。混合微波集成电路是将有源及无源元器件通过焊接或用环氧树脂导电胶黏接的方式集成在同一基片上，成本受电路复杂程度影响，可靠性不高[10]。

由于现代集成电路的规模不断扩大，结构越来越复杂，仅依靠人工无法实现模拟集成电路的设计，因此设计模拟集成电路时需要使用 EDA 软件。设计模拟集成电路时，需要综合考虑各性能参数之间的相互制约，并对芯片面积、带宽、噪声、响应速度、输入输出阻抗、增益等方面的信息进行多维优化。模拟集成电路设计中常见的辅助工具包括 Cadence DesignFramework II、Texteditor/Schematic Editor、Spectre、HSPICE、Nanosim、Cadence Virtuoso、Cadence OrCAD、Laker、Diva、Dracula、Calibre 和 Hercules 等，这些不同的软件能够满足设计中不同步骤的协同设计要求[11]，这部分内容我们将在本书第 10 章展开介绍。

1.4.3　模拟集成电路产业

据世界半导体贸易统计协会的数据，2021 年全球半导体产业收入为 5559 亿美元，其中集成电路约 4630 亿美元，占比约为 83%。集成电路产业中，模拟集成电路的收入占比为 16%，约 741 亿美元。长期统治模拟集成电路市场的是德州仪器。据德州仪器官方网站的数据，该公司 2021 年的总收入达 183.4 亿美元，其中模拟产品的收入达 140.5 亿美元。

德州仪器成立于 1930 年，总部位于美国得克萨斯州达拉斯市。德州仪器的前身名为地球物理业务公司（GSI），是主营石油地质勘探的公司。第二次世界大战期间，GSI 开始为美国陆军、通信兵和美国海军制造电子设备。战后，GSI 的电子部门业务快速发展并超过地理部门，1951 年公司经历重组并被命名为德州仪器，正式完成了从地质勘探公司到电子公司的转型。

虽然第一个晶体管是由贝尔实验室发明的，但是德州仪器是第一个基于硅晶体管构建集成电路的公司，并于 1958 年成功将其商业化。凭借对行业动向灵敏的把控和迅速的反应，德州仪器在几乎没有任何竞争的情况下，占据了之后几年的硅晶体管市场，引领了集成电路的早期发展。现在的德州仪器主营业务为模拟芯片和嵌入式处理器，占据着模拟芯片领域的领军位置。模拟集成电路是一个碎片化、小而全的市场，市场中产品种类较多，德州仪器通过近 10 万种不同产品实现了 100 多亿美元的营收。这些产品大量应用于工业和汽车领域，生命周期都很长，通常能够达到 5～10 年，随着工艺生产线的折旧，利润空间还在逐年扩大。

除德州仪器之外，模拟集成电路的厂商还有亚德诺半导体、思佳讯半导体、英飞凌半导体、意法半导体、恩智浦半导体、美信半导体等，这些企业共同瓜分了工业和汽车等领域中模拟集成电路的大部分市场份额。

1.5　集成电路产业的发展

2020 年 7 月，国务院发布的《新时期促进集成电路产业和软件产业高质量发展的若干政策》指出：集成电路产业和软件产业是信息产业的核心，是引领新一轮科技革命和产业变革的关键力量。集成电路产业的良好发展对我国有重要的战略意义。本节从生产流程、产业的组织模式方面概述国内外集成电路的产业发展情况。

1.5.1　集成电路的生产流程

集成电路的生产流程主要分为提出需求、IC 设计、IC 制造和 IC 封测，如图 1.7 所示。

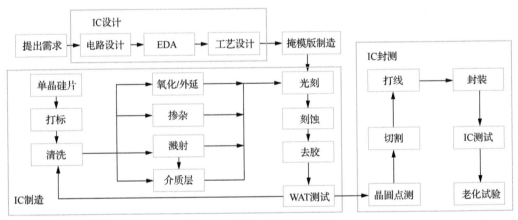

图 1.7　集成电路的生产流程

从图中可以看到，提出需求及 IC 设计为生产环节上游。提出需求后，IC 设计方首先使用 EDA 工具进行电路设计，然后进行工艺设计。

IC 制造为生产环节中游。在 IC 制造环节之前，要先进行单晶硅片制造，即通过提拉法将硅材料从沙子中提取出来并制备成柱状的单晶硅，再通过切片、研磨、清洗等步骤，得到单晶硅片（即硅晶圆）。IC 制造中，光刻是最复杂、最昂贵的关键工艺，该技术的 3 个要素为掩模版、光刻胶、光刻机。掩模版是微纳加工图案母版，其基板多为石英玻璃，采用金属铬作为遮光层，事先加工出相应的器件结构及电路图案。光刻胶用于区分曝光部分和非曝光部分，最终使上述图案刻画在晶圆上。光刻机是生产大规模集成电路的核心设备，用于实现高精度的图形化。光刻的基本工艺分为脱水烘烤、涂胶、软烤、图形曝光、曝光后烘烤、显影、硬烤、检测等步骤。通过 IC 制造过程得到的芯片将进入下游的 IC 封测环节，主要包含封装和测试两部分内容。封装是指安放、固定、密封、保护芯片的工艺。测试分为两部分：封装前，首先对制作好的芯片进行点收测验，检验其是否可以正常工作，以确保其可靠性和良率；封装后，还要再测试，以确定封装过程中是否发生问题。经过提出需求、IC 设计、IC 制造、IC 封测四大步骤[11]，芯片就可以交付客户了。IC 制备中涉及的加工设备和工艺技术，将会在本书第 4 章、第 5 章详细介绍。

1.5.2　集成电路产业的组织模式

目前，集成电路产业的组织模式主要有 IDM（垂直整合设计和制造）、Fabless（无工厂半导体企业，仅设计）、Foundry（代工厂，即专业芯片代工企业，仅制造）等。这些不同的产业模式在集成电路的发展历程中诞生，为适应技术发展和市场需求而做出改变。

IDM 模式集芯片的设计、制造、封装、测试等环节于一体，是早期集成电路企业采用的产业模式，但目前仅有少数企业可以维持，包括英特尔、三星电子及德州仪器等公司。英特尔以研制 CPU 为主，它不仅进行 CPU 的设计，还是全球最大的 CPU 制造商。三星电子的业务范围非常广泛，主营业务有消费类电子、移动通信、网络业务、存储器、系统大规模集成及代工业务。德州仪器主要开发、制造、销售半导体产品，是世界第一大 DSP 和模拟电路器件制造商。IDM 模式的优势在于同公司设计并制造，设计制造中的信息反馈较容易，且可以很好地保护知识产权，防止其他公司仿制。但这种模式的弊端也非常明显，公司内部涉及整个产业链的各个环节，资金投入巨大，利润率较低。随着集成电路工艺节点缩小，设计制造的难度提高，相应技术升级的成本越来越高，这类企业的利润率被进一步压缩。

1987 年，台积电在台湾成立，该公司的创始人张忠谋开创了一种新的产业模式——代工厂模式，即仅制造电路，不设计电路。由于代工厂仅负责制造，仅负责设计的 Fabless 模式也随之出现。这两种企业模式只负责产业链中的一个环节，大大降低了企业运营成本，越来越多的企业以这两种模式存在。采用 Fabless 模式的企业仅进行电路设计与销售，将生产、测试、封装等环节外包，这种类型的代表性企业有超威半导体、华为海思、联发科技等。采用代工厂模式的企业仅制造、封装或测试芯片，不进行芯片设计，因此效率较高，可同时承接多家设计公司的订单，这种类型的代表企业有台积电、中芯国际（SMIC）等。

以上 3 种模式的企业共同存在、各自发展，既有合作也有竞争，这样的格局在 2020 年发生了重大变化。台积电获得了来自英特尔 2021 年的 18 万个 6nm 芯片代工订单，这说明了英特尔在 7nm 先进制程竞争中的落败，也代表了代工厂模式在制作工艺上实现了对 IDM 模式的领先。目前，台积电作为代工厂模式企业的龙头，在 28nm、16nm、10nm、7nm、5nm 工艺上不断突破，牢牢占据着一半以上的市场份额。中国大陆企业中芯国际也在不断追赶中。

集成电路产业一直是我国的短板，2021 年我国的集成电路进出口贸易逆差高达 2796.5 亿美元。自 2014 年起，我国就开始对集成电路产业加大扶持力度，于 2020 年发布了《新时期促进集成电路产业和软件产业高质量发展的若干政策》，在减免所得税、增值税、关税，鼓励境内外上市融资，鼓励进口，推动关键核心技术攻关，加强人才培养等 8 个方面出台了一系列政策和激励措施，相信这必将促进我国集成电路产业的快速发展。

本章小结

本章从第三次科技革命谈起，介绍了集成电路科学与技术的历史及现状。首先从信息和信息处理引入，简要介绍了信息处理工具的发展历史及集成电路科学背后的物理学基础；然后介绍了集成电路发展过程中最重要的电子器件——电子管和晶体管，并介绍了集成电路的问世及其意义；接着从摩尔定律、CPU、存储器和集成电路设计工具 EDA 这 4 个方面介绍了数字集成电路的发展史及现状，并介绍了模拟电路和模拟集成电路；最后从集成电路生产流程、产业的组织模式两方面简要介绍了国内外集成电路的产业发展。

集成电路科学与工程发展史的鲜明特点是科学先于技术。在发展初期，集成电路科学与工程的研究对象主要是半导体单晶这类理想的基本材料，需要利用现代科学进行透彻的分析，才可能有效运用。在其发展壮大的过程中，集成电路科学与工程不断融合电子信息、物理、化学、材料、数学、自动化工程等学科的知识结构，展现出独特的交叉性特点。在实践方面，集成电路的发展往往不是依赖单点突破，而是呈现出全方位、持续性、系统性创新的特点。在产业方面，集成电路产业链非常庞大，包括了材料制备、工艺设备制造、芯片设计与制造及封装测试等清晰而复杂的产业环节，产业结构高度专业化。

集成电路科学与工程是现代人类科技和大规模分工协作相融合的系统性成就，其进一步发展需要具备多样知识背景、交叉技术技能、融合创新素质的综合型人才。

思考与拓展

1. 人类历史上历次科技革命的标志性成果分别是什么？其中第三次科技革命有什么独特性？

2. 摩尔定律的具体内容是什么？哪些方面的创新保证了集成电路的发展趋势遵循着摩尔定律？

3. 为什么晶体管比电子管更适合成为集成电路的基本器件？

4. 尝试从 CPU、存储器、模拟电路、EDA 等的发展历史中总结集成电路的产业特点。

5. 集成电路的生产流程包括哪些主要环节？试分析代工厂模式的竞争优势越来越大的原因。

参考文献

[1] 克雷斯勒. 硅星球：微电子学与纳米技术革命[M]. 张溶冰, 张晨博, 译. 上海: 上海科技教育出版社, 2012: 88-123.

[2] 胡英. 新能源及微纳电子技术[M]. 西安: 西安电子科技大学出版社, 2015: 4-6.

[3] 中国科学院. 中国学科发展战略——微纳电子学[M]. 北京: 科学出版社, 2013: 6-8.

[4] Goldie A, Mirhoseini A. Placement Optimization with Deep Reinforcement Learning[J/OL]. (2020-3-18)[2022-5-8]. arXiv:2003.08445, 2020.

[5] Mirhoseini A, Goldie A, Yazgan M, et al. A Graph Placement Methodology for Fast Chip

Design [J]. Nature, 2021, 594(7862): 207-212.

[6] Paresh Dave. Google Faces Internal Battle over Research on AI to Speed Chip Design [EB/OL].(2022-5-4)[2022-5-8]. https://www.reuters.com/technology/google-faces-internal-battle-over-research-ai-speed-chip-design-2022-05-03/.

[7] 拉扎维. 模拟 CMOS 集成电路设计 [M]. 陈贵灿, 程军, 张瑞智, 等, 译. 西安: 西安交通大学出版社, 2003: 1-2.

[8] 董在望. 通信电路原理 [M]. 2 版. 北京: 高等教育出版社, 2002: 10-12.

[9] 张建国. 集成电路的分类 [J]. 电子质量, 2020 (6): 121-125.

[10] 王维波. 微波毫米波单片集成电路设计技术研究 [D]. 南京: 东南大学, 2019.

[11] 李林华. IP 技术在模拟集成电路设计中的应用 [J]. 电子制作, 2020 (1): 43-44.

第 2 章　集成电路关键材料

集成电路器件是以半导体材料为基础，结合金属材料和绝缘体材料制备而成，各种材料丰富的物理和电学特性赋予了微纳电子器件和电路独特的功能。本章介绍一些常见半导体的基本概念，阐述从基础的硅、锗和砷化镓等第一代、第二代半导体材料到新兴的第三代半导体及存储材料的发现历史、基本性能、制备过程和应用领域。此外，在集成电路器件的制备过程中，常常要根据目标或需求来选择特定属性的材料，如器件需要更大的栅氧化层电容时需选择高介电材料（常称高 k 介质材料），而需要减小器件的寄生电容时则需选用低介电材料（常称低 k 介质材料）。因此，本章也将介绍集成电路中常见的金属材料和绝缘体材料，并通过对常见集成电路关键材料的介绍，阐述集成电路器件物理与材料物理天然的依赖关系。充分理解两者之间的关系，有助于我们对后续章节的学习和掌握。

本章重点

知识要点	能力要求
半导体材料的分类标准与基本特性	1. 了解半导体材料的分类标准 2. 掌握半导体材料的基本特性
常见的半导体材料	1. 了解第一代、第二代、第三代半导体的发展历史 2. 了解半导体材料按功能分类的方法 3. 掌握不同功能半导体材料的应用

2.1　半导体材料概述

半导体材料是导电性能介于金属材料与绝缘体之间的一类固体材料。大部分半导体材料由元素周期表中第Ⅱ、Ⅲ、Ⅳ、Ⅴ族的单质或化合物构成，如图 2.1 所示。属于第Ⅳ族的元素是最常见的单质半导体材料构成元素，也是构成集成电路芯片的基础。由于不同半导体的元素组成不同，其材料特性也会有所不同。半导体材料有几种固有特性，称为半导体的特性参数，包括禁带宽度、电阻率、载流子迁移率、非平衡载流子寿命等。这些特性参数不仅反映了半导体材料与非半导体材料的区别，而且描述了不同半导体材料的特性差别。本节将结合半导体材料的化学组成与应用发展过程，介绍几种常见的半导体材料及其特性参数。

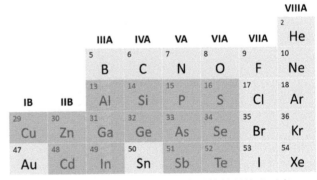

图 2.1　元素周期表中常见的半导体材料构成元素

2.1.1　单质半导体

半导体材料是集成电路微纳器件的基础,最典型的单质半导体当属硅(Si)和锗(Ge)。硅和锗的晶体结构与金刚石(Ⅳ族碳单质在自然界中的一种形态)和 α-锡(一种零隙半导体,也称为灰锡)的晶体结构相同。在这种晶体结构中,每个原子被 4 个最近邻的原子包围(即4 次配位),从而形成正四面体结构。这些由正四面体结构组成的半导体成为电子产业和现代科技的中流砥柱。元素周期表的Ⅴ族和Ⅵ族中的一些单质也是半导体,如磷(P)、硫(S)、硒(Se)和碲(Te)。这些晶体中的原子可以是 3 次配位(如磷)、2 次配位(如硫、硒和碲)或 4 次配位。因此,这些单质会具有一些不同的晶体结构。同时这些材料还是良好的玻璃组成成分,如硒会以单斜晶状和四面体型晶体结构生长成玻璃(可被看作聚合物)。

2.1.2　双原子化合物半导体

由元素周期表中Ⅲ族和Ⅴ族元素形成的化合物(如砷化镓),与Ⅳ族单质半导体的性质非常相似。从Ⅳ族单质半导体过渡到Ⅲ-Ⅴ族化合物半导体,化学键会渐渐具有离子特性,这是因为电子会从Ⅲ族原子向Ⅴ族原子转移。这种离子特性会显著改变半导体的性质,如增大离子间的库仑力和电子能带结构中的禁带宽度。Ⅱ-Ⅵ族化合物(如硫化锌)的离子特性更加显著,且离子特性对化合物性质的影响更大。因此,绝大多数Ⅱ-Ⅵ族化合物半导体的禁带宽度都大于 1eV。但包含重金属汞(Hg)单质的化合物是个例外,如碲化汞(HgTe)实际上是一种和灰锡相似的零隙半导体(或半金属)。同时,具有大能隙的Ⅱ-Ⅵ族化合物半导体在显示和激光领域中有良好的应用前景,具有较小能隙的Ⅱ-Ⅵ族化合物半导体是制造红外探测器的重要材料。Ⅰ-Ⅶ族化合物(如氯化亚铜[1])的禁带宽度一般更大(>3eV),因为它们具有更强的离子特性,大部分Ⅰ-Ⅶ族化合物都被看作绝缘体而不是半导体。此外,离子间的库仑力引起的晶体结合能的增加使Ⅰ-Ⅶ族化合物倾向于形成岩盐结构,岩盐结构中的原子是 6 次配位而不是 4 次配位。由Ⅳ族单质和Ⅵ族单质形成的二元化合物也是半导体,如硫化铅(PbS)、碲化铅(PbTe)和硫化锡(SnS),这些具有大电离度的离子化合物也是 6 次配位。但是尽管它们电离度很大,禁带宽度却很小,这一点和硫化汞相似。这些窄禁带宽度的Ⅳ-Ⅵ化合物半导体也是红外探测器的重要材料。宽禁带的Ⅲ-Ⅴ族化合物氮化镓(GaN)和混合晶体 $Ga_{1-x}In_xN$ 常应用于蓝光发光二极管(Light Emitting Diode,LED)和半导体激光器[2]。

2.1.3　氧化物半导体

绝大多数氧化物都是良好的绝缘体,但有一些氧化物如氧化铜(CuO)和氧化亚铜(Cu_2O)是常见的半导体。氧化亚铜是一种矿物质(铜矿),作为一种经典半导体,其性质已经得到广泛研究。由于人们对氧化物半导体的生长过程尚不甚了解,目前氧化物半导体的具体应用受到了一定限制。但Ⅱ-Ⅵ族化合物氧化锌(ZnO)是一个例外,它可以应用于制作换能器,也是胶带与橡皮膏的原材料。近年来,很多铜的氧化物被发现具有超导特性[3],这使得氧化物半导体应用受限的情况大为改观。

1986 年,米勒(K. Alex Müuer)和贝德诺尔斯(J. Georg Bednorz)首次发现一种铜的氧化物具有高临界温度超导特性,二人也因此获得次年的诺贝尔物理学奖。这种材料是基于禁带宽度大约为 2eV 的半导体氧化镧铜（La_2CuO_4）生成的[4]。当三价的镧（La）被二价的钡（Ba）或锶（Sr）替代或氧原子过量时，空穴载流子会被引入 La_2CuO_4。当载流子足够多时，半导体就会转化成超导金属。到目前为止，在这一类材料中，$HgBaCa_2Cu_3O_{8+\delta}$[5] 在 1 个大气压下的超导转化温度最高（$T_C \approx 135K$），其在高压下转化温度可提高至 164K。

2.1.4　层状半导体

碘化铅（PbI_2）[6]、二硫化钼（MoS_2）[7]和硒化镓（GaSe）[8]等化合物半导体的特性是由它们的层状晶体结构决定的。这些材料的层内化学键通常是共价键，该共价键比层与层之间的范德华力要强很多。这些层状半导体之所以引起研究人员的兴趣，是因为电子在层间的运动是准二维的，此外，可通过"插层"的方法在层间插入外部原子，从而改变层与层间的相互作用。目前，层状半导体已经成为材料学界研究的热点。

2.1.5　有机半导体

许多有机化合物如聚乙炔 $[(CH_2)_n]$ 和聚二乙炔都是半导体。与无机半导体相比，有机半导体的优势是易于根据具体应用要求进行定制。例如，含共轭键的化合物—C＝C—C＝具有极强的光学非线性，在光电子器件中可能有重要应用。通过改变有机化合物的化学分子式，可以改变这些化合物的禁带宽度，从而使其适应具体的应用场景，这比改变无机化合物半导体的禁带宽度容易得多。研究发现，一些新形态的碳也是半导体，如富勒烯（C_{60}）[9]。由单层或者多层碳原子按一定螺旋角卷曲并无缝连接而成的直径为几纳米的管状结构，被称为碳纳米管。这种碳纳米管和它们的"近亲"氮化硼纳米管，有希望成为纳米尺度电路元件的材料。碳纳米管和氮化硼纳米管还可以通过改变螺旋角及管径成为金属或半导体[10]。

2.1.6　磁性半导体

含有铕（Eu）、锰（Mn）等磁性离子的许多化合物，如硫化铕（EuS）和合金 $Cd_{1-x}Mn_xTe$，同时具有半导体性质和磁特性。$Cd_{1-x}Mn_xTe$ 合金中根据磁性离子数量的不同会显示出不同的磁特性，如铁磁性和反铁磁性[11]。磁性离子浓度较低的磁性合金半导体被称为稀磁半导体，这些半导体的应用潜力巨大，已经引起人们的关注。它们的法拉第旋转角比非磁性半导体大 6 个数量级。基于它们显著的光磁效应，这些材料可以被用于制造光调制器。$Mn_{0.7}Ca_{0.3}O_3$ 类型的钙钛矿可随磁场的变化实现金属-半导体相互转化，产生所谓的庞磁阻现象[12]。

2.1.7　其他半导体材料

除上述半导体类型外，还有一些具备独特性质的半导体材料。例如，化学式具有 I-III-VI_2 和 II-IV-V_2 形式的三元化合物（如具有非线性光学性质的 $AgGaS_2$[13]和用于太阳能电池的 $CuInSe_2$[14]等）具有黄铜矿结构，结合方式是四面体型，可类比具有闪锌矿结构的III-V族化合物半导体与II-VI族化合物半导体；由V族和VI族元素组成的化合物半导体，如在晶态和玻璃态时都是半导体的 As_2Se[15]。另外，还有在低温下会显示铁电性的半导体材料 SbSi[16]等。以上许多半导体都具有独特的性质，虽然它们的应用有限，目前尚未成为人们关注的热点，但这些材料的存在也意味着半导体物理领域仍有广阔的成长和拓展空间。

2.2　常见半导体的晶格结构

　　本节介绍半导体晶体中原子的位置，也就是半导体的晶格结构。晶格结构一般用晶胞来描述，硅和锗的单晶都具有图 2.2（a）所示的金刚石型晶胞，因为金刚石就是由这种晶胞组成的。实验观测显示，该晶胞呈立方体型且在每个顶点和面心都有原子，这和面心立方晶胞（在立方体晶胞的 6 个面中心和体积正中心各有 1 个原子的结构）相似。但是图 2.2（a）所示的晶胞内部还包含 4 个额外的原子[即图 2.2（b）中的红色原子]，分别位于立方体的 4 条体对角线上，并且与相邻的 4 个原子组成一个正四面体。金刚石型晶胞还可看作是由两个面心立方晶胞互相嵌套而成，但是这在图 2.2（a）中很难看出来。金刚石型晶胞中顶点上的原子和面原子可看作一个面心立方晶胞，内部的原子可看作另一个面心立方晶胞，第二个面心立方晶胞位于第一个面心立方晶胞的体对角线上，且两晶胞相距1/4 体对角线的长度。

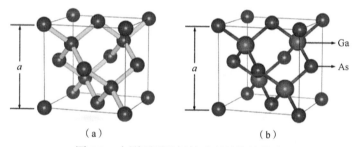

图 2.2　金刚石型及闪锌矿型结构的晶胞

（a）金刚石型结构的晶胞　（b）闪锌矿型结构的晶胞（以 GaAs 为例）

　　大多数Ⅲ-Ⅴ族半导体（如砷化镓）都会结晶成闪锌矿型结构。典型的闪锌矿型晶胞——砷化镓晶胞如图 2.2（b）所示，可以看出闪锌矿型结构除了格点在两个不同原子间平均分配外，其他和金刚石型结构基本相同。镓（Ga）原子占据着两个互相嵌套的面心立方晶胞中的一套格点，砷（As）原子占据着另外一套格点。

　　Ⅱ-Ⅵ族和Ⅳ-Ⅵ族化合物半导体的结构更具多样性。一些Ⅱ-Ⅵ族化合物会结晶成闪锌矿型结构，另一些Ⅱ-Ⅵ族化合物会结晶成纤锌矿型结构，还有一些Ⅱ-Ⅵ族化合物的结晶体既有闪锌矿型结构形态，又有纤锌矿型结构形态。而Ⅳ-Ⅵ族铅基半导体会结晶成岩盐型结构。图 2.3 所示为纤锌矿型结构和岩盐型结构的晶胞示例。

　　金刚石型晶格、闪锌矿型晶格和岩盐型晶格都属于立方晶系，因此仅用晶格常数 a 就可以来描述它们的晶胞大小。表 2.1 总结了常见半导体材料的晶体结构和晶格常数。由于金刚石型晶格和闪锌矿型晶格中每个体积为 a^3 的晶胞中含有 8 个原子，可以推导出在室温[①]下硅的原子密度为 4.99×10^{22} 个/cm^3，砷化镓的分子密度为 2.21×10^{22} 个/cm^3。因为纤锌矿型晶胞以六边形为底，属于六方晶系，要想具体求解它的晶胞大小必须同时提供晶胞底面的边长 a 和高 c，由此不难算出晶胞体积为 $(3\sqrt{3}/2)a^2c$。

---

　　① 本书中"室温"均指约 300K（即 26.85℃）。

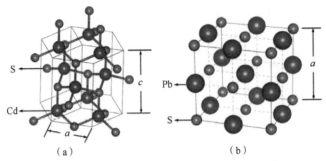

图 2.3　纤锌矿型结构和岩盐型结构的晶胞示例

（a）纤锌矿型结构的晶胞（以 CdS 为例）　（b）岩盐型结构的晶胞（以 PbS 为例）

表 2.1　典型材料的晶体结构和室温下的晶格常数（1Å=10^{-8}cm）

半导体	晶格结构	晶格常数（Å）
Si	金刚石型	5.43095
Ge	金刚石型	5.64613
GaAs	闪锌矿型	5.65360
CdS	闪锌矿型	5.83200
	纤锌矿型	a=4.16，c=6.756
PbS	岩盐型	5.93620

2.3　常见半导体的能带结构

本节介绍常见半导体材料的能带结构，包括倒格矢空间（又称 k 空间或倒易矢空间）、E-k 图像、等能面、有效质量和禁带宽度。

2.3.1　倒格矢空间

晶格具有周期性。利用周期性，并采用傅里叶变换，可以将晶格从实空间变换到倒格矢空间。空间函数本身的域通常被称为实空间。倒格矢空间则是指基于空间函数的傅里叶变换以空间频率或傅里叶变换的平面波的波矢来表示的空间。实空间和倒格矢空间通常都是二维或三维的。

倒格矢空间提供了一种可视化空间函数的傅里叶变换结果的方法，其作用类似于由时变函数的傅里叶变换引入的频域。在倒格矢空间中，晶格的哈密顿量可以很容易地进行对角化，对角化之后可以得到能量本征值。该能量本征值与倒格矢空间中的矢量 k 的关系，称为 E-k 关系，也就是我们常说的能带结构。

倒格矢空间涉及波，需要用到经典力学和量子力学的相关知识。由于具有单位振幅的正弦平面波可以写成 $\cos(kx - \omega t + \Phi_0)$，其具有初始相位 Φ_0、角波数 k 和角频率 ω，因此可以看作 k 和 x 的函数（时变部分是 ω 和 t 的函数）。该波的空间周期性由其波长 λ 定义，其中 $k\lambda = 2\pi$。因此，在倒格矢空间中相应的波数为 $k = 2\pi / \lambda$。

一般来说，晶格是实空间中一个无限的、规则的顶点阵列（又称点阵列），被称为布拉伐格子。有些晶格可能是歪斜的，这意味着构成它们的基矢量不一定成直角。倒格矢空间的格矢量（表示格点的矢量，简称格矢）被定义为任何函数的傅里叶级数中的平面波的波矢子集，其周期性与实空间中晶格的周期性相容。等价地，如果一个波元对应于实空间中的一个平面波，且这个波在任何给定时间的相位在每个直观格子顶点上都是相同的（实际上相差一个含整数 n 的常数 $2\pi n$），那么它就是倒格矢空间的一个顶点。

假设一个三维晶格，并用下标将每个格矢标为整数 $n=(n_1,n_2,n_3)$ 的三元组：

$$R = n_1 a_1 + n_2 a_2 + n_3 a_3, \quad n_i \in \mathbf{Z} \tag{2.1}$$

其中，$\mathbf{Z}$ 是整数集，a_i 是基本平移矢量。取一个函数 $f(r)$，其中 r 是从原点到任意位置的位置矢量。如果 $f(r)$ 是描述晶格中电子密度的函数，那么它将遵循该晶格的周期性。因此可以将 $f(r)$ 展开成多维傅里叶级数：

$$\sum_m f_m \mathrm{e}^{iG_m * r} = f(r) \tag{2.2}$$

其中，下标 $m=(m_1,m_2,m_3)$，这是一个三重求和；G_m 为倒格矢空间的格矢。

根据布洛赫（Bloch）定理，$f(r)$ 服从晶格的周期性，因此 r 通过任何格矢量 R_n 平移后将得到相同的值：

$$f(r + R_n) = f(r) \tag{2.3}$$

用式（2.2）所示的多维傅里叶级数来表达，有

$$\sum_m f_m \mathrm{e}^{iG_m * r} = \sum_m f_m \mathrm{e}^{iG_m *(r+R_n)} = \sum_m f_m \mathrm{e}^{iG_m * R_n} \mathrm{e}^{iG_m * r} \tag{2.4}$$

两个傅里叶级数相等，这意味着它们的系数相等，即 $\mathrm{e}^{iG_m * R_n} = 1$，这只有在式（2.5）成立时才能存在：

$$G_m * R_n = 2\pi n, \quad n \in \mathbf{Z} \tag{2.5}$$

倒格矢空间就是所有矢量 G_m 的集合。这些矢量其实是平面波的波矢，对应于实空间中具有晶格结构周期性的空间函数的傅里叶级数，并且所有 G_m 和 R_n 都满足式（2.5）。傅里叶级数中的每个平面波在所有的晶格点 R_n 上都有相同的相位（实际上可以相差一个倍数 2π）。

多维傅里叶级数 G_m 可以表示为 $G_m = m_1 b_1 + m_2 b_2 + m_3 b_3$，其中 $a_i * b_j = 2\pi \delta_{ij}$。以这种形式，拥有格矢 G_m 的倒格矢空间对应于周期为 R_n 的空间函数的傅里叶级数，其本身也是一个布拉伐格子。倒格子（倒格矢空间的空间晶格）与实空间的晶格是互易格子。

对二维晶格来说，由其原始矢量 (a_1, a_2) 定义的无限二维布拉伐格子的倒格矢空间可以通过生成两个倒格矢基矢量来确定：

$$G_m = m_1 b_1 + m_2 b_2 \tag{2.6}$$

其中，m_i 是一个整数，并且有

$$b_1 = 2\pi \frac{-Q a_2}{-a_1 * Q a_2} = 2\pi \frac{Q a_2}{a_1 * Q a_2} \tag{2.7}$$

$$b_2 = 2\pi \frac{Q a_1}{a_2 * Q a_1}$$

其中，Q 表示一个 90° 的旋转矩阵，即旋转 1/4 圆周。逆时针旋转和逆时针旋转都可以用来确定倒格矢基矢量：如果 Q 是逆时针旋转，则 Q' 是顺时针旋转。对于所有矢量 v，有 $Qv = -Q'v$。因此，可以使用以下排列方法：

$$\sigma = \begin{pmatrix} 1 & 2 \\ 2 & 1 \end{pmatrix} \tag{2.8}$$

对于三维晶格来说，由其基矢量 $(\boldsymbol{a}_1, \boldsymbol{a}_2, \boldsymbol{a}_3)$ 和整数 $n = (n_1, n_2, n_3)$ 定义的无限三维布拉伐格子 $\boldsymbol{R} = n_1 \boldsymbol{a}_1 + n_2 \boldsymbol{a}_2 + n_3 \boldsymbol{a}_3$，可以通过生成与其对应的 3 个倒格矢基矢量 $(\boldsymbol{b}_1, \boldsymbol{b}_2, \boldsymbol{b}_3)$ 来确定倒格矢空间：

$$
\begin{aligned}
\boldsymbol{b}_1 &= \frac{2\pi}{V} \boldsymbol{a}_2 \times \boldsymbol{a}_3 \\
\boldsymbol{b}_2 &= \frac{2\pi}{V} \boldsymbol{a}_3 \times \boldsymbol{a}_1 \\
\boldsymbol{b}_3 &= \frac{2\pi}{V} \boldsymbol{a}_1 \times \boldsymbol{a}_2
\end{aligned}
\tag{2.9}
$$

其中

$$
V = \boldsymbol{a}_1 \cdot (\boldsymbol{a}_2 \times \boldsymbol{a}_3) = \boldsymbol{a}_2 \cdot (\boldsymbol{a}_3 \times \boldsymbol{a}_1) = \boldsymbol{a}_3 \cdot (\boldsymbol{a}_1 \times \boldsymbol{a}_2)
\tag{2.10}
$$

是标量三重积。很容易看出，$(\boldsymbol{b}_1, \boldsymbol{b}_2, \boldsymbol{b}_3)$ 满足已知的条件 $\boldsymbol{a}_i * \boldsymbol{b}_j = 2\pi \delta_{ij}$。

下面介绍几种常见晶格结构的倒格矢空间。对于立方晶格边为 a 的简单立方晶格，它的倒格矢空间也是简单立方晶格，且其立方晶格边长为 $2\pi/a$。因此，立方晶格是自对偶的，在倒格矢空间和实空间中均具有相同的对称性。面心立方晶格的倒格矢空间是体心立方晶格，其立方晶格边长为 $4\pi/a$。体心立方晶格的倒格矢空间是面心立方晶格，其立方晶格边长为 $4\pi/a$。

图 2.4 所示为可结晶成金刚石型晶格和闪锌矿型晶格的材料（Si、GaAs 等）的倒格矢空间的第一布里渊区。金刚石型晶格和闪锌矿型晶格是面心立方晶格，因此其倒格矢空间是体心立方晶格。采用魏格纳-塞茨（Wigner-Seitz）方法可以得到体心立方晶格的第一布里渊区是一个距区域中心 $2\pi/a$ 处被晶面截断的截角八面体，其中 a 是立方晶格边长。图中的标记是高对称点处的群论标记，其中 Γ 点标记区域的中心（$k=0$），X 点标记沿<100>晶向的区域的边界点，L 点标记沿<111>晶向的区域的边界点。

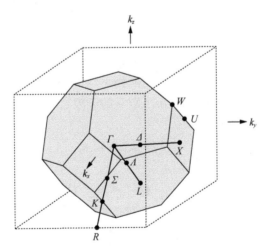

图 2.4　可结晶成金刚石型晶格和闪锌矿型晶格的材料的倒格矢空间的第一布里渊区

从图 2.4 可以看出，k 的最大值随着晶向的改变而改变，例如 $\Gamma \to L$ 沿着<111>晶向从区域中心到区域边界的长度是 $\Gamma \to X$ 沿着<100>晶向从区域中心到区域边界的长度的 $\sqrt{3}/2 \approx 87\%$。该结论可以解释后面介绍的 $E\text{-}k$ <100>图像和 $E\text{-}k$<111>图像的宽度为何不同。

2.3.2　E-k 图像

　　表征三维晶体 E-k 关系的表达式引出了一个基本问题，因为需要 3 个维度表示矢量 **k**，所以真实材料的 E-k 图像本质上是四维的。我们显然不可能画出一个完全表征晶格的三维能带结构的图像，一个可行的解决方法是令一个或多个变量为常数，从而使图像降维，但是这样处理这类图像很费力。幸运的是，在半导体中我们一般只对被载流子正常占据的部分能带，也就是导带极小值和价带极大值附近的区域感兴趣。在金刚石型晶格和闪锌矿型晶格中，极值点总是处于布里渊区中心或沿着高度对称的<100>和<111>晶向分布。因此，可以从"允许的能量值 E-沿着高度对称晶向上的 k 值"图像中推导出对我们非常有用的信息。

　　图 2.5 所示依次为表征锗［图 2.5（a）］、硅［图 2.5（b）］和砷化镓［图 2.5（c）（d）］能带结构的<100>/<111>晶向 E-k 图像。在研究这些图像前，需先明确这些图像是由两个方向组合成的：左半部分是沿着<111>晶向的 E-k 图像，而右半部分是沿着<100>晶向的 E-k 图像。还要注意的是，这些图像中的能量范围是以价带顶端的能量为参考点获得的，E_V 是可获得的最大价带能量，E_C 是最小导带能量，E_G（$=E_C-E_V$）即禁带宽度。

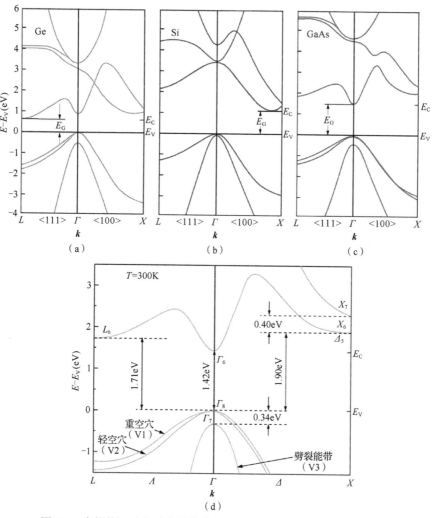

图 2.5　表征锗、硅和砷化镓能带结构的<100>/<111>晶向 E-k 图像

从图 2.5 中可以看出，价带具备以下特点。

（1）图中 3 种材料的价带最大值都位于布里渊区的中心（$k=0$ 处）。

（2）每种材料的价带实际上是由 3 条子带组成的，其中 2 条能带在 $k=0$ 处简并（有相同的能级），第 3 条能带的最大值对应的能级比前两条的略微小一些［在硅中，无法在图 2.5（b）所示的总能量范围内区分前 2 条能带，但可分辨出第 3 条能带在 $k=0$ 处的最大值仅比 E_V 小 0.044eV］。这与本书 2.3.4 小节将要讨论的有效质量或能带曲率的结果一致，在 $k=0$ 处两条简并能带中具有较小曲率的称为重空穴能带，具有较大曲率的称为轻空穴能带，$k=0$ 处最大值对应的能量略小于价带顶的子带称为劈裂能带。

同时，导带具备以下特点。

（1）锗、硅和砷化镓的导带结构的总体特征是有一些相似的，每种材料的导带都由一些子带组成，不同的子带又反过来展示其确定的局部最小值位于布里渊区的中心或某一个高度对称的晶向上。但是，不同材料的所有导带的极小值位置（即电子易于聚集的"谷底"）不同。

（2）在锗中，导带的极小值正好位于沿着图中的<111>晶向的布里渊区边界上。实际上，存在 8 个等价的导带极小值，因为共有 8 个等价的<111>晶向，但是每个等价导带的能谷只有一半处于第一布里渊区内。导带结构中的其他极小值处于更高的能级，因此很少被电子占据，在大多数情况下都会被忽略。

（3）硅的导带极小值位于沿着图 2.5（b）中的<100>晶向距布里渊区中心 $k \approx 0.8(2\pi / a)$ 处，因为<100>晶向具有六度对称性，所以在布里渊区中有 6 个等价的导带极小值。硅导带结构中的其他极小值位于较高能级上，且通常被忽略。

（4）在本节讨论的这些材料中，砷化镓是很独特的，它的导带极小值位于布里渊区的中心，刚好在价带极大值的正上方。此外，沿着<111>晶向的布里渊区边界处的 L-谷底仅比导带极小值高了 0.29eV，所以在平衡状态下升高温度甚至会导致 L-谷底有不可忽略的一定数量电子。电子从 Γ-谷底转移到 L-谷底给电子转移器件（耿氏二极管）提供了物理机制，且无论何时在该材料上施加大电场都必须要考虑该情况。

以上分别讨论了硅、锗和砷化镓的导带结构和价带结构的性质。需要指出的是，能带的极值点在 k-空间的相关位置本身就是一个材料的重要性质。若导带极小值和价带极大值出现在相同的 k 值处，则该材料被称为直接带隙半导体；若导带极小值和价带极大值出现在不同的 k 值处，则该材料被称为间接带隙半导体。直接带隙半导体中发生导带和价带间的电子转移时，晶体动量几乎不会或完全不会发生变化。与之相反，对间接带隙半导体中发生的导带和价带间的电子转移过程，必须考虑动量守恒的影响。在本节讨论的 3 种半导体中，砷化镓属于直接带隙半导体，而锗和硅是间接带隙半导体。半导体的直接禁带或间接禁带特性对于材料的光学性质具有显著影响，例如砷化镓的直接禁带特性使它成为半导体激光管和红外发射管的理想材料。

2.3.3　等能面

波矢被限制在 k-空间的特定晶向上的 E-k 图像提供了一种描述三维晶体的能带结构相关信息的方式，另外一种可行的方法是画出给定的某个能级 E 对应的所有允许的 k 值的三维 k-空间图像。对半导体而言，E 是从被载流子填充的能级范围内选择的，即价带 $E \leqslant E_\mathrm{v}$ 或

导带 $E \geqslant E_C$ 与给定的能级有关。允许的 k 值在 $\boldsymbol{k}$-空间形成一个或多个曲面，这些几何曲面被称为等能面。图 2.6（a）～图 2.6（c）分别展示了锗、硅和砷化镓中 E_C 能级附近表征导带结构的等能面。

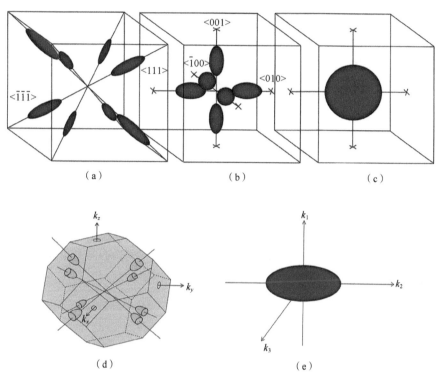

图 2.6　等能面相关示意图

如介绍 E-k 图像时指出的那样，锗的导带极小值（$E = E_C$）出现在 8 个等价的<111>晶向上；硅的导带极小值出现在 6 个等价的<100>晶向上。这解释了锗和硅图像中等能面的数量和位置[如图 2.6（d）所示，实际上锗只有一半等能面在第一布里渊区内，锗的导带极小值正好出现在布里渊区的边界上]，由于砷化镓的导带极小值处于布里渊区的中心，所以它只有一个等能面。

虽然之前的介绍涵盖了绝大部分的图像特征，但是仍需要具体解释等能面的几何形状。对于半导体材料来说，在略微偏离 E_C 的极值点附近的能带通常可写成一般形式：

$$E - E_C \simeq Ak_1^2 + Bk_2^2 + Ck_3^2 \qquad (2.11)$$

其中，A、B 和 C 为常数，k_1、k_2 和 k_3 是沿着主轴从能带极小值的中心出发测量的 $\boldsymbol{k}$-空间坐标轴。以图 2.6（a）所示的<111>锗能带的极小值为例，k_1-k_2-k_3 坐标系的原点位于<111>晶向的 L 点，其中一条坐标轴（k_1 轴）沿着 k_x-k_y-k_z <111>晶向。对于立方晶体如锗、硅和砷化镓，式（2.1）中至少有两个常数必须相等以满足对称性要求。所以，这些材料中导带极小值对应能级附近允许的 E-k 关系为

$$E - E_C \simeq A(k_1^2 + k_2^2 + k_3^2) \qquad A = B = C \qquad (2.12)$$

和（只写下 3 个方程中的 1 个）

$$E - E_C \simeq Ak_1^2 + B(k_2^2 + k_3^2) \qquad B = C \qquad (2.13)$$

当 E 为常数时，式（2.2）可看作中心位于能带极小值的球面公式。此外，E 保持为常数的式（2.3）是绕 k_1 轴旋转的椭球面的数学表达式。砷化镓的导带结构符合式（2.2）表示的球形等能面，锗和硅的等能面符合式（2.3）表示的绕轴旋转的椭球面。

研究价带结构可以发现，锗、硅和砷化镓的 3 条子能带中的每条都与图 2.6（c）类似。换句话说，$k=0$ 价带极大值处的等能面大致是球形的，可以用式（2.2）描述，只需将 $E - E_C \to E_v - E$。这和之前 E-k 图像中这些价带子能带与方向无关的发现一致。

等能图对于概念的可视化十分有帮助，通过检查这些图像可以确定能带极值点的位置和多样性。同时，等能面的形状也会提供载流子有效质量的信息，人们在分析半导体器件（尤其是与方向相关的现象）时往往会参考这类图像。本书在讨论等效质量及推导之后的态密度时会具体应用图 2.6 中的图像。

2.3.4　有效质量

通过对一维能带进行分析，可知由外力导致的电子的运动遵循牛顿第二定律的修正形式，$dv / dt = F / m^*$，其中标量参数 $m^* = \hbar^2 / (d^2 E / dk^2)$，被定义为电子的有效质量。

三维晶体中由施加的外力引起的电子加速度可近似表示为

$$\frac{d\boldsymbol{v}}{dt} = \frac{1}{m^*} \cdot \boldsymbol{F} \qquad (2.14)$$

其中

$$\frac{1}{m^*} = \begin{pmatrix} m_{xx}^{-1} & m_{xy}^{-1} & m_{yz}^{-1} \\ m_{yx}^{-1} & m_{yy}^{-1} & m_{yz}^{-1} \\ m_{zx}^{-1} & m_{zy}^{-1} & m_{zz}^{-1} \end{pmatrix} \qquad (2.15)$$

是包含以下成分的有效质量张量的倒数：

$$\frac{1}{m_{ij}} = \frac{1}{\hbar^2} \times \frac{\partial^2 E}{\partial k_i \partial k_j} \qquad i, j = x, y, z \qquad (2.16)$$

一个有趣的结论是：对于一个给定的电子，其加速度和施加的外力通常不会在某一方向上互呈线性关系。例如，施加一个 $+x$ 方向上的力，可得到

$$\frac{d\boldsymbol{v}}{dt} = m_{xx}^{-1} \boldsymbol{F}_x \boldsymbol{a}_x + m_{yx}^{-1} \boldsymbol{F}_x \boldsymbol{a}_y + m_{zx}^{-1} \boldsymbol{F}_x \boldsymbol{a}_z \qquad (2.17)$$

其中，$\boldsymbol{a}_x$、$\boldsymbol{a}_y$ 和 $\boldsymbol{a}_z$ 分别为沿着 x、y 和 z 轴的单位矢量。幸运的是，晶体和 $\boldsymbol{k}$-空间的坐标系总是可以旋转的，从而使 $\boldsymbol{k}$-空间的轴能够和原点位于能带极值点处的主轴系平行。经过旋转后，因为能带极值点处的 E-k 关系是抛物线形的，所以所有的 $1/m_{ij}(i \neq j)$ 都会为 0，因此有效质量张量中非对角线上的项会被消除。通常来讲，最多只需要 3 个有效质量分量来指定载流子的运动，这些运动被限制在极限点附近。此外，运动方程在可旋转坐标系中可极大地化简为 $dv_i / dt = F_i / m_{ij}$。

对于立方晶体如锗、硅和砷化镓，我们甚至可以得到更加简化的结果。对于砷化镓，k_x-k_y-k_z 坐标系是主轴系统，由于导带结构是球形，E-k 关系为

$$E - E_{\text{C}} = A(k_x^2 + k_y^2 + k_z^2) \tag{2.18}$$

因此，不仅 $1/m_{ij}(i \neq j)$ 成分会消失，得到

$$m_{xx}^{-1} = m_{yy}^{-1} = m_{zz}^{-1} = \frac{2A}{\hbar^2} \tag{2.19}$$

而且沿着 x、y、z 这 3 个方向的有效质量正好相等。

若定义 $m_{ij} = m_{\text{e}}^*$，则可以写出

$$E - E_{\text{C}} = \frac{\hbar^2}{2m_{\text{e}}^*}(k_x^2 + k_y^2 + k_z^2) \tag{2.20}$$

和

$$\frac{\mathrm{d}\boldsymbol{v}}{\mathrm{d}t} = \frac{\boldsymbol{F}}{m_{\text{e}}^*} \tag{2.21}$$

对于砷化镓中的导带电子，由于具有类似经典粒子的、与方向无关的运动方程，有效质量张量会"退化"为一个简单的标量，显然，球形能带是能带结构最简单的类型，只需要一个有效质量值就可表示载流子。

对于硅和锗材料，其等能面可简化为椭球形，因此可以建立一个以 k_1-k_2-k_3 为主轴的坐标系，其中 k_1 位于旋转轴上[见图 2.6（e）]，于是等能面可描述为

$$E - E_{\text{C}} = Ak_1^2 + B(k_2^2 + k_3^2) \tag{2.22}$$

在主轴系中，有效质量张量的倒数为 1 个对称张量，即

$$m_{11}^{-1} = \frac{2A}{\hbar^2} \tag{2.23}$$

$$m_{22}^{-1} = m_{33}^{-1} = \frac{2B}{\hbar^2} \tag{2.24}$$

因为 m_{11} 和 $\boldsymbol{k}$-空间沿着旋转轴的方向有关联，所以它被称为径向有效质量，符号通常为 m_1^*。类似地，$m_{22} = m_{33}$，与垂直于旋转轴的方向关联，被称为横向有效质量，符号为 m_{t}^*。由此，可得到

$$E - E_{\text{C}} = \frac{\hbar^2}{2m_1^*}k_1^2 + \frac{\hbar^2}{2m_{\text{t}}^*}(k_2^2 + k_3^2) \tag{2.25}$$

现在，式（2.15）可给硅和锗中的任何一个椭球形等能面建模。对于一个给定的材料，旋转而成的椭球具有大致相同的形状，因此两个有效质量参数（m_1^* 和 m_{t}^*），完全表征了硅和锗中的导带电子。

这里需要注意，m_1^* 和 m_{t}^* 的相对大小可以从硅和锗的等能图中推导出来。通过比较式（2.15）和旋转而成的椭球体的一般表达式可以发现：

$$\frac{m_1^*}{m_{\text{t}}^*} = \left(\frac{\text{椭球沿着旋转轴的长度}}{\text{椭球垂直于旋转轴的最大宽度}} \right)^2 \tag{2.26}$$

通过研究图 2.6（a）（b）可以得到结论：对于硅和锗，$m_1^* > m_{\text{t}}^*$。锗椭球体的伸长率更大，进一步表明锗的 m_1^*/m_{t}^* 比硅的大。

硅中的导带电子的径向有效质量 $m_l^*=0.98m_0$，电子的横向有效质量 $m_t^*=0.19m_0$；锗中的导带电子的径向有效质量 $m_l^*=1.64m_0$，电子的横向有效质量 $m_t^*=0.082m_0$。其中，m_0 为电子的静止质量。

对于锗、硅和砷化镓的空穴特性，如之前所述，这些材料中的价带结构大致是球形的，且由 3 个子能带组成，因此一个给定子能带的空穴可由单个有效质量参数表征，但是表征所有的空穴数理论上需要 3 个有效质量。子能带参数有重空穴有效质量 m_{hh}^*、轻空穴有效质量 m_{lh}^* 和劈裂能带中空穴的有效质量 m_{so}^*。

硅的重空穴有效质量 $m_{hh}^*=0.53m_0$，轻空穴有效质量 $m_{lh}^*=0.16m_0$，劈裂能带中空穴的有效质量 $m_{so}^*=0.25m_0$，劈裂空穴能带在 $k=0$ 处的能量比重空穴能带和轻空穴能带在 $k=0$ 处的能量小 0.044eV。室温下，高纯硅的电子迁移率为 1350cm² /（V·s），空穴迁移率为 500cm² /（V·s）。

锗的重空穴有效质量 $m_{hh}^*=0.36m_0$，轻空穴有效质量 $m_{lh}^*=0.044m_0$，劈裂能带中空穴的有效质量 $m_{so}^*=0.077m_0$，劈裂空穴能带在 $k=0$ 处的能量比重空穴能带和轻空穴能带在 $k=0$ 处的能量小 0.29eV。在室温下，高纯锗的电子迁移率为 3900m² /（V·s），空穴迁移率为 1900cm² /（V·s）。

2.3.5　禁带宽度

禁带宽度 $E_G(=E_C-E_V)$ 可能是半导体物理中最重要的参数。在室温下，$E_G \simeq 0.66\text{eV}$（Ge），$E_G \simeq 1.12\text{eV}$（Si），$E_G \simeq 1.42\text{eV}$（GaAS）。随着温度降低，晶格收缩会导致原子间化学键的加强和能隙能量的增加，这适用于大量半导体，包括锗、硅和砷化镓，如图 2.7 所示。禁带宽度随温度的变化可以由以下"普适"的应用关系描述：

$$E_G(T) = E_G(0) - \frac{\alpha T^2}{(T+\beta)} \tag{2.27}$$

其中，α 和 β 是常数，可取合适的数值以获得和实验数据最好的拟合。在零开尔文温度下，$E_G(0)$ 是禁带宽度的极限值。

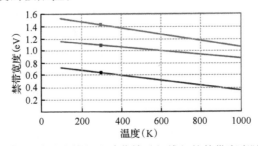

图 2.7　锗（黑线）、硅（蓝线）和砷化镓（红线）的禁带宽度随着温度的变化

2.4　硅材料

由于地壳中硅的含量很高，天然硅基材料已经被使用了数千年，古埃及时期的人们曾用其制作珠子和小花瓶。至少从公元前 1500 年起，古埃及人和古腓尼基人就开始制造含

二氧化硅（SiO_2）的玻璃。天然硅酸盐化合物还用在各种类型的砂浆中，用于建造人类早期房屋。本章前 3 节详细介绍了硅材料的晶格、能带、电子有效质量等知识，本节将对硅材料的历史、应用、制备以及应变硅材料做进一步的介绍。

2.4.1 硅材料的发现

1787 年，安托万·拉瓦锡（Antoine Lavoisier）怀疑二氧化硅可能是基本化学元素的氧化物，但是硅对氧的化学亲和力足够高，以至于他没有办法还原氧化物和分离该元素。在 1808 年试图分离硅之后，汉弗莱·戴维（Humphry Davy）爵士为硅取名为 "silicium"，这个单词来自拉丁语 silex，并以 "-ium" 结尾，因为他认为硅是金属。大多数其他语言都使用戴维所取名称的音译形式，有时会适应当地的音系（如在德国称为 silizium，在土耳其称为 silisyum）。

盖吕萨克（Gay-Lussac）和泰纳（Thénard）在 1811 年通过加热钾（K）金属和四氟化硅（SiF_4）制备出了不纯的非晶硅，但他们没有对该反应的产物进行纯化和表征，也没有将其鉴定为新元素。苏格兰化学家托马斯·汤姆森（Thomas Thomson）在 1817 年将硅命名为现在的名称。他保留了戴维所取名称的一部分，并加上了 "-on"，因为他认为硅是一种类似于硼和碳的非金属。1823 年雅各布·贝泽利乌斯（JönsJacob Berzelius）用与盖吕萨克差不多的方法（用熔融的钾金属还原氟硅酸钾）制备了非晶硅，并且通过反复洗涤将其纯化为褐色粉末，因此他被认为是最早发现硅的人。同年，贝泽利乌斯所在的公司率先对四氯化硅（$SiCl_4$）进行了商业化制备，而早在 1771 年卡尔·威廉·舍勒（Carl Wilhelm Scheele）就已经通过将二氧化硅溶解在氢氟酸中来制备四氟化硅（SiF_4）。

戴维利（Deville）直到 31 年后才制备出现在更常见的晶体形式的硅。通过电解含有大约 10%硅的氯化钠和氯化铝的混合物，他于 1854 年获得了一种不纯的硅同素异形体。弗里德里希·沃勒（Friedrich Wöhler）发现了第一批硅的挥发性氢化物，于 1857 年合成了三氯硅烷，并于 1858 年合成了硅烷本身，尽管人们早就对硅烷的存在进行了预测，但一直未对其进行更进一步的探索，直到 20 世纪初，阿尔弗雷德·斯托克（Alfred Stock）对硅烷进行了详细研究。1863 年，查尔斯·弗里德尔（Charles Friedel）和詹姆斯·克拉夫茨（James Crafts）合成了第一种有机硅化合物——四乙基硅烷，此后弗里德克里·基平（Frederic Kipping）于 20 世纪初完成了对有机硅化学的详细表征。

从 1920 年开始，威廉·劳伦斯·布拉格（William Lawrence Bragg）在 X 射线晶体学上的工作成功地阐明了硅酸盐的成分，该成分以前在分析化学中是已知的，但尚未被人们理解。20 世纪中期，硅氧烷的化学和工业用途得到发展，有机硅聚合物、弹性体和树脂的应用也日益广泛。20 世纪末期，人们终于深入理解了硅化物晶体化学的复杂性以及掺杂半导体的固态化学。

2.4.2 硅材料的应用

1854 年，晶态硅[见图 2.8（a）]第一次被提纯出来。然而，最早的半导体器件没有使用硅，而是使用了方铅矿，包括 1874 年德国物理学家费迪南德·布劳恩（Ferdinand Braun）发明的晶体探测器和 1901 年物理学家贾加迪什·钱德拉·玻色（Jagdish Chandra Bose）

发明的无线电晶体探测器。第一个硅半导体器件是由美国工程师格林利夫·惠蒂尔·皮卡德（Greenleaf Whittier Pickard）在 1906 年开发的硅无线电晶体检测器。

　　1940 年，罗素·奥尔（Russell Ohl）发现了硅中的 PN 结和光伏效应，并于次年开发了用于雷达微波探测器晶体的高纯度锗和硅晶体的生产技术。1947 年，物理学家威廉·肖克利（William Shockley）对由锗和硅制成的场效应放大器进行了理论研究，但他未能制造出该器件[17]。第一个晶体管是当年晚些时候由约翰·巴丁（John Bardeen）和沃尔特·布拉顿（Walter Brattain）在肖克利任职期间制造的点接触锗晶体管[18]。1954 年，物理化学家莫里斯·塔南鲍姆（Morris Tanenbaum）在贝尔实验室制造了第一个硅结型晶体管。1955 年，贝尔实验室的卡尔·弗罗斯（Carl Frosch）和林肯·德里克（Lincoln Derick）偶然发现二氧化硅可以在硅上生长。后来，他们于 1958 年提出二氧化硅可以用作掩模，在扩散过程中遮盖硅表面。

（a）　　　　　　　　　　　　　　　　　　（b）

图 2.8　晶态硅和单晶硅棒

（a）晶态硅　（b）单晶硅棒

（图片来源：维基百科）

　　在半导体工业的早期，制造晶体管和其他半导体器件的主要材料是锗，而不是硅。锗最初被认为是更有效的半导体材料，因为它具有更高的载流子迁移率，因此能够表现出更好的性能。早期硅半导体性能的相对不足是因为不稳定的表面态限制了电导率，由于表面存在不饱和键而产生的悬挂键使电子被捕获在表面缺陷态上，阻止了电场穿透表面到达半导体硅层产生控制效应。

　　埃及工程师穆罕默德·阿塔拉[Mohamed M. Atalla，见图 2.9（a）]的工作给硅半导体产业带来了技术上的突破（尽管多数历史记载中未提及他的功绩）。20 世纪 50 年代后期，他在贝尔实验室开发了通过热氧化进行表面钝化的工艺。他发现热生长形成的二氧化硅大大降低了硅表面上缺陷态的浓度，并且二氧化硅层可使硅表面的电学性质稳定。阿塔拉首先在 1957 年的贝尔备忘录中发表了他的发现，并于次年通过实验证明了可以在硅表面上热生长高质量二氧化硅绝缘体膜以保护下面的硅 PN 结二极管和晶体管。阿塔拉的表面钝化工艺能够使硅获得优于锗的电学性能，进而取代锗成为主要的半导体材料，为硅的应用革命铺平了道路。表面钝化工艺被认为是硅半导体技术中最重要的进步，为硅半导体器件的批量生产奠定了基础。

　　1959 年，阿塔拉在自己表面钝化和热氧化方面开拓性工作的基础上，与他的韩国同事江大原（Dawon Kahng）一起发明了金属氧化物半导体场效应晶体管（Metal Oxide Semiconductor Field-Effect Transistor，MOSFET）。MOSFET 是第一款批量生产的硅场效应晶体管，并被认为引发了硅革命。此外，飞兆半导体另外两项有关硅半导体的重要发明，即由瑞士工程师金·赫尔尼[Jean Hoerni，见图 2.9（b）]在 1958 年发明的平面技术和美国物理学家罗伯特·诺伊斯[Robert Noyce，见图 2.9（c）]在 1959 年发明的硅芯片都是基于阿塔拉的表面钝化工艺完成的。基于这些硅半导体领域的先进技术，阿塔拉在 1960 年提出了 MOS 集成电路的概念，这是一种由 MOSFET 构建的硅芯片，后来成为集成电路的标准半导体器件制造工艺[19]。到 20 世纪 60 年代中期，阿塔拉的氧化硅表面工艺已用于制造几乎所有集成电路和硅器件，通过热氧化进行表面钝化现在仍然是硅半导体技术的关键工艺步骤。

（a）　　　　　　　　　　　（b）　　　　　　　　　　　（c）

图 2.9　穆罕默德·阿塔拉、金·赫尔尼和罗伯特·诺伊斯

（a）穆罕默德·阿塔拉　（b）金·赫尔尼　（c）罗伯特·诺伊斯

（图片来源：维基百科）

20 世纪末至 21 世纪初，以硅材料为基础的集成电路技术飞速发展，因此人们将这一时期称为"硅时代"，也称为数字时代或信息时代。硅革命（也称为数字革命或信息革命）的关键要素或"主力军"是硅 MOSFET，它是第一款真正的紧凑型晶体管，可以微型化并批量生产，广泛应用于各种场景。硅革命的历史可以追溯到 1959 年 MOSFET 的发明，从那时起，以硅 MOSFET 为基础的集成电路开始大规模生产，并如摩尔定律所预测的那样，其性能呈指数级增长，带来了技术、经济、文化和思想等方面革命性的变化。此后，MOSFET 迅速成为历史上使用最广泛的器件，1960—2018 年，全球估计共制造了 10^{21} 个 MOSFET。

硅是高科技半导体器件中的重要元素，因此世界上许多地方都以硅（或其旧称"矽"）为名。美国加利福尼亚州的圣塔克拉拉山谷（Santa Clara Valley）因当地繁荣的半导体行业获得了"硅谷"的绰号，类似的还有美国俄勒冈州的硅森林、得克萨斯州奥斯汀的硅山、犹他州盐湖城的硅坡、纽约的硅巷和洛杉矶的硅滩，德国的萨克森硅谷，印度的硅谷，墨西哥墨西卡利的硅边界，英国剑桥的硅沼泽、伦敦的迷你硅谷、苏格兰的矽谷镇、英格兰布里斯托尔的硅峡谷。

2.4.3　半导体硅的制备

纯度为 96%～99% 的硅是通过用高纯焦炭还原石英岩或沙子制成的。还原过程是在电弧炉中进行的，过量的二氧化硅用于阻止碳化硅（SiC）的累积：

$$SiO_2 + 2C \rightarrow Si + 2CO \tag{2.28}$$

$$2SiC + SiO_2 \rightarrow 3Si + 2CO \tag{2.29}$$

该反应通常被称为二氧化硅的碳热还原反应，是在含有少量磷和硫的废铁存在的条件下进行的，可生成硅铁。硅铁是一种铁硅合金，其中含有不同比例的元素硅和铁，约占世界元素硅产量的 80%。硅铁主要用于钢铁工业，用作钢铁中的合金添加剂及用于钢铁厂中的钢脱氧过程。

有时，硅单质的制备也使用铝热还原二氧化硅的方法：

$$3SiO_2 + 4Al \rightarrow 3Si + 2Al_2O_3 \tag{2.30}$$

用水浸泡 96%～97% 的粉末状纯硅可产生纯度约为 98.5% 的纯硅，用于化学工业。半导体应用中的硅需要更高的纯度，因此需要通过还原四氯硅烷（$SiCl_4$）或三氯硅烷（HCl_3Si）来生产。前者通过氯化废硅制得，而后者是有机硅生产的副产品。这些化合物是挥发性的，因此可以通过重复分馏进行纯化，再用纯度非常高的锌金属作为还原剂还原为元素硅，然后将由此产生的海绵状硅片熔化并生长成圆柱形单晶，通过区域精制将其纯化。其他方法还包括硅烷或四碘硅烷的热分解，以及用金属钠还原磷酸肥料工业中常见的废品六氟硅酸钠（Na_2SiF_6），这种反应放热量很高，因此不需要添加外部燃料。

超纯硅的纯度高于几乎所有其他材料：制造晶体管需要硅晶体中的杂质含量低于 $1/10^{10}$，在特殊情况下，甚至需要杂质含量低于 $1/10^{12}$。将前面所获得的高纯度多晶硅熔化，用单晶硅作为晶体生长的"种子"和熔化的硅表面接触，一边旋转一边缓慢地向上拉起，可以制备出硅原子排列整齐的高纯度单晶硅棒［见图 2.8（b）］，再经过研磨、抛光、切片，即可得到晶圆。拉晶工艺水平越高，所获得的晶圆尺寸也就越大。为了实现超高纯度、高质量的硅晶圆，我国浙江大学的杨德仁院士开创性地提出在高纯硅中掺氮控制集成电路用直拉硅单晶微缺陷的思路，系统地解决了氮相关缺陷的基础科学问题；提出了微量掺锗硅晶体生长系列技术，解决了相关硅晶体的基础科学问题，有力地推动了我国硅晶技术的发展。

2.4.4　应变硅材料

应变硅是一层硅，其中硅原子间的距离被拉伸至超过了其正常原子间距离，这可以通过将硅层放在硅锗（SiGe）衬底上来实现。当硅层中的原子与下面的硅锗层的原子（相对于块状硅晶体的原子排列得更远）对齐时，硅原子之间的化学键被拉伸，从而形成应变硅（见图 2.10）。将这些硅原子移得更远可以减小原子力，该原子力会通过晶格排列干扰电子的运动，改善电子迁移率，从而提高芯片性能并降低能耗。这些电子的移动速度可以提高 70%，从而使应变硅晶体管的开关速度快 35%。

在源极和漏极上掺杂晶格失配的原子（如锗和碳），也可以产生应力。在 P 沟道 MOSFET 的源极和漏极中掺杂高达 20% 的锗会在沟道中引起单轴压缩应变，从而提高空穴迁移率。在 N 沟道 MOSFET 的源极和漏极中掺杂低至 0.25% 的碳会在沟道中引起单轴拉伸应变，从而提高电子迁移率。用高应力氮化硅层覆盖 N 沟道 MOSFET 是另一种产生单轴拉伸应变的方法，与 MOSFET 制造之前在沟道层上引起应变的晶片级方法相反，这种方法使用在 MOSFET 制造过程中产生的应变来改变沟道中的载流子迁移率。

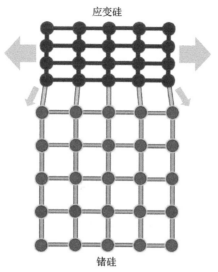

图 2.10　应变硅的原子结构示意图

2.5　锗材料

锗是一种脆性强、有灰白色光泽的准金属，化学性质类似于同族的锡元素与硅元素。纯锗是一种外观与硅元素相似的半导体。锗和硅一样，会在室温下发生自然氧化。由于高浓度的锗很少见，因此化学史中锗被发现的时间相对较晚。锗元素在地壳中的含量排名第五十。锗元素在晶体管和各种其他电子设备中用作半导体，历史上半导体电子技术的第一个10 年完全基于锗。当前，锗的主要用途是光纤系统、红外光学器件、太阳能电池应用和LED。本章前 3 节详细介绍了锗材料的晶格、能带、电子有效质量等知识，本节将对锗材料的发现历史及应用作进一步的介绍。

2.5.1　锗材料的发现

俄罗斯化学家德米特里·门捷列夫（Dmitri Mendeleev）在 1869 年的《化学元素的周期性法》报告中预测：存在几种未知的化学元素，其中一种会填补硅和锡之间碳族元素中的空白。由于它在周期素的位置，门捷列夫把它命名为拟硅（Ekasilicon，Es），他估计其原子量为 70（后来证实为 72）。

1885 年，人们在德国萨克森州弗赖贝格附近的一处矿山中发现了一种新矿物，因其含银量高而被称为银辉石。化学家克莱门斯·温克勒（Clemens Winkler）分析了这种新矿物，事实证明该矿物是银、硫和一种新元素的混合物（后来的研究表明，这种新矿物是菱铁矿，化学式为 Ag_8GeS_6）。温克勒于 1886 年将新元素分离出来，发现它类似于锑。他最初认为新元素在元素周期表中靠近锑，但很快就确信它应该靠近硅。在温克勒发表有关新元素的结果之前，他决定将该元素命名为锖。然而，"锖"这个名称已经被赋予了另一种拟议的化学元素（尽管不是 1940 年发现的以锖命名的元素）。因此，温克勒将新元素命名改为锗（来自拉丁语 Germania）以纪念他的祖国德国。该新元素与砷元素、锑元素以及德米特里·门捷列夫预测的元素"拟硅"具有相似性，因此证实了其在元素周期表中的位置。温克勒从萨克森州矿山中的 500 千克矿石中提取了更多材料，于 1887 年证实了这种新元素的化学性质。他还通过分析纯四氯化锗（$GeCl_4$）得出了 72.32 的原子量，而勒科克·德·布瓦博德兰(Lecoq de Boisbaudran)则通过比较元素的火花光谱中的谱线得出了 72.3 的原子量。

温克勒进一步制备了锗的几种新化合物，包括氟化物、氯化物、硫化物、二氧化物和首个有机锗烷四乙基锗烷$[Ge(C_2H_5)_4]$。这些化合物的物理数据与门捷列夫的预测非常吻合，因此这一发现成为确认门捷列夫元素周期的重要证据。

直到 20 世纪 30 年代末期，人们一直认为锗是一种导电性差的金属。1945 年之后，锗才被发现经济上的重要意义，那时它作为半导体的性能得到了认可。第二次世界大战期间，人们在一些特殊的电子设备（主要是二极管）中使用了少量的锗，主要用途包括在战争期间用于雷达脉冲检测的点接触肖特基二极管。1955 年人们制得了第一批硅锗合金。1945 年以前，冶炼厂每年仅生产几百千克锗，但是到 20 世纪 50 年代末期，全世界锗的年产量达到 40 吨。

1948 年锗晶体管的发展为固态电子产品的应用打开了大门。从 1950 年到 20 世纪 70 年代初期，该领域为锗提供了不断增长的市场，但是随后高纯度硅开始在晶体管、二极管和整流器中取代锗。例如，成立于 1957 年的仙童半导体的目标就非常明确——只生产硅晶体管。硅具有优异的电学性能，但是它需要更高的纯度，在半导体电子学的早期阶段这是无法在商业上实现的。

同时，光纤通信网络、红外夜视系统和聚合催化剂对锗的需求急剧增加。这些领域的应用占 2000 年全球锗消费量的 85%。美国政府甚至将锗指定为重要战略材料，并要求在 1987 年的国防储备中提供 146 吨的锗。

锗与硅的不同之处在于，由于可开采资源短缺，锗的产量受自然条件的限制，而硅的产量仅受生产力的限制，因为硅来自普通的沙子和石英。1998 年，硅的价格不到每公斤 10 美元，每千克锗的价格几乎达 800 美元。

2.5.2　锗材料的应用

锗材料主要应用于光纤系统、红外线光学和太阳能发电等光电领域，在催化、冶金和化学领域也具有重要意义。

锗氧化物的显著特性是折射率高和光学色散弱，这些性质使它特别适用于广角相机镜头、显微镜和光纤的核心部分。它取代了二氧化钛作为二氧化硅光纤核心的掺杂物，这样就不用再进行后续热处理，避免因此使光纤变得易碎。锗锑碲（GeSbTe）是一种具有特殊光学性质的相变材料，可作为可擦写 DVD 中使用的材料。

由于锗在红外波长中是透明的，且可以很容易地被切割并打磨成光学镜片，因此它是一种重要的红外光学材料。因其特殊的性能，锗往往被用于需要非常灵敏的红外探测器的红外光谱仪和其他光学设备中，如用于制作在 8～14μm 范围内工作的热像仪中的前置光学器件，来实现被动热像仪以及军事、移动夜视和消防应用中的热点检测功能。

硅锗合金正迅速成为高速集成电路的重要半导体材料。利用 Si-SiGe 结的电路要比仅使用硅的电路快得多，硅锗开始取代无线通信设备中的砷化镓。具有高速特性的硅锗芯片可以采用低成本、成熟的硅芯片行业生产技术来制造。

太阳能电池板是锗的主要用途。在太空中应用的高效多结光伏电池的晶片基板、汽车前照灯和背光液晶显示屏（LCD）中的高亮度 LED 都是锗的重要应用场景。

因为锗和砷化镓具有非常相似的晶格常数，所以以锗衬底可用于制造砷化镓太阳能电池，火星探测器漫游者（Mars Exploration Rover，MER）和一些卫星都应用了相关技术。

绝缘体上的锗（Ge On Insulator，GeOI）衬底被认为是微型芯片上硅的潜在替代品。2008 年，法国原子能委员会电子与信息技术实验室研制出基于 GeOI 衬底的 CMOS 电路[20]。锗的其他用途包括荧光灯中的荧光粉和固态发光二极管，此外还有某些踏板效果器中使用的锗晶体管。这种采用锗材料制成的效果器能够重现早期摇滚时代被称为"模糊音"的独特音调，深受一部分音乐家喜爱，其中最有名的是 Dallas Arbiter 生产的 Fuzz Face 效果器。

2.6　砷化镓材料

砷化镓（GaAs）是镓元素和砷元素的化合物，它是具有闪锌矿型晶格结构的Ⅲ-Ⅴ族直接带隙半导体，其晶格和能带的有关知识在本章前 3 节中已经介绍。砷化镓常用于制造电子设备，如微波频率集成电路、单片微波集成电路、红外发光二极管、激光二极管、太阳能电池等，还常用作衬底夹外延生长其他Ⅲ-Ⅴ族半导体，如砷化铟镓、砷化铝镓等。

砷化镓的某些电学性能优于硅。它具有更高的饱和电子速度和电子迁移率，从而能够使砷化镓晶体管在超过 250GHz 的频率下工作。由于砷化镓器件的禁带宽度较宽，因此它们对温度不敏感。并且与硅器件相比，砷化镓器件在电子电路中产生的噪声（电信号干扰）也较小，尤其是在高频下，这是更高的载流子迁移率和更弱的电阻器件寄生效应的结果。这些优越的性能使砷化镓电路被广泛应用于移动电话、卫星通信、微波点对点链路和高频雷达系统。此外，它也用于制造耿氏二极管，以产生微波信号。

砷化镓的另一个优点是它属于直接带隙半导体，可以有效地吸收和发射光。硅是间接带隙半导体，因此在发光方面相对较差。作为一种宽禁带材料，砷化镓具有抗辐射损伤的能力，是制作外太空电子设备中的大功率应用及光学窗的出色材料。

由于禁带较宽、电阻率高、介电常数大，纯砷化镓可以成为非常好的集成电路衬底，并且与硅不同，它可以在器件和电路之间提供自然隔离。这些优点可以使人们在单片砷化镓上轻松生产有源组件和必要的无源组件，使其成为单片微波集成电路（Monolithic Microwave Integrated Circuit，MMIC）的理想材料。

最早的砷化镓微处理器是由美国无线电公司（RCA）在 20 世纪 80 年代初期开发的，并被考虑用于美国国防部的"星球大战"计划。这款处理器的速度比硅处理器快几倍，并且抗辐射性高出几个数量级，但价格更高。随后，超级计算机供应商 Cray、Convex 和 Alliant 组成联盟，力求制造出基于砷化镓衬底的高性能微处理器。Cray 最终在 20 世纪 90 年代初期制造出一种基于砷化镓的机器 Cray-3，但是这项努力没有得到足够的资本支持，该公司于 1995 年申请破产。

砷化镓与砷化铝（AlAs）或合金 $Al_xGa_{1-x}As$ 的复合层结构可以使用分子束外延（MBE）或金属有机化学气相外延（MOVPE）来生长[21]。由于砷化镓和砷化铝具有几乎相同的晶格常数，因此原子层间几乎没有应力，这使得它们可以任意生长，制备具有极高性能和高电子迁移率的超晶格结构（见图 2.11）。

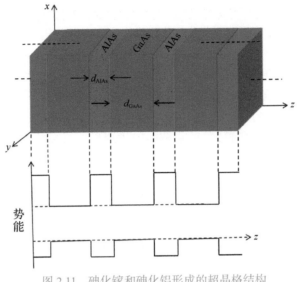

图 2.11　砷化镓和砷化铝形成的超晶格结构

2.7　宽禁带半导体

在半导体材料中，禁带宽度是一项很重要的参数，它反映了被束缚的价电子成为导带自由电子所需的能量。如图 2.12 所示，一般来说，金属材料中的导带与价带重叠，能带中不存在禁带，而绝缘体材料的带隙很宽，一般在 4eV 以上。能带中存在禁带且禁带宽度在 2.3eV 及以上的半导体材料就是宽禁带半导体。典型的宽禁带半导体有碳化硅（SiC）、氮化镓（GaN）和金刚石等。

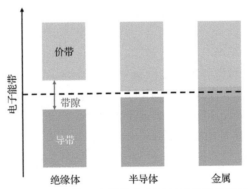

图 2.12　绝缘体、半导体和金属材料的能带结构

碳化硅是宽禁带半导体中产品开发最成熟的材料，这一点可以从 Cree、GeneSiC、Infineon 等多家公司生产的碳化硅功率器件数量得到证明。用于功率器件的碳化硅与硅相比的技术优势包括更低的损耗、更高的效率、更高的开关频率（以减少无源元件从而实现更紧凑的设计），以及更高的击穿电压（数十千伏）。碳化硅可在电力电子设计中实现更快的运行速度和更小的尺寸。碳化硅的热导率是硅的 3 倍，温度对其开关性能和热特性（如导通电阻）的影响很小，这使得碳化硅器件可以在超过 150℃（即硅的最高运行温度）的

环境条件下维持高效、低损耗的运行，降低了热管理要求（如不需要风扇和散热器），从而能够降低系统成本，实现尺寸的进一步微缩化。高热导率也有助于提高碳化硅器件的坚固性，与均质衬底和外延层（碳化硅器件构建在碳化硅衬底上）相结合，可实现垂直功率器件。这种器件可将热量有效地分布到整个芯片上，并能承受高电流浪涌和高瞬态电压。这些特性使碳化硅非常适合大功率（>1200V，>100kW）、高温（200～400℃）应用，也适合在条件不太苛刻的环境中使用。可再生能源发电（太阳能逆变器和风力涡轮机）、地热（井下钻井）、汽车（混合动力/电动汽车）、运输（飞机、轮船和铁路牵引）、军事系统、太空计划、工业电动机驱动器、不间断电源和离线电源中的功率因数校正（Power Factor Correction，PFC）升压级都是碳化硅功率器件的合适应用。

碳化硅目前的生产成本要比硅高，这使得可作为碳化硅替代产品的氮化镓成为一个新的发展方向，并得到了快速发展。基于氮化镓的功率器件目前才刚刚进入市场，由于均质氮化镓基板的成本高昂，因此这些器件往往将氮化镓结合在碳化硅或硅基板上。在降低成本并保持与碳化硅相同的性能优势的同时，基板的不均匀性实际上将氮化镓的实际热导率（它的理论热导率很高）降低到比硅的热导率稍低的水平。GaN-on-Si 的宽禁带优势，如高工作电压、高开关频率和出色的可靠性，使得基于氮化镓的电源成为低于 900V 应用的候选设备。随着成本的降低，氮化镓功率器件在军事、新能源、5G 通信、电动汽车等领域具有越来越广阔的应用前景。由于上述巨大优势，当前我国对氮化镓器件展开了全面产业化研究，已取得了很好的基础研究成果。西安电子科技大学郝跃院士主导的氮化镓材料及器件研究，如高频高功率毫米波器件、氮化镓肖特基微波功率二极管等，具有高耐压、低损耗等特点，可以改进现有通信器件的散热性和可靠性，为下一代通信革命提供了非常重要的技术保障。

基于碳化硅的功率半导体在 2019 年的全球销售额约为 6.15 亿美元，但预计在未来几年将急剧增长，有关预测显示，到 2022 年将接近 18 亿美元。同时，多家半导体产业评估公司预测氮化镓功率器件在 2020 年的全球销售额将突破 10 亿美元。尽管对碳化硅和氮化镓功率器件有呈指数级增长的预期，但用于低功率、低电压市场的新材料开发仍处于起步阶段，例如零带隙材料石墨烯因其独特的性能引起了人们极大的兴趣。石墨烯具有禁带宽度可调节，导电性、耐久性优异，以及质量小的优点，可通过在低压（$\approx 10^{-6}$ torr）下将碳化硅加热至高温（>1100℃）还原得到[22]。

2.7.1　射频应用中的宽禁带材料

氮化镓材料是一种坚硬、机械结构稳定的宽禁带半导体材料，其禁带宽度为 3.4eV。与硅材料相比，氮化镓具有更高的击穿电压和工作频率。氮化镓器件的载流子迁移率可达到 $2000cm^2/(V\cdot s)$，其开关速度是传统硅基器件的 1000 倍。此外，氮化镓还具有半导体材料中最小的介电常数，可以有效减小半导体器件的输出阻抗。更重要的是，氮化镓晶体可以在各种衬底上生长，包括蓝宝石（Al_2O_3）、碳化硅和硅衬底等，因此氮化镓工艺与现代硅基半导体工艺兼容。更高的击穿电压、更快的开关速度、更高的热导率和更低的导通电阻使氮化镓基器件比硅基器件更容易满足射频应用对于高频、高压与大功率的需求。

因此，基于氮化镓材料的高电子迁移率晶体管（High Electron Mobility Transistor，HEMT）能够在比普通晶体管更高的频率下工作，适用于需要高频下的高增益和低噪声的场景。基于 HEMT 的 MMIC 可在微波频率（300MHz～300GHz）下工作，用于执行诸如高频切换、微波混合、功率放大和低噪声放大等功能。此外，氮化镓还可用于制造各类射频通信的基础设施，如宽带放大器、雷达、电信基站等，用于实现军事通信和卫星通信等。

2.7.2 光电和照明行业中的宽禁带材料

宽禁带材料在 LED 中拥有悠久的历史。基于碳化硅的电致发光现象在 1907 年被首次发现，此后经过长时间的探索，于 20 世纪 60～80 年代陆续完善了第一代基于碳化硅的商用 LED。20 世纪 90 年代，日本名古屋大学和名城大学教授赤崎勇、名古屋大学教授天野浩和美国加利福尼亚大学教授中村修二共同发明了基于氮化镓的蓝光 LED，这种高亮蓝光 LED 的发光量是碳化硅 LED 的 10～100 倍，带来了固态照明行业的曙光。蓝光 LED 的 3 位发明者于 2014 年获得了诺贝尔物理学奖，这项发明也被评为给世界"带来了节能、明亮的光源"的伟大发现。截至本书成稿之日，全球已经进入照明市场的 LED 高达数十亿颗，并且可以预计，未来几年 LED 照明的销售额将出现大幅增长。

尽管 LED 的初始成本较高，但其照明的高效率、耐用性和环境友好性依然驱动着它越来越广泛地被人们所采用。显著的节能效果和更长的使用寿命使 LED 照明成为替代传统白炽灯照明的不二之选。LED 照明还可作为紧凑型荧光灯灯泡的无汞替代品。白炽灯将其获得能量的 90%转换为热能，只有 10%的能量转换为光能，而 LED 能够将获得能量的 90%转换为光能，仅有 10%的能量转换为热能。

LED 还具有照明以外的应用。例如，LED 的高开关速度可实现快速开关，从而在电视和其他显示应用中产生理想的效果，手机、广告、交通等领域同样广泛使用 LED。氮化镓还用于制造蓝色、紫色和紫外线（Ultra Violet，UV）激光二极管。蓝光播放器、投影系统、激光打印和医学成像都使用了蓝色或紫色激光技术。UV 激光器可用于防伪、医疗器械消毒和灭菌，以及水、空气净化等设备。

2.8 介电材料

自 1960 年研制成功后，MOSFET 器件因具有功耗低、可靠性高、尺寸易于缩小等优点而成为微处理器与半导体存储器等先进集成电路中不可或缺的核心部分[23]，得到迅速发展。随着 MOSFET 等半导体器件的尺寸遵循摩尔定律持续等比缩小，单个芯片上集成的晶体管数量呈指数级增长，同时产品的功耗也逐渐降低。当 MOSFET 器件沟道长度不断减小时，为了抑制短沟道效应、减小亚阈值斜率、增大驱动电流以及提高电路工作速度，必须减小栅介质等效氧化层厚度[24]。集成电路中的栅介质通常使用介电材料来制备，本节着重介绍介电材料的有关知识。

2.8.1 介电原理

通常，介电现象都是由材料中存在的电子、离子和空穴等载流子在电场作用下发生长程迁移而形成的。而有一类特别的绝缘体材料，其中并不存在载流子在电场作用下的长程迁移，但仍然存在介电现象，被称为介电材料。

介电材料有一种特性：在大部分情况下为绝缘体；当存在外加电场时，材料所包含的电子、离子或分子会因此产生极化。以微观的角度来看，当外加电场作用时，一般绝缘体内的传导载流子仍固定在原位无法移动，但介电材料的载流子却能有短距离的相对位移（Displacement），人们将其称为极化[25]。将这种材料置于电容器的两个极板之间时，会增加电容器的电容量，这便是介电材料最主要的应用。产生极化的方式有 4 种，如图 2.13 所示。

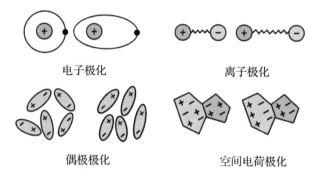

电子极化　　　　　　　　　　　　　离子极化

偶极极化　　　　　　　　　　　　　空间电荷极化

图 2.13　4 种不同的极化方式

1. 电子极化（Electron Polarization）

任何材料都是由原子、分子或离子构成的。原子可以看作由带正电的原子心和其外带负电的电子云构成。无电场时，原子的正电重心和电子云的负电重心是重合在一起的。当电场存在时，正电重心和负电重心发生轻微错位，由此形成的极化称为电子极化。

2. 离子极化（Ionic Polarization）

离子化合物是由正、负离子按照一定堆积方式形成的，正、负离子之间依靠静电引力形成离子键。离子晶体中，正、负离子没有平动和转动，只有振动，离子间距离虽有微动，但其方向和大小都是随机的。因此，整体上正电重心和负电重心是重合在一起的，保持电中性。在电场作用下，正、负离子分别沿着电场的不同方向发生偏移，产生的极化称为离子极化。

3. 偶极极化（Dipole Polarization）

由偶极分子结合成的共价化合物，其中的偶极子在无电场时是随机取向的，但在电场作用下，偶极子沿电场方向排列，进而产生电极化，称为偶极极化。

4. 空间电荷极化（Space Charge Polarization）

当两种或两种以上的物质在一起时，由于彼此间导电性不同，载流子会受能障阻挡在界面处减速或囤积，造成电容质增加，称为空间电荷极化。

在上述极化方式中，空间电荷极化需花最长的时间，因其电荷移动距离较远，其他则依偶极极化、离子极化、电子极化的顺序越来越快[25]。当外加交流电场时，随着频率越来越高，空间电荷极化会最先消失，因其电荷移动跟不上电场方向的转变，接着依序消失的是偶极极化、离子极化，到微米波段（约 10^{14}Hz）只剩下电子极化。因此，当外加交流电场的频率越来越高时，介电常数也会相对下降。

这几种极化作用并非在任何类型的介电材料中都等额地存在，在一种类型的材料中，往往只有一种或两种极化占主导地位。一般说来，电子极化存在于一切类型的固体物质中，离子极化主要存在于离子晶体中，偶极极化主要存在于具有永久偶极的物质中，空间电荷极化则主要存在于那些结构非理想的、内部可以发生某种长程电荷迁移的介电物质中。

表征材料在外电场作用下极化并存储电荷能力的物理量称为介电常数，它代表了电介质的极化程度，也就是对电荷的束缚能力。介电常数越大，材料对电荷的束缚能力越强。介电常数用 ε 表示，其单位是 F/m。根据介电常数的大小，可以将常用介电材料分为高介电材料和低介电材料。下面我们分别介绍两类材料。

2.8.2 高介电材料

二氧化硅（SiO_2）用作栅极氧化物材料已有数十年的历史。随着 MOSFET 的尺寸缩小，二氧化硅栅极电介质的厚度稳步减小，栅极电容增大，从而能够更好地驱动沟道电流，提高了器件性能。当厚度减小到 2nm 以下时，由于隧穿引起的漏电流急剧增加，会导致器件的功耗升高及可靠性降低。用高介电材料代替二氧化硅栅极电介质可以增加栅极电容，而不会产生相关的泄漏效应。

MOSFET 中的栅极氧化物可以建模为平行板电容器。忽略硅衬底和栅极的量子隧穿效应及耗尽效应，该平行板电容器的电容量 C 由式（2.31）给出：

$$C = \frac{\varepsilon_r \varepsilon_0 A}{t} \tag{2.31}$$

其中，A 是电容器面积，ε_r 是材料的相对介电常数（二氧化硅的 ε_r 为 3.9），ε_0 是真空介电常数，t 是电容器氧化物绝缘体的厚度。

由于漏电流限制了 t 的进一步减小，因此增加栅极电容的另一种方法是使用高介电材料代替二氧化硅，从而改变 C。在这种情况下，我们可以使用较厚的栅极氧化物层，以减小流过栅极的漏电流，并提高栅极电介质的可靠性。

用另一种材料代替二氧化硅栅极介质会增加制造过程的复杂度。我们可以通过氧化下层的硅来形成二氧化硅，从而确保均匀的共形氧化物和较好的界面质量。因此，开发工作集中在寻找具有高介电常数的材料上，这种材料可以容易地集成到制造过程中。其他需要考虑的关键因素包括与硅的能带对准（可能会改变漏电流）、薄膜形态、热稳定性、保持载流子的高迁移率、栅极电容对驱动电流的影响、沟道中的载流子，以及薄膜/界面中的缺陷。目前备受关注的材料是硅酸铪、硅酸锆、氧化铪和氧化锆，通常使用原子层沉积法进行沉积。

自 1990 年，半导体行业就开始使用氮氧化物栅极电介质，在常规形成的氧化硅电介质中注入了少量的氮。氮化物含量不仅巧妙地提高了介电常数，还被认为具有其他优势，如具有抵抗掺杂原子通过栅极电介质扩散的能力。

2000 年，美光科技的 Gurtej Singh Sandhu 和 Trung T. Doan 开始着手开发用于 DRAM 存储设备的原子层沉积高介电材料薄膜。从 90nm 节点 DRAM 开始，不断以更经济、高效的方式推动半导体存储器向前发展。

2007 年年初，英特尔把基于氧化铪的高介电材料与金属栅极结合使用，以构建基于 45nm 工艺的器件（见图 2.14），并且该技术已应用于其同年发售的 Penryn 系列处理器。2008 年，IBM 也把某些产品过渡到以铪为基础的高介电材料——氮化硅酸铪（HfSiON）。随后，NEC 在其 55nm 超低功耗技术中使用氮化硅酸铪介电材料。但是，即使是氮化硅酸铪，也容易受到缺陷相关的漏电流的影响，在器件的运行过程中，漏电流会随着电应力的增加而增加。随着铪浓度的升高，这种泄漏效应会变得更加严重。到 2010 年，高介电材料在半导体行业中已经司空见惯。

高介电材料在新型器件中有广泛的应用。例如，在 FinFET 中使用高介电材料作为栅氧化层能够降低等效氧化层厚度（Equivalent Oxide Thickness，EOT），使得 FinFET 具有较大的栅氧化层电容，增强了栅极对沟道的控制能力[24]。在石墨烯纳米带晶体管中使用 HfO_2 作为顶层硅纳米管与石墨烯之间的超薄介质层，能够增大栅极电容并大幅度减小栅极漏电流，从而增大驱动电流并降低功耗。除此之外，高介电材料也在忆阻器、DRAM 电容器和 CMOS 晶体管等元器件中有重要应用。

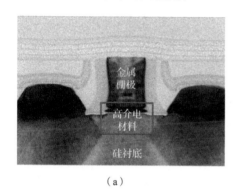
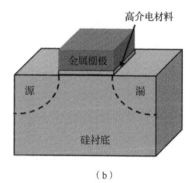

（a）　　　　　　　　　　　　　　　（b）

图 2.14　英特尔在 2007 年开发的 45nm 工艺器件[26]

2.8.3　低介电材料

在半导体制造中，与二氧化硅相比，低介电材料具有更小的相对介电常数。采用低介电材料是使微电子器件的尺寸能够继续按比例缩小的几种策略之一。在数字电路中，绝缘电介质将导电部分（导线互连和晶体管）彼此分开。随着组件的规模不断扩大以及晶体管之间的距离越来越近，绝缘电介质已经变薄到一定程度，以至于电荷积累和串扰会对器件的性能产生不利影响。用相同厚度的低介电材料代替二氧化硅可减小寄生电容，从而实现更快的开关速度和更好的散热性能。

在集成电路和 CMOS 器件中，二氧化硅通过热氧化可以很容易地在硅表面生成，并且可以通过化学气相沉积或各种其他薄膜制造方法进一步沉积在导体的表面上。形成二氧化硅层的方法种类多样且成本低廉，因此通常将该材料作为基准与其他低介电材料进行比较。在作为绝缘材料应用于硅芯片时，二氧化硅的相对介电常数为 3.9，虽然许多材料的相对介电常数较小，但很少有材料可以适当地集成到制造过程中。目前低介电材料的开发工作主要集中于以下几类。

1. 氟掺杂二氧化硅

通过用氟掺杂二氧化硅，可以生产氟化石英玻璃。随着技术的发展，氟掺杂二氧化硅的相对介电常数已经从 3.9 减小到了 3.5。掺氟氧化物材料主要用于 180nm 和 130nm 技术节点。

2. 有机硅玻璃

通过用碳掺杂二氧化硅，可以将其相对介电常数减小到 3.0。自从技术节点突破至 90nm

以后，有机硅玻璃电介质开始成为半导体行业的主流介电材料。

3. 多孔二氧化硅

可以采用各种方法在二氧化硅电介质中创建空隙或孔。空隙具有接近 1 的相对介电常数，因此可以通过提高膜的孔隙率来减小多孔材料的介电常数。据报道，目前利用此方法最多可将多孔材料的相对介电常数减小到 2.0 以下。多孔二氧化硅在实际集成中遇到的困难包括其机械强度较低，以及难以通过蚀刻和抛光工艺集成。

4. 多孔有机硅玻璃（碳掺杂氧化物）

多孔有机硅材料通常是通过两个步骤得到的：第一步是将不稳定的有机相（称为致孔剂）与有机硅酸盐相共同沉积，从而形成有机-无机杂化材料；第二步是在高达 400℃ 的温度下进行 UV 固化或退火来分解有机相，从而在有机硅低介电材料中留下孔。从 45nm 技术节点开始，一般选用多孔有机玻璃作为主要的低介电材料。

5. 旋涂有机聚合物介质

聚合物电介质通常通过旋涂法沉积，该方法通常用于光刻胶材料的沉积，而不是化学气相沉积。旋涂有机聚合物的缺点是机械强度低、热膨胀系数（Coefficient of Thermal Expansion，CTE）不匹配和热稳定性不足。常见的旋涂有机低介电聚合物有聚酰亚胺、聚降冰片烯、苯并环丁烯和聚四氟乙烯。用有机聚合物构成硅基电介质，可以进一步增强材料的低介电特性，可以应用于超大规模集成电路的 7nm 以下的工艺节点中。常见的硅基聚合物介电材料有两种，即氢倍半硅氧烷（HSQ）和甲基倍半硅氧烷（MSQ）。

2.9　互连材料

集成电路中成千上万的元器件通过金属互连线相互连接，因此互连材料影响着集成电路的响应速度及稳定性[27]。随着集成电路技术的不断发展，微纳器件的特征尺寸不断缩小，工作频率也迅速提高，高密度和低功耗成为目前的主要发展方向[28]。现代集成电路可将数百亿个晶体管和其他电子组件集成在一个面积约为 $1cm^2$ 甚至更小的衬底上，而这也导致互连线的截面积和间距越来越小，其引起的电阻等参数的改变对电路性能的影响也越来越大，这就需要互连材料及技术不断发展。本节简要介绍互连材料的相关知识。

2.9.1　铝金属互连材料

金属互连材料具有电阻率较低及易于沉积和刻蚀的特点，同时能承受很大的电流。然而，采用金属互连材料的集成电路很容易由于大量活跃电子的撞击发生电迁移现象，从而导致金属互连线的断裂，破坏整个集成电路。因此，抗电迁移特性是选择金属互连材料时要考虑的重要因素之一。

表 2.2 列举了目前常见的低电阻率导体材料[29]。从表中可以看出，铝的电阻率较低，因此用铝做互连线的集成电路可以实现紧密排列。铝易沉积、易刻蚀的特点也奠定了其作为主要互连材料的基础，在互连技术发展的初期占有统治地位。目前，铝金属互连线的制作工艺已经十分成熟。

表 2.2　常用低电阻率导体材料

导体材料	体电阻率/$\mu\Omega \cdot cm$	薄膜表面电阻率/$\mu\Omega \cdot cm$
Ag	1.60	14
Cu	1.70	21
Au	2.40	41
Al	2.65	27
WSi_2	12.50	$26\sim100$
$TiSi_2$	16.70	$17\sim25$
$MoSi_2$	21.60	$40\sim100$

传统铝互连线加工流程的具体步骤为：在介质层上淀积铝金属层，然后利用光刻技术制作互连线的光刻胶掩模图形，以光刻胶作为掩模刻蚀引线图形。然而，随着集成度要求的不断提高，器件特征尺寸进入微米级，互连线长度及层数的增加和宽度的减小会使电路中更容易出现电迁移现象，从而导致可靠性降低[28]。另外，铝互连技术通常采用硅或二氧化硅作为绝缘介质材料。然而，铝在硅中的溶解度很低，硅在铝中却非常容易溶解。因此，这一现象导致在介质层上沉积铝时极易因硅溶于铝而产生裂缝，引起尖楔现象，导致 PN 结失效。

同时，铝作为互连材料也无法满足成本控制的要求，面临着被淘汰的局面。之后的研究发现，铝互连线的电迁移问题可以通过采用铝铜合金得到解决。在铝中加入少量的铜，可以使材料的电迁移大大减少，从而提高互连线的使用寿命。

2.9.2　铜金属互连材料

与铝金属互连材料相比，铜的电阻率和成本更低、抗电迁移能力更强，可以实现更密集的导线排列，以铜作为互连线的器件功耗更小，且具有更好的稳定性。因此，当集成电路互连线的工艺慢慢达到纳米级后，铜很快就代替铝及铝合金成为金属互连线的主要材料。1997 年，IBM 率先使用铜互连线作为集成电路互连线（见图 2.15）。

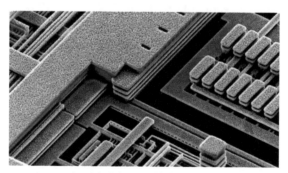

图 2.15　IBM 于 1997 年开发的铜互连技术（图片来源：IBM 官方网站）

然而，铜作为互连材料也存在一些问题。铜在硅及二氧化硅中的溶解度很高、扩散速度快，一旦进入硅器件中将很快使器件性能变差甚至失效，因此常采用低介电常数的介质材料取代传统的硅及二氧化硅来解决这一问题。同时，铜作为一种较为稳定的金属，用一般的刻蚀方法难以形成互连图形，已经成熟的铝互连工艺并不适合铜，因此需要采用新的互连技术，以使铜互连材料能应用于工业化生产。其中，双大马士革铜布线工艺是目前普遍使用的铜互连技术工艺方案，其具体的工艺将在第 5 章介绍。

铜互连是目前应用最广泛的互连技术，它给半导体制造业带来了新的活力，给从工艺到设备的各个方面带来了巨大变化。总之，铜互连技术、低介电材料介质以及双大马士革工艺已经成为深亚微米甚至纳米阶段工艺中的里程碑。

2.9.3　新型金属互连材料

随着集成电路技术的快速发展，特征尺寸进入 10nm 甚至 7nm 节点后，互连线的最大电流承载密度需求越来越大，铜作为互连材料也渐渐无法满足需求。此时，铜互连材料面临着与铝互连材料类似的问题，同时它的电迁移问题也日益凸显。近年来，银作为潜在的备选材料受到学术界的广泛关注。与铜相比，银有着更低的电阻率，能实现更密集的电路排列。在银中加入适量的钨，能进一步改善银互连线的性能。然而，银在电迁移及粘附性、兼容性等方面远不及铜，目前无法替代传统的铜互连材料。

2017 年 12 月，在旧金山举办的 IEEE 国际电子器件大会（International Electron Devices Meeting，IEDM）上，英特尔发表了将钴金属应用于 10nm 工艺芯片最细互连线的设想。钴的电阻率虽然比铜要高（约为铜的 3 倍），但是在更小的尺度上，钴比铜更不易受到电迁移的影响。英特尔在大会上指出，在 10nm 尺寸下使用钴金属作为互连材料，能使电迁移减少 1/15～1/10，而电阻率会降低至先前的一半。这种改善后的互连工艺有望帮助半导体工业克服线路中的问题，获得导电性能更强、功耗更低、体积更小的半导体芯片。英特尔还表示，因为钴的电阻率比钨低，可以用钴层替代与晶体管栅极接触的钨层。而格罗方德半导体同样在大会上表示，会在其 7nm 制作工艺中将钨替换为钴。但截至本书成稿之日，在 10nm 甚至 7nm 节点上，钴金属互连技术依然没有取代传统的铜合金互连线。钴互连线的研发仍在进行当中，技术工艺尚不成熟，无法应用到实际的半导体工业当中。

在 2018 年的 IEEE 国际互连技术会议（International Interconnect Technology Conference，IITC）上，欧洲微电子研究中心（Interuniversity Microelectronics Centre，IMEC）发表了利用金属钌（Ru）替代铜作为 5nm 以下技术节点的后道工艺互连材料的研究。钌具有抗氧化性好、熔点高和体电阻率低等优良特性。更重要的是，钌互连线对大马士革工艺的兼容性更好，其宽高比可以达到 3.8。IMEC 的工程师利用钌制备了临界尺寸小于 10.5nm 的互连线，电学测试结果显示截面积为 $200nm^2$ 的钌互连线的线电阻小于 $5000\Omega/\mu m$。钌互连线的扫描电镜图案、截面图和元素分布图如图 2.16 所示。

图 2.16　钌互连线的扫描电镜图案、截面图和元素分布图[30]

（a）扫描电镜图案　（b）截面图　（c）元素分布图

钴、钌等金属作为革命性的金属互连材料，具有极广阔的发展和应用前景，随着相应工艺问题的解决，很可能取代铜合金作为新时代的互连材料，成为 5nm、3nm 甚至更小特征尺寸中的主流互连材料。除钴、钌以外，石墨烯、碳纳米管等新型半导体材料也被认为是实现低电阻率、低电子迁移率、高稳定性超大规模集成电路互连线的重要材料。

2.9.4　碳纳米管互连材料

碳纳米管是一种具有特殊结构的一维量子材料，是由单层或数层石墨烯卷曲后无缝衔接而成的同轴圆管结构。碳纳米管的管状结构消除了悬挂键，降低了结构缺陷对电子输运的影响，加上其优异的电学、光学、热学以及机械性质，被认为是理想的微电子器件材料。同时，碳纳米管的小尺寸、能承受高迁移电流等特性，使它成为互连线的热门候选材料。

目前，制造碳纳米管的方法包括石墨电弧法、化学气相沉积法等。石墨电弧法是以掺有催化剂的石墨棒作为阳极，以纯石墨棒作为阴极，在惰性气体的保护下，两个石墨电极间产生连续的高温电弧。高温电弧将使阳极的石墨与催化剂完全气化蒸发，同时在阴极上生成碳纳米管。这种方法获得的碳纳米管无序性很高，很难用于集成电路工程。相对而言，化学气相沉积法更加成熟，是半导体工业中最常使用的沉积多种材料的技术。使用化学气相沉积法生长碳纳米管是在高温反应室内，使含有碳源的蒸气流经过金属催化剂表面时分解产生活化的碳原子，进而生成碳纳米管，沉积到晶片表面上。

然而，使用化学气相沉积法虽然能制备出用于集成电路工程的碳纳米管，但其在可靠性方面仍存在许多问题。例如，制备碳纳米管的工艺与制备 CMOS 的工艺条件很难兼容，导致其很难投入工业生产。目前，互连线仍然以金属互连线为主，对金属互连线的优化是目前主要的研究方向。但鉴于碳纳米管等新型互连材料的优异特性，当解决和完善了上述问题之后，得到工业化应用的新型互连材料将会使集成电路发展一大步。

2.10　半导体发光材料

早在物理电子理论建立之前，半导体的发光现象就已经得到了广泛研究。1907 年，来自英国的工程师亨利·约瑟夫·劳德（H. J. Round）发现在碳化硅晶体的两端施加电压，可以观察到晶体的发光现象。在晶体管发明以后，人们开始意识到 PN 结中的电子-空穴复合现象会使半导体材料发光，并开始利用半导体异质结制备发光器件。1969 年，第一个基于 GaAs 异质结的激光二极管被成功地研发出来。随后，这种可以在室温下连续工作的照明器件逐渐被广泛应用于多个领域，现代光电子学也由此诞生。随着信息化、光通信技术、半导体照明以及显示技术的发展，在传统的第二代半导体发光材料的产业基础上，GaN、SiC 等第三代半导体发光材料迅速崛起。第三代半导体发光材料具备击穿电场强度高、禁带宽度大及抗辐射能力强等优点，是固态光源及微波射频器件的核心部件，正在推动半导体照明及新一代移动通信领域向着更广阔的前景发展。

2.10.1　半导体的发光原理

半导体材料中的电子由高能态向低能态跃迁时，以光子的形式释放多余的能量，这一过程称为辐射跃迁。跃迁伴随着电子与空穴成对复合，辐射跃迁的过程也就是半导体材料的发光过程[31]，如图 2.17（a）所示。

　　电子由高能态跃迁至低能态但不发出电磁辐射的现象，称为非辐射跃迁。处于亚稳能态的原子和离子在高真空条件下通过辐射过程跃迁到低能态一般是很慢的，在气体放电现象中它会通过碰撞或者向器壁的扩散而快速地释放能量，从而跃迁到低能态。

　　直接带隙半导体中的电子跃迁时不需要释放或吸收声子（即晶格振动），而且声子的能量也是分立的，所以直接带隙半导体更容易跃迁。图 2.17（b）给出了直接带隙材料和间接带隙材料的跃迁能带示意图。间接带隙材料的电子跃迁由于需要声子参与，所以发光效率低。例如硅基二极管不发光，主要因为硅是间接带隙材料，载流子的复合主要是非辐射复合，不产生光子。

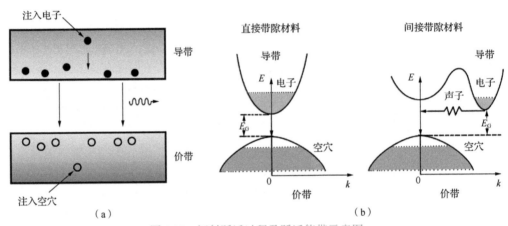

图 2.17　辐射跃迁过程及跃迁能带示意图
（a）辐射跃迁过程　（b）跃迁能带示意图

2.10.2　常见的半导体发光材料

　　常见的半导体发光材料为直接带隙的Ⅲ-Ⅴ族半导体材料，以及由它们组成的三元、四元固溶体。固溶体是指在一定结晶构造位置上的离子发生互相置换，而晶体结构和对称性等不发生改变的物质，如砷化镓、铟镓砷（InGaAs）、锑化铟（InSb）等。

　　半导体发光材料的光谱覆盖了从紫外光到红外光的很宽范围。在具体应用中，为了获得特定波长范围的自发或受激辐射光波，需要选择合适的半导体发光材料。由于半导体材料多元固溶体的带隙会随成分的比例变化，由此可以获得不同的发射波长[32]。图 2.18 展示了几种常见的Ⅲ-Ⅴ族半导体发光材料在室温下的发射波长范围。

　　半导体材料的发光与其内部的激子有关。由于空穴载流子带正电，自由电子带负电，电子与空穴间的库仑吸引互作用在一定的条件下会使它们在空间上束缚在一起，这样形成的复合体称为激子。一个电荷（电子或空穴）首先被缺陷的近程势束缚，使缺陷中心带电，然后再通过库仑互作用（远程势）束缚一个电荷相反的空穴或电子，形成束缚激子，这一过程被称为激子捕获。下面介绍几种典型的半导体发光材料。

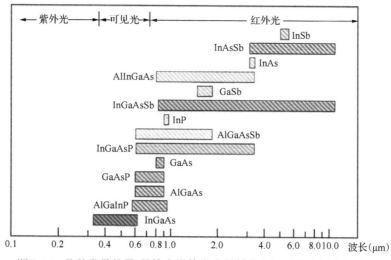

图 2.18　几种常见的Ⅲ - Ⅴ族半导体发光材料在室温下的发射波长范围

（1）砷化镓。砷化镓是一种重要的Ⅲ - Ⅴ族化合物半导体，也是一种典型的直接跃迁型发光材料。该材料直接跃迁发射的光子能量约为 1.42eV，相应波长约为 873nm，属于近红外波段。

（2）磷化镓（GaP）。磷化镓的间接带隙宽度为 2.26eV，是典型的间接跃迁型发光材料。在磷化镓中掺入氮元素，可产生等电子陷阱，俘获激子，通过激子复合实现发光，在半导体发光材料中具有较高的发光效率。在磷化镓中掺入不同的发光中心，还可以直接输出红、绿、黄灯等多种不同颜色的光。

（3）氮化镓（GaN）。氮化镓与Ⅲ族氮化物半导体氮化铟（InN）及氮化铝（AlN）的性质接近，均为直接跃迁型半导体材料，它们构成的三元固溶体的带隙可以从 1.9eV 连续变化到 6.2eV。氮化镓是性能优良的短波长半导体发光材料，可用于蓝光及紫光发光器件。

（4）硫化锌（ZnS）。硫化锌属于Ⅱ - Ⅵ族半导体化合物，它的禁带宽度为 3.6eV。使用硫化锌粉末，用铜作为激活剂，可以在交流驱动下实现场致发光，发光光谱可覆盖整个可见光波段。

（5）磷化铟（InP）。磷化铟属于Ⅲ - Ⅴ族半导体化合物，它在室温下的禁带宽度为 1.35eV。磷化铟是制作微波器件和光电子器件的重要化合物半导体材料。胶体磷化铟量子点的发射范围覆盖整个可见光区［从蓝光（480nm）到红光（640nm）］，且具有较好的稳定性和单色性。

2.10.3　发光二极管

发光二极管（LED）是一种固态发光器件，它是利用半导体或类似结构把电能转化成光能。这种半导体器件一般用作指示灯、显示器等，具有效率高、寿命长及能耗低等优点。

LED 通常是由Ⅲ - Ⅳ族化合物（如砷化镓、磷化镓、磷砷化镓等半导体）制成的，其核心是 PN 结。因此它具有一般 PN 结的特性，即正向导通、反向截止和击穿特性。此外，在一定条件下，它还具有发光特性。在正向电压下，电子由 N 区注入 P 区，空穴由 P 区注入 N 区，进入对方区域的少数载流子（少子）中的一部分与多数载流子（多子）复合而发光。LED 的发光原理如图 2.19 所示。

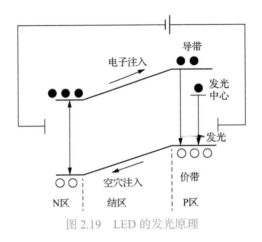

图 2.19　LED 的发光原理

假设发光现象是在 P 区发生的，那么是注入的电子与价带空穴直接复合而发光，或者先被发光中心捕获后，再与空穴复合发光。除了这种发光复合外，还有些电子先被非发光中心（这个中心在导带、价带中间附近）捕获，再与空穴复合，每次释放的能量不大，不能形成可见光。发光的复合量相对于非发光复合量的比例越大，光量子效率越高。由于复合是在少子扩散区内发生的，所以光仅在靠近 PN 结面数微米的范围内产生。理论和实践证明，光的峰值波长 λ 与发光区域的半导体材料禁带宽度 E_G 有关，即 $\lambda \approx 1240/E_G$，其中 E_G 的单位为电子伏特（eV）。若能产生可见光（波长在 380～780nm），半导体材料的 E_G 应为 1.63～3.26eV[33]。

目前，市面上的 LED 芯片主要分为 3 种：被日本垄断的蓝宝石衬底 LED、被美国垄断的碳化硅 LED 和由中国主导的硅衬底 LED 照明芯片。硅衬底 LED 芯片技术的研究由南昌大学江风益院士主导。他在国际上率先成功研制出了高光效硅衬底蓝光 LED，推动了我国硅衬底蓝光 LED 的产业化，并在 2015 年获得国家技术发明奖一等奖。这一发明打破了日本和美国在 LED 核心技术领域的垄断局面，走出了我国自主的半导体照明之路，获得了国际专家的一致认可。2019 年 11 月 25 日，经中村修二教授推荐，江风益院士获得国际半导体照明联盟授予的"全球半导体照明突出贡献奖"。

2.11　信息存储材料

作为信息技术中实现信息存储和处理的基石，信息存储材料的研究和开发直接影响着信息技术的发展进程。目前，DRAM 是生产量最大、使用最广泛的易失性存储器，作为计算机主存得以广泛使用。SRAM 的密度一般落后于 DRAM，然而它具有更低的功耗和更好的性能。自浮栅场效应晶体管（Float-Gate MOSFET，FGMOSFET）发明以来，以 Flash 为代表的非易失性存储器也得到了极大的发展。然而，Flash 和 DRAM 等主流存储技术主要基于半导体硅基材料，在后摩尔时代，主流硅基存储技术越来越无法满足未来信息存储的需求，全新的概念、材料和技术也被逐步引进研究和工业生产当中。近年来，4 种非易失性存储概念受到了工业界和学术界的广泛关注：以磁阻效应为原理的 MRAM、以电致电阻转变效应为原理的 RRAM[34]、以晶态/非晶态可逆转变效应为原理的 PCM 和以铁电极化可逆翻转效应为原理的 FeRAM。针对这 4 种存储器存储材料的研究，为下一代存储器的研发奠定了基础。

2.11.1　硅基存储材料

1. SRAM

SRAM 是由静态挥发存储单元组成的阵列，由于其存储单元依靠连续供电来维持数据的存储，因此属于易失性存储器类。早期的 SRAM 有 3 种基本工艺类型：双极型（Bipolar）、NMOS 和 PMOS。SRAM 的存储速度依赖存储阵列的密度，因此通过等比例缩小器件的几何尺寸可以大大提高 SRAM 的性能。然而，单元密度的增加会提高系统的静态功耗，降低抗干扰能力，无法满足器件的高性能需要，因此采用更先进的工艺和电路技术优化存储器结构，是很有必要的。

为了满足存储器高密度、低功耗的使用需求，现在的 SRAM 一般采用全 CMOS 工艺或混合型 MOS 工艺（即 CMOS 和 PMOS 混合使用）实现。混合型 MOS 工艺具有更大的等比例缩小因子，且器件功耗较单一 MOS 工艺更低。同时，优化 MOSFET 单元也可以增强 SRAM 的存储能力。例如，使用薄膜晶体管（Thin Film Transistor，TFT）代替电阻器作为负载，可以进一步缩小存储单元的面积，使 SRAM 的工艺进入深亚微米级；采用 SOI 代替传统硅衬底，可以大大减小 MOSFET 的寄生电容，进一步降低功耗。这些内容将在第 3 章详细介绍。

2. DRAM

DRAM 利用电容器上存储的电荷来记录二进制信息。之所以称其为"动态"，是因为 DRAM 存储的电荷会随着时间推移而泄漏，因此必须以一定的周期对 DRAM 进行读取和刷新。与 SRAM 相比，DRAM 的操作更加复杂。然而，DRAM 具有单位成本低、存储密度高等优点，已成为使用最广泛的半导体存储器。DRAM 的器件结构将在第 8 章详细介绍，这里只对 DRAM 的工艺与材料进行简单介绍。

DRAM 的存储能力依赖其单元内的最小存储电荷。目前，DRAM 的存储电荷一般在 30～40fF。为了进一步地增加单元存储电荷，一般采用以下方法。

（1）增加电容面积。增加电容面积可以有效增加存储电容，但只增加电容面积会不可避免地导致 DRAM 面积的增大。为了解决这一悖论，工业界已开展三维单元电容器的研发，如硅衬底的沟槽电容器和硅表面的叠层电容器等。

（2）增加节点介质电容。一般可以通过减小节点介质的厚度来增加存储电容，但只减小厚度会影响介质的完整性，增大器件的漏电流。目前，DRAM 制造商采用介电常数更大的材料作为节点介质[如氧化硅-氮化硅（ON）和氧化硅-氮化硅-氧化硅（ONO）]，以代替传统的氧化硅介质。在先进的等比例缩小千兆 DRAM 开发中，也可以选用钽氧化物（Ta_2O_5）或钡锶钛酸盐（$Ba_xSr_{1-x}TiO_3$）作为介质材料，以增大单位面积结电容。

同时，通过离子注入方式增加衬底中硼的浓度，可以抑制因结电容增大而增大的器件开启电压。

3. Flash

与 SRAM 和 DRAM 等易失性存储器相比，非易失性存储器（Non-Volatile Memory，NVM）的优势在于当电路电源中断时，器件中存储的数据不会丢失。NVM 具有存取速度快、功耗低、单电源操作、耐辐射性强等优点。典型的 NVM 有可擦除可编程只读存储器（Erasable Programmable Read-Only Memory，EPROM）、电可擦除可编程只读存储器（Electrically-

Erasable Programmable ROM，EEPROM）和 Flash（又称闪存）。"闪速"是指在 Flash 中可以通过一次操作对全片进行擦除，而不是像 EEPROM 那样一次只能擦除一个字。

　　FGMOSFET 是 Flash 的基本单元，工作原理与普通的 MOSFET 相同，都是通过栅极电压来控制晶体管的通断。当栅极电压高于阈值电压时，晶体管导通。FGMOSFET 在普通 MOSFET 的控制栅和衬底之间加入了一层多晶硅浮栅极，用来存储电荷。在施加一个电场时，电子由于隧穿效应注入浮栅中。注入的电子在电场消失后仍可以保留在浮栅中，因此该结构具有非易失性。因此，可以通过测量 FGMOSFET 的阈值电压来读取上一次写入的信息，这个读取信息的过程被称为 Flash 中的读操作。本书第 8 章将详细介绍 Flash 的基本结构和工作原理。

2.11.2　磁存储材料

　　使用磁存储材料的历史可以追溯到 1898 年，丹麦人浦耳生（Valdemar Poulson）发明了可供实用的磁录机，使用的材料是直径为 1mm 的碳钢丝。随着科学技术和电子工业的发展，磁存储材料也在不断进步和发展。对于磁存储材料的主要要求为：

　　（1）高的矫顽力，提高存储密度和抗干扰性；

　　（2）适当高的饱和磁化强度，提高输出信息强度；

　　（3）高的剩磁比，提高信息记录效率和减小自退磁效应；

　　（4）清晰陡直的磁滞回线，提高信息分辨率。

　　目前使用最广泛的磁存储材料是 $\gamma\text{-}Fe_2O_3$ 系材料，此外还有 CrO_2 系、Fe-Co 系和 Co-Cr 系材料等。磁头材料主要有 Mn-Zn 系和 Ni-Zn 系铁氧体，Fe-Al 系、Ni-Fe-Nb 系及 Fe-Al-Si 系合金材料等。在多层磁性镍、铁基薄膜上施加外磁场改变材料的磁化方向，从而改变其电阻值的现象，被称为磁电阻（Magnetoresistance，MR）效应，该现象几乎存在于所有磁性材料中。1988 年，研究人员发现在纳米尺度的铁磁/非铁磁/铁磁多层膜结构中，微弱的磁场变化就可以使磁电阻率发生较大幅度的改变，这被称为巨磁电阻（Giant Magnetoresistance，GMR）效应，如图 2.20（a）所示。GMR 效应是研制 MRAM 的基本原理。

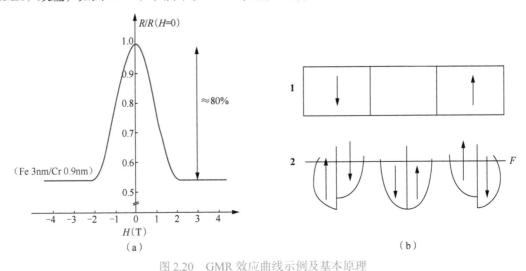

图 2.20　GMR 效应曲线示例及基本原理

（a）Fe/Cr 超晶格的 GMR 变化曲线　（b）GMR 效应的基本原理

图 2.20（b）展示了 GMR 效应的基本原理（图中 F 指系统的费米能级）。当铁磁层的磁矩平行时，载流子与自旋相关的散射最小，此时为低电阻状态；当磁矩反平行时，散射最大，为高电阻状态。用于制备磁存储器的材料需要满足以下几点：

（1）室温下的 MR 较高；

（2）工作磁场较弱，磁矩翻转效率高；

（3）稳定性好，受环境变化影响小。

常见的 GMR 材料有磁性金属多层膜材料、颗粒膜材料、磁性隧道结多层膜材料以及超巨磁阻材料[35]。

1. 磁性金属多层膜材料

磁性金属多层膜材料通常是由强磁性金属层（Fe、Co、Ni 及其合金）和弱磁性或非磁性金属层（Cu、Cr 等 3d、4d 及 5d 非磁金属）交替叠加构成的纳米级别多层膜结构，此外还有 Fe/Pt、Co/Pt 等具有强界面耦合效应的垂直磁各向异性材料体系。这类结构的层间交换耦合作用很强，往往需要较强的工作磁场。

2. 颗粒膜材料

颗粒膜材料是将互不相熔的强铁磁性金属（Fe、Co、Ni 等）经由热处理过程以颗粒形式均匀分散在弱磁或非磁性金属（Ag、Cu）母体中形成的微颗粒系统，其颗粒界面与金属多层膜界面类似。颗粒膜结构的优势是制备工艺简单、成本低及热稳定性好，其中 Co-Ag 和 Co-Cu 颗粒膜室温下的磁电阻率可以达到 25% 以上，其缺点是饱和磁场强度较大，需要较大的磁场强度才能实现翻转。

3. 磁性隧道结多层膜材料

磁性隧道结多层膜材料的结构通常是在两个磁性金属层中插入金属氧化物势垒层（Al_2O_3、MgO 等）而形成的多层膜结构。由于层间的自旋极化隧穿过程，当两个磁性金属层磁化平行时，电子易隧穿，整体呈现小电阻状态；磁化反平行时，电子难以隧穿，呈现大电阻状态。因为磁性隧道结中磁性层的层间耦合几乎不存在，所以该结构的工作磁场强度极小、灵敏度高、能耗低、性能稳定，因而一直是学术界和业界研究的热点。随着界面垂直磁各向异性的研究深入，磁隧道结的能耗与性能进一步提升，成为 MRAM 中的主流研究方向。

4. 超巨磁阻材料

超巨磁阻材料是指近年来发现的在低温及室温下具有极明显 MR 效应的材料。例如，$LaMnO_3$、$BaMnO_3$ 在室温下的磁电阻率可以高达 60%。这些材料主要是类钙钛矿结构的稀土掺杂锰氧化物、焦绿石结构的铊系锰氧化物以及铬基硫族尖晶石。超巨磁阻材料的主要研发方向是设法提高其室温下的磁电阻率以及减小工作磁场强度。

2.11.3　阻变存储材料

RRAM 的概念最早提出于 1971 年，其主要原理是阻变材料的电双稳态或多稳态现象。该现象是指材料在相同的电压下具有两种或两种以上不同的导电状态，称为忆阻特性。多个具有忆阻特性的单元组成阵列即为 RRAM，如图 2.21（a）所示。忆阻单元的"三明治"

基本结构如图 2.21（b）所示，阻变存储材料夹在两电极之间。RRAM 的回滞特性曲线可分为 4 个区域：高阻态、低阻态和两个转变区，如图 2.21（c）所示，只有电压变化达到一定阈值才能对器件的电阻进行编程或复位。不同类型的阻变存储材料，其产生电阻转变的机制各不相同，大致上可以分成无机材料和有机材料两大类。无机材料可分为二元氧化物、三元和多元氧化物、硫族固态电解质、氮化物等。无机材料的优势是稳定性好、电阻转变速度快以及耐受性更好，有机材料的优势是有柔性良好、制备工艺简单、成本低廉等。

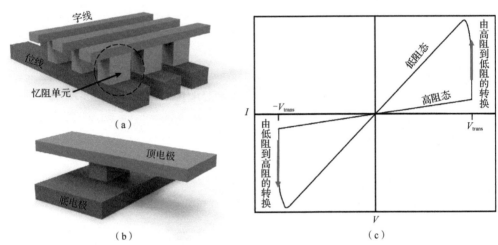

图 2.21　RRAM 阵列、忆阻单元的基本结构，及 RRAM 的回滞特性曲线
（a）RRAM 阵列的基本结构　（b）忆阻单元的基本结构　（c）RRAM 的回滞特性曲线

1. 二元氧化物

大部分二元氧化物的电阻转变机理是氧离子由于电场迁移导致的价态变化或氧空位堆积形成导电通道。二元氧化物的结构简单可控，制备工艺与半导体工艺兼容，广受工业界和学术界的青睐。该体系中的材料有 AlO_x、CoO_x、CuO_x、HfO_x、NiO、SiO_x、TaO_x、TiO_x、WO_x、ZrO_x 和 ZnO_x 等。其中，WO_x 和 CuO_x 可以直接由半导体工艺中的钨通孔或铜互连结构氧化生成，兼容性极高；NiO_x 和 TiO_x 是典型的 P 型和 N 型半导体；TaO_x 和 HfO_x 薄膜有高速和高循环寿命的优点。

2. 三元和多元氧化物

三元和多元氧化物介质材料一般指具有钙钛矿结构的三元过渡族金属氧化物及其掺杂形成的多元金属氧化物。前者有 $SrTiO_3$、$SrZrO_3$ 及 $SrRuO_3$ 等，后者有 $La_xCa_{1-x}MnO_3$（LCMO）、$La_xSr_{1-x}MnO_3$（LSMO）和 $Pr_xCa_{1-x}MnO_3$（PCMO）等。这类 RRAM 的高、低阻态之比极大，但其制备工艺复杂，成分比例难以控制，因而目前难以投入工业生产。

3. 硫族固态电解质

硫族固态电解质材料通常为含有 Ag 或 Cu 的硫化物、硒化物和碲化物。这类材料的阻变起源于电解质内随氧离子氧化还原反应所形成和断开的金属导电细丝。因此硫族固态电解质构成的存储器又被称为可编程金属化单元（Programmable Metallization Cell，PMC）或导电桥式随机存取存储器（Conductive Bridging RAM，CBRAM）。这类 RRAM 一般包括一个惰性 Pt 电极和一个易氧化还原的 Ag 或 Cu 电极。PMC 的优点是工作电流小、循环寿命长、擦写速度快等，具有很大的多值存储潜力，有望在未来的量子计算机等领域得到应用。

4. 氮化物及其他

常用于 RRAM 中的氮化物有 AlN 和 Si_3N_4 等，其特点是高电阻率、高热导率及高耐击穿强度，可以提高器件的高、低阻态的比值。此外还有非晶碳及非晶硅材料，表现出极大的存储密度。

5. 有机阻变存储材料

与无机阻变存储材料相比，有机阻变存储材料具有制备成本低廉、加工工艺简单、可以适用柔性应用等优点，在未来有着广阔的应用前景。有机阻变的成因与无机阻变相比更加复杂，常见有机阻变存储材料可分为有机小分子材料和高分子聚合物材料。

2.11.4　相变存储材料

相变存储材料是指在电脉冲（热量）作用下可以发生非晶态和晶态相互转换的材料。如图 2.22（a）所示，相变存储材料的非晶态和晶态两种形态分别对应着高、低电阻，从而达到存储信息的目的。用这类材料制成的 PCM 具有非易失、循环寿命长（10^{12} 次）、抗干扰能力强等优点。

能够应用到 PCM 中的材料在电学和结晶性能方面需要满足以下要求[36]：

（1）非晶态与晶态之间的电阻差异应足够大，电阻率较高；

（2）在非晶态热稳定性好，结晶时间短（<50ns），结晶温度高（>150℃）；

（3）相变前后材料的体积变化较小。

综合上述情况，至少含有一种硫系（第Ⅵ主族）元素的合金材料——硫系化合物成为应用最为广泛的相变存储材料。

1987 年，Yamada 发现 $GeTe$-Sb_2Te_3 伪二元体系连线上［见图 2.22（b）］的多种材料均有快速相变的特性。随后，人们针对 GeSbTe、SbTe 和 GeTe 这 3 种材料体系分别开展了相关的研究。其中，$Ge_2Sb_2Te_5$（GST）材料是当前被广泛认可的综合性能最佳的材料。虽然 GST 材料的相变速度要慢于 $GeSb_2Te_4$ 和 $GeSb_4Te_7$，但其结晶温度更高、耐高温性能和数据保持能力更好，具有较好的电学性能[37]。此外，通过对另一种符合化学计量比的材料 $Ge_4Sb_1Te_5$ 进行相变研究发现，GST 材料只存在非晶结构和面心立方结构之间的转换，具有较强的稳定性。

虽然 GST 材料在制备 PCM 方面较同体系材料略有优势，但其晶态电阻率和结晶温度仍然较低。为了优化性能，研究人员采用了一系列掺杂手段。例如，通过掺杂 N、O 等来提高电阻率、增加循环次数、降低器件编程功耗；通过掺杂 Sn、Bi、In、Ag 等金属提高器件编程速度；通过掺杂 Si、SiO_2 提高器件的热稳定性，降低复位电流和功耗。除此以外，随着对 Ge-Sb-Te 相变合金体系的深入研发，硫系元素 Te 存在的弊端也逐步暴露出来。Te 元素的熔点低、蒸气压高，高温下易挥发扩散，不仅可能导致器件性能变差，还会对人体和环境带来不良影响。因此，开发无硫族元素的新型相变材料体系是未来发展的新方向。

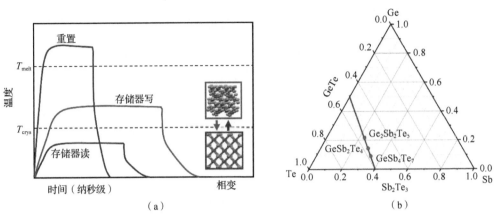

图 2.22　Ge-Sb-Te 三元合金相图及 PCM 的 3 种工作状态

（a）PCM 的 3 种工作状态　（b）Ge-Sb-Te 三元合金相图

2.11.5　铁电存储材料

FeRAM 的概念在 20 世纪 60 年代初被提出，随着薄膜制备技术的发展，在 20 世纪 80～90 年代迈入产业化阶段。因为采用铁电材料作为电介质，FeRAM 具备非易失性、抗辐射、低功耗以及集成度高等优点[38]，被认为是取代 DRAM 的潜在技术。

作为 FeRAM 存储介质的核心，铁电材料具有自发极化的重要特性。在一定温度范围内，撤去外加电场后，晶胞内部的正负电荷中心为维持晶体自身结构的稳定性而处于不重合的状态，从而保持体系能量最小。这种状态被称为自发极化。在外界电、磁、光、力及热场等激励下，铁电材料的自发极化方向会改变并能长时间维持[39]，从而达到存储信号的目的。FeRAM 的结构及铁电材料的电滞回线如图 2.23 所示。

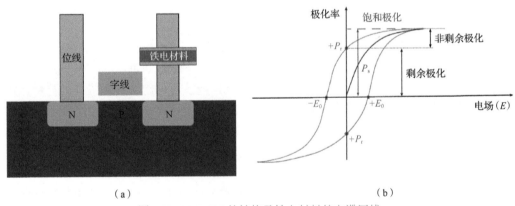

图 2.23　FeRAM 的结构及铁电材料的电滞回线

（a）FeRAM 的结构　（b）铁电材料的电滞回线

考虑到器件制备工艺和工作环境，用于 FeRAM 的铁电材料必须具备以下几个特性[38]：

（1）制备铁电薄膜的沉积温度低；

（2）铁电薄膜的自发极化值要足够大，以确保信号能被清晰读取；

（3）铁电薄膜极化翻转的矫顽场弱；

（4）铁电薄膜的漏电流小，抗疲劳性好。

目前常见的铁电材料按结构分主要有 3 类：钙钛矿型铁电材料、层状二维铁电材料及氧化铪类铁电材料。其中，钙钛矿型铁电材料是研究和应用最广泛的铁电材料。

1. 钙钛矿型铁电材料

钙钛矿型铁电材料可按结构分为两类，分别是 ABO_3 型结构和层状结构[40]。ABO_3 型结构通常需要掺杂以诱导出铁电性，其成员有 $Pb(Zr,Ti)O_3$ 材料（PZT），$Ba(Zr,Ti)O_3$ 材料（BZT）、$Ba(Sr,Ti)O_3$ 材料（BST）、$SrTiO_3$ 材料、$Ba(Ti_xSn_{1-x})O_3$ 材料（BTS）以及 $BiFeO_3$ 材料（BFO）等。其中，PZT 材料具有良好的铁电、压电性能，一直是研究和应用的热点，但其抗疲劳特性较差。相对地，铋层状钙钛矿型铁电材料 $SrBi_2Ta_2O_9$（SBT）的表现明显优于 PZT 材料，并且其翻转电压小，可以制备成亚微米超薄型薄膜。但 SBT 材料也有沉积温度过高、组分难以精确控制等问题，因而新的钙钛矿型铁电材料仍在不断优化研发当中。

2. 层状二维铁电材料

目前，对二维铁电材料的研究主要集中于理论计算和少数材料的实验论证。人们通过第一性原理方法预测了很多二维材料的铁电自发极化特性。单层原子材料中，具备铁电自发极化特性的有 MoS_2、SnS、SnSe、GeS 以及 GeSe，其中 MoS_2 因其 1T 相结构中 Mo 的畸变打破空间中心反演对称性产生面外自发极化，SnS、SnSe 等因自身的耦合铁电性和铁弹性，有较强的面内自发极化特性。双层薄膜材料中，具备铁电自发极化特性的有 ZnO 及 AlN 材料，因为原子间的微平移形成具有空间变化的铁电超晶格[39]。在实验方面，有研究团队在 6H-SiC 基底上制备了 SnTe 薄膜，并证明其在原子尺度上存在稳定的面内自发极化特性。

3. 氧化铪类铁电材料

氧化铪的铁电性曾在 2011 年被报道，经第一性原理计算得知，低维氧化铪薄膜的自发极化源于其介于四方相和单斜相之间的亚稳态的正交相。垂直方向电极晶格匹配力的机械作用、薄膜厚度及元素掺杂都被认为是氧化铪薄膜铁电性的起源。因此，可通过调节掺杂浓度、改变薄膜厚度等方法得到亚稳态的正交相。有实验证明，通过钇元素（Y）掺杂制备的超薄氧化铪薄膜能够表现出铁电特性。此外，还有实验证明通过氧气流量控制氧化铪薄膜中的氧空位缺陷也有助于实现正交相的稳定，增强其铁电性能。

本章小结

半导体材料的研究工作，常常会诱发工业界的技术与产业革命。20 世纪中期，第一代半导体材料——单晶锗、硅的出现极大地促进了半导体晶体管的发展，在硅基晶体管的基础上，形成了现代集成电路产业的雏形。硅基半导体及集成电路被广泛应用于信息处理、自动控制等领域，催生了现代电子产业，更带动了计算机产业的巨大飞跃，对人类社会的发展起到了极大的促进作用。随后，出现了以砷化镓、磷化铟等化合物为代表的第二代半导体材料，由于其优越的电子特性，化合物半导体材料在光电器件、超高速器件等领域起到了重要作用，有效弥补了硅器件的不足，满足了以光通信为基础的信息产业的崛起和社会信息化、智能化的发展要求。作为光通信系统中的关键器件，第二代半导体器件也是现在移动通信产业的摇篮。

在第一代、第二代半导体材料蓬勃发展的同时，人们对高性能功率器件和射频器件的需求也悄悄孕育了第三代半导体材料，即以碳化硅、氮化镓等为代表的宽禁带半导体。第三代半导体具有热导率高、电子迁移率高和稳定性好的优点，是研制高频器件、高功率器件和抗辐照特种芯片的理想材料。同时，为了应对器件等比例缩小带来的寄生效应，研发新型高、低介电材料也成为微电子领域的重要目标。随着集成电路科学与工程的发展，越来越多的半导体材料被发现并应用于各种信息通信领域。随着摩尔定律逐渐失效，主流硅基存储技术越来越无法满足未来信息存储的需求，以磁电材料为基础的新型存储器件也逐步被引入研究和工业生产当中。对于新型半导体材料的研究和突破，必将产生更多、更新颖的电子功能器件。

思考与拓展

1. 简述锗材料及锗基集成电路的发展历史。简单谈谈锗作为最早被发现并应用的半导体材料，最终被硅取代的原因。

2. 调研本书介绍的一种第三代半导体材料，简述它的发现过程。

3. 简述第三代半导体 SiC 和 GaN 材料的优势区间。为什么 5G 基站常使用 GaN 器件，而电动汽车常使用 SiC 器件？

4. 直接禁带半导体与间接禁带半导体哪种更适合作为发光材料？与红光 LED 和黄光 LED 相比，蓝光 LED 的研发难点是什么？为什么蓝光 LED 如此重要？

5. 有效质量具有各向异性，因此沿不同晶向的有效质量是不同的。FinFET 是立体结构，具有不同的晶面。尝试调研 FinFET 是如何解决这个问题的。

6. 调研小米的 99W 充电器采用的半导体材料是什么，并尝试分析采用这种半导体材料的原因。

参考文献

[1] Zunger A, Cohen M L. Electronic Structure of CuCl[J]. Physical Review B, 1979, 20(3): 1189.

[2] Wetzel C, Salagaj T, Detchprohm T, et al. GaInN/GaN Growth Optimization for High-power GreenLight-emitting Diodes[J]. Applied Physics Letters, 2004, 85(6): 866-868.

[3] Varma C, Littlewood P B, Schmitt-Rink S, et al. Phenomenology of the Normal State of Cu-O high-temperature Superconductors[J]. Physical Review Letters, 1989, 63(18): 1996.

[4] Müller K, Takashige M, Bednorz J. Flux Trapping and Superconductive Glass State in La_2CuO_{4-y}: Ba[J]. Physical Review Letters, 1987, 58(11): 1143.

[5] Meng R, Beauvais L, Zhang X, et al. Synthesis of the High-temperature Superconductors $HgBa_2CaCu_2O_{6+\delta}$ and $HgBa_2Ca_2Cu_3O_{8+\delta}$[J]. Physica C: Superconductivity,

1993, 216(1-2): 21-28.

[6] Wang L, Mccleese C, Kovalsky A, et al. Femtosecond Time-resolved Transient Absorption Spectroscopy of $CH_3NH_3PbI_3$ Perovskite Films: Evidence for Passivation Effect of PbI_2[J]. Journal of the American Chemical Society, 2014, 136(35): 12205-12208.

[7] Li Y, Wang H, Xie L, et al. MoS_2 Nanoparticles Grown on Graphene: An Advanced Catalyst for the Hydrogen Evolution Reaction[J]. Journal of the American Chemical Society, 2011, 133(19): 7296-7299.

[8] Knudsen M. Die Gesetze der Molekularströmung Und der Inneren Reibungsströmung der Gase Durch Röhren[J]. Annalen der Physik, 1909, 333(1): 75-130.

[9] Kroto H W, Heath J R, O'brien S C, et al. C60: Buckminsterfullerene[J]. Nature, 1985, 318(6042): 162-163.

[10] Golberg D, Bando Y, Han W, et al. Single-walled B-doped Carbon, B/N-doped Carbon and BN Nanotubes Synthesized from Single-walled Carbon Nanotubes Through a Substitution Reaction[J]. Chemical Physics Letters, 1999, 308(3-4): 337-342.

[11] Gaj J, Planel R, Fishman G. Relation of Magneto-optical Properties of Free Excitons to Spin Alignment of Mn^{2+} Ions in $Cd_{1-x}Mn_xTe$[J]. Solid State Communications, 1993, 88(11-12): 927-930.

[12] Peter Y, Cardona M. Fundamentals of Semiconductors: Physics and Materials Properties[M]. Springer Science & Business Media, 2010.

[13] Fan Y X, Eckardt R, Byer R, et al. $AgGaS_2$ Infrared Parametric Oscillator[J]. Applied Physics Letters, 1984, 45(4): 313-315.

[14] Rockett A, Birkmire R. $CuInSe_2$ for Photovoltaic Applications[J]. Journal of Applied Physics, 1991, 70(7): R81-R97.

[15] Berkes J S, Ing Jr S W, Hillegas W J. Photodecomposition of Amorphous As_2Se_3 and As_2S_3[J]. Journal of Applied Physics, 1971, 42(12): 4908-4916.

[16] Fatuzzo E, Harbeke G, Merz W J, et al. Ferroelectricity in SbSI[J]. Physical Review, 1962, 127(6): 2036.

[17] Shockley W, Queisser H J. Detailed Balance Limit of Efficiency of p-n Junction Solar Cells[J]. Journal of Applied Physics, 1961, 32(3): 510-519.

[18] Bardeen J, Brattain W H. The Transistor, A Semi-conductor Triode[J]. Physical Review, 1948, 74(2): 230.

[19] Allard J, Atalla N. Propagation of Sound in Porous Media: Modelling Sound Absorbing Materials 2e[M]. New Jersey: John Wiley & Sons, 2009.

[20] Mayer F, Le R C, Damlencourt J F, et al. Impact of SOI, $Si_{1-x}Ge_xOI$ and GeOI Substrates on CMOS Compatible Tunnel FET Performance[C]. 2008 IEEE International Electron Devices Meeting, 2008: 1-5.

[21] Mimura T, Hiyamizu S, Fujii T, et al. A New Field-effect Transistor with Selectively Doped $GaAs/n-AlxGa_{1-x}As$ Heterojunctions[J]. Japanese Journal of Applied Physics, 1980, 19(5): L225.

[22] Schwierz F. Graphene Transistors[J]. Nature Nanotechnology, 2010, 5(7): 487.

[23] 余涛, 吴雪梅, 诸葛兰剑, 等. 高 K 栅介质材料的研究现状与前景[J]. 材料导报, 2010, 24(11A): 25-29.

[24] 黄力，黄安平，郑晓虎，等. 高 k 介质在新型半导体器件中的应用[J]. 物理学报，2012, 61(13): 473-480.

[25] 肖冬萍，田强. 电介质的极化机制与介电常量的分析[J]. 大学物理，2001, 20(9): 44-46.

[26] Mistry K, Allen C, Auth C, et al. A 45nm Logic Technology with High-k+ Metal Gate Transistors, Strained Silicon, 9 Cu Interconnect Layers, 193nm Dry Patterning, and 100% Pb-free Packaging[C]//2007 IEEE International Electron Devices Meeting. NJ: IEEE, 2007: 247-250.

[27] 赵朝辉，朱捷，张焕鹍，等. 第 3 代半导体互连材料概述[J]. 新材料产业，2017, (8): 15-19.

[28] 陈君，侯倩，廉得亮. 集成电路的互连线材料及其发展[J]. 微型机与应用，2016, 35(5): 15-17, 21.

[29] 黄浩，魏喆良，唐电. 半导体金属互连集成技术的进展与趋势[J]. 金属热处理，2004(8): 26-31.

[30] Pastor-Satorras R, Vespignani A. Epidemics and Immunization in Scale-free Networks [M]// Handbook of Graphs and Networks. Berlin: Wiley-VCH, 2003.

[31] Zappe H P. Introduction to Semiconductor Integrated Optics[M]. Boston: Artech House, 1995.

[32] Fukuda M. Optical Semiconductor Devices[M]. New Jersey: John Wiley & Sons Inc., 1999.

[33] 朱长文，丛丽娜. 发光二极管的工作原理及在组合仪表上的应用[J]. 汽车电器，2014, (2): 60-61,64.

[34] 高双，曹飞，宋成，等. 阳离子迁移型阻变存储材料与器件研究进展[J]. 材料科学与工艺，2016, 24(4): 1-9.

[35] 任清褒，朱维婷. 磁电阻材料及其应用的研究进展[J]. 材料科学与工程，2002, 20(2): 302-305.

[36] 汪昌州，翟继卫，姚熹. 基于相变存储器的相变存储材料的研究进展[J]. 材料导报：综述篇，2009, 23(8): 96-102.

[37] 郝艳，周细应，杜玲玲，等. 相变存储材料及其相变机制研究进展[J]. 人工晶体学报，2019, 48(11): 2152-2163.

[38] 刘敬松，张树人，李言荣. 铁电存储技术[J]. 物理与工程，2002, 12(2): 37-40.

[39] 蒋旭，张焱，江安全. 新型低维铁电材料及其器件[J]. 湘潭大学学报（自然科学版），2019, 41(5): 2-12.

[40] 夏瑞临，吴倩. 铁电薄膜材料领域的研究及专利分析[J]. 经济法理论与实践，2016, 420: 145-149.

第3章　集成电路晶体管器件

本书第 2 章介绍了集成电路关键材料的物理特性、发展历程和应用场景，采用集成电路制造工艺（将在第 5 章详细介绍）将各种材料组合在一起，可以制造出具有特定功能的集成电路器件。随着集成电路科学与工程的不断发展，集成电路已经拥有二极管、晶体管、非易失性存储器件、功率器件、光子器件、电阻和电容器件、传感器件共 7 个大族、100 多种不同类型的器件，以它们为核心诞生的种类繁多的电子产品推动集成电路技术渗透到人们衣食住行的方方面面。本章主要围绕集成电路的核心器件——晶体管展开，介绍它是如何凭借优异的性能和不断演进的结构，成为信息时代不可或缺的强大推动力。

本章重点

知识重点	能力要求
金属氧化物半导体场效应晶体管	1. 了解金属氧化物半导体场效应晶体管的基本分类、结构和特性 2. 了解晶体管保持按比例缩小定律的方法和面临的挑战
绝缘体上晶体管	1. 了解绝缘体上晶体管的技术背景、基本分类 2. 了解全耗尽型绝缘体上晶体管的基本工作原理
三维晶体管	1. 了解三维晶体管技术出现的背景和基本原理 2. 了解三维晶体管器件的演变历程
新型场效应晶体管	1. 了解新型场效应晶体管的主要类型 2. 了解新型场效应晶体管的基本工作原理

3.1　晶体管器件概述

1947 年 12 月，美国贝尔实验室成功演示了第一个具有放大功能的点接触锗晶体管，这标志着影响全人类生产及生活的半导体产业的诞生和信息时代的开启[1]。晶体管的英文名称 Transistor 是 Transfer-resistor 的缩写，即"转换电阻器"或"跨阻器"。由于绝大多数晶体管是由单晶半导体制成，故其中文名称为"晶体管"。我们也可以将晶体管简单地理解为一种"可控开关"，它可以实现电流开关、信号放大、检波、整流、稳压等多种功能。目前，市场上已有超过 40 万款包含基于晶体管的集成电路芯片的产品在售，晶体管已经成为现代工业发展不可替代的重要器件。晶体管器件及与其相关的技术自诞生起就在不断地更新迭代，本节简要介绍晶体管的相关基础知识。

3.1.1　晶体管的基本功能

与早期的电子管相比，晶体管具有功耗低、寿命长、性能可靠等诸多优势，基于晶体管的集成电路技术具备其他技术无法比拟的体积、成本和可靠性优势，因此迅速取代了电子管在电子系统中的地位。与电子管类似，晶体管在电子系统中主要起两个作用，即"增益"和"开关"。增益是指当给晶体管施加一个随时间变化的、幅值为 $V_{输入}$ 的电压信号时，能够得到一个随时间变化的、幅值为 $V_{输出}$ 的电压信号。我们定义电压增益（A_V）为 $A_V=V_{输出}/V_{输入}$。这种情况也适用于电流增益或者功率增益。显然，增益（或损耗）是无量纲的，但方便起见，实际操作时经常以分贝（dB）为单位。开关是指晶体管的关闭和打开状态，它对应了数字二进制中的逻辑"0"和"1"。晶体管的增益属性使得每一次逻辑运算过程，都能够实现有效的再生放大，也就是说即使通过数百万晶体管逻辑门传递信号，也能够保持其信号幅值在背景噪声水平之上。由于微处理器需要亿万个晶体管，即便每个晶体管产生的损耗极小，累计损耗也会使信号严重失真，因此晶体管的开关属性和增益属性是构建超大规模集成电路的基石。与机械开关相比，晶体管响应速度快、准确性高，是放大电路、开关电路、稳压电路、信号调制电路和振荡器等各种数字和模拟电路中的基本器件。晶体管的改型器件也是其他集成电路器件大族的基础，如 NVM 中的 FGMOSFET 和功率器件中的绝缘栅双极型晶体管（Insulated Gate Bipolar Transistor，IGBT）等。

3.1.2　晶体管的基本结构

晶体管的基本结构为 P 型和 N 型半导体区域相互交替，并在它们之间形成导电沟道（简称沟道）。通过输入信号调制沟道内电流的"导通"和"截止"，表示二进制逻辑"1"和"0"。按沟道调制模式的不同，晶体管可以分为两个大族：势效应晶体管（Potential-Effect Transistor，PET）和场效应晶体管（Field-Effect Transistor，FET）。PET 和 FET 的区别在于，PET 使用直接电接触方式（电子注入）对沟道进行调制，使得沟道在调制过程中获得额外的电流。典型的 PET[如双极结型晶体管（Bipolar Junction Transistor，BJT）]有一个基（Base，B）极，它直接影响沟道，调制从发射（Emitter，E）极到集电（Collector，C）极的电流[见图 3.1（a）]。FET 使用间接方式（横向电场）对沟道进行调制，使得沟道在调制过程中获得额外的电子或空穴。典型的 FET（如 MOSFET）有一个栅（Gate，G）极对沟道产生电容式影响，从而改变源（Source，S）极到漏（Drain，D）极的电流[见图 3.1（b）]。

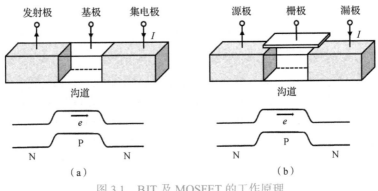

图 3.1　BJT 及 MOSFET 的工作原理

（a）BJT　（b）MOSFET

BJT 俗称三极管，是最早实用化的现代晶体管。世界上第一个晶体管是贝尔实验室发明的由两根细金属丝与一块 N 型锗基片接触而形成的点接触锗晶体管，锗基片是基极，金属丝分别是发射极与集电极。早在点接触晶体管问世的一个月后，肖克利就提出了"三明治"结构的晶体管设想。1950 年，蒂尔（G. Teal）和斯帕克斯（M. Sparks）制造并测试了由两个 PN 结构成的晶体管，为了区别于点接触晶体管，将其称为结型晶体管，这也是人类制造的首个 NPN 型 BJT 器件。之所以现在称之为"双极"，是为了与 FET 区别开：FET 中只有一种载流子起作用，被称为"单极型"器件；结型晶体管中是两种载流子同时起作用，被称为"双极型"器件。从实用的角度来看，点接触晶体管的制造工艺复杂、稳定性差、产量非常有限；结型晶体管则非常适合现代集成电路制造工艺，可使制造成本迅速下降，因此逐渐得到了市场的认可，为大量半导体公司的兴起做出了重大贡献。但是以 BJT 为代表的 PET 需要基极控制电流，导致需要较高的能耗和较大的面积，制造和设计的成本较高，目前主要用于追求极致性能或对成本不敏感的部分模拟集成电路中。相比之下，以 MOSFET 为代表的 FET 栅极漏电流较小、单元能耗更低，且制造工艺更简单，更适用于超大规模集成电路（VLSI）中，已成为集成电路中最关键的器件之一。

3.1.3　场效应晶体管的发展历程

晶体管诞生以后的发展非常迅猛，研究人员不断发明出新类型的晶体管[1]：1950 年，日本的西泽润一（J. Nishizawa）和渡边宁（Y. Watanabe）发明了结型场效应晶体管（Junction Field-Effect Transistor, JFET）；1952 年，基于晶体管的助听器和收音机投入了市场；1954 年，贝尔实验室的坦恩鲍姆（M. Tanenbaum）制备出了第一个硅晶体管，同年，德州仪器的戈登·蒂尔（Gordon Teal）实现了硅晶体管的商业化生产；1956 年，通用电气的工程师发明了晶闸管（Thyristor）；1959 年，贝尔实验室的卡恩（D. Kahng）和艾塔拉（M. Atalla）发明了 MOSFET，这是对 1925 年李林菲尔德（J. Lilienfeld）提出的场效应晶体管概念的具体实现。MOSFET 是绝缘栅型场效应晶体管中发展最成功的一种，其超高的输入阻抗有利于多级连接，也是构成集成电路的理想器件。从 20 世纪 50 年代起，晶体管开始逐渐替代真空电子管，但当时 MOSFET 的制造工艺还不成熟，高昂的成本使得 MOSFET 器件和基于 MOSFET 的电子系统在当时并不受欢迎。由于符合军用装备对便携性、可靠性和耐用性的特殊需求，以及当时美国太空战略的需要，晶体管器件尤其是集成电路被大量投入使用，所以美国军方对当时年轻的晶体管产业呵护备至，以晶体管为基础的半导体产业因此迅速发展，涌现出一大批著名的半导体技术企业。

1965 年，仙童半导体的戈登·摩尔（Gordon Moore）提出了著名的摩尔定律，指明了集成电路产业发展的方向；1967 年，卡恩（D. Kahng）和施敏（S. M. Sze）制作出了 FGMOSFET，奠定了非易失性存储的基础；1969 年，英特尔采用二氧化硅栅介质和多晶硅栅电极，成功开发出第一个 P 型 MOSFET；1971 年，英特尔发布了第一个微处理器 4004，包含 2000 多个晶体管。1998 年起，半导体技术国际路线图（International Technology Roadmap for Semiconductors, ITRS）每两年发布一次，半导体科技和产业的发展日新月异、突飞猛进，集成电路成为信息时代当之无愧的主角。而随着半导体技术的发展，MOSFET 不仅特征尺寸变得越来越小、集成度越来越高，在器件结构和材料体系上也经过了多次重大变革。

3.2　金属氧化物半导体场效应晶体管技术

金属氧化物半导体场效应晶体管（MOSFET）是一种在模拟电路与数字电路中被广泛使用的场效应晶体管，早期的栅极使用金属材料，金属栅极与半导体沟道之间通过采用硅氧化工艺形成的氧化硅薄层隔离，形成金属栅极-氧化硅-半导体的电容结构，这也是

MOSFET 名称的由来。集成电路工艺中，通常在高温下沉积栅极材料以增进器件性能，而金属的高温耐受性略差，作为栅极会影响工艺使用的温度上限，因此具有更高熔点的多晶硅进入了人们视线。此外，多晶硅材料更易于采用"自对准"的栅极工艺加工，从而降低了晶体管的制造难度，所以在很长一段时间里，人们主要采用多晶硅作为标准的 MOSFET 栅极材料。然而多晶硅的导电性不如金属，随着晶体管特征尺寸的不断缩小，限制了信号传递的速度。因此在先进工艺节点 MOSFET 制造中，一般使用高 k/金属栅（High k Metal Gate，HKMG）工艺。MOSFET 器件的栅极通过横向电场间接调制沟道电流，栅极几乎不存在电流（电容式），功耗极低，因此在拥有上百亿晶体管的超大规模集成电路中被广泛使用，是集成电路中最为关键的器件之一。

3.2.1　金属氧化物半导体场效应晶体管的分类

MOSFET 依照其沟道中工作载流子类型的不同分为两类：工作载流子为电子的被称为 N 型，工作载流子为空穴的为 P 型，通常又称为 N 沟道 MOSFET（简称 NMOS）和 P 沟道 MOSFET（简称 PMOS）。此外，依照栅极电压为 0 时是否有导电沟道，MOSFET 可以分为零栅极电压时无导电沟道的增强型（Enhancement Mode）MOSFET，和零栅极电压时有导电沟道的耗尽型（Depletion Mode）MOSFET。因此 MOSFET 一共有 4 种常见的类型：增强型 NMOS（E-NMOS）、增强型 PMOS（E-PMOS）、耗尽型 NMOS（D-NMOS）、耗尽型 PMOS（D-PMOS），见表 3.1。这 4 种类型的 MOSFET 都包含栅（G）极、源（S）极、漏（D）极和基（Body，B）极，在标准 4 端口电路图形符号中使用与基极连接的箭头区分类型，箭头指向栅极为 N 型，箭头背向栅极则为 P 型。此外，增强型 MOSFET 在未加外部电压时沟道为断开，因此符号中沟道为 3 段虚线，意味着还未导通，而耗尽型 MOSFET 在未加外部电压时沟道为导通，因此符号中沟道为 1 条实线。在大多数 MOSFET 使用场景中，会把基极和源极连在一起，且在集成电路设计中多个 MOSFET 通常共用一个基极，因此简化 3 端口电路符号中，一般不标示出基极极性，而是在 PMOS 的栅极端多加一个圆圈以示区别。

表 3.1　MOSFET 的 4 种基本类型

类型	N 型		P 型	
	增强型	耗尽型	增强型	耗尽型
简称	E-NMOS	D-NMOS	E-PMOS	D-PMOS
衬底	P 型		N 型	
源、漏区	n^+		p^+	
沟道载流子	电子		空穴	
阈值电压（V_T）*	$V_T > 0$	$V_T < 0$	$V_T < 0$	$V_T > 0$
电路符号（标准 4 端口）	（电路符号图）	（电路符号图）	（电路符号图）	（电路符号图）
电路符号（简化 3 端口）	（电路符号图）	（电路符号图）	（电路符号图）	（电路符号图）

*耗尽型 MOSFET 的阈值电压为导电沟道消失的栅极电压。

　　由于增强型 MOSFET 在无外加电压时沟道为断开，所以也被称为常闭型 MOSFET，与耗尽型（也被称为常开型）MOSFET 相比功耗更低、响应速度更快，因此在速度和功耗要求较高的存储器、处理器等领域应用更为广泛。

3.2.2　金属氧化物半导体场效应晶体管的结构

　　下面以 NMOS 为例介绍 MOSFET 的基本结构。NMOS 的基本构成包括：
　　（1）制作在掺杂浓度较低的 P 型半导体衬底上的沟道；
　　（2）两个高传导率的 N 型半导体源极和漏极；
　　（3）沟道表面由氧化物和金属或多晶硅构成的栅极。
　　MOSFET 的主要结构参数包括沟道长度 L 和沟道宽度 W。图 3.2 所示为 NMOS 的基本结构。

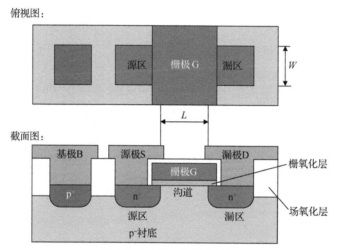

图 3.2　NMOS 的基本结构

　　下面介绍 MOSFET 的工作原理（以 E-NMOS 为例）。栅极、栅氧化层和衬底构成了典型的 MOSFET 电容，当将正电压施加到 E-NMOS 的栅极上时，在栅极和 P 型衬底间形成的垂直于沟道表面的电容电场作用下，P 型衬底中的多数载流子（简称多子）空穴被排斥，即多子空穴向远离沟道表面的方向运动；而少数载流子（简称少子）电子被吸引到栅氧化层与衬底之间的沟道界面处，出现了薄的耗尽层。继续增加栅极电压，界面处的少子电子浓度将超过 P 型衬底的多子空穴浓度，从而与 N 型的源漏区中的多子电子形成导电沟道，因导电沟道内的多子为电子，与 P 型衬底的多子空穴极性相反，故导电沟道存在的区域称为反型层。由于栅氧化层阻挡了所有载流子在栅极与沟道之间的流动，因此不需要栅极电流就可以维持界面处的反型层，如果此时施加漏源电压 V_{DS}（又称源漏电压），就可以形成漏源电流 I_{DS}（又称源漏电流），输出特性表现为所施加的栅极电压控制了源极与漏极之间的电流流动。相应地，当将负电压施加到 E-NMOS 的栅极上时，将造成界面处空穴浓度的增加，由于空穴本身就是 P 型衬底的多数载流子，源漏区与沟道之间的 PN 结阻止了源漏电路的导通，因此 E-NMOS 处于关断状态，原始特性不会有太大的变化。
　　E-PMOS 的工作原理恰好相反，通过施加在栅极的负电压吸引 N 型衬底中的少子空穴形成导电沟道。耗尽型 MOSFET 是在制造过程中，预先在栅氧化层中掺入大量的离子，因此在栅极电压为 0 时，带电离子能在衬底中"感应"出足够的少子，从而形成导电沟道，只有当栅极电压抵消带电离子感应的电场后，导电沟道才能被截止。

由以上讨论可见，MOSFET 的基本工作原理，是通过改变栅源电压 V_{GS} 来控制沟道的导电能力，从而控制漏源电流 I_{DS}。因此，MOSFET 是一种电压控制型多子导电器件。方便起见，本章后续只讨论增强型器件。

3.2.3　金属氧化物半导体场效应晶体管的特性

随着施加在栅极上的电压不断增大，MOSFET 的沟道界面会经历从半导体衬底到形成耗尽层，再到形成反型层的过程，一般定义使沟道区域形成反型层（导电沟道）所需施加的栅源电压为阈值电压，用 V_T 或 V_{th} 表示。我们可以通过测量固定 V_{DS} 条件下，I_{DS} 和栅源电压 V_{GS} 的对应关系，获得晶体管的转移特性曲线[见图 3.3（a）]，$I_{DS}=0$ 时该曲线上的点对应的 V_{GS} 的最大值即为晶体管的 V_T（此处的 $I_{DS}=0$ 为理想情况，实际实验中可根据器件需求设定 I_{DS} 条件）。依据 MOSFET 的电容式控制原理，阈值电压与衬底掺杂浓度的平方根和栅氧化层的厚度成正比。此外，栅极与衬底的功函数差、栅氧化层中的电荷数，以及衬底偏置电压都可影响或调制阈值电压。在制造 NMOS 栅氧化层时，通过掺入大量碱金属正离子 Na^+ 或 K^+（制造 PMOS 栅氧化层时则掺入负离子），可以使 $V_T<0$，从而实现 $V_{GS}=0$ 时也存在导电沟道的 D-NMOS。

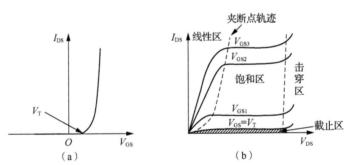

图 3.3　E-NMOS 的转移特性曲线和输出特性曲线

（a）转移特性曲线　（b）输出特性曲线

典型的 E-NMOS 输出特性曲线如图 3.3（b）所示，一般被分为 4 个区域。

（1）截止区（Cutoff Region，又称夹断区）。截止区即图 3.3（b）中靠近横轴的区域。截止区中的 $V_{GS}<V_T$，导电沟道尚未形成，MOSFET 基本处于关断状态，但是此时仍存在微弱的漏电流，又称亚阈值电流。亚阈值电流的变化速率可以用来衡量晶体管开启和关断状态之间互相转换的速率，所以将亚阈值电流变化 10 倍所需栅极电压的变化量定义为亚阈值摆幅：

$$S = \frac{dV_{GS}}{d(\log I_{DS})} \tag{3.1}$$

（2）线性区（Linear Region，又称可变电阻区）。线性区中，$V_{GS}>V_T$ 且 $V_{DS}<V_{GS}-V_T$，这时电流满足：

$$I_{DS} = \mu_n C_{OX} \frac{W}{L} \left[(V_{GS} - V_T)V_{DS} - \frac{V_{DS}^2}{2} \right] \quad （3.2）$$

其中，μ_n 为 N 型载流子电子的迁移率（Mobility），C_{OX} 为栅氧化层的电容。

（3）饱和区（Saturation Region，又称恒流区）。饱和区中，$V_{GS} > V_T$ 且 $V_{DS} \geq V_{GS} - V_T$，这时电流满足：

$$I_{DS} = \mu_n C_{OX} \frac{W}{L} \frac{(V_{GS} - V_T)}{2} \quad （3.3）$$

（4）击穿区（Breakdown Region）。该区位于图 3.3（b）中的右侧，随着 V_{DS} 不断增大，PN 结因无法承受太大反偏电压而被击穿。

此外，随着技术的发展，工艺节点更先进的 MOSFET 器件，由于增加了量子效应，器件输出特性曲线需要更加复杂的数学物理模型来描述。

3.2.4　互补型金属氧化物半导体场效应晶体管

基于硅基互补型 CMOS 技术的集成电路是现代信息社会发展的基础。这种技术是将 NMOS 和 PMOS 这两类 MOSFET 组合构成一个 CMOS 单元，又称反相器单元。如图 3.4 所示，PMOS 被制造在 P 型轻掺杂衬底（简称 p⁻衬底）中的一个 N 型轻掺杂隔离区（简称 N 阱）中，与 p⁻衬底上的 NMOS 的栅极连通作为输入，漏极连通作为输出。PMOS 的源极接电源 V_{DD}，NMOS 的源极接地线 GND。由于 NMOS 的阈值电压 $V_{TN} > 0$，而 PMOS 的阈值电压 $V_{TP} < 0$，因此当输入电压 V_{IN} 为低电平（约等于 0）时，NMOS 关断而 PMOS 导通，输出电压 $V_{OUT} = V_{DD}$，输出为高电平；当 V_{IN} 为高电平（约等于 V_{DD}）时，NMOS 导通而 PMOS 关断，$V_{OUT} = 0$，输出为低电平。因此，理论上 CMOS 电路没有从 V_{DD} 到 GND 的工作电流，功耗极低。

CMOS 器件最早出现在 1963 年仙童半导体研发实验室的弗朗克·万拉斯（Frank Wanlass）和萨支唐（C. T. Sah）联合发表的关于其构想的会议文章中[2]。同年 6 月，万拉斯申请了 CMOS 器件技术的专利[3]，这也是仙童半导体对集成电路产业发展做出的重要贡献之一。CMOS 器件技术中，成对出现的 NMOS 和 PMOS 通过更复杂的连线构成与非门、或非门等 CMOS 基本门电路（将在第 6 章详细介绍），亿万个门电路进一步构成更加复杂的逻辑电路。

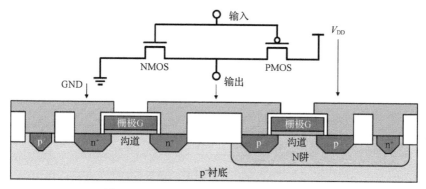

图 3.4　CMOS 反相器单元电路图和截面图

CMOS 集成电路的特点可以总结为[4]：静态功耗低，每门功耗为纳瓦级；逻辑摆幅大，近似等于电源电压；抗干扰能力强，直流噪声容限达逻辑摆幅的 35%左右；可在较广泛的电源电压范围内工作，便于与其他电路连接；速度快，门延迟时间达纳秒级；在模拟电路中应用，性能比 NMOS 电路好；与 NMOS 电路相比，集成度稍低；有闩锁（Latch-up）效应，影响电路正常工作（该效应将在 3.3 节中详细讨论）。

1971 年英特尔推出全球首个单片微处理器 4004，但并未采用 CMOS 技术，而采用了 PMOS 技术。1974 年美国无线电公司首次使用 CMOS 技术制造出微处理芯片 RCA1802。1981 年美国 IDT 推出 64Kbit CMOS SRAM。1982 年，英特尔推出 80286 处理器，首次将 CMOS 技术用于 CPU 制作，随后 CMOS 技术成为主流。现在，95%以上的集成电路都是基于 CMOS 技术设计并制造的。

3.2.5　按比例缩小定律

摩尔定律指明了集成电路发展的趋势：降低成本、提高性能，其实现方法主要是缩小器件尺寸，特别是不断缩短沟道长度。缩短 MOSFET 沟道长度，可以提高分立器件的跨导和最大工作频率，提高集成电路的运行速度、集成度，并降低功耗。第一只商业 MOSFET 的沟道长度大于 20μm，该尺寸目前已经缩短到 10nm 以下。但是，尺寸的缩小势必会对器件和电路性能产生影响。为了在提高集成度的同时，使电路性能也不断改善，器件尺寸的缩小必须遵循一定的规则。1974 年，美国 IBM 的罗伯特·登纳德（R. H. Dennard）等人首次提出了 CMOS 器件按比例缩小（Scaling Down）理论，即登纳德定律[5,6]。值得注意的是，登纳德定律与摩尔定律类似，是人为总结出来的微电子工艺发展的规律，并不是自然法则。

CMOS 器件按比例缩小是指当 MOSFET 的沟道长度缩短时，该器件的其他各种横向尺寸和纵向尺寸，以及电源电压均按比例缩小一个系数 S。经过多年的发展，目前按比例缩小主要有两种规则：一种是器件缩小后加在栅氧化层上的电场保持不变，又称恒场率规则；另一种是在器件缩小的过程中保持电源电压不变，又称恒压率规则。表 3.2 给出了两种按比例缩小规则的对比，这两种规则都可以使集成密度增加 S^2 倍。然而在恒场率规则下，V_T 减小会使 CMOS 的抗干扰性减弱，器件的开启漏电流增大。更重要的是，开启电压的标准改变会造成缩小后的器件与现有集成电路的标准不兼容。恒压率规则下，电源电压不降低会导致漏极耗尽区宽度缩小变慢，同样影响器件的缩小后特性。因此，在实际集成电路发展过程中，需要结合其他参数和工艺条件进行综合考虑。

表 3.2　两种按比例缩小规则的对比

序号	指标	含义	恒场率规则	恒压率规则
1	L	沟道长度	$1/S$	$1/S$
2	W	沟道宽度	$1/S$	$1/S$
3	t_{OX}	栅氧厚度	$1/S$	$1/S$
4	V_{DD}	电源电压	$1/S$	1
5	N_{SUB}	衬底浓度	S	S^2
6	V_T	阈值电压	$1/S$	1
7	E	栅氧电场	1	S

根据摩尔定律的预测，集成电路上可容纳的元器件数量每隔一定周期便会增加 1 倍，即 MOSFET 的面积缩小为原来的一半。晶体管的面积与沟道长度 L 和沟道宽度 W 的乘积相

关，因此沟道长度 L 和沟道宽度 W 各缩小为原来的 7/10。图 3.5 展示了英特尔的集成电路工艺节点编年史，从中可以清晰地看到工艺节点以大约 0.7 的倍率不断迭代。

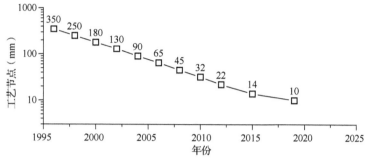

图 3.5　英特尔的集成电路工艺节点编年史

（数据来源：英特尔官方网站）

纵观 CMOS 电路近 50 年的发展史，超大规模集成电路快速发展的动力主要来源于不断缩小的器件尺寸，然而这条路并不是一帆风顺的，特别是从工艺节点小于 100nm（又称亚 100nm 节点）开始，CMOS 技术面临着许多重大挑战。因为集成电路产业界习惯将每代器件中最小的尺寸称为"特征尺寸"或"工艺节点"，而 CMOS 器件中栅极长度或沟道长度 L 最小，所以在亚 100nm 节点 MOSFET 的沟道长度缩短到可以与源、漏区的结深相比拟时，会出现一系列不同于长沟道 MOSFET 的物理限制，如阈值电压随着沟道长度的缩短而降低、漏致势垒降低、载流子表面散射、速度饱和、离子化和热电子效应等，一般统称为短沟道效应（Short Channel Effect，SCE）。短沟道效应对器件特性的影响很大，其中一个表现是亚阈值漏电流增大，即俗称的晶体管"关不上"或"漏电"问题，如图 3.6 所示。

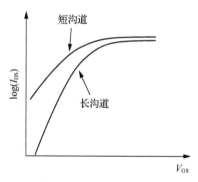

图 3.6　短沟道效应导致的亚阈值漏电流增大现象

短沟道效应要求人们在集成电路的设计过程中综合考虑电源电压、器件性能和可靠性等因素，这就需要通过改变 MOSFET 的基本工作模式和器件结构来提升器件的性能。2016年发布的 ITRS 中，首次不再强调摩尔定律，这标志着超越摩尔（More than Moore）[或称后摩尔（Beyond Moore）]时代的到来[1,7]。MOSFET 的发展过程，就是在不断缩短沟道长度的同时，尽量设法消除或弱化短沟道效应的过程。

3.2.6　CMOS 工艺变革

改善亚阈值漏电流的方法主要有降低电源电压和提高沟道掺杂浓度两种。降低电源电压受按比例缩小定律的限制，尽管在 180nm 工艺节点电源电压为 1.8V，130nm 工艺节点降低到了 1.2V，但是亚 100nm 节点后电源电压很难再继续降低，基本保持在略小于 1.0V 的水平。电源电压难以继续降低的主要原因是小尺寸晶体管的阈值电压波动性增加，太低的电源电压会导致逻辑运算错误。因此，工程师只能通过提高沟道掺杂浓度来压制源漏区的耗尽层，例如使 NMOS 沟道区的空穴浓度更高，使其更难形成反型层。但沟道重掺杂也带来了两个问题：第一个是在高掺杂浓度的沟道里，反型后的电子受到更多的库伦散射，导致载流子迁移率下降，器件速度降低；第二个是栅源电压对沟道的控制能力变弱，沟道打开变得非常困难。针对以上两个问题，业内最常用的两种工艺分别为应变沟道材料工艺和 HKMG 工艺。本节简要介绍这两种工艺。

应变沟道材料工艺[又称应变硅（Strained Silicon）工艺]是指通过应变材料产生应力，并把应力引向器件的沟道，以改变沟道中硅材料的导带或者价带的能带结构，从而增强载流子迁移率和提高器件速度的技术。目前被大规模采用的应变硅 CMOS 结构如图 3.7 所示。这种结构是通过异质外延生长技术在 PMOS 器件的源漏区嵌入 SiGe 材料，并在 NMOS 器件的源漏区嵌入 SiC 材料。硅的晶格常数是 5.43Å，锗的晶格常数是 5.65Å，碳的晶格常数是 3.57Å，由于硅衬底的晶格限制，SiGe 晶格在异质外延生长过程中被压缩，薄膜内应力非常大，一直有膨胀的趋势，因此 SiGe 应变材料会对沟道产生横向的压应力，使沟道的晶格被压缩，沟道中空穴的有效质量减小，从而有效地提高空穴的迁移率。相反地，异质外延生长过程中的 SiC 晶格有收缩的趋势，会对沟道产生横向的拉应力（张应力），使沟道晶格被拉伸，电子的有效质量和散射概率降低，从而有效地提高电子迁移率。与轻掺杂漏（Lightly Doped Drain，LDD）、提升源漏（Raise Source and Drain，RSD）及自对准硅化物（Self-aligned Salicide）等工艺配合，应变硅工艺将 CMOS 工艺推进到 90nm 工艺节点。

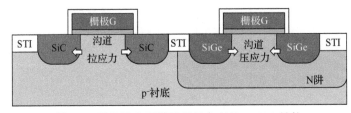

图 3.7　目前被大规模采用的应变硅 CMOS 结构

HKMG 工艺自 180nm 工艺节点就一直伴随着 CMOS 器件的发展。由式（3.3）可知，为保证电源电压降低后仍能获得足够的源漏电流，必须加强栅极对沟道的控制能力。根据按比例缩小定律，栅氧化层的厚度也需要不断减小。然而，栅漏电流会随着栅氧化层厚度减小呈指数级增加。一般地，栅氧化层厚度每减小 0.2nm，栅漏电流就会增长 10 倍。栅漏电流的急剧增加会导致 CMOS 的静态功耗急剧增大。纯 SiO_2 的厚度小于 2nm 时，会出现明显的量子隧穿效应；小于 1nm 时漏电流会大到无法接受的程度，寻找高介电常数的栅介质材料迫在眉睫。氮掺杂的氧化硅（SiON）具有较高的介电常数（4～7，纯 SiO_2 的介电常数为 3.9～4.3），且完全兼容"自对准多晶硅栅"工艺，在 180～65nm 工艺节点中被广泛采用。45nm 工艺节点采用的 HKMG 工艺，是利用新型高 k（$k>20$）介质材料 HfO_2 或 HfSiON 替代传统 SiON 来改善栅漏电流问题。但由于高 k 介质材料与多晶硅栅不兼容，因此这种工艺采用金属栅（Metal Gate，MG）替代了多晶硅栅。

3.3　绝缘体上晶体管技术

前文介绍了一些 CMOS 技术的基础知识，以及支撑 CMOS 发展到 45nm 节点的工艺变革，本节暂不探究更先进的工艺节点，而是将时间回溯到 CMOS 出现初期。受限于落后的制造工艺和匮乏的设计经验，当时的 CMOS 性能并未达到人们的预期。为了改善 CMOS 集成电路的电输运性能，人们提出了将晶体管制造在电绝缘的衬底上的绝缘体上晶体管技术，它是晶体管最重要的技术发展路线之一，本节对其相关知识作简要介绍。

3.3.1　绝缘体上晶体管技术的背景

1966 年，美国无线电公司研制出首颗 CMOS 工艺门阵列（50 门）集成电路。当时用 CMOS 技术制造的集成电路集成度并不高，速度也很慢，且极易触发闪锁效应烧毁电路，因此早期的 CMOS 技术几乎没有被半导体行业认可。闪锁效应是 CMOS 工艺特有的寄生效应。以 CMOS 反相器为例，PMOS 的 N 阱、p 衬底，以及 NMOS 的源极、漏极、N 阱、p 衬底会形成寄生的 NPN 和 PNP 型 BJT，构成如图 3.8 所示的可控硅电路。当外界干扰未引起触发时，两个寄生 BJT 处于截止状态，集电极电流为反向的漏电流，电流增益非常小，此时不会发生闪锁效应。当其中一个寄生 BJT 的集电极电流受到外界干扰突然增加到一定值时，BJT 的发射极正偏，电流反馈到另一个 BJT，反馈回路引起电流增益增大，最终寄生可控硅电路被触发，使得两个寄生 BJT 导通，电源 V_{DD} 和地线 GND 之间形成低阻抗通路，导致 CMOS 器件无法正常工作，甚至产生大电流烧毁该器件。触发闪锁效应的外界干扰多种多样，且触发是随机的，例如电源的浪涌脉冲使输入电压高于电源 V_{DD}，或者静电放电（Electro-Static Discharge，ESD）效应将带电载流子从保护电路中引入 N 阱或 p 衬底中，又或者是辐照效应引起的单粒子闪锁等。

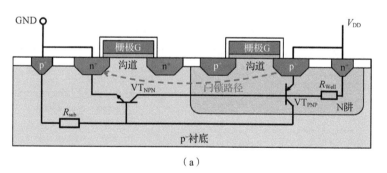
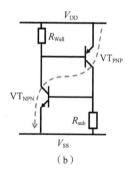

图 3.8　闪锁效应的形成原理及等效电路

（a）形成原理　（b）等效电路（可控硅电路）

20 世纪 60 年代，集成电路工艺技术尚处于起步阶段，CMOS 仍然采用简单的 PN 结进行隔离，虽然寄生电容大、运行速度慢，且容易因闪锁效应形成低阻通路，烧毁芯片，但它仍然具有静态功耗低、噪声容限大等优势，所以早期的 CMOS 技术主要用在玩具、手表、计算器等计算速度较慢的电子器件中。20 世纪 70 年代初期，随着技术的不断发展，研究人员发现制造在蓝宝石上的 CMOS 集成电路可以抵抗高强度的辐照而避免发生闪锁效应，即蓝宝石上硅（Silicon On Sapphire，SOS）工艺，但是这种工艺非常昂贵，无法大规模推广。随着硅局部氧化（Local Oxidation of Silicon, LOCOS）工艺的出现，以及 20 世纪 90 年代更先进的浅槽隔离（Shallow Trench Isolation, STI）工艺、绝缘体上硅（Silicon On Insulator, SOI）工艺陆续被发明出来，CMOS 的闩锁效应问题得到大幅缓解，CMOS 技术集成度高、抗干扰能力强、静态功耗低、运行速度快、电源电压范围宽、负载能力强等优点凸显出来，成为集成电路的主流技术。

3.3.2 绝缘晶圆上硅晶体管技术

1963 年，北美航空（即后来的波音公司）自动控制部的 Harold M. Manasevit 首次发现可以利用外延生长技术在蓝宝石上形成外延层，随后半导体研究人员将该技术引入 CMOS 集成电路工艺制程中，SOS-CMOS 工艺集成电路就此诞生。SOS 工艺指利用外延生长技术在人工生长的高纯度蓝宝石晶体上形成异质（Si、Ge 或其他Ⅲ-Ⅴ族半导体材料）的外延层，外延层的厚度通常小于 600nm。该工艺就是把集成电路制造在这层外延异质半导体单晶薄层上，也是最早出现的 SOI-CMOS 工艺。目前适合做 SOI 的绝缘晶圆，除蓝宝石外，还有尖晶石（$MgO \cdot Al_2O_3$）、氧化锆等，工业生产中广泛使用蓝宝石。

因为蓝宝石衬底是一种优良的绝缘体，在 SOS 工艺集成电路中，器件位于蓝宝石衬底表层很薄的硅中，器件之间由氧化物隔开，如图 3.9 所示。正是这种结构使得 SOS 工艺具有了体硅（传统硅衬底被称为体硅）无法比拟的优点。首先，基于 SOS 工艺的集成电路实现了全介质隔离，可以彻底消除体硅 CMOS 工艺集成电路中因为寄生 BJT 而导致的闩锁效应，从而获得更高的集成密度和更好的抗辐射特性；其次，SOS-CMOS 集成电路的全介质隔离可以减小阱与阱之间的寄生电容和漏电流，从而实现高速度和低功耗。

体硅 CMOS 工艺集成电路在重离子、质子、中子和其他粒子辐照面前非常脆弱，当重离子和带电粒子经过硅晶格时会产生新的电荷，新产生的电荷会引起软错误和闩锁效应，造成 CMOS 状态改变甚至损坏电路。而 SOS-CMOS 工艺集成电路具有很强的抗辐照能力和非常小的寄生电容，利用蓝宝石衬底可以有效地提高集成电路的性能和抗闩锁效应能力，所以 SOS 工艺集成电路被广泛应用于人造卫星、导弹等航空航天和军事领域。

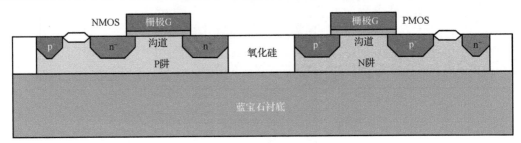

图 3.9　蓝宝石衬底上制造的 SOS-CMOS 结构示意图

在蓝宝石上生长外延单晶薄膜层虽然取得了一定程度的成功，但仍难以扩大应用，因为蓝宝石衬底材料在商业制造方面存在一系列的挑战。在形成外延的过程中，蓝宝石和硅薄层之间由于晶格失配会形成位错、孪晶和堆垛层错等缺陷，质量难以控制。此外，蓝宝石的介电常数为 10，数值较大，不能完全解决衬底存在寄生电容的问题。蓝宝石与硅的热膨胀系数相差 1 倍，这使得在外延降温时，硅中会形成压应力。此外，在靠近蓝宝石的界面会有铝离子扩散到硅中，铝在硅中是一种 P 型掺杂剂，会污染靠近界面的硅衬底，所以在制造高密度和小尺寸的集成电路时，SOS 工艺困难重重。另外，SOS 硅晶圆的产量非常有限，所以利用 SOS 技术制造的集成电路价格非常昂贵，仅在要求低功耗和高性能的汽车电子、无线通信、军事和航空航天等领域中有少量应用。

3.3.3　氧化物埋层上硅晶体管技术

尽管绝缘晶圆上硅晶体管技术存在严重的瓶颈，但衬底、N 阱、P 阱完全隔离已经表现出寄生电容小、器件速度快、无闩锁效应和抗辐照能力强的优点。因此，研究人员开始在单晶硅晶圆内部埋入绝缘层，构成单晶硅衬底/氧化物埋层（Buried Oxide Layer，BOX，简称埋氧层）/顶层单晶硅薄层（Top Silicon Layer，简称顶硅层）结构，并将 MOSFET 器件制备在顶硅层上，研制出 SOI MOSFET 器件（见图 3.10，以 SOI NMOS 为例）。由于采用注氧

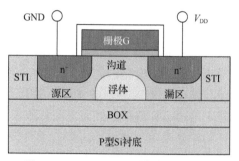

图 3.10　SOI NMOS 器件结构示意图

隔离法直接在单晶硅晶圆表层形成 BOX，不仅会对顶硅层造成损伤，使氧离子注入形成的氧化硅质量不佳，且 BOX 的厚度调控范围有限，不适合大尺寸晶圆生产，因此目前多采用键合回刻或智能剪切技术制备 SOI 衬底晶圆（将在本书 5.2.1 小节详细介绍）。SOI 晶圆的BOX 结构厚度主要取决于其用途，例如在微机电应用中能达到几微米，而在先进 CMOS应用中通常只有几纳米或几百纳米；BOX 的绝缘介质一般为热氧化生长的 SiO_2 材料，它的击穿电压高达 5MeV/cm，但是 SiO_2 的热导率[1.4W/（m·K）]远远低于硅的热导率[145W/（m·K）]，使它成为一个天然"热障"，会不可避免地引起自加热效应[8]。在一些需要散热的应用里，可以采用 Si_3N_4 作为 BOX 的绝缘介质，Si_3N_4 的热导率是 SiO_2 的 30 倍。在一些既需要散热，又需要顶硅层与 BOX 之间具备良好界面的应用里，可以采用 $SiO_2/Si_3N_4/SiO_2$ 多层 BOX SOI 结构。

氧化物埋层上硅晶体管技术已经是目前 SOI 的主流技术，其 BOX 厚度 T_{BOX} 和顶硅层厚度 T_{Si} 也随着技术代的发展而不断变化。例如，在早期 350nm SOI 工艺中，$T_{BOX}=T_{Si}=$ 200nm，当 SOI MOSFET 器件处于饱和区时，沟道耗尽层的厚度小于顶硅层厚度，此类器件被称为部分耗尽型 SOI（Partially Depleted SOI，PDSOI）器件。当然，这是相对于全耗尽型 SOI（Fully Depleted SOI，FDSOI）器件（该器件在 $T_{Si} \leqslant 50nm$ 时沟道耗尽层的厚度大于顶硅层厚度）而获得的命名。FDSOI 器件是一种全新的 MOSFET 器件，将在本书3.3.4 小节着重介绍。

PDSOI 器件除采用 SOI 晶圆生产外，其他工艺基本与同节点的体硅 CMOS 相似，但BOX 使 PDSOI 器件源极和漏极底部的寄生电容非常小，可减小结电容、提升器件的速度，并降低功耗。此外，BOX 与顶硅层的底部形成了一个倒置的寄生 MOSFET 结构，硅衬底起到"栅极"的作用，BOX 作为"栅氧化物"，这种结构又被称为赝 MOSFET（Pseudo-MOSFET 或 Ψ-MOSFET）结构，在 SOI MOSFET 器件中可以实现对阈值电压的调控。PDSOI器件还具备与 SOS 一样的免疫闩锁效应和抗辐照的能力。这些优点使 PDSOI 电路与相同工艺节点的体硅电路相比具有 20%甚至更大的性能提升。PDSOI 技术已成功在多家公司的

产品中得到应用，例如 1999 年 IBM 成功生产了基于 180nm SOI 技术的 RSIC 微处理器、PowerPC 系列的初期产品以及 CELL 宽带处理器等。

但与体硅 MOSFET 器件相比，SOI MOSFET 的顶硅层相对于衬底是浮空的，例如在 SOI NMOS 器件中，处于饱和区的器件在沟道耗尽层之间存在一块中性区域，由于 BOX 的隔离作用，该区域处于电学浮空或悬空状态，称为浮体（见图 3.10）。这种浮体结构会给 SOI 器件带来许多不良影响[9]，称为浮体效应（Floating-body Effect）。例如在 PDSOI NMOS 器件的沟道中，空穴会在浮体内累积正电荷，从而对沟道产生正向偏置，使得随着漏极电压的增加，器件阈值电压减小，亚阈值漏电流增加，称为翘曲效应。翘曲效应可能导致某些动态电路的失效，因此 PDSOI 需要更高的沟道掺杂浓度和更高的阈值电压，以获得与体硅 CMOS 相似的亚阈值漏电流。此外，浮体累积的电荷需要在器件状态转变时通过特定的通道释放掉，然而电荷释放需要时间，这被称为 PDSOI 的历史效应，即 PDSOI 器件的浮体电位与器件的历史状态有关。例如，一个长时间处于截止状态的 PDSOI NMOS 器件中，浮体的电位可以达到约 $V_{DD}/2$，导通状态下浮体电位会降低至约等于 GND，而浮体的电位变化只能通过浮体与源漏区的容性耦合发生，因此历史效应能引起器件 5%～8% 的时延。

浮体效应可以通过一些特殊的数字电路设计抵消一部分，例如中间节点预充电、更多数量的器件和位置的合理排布等。目前，体硅 CMOS 通过引入沟道应变材料工艺和 HKMG 工艺等新的器件技术，可以获得与 PDSOI 相似甚至更优秀的性能，而 PDSOI 由于 SOI 晶圆生产的问题并没有获得市场的追捧。

3.3.4　全耗尽型绝缘体上硅晶体管技术

随着器件尺寸不断微缩，PDSOI 浮体效应导致的性能下降令 PDSOI 越来越难以保持相对于体硅技术的优势。为了能够有效地继续缩小晶体管尺寸，工业界迅速将注意力转移到了基于体硅或 SOI 的全耗尽型器件中。体硅全耗尽型器件将在本书 3.4 节详细介绍，本小节介绍 FDSOI 技术的发展历程。

对于 FDSOI 器件，"全耗尽"意味着在器件从截止到导通转变的过程中，沟道耗尽区扩展至 BOX，耗尽区充满栅氧化层和 BOX 这两个氧化层的中间区域，这就需要顶硅层的厚度足够薄，令浮体几乎"无处安身"，就算产生了电荷积累，源区和浮体之间的势垒也会非常小，空穴或电子很容易在源区被复合掉而不再发生积累，因此浮体效应对于 FDSOI 器件行为的影响很小。

为了应对短沟道效应，FDSOI 器件也做了大量的技术改进，其中体硅 CMOS 中沟道重掺杂的方案在 FDSOI 中不再适用，甚至还会弊大于利。因此，FDSOI 不得不采取一整套全新的优化方案。事实上，由于 $T_{Si} \leqslant 50nm$ 的 SOI 晶圆制造技术成熟得较晚，FDSOI 器件在体硅 CMOS 45nm 工艺节点之后才逐渐攻克其短沟道效应，逐渐投入生产，因此 FDSOI 器件大量采用体硅 45nm 工艺节点的技术。

与体硅重掺杂沟道不同，FDSOI 采用了"不掺杂的沟道"和"堆叠栅工程"来克服其短沟道效应。不掺杂的单晶硅沟道与栅极材料之间的功函数差可以使沟道表面形成耗尽层，从而关断沟道，但为了获得最小的亚阈值漏电流，必须使沟道完全被耗尽，关键在于顶硅层厚度 T_{Si} 足够小，且通过减薄 T_{Si} 可以显著改善 FDSOI 器件特性。例如，对

于 T_{Si}=4nm、栅极长度 L=18nm 的 FDSOI 器件，其亚阈值摆幅低至 67mV/dec，漏极引入的势垒降低至 75mV/V[10]。此外，T_{Si} 的减小还可以改变载流子迁移率，特别是在引入沟道应变材料工艺后，得益于该尺度下量子效应变强，应力导致的沟道载流子迁移率提升更加显著。当然，T_{Si} 的所有局部或全局厚度波动同样也会导致器件性能的不均匀性。FDSOI 的一些典型应用案例里 T_{Si} 已经小于 5nm，因此顶硅层厚度和粗糙度对 FDSOI 器件的性能有重要影响。此外，通过调控 NMOS 和 PMOS 高 k 介质与金属栅之间的中间带隙材料，可以调节 FDSOI 器件的阈值电压，称为堆叠栅工程。实际上，高 k 介质材料、中间带隙材料、金属栅的成分和制备工艺均能对 FDSOI 器件的阈值电压产生影响。

　　随着 T_{Si} 的减小，BOX 也在相应减薄。例如，PDSOI 器件中多采用厚 BOX，其典型厚度为 145nm，而 FDSOI 技术普遍采用薄 BOX。当 BOX 的厚度 T_{BOX}≤25nm 时，人们习惯将这类 FDSOI 器件称为超薄体 BOX（Ultra-Thin Body and BOX，UTBB 或 UTB^2）器件。如果衬底与沟道存在电位差，超薄的 BOX 就可以起到与栅氧化层类似的调控作用。实际上，可以在 FDSOI 器件的背栅（Backgate）上施加与体硅 CMOS 中相同的静态偏置［如可选的偏置方式：V_{DD}（PMOS），GND（NMOS）］，几乎不会出现体硅 CMOS 中的衬底漏电现象。为了实现背栅偏置，必须在 BOX 下方制造阱区，一般可以通过离子注入法在 NMOS 下方制造 P 阱，并在 PMOS 下方制造 N 阱，形成 PN 隔离。当然，为了与阱区形成电连通，需要利用额外的接触孔打开顶硅层和 BOX，形成 NOSOI 区域。FDSOI NMOS 器件的结构和截面电镜图片如图 3.11 所示。综上可知，FDSOI 是一种栅、源、漏、背栅、衬底五端口器件。

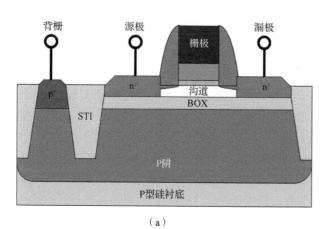
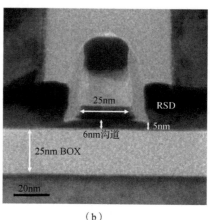

（a）　　　　　　　　　　　　　　　　（b）

图 3.11　FDSOI NMOS 器件

（a）结构示意图　（b）器件截面电镜图片[11]

　　通过引入不掺杂沟道、堆叠栅和背栅，FDSOI 成为 45nm 工艺节点后的新潮流，而且得益于全耗尽沟道和高效的背栅控制，FDSOI 在低电源电压下的动态特性尤为出色。不掺杂沟道也抑制了掺杂的随机波动对小工艺节点器件的影响，FDSOI 器件具有优良的器件均匀性，因此可以采用更低的电源电压。此外，可以根据需要对背面偏置栅极的电压进行动态调节，使 FDSOI 器件以不同的功耗运行；也可以利用背面偏置栅极电压对工艺不稳定导致的器件差异进行修正，以及对 V_T 漂移进行补偿，从而增强器件可靠性。这些优点使 FDSOI

器件在智能手机处理器、自动驾驶芯片、物联网芯片、通信收发器和汽车电子等产品和领域得到广泛应用。

3.3.5　绝缘体上硅器件的优势及挑战

综上，SOI 器件已经被证明具有功耗低、抗干扰能力强、集成密度高（隔离面积小）、速度快（寄生电容小）、抗辐照能力强，以及消除了体硅 CMOS 器件的寄生闩锁效应等优点，特别是 FDSOI 器件具备比传统 SOI 器件更优越的特性，在高性能 VLSI 电路、恶劣环境（如高温、辐射等）、低压低功耗、射频等方面均有非常广泛的应用[12]。此外，在 FDSOI 背栅工艺中采用的 NOSOI 窗口也可实现体硅和 FDSOI 协同集成的混合平台，即在大的 NOSOI 窗口中制备体硅 CMOS 器件，因此可以将体硅 CMOS 中成熟的设计直接转移到 FDSOI/体硅混合平台上制造，例如静电释放保护、I/O 大电流晶体管等，从而弱化自加热效应[10]。

但截至本书成稿之日，制约 FDSOI 技术进入大规模生产的因素仍然存在。其中，SOI 晶圆（或 SOI 材料）是 SOI 技术的基础，而 SOI 技术的发展有赖于 SOI 晶圆的不断进步，早期 FDSOI 器件生产最大的瓶颈是缺少高质量的 UTBB SOI 晶圆。2006 年，法国 Soitec 就研发出了满足商用的高质量 FDSOI 晶圆，但因为其成本过于高昂，无法进一步实现产业化（FDSOI 衬底的价格是同时期体硅衬底的 4～5 倍，甚至更高）。直到 2009 年，Soitec 推出了可以实现 FDSOI 技术的 12 英寸（300mm）SOI 晶圆样品，这些晶圆的原始顶硅层厚度仅有 12nm，BOX 厚度仅有 15～25nm，工厂生产前再去掉该顶硅层的一半厚度，便可得到 6nm 的顶硅层，这为 FDSOI 技术的实用化铺平了道路。而同时代的 FinFET 技术已经完成量产工艺开发：英特尔于 2011 年推出了商业化的 FinFET 技术，随后台积电和三星（Samsung）紧随英特尔采用 FinFET 技术取得巨大成功，FDSOI 技术失去了占领市场的黄金时机。

随着法国 Soitec、日本信越、中国台湾地区环球晶和上海新傲等更多供应商加入 SOI 晶圆的商业化供应，加之 SOI 技术非常接近平面体硅技术，代工厂不需要太多额外投资，2012 年开始，几大晶圆代工厂在 FDSOI 技术上的布局开始逐渐扩大。2012 年，欧洲意法半导体（STM）推出 28nm FDSOI，其性能比自家的 28nm 体硅工艺提高了 32%～84%；三星获得了意法半导体 28nm FDSOI 工艺许可，于 2015 年投入生产 28nm FDSOI 射频应用、嵌入式 MRAM 等产品；格罗方德（Global Foundries）也与意法半导体合作，于 2017 年投入生产 22nm FDSOI 晶圆产品。此外，绝缘体上不同半导体材料、不同绝缘埋层结构的 SOI 材料、混合衬底上硅技术[SOA（Silicon On Anything）技术和 SON（Silicon On Nothing）技术]也是很有潜力的新工艺，但是要探讨可行的商业化路线还为时尚早。

3.4　三维晶体管技术

如前所述，MOSFET 器件遵循按比例缩小的规律，当集成电路技术发展到 22nm 节点及以下时，在速度、功耗、集成度、可靠性等方面受到一系列基本物理问题和工艺技术问题的限制[13]。简单来说，当栅极长度不断缩小时，栅极对沟道电流的控制能力会变得很差，导致沟道的关断变得越来越困难。栅控制能力更强的三维立体晶体管技术巧妙地充分利用了栅极与沟道的接触面积，从而延续了摩尔定律。

3.4.1　超薄体场效应晶体管

上文提到，集成电路工艺每前进一个节点，短沟道效应导致的晶体管性能恶化就越难以控制。首先，当 MOSFET 按比例缩小到 32nm 以下工艺节点时，器件的漏电流导致 VLSI 电路的静态功耗在总功耗中的占比越来越大。MOSFET 中能够引发静态功耗的漏电流主要有[14]：源极到漏极的亚阈值漏电流、栅极感应漏极漏电流和栅极漏电流等。这里简单介绍 MOSFET 出现漏电流的物理机理：如图 3.12 所示，MOSFET 通过栅极与沟道之间的电容（约等于栅氧化层电容 C_{OX}）调控沟道和源极之间的势垒，从而实现栅源电压 V_{GS} 控制沟道的导通和关断，而实际器件中存在沟道漏极耦合电容 C_{DSC}，沟道同时受到源漏电压 V_{DS} 的控制，为保证 V_{GS} 对沟道的绝对控制权，必须保证 $C_{OX} \gg C_{DSC}$。通过引入沟道重掺杂和 HKMG 工艺，传统 CMOS 可以延续栅极对沟道的控制，然而随着工艺节点的缩小，栅极通过 C_{OX} 对沟道的控制越来越困难，而且远离栅极的沟道"亚表面泄漏路径"与"表面泄漏路径"相比变得更加糟糕，即栅极感应漏极漏（Gate-Induced Drain Leakage，GIDL）电流在漏电流中占主导地位。GIDL 电流主要出现在栅极和漏极交叠区，当器件处于关断状态，且栅极和漏极交叠区的栅漏电压 V_{DG} 很大时，交叠区界面附近硅中的电子在价带和导带之间发生带带隧穿，形成漏电流[15]。在实际电路中，由于 NMOS 和 PMOS 无法被完全关断，漏电流产生的功耗接近总功耗的一半，因此如何加强栅极对沟道的控制从而减小漏电流成为器件设计的关键。

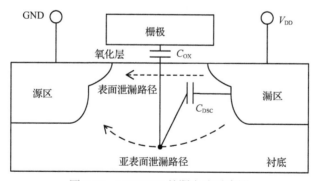

图 3.12　MOSFET 的漏电流示意图

消除亚表面泄漏路径的一个有效办法就是采用超薄体（Ultra Thin Body，UTB），无掺杂或轻掺杂的沟道可降低工艺波动（如随机离散掺杂）导致的器件间性能的随机性，例如本书 3.4 节中介绍的 FDSOI 晶体管技术。目前，超薄体场效应晶体管已经成为发展主流。

3.4.2　多栅场效应晶体管

为了确保场效应晶体管沟道受到较强的栅极控制，以抑制短沟道效应，研究人员还提出了顶栅和底栅联合控制沟道的双栅（Double Gate，DG）MOSFET 结构。典型的 DG MOSFET 结构如图 3.13（a）所示，它有一个薄硅体和两个栅极，在薄硅体上方的一般称为顶栅，下方的称为底栅。对于薄硅体 DG MOSFET，远离顶栅的潜在泄漏路径更接近底栅，可以由底栅控制，从而消除了潜在的亚表面泄漏路径并降低了亚阈值漏电流。因此，DG MOSFET 通过顶栅和底栅的协同控制，提供了更强的沟道静电控制能力，与传统单栅 MOSFET 和背栅 SOI 相比，具有更强的抑制短沟道效应能力。此外，薄硅体可以选择无掺杂或低掺杂沟道（可通过低掺杂调整阈值电压），能够避免重掺杂沟道导致的器件性能波动和载流子迁移率降低问题。DG MOSFET 掀起了多栅（Multi Gate，MG）MOSFET，即三维晶体管器件研究的热潮，但是由于其制作过程过于复杂，很难与现有的硅平面工艺兼容，所以尚未在实际工艺技术中普及应用。

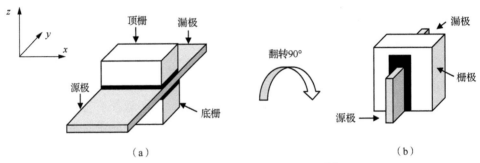

图 3.13　典型的 DG MOSFET 结构[16]

（a）平面型　（b）立体型

拥有薄硅体的 DG MOSFET 为人们展示了多栅结构控制短沟道效应、抑制漏电流以及持续按比例缩小的巨大潜力，但底栅工艺太难以实现。科学家发现，如果将 DG MOSFET 结构在 xz 平面旋转 90°，将顶栅和底栅巧妙地转变为"左栅"和"右栅"，不仅可以将薄硅体的厚度转变为"宽度"，也可以使栅氧化层和栅极的制备完全兼容 32nm 及以上工艺节点的自对准栅极工艺。工程师形象地将这种三维立体 DG MOSFET 称为鳍式场效应晶体管（FinFET）。FinFET 的结构可以直接制备在厚单晶硅晶圆上，如图 3.14（a）所示，通常称为体硅 FinFET；当然也可以制备在 SOI 晶圆上，如图 3.14（b）所示。尽管 SOI BOX 完全隔断了薄硅体中的亚表面泄漏路径，但实际器件中的薄硅体很高且被 STI 包裹，从薄硅体下方衬底泄漏的电流微乎其微，而且 SOI 晶圆的成本远高于体硅晶圆，因此各大半导体企业在实际生产中纷纷采用体硅 FinFET 技术[17]。

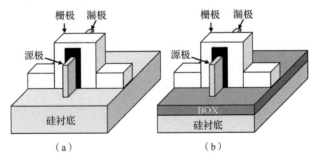

图 3.14　体硅 FinFET 和 SOI FinFET 的原理

（a）体硅 FinFET　（b）SOI FinFET

3.4.3　鳍式场效应晶体管

从可制造角度看，FinFET 的栅极放置在衬底上很薄的垂直半导体单晶硅结构的两侧，是最可行的三维晶体管结构之一。虽然 FinFET 技术在 2011 年才被英特尔引入 VLSI 电路，但是 DG MOSFET 器件的研发工作在 20 世纪 80 年代初已经开始。FinFET 型 DG MOSFET 最早于 1980 年由日本筑波（Tsukuba）电工实验室的 Yutaka Hayashi 发明出来，并提交了日本专利申请。由于立体型 DG MOSFET 的两个栅加薄硅体剖面与希腊字母"Ξ"（读作 xi，对应英文的"X"）相似，因此 Hayashi 将该结构命名为"XMOS"[17]。

1989 年，日立（Hitachi）的工程师 Hisamoto 等人对传统的平面型晶体管的结构做出改变，在设计三维结构 MOSFET 的过程中，提出了一种全耗尽的侧向沟道晶体管（Depleted Lean-Channel Transistor，DELTA）[18]。这种 DELTA 是在 SOI MOSFET 的基础上，将 SOI 顶硅层改变为立体式沟道结构，从而获得更大的栅极控制面积，更容易实现全耗尽的导电通道，其结构已经非常接近现代 FinFET[17]。

现代 FinFET 结构的真正发展始于 20 世纪 90 年代末由美籍华人胡正明教授领导的研究小组研发成功的器件制造工艺。1998 年，美国国防部高级研究计划局（Defense Advanced Research Projects Agency，DARPA）出资赞助美国加利福尼亚大学伯克利分校的胡正明教授带领一个小组研究如何将 CMOS 工艺技术拓展到 25nm 领域的问题。胡教授在上述 DG MOSFET 结构的基础上进一步提出了一种自对准的 DG MOSFET 结构，并成功制造出第一个顶栅/底栅自对准的 DG MOSFET 器件，沟道厚度仅有 25nm[19]。他的团队同时还提出了一种折叠沟道晶体管（Folded Channel Transistor），在 DELTA 的基础上采用了一种更易于兼容平面微纳加工工艺的立式沟道 SOI MOSFET 结构及加工方案。该立式沟道的形状类似鱼鳍（Fin），因此被命名为鳍式场效应晶体管（FinFET）。1998 年，胡正明教授团队成功制造出第一个 N 沟道 FinFET 器件[20]，它的栅极长度只有 17nm，沟道宽度为 20nm，Fin 的高度为 50nm；1999 年，他们又成功制造出第一个 P 型 FinFET 器件[21]，它的栅极长度只有 18nm，沟道宽度为 15nm，鳍的高度为 50nm。2000 年，胡正明教授在改进了 SOI MOSFET 之后提出了一种平面的 UTB-SOI 晶体管，也就是后来的 FDSOI 晶体管。同年，胡正明教授凭借 FinFET 获得美国国防部先进研究项目局最杰出技术成就奖。

依据胡正明教授的研究结果，有两种方法可以实现工艺特征尺寸小于 25nm 的集成电路工艺制程。一种方法是采用三维立式结构的 FinFET 代替平面结构的 MOSFET。其中，FinFET 凸起的沟道区域是一个被三面栅极包裹的鳍状半导体，沿源-漏方向的 Fin 与栅重合区域的长度为晶体管沟道长度。栅极三面包裹沟道的结构增大了栅与沟道的面积，增强了栅对沟道的控制能力，同时栅极到内部 Fin 的距离缩短了，从而使栅极可以有效地控制沟道，降低器件关闭时的漏电流，抑制短沟道效应。另一种方法是基于 SOI 的超薄绝缘层上的平面硅技术，称为 UTB-SOI，也就是 FDSOI 晶体管。研究发现，要使 FDSOI 结构能够正常工作，绝缘层上硅膜的厚度应限制在栅极长度的 1/4 左右。对于栅极长度为 25nm 的晶体管，FDSOI 的硅膜厚度应被控制在 6nm 左右。FDSOI 的顶硅层厚度很小，晶体管的沟道紧贴栅极，使栅极可以有效地控制沟道，从而降低了器件关闭时的漏电流，抑制了短沟道效应。这两种晶体管的主要结构都是薄硅体，栅极电容更接近整个通道，本体很薄，所以没有离栅极很远的泄漏路径，栅极可有效控制泄漏。

　　有关 FinFET 和 UTB-SOI 的技术文章发表以后，当时的半导体厂商根本没有技术能力制造出顶硅层厚度为 6nm 的 SOI 晶圆，即几乎无法实现 UTB-SOI，因此几乎所有半导体厂商的研发方向都转向了体硅 FinFET 技术。

　　2001 年，亚 20nm FinFET 被制造出来[22]，它的栅极长度只有 20nm，Fin 宽度为 10nm，栅介质层的电性厚度为 2.1nm；2002 年，10nm FinFET 被制造出来[23]，它的栅极长度只有 10nm，Fin 宽度为 12nm，栅介质层的电性厚度为 1.7nm；2004 年，HKMG FinFET 被制造出来，其栅介质层采用的高 k 介质材料是氧化铪，功函数材料是钼；2011 年，英特尔宣布推出量产型 22nm FinFET[24,25]，Fin 宽度为 8nm，高度为 34nm，采用了第 3 代高 k 金属栅、第 5 代应变硅沟道和自对准接触的结构，拥有超低功耗、高性能和高密度等优势，拉开了集成电路 FinFET 发展阶段的序幕。在集成电路的 FinFET 发展阶段，全球集成电路的先进工艺向几家大公司集中，一直牵头的英特尔领先了 22nm 和 14nm 两个工艺节点之后，在 10nm 工艺节点让位于三星和台积电。我国在集成电路领域起步较晚，先进工艺节点的相关技术积累严重落后，但在 FinFET 领域进行了锲而不舍的探索。中国科学院微电子研究所的赵超研究员团队在 FinFET 器件结构和制造方法领域的专利布局雄厚，其中不乏能够"卡住"英特尔制程的关键专利；2020 年 10 月，华为发布了基于台积电的 5nm FinFET 加工工艺开发出的手机 SOC 麒麟 9000，在不到 1cm² 的面积内集成了 153 亿个晶体管。

　　胡正明教授最早提出的 FinFET 是一种改进版的 DG FET，英特尔量产的 FinFET 工艺制程则是一种改进后的三栅（Tri-Gate，TG）FET，因为二者工作原理类似，半导体行业均称之为 FinFET。图 3.15 展示了平面 MOSFET 和三维立体 FinFET 的器件原理，其中最大的区别是：平面 MOSFET 的沟道是水平放置的[见图 3.15（a）]，对应的基本结构参数为沟道长度 L 和沟道宽度 W；而 FinFET 的沟道是垂直放置的[或称为直立放置，见图 3.15（b）]，对应的基本结构参数为沟道高度（或 Fin 高度）H_{Fin} 和沟道长度 L。在 DG-FinFET 结构中，由于 Fin 顶部的介质较厚，无法起到栅极的作用，因此只有前、后两个栅极对沟道有控制作用，一个 Fin 结构的等效沟道宽度为 $2H_{Fin}$，因此为了获得足够的 FinFET 沟道宽度就必须提高 Fin 高度。对于 TG-FinFET 结构，要在形成栅极之前进行一步选择性刻蚀，使得 Fin 顶部的介质层厚度达到栅氧化层要求，从而获得第 3 个栅[见图 3.15（c）]，单 Fin 结构的等效沟道宽度为 $2H_{Fin}+T_{Fin}$，即围绕沟道的周长，其中 T_{Fin} 为 Fin 宽度，因此 TG-FinFET 的沟道宽度比 DG-FinFET 略有优势。

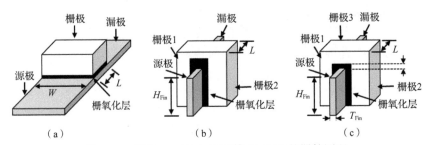

图 3.15　平面 MOSFET 和三维 FinFET 的器件原理

（a）平面 MOSFET　（b）DG-FinFET　（c）TG-FinFET

　　与传统平面体硅 MOSFET 相比，FinFET 器件结构在很大程度上避免了短沟道效应和栅致漏极漏电流。与平面体硅 MOSFET 整体埋在硅衬底里相比，三维 FinFET 的整个结构都高出衬底很多，因此 FinFET 器件可以突破 MOSFET 沟道宽度按比例缩小会导致栅极与沟道接触面积快速减小的限制，从而保持对沟道电流的控制；双栅或三栅控制和超薄 Fin 沟道使得 FinFET 的阈值电压更小，器件动态功耗更低。此外，突出的 Fin 结构非常适合在 SOI 晶圆上制备，SOI FinFET 的 H_{Fin} 等于 SOI 晶圆顶硅层的厚度，且由于 BOX 的阻挡作用避免了体硅 Fin 刻蚀过程中存在的 H_{Fin} 误差导致的晶体管驱动电流能力变化。但是台积电、三星等集成电路制造企业认为体硅 FinFET 更能兼容体硅 MOSFET 生产工艺，加之 SOI 晶圆成本高昂，纷纷加入到体硅 FinFET 研制过程中。需要说明的是，FinFET 的等效沟道宽度只能是 $2H_{Fin}$ 或 $2H_{Fin}+T_{Fin}$ 的整数倍，而不能是一个其他任意数值。在特定 FinFET 工艺制程中，H_{Fin} 的值是固定的，且受微纳加工能力影响 H_{Fin} 将限制在某一极限值[26,27]，因此为了获得足够的驱动电流，可以通过连接在一起的多个并联 Fin 结构实现更大的等效沟道宽度，从而提高器件驱动电流。这意味着对于 FinFET 来说，沟道宽度不能被任意设置，器件的有效沟道宽度被量化，从而增加了基于 FinFET 技术的集成电路设计的难度。

3.4.4 环栅场效应晶体管

随着特征尺寸的进一步下降，FinFET 也将面临巨大的性能挑战，首先当 Fin 的宽度接近 5nm 时，复杂的 Fin 制造工艺导致的沟道宽度误差将造成不可预见的器件性能差异，同时也会导致沟道载流子迁移率下降，进而使 FinFET 性能下降，因此需要进一步强化栅极对沟道中载流子的静电力控制。图 3.16 展示了晶体管栅极的发展历程，经历了 DG-FET、DG-FinFET、TG-FinFET 等成熟的多栅器件商业化后[28]，研究人员不断优化并提出了 π 栅型[29]和 Ω 栅型[30]等 FET 结构。其中，环绕栅（Gate All Around，GAA，简称环栅）技术具有最大的栅极接触面积。GAAFET 的截面由围绕在硅沟道四周的栅氧化层和栅极构成，可以实现栅极对沟道最大限度的控制，因此 GAAFinFET 的控制能力是所有已知 MOSFET 结构里最强的，是最有潜力的 5nm 及以下工艺技术[29]。

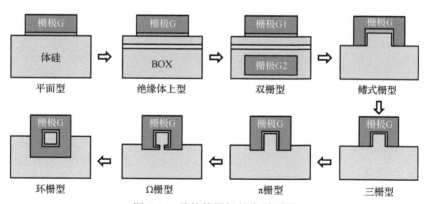

图 3.16 晶体管栅极的发展历程

国际上对 GAA 技术的研究始于 20 世纪 90 年代[31]，2004 年三星提出了垂直堆叠沟道的板片状结构多路桥接沟道场效应晶体管（Multi-Bridge-Channel FET，MBCFET）[32]；2009 年，法国 CEA-Leti 推出了垂直堆叠纳米线（Nanowire）MOSFET，但采用的是 gate-first 工艺，无法与 FinFET 工艺兼容[33]。2016 年，IMEC 推出了垂直堆叠的水平环栅硅纳米线 MOSFET[34]，将两个 N 沟道 FET（简称 NFET）或两个 P 沟道 FET（简称 PFET）圆柱体纳米线沟道垂直堆叠，并采用了面向 FinFET 集成的置换金属栅极工艺，取得了 GAA 技术的重大进展。纳米线的结构如图 3.17（a）所示。

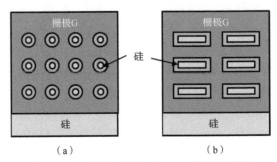

图 3.17　纳米线和纳米片 GAA 结构示意图

（a）纳米线的结构　（b）纳米片的结构

　　之后，许多研发机构和公司在 GAA 技术方面快速跟进。2017 年，IBM 推出了垂直堆叠水平硅纳米片（Nanosheet）GAA-MOSFET[35]，如图 3.17（b）及图 3.18（a）所示，它是将 3 个 NFET 或 PFET 纳米片沟道垂直堆叠，与图 3.18（b）所示的 3 个 FinFET 横向放置相比，显著提高了器件集成度。2018 年，台积电推出了锗基垂直堆叠水平纳米线 FET[36]。在国际产业方面，三星计划在 3nm 工艺节点率先使用 GAA 技术，而台积电在 3nm 工艺节点仍将继续使用 FinFET 技术，致力于提高 Fin 的密度和高度。台积电将会在 2nm 技术节点引入 GAA 技术，预计会在 2023—2024 年开始大规模应用基于 GAA 技术的 2nm 工艺。

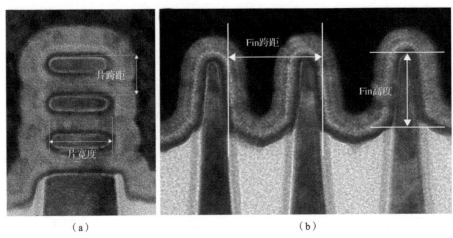

图 3.18　三维晶体管栅结构截面电镜图片[37]

（a）纳米片 GAA-MOSFET　（b）FinFET

　　GAA 技术的特点是实现了栅极对沟道的四面包裹，源极和漏极不再和衬底接触，而是利用线状或者片状（平板状）的多个源极和漏极垂直于栅极横向放置，实现 MOSFET 的基本结构和功能。根据沟道方向的不同，GAAFET 可分为平面型（Horizontal）和竖直型（Vertical），如图 3.19 所示。这样设计在很大程度上解决了栅极间距尺寸减小后带来的各种问题，再加上沟道被栅极四面包裹，因此沟道电流也比 FinFET 的三面包裹更大。GAA 技术的应用，基本上可以解决 3nm 及以下工艺节点的半导体制造问题[38]。

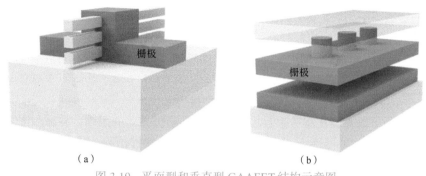

图 3.19 平面型和垂直型 GAAFET 结构示意图
（a）平面型 GAAFET （b）垂直型 GAAFET

由于水平纳米线（片）FET 的制程与 FinFET 制程较为接近，目前各大厂商研发的主要是平面结构。水平纳米线 FET 与纳米片 FET 相比，漏极引入的势垒降低（Drain Induced Barrier Lowering，DIBL）的数值更小，短沟道效应更弱。单个纳米线 FET 的沟道宽度固定，因此器件的有效沟道宽度是被量化的[39]。而对于纳米片 FET，通过单次曝光能够实现连续可变的纳米片宽度，可以在单一的制造过程或芯片设计中调整宽度，从而满足复杂的电路设计要求[40]。因此，业界普遍认为水平纳米片 FET 将成为未来主流的发展方向。

GAAFET 在工艺制程和集成应用上面临着许多挑战。与 FinFET 的工艺流程相比，GAAFET 的制造还需要硅锗和硅叠层外延形成高质量的超晶格结构，以及内侧墙制备、纳米线（片）沟道释放、多阈值电压处理等关键步骤[41,42]，技术要求更高，难度也更大。其中，内侧墙制备等需要精确控制的高选择比各向同性刻蚀，工艺较为复杂且不成熟[43]。除了制备的困难，GAAFET 工艺还要求 EUV 光刻的配合。尤其对于纳米片的制造，为了实现其宽度的可调节性，必须使用 EUV 光刻进行金属层、栅极、Fin 等关键层工艺的开发。此外，GAAFET 的图形尺寸及堆叠结构对测量设备也提出了更高的要求。

3.4.5 互补型场效应晶体管

随着关键尺寸的进一步缩小，单元内 NFET 和 PFET 器件的间距也需要减小，但是工艺限制了 FinFET 和纳米片 FET 的 N-P 器件间距。例如，FinFET 中的 NFET 和 PFET 之间通常需要 3 个 Fin 间距，最多会占总可用距离的 40%～50%[44,45]。因此，需要研发新的晶体管结构来减小 NFET 和 PFET 间距并保证在 2nm 以下节点的可布线性，其中互补型场效应晶体管（Complementary FET，CFET）是一种基于现有制造技术改进的解决方案。

常规 MOSFET 器件中，源区、沟道和漏区是由两个背靠背的 PN 结构成，沟道的掺杂类型与源区、漏区的掺杂类型相反。当器件截止时，反偏的 PN 结会阻止源漏穿通造成的漏电；当栅源电压达到阈值电压水平时，电场使得沟道反型，形成导电沟道。因此，这类器件又被称为反型模式（Inversion Mode，IM）MOSFET。然而，在几纳米的尺度下进行掺杂非常困难，并且掺杂原子会在后续的高温工艺中不断扩散，造成晶体管阈值电压下降、漏电严重。

CFET 是一种无 PN 结 FET，其沟道、源区、漏区的掺杂类型相同，属于多数载流子导电器件。无 PN 结 FET 的工作模式与超薄体 FET 相似，例如在由纳米线或纳米片构成的无

PN 结 NFET 中，由于沟道层足够小，在沟道与栅极材料功函数差的偏压作用下，沟道中的载流子可以被完全耗尽，使器件在截止区的导通电阻变成准无穷大，也可以在栅源电压作用下抵消该偏压，实现"平带"条件，使器件导通。在 CFET 结构中，一对或多对无 PN 结 NFET 和 PFET 纳米线或纳米片沟道垂直堆叠，NFET 和 PFET 共用一个栅极作为信号输入端，共用一个漏极作为信号输出端，源极分别接地和供电电源[46]，如图 3.20 所示。无 PN 结 FET 的优势是可以克服在制造垂直堆叠的源极和漏极方面的困难，并减少光刻步骤[47]。CFET 将 NFET 在 PFET 器件上"堆叠"（或反过来），能够消除 N-P 间距瓶颈，增大器件驱动电流，提高芯片集成度。

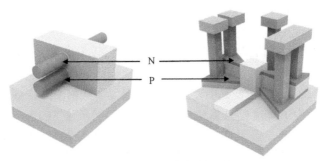

图 3.20　CFET 器件结构示意图

2009 年，中芯国际的肖德元首先提出了垂直堆叠圆柱体纳米线 GAACFET[48]，随后又提出了垂直堆叠纳米片 GAACFET[49]。在这两种 CFET 中，NFET 和 PFET 沟道材料可以采用不同的晶向，甚至是不同的半导体材料，以最优化 NFET 和 PFET 载流子迁移率，进一步增大器件驱动电流。由于对矩形纳米片采用了圆角化处理，避免了锐角效应导致的漏电，垂直堆叠纳米片 GAACFET 的沟道电完整性得以改善。纳米片的宽度也可以灵活调节，以满足不同芯片的性能要求。2019 年，英特尔在 IEDM 上发表了将 N-Si FinFET 和 P-Ge 纳米片 FET 垂直堆叠组成 CFET 的研究成果[50]。

对基于 CFET 的 CMOS 逻辑电路来说，反相器的面积缩小可以进一步带来功率和性能上的优势[46]。但是，由 NFET 和 PFET 顶部互连的深过孔导致的寄生电阻，可能会成为制约 CFET 器件性能提升的瓶颈，因此需要通过引入具有薄势垒的先进中段制程接触来减小寄生电阻[51]。此外，公共栅极会增加阈值电压调整的复杂性，需要通过金属化后处理提高反相器的性能[47]。CFET 结构是当前学术界重点研究的一种 2nm 及以下工艺节点的纳米晶体管技术，尽管它的制备和应用仍面临重大的工艺和成本挑战，但其面积微缩效果卓越，很可能是下一代 CMOS 微缩工艺的解决路径，具有非常广阔的发展前景。

前文介绍了多种当前主流的 CMOS 技术，这样的新结构、新材料、新技术不断引入晶体管设计、制造中，使得集成电路一直遵循着摩尔定律的预测飞速发展。事实上，摩尔定律是一条激励整个集成电路行业不断进行创新和突破的经济学规律，它预示着集成电路器件技术会一直不断前进，尽管它正在不断减缓前进的速度，也许终有一天会迎来终结，但科学家和工程师对新技术的追求是永不停歇的。在"后摩尔时代"，必然会有一些新技术从科学家的储备知识中，走到工程师的生产工厂里。

3.5　其他类型晶体管器件

　　传统的晶体管都使用硅作为半导体材料，伴随着晶体管尺寸的缩小，短沟道效应造成的漏电流问题严重限制了晶体管器件的进一步发展。为了克服短沟道效应，需要增强栅极对沟道的控制能力。目前普遍采用的策略是通过减小栅介质厚度或使用高介电栅介质材料来增加栅极电容，但是由于量子隧穿效应的限制，增加栅极电容的技术已经接近其物理极限。与此同时，随着材料学和物理学的发展，通过使用新材料和新原理，一系列新型 FET 被设计和制作出来，比如基于新材料的高电子迁移率晶体管（High Electron Mobility Transistor，HEMT）和低维材料 FET、基于新原理的自旋逻辑器件和隧穿 FET。半导体技术路线图如图 3.21 所示。这些新型 FET 为解决短沟道效应提供了全新的思路，本节主要介绍这些新型晶体管器件。

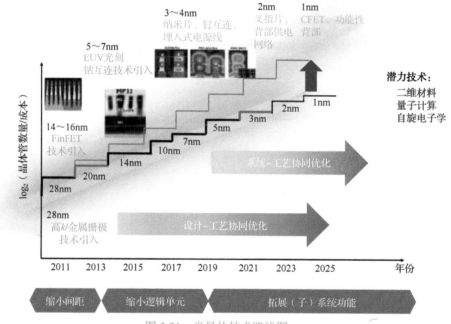

图 3.21　半导体技术路线图

3.5.1　高电子迁移率晶体管

　　FET 作为一种高速器件，需要能快速响应栅极电压的变化，这可以通过缩短栅极或者提高载流子迁移率来实现。然而，栅极缩短到一定尺寸会出现严重的短沟道效应。因此当缩短栅极这一方法失效时，人们往往聚焦于提高沟道的载流子迁移率。HEMT 也是晶体管快速发展的产物之一，其发展历程如下[52]：Anderson 等人最早在 1960 年预言了在异质结界面会有电子积累，之后，Easki 等人提出了一种理论，认为在禁带宽度不同的异质结结构中离化的施主和自由电子是分离的，即电子离开施主母体之后，会由宽带隙材料一侧进入窄带隙材料一侧，这种分离减少了母体对电子的库仑作用，因此提高了电子迁移率。1978 年，R. Dingle 等人首次在分子束外延生长的 GaAs/AlGaAs 超晶格结构中观察到了相当高的电子迁移率。随后，GaAs/n-AlGaAs 单异质结的实验证明这种高电子迁移率存在于异质界面，这种二维导电电子体系被称为二维电子气（2-Dimensional Electron Gas，2-DEG）。1980 年，GaAs/n-Al$_x$Ga$_{1-x}$As 异质结构 FET，即所谓的 HEMT 问世。

HEMT 是一种将二维电子气作为沟道的异质结 FET，又称为调制掺杂 FET、二维电子气 FET、选择掺杂异质结 FET 等。这种器件及其集成电路可以满足超高频（毫米波）、超高速的应用需求。图 3.22（a）给出了一个 HEMT 的基本结构[53]，从上到下依次是砷化铝镓（AlGaAs）势垒层，砷化镓（GaAs）沟道层和半绝缘砷化镓衬底。砷化铝镓层通常也被称为控制层，它与金属栅极形成肖特基势垒，与砷化镓层形成异质结。宽禁带的砷化铝镓层中掺有施主杂质，窄禁带的砷化镓层中不掺杂。这里 AlGaAs/GaAs 就是一个调制掺杂异质结，在其界面、本征半导体一侧构成一个电子势阱，势阱中的电子即为高迁移率的二维电子气，因为载流子与杂质在空间上实现了分离，载流子不遭受电离杂质散射，迁移率很高。通过改变栅极电压可以改变势阱的深度和宽度，从而改变二维电子气的浓度，实现对 HEMT 漏极电流的控制。

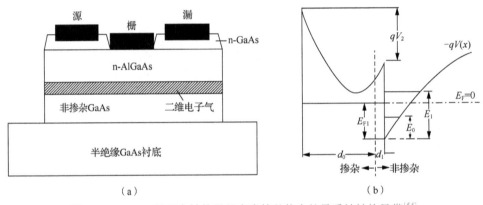

（a）　　　　　　　　　　　　　　（b）

图 3.22　HEMT 的基本结构及具有肖特基势垒的异质结结构导带[54]

从本质上来说，HEMT 器件是一种场效应器件，当漏源间流过的电流受到栅极调制，栅极与半导体即形成肖特基接触。根据半导体物理特性，异质结中的两种半导体由于禁带宽度的不同，电子会从宽禁带的半导体流向窄禁带的半导体，从而在界面的窄禁带半导体一侧形成量子阱。当宽禁带半导体的掺杂浓度较高，异质结间的导带差较大时，就会形成很高的势垒，这会限制量子阱中的自由电子在垂直于异质结接触面方向的移动，使得自由电子只在水平方向移动。图 3.22（b）给出了具有肖特基势垒的异质结结构的导带，电子势阱近似为三角形。HEMT 是电压控制器件，栅极电压可以控制异质结势阱的深度，控制势阱中二维电子气的面密度，从而控制器件的工作电流。对于砷化镓体系的 HEMT，通常其中的 n-Al$_x$Ga$_{1-x}$As 控制层应该是耗尽的。若 n-Al$_x$Ga$_{1-x}$As 层厚度比较大且掺杂浓度高，栅极电压为 0 时就存在二维电子气，为耗尽型器件，反之则为增强型器件；但如果该层厚度过大、掺杂浓度过高，则工作时就无法全部耗尽，而且还将出现与源漏并联的漏电电阻。因此，对于 HEMT 的制备，最重要的就是控制好控制层的掺杂浓度和厚度，其中厚度调控更为重要。

经过多年研究，砷化镓器件已经形成了与硅器件不同的制作工艺体系，如欧姆接触、肖特基栅、干法与湿法腐蚀技术、金属剥离技术、空气桥技术及背孔接地技术等。这里简单介绍 HEMT 器件的制作工艺。HEMT 器件制作的一般工艺流程为：在半绝缘砷化镓衬底上生长砷化镓缓冲层（约 0.5μm）→高纯砷化镓层（约 60nm）→N 型砷化铝镓层（约 60nm）→N 型砷化镓层（厚度约 50nm）→台面腐蚀隔离有源区→制作 Au/Ge 合金的源、漏欧姆接触电极→光刻栅条，腐蚀去除栅极位置 N 型砷化镓层→淀积 Ti/Pt/Au 栅电极。

3.5.2　低维材料场效应晶体管

消除短沟道效应的关键是增强栅极对沟道的控制。除了增加栅极电容外，一种有效的方法是降低沟道的维度。因此，使用二维材料和一维材料作为沟道的低维材料 FET 在消除短沟道效应方面具有明显优势。

1. 二维材料 FET

二维材料是指具有原子尺度厚度的层状材料，一般由一个或者几个原子层构成，如图 3.23 所示。因为二维材料的超薄特性几乎不受短沟道效应的影响，被认为在进一步缩小晶体管器件尺寸方面具有巨大潜力。

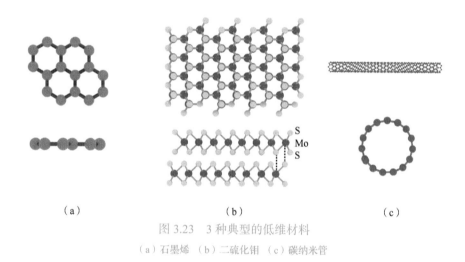

（a）　　　　　　　　　　　　　（b）　　　　　　　　　　　　　（c）

图 3.23　3 种典型的低维材料

（a）石墨烯　（b）二硫化钼　（c）碳纳米管

石墨烯是第一种被人们发现的二维材料，由 Andre Geim 等人于 2004 年首次通过微机械法剥离成功制备出来[55]。它仅由一层六角蜂窝形碳原子组成，如图 3.23（a）所示。石墨烯独特的结构和能带使它具有许多优异的特性，如良好的导电性和极高载流子迁移率，以及优异的机械性质、光学性质和导热性质，因此被认为是一种理想的集成电路器件制作材料。但是，石墨烯没有带隙，不能直接制作具有开关效应的 FET，需要通过一些特殊的加工或调控方法打开带隙，使其成为半导体，如给双层石墨烯加偏压或者应力。

除了石墨烯以外，过渡金属硫化物（Transitional Metal Dichalcogenide，TMD），如二硫化钼（MoS$_2$）、二碲化钼（MoTe$_2$）、二硫化钨（WS$_2$）和二硒化钨（WSe$_2$），也是一类具有原子级厚度的二维材料。不同于石墨烯，部分过渡金属硫化物具有半导体特性，可以直接应用于 FET。

典型的顶栅二维材料 FET 的结构如图 3.24（a）所示，由栅极、连接源极与漏极的二维材料沟道和分离栅极与二维材料沟道的绝缘层组成。

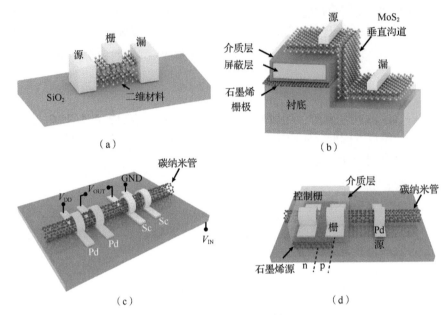

图 3.24　典型低维材料 FET

（a）顶栅二维材料 FET　（b）侧壁二维材料 FET　（c）无掺杂碳纳米管 FET　（d）基于碳纳米管的狄拉克冷源晶体管

石墨烯 FET 最具吸引力的特征是室温下超高的载流子迁移率。在二氧化硅基底上，石墨烯的载流子迁移率可以高达 10,000～15,000cm^2/（V·s），在没有杂质和缺陷的理想情况下，预计可达 200,000cm^2/（V·s）。虽然石墨烯的高载流子迁移率使得器件的反应速率更快，但是石墨烯的零带隙特征使得通过栅极控制沟道的开关变得困难，造成晶体管的静态功耗提高。因此，在保持高载流子迁移率的同时，增大石墨烯的带隙是石墨烯电子器件走向实际应用的关键。具有顶栅结构的石墨烯 FET 器件原型于 2007 年被制作出来[53]，随后人们进行了大量的探索[56]。2012 年 Wessely 等人提出了一种双层石墨烯共轭 FET，沟道长度为 1.6～5μm，在室温下的电流开关比（即饱和区电流与截止区电流之比）高达 10^7。因为石墨烯对于栅极电压具有高速响应的特点，石墨烯 FET 在高速射频器件方面潜力巨大。实验中演示的石墨烯射频器件截止频率可达 100GHz，最大振荡频率可达 10GHz，优于同量级栅极长度的硅 FET。目前，石墨烯 FET 面临的主要问题仍然是石墨烯的带隙调控。

与石墨烯相比，半导体性质的二维材料则没有打开带隙的问题，可以直接用于 FET 制作。例如，MoS$_2$ FET 具有低静态功耗和高开关比的特点，被认为是最具潜力的新型 FET[57]。基于 MoS$_2$ 沟道的 FET 具有超过 10^8 的开关比，且在室温下具有较小的亚阈值摆幅。但是，大多数金属与 MoS$_2$ 难以形成欧姆接触，导致 MoS$_2$-金属界面通常存在肖特基势垒，由此引起的界面隧道势垒将抑制载流子注入，影响器件性能。另外，大多数电极金属的费米能级接近 MoS$_2$ 的导带，限制了空穴的注入，这也成为实现高性能 P 型 MoS$_2$ FET 的一大阻碍。因此，MoS$_2$ FET 电极材料的研究成为该领域的关键。为了解决 MoS$_2$ 与金属的接触问题，Kaustav Banerjee 等人在 2012—2014 年间综合探究了多种金属（铟、钛、钼等）与 MoS$_2$ 的接触，他们发现使用钼电极的多层 MoS$_2$ FET 具有较小的接触电阻（约为 2kΩ·μm）、高饱和区电流（约为 271μA/μm）以及较高的迁移率[约为 27cm^2/（V·s）]。此外，Heung Cho Ko 等人于 2013 年利用石墨烯作为 MoS$_2$ FET 的电极，证明了它能有效地降低 MoS$_2$-

石墨烯界面上的肖特基势垒。2014 年，Steven Chuang 等人引入高功函数材料 MoO_x（$x \leqslant 3$）作为极的替代材料，制成了高性能 P 型 MoS_2 FET。此后，面向实际应用，Andras Kis 团队在 2020 年使用 MoS_2 作为沟道制作了 FGMOSFET，探究了内存逻辑器件和电路，并实验演示了可编程的或非门。除了 MoS_2 之外，人们还对其他半导体二维材料进行了探索，例如发现二硫化钨 FET 具有更高的电荷迁移率、导通电流和化学稳定性[58]。Waqas Iqbal 等人于 2015 年提出了由两层六方氮化硼与单层二硫化钨构成的"三明治"结构 FET，该结构的电荷迁移率在室温下可以达到 $214cm^2/$（$V \cdot s$），且开关比达到 10^7 以上。但是，二硫化钨 FET 同样面临高接触电阻问题。2017 年，Woojin Park 等人研究发现，经过高压氢退火处理的二硫化钨 FET 与金属钛的接触电阻可以从 $81M\Omega \cdot \mu m$ 降低至 $14.6k\Omega \cdot \mu m$。IMEC 的 Huyghebaert 等人于 2018 年在 300mm 晶圆上成功制造了二硫化钨 FET，他们采用临时粘合和剥离技术完成了二维材料的受控转移，并在原子层沉积中利用亚纳米硅层作为辅助沉积层成功完成了氧化物生长。这一进展对于其他二维材料电子器件的加工集成也具有极大的借鉴意义。

此外，二维材料的超薄特性使得 FET 的尺寸可以真正接近物理极限。2022 年，清华大学的任天令团队利用化学气相沉积生长的大面积石墨烯和 MoS_2 薄膜在 2 英寸晶圆上制造了侧壁二维材料 FET，其结构如图 3.24（b）所示。该器件利用石墨烯层的边缘作为栅极，实现了具有原子级超薄沟道和小于 1nm 物理栅极长度的侧壁 MoS_2FET，具有高达 1.02×10^5 的开关比和 117mV/Dec 的亚阈值摆幅[59]。这项工作为 FET 缩放至其物理极限提供了新思路，但是如何利用超短栅极长度的侧壁 FET 实现超高器件密度的芯片仍然亟待探索。

2. 一维材料场效应晶体管

一维材料一般是指宽度和厚度与长度相比可以忽略的纳米材料，如纳米管和纳米线等。其中的典型代表是碳纳米管，它是一种具有特殊结构的一维量子材料，是由单层或数层石墨烯构成的同轴圆管，其结构如图 3.23（c）所示。在保持了石墨烯超高载流子迁移率特征的同时，特定结构的碳纳米管具有半导体特性，可以直接用于 FET 沟道。作为半导体沟道材料，碳纳米管具有多种优势。

（1）碳纳米管的 sp^2 杂化消除了悬挂键，降低了结构缺陷对于电子输运的影响，理论上可以兼容各种高介电栅介质材料。

（2）碳纳米管的一维管状结构使得散射的相位空间大大缩小，有利于电子的弹道输运，其弹道注入速度超过硅的 3 倍（$3 \times 10^7 \sim 4 \times 10^7 cm/s$）。

（3）碳纳米管的直径仅有 1～2nm，其本征量子电容较小，与传统半导体材料相比更容易受栅极控制，因此可以有效抑制短沟道效应。

（4）碳纳米管本征的高载流子迁移率、比表面积大、碳-碳键强度高和沟道体积小等特点，能够使利用其制作的电子器件具有高速、高灵敏度和高抗辐射性等特点。

因此，碳纳米管被认为是理想的微电子器件材料，在降低器件工作电压和功耗方面具有巨大潜力。

使用碳纳米管作为沟道制作的 FET 器件与传统 FET 相比，还有一个巨大优势：碳纳米管能带的导带和价带完全对称，其极性可以通过接触电极来控制，无须任何掺杂，可以大大减少微纳加工步骤，降低加工难度和成本。无掺杂碳纳米管器件的典型结构如图 3.24（c）

所示，需要在同一根碳纳米管上分别蒸镀钯（Pd）和钪（Sc）电极。高功函数的钯作为接触电极时，可以将空穴直接注入碳纳米管中，器件呈空穴型（P 型）；低功函数的钪作为接触电极时，可以将电子直接注入碳纳米管中，器件呈电子型（N 型）。实验测得的无掺杂器件转移曲线和输出特性曲线表明：P 型器件和 N 型器件的主要参数（如饱和电流、饱和区跨导、亚阈值摆幅等）都高度对称[60]。

碳纳米管的潜力主要来源于其理想的一维结构、纳米级的导电通道、超高的载流子迁移率和弹道输运的特性。但是，碳纳米管电子器件的发展也面临着一些问题。与石墨烯相比，碳纳米管的半导体性可以有效解决带隙的问题，但是制备半导体性碳纳米管时需要对其半径和手征性进行严格控制。此外，对碳纳米管的密度、排布位置和排布方向的精确控制也是碳纳米管电子器件实现工业应用的关键。因此，碳纳米管的可控制备是碳纳米管器件走向应用所面临的一大技术挑战。早期的碳纳米管器件，使用化学稳定性很高的金属（如铂或者金）作为接触电极。这些金属与碳纳米管接触会形成肖特基势垒，严重限制了输出电流的大小。因此，面向高性能电子器件的应用，需要选择合适的金属与碳纳米管形成欧姆接触，充分发挥其优异的电学特性。

在碳纳米管 FET 的进展方面[60-62]，早在 1998 年，Dekker 和 Martel 等人就分别制造出了第一代基于碳纳米管的 FET，但是由于金属电极和碳纳米管的接触问题，其性能远逊于硅基 FET。2003 年，Javey 等人使用金属钯作为接触电极，实现了电极与碳纳米管价带的欧姆接触，制作出了 P 型碳纳米管弹道 FET，其亚阈值摆幅可达到 70mV/Dec。集成电路需要 P 型 FET 和 N 型 FET 性能匹配、形成互补，而与 P 型碳纳米管器件相比，N 型碳纳米管器件发展缓慢，由于碳纳米管表面没有悬挂键，造成了传统的掺杂工艺很难稳定控制。2007 年，北京大学彭练矛团队发现金属钪和钇可以和碳纳米管形成完美的欧姆接触，首次制作出了 N 型碳纳米管弹道 FET。在此基础上，该团队突破了单根碳纳米管 CMOS 器件的无掺杂工艺，实现了基于单根碳纳米管的互补反相器，电压增益接近 11 倍，这使得碳纳米管 FET 具有了实际应用意义。此后，该团队于 2014 年实现了第一个碳纳米管双向 8 位总线电路，并于 2019 年制作了振荡频率超过 5GHz 的五级环形振荡器。通过器件结构工艺的进一步优化，北京大学团队于 2021 年实现了增强型晶体管和多级环形振荡电路，得到了 11.3ps 的单级门延时。在国际上，2012 年 Franklin 等人利用局域低栅结构制作出了第一个亚 10nm 碳纳米管 FET，其亚阈值摆幅依然在 100mV/Dec 以下。通过对阈值电压的精确控制，Shulaker 等人在 2013 年制造出了由 178 个碳纳米管 FET 构成的碳纳米管计算机。2018 年，北京大学团队提出的基于碳纳米管的狄拉克冷源晶体管，可以在室温下同时实现小于 40mV/Dec 的亚阈值摆幅和接近 1mA/μm 的开态电流密度，突破了传统 CMOS 器件亚阈值摆幅的玻尔兹曼极限，其工作电压可低至 0.5V，结构如图 3.24（d）所示[63]。狄拉克冷源晶体管使用 N 型掺杂石墨烯与本征石墨烯形成的同质结作为 P 型器件的源极，通过对齐两端石墨烯的能带来逆转接触电极态密度随费米能级上升而增大的分布特性，从而在不改变载流子分布函数的情况下降低了热化尾巴的影响，是一种同时具备高性能和低功耗特性的新型晶体管，其应用潜力受到了业界的高度重视。在面向器件应用的材料研究方面，2020 年北京大学团队制备出了半导体性纯度大于 99.9999% 的晶圆级碳纳米管阵列材料，碳纳米管取向排列，密度在 100～200 根/μm 且可控，可以满足 LSI 电路的需求，确立了我国在该领域的国际领先地位。同年，日本东京大学的研究团队成功合成了基于碳纳米管的一维异质纳米管，有望进一步拓展相应器件应用[64]。

3.5.3 自旋逻辑器件

除了通过探寻新材料来解决传统硅基 CMOSFET 的短沟道效应带来的一系列问题，人们还寻求利用新的物理原理来制作新型逻辑器件。其中基于电荷自旋属性的自旋逻辑器件被认为是最具有潜力的解决方案之一。不同于传统电子器件，自旋逻辑器件利用电子自旋这一量子属性来存储和传递信息，因此本征地具有非易失和静态功耗为 0 的特点，理论上可以完全避免短沟道效应造成的漏电流等问题。经过几十年的发展，人们提出了包括全自旋逻辑器件、自旋 FET、磁旋（Magneto-Electric Spin-Orbit，MESO）逻辑器件、自旋矩振荡逻辑器件和自旋波逻辑器件在内的多种逻辑解决方案。本小节主要介绍与传统 FET 结构类似的全自旋逻辑器件、自旋 FET 和磁电自旋轨道逻辑器件，其结构如图 3.25 所示。

全自旋逻辑器件主要基于非局域横向自旋阀结构，如图 3.25（a）所示。在非局域的结构中，自旋注入和自旋探测不在一个回路中：注入电流在源极与外侧电极之间形成自旋注入回路，而自旋信号的探测则依靠在漏极与另一个外侧电极之间形成的探测回路。由于探测回路没有外部电源的驱动，因此理论上不会形成电荷电流，只有自旋扩散引起的纯自旋流。源极和漏极都是使用铁磁性金属制成，分别用于注入自旋和探测自旋。在自旋注入时，由于铁磁性材料电极的电子态密度在费米面上具有自旋劈裂特性，即自旋向上的态密度和自旋向下的态密度不相等，当电流流经铁磁电极，形成的自旋极化流将进入沟道产生自旋积累。由于扩散作用，自旋积累会向左右两侧移动，并会在注入电极的右侧形成纯自旋流。当自旋流到达漏极时，会形成一个电压信号被漏极探测到，其正负由纯自旋流的自旋方向和探测电极的磁化状态决定。当自旋流的极化方向与漏极铁磁层的磁化状态平行时，探测信号为正值；当二者反平行时，探测信号为负值。

自旋 FET 是自旋电子学中的典型器件，它利用电学方法调控沟道自旋轨道耦合特性的方式来实现自旋的全电学调控。该概念最早由 Datta 和 Das 于 1990 年提出。自旋 FET 的结构如图 3.25（b）所示，利用铁磁材料进行自旋的注入和探测。在输运过程中，限制在平面内的二维电子气的自旋将围绕内建结构的反演对称场发生进动，相应的进动频率可以通过门电压来控制。

磁旋逻辑器件是英特尔于 2019 年主导提出的一种新型低功耗逻辑器件，其基本原理是利用磁电耦合效应实现铁磁电极的磁化翻转（信息写入），再利用逆自旋霍尔效应将信息从铁磁材料中读取出来，并基于电压信号实现器件级联。磁旋逻辑器件主要由基于磁电耦合效应的信息写入单元和基于自旋轨道耦合效应的信息读取单元两部分组成，其结构如图 3.25（c）所示。写入信息时，磁旋逻辑器件利用铁电序-铁磁序之间的磁电耦合效应将输入电压转换成磁化状态并存储在铁磁材料中，即完成电荷-自旋转换。信息读取时，该器件利用逆自旋霍尔效应将铁磁材料的磁化状态转换成输出电压，即完成自旋-电荷转换。上一级磁旋逻辑器件的信息读取单元所转换输出的电压信号可经互连线传递到下一级磁旋逻辑器件的信息写入单元，从而实现多个磁旋逻辑器件的级联。

除了全自旋逻辑器件、自旋 FET 和磁旋逻辑器件这 3 种解决方案，人们还根据自旋矩效应和自旋波效应提出了自旋矩振荡器件和自旋波逻辑器件，有兴趣的读者可自行查阅相关资料，本书不再赘述。

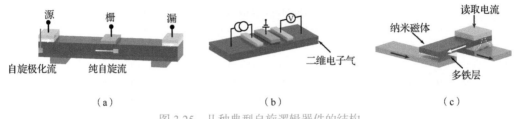

图 3.25　几种典型自旋逻辑器件的结构

（a）全自旋逻辑器件　（b）自旋 FET　（c）磁旋逻辑器件

面向实际运用，全自旋逻辑器件和自旋 FET 需要解决 3 个关键问题。第一个关键问题是提高自旋-电荷互相转换的效率。因为器件需要在注入电极将电流转换成自旋流，而在探测电极需要将自旋流转换成电压信号。由于铁磁性电极都是导电性良好的金属，而自旋传输沟道是导电性较差的半导体，当自旋注入沟道之后，会再次流回铁磁性金属中并发生弛豫，严重降低了注入的效率（即电导失配）。第二个关键问题是需要增加自旋在沟道中的传输距离。因为自旋在传输过程中只能保持一定的时间，即自旋弛豫时间，相应的特征传输距离即自旋弛豫长度。为了满足大规模集成电路的应用需求，需要自旋弛豫长度达到一定的要求。第三个关键问题则是需要一种有效的电压控制自旋方法，达到类似传统 FET 的栅极电压控制电荷电流的开关效果，即形成逻辑操作。

全自旋逻辑器件和自旋 FET 的主要区别在于实现逻辑操作的原理不同。全自旋逻辑器件选择使用低自旋轨道耦合材料作为自旋传输的沟道，如石墨烯，因此自旋流能在沟道中长时间保持自旋。而自旋 FET 为了保证自旋的进动率足够大，使用强自旋轨道耦合材料作为沟道，如砷化铟，因此可以通过电场来有效地控制自旋流的自旋方向。相应地，全自旋逻辑器件在电学控制自旋流方向上面临着挑战，而自旋 FET 面临着自旋传输距离过短的问题。

在全自旋逻辑器件的研究进展方面[65]，Van Wees 研究团队于 2007 年演示了室温下的石墨烯自旋输运，但是注入效率不到 10%。后来人们发现在电极与沟道之间加入一层绝缘体当作隧穿层，使自旋极化的电子隧穿注入石墨烯中，可以有效减小自旋回流，提高注入效率。Kawakami 研究团队在 2010 年使用氧化钛作为氧化镁生长的种子，制备出了原子级均匀的氧化镁隧穿层，使得注入效率达到 30%。随后，人们发现使用单晶的薄层六方氮化硼作为隧穿层，可以消除使用金属氧化物作为隧穿层时出现的孔洞问题，显著提升注入效率。2017 年，Gurram 等人通过使用薄层六方氮化硼作为隧穿层，并利用外加偏置电场辅助，实现了 100%的自旋注入。此外，通过使用平整的单晶六方氮化硼作为衬底来消除衬底的影响，在室温下测到了 30.5μm 的自旋扩散长度。在实现了高效自旋注入和长距离的自旋输运后，有效的逻辑操作变成当前研究的重点。Kawakami 研究团队在 2016 年通过电场偏置调控自旋注入来平衡输入，在实验中实现了石墨烯自旋器件的异或逻辑功能。

自旋 FET 的概念提出后引起了广泛关注，有许多研究小组对其进行了研究[66]。自旋 FET 需要一种具有均匀自旋轨道耦合作用的材料作为传输沟道，并且可以通过门电压调控其自旋轨道耦合作用。1993 年，Johnson 基于铁磁金属/非磁金属/铁磁金属"三明治"结构提出了一种全金属双极性自旋晶体管作为自旋 FET 的原理性器件。1998 年，Monsma 等人利用热电子在 GMR 结构中的自旋相关散射提出了一种热电子自旋 FET，但是这种结构获得的电流信号非常弱，限制了其应用价值。Hyun Cheol Koo 等人于 2009 年演示了电学调控的自旋进动信号[67]。Pojen Chuang 等人于 2015 年基于半导体材料演示了具有信息处理功能的自旋 FET 器件[68]。Ingla-Aynés J 等人于 2021 年利用 WSe$_2$/石墨烯异质结和层间的临近效应在石墨烯沟道中产生赛曼型等效磁场，实现了室温下自旋进动电学可控的自旋 FET[69]。自旋 FET 的沟道材料需要具有较强的自旋轨道耦合作用，以保证自旋取向在沟道中发生显著的进动；但是，具有强自旋轨道耦合的材料也会相应地限制自旋流的长距离扩散。因此，自旋 FET 的自旋信号传输距离仍然是该器件走向应用的瓶颈问题。

与自旋 FET 和全自旋逻辑器件不同，磁旋逻辑器件需要解决的关键问题在于提升核心物理过程的转换效率，即信息写入时的磁电耦合系数以及信息读出时的自旋-电荷转换效率，从而降低临界翻转电压，实现多级级联和逻辑功能。磁旋逻辑器件的概念一经提出，就引起了广泛的关注[70]。2019 年，明尼苏达大学发表了针对磁旋逻辑器件的仿真分析方法，并对基于 MESO 单元构建的反相器和多数逻辑门的性能进行了分析；英特尔发布了针对磁旋逻辑器件的电路设计方案，并在同年举办的国际电子器件会议（International Electron Devices Meeting，IEDM）上展示了生长在 BiFeO$_3$ 衬底上的信息读取部分。在 2021 年的 IEDM 上，英特尔进一步提出了利用电场调控磁矩翻转改变转换输出电压的方案。目前国际上对于磁旋逻辑器件的研究刚刚起步，磁旋逻辑器件的级联和逻辑功能实现仍是挑战。在我国，北京航空航天大学和山东大学等单位也围绕磁旋逻辑器件及相关电路开展了前瞻布局和深入探索。

3.5.4　隧穿场效应晶体管

隧穿场效应晶体管（Tunneling Field Effect Transistor，TFET）也是一种基于新原理降低漏电流，从而克服短沟道效应的晶体管器件。在传统 CMOS 晶体管中，电子从源极穿过 PN 结势垒进入沟道中，然而由于载流子的漂移扩散速度有限，其亚阈值摆幅存在最小极限（60mV/Dec）。而基于量子隧穿效应原理工作的 TFET 器件可以突破该限制，被认为是极具发展潜力的低功耗器件之一。

图 3.26 展示了 TFET 器件的基本结构和转移特性曲线。N 型 TFET 器件源极为 P 型掺杂，漏极为 N 型掺杂，而 P 型 TFET 器件则与 N 型 TFET 完全相反，这保证了 TFET 与传统 CMOS 工艺的兼容性。根据量子隧穿理论，当 PN 结处于反偏状态，N 区导带中一些空能态与 P 区价带中一些被电子填充的能态具有相同的能量，且势垒区很窄时，电子会从 P 区价带隧穿到 N 区导带。TFET 器件在截止状态时，源漏间电压较小，能带弯曲效果较弱，势垒区较宽，难以出现明显的隧穿现象。施加栅极电压以后，源漏之间存在较强的横向电场，能带相应发生显著弯曲，进而极大地缩短了势垒区宽度，出现明显的隧穿现象。这种通过隧穿效应提供载流子的工作原理，使 TFET 器件可以突破 60mV/Dec 的亚阈值摆幅限制，而且由于 PN 结始终处于反偏状态，截止区电流保持在非常低的水平，这也意味着极低的静态功耗。如图 3.26（c）所示，当栅极所加电压较小时，与传统 MOSFTET 相比，TFET 器件的饱和区电流和开关比都较大，因此 TFET 器件被认为是下一代低功耗 CMOS 逻辑器件的有力候选。

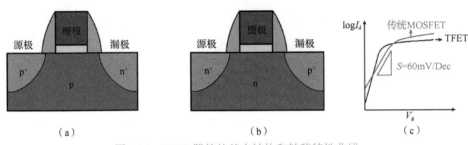

图 3.26　TFET 器件的基本结构和转移特性曲线

（a）N 型 TFET　（b）P 型 TFET　（c）转移特性曲线

对于低功耗集成电路，TFET 器件需要具有稳定的小亚阈值摆幅、截止区电流小以及饱和区电流大等性能。然而在当前的实际器件中，要实现 TFET 的稳定低亚阈值摆幅还很困难，且较大栅极电压下饱和区电流小的问题也缺乏理想解决方案，这些都阻碍了 TFET 器件在实际电路中的大规模应用。因此，当前对于 TFET 器件的研究重点在于如何保证截止区电流足够小的同时提高饱和区电流，以及保持较稳定的亚阈值摆幅。

在 TFET 的研究进展方面[71]，自从 1978 年 J. J. Quinn 等人提出 TFET 的栅控二极管结构后，2004 年 J. Appenzeller 等人首先通过实验证实了 TFET 可以突破传统器件 60mV/Dec 的亚阈值摆幅极限，打开了将 TFET 器件应用在低功耗 CMOS 逻辑器件领域的大门。2011 年，北京大学黄如团队提出了一种新型的 T 型门电压 TFET（TSB-TFET）器件，可以实现 10^7 以上的开关比和稳定的亚阈值摆幅（67mV/Dec），虽然未能突破 60mV/Dec 的亚阈值摆幅极限，但该器件在保持高开关比的同时得到了稳定的小亚阈值摆幅，实现了 TFET 器件综合性能的提升。为了进一步改进器件性能，复旦大学王鹏飞团队于 2013 年提出了一种新型硅/硅锗（Si/SiGe）异质结 TFET 器件，该器件的特点在于将栅极延伸进衬底中，使源漏区的沟道变成 U 形，进一步减小了截止区电流，可以达到 10^{-16}A/cm 左右。虽然截止区电流已经足够小，但是 TFET 器件还面临着饱和区电流太小的问题。Qing-Tao Zhao 等人于 2015 年发表了对硅以及硅锗纳米线 TEFT 器件的研究成果，证明采用高介电金属栅技术可以使器件的饱和区电流增大 20 倍，但在亚阈值摆幅方面性能仍不够理想。随后 C. Schulte-Braucks 等人于 2017 年利用锡化锗（GeSn）材料制作了 TFET 器件，可以在 3 个数量级以上的电流区间内获得稳定的、低于 60mV/Dec 的亚阈值摆幅，且由于 GeSn 具有直接带隙结构，有利于隧穿效应的发生，因而也具有较大的饱和区电流。

本章小结

本章围绕集成电路的核心逻辑器件——晶体管的结构演进展开介绍，从 MOSFET 开始，介绍了 MOSFET 的分类、结构和特性，其中 CMOS 凭借其极低的功耗和按比例缩小的特性成为 VLSI 电路的不二选择。但在特征尺寸缩小到亚 100nm 工艺节点后，短沟道效应导致的亚阈值漏电流增加、阈值电压减小等问题使 MOSFET 器件尺寸不再能简单地缩小，因此先进节点 MOSFET 的发展过程，就是在不断缩短沟道长度的同时，尽量设法消除或弱化短沟道效应的过程。此时，大量新工艺被引入晶体管制造中，例如应变沟道材料工艺和 HKMG 工艺。同时，闩锁效应成为早期 CMOS 器件难以逾越的性能缺陷。SOI-FET

能够很好地解决体硅 MOSFET 的闩锁效应，大大提升了晶体管的射频特性，特别是 FDSOI 技术，因为引入了超薄顶硅层、不掺杂沟道和背栅控制，成为 45nm 工艺节点后的一股新潮流。当特征尺寸缩小到 22nm 时，漏电使得平面型晶体管的性能停滞不前，三维晶体管（尤其是 FinFET 技术）凭借其对沟道更强的控制能力，将特征尺寸推进到 5nm 工艺节点。作为 2nm 工艺节点极具潜力的器件，GAAFET 和 CFET 也正在被大量研究。此外，其他类型的晶体管有的响应频率高、有的驱动能力强，在各自领域扮演着举足轻重的角色。晶体管的结构演进是半导体行业从业者不断挑战极限的结果，因此出现的各种具有独特性能的新型晶体管不仅是人类不断在物理、材料、装备、工艺领域攀登科技高峰的见证，也逐渐成为信息时代不可或缺的强大推动力。

思考与拓展

1. 绘制 MOSFET、FDSOI、FinFET 等常见晶体管的结构原理图。
2. 调研典型的短沟道效应及采用的应对措施。
3. 简述不掺杂沟道或低掺杂沟道晶体管工作的必要条件和技术优势。
4. 调研在晶体管演进过程中做出过重大贡献的科学家及其主要贡献。
5. 简述 FDSOI 与 FinFET 技术的相同点和不同点。
6. 尝试推演晶体管的发展趋势，想象未来晶体管的样貌。
7. 对比了解几种新型 FET 的器件结构及工作原理。

参考文献

[1] 姬扬. 晶体管发明 70 周年纪念[J]. 现代物理知识, 2017, 6(6): 36-41.

[2] Wanlass F M, Sah C T. Nanowatt Logic Using Field-Effect Metal-Oxide Semiconductor Triodes[C]. International Solid State Circuits Conference, 1963, 2(20): 32-33.

[3] Wanlass F M. Low Stand-By Power Complementary Field Effect Circuitry: US3356857[P]. 1967-12-5.

[4] 张汝京, 等. 纳米集成电路制造工艺[M]. 2 版. 北京: 清华大学出版社, 2017.

[5] Dennard R H, et al. Design of Ion-Implanted Mosfets with Very Small Physical Dimensions [J]. IEEE Journal of Solid State Circuits, 1974, 9(5): 256-268.

[6] Dennard R H, Gaensslen F, Yu H, et al. A 30 Year Retrospective on Dennard's MOSFET Scaling Paper [J]. IEEE SSCS Newsletter, 2007: 11-13.

[7] Hoefflinger B. Chips 2020: A Guide to the Future of Nanoelectronics[M]. Berlin: Springer, 2012.

[8] Yasuda N, Ueno S, Taniguchi K, et al. Analytical Device Model of SOI MOSFETs Including Self-Heating Effect[J]. Japanese Journal of Applied Physics, 1991, 30(12): 3677-3684.

[9] 朱鸣, 林成鲁, 邢昆山. SOI 器件中浮体效应的研究进展[J]. 功能材料与器件学报, 2002, 8(3): 297–302.

[10] 库侬楚克, 等. 绝缘体上硅（SOI）技术: 制造及应用[M]. 刘忠立, 等, 译. 北京: 国

防工业出版社, 2018.

[11] Liu Q, Yagishita A, Kumar A, et al. Ultra-Thin Body and BOX (UTBB) Device for Aggressive Scaling of CMOS Technology[J]. ECS Transactions, 2011, 34(1): 37-42.

[12] 黄如, 张国艳, 李映雪, 张兴. SOI CMOS 技术及其应用[M]. 北京: 科学出版社, 2005.

[13] 马伟彬. FinFET 器件技术简介[J]. 科技展望, 2016, 16: 13-14.

[14] Zhao S, Tang S, Nandarkumar M. GIDL Simulation and Optimization for 0.13μm/1.5V Low Power CMOS Transistor Design[C]// International Conference on Simulation of Semiconductor and Devices. NJ: IEEE, 2002: 43-46.

[15] Chan J Y, Chen J, Ko P K, et al. The Impact of Gate-Induced Drain Leakage Current on MOSFET Scaling[C]// International Electron Devices Meeting. NJ: IEEE, 1987: 718-721.

[16] Tatako H, et al. High Performance CMOS Surrounding Gate Transistor(SGT) for Ultrahigh Density Lsis[C]// Electron Devices Meeting. NJ: IEEE, 1988: 222-225.

[17] 萨哈. 纳米集成电路 FinFET 器件物理与模型[M]. 丁扣宝, 译. 北京: 机械工业出版社, 2022.

[18] Hisamoto D, et al. A Fully Depleted Lean-Channel Transistor(DELTA)—A Novel Vertical Ultrathin SoI MOSFET[J]. IEEE Electron Device Letters, 1989, 11(1): 833-836.

[19] Frank D J, et al. Monte Carlo Simulation of A 30nm Dual-Gate MOSFET: How Short Can Sige[C]// Electron Devices Meeting. NJ: IEEE, 1992: 553-556.

[20] Wann C H, et al. A Comparative Study of Advanced MOSFET Concepts[J]. IEEE Transactions on Electron Devices, 1996, 43(10): 1742-1753.

[21] Wong H S P, et al. Self-Aligned (Top and Bottom) Double-Gate MOSFET with A 25nm Thick Silicon Channel[C]// Electron Devices Meeting. NJ: IEEE, 1998: 427-430.

[22] Hisamoto D, Lee W C, Kedzierski J, et al. A Folded-Channel MOSFET for Deep-Sub-Tenth Micron Era[C]// IEEE International Electron Devices Meeting Technical Digest. NJ: IEEE, 1998: 1032-1034.

[23] Huang X, Lee W C, Kuo C, et al. Sub 50-nm FinFET: PMOS[C]// IEEE International Electron Devices Meeting Technical Digest. NJ: IEEE, 1999: 67-70.

[24] Choi Y K, Lindert N, Xuan P, et al. Sub-20nm CMOS FinFET Technologies[C]// IEEE International Electron Devices Meeting. NJ: IEEE, 2001: 421-424.

[25] Yu B, Chang L, Ahmed S, et al. FinFET Scaling to 10nm Gate Length[C]// International Electron Devices Meeting. NJ: IEEE, 2002: 251-254.

[26] Markoff J. Intel Increases Transistor Speed by Building Upward [EB/OL].(2011-5-4) [2022-5-8].

[27] Auth C. 22-nm Fully-Depleted Tri-Gate CMOS Transistors[C]// IEEE Custom Integrated Circuits Conference. NJ: IEEE, 2012: 1-6.

[28] Collaert N, Demand M, Ferain I, et al. Tall Triple-Gate Devices with TiN/HfO$_2$ Gate Stack[C]// Symposium on VLSI Technology. NJ: IEEE, 2005: 108-109.

[29] Park T S, Cho H J, Choe J D, et al. Characteristics of the Full CMOS SRAM Cell Using Body-Tied TG MOSFETs (Bulk FinFETs)[J]. IEEE Transaction on Electron Devices, 2006, 53(3): 481-487.

[30] 赵正平. FinFET 纳电子学与量子芯片的新进展[J]. 微纳电子技术, 2020, 57(1): 1-6.

[31] Park J, Colinge J, Diaz C H, et al. Pi-Gate SOI MOSFET[J]. IEEE Electron Device Letters, 2001, 22(8): 405-406.

[32] Jahan C, Faynot O, Cassé M, et al. ΩFETs Transistors with Tin Metal Gate and HfO$_2$ Down to 10nm[C]. Symposium on VLSI Technology. NJ: IEEE, 2005: 112-113.

[33] Zhong D, Shi H, Ding L, et al. Carbon Nanotube Film-Based Radio Frequency Transistors with Maximum Oscillation Frequency Above 100GHz[J]. ACS Applied Materials &Interfaces, 2019,11(45): 42496-42503.

[34] Colinge J P, Gao M H, Romano-Rodriguez A, et al. Silicon-On-Insulator 'Gate-All-Around Device'[C]// International Technical Digest on Electron Devices. IEEE, 1990: 595-598.

[35] Lee S Y, Yoon E J, Kim S M, et al. A Novel Sub-50nm Multi-Bridge-Channel MOSFET (MBCFET) with Extremely High Performance[C]// Symposium on VLSI Technology. NJ: IEEE, 2004: 200-201.

[36] Hook T B. Power and Technology Scaling into the 5nm Node with Stacked Nanosheets[J]. Joule, 2018, 2(1): 1-4.

[37] Mertens H, Ritzenthaler R, Chasin A, et al. Vertically Stacked Gate-All-Around Si Nanowire CMOS Transistors with Dual Work Function Metal Gates[C]// 2016 IEEE International Electron Devices Meeting (IEDM) . NJ: IEEE, 2016: 19.7.1-19.7.4.

[38] Lee Y M, Na M H, Chu A, et al. Accurate Performance Evaluation for the Horizontal Nanosheet Standard-Cell Design Space Beyond 7nm Technology[C]// 2017 IEEE International Electron Devices Meeting (IEDM) . NJ: IEEE, 2017: 29.3.1-29.3.4.

[39] Van Dal M J H, Vellianitis G, Doornbos G, et al. Ge CMOS Gate Stack and Contact Development for Vertically Stacked Lateral Nanowire FETs[C]// 2018 IEEE International Electron Devices Meeting (IEDM) . NJ: IEEE, 2018: 21.1.1-21.1.4.

[40] Barraud S, Lapras V, Previtali B, et al. Performance and Design Considerations for Gate-All-Around Stacked-Nanowires FETs[C]// 2017 IEEE International Electron Devices Meeting (IEDM) . NJ: IEEE, 2017: 29.2.1-29.2.4.

[41] Radamson H, Luo J, Simoen E, et al. CMOS Past, Present and Future[M]. [S.l.]: Woodhead Publishing, 2018.

[42] Liao Y B, Chiang M H, Kim K, et al. A High-Density SRAM Design Technique Using Silicon Nanowire FETs[C]// 2011 International Semiconductor Device Research Symposium (ISDRS) . NJ: IEEE, 2011: 1-2.

[43] Loubet N, Hook T, Montanini P, et al. Stacked Nanosheet Gate-All-Around Transistor to Enable Scaling Beyond FinFET[C]// 2017 Symposium on VLSI Technology . NJ: IEEE, 2017: T230-T231.

[44] Oniki Y, Altamirano-SÁNchez E, Holsteyns F. Selective Etches for Gate-All-Around (GAA) Device Integration: Opportunities and Challenges[J]. ECS Transactions, 2019, 92(2): 3.

[45] Lapedus M. Transistor Options Beyond 3nm [Z/OL]. (2008-2-15)[2022-5-8].

[46] Ryckaert J, Na M H, Weckx P, et al. Enabling Sub-5nm CMOS Technology Scaling Thinner and Taller![C]// 2019 IEEE International Electron Devices Meeting (IEDM) . NJ: IEEE, 2019: 29.4.1-29.4.4.

［47］ Su C J, Sung P J, Kao K H, et al. Process and Structure Considerations for the Post FinFET Era［C］// 2020 IEEE Silicon Nanoelectronics Workshop (SNW) . NJ: IEEE, 2020: 13-14.

［48］ Chang S W, Sung P J, Chu T Y, et al. First Demonstration of CMOS Inverter and 6T-SRAM Based on GAA CFETs Structure for 3D-IC Applications［C］// 2019 IEEE International Electron Devices Meeting (IEDM) . NJ: IEEE, 2019: 11.7.1-11.7.4.

［49］ 肖德元, 王曦, 俞跃辉, 等. 一种新型混合晶向积累型圆柱体共包围栅互补金属氧化物场效应晶体管［J］. 科学通报, 2009, 54(14): 2051-2059.

［50］ Xiao D, Wang X, Zhang M, et al. Hybrid Material Inversion Mode GAA CMOSFET: US 8350298［P］. 2013-1-8.

［51］ Rachmady W, Agrawal A, Sung S H, et al. 300mm Heterogeneous 3D Integration of Record Performance Layer Transfer Germanium PMOS with Silicon NMOS for Low Power High Performance Logic Applications［C］// 2019 IEEE International Electron Devices Meeting (IEDM) . NJ: IEEE, 2019: 29.7.1-29.7.4.

［52］ 王良臣. 第二讲 高电子迁移率晶体管（HEMT）［J］. 半导体量子器件物理讲座, 2001, 30(4): 223-229.

［53］ Lemme M C, Echtermeyer T J, Baus M, et al. A Graphene Field-Effect Device［J］. IEEE Electron Device Letters, 2007, 28: 282-284.

［54］ Ryckaert J, Schuddinck P, Weckx P, et al. the Complementary FET (CFET) for CMOS Scaling Beyond N3［C］// 2018 IEEE Symposium on VLSI Technology . NJ: IEEE, 2018: 141-142.

［55］ Novoselov K S, Geim A K, Morozov S V, et al. Electric Field Effect in Atomically Thin Carbon Films［J］. Science, 2004, 306(5696): 666-669.

［56］ 霍冉, 吴雨萱, 杨煜, 等. 石墨烯电子器件的研究进展［J］. 应用化学, 2019, 36(03): 245-258.

［57］ Tong X, Ashalley E, Lin F, et al. Advances in MoS_2 -Based Field Effect Transistors (FETs)［J］. Nano-Micro Letters, 2015, 7: 203-218.

［58］ Huyghebaert C, Schram T, Smets Q, et al. 2D Materials: Roadmap to CMOS Integration［C］// IEEE International Electron Devices Meeting (IEDM). NJ: IEEE, 2018.

［59］ Wu F, Tian H, Shen Y, et al. Vertical MoS_2 Transistors with Sub-1-nm Gate Lengths［J］. Nature, 2022, 603(7900): 259-264.

［60］ 彭练矛. 2020 年之后的电子学: 碳基电子学的机遇和挑战［J］. 科学, 2016, 68(2): 11-15.

［61］ 刘力俊, 张志勇. 碳纳米管场效应晶体管: 现状和未来［J］. 中国科学: 物理学, 力学, 天文学, 2016, 46(10): 46-62.

［62］ 刘一凡, 张志勇. 后摩尔时代的碳基电子技术: 进展、应用与挑战［J］. 物理学报, 2022, 71(6): 068503.

［63］ Qiu C, Liu F, Xu L, et al. Dirac-Source Field-Effect Transistors as Energy-Efficient, High-Performance Electronic Switches［J］. Science, 2018, 361(6400): 387-392.

［64］ Xiang R, Inoue T, Zheng Y, et al. One-Dimensional Van Der Waals Heterostructures［J］. Science, 2020, 367(6477): 537-542.

［65］ Lin X, Yang W, Wang K, et al. Two-Dimensional Spintronics for Low-Power

Electronics[J]. Nature Electronics, 2019, 2: 274-283.

[66] 杨军, 蒋开明, 葛传楠, 等. 自旋场效应晶体管的原理和研究进展[J]. 物理与工程, 2009, 19(4): 8-11.

[67] Koo H C, Kwon J H, Eom J, et al. Control of Spin Precession in a Spin-Injected Field Effect Transistor[J]. Science, 2009, 325(5947): 1515-1518.

[68] Chuang P, Ho S, Smith L W, et al. All-Electric All-Semiconductor Spin Field-Effect Transistors[J]. Nature Nanotechnology, 2015, 10(1): 35-39.

[69] Ingla-Aynés J, Herling F, Fabian J, et al. Electrical Control of Valley-Zeeman Spin-Orbit-Coupling-Induced Spin Precession at Room Temperature[J]. Physical Review Letters, 2021, 127(4): 047202.

[70] Guo Z, Yin J, Bai Y, et al. Spintronics for Energy-Efficient Computing: An Overview and Outlook[J]. Proceedings of the IEEE, 2021, 109(8): 1398-1417.

[71] 陶桂龙, 许高博, 殷华湘, 等. 隧穿场效应晶体管的研究进展[J]. 微纳电子技术, 2018, 55(10): 707-718.

第4章　集成电路工艺设备

在集成电路的发展历程中，材料和器件起着举足轻重的作用，与此同时，集成电路的制造需要多种精密的加工设备和表征仪器，这些设备和仪器为相关工艺的开发奠定了基础。本章首先介绍集成电路工艺设备的基础知识，包括真空技术基础、薄膜技术基础以及相关物理和化学基础。在此基础上分别介绍薄膜沉积设备（物理气相沉积设备、化学气相沉积设备等）、图形制作设备（光刻设备、激光直写设备等）、图形刻蚀设备和其他集成电路设备（表征设备、测试设备、扩散及离子注入设备、化学机械抛光设备等）。

本章重点

知识重点	能力要求
工艺设备基础知识	1. 掌握真空获得与测量的基本知识 2. 掌握薄膜生长的相关过程 3. 了解集成电路制造过程中的相关物理和化学过程
薄膜沉积设备	1. 掌握磁控溅射设备、等离子体增强化学气相沉积设备的工作原理 2. 了解其他物理和化学气相沉积设备的原理及优缺点
图形制作设备	1. 掌握光学曝光设备的工作原理以及曝光模式 2. 掌握电子束光刻设备的工作原理和基本结构
图形刻蚀设备	1. 掌握常见的图形转移方法 2. 了解离子束刻蚀设备和 ICP 刻蚀设备的工作原理以及各自的优缺点
其他集成电路设备	1. 了解扫描电子显微镜等常见的测试设备及原理 2. 掌握扩散设备、离子注入设备以及抛光设备的工作原理

4.1　集成电路工艺设备基础

在认识集成电路工艺设备之前，需要先了解集成电路工艺设备的基础知识。为了满足加工工艺的需求，大多数集成电路工艺设备需要在真空条件下运行，因此本节首先介绍真空技术的相关知识。进一步地，由于集成电路工艺的加工对象一般为薄膜样品，因此本节将对薄膜基础知识进行介绍。最后，本节还介绍了集成电路工艺过程中所涉及的物理和化学基础知识。

4.1.1　真空技术基础

真空是指低于一个大气压的气体状态。与大气状态相比，真空中分子的密度较为稀薄，分子之间碰撞的概率更低，气体分子从一次碰撞到下一次碰撞所飞行的距离，即分子的平均自由程更长。真空在集成电路工艺设备中主要起两个作用：一是减少工艺气体分子与残余气体分子的碰撞；二是减少两者之间的反应。真空度是指真空状态下的气体稀薄程度，真空度的数值代表真空系统的压强低于大气压强的数值。

当前，国际单位制中的压力单位是牛顿/米^2（N/m^2），即帕斯卡（Pa）。此外，真空度的测量单位还可以用毫米汞柱（mmHg）、托（Torr）和毫巴（mbar）等来表示。式（4.1）和式（4.2）表示了常用的真空度计量单位转换关系：

$$1 标准大气压（atm）=1.01325×10^5 Pa ≈ 7.6006×10^2 Torr \tag{4.1}$$

$$1 Torr ≈ 133.322 Pa ≈ 1.333 mbar \tag{4.2}$$

典型的真空系统主要包括一个待抽空的容器（真空室）、获得真空的设备（真空泵）、测量真空的工具（真空计）以及必要的管路和阀门等设备。真空状态的获得需要用真空泵抽空真空容器。根据抽气原理的不同，真空泵可以分为输运式真空泵和捕获式真空泵。前者通过机械手段将气体压缩并输送到真空系统以外，后者利用吸附原理将气体分子排出真空系统。图 4.1 展示了各种常用真空泵和真空计的使用范围。

真空计是测量容器内真空度的仪器，主要包括真空规、测量电路和显示仪表。根据探测范围的不同，真空计可以分为低真空计和高真空计。常用的真空计种类和测量范围如图 4.1 所示，根据测量范围的不同，真空计可以分为热偶规、薄膜规、阴极规和离子规等。图 4.2 给出了不同真空区域的应用场景，一般物理气相沉积（Physical Vapor Deposition，PVD）设备主要工作在高真空和超高真空范围内，化学气相沉积（Chemical Vapor Deposition，CVD）设备需要的真空度相对较低，而物理气相沉积中分子束外延设备需要的真空度相对较高。由于绝大部分材料存在气体吸附的现象，真空部件的加工往往需要选择合适的材料并进行抛光，避免因气体脱附而破坏真空条件。如果真空系统有泄漏，还需要对真空腔体进行检漏以排查问题，目前常用的检漏仪器为氦气质谱检漏仪。工作时，通过在腔体法兰接口等连接处喷射氦气，利用检漏仪检测进入腔体的氦气量，从而检验腔体的密封效果。为了达到更高的真空度，还可以对腔体进行烘烤，通过加热使气体分子运动加剧，使一些材料吸附的气体分子脱附，从而更易被真空泵组抽出，以提高腔体内的真空度。

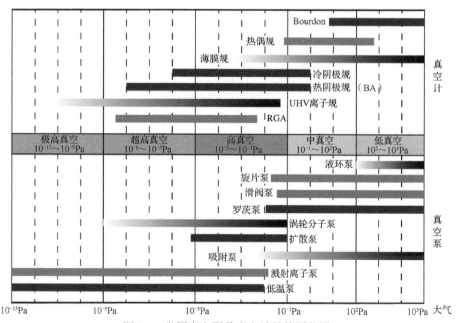

图 4.1　常用真空泵及真空计的使用范围

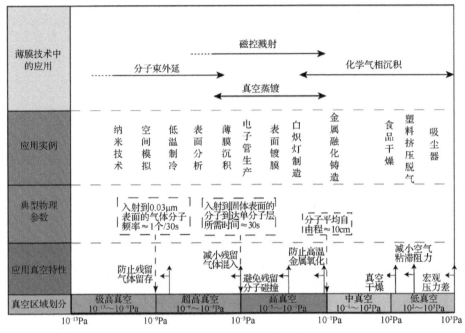

图 4.2　不同真空区域的应用场景

4.1.2　薄膜技术基础

　　薄膜材料一般按是否可以独立存在分为两种，本书所述的薄膜是指可以依附于其他物体表面的二维体系，其厚度往往为纳米量级。薄膜制备是集成电路加工工艺的第一步，真空镀膜是指通过真空泵使封闭腔体达到真空状态，然后将膜材气化并沉积到固体衬底上形成薄膜的技术。此过程大致可分为靶材气化、真空运动和薄膜生长 3 个过程[1]。

　　真空镀膜中靶材气化的方法很多，如加热或电子束轰击，可以根据靶材气化的方式来判断真空镀膜的类型。真空镀膜中被气化的靶材原子到达基板之后并不是停留在到达位置，而是在表面做各种运动。如图 4.3 所示，射向基板的原子、分子与基板表面碰撞，一部分被反射，另一部分在自身能量和基板温度所对应能量的共同作用

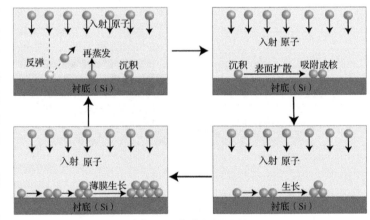

图 4.3　薄膜生长过程

下在基板表面做跳跃式运动，这一过程称为表面扩散。参与表面扩散的原子有可能从后续到达的原子处吸收能量而离开表面，也有可能吸附在某处或与其他原子结合成原子对。随着与之结合的原子越来越多，原子对可能进一步形成稳定的核，核逐渐长大成为岛，多个岛相互合并形成一种不完整的网状结构，后续到达的原子继续与网状部分结合或填充剩余

空洞，直到形成连续的薄膜。这种薄膜生长方式称为核生长型，是最常见的薄膜生长方式。除此以外，常见的薄膜生长方式还有层生长型和层核生长型[1]。

4.1.3　相关物理和化学基础

集成电路制造过程中涉及的物理过程主要包括物理气相沉积、物理刻蚀和掺杂等；化学过程主要包括光刻、刻蚀、热氧化和化学气相沉积等，下面分别进行介绍。

1. 物理过程

物理过程中的物理气相沉积即在真空条件下，采用物理方法，将材料气化成气态原子、分子或电离为离子，并且通过等离子体在基体表面进行沉积的技术[2]。在集成电路制造过程中，物理气相沉积主要包括溅射和分子束外延。溅射的基本过程主要是利用气体的电离过程产生等离子体，然后等离子体在电磁场的作用下轰击靶材，使靶材原子沉积在基片上。下面以溅射镀膜为例介绍物理气相沉积。

用动能为几十电子伏以上的粒子或粒子束轰击固体表面，靠近表面的一部分原子因吸收入射粒子的能量而脱离靶材、进入真空环境的现象，称为溅射。溅射镀膜是利用溅射现象，使脱离靶材的粒子落在基片上，从而形成薄膜的沉积技术。如图 4.4（a）所示，溅射过程主要包括：溅射出靶材原子，产生二次电子，溅射清洗，离子被电子中和并以原子的形式从阴极表面反射，进入阴极表面。被溅射出阴极表面的靶材原子的主要状态包括：被散射回阴极，被电子或亚稳原子碰撞电离，以中性原子的形式沉积到基片上，即溅射镀膜过程。溅射镀膜过程为物理过程，使用的工艺气体主要为氩气等惰性气体，使用惰性气体可以避免工艺气体与目标产物发生反应。如图 4.4（b）所示，可以将溅射镀膜形象地类比为石头击水溅出水花的过程。水即待溅射的靶材，石头为等离子体，所加电压提供将石头抛入水中的力，所加磁场与电场共同起到束缚石头的效果，然后水花飞溅到在水平面上方放置的基板表面，并形成一层均匀的水膜。

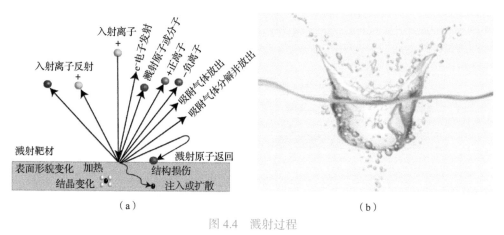

图 4.4　溅射过程

（a）溅射过程示意图　（b）水花溅射类比图

集成电路制造过程中典型的物理过程还包括物理刻蚀和掺杂。简单地说，物理刻蚀（如离子束刻蚀）即通过电场对等离子体进行加速，然后控制等离子体对基片进行轰击，进而实现对基片的表面结构进行加工。掺杂是指通过把杂质引入半导体材料中，改变材料的电学性能（如形成器件中的多数载流子、改变材料电阻率等）。常用的掺杂工艺包括扩散、离子注入等。离子注入是指将杂质离子注入晶片的物理过程，基本方法是利用离子注入机对掺杂剂进行离化、加速和质量分析，使其成为一束由所需杂质离子组成的高能离子流并将其投射入晶片内部，然后通过逐点扫描完成对整块晶片的注入。扩散是指在 900～1200℃ 的高温下，杂质原子具有一定能量，能够克服阻力进入半导体并在其中做缓慢的迁移运动。定域、定量扩散掺杂可以改变半导体的导电类型和电阻率，或形成 PN 结。掺杂设备介绍见本章 4.5.3 小节。

2. 化学过程

化学过程中的光刻是指利用曝光和显影使光刻胶的化学性质发生变化，从而实现图形转移的过程。光刻胶又称光致抗蚀剂或抗蚀剂，是一种高分子材料，其抗刻蚀能力经过光照后会发生改变，因此可以应用在微纳米图形制作领域。光刻胶的主要成分是树脂、感光化合物以及能够控制光刻胶机械性能并且使光刻胶保持液体状态的溶剂。曝光会使树脂的分子结构发生变化，而感光化合物能够控制树脂定向化学反应的速率，溶剂能够使光刻胶在衬底上涂覆并形成薄膜。

如图 4.5 所示，光刻胶分为正胶和负胶，二者的主要差别是在光照条件下发生的化学反应不同。正胶在光束照射下以断链反应为主，发生降解反应，可溶于特定的显影液，经由正胶工艺形成的光刻胶图形与掩模版图形一致。而负胶发生的反应则正好相反，光照下以交链反应为主，曝光部分不溶于显影液，形成的光刻胶图形与掩模版图形相反。光刻胶的化学反应是通过吸收一定波长的光来完成的，所以某种特定的光刻胶只在某一特定的波长下才能使用。经过曝光工艺之后，部分区域的光刻胶发生变性，使用对应的显影液即可溶解掉变性的光刻胶。正胶显影工艺主要使用强碱溶液，而负胶显影工艺通常使用有机溶剂（如二甲苯等）。

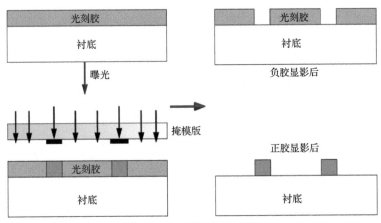

图 4.5　光刻胶显影示意图

化学过程中的刻蚀工艺可以分为湿法刻蚀工艺和干法刻蚀工艺。湿法刻蚀工艺主要用来刻蚀硅、氧化硅和氮化硅等材料。硅的湿法刻蚀工艺一般使用硝酸和氢氟酸的混合物来实现刻蚀。硅的湿法刻蚀化学反应式为

$$Si+HNO_3+6HF\rightarrow H_2SiF_6+HNO_2+H_2+H_2O \tag{4.3}$$

干法刻蚀工艺中，化学过程的主要作用是使刻蚀更容易发生，如在等离子体刻蚀中，刻蚀反应粒子与处于基态或激发态的物质发生化学反应从而去除薄膜，其原理将在 4.4 节中详细介绍。

热氧化过程主要是指硅在高温条件下与氧气或水发生反应生成二氧化硅的过程，该反应主要发生于硅和二氧化硅的界面。该过程发生的化学反应为：硅与氧气直接生成二氧化硅，硅与水生成二氧化硅并放出氢气。

化学气相沉积是一种化学方法，该方法主要是利用含有薄膜元素的一种或几种气相化合物或单质，在衬底表面进行化学反应生成薄膜[2]。化学气相沉积可以分为分解反应、还原反应、氧化反应和氮化反应等，如可以通过热裂解法实现多晶硅的沉积、通过氧化反应法实现氧化硅的沉积[3]。

4.2　薄膜沉积设备

如图 4.6 所示，按照沉积方法的不同，可以将薄膜沉积设备分为物理气相沉积设备和化学气相沉积设备。物理气相沉积设备主要包括磁控溅射设备、电子束蒸发设备、分子束外延设备和脉冲激光沉积设备等。化学气相沉积设备主要包括等离子体增强化学气相沉积设备、金属有机化合物气相沉积设备和原子层沉积设备。本节首先介绍物理气相沉积设备和化学气相沉积设备，最后介绍其他薄膜沉积方法。

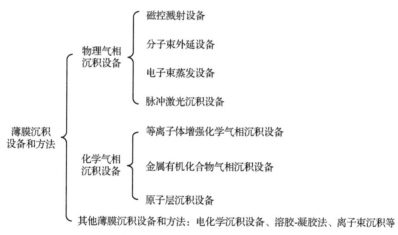

图 4.6　薄膜沉积设备和方法分类

4.2.1　物理气相沉积设备

在集成电路制造过程中使用的物理气相沉积设备主要有磁控溅射设备、电子束蒸发设备、分子束外延设备以及脉冲激光沉积设备[4]。磁控溅射设备作为一种高效的物理气相沉积设备，因具有高速、低温和低损伤的优点而被广泛应用于工业领域，本节也将重点介绍磁控溅射设备。

1. 磁控溅射设备

根据工艺发展顺序，溅射可以分为直流二极溅射、三极溅射、四极溅射和磁控溅射等。

直流二极溅射是制备金属薄膜的有效方法，二极是指阳极和阴极。当溅射的靶材是绝缘体时，由于撞击到靶材表面上的离子会使靶材带电，电位上升，导致溅射过程不能持续，所以直流二极溅射不能应用于绝缘体的溅射。一般直流溅射方式的主要缺点是沉积速率慢、基片温升高和溅射气压高，这些缺点会造成膜层的污染，因而限制薄膜的质量。射频溅射能够实现对绝缘体的溅射，可以将射频溅射直观地理解为用射频电源替换直流二极溅射中的直流电源。因为射频电源输出的电压波形分为正、负半周，当电压处于正半周时，由于绝缘体的极化作用，其表面吸引了附近的电子，从而靶材表面与等离子体电位相同；当电压处于负半周时，离子射向绝缘体靶表面发生溅射现象。

三极溅射是在二极溅射的基础上增加了一极，能够克服一些二极溅射的缺点。由增加的这一极放出的热电子穿过放电空间，这一步骤强化了放电程度，增大了等离子体的密度，提高了溅射效率。三极溅射中的第三极通常为发射热电子的热阴极，一般由一段炽热的钨灯丝构成，其电位比阴极电位更低，通过这种方式可以降低溅射气压。三极溅射在 $10^{-2} \sim 10^{-1} Pa$ 的低气压下就能够实现，可以获得更高质量的薄膜。

四极溅射是在三极溅射的基础上再增加一个辅助阳极，又被称为等离子体弧柱溅射。四极溅射的原理如图 4.7 所示，在与溅射阴极和基片相垂直的位置两端分别增加一个发射热电子的灯丝（热阴极）和吸引热电子的辅助阳极，在腔内形成低电压（约为 50V）和大电流（5～10A）的等离子体弧柱。在弧柱内，大量电子碰撞工艺气体，从而电离出大量的离子。同时，为了稳定放电，可以在热阴极附近安装一个电压为 200～300V 的稳定化栅网，降低弧柱的点火压力。稳定化栅网要能够限流并且耐热，常选取钼（Mo）和钨（W）等材料加工而成。

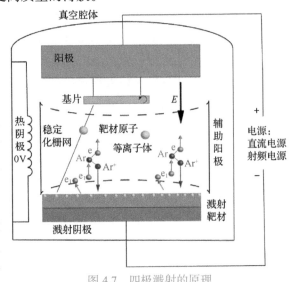

图 4.7　四极溅射的原理

三极溅射和四极溅射的优点在于靶电流和靶电压可以单独调节，因此可以降低正常工作的靶电压。由于靶电压较低，对基片的辐照损伤较小，因此三极溅射和四极溅射有利于提高薄膜质量。

磁控溅射克服了上述溅射方式基片温升高、溅射速率慢的缺点。磁控溅射设备需要在高真空条件下运行，利用真空泵组抽空真空腔体，可以有效减少溅射腔体内的气体分子数量，从而在薄膜制备过程中降低沉积分子与残余气体分子之间的碰撞概率，起到提升沉积分子的平均自由程、减少沉积分子与残余气体分子之间反应的作用。

磁控溅射需要利用工艺气体来实现靶材原子的溅射，这一过程中产生的辉光放电现象是薄膜制备过程中至关重要的一环，下文将结合直流气体放电体系来进行说明。直流气体放电模型如图 4.8（a）所示，在真空腔体的两个电极间施加电压，保持腔体中氩气的气压不变。起初腔体内的气体原子大多处于中性状态，只有极少数的电离粒子在运动。随着电压升高，腔体内工艺气体原子的电离程度逐渐加强，电离粒子的运动速度也不断变大，即电流随着电压升高而增大。当电压达到一定数值后，电流会达到一个饱和值。如果电压继续升高，粒子间的碰撞会使电离程度迅速提高，这一阶段放电电流迅速增大但电压变化不大，称为汤生放电阶段。汤生放电后期，一些电场强度比较高的电极尖端会出现跳跃的电晕光斑，称为电晕放电阶段。

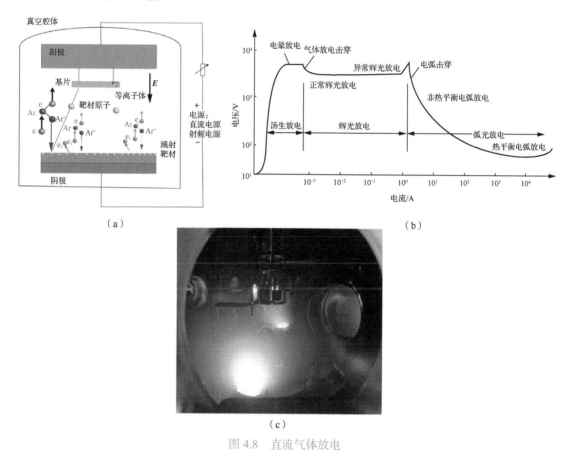

（a）　　　　　　　　　　　　　　　　　　　　（b）

（c）

图 4.8　直流气体放电

（a）直流气体放电模型　（b）直流气体放电过程　（c）辉光示意图

电晕放电阶段之后，气体会突然发生放电击穿现象，这时的气体已经具备了一定的导电能力，我们称这种具备了一定导电能力的气体为等离子体，如图 4.8（b）所示。在此阶段，气体中导电粒子的数量大大增加，离子碰撞足够剧烈，放电气体会发出明显的辉光，如图 4.8（c）所示，该阶段称为正常辉光放电。随着电流继续增加，辉光区域会扩展到整个放电长度上，且辉光亮度不断提高。当放电电流继续增加时，放电电压又开始上升，这一阶段称为异常辉光放电。异常辉光放电可以提供面积较大、分布较均匀的等离子体，有利于实现大面积的均匀溅射，常用于薄膜沉积领域。此后，随着电流增加，气体进入弧光放电阶段。

磁控溅射技术与普通的二极溅射和三极溅射相比，具有高速、低温和低损伤等优点。高速是指磁控溅射沉积速率较快，同时电子对基板的轰击较弱，因此具有基板温升小和膜层损伤小的优点。从上述溅射的发展历程来看，溅射技术的革新主要体现在提高电离程度、实现对等离子体的有效控制等方面。磁控溅射即通过引入互相垂直的电场和磁场实现了对二次电子的有效控制，如图 4.9 所示。磁控溅射设备中的磁场与电场垂直，且磁场方向与阴极表面平行，形成环形磁场。

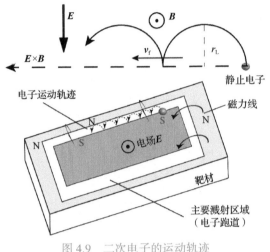

图 4.9　二次电子的运动轨迹

假设在电场强度为 E、磁感应强度为 B 的电磁场中，有一质量为 m、电荷量为 q、速度为 v 的运动粒子，其运动方程为

$$m = \frac{\mathrm{d}v}{\mathrm{d}t} q(E + v \times B) \tag{4.4}$$

其中，t 为时间。由此可推导出电子的运动轨迹方程，电子回转半径 r_L 的计算公式为

$$r_L = \frac{mv_0}{qB} = \frac{mv_0}{\omega} \tag{4.5}$$

其中，v_0 为初始条件决定的常数，ω 为粒子回转的角频率。漂移速度 v_f 的计算公式为

$$v_f = \frac{E}{B} \tag{4.6}$$

代入初值可知，在电磁场的联合作用下，二次电子的回转频率很高，回转半径很小。靶面附近的二次电子在相互垂直的电磁场的联合作用下，沿着跑道做旋轮线形的跳动，并以这种方式沿着电子跑道转圈，增加了与气体原子碰撞的机会，如图 4.9 所示。

二次电子因电磁场的作用在靶面附近运动，运动轨迹足够长，使得电子与原子的碰撞机会增加，即电离程度增加。只有当电子能量耗尽后才会脱离靶表面从而落在基片上，这是基片温升小、损伤小的主要原因。电磁场也能够将等离子体束缚在靶面附近，减小基片受轰击的概率。因为磁控溅射设备对二次电子的有效控制增强了电离程度，所以能够降低工作压力，溅射速率也会加快。同时，因为腔体内气体原子较少，膜层的质量也可以得到有效提升。由此可知，磁控溅射低温、高速和低损伤的优点来源于电磁场对二次电子的有效控制。

图 4.10（a）为磁控溅射系统示意图，可以看到，该系统由真空腔体、真空泵、真空计、电源、阴极和靶材等组成，还需要水冷系统对阴极和真空泵组进行冷却。用于实现沉积的工艺气体一般为惰性气体，如氩气、氦气等。首先使腔体的真空度达到高真空范围，然后通过气体流量计以固定的流量输入氩气，通过调节真空泵组与腔体之间的阀门可以使腔体内的气压达到动态平衡，这一过程称为下游压力控制。然后，通过外部电源在阳极和阴极之间施加

电压，电压会使气体中少量的电子开始运动，从而对气体进行电离。绝大多数二次电子受到电磁场的束缚，维持在靶面附近运动，因此能够实现充分的电离。等离子体形成后发出明显的辉光，同样受到电磁场的束缚而在靶面附近运动。离子轰击靶材并溅射出靶材原子，靶材原子穿过等离子体在旋转的基片上沉积从而形成薄膜。

图 4.10（b）所示为磁控溅射设备所使用的一种阴极的磁铁分布，可以看到，靶材下方设计了一圈圆形磁铁，此圆形即为电子跑道。在电子跑道附近，由于电离程度强，靶材被轰击的概率也大，因此被消耗的靶材更多，使用一段时间后，电子跑道处的靶材会明显变薄。

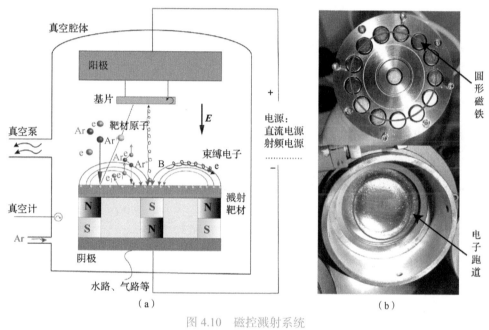

（a）　　　　　　　　　　　　　　　　（b）

图 4.10　磁控溅射系统

（a）磁控溅射系统示意图　（b）一种阴极的磁铁分布

溅射产额是溅射最重要的参数，在薄膜制备方面具有至关重要的作用。首先，溅射产额与入射离子的能量直接关联，当入射离子能量低于一个阈值时，靶材原子无法挣脱束缚，溅射现象不会发生，只有在超过溅射阈值后，溅射才会发生。此时，根据入射粒子能量的不同，溅射产额与粒子能量呈现出不同的关系。当粒子能量在 150eV 以下时，随着离子能量的增加，溅射产额与粒子能量的平方成正比；当粒子能量在 150eV～1keV 时，溅射产额与离子能量成正比，之后溅射产额基本稳定；当粒子能量超过 10keV 以后，溅射产额随能量的增加呈下降趋势。

其次，溅射产额随着离子入射角度的不同而变化。一般来说，斜入射比垂直入射的溅射产额要大。从实际情况来看，当入射角度小于 60°时，溅射产额随入射角度的增加而单调增加，当入射角度为 70°～80°时，溅射产额最大。此后，入射角再增加，溅射产额急剧减小。

此外，溅射产额还与温度有关。一般来说，在一定的温度范围内，溅射产额与温度基本无关，当温度超出这一范围时，溅射产额将急剧增加。同时，溅射产额还与工艺气体的种类、质量，靶材的结晶程度以及是否有磁性等相关。

  图 4.11（a）所示为美国 AJA 生产的 ATC 2200 UHV 型磁控溅射系统，设备的极限真空度可达 1×10^{-9}Torr，兼容 4 英寸及以下工艺片，单腔集成 7 个阴极。图 4.11（b）所示的磁控溅射系统由德国 Singulus 生产，设备单腔集成 12 个阴极，兼容 8 英寸及以下工艺片，该系统为全自动控制，各项指标均国际领先，可用于制备传感器、磁存储器和薄膜磁头等。与国外的先进产品相比，国内的磁控溅射设备技术发展起步较晚，因此研发具有国际先进指标的磁控溅射系统势在必行。

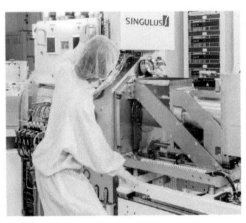

（a）   （b）

图 4.11 常见的磁控溅射设备

（a）ATC 2200 UHV 型磁控溅射系统 （b）德国 Singulus 生产的磁控溅射设备

  图 4.12（a）（b）所示为北京航空航天大学集成电路科学与工程学院与合肥致真精密设备有限公司联合研制的超高真空磁控溅射系统的设备。该设备单腔最多集成 12 个阴极，可以实现多种材料的超薄多层膜的制备，阴极配备了角度调节、伸缩调节功能，从而可以实现对靶基距和溅射角度的调节；配备了多组直流电源和射频电源及匹配器，通过切换器可以将直流电压或射频电压施加到每一个阴极上，方便实现材料的直流或射频溅射；真空泵组采取机械泵、分子泵和低温泵三级组合的方式，极限真空度可达 6×10^{-11}Torr；样品架可以 360°旋转，并且可以加热至 800℃，可实现高质量的薄膜沉积，广泛应用于科研级薄膜溅射领域。此外，我国产业级磁控溅射系统的发展也得到了长足的进步，北方华创、维开科技等公司均推出了一系列磁控溅射设备，且部分设备已经成功进入了集成电路生产线，助力我国集成电路行业的发展。

  图 4.12（c）所示为北方华创推出的 8 寸 PVD 磁控溅射设备——Polaris G620 系列通用溅射系统，该系统搭载全自动化装卸载系统，能更好地满足多领域制程的发展需求；采用先进等离子溅射源、高效基片冷却装置，以及四靶位独立溅射工艺腔室等多项核心技术，具备优秀的薄膜均匀性和台阶覆盖能力，可很好地满足不同金属工艺溅射的要求。图 4.12（d）所示为维开科技 M600 通用型磁控溅射系统，该系统功能强大、稳定可靠、自动化控制程度高、维护简单，可满足生产和研发中对磁控溅射的各种工艺需求。

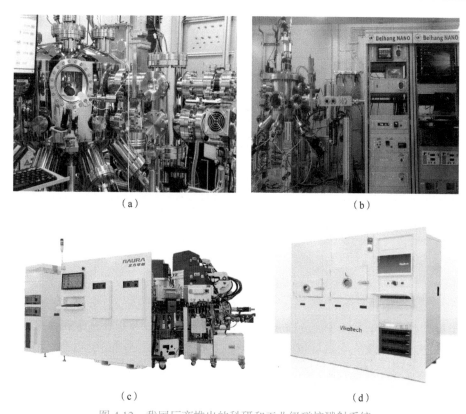

（a）　　　　　　　　　　　　　　　（b）

（c）　　　　　　　　　　　　　　　（d）

图 4.12　我国厂商推出的科研和工业级磁控溅射系统

（a）12 靶超高真空磁控溅射系统　（b）6 靶超高真空磁控溅射系统

（c）北方华创 Polaris G620 系列通用溅射系统　（d）维开科技 M600 通用型磁控溅射系统

2. 电子束蒸发设备

电子束蒸发属于物理气相沉积，其设备主要由发射高速电子的电子束枪和使电子做匀速圆周运动的磁场组成。电子束蒸发技术是指将蒸发材料置于水冷坩埚中，利用电子束直接对材料进行加热，使材料气化形成蒸气流，然后蒸发材料在衬底上凝结，形成薄膜。图 4.13（a）展示了电子束蒸发设备的原理。如图所示，电子束枪发射电子，电子束进入磁场做匀速圆周运动的同时轰击蒸发材料表面，材料吸收能量后升温气化。在真空环境下蒸发的原子沉积在衬底表面凝核成膜。电子束蒸发设备适合沉积高熔点金属和介质材料，具有较好的沉积方向性。图 4.13（b）所示为美国 AJA 制造的 ATC-ORION-8E UHV 型超高真空电子束蒸发设备。该设备可以用来蒸镀各类高纯金属薄膜（如钛、金、镍、铬等），在同一个腔体内可以安装多个坩埚用来沉积多种薄膜。同时，该设备还可以通过后腔体内通入氧气或其他气体来实现氧化和清洁。

3. 分子束外延设备

外延生长是一种薄膜的加工方法，是指在单晶衬底上定向地生长出与衬底晶体状态结构相同或相似的晶态薄膜。根据外延生长物质来源的不同，外延生长可以分为气相外延和液相外延两种。在集成电路加工技术中，主要使用气相外延。根据过程中发生的化学反应不同，气相外延还可以分为物理气相外延和化学气相外延。

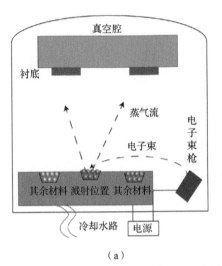 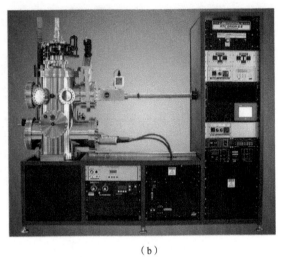

（a）　　　　　　　　　　　　　　　（b）

图 4.13　电子束蒸发设备原理及实物

（a）电子束蒸发设备的原理　（b）ATC-ORION-8E UHV 型超高真空电子束蒸发设备

分子束外延（Molecular Beam Epitaxy，MBE）属于物理气相外延沉积技术，是沉积单晶材料的方法之一。该技术由贝尔实验室科学家亚瑟（J. R. Arthur）和卓以和（Alfred Y. Chao）发明，被广泛应用于半导体、氧化物及异质结生长领域。日本科学家汤浅（S. Yuasa）等通过 MBE 设备制备了高质量的氧化镁（MgO）材料，测得了室温下大于 100% 的隧穿磁阻（Tunnel Magnetoresistance，TMR）效应，大大推进了自旋电子学的发展[5]。MBE 是指在超高真空环境下，构成晶体的各个组分和掺杂原子以一定的热运动速度，按照一定的比例喷射到热衬底表面进行晶体的外延生长。MBE 设备具有薄膜质量高、沉积温度高、可以实时监测以及膜层组分可以迅速调整等优点，但是生长速率较慢，不适合工业领域使用。图 4.14（a）所示为 MBE 设备的原理；图 4.14（b）所示为法国 Riber 制造的 CLS21 系列 MBE 设备，该设备最大可以装载 2 英寸样品，适合在科研领域使用。

我国厂商在分子束外延设备领域也取得了重要突破，图 4.14（c）所示为费勉仪器科技（上海）有限公司生产的 MBE-800 型 MBE 设备。标准版 MBE-800 采用双温区衬底加热器，并包含 12 个蒸发源端口，可实现复杂结构薄膜的精确逐层生长。MBE-800 的定制版本还涵盖了特定的生产需求，例如超高真空离子辅助镀膜系统。MBE-800 具有高可靠性、多功能性和紧凑性，可兼容 4 英寸以下衬底外延生长，不仅可以作为应用研发设备，同时也适用于准批量生产应用。

4. 脉冲激光沉积设备

脉冲激光沉积（Pulsed Laser Deposition，PLD）属于物理气相沉积，是指将高功率的脉冲激光聚焦于靶材表面，使靶材物质大量吸收电磁辐射后快速蒸发。在真空中，被蒸发的物质在靶表面实时形成等离子体，等离子体定向沉积在衬底上形成薄膜。该技术具有生长速度快、可以真实还原靶材的化学组分等特点，近年来广泛用于氧化铪（HfO_2）、钇铁石榴石铁氧体（YIG）等氧化物和磁性薄膜的生长。图 4.15 所示为 PLD 设备原理。但是，应用 PLD 技术时会有熔融小颗粒或靶材碎片污染薄膜，并且受激光器输出能量的影响，当前的 PLD 设备尚不可用于大面积的沉积，这些缺点限制了 PLD 设备的应用。目前 PLD 设备仅用于科研场合，难以用于大规模量产的工业领域。

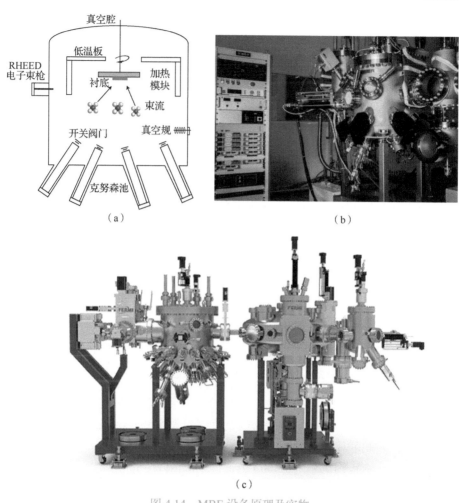

（a）　　　　　　　　　　　　　　　　　　　（b）

（c）

图 4.14　MBE 设备原理及实物

（a）MBE 设备的原理　（b）法国 Riber 制造的 CLS21 系列 MBE 设备

（c）费勉仪器生产的 MBE-800 型 MBE 设备

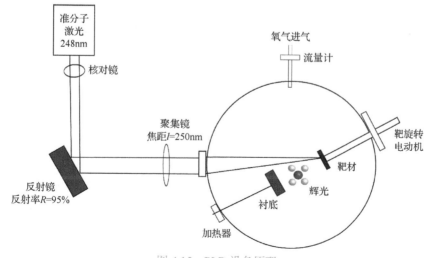

图 4.15　PLD 设备原理

4.2.2 化学气相沉积设备

化学气相沉积（CVD）工艺对于某些绝缘以及半导体薄膜的制备具有物理气相沉积无法比拟的优势。化学气相沉积设备的基本结构如图 4.16 所示，反应腔体和衬底的温度可以控制，参与化学反应的气体从气体入口通入，生成物从气体出口排出。化学气相沉积工艺中基本的化学反应主要有两种，即热分解反应沉积和两种以上气态化合物的反应沉积。热分解反应沉积主要是气态化合物在反应器中受热分解，在基片表面沉积固体的分解生成物。两种以上气态化合物的反应沉积包含热分解反应以外的所有化学反应类型[6]。

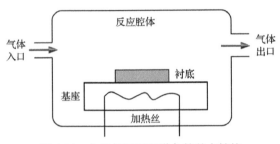

图 4.16　化学气相沉积设备的基本结构

化学气相沉积设备按照反应化合物气体的压强、反应腔体是否加热可以分为常压、低压，低温、高温（高于 450℃），热壁、冷壁系统。化学气相沉积技术与物理气相沉积技术相比，具有台阶覆盖性好、膜层均匀性高以及可以对整个基片沉积的优点，但是因为需要对衬底进行加热，因此基片温度较高。常用的设备主要为常压介质 CVD 设备、低压 CVD 设备、金属有机化合物气相沉积（Metal Organic Chemical Vapor Deposition，MOCVD）设备、等离子体增强化学气相沉积（Plasma Enhanced Chemical Vapor Deposition，PECVD）设备、光增强 CVD 设备和电子束感应 CVD 设备等。下面重点介绍 PECVD 设备和 MOCVD 设备。此外，原子层沉积（Atomic Layer Deposition，ALD）设备与普通的化学沉积有相似之处，也在本节中详细介绍。

1. PECVD 设备

PECVD 是用等离子体替代高温来实现化学气相沉积的方法。PECVD 主要用于沉积绝缘薄膜，能够在低温条件下制备高质量的薄膜。此外，等离子体的一些生成物能够在薄膜表面进行扩散，填充一些微小的结构，提高膜层的均匀度。图 4.17（a）所示为 PECVD 设备的原理。PECVD 可以简单认为是物理方法与化学方法组合沉积膜层的方法，与物理气相沉积中的溅射技术类似，即通过在阴极和阳极之间施加射频电场来产生等离子体，等离子体的化学作用使反应气体发生分解，生成初始物质。初始物质被衬底吸附，扩散入衬底后发生表面反应，反应的生成物沉积为薄膜，反应的副产物脱离衬底的吸附并扩散到气流中，被排出腔体外。

此外，还可以通过电感耦合的方式，利用高频感应线圈形成的高频电磁场使气体放电，形成等离子体，这种技术称为电感耦合 PECVD 技术。PECVD 系统可以根据结构不同分为冷壁平行板反应器 PECVD 系统和热壁平行板反应器 PECVD 系统。冷壁平行板反应器 PECVD 系统对于沉积砷化镓（GaAs）薄膜具有明显的优势，但生产效率较低。反之，热壁平行板反应器 PECVD 系统生产效率较高、薄膜均匀性较好。PECVD 系统具有沉积速率快、薄膜质量高、薄膜针孔少的优点，适合沉积钝化薄膜和多层布线介质薄膜。近年来，我国 PECVD 设备的制造技术快速发展，沈阳拓荆科技、北方华创和鲁汶仪器等公司研发的相关设备已经达到国际先进水平。图 4.17（b）所示为沈阳拓荆科技生产的 12 英寸 PECVD 设备。该产品通过了国内 12 英寸集成电路生产线的考核验收，各项指标均达到国际水平，成本为国际同类设备的 70%，产品及服务得到用户的一致认可。

2. MOCVD 设备

MOCVD 技术可以获得高质量的外延晶态层，主要用于生长高质量的单晶薄膜，如Ⅲ-Ⅴ族化合物半导体外延薄膜。MOCVD 技术通过Ⅲ族金属烷基化合物的蒸气来向基片上运输铝、镓和铟等Ⅲ族的金属原子，通过Ⅴ族元素氢化物来运输Ⅴ族元素的原子，然后Ⅲ族元素和Ⅴ族元素的混合气体化合物再通过化学反应生成所需的Ⅲ-Ⅴ族化合物，并在基片上外延生长出其单晶薄膜[7]。

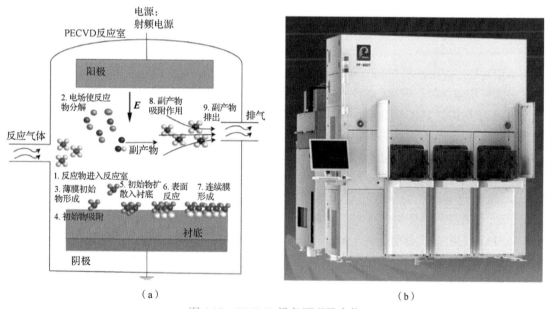

（a）　　　　　　　　　　　　　　　　　　　（b）

图 4.17　PECVD 设备原理及实物

（a）PECVD 设备的原理　（b）沈阳拓荆科技生产的 12 英寸 PECVD 设备

MOCVD 设备反应容器内设有一个基座，并且该基座表面与气流方向有一个倾斜的角度，MOCVD 技术生长的均匀性和薄膜组分的突变性较好，可以用来生长 AlN、GaAlN、GaAs、InP、InGaA 和 GaAlAs 化合物。基座一般使用涂敷有碳化硅的石墨基座，使用气体流量控制器来控制真空腔体内的压强和反应蒸气的流量等，并通过控制Ⅲ族元素气体的开始和停止输入来控制晶体生长的开始和结束。

图 4.18 所示为中晟光电设备（上海）股份有限公司（简称中晟光电）生产的 ProMaxy 168型 MOCVD 设备。该设备采用了新型自主创新的核心技术，系统产能显著提高，生产成本

显著降低。系统可以采用 1～4 个反应腔体的自由组合，每个腔体均可以单独运行，可以全程实时监测温度、反射率和翘曲率等工艺参数。目前国内的中微半导体、光达光电等公司也推出了 MOCVD 设备，国产设备得到了一定的发展，但是与国际领先的德国 AIXTRON 和美国 VEECO 等厂商相比还有一定的差距，技术水平需要进一步提高。

图 4.18　中晟光电生产的 ProMaxy 168 型 MOCVD 设备

3. ALD 设备

ALD 是一种可以将材料以单原子层膜的形式一层一层镀在衬底上的方法。ALD 技术与 CVD 有相似之处，但 ALD 技术中每次反应只沉积一层原子。该技术的优点是可以保证优异的沉积均匀性，并实现厚度的高度可控。在集成电路领域，ALD 设备可用于沉积互连线势垒层，制备电磁记录的磁头，沉积 DRAM、MRAM 的介电层等。ALD 是一种真正的纳米生长技术，可以实现原子尺度的超薄薄膜沉积。

ALD 技术首先由芬兰的科学家提出，到了 20 世纪 90 年代，由于微电子技术的发展，集成电路工艺对器件的深宽比要求不断提高，普通的沉积技术很难达到要求，而 ALD 技术因沉积薄膜的厚度均匀性较为优异而被广泛采用。

ALD 是通过将气相前驱体（Vapor Phase Precursor）脉冲交替通入反应器，化学吸附在衬底上并发生反应形成沉积薄膜的一种方法。该方法要求沉积反应所需的前驱体物质能够吸附在表面上。ALD 技术的优点主要体现为：前驱体的饱和化学吸附特性、反应过程的有序性和表面控制性、沉积过程的精确性和可重复性，以及较高的膜层质量（超薄、致密、均匀以及吸附力较强）。ALD 的一个生长周期通常生长 0.9～1Å，具有较好的可重复性，可以在低温下生长，同时对环境的要求不高。为了清晰阐述 ALD 的工作原理，图 4.19 给出了采用 ALD 技术沉积三氧化二铝（Al_2O_3）薄膜的工艺流程。首先在设备内通入水蒸气，在衬底硅（Si）表面附着一层羟基（—OH），羟基与前驱体三甲基铝（$Al(CH_3)_3$，TMA）的甲基（—CH_3）发生置换反应，形成气体产物 CH_4 进而被真空系统抽走。当表面所有的羟基被置换后，衬底表面便留下了单原子层的 Al_2O_3，之后重复上述过程即可形成厚度精准的 Al_2O_3 薄膜。目前，集成电路设计已经转向三维结构，对膜层的沉积提出了更高的要求。ALD 技术在具备生长超薄外延层和异质结构能力的同时还可以获得较为陡峭的界面，可以在多孔或三维高深宽比的结构表面沉积薄膜，成为构建 FinFET 的主要技术。

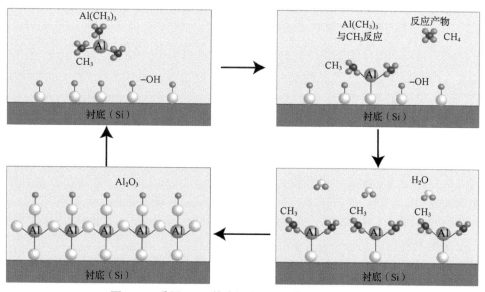

图 4.19　采用 ALD 技术沉积 Al_2O_3 薄膜的工艺流程

4.2.3　其他薄膜沉积设备

1. 电化学沉积设备

电化学沉积（Electrochemical Deposition）是指在外加电压下，使电解液中的金属离子在阴极还原为原子而沉积的过程。电化学沉积设备在集成电路领域主要应用于形成规则生长的纳米点阵结构，如纳米线、纳米柱和纳米点阵列等。

2. 溶胶-凝胶法

溶胶-凝胶法是湿法制备材料的一种化学方法，该技术是一种由金属有机化合物、金属无机化合物或混合物经过水解缩聚过程逐渐凝胶化，经后处理流程后形成氧化物或其他化合物的工艺。该方法主要利用了交替分散体系的一些物理化学性能。

3. 离子束沉积法

离子束沉积法是指利用离化的粒子作为蒸镀物质在低基片温度的情况下形成优良薄膜的技术。离子束沉积法主要分为直接引出式离子束沉积、质量分离式离子束沉积、部分离化沉积、离子团束沉积和离子束辅助沉积几种类型。

4.3　图形制作设备

图形制作（Pattern Creation）设备是集成电路加工设备中的重要一类。图形制作工艺主要是指在衬底材料或者薄膜表面形成各种各样微纳米图形的工艺。本节重点介绍目前使用较多的微细图形加工设备——光刻（Lithography）设备。电子束曝光（Electron Beam Lithography，EBL）设备由于具有较高的分辨率也得到了广泛的应用[8]。随着微电子制作技术的不断发展，一系列新型的微纳米结构图形制作技术涌现了出来，本节也将介绍几种新型的图形制作设备，如纳米压印机和激光直写设备。

4.3.1　光学曝光设备

　　光学曝光是指利用特定波长的光进行辐照，将掩模版（Mask）上的图形转移到光刻胶上的过程。掩模版是光刻工艺中不可缺少的部件。掩模版上刻有设计图形，光线透过掩模版后会将图形透射在光刻胶上。掩模版的性能直接决定了光刻工艺的质量，普通光刻掩模版是采用透光的衬底材料（如石英玻璃等）和不透光的金属吸收层（主要为金属铬）组成。设计掩模版时需要明确定义掩模层的作用，设计有效的掩模对准标记，严格遵守设计规则，并经过曝光、显影和刻蚀等步骤完成制作。掩模版的制作流程复杂，一般设计人员完成掩模版的设计后，交由专业公司进行加工。

　　光刻胶发生的化学过程已在 4.1 节介绍。光刻胶的主要参数包括灵敏度、对比度、分辨率、曝光宽容度、工艺宽容度、寿命、黏度和抗刻蚀性等[9]。光刻胶直接决定了加工的精度，因此光刻胶在集成电路加工中起着至关重要的作用。通常来说，光刻胶中的正胶具有分辨率高、曝光宽容度大、针孔密度小和无毒等优点，而负胶通常附着力较强、灵敏度高。显影后的光刻胶剖面一般为底切结构，适合采用剥离工艺来制作金属图形。目前，全球光刻胶市场和核心技术几乎被日本和美国企业所垄断，日本 JSR、东京应化、信越化学以及富士电子 4 家公司占据了全球 70% 的光刻胶市场份额。由于我国国内相关产品的生产厂家起步较晚，技术相对落后，且制备光刻胶的关键设备依赖进口，因此目前国内的光刻胶产品虽然有了一些进步，但与国际高端产品相比，仍存在 4 代以上的代差：国外的 193nm 浸没式光刻胶已经实现商品化，而我国高分辨率的 g 线、i 线正胶和 248nm、193nm 的深紫外线光刻胶均依赖进口，且国外对这类高端产品实行限购政策，因此我国光刻胶的制造水平亟待进一步提升[10]。当然，我国的光刻胶研发也取得了一定的进展，北京科华开发的 248nm 光刻胶已经应用于中芯国际等客户的产品线，在国内市场占据了一定的份额。

　　光学曝光设备的主要指标及特征参数包括分辨率、套刻精度（Overlay Accuracy）和工艺节点（Node）。光刻机曝光线条的分辨率 $R = K_1 \lambda / N_A$，其中 K_1 代表工艺因子，λ 代表光源的波长，N_A 代表物镜的数值孔径。不同的光刻机有不同的工艺因子，一般多为 0.25～0.4。透镜收集衍射光的能力称为透镜的数值孔径，通过增加透镜的半径，可以达到增加数值孔径的目的[8]。从上式可以看出，在确定了光刻机的类型之后，工作波长越短、数值孔径越大，则分辨率越大，技术也就更加先进。分辨率代表光刻机清晰投影最小图像的能力，决定了光刻机能够被应用的工艺节点水平。套刻精度的基本含义是前后两道光刻工艺之间的图形对准精度，如果对准误差较大，就会影响产品的质量。一般设备存在两个套刻精度，一个是单机两次的套刻误差，另一个是两台设备之间的套刻误差。工艺节点（Node）是反映集成电路工艺水平的直接参数，一般是指 MOSFET 栅极的最小长度。工艺节点尺寸与晶体管长宽成正比，每一代节点下的晶体管尺寸是上一代的 0.7 倍，面积是上一代的 0.49 倍，也就是摩尔定律所描述的单位面积上的晶体管数量翻了一番。但是，28nm 工艺节点以后不同代工厂的定义不同，例如英特尔 20nm 工艺节点的性能已经相当于三星的 14nm 工艺和台积电的 16nm 工艺了。直到 7nm 工艺节点之前，英特尔和台积电都依然使用 193nm 浸没式氟化氩（ArF）光刻设备，当工艺节点再降低，便只能使用 EUV 光刻机了。

　　光学曝光是一个复杂的物理化学过程，具有面积大、重复性好、易操作以及成本低等优点，可以用于新型纳米器件与电路的加工。受光衍射极限的限制，为了将加工的器件尺寸由微米级转向纳米级，光学曝光所采用的光波波长也从近紫外（Near Ultra Violet,

NUV）区间的 436nm、365nm 进入深紫外（Deep Ultra Violet, DUV）区间的 248nm、193nm。目前，光学曝光的最小分辨率已经提高到了几十纳米。随着光学曝光技术的不断发展，248nm 的 DUV 氟化氪（KrF）准分子激光技术、193nm 的 ArF 准分子激光技术、193nm 的浸没式曝光技术、157nm 的 F_2 光源以及 13.5nm 的 EUV[11] 光源技术相继出现。其中，EUV 光源不同于普通的激光光源，它是利用一束高能的二氧化碳激光照射一个针尖大小（30μm）的锡球，产生等离子体，然后等离子体辐射出波长为 13.5nm 的 EUV。因为锡球安装在反射镜的焦点上，因此产生的 EUV 通过反射镜收集并用于光刻。

　　光学曝光设备的基本组成包括光源系统、掩模版固定系统、样品台和控制系统。在光学曝光设备中，光源是最为重要的组成部分，目前常用的曝光光源主要有高压汞灯和准分子激光两种。表 4.1 列出了各种光源的特征参数以及应用的特征尺寸。

表 4.1　光学曝光设备中光源的种类与参数

光源种类	波长/nm		应用特征尺寸/μm
高压汞灯	g 线	436	500
	h 线	405	—
	i 线	365	250～350
准分子激光	XeF	351	—
	XeCl	308	—
	KrF（DUV）	248	180～250
	ArF	193	130～180
F_2 激光	F_2	157	100～130
X 射线	传统靶级 X 射线（碰撞电子）		<100
	光诱发等离子（X 射线）		
	同步辐射（X 射线）		
EUV	13.5		<22

　　光学曝光模式可以根据曝光方式的不同分为掩模对准式曝光和投影式曝光两种[12]。掩模对准式曝光设备又可以分为接触式曝光设备和接近式曝光设备。投影式曝光设备包括等比投影曝光设备和缩小投影曝光设备。图 4.20 所示为几种常用的光学曝光模式。

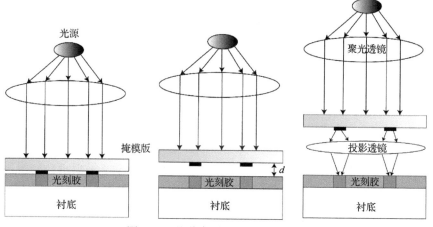

图 4.20　几种常用的光学曝光模式

接触式曝光和接近式曝光是在掩模对准式曝光机上完成的，设备结构相对简单，容易操作。接触式曝光设备具有较高的分辨率和保真率，可以实现约 1μm 的层与层之间的精确套刻，但缺点是由于衬底和掩模版直接接触，会损伤掩模版，造成掩模版寿命缩短。接触式曝光的方式可以分为硬接触、软接触、真空接触和低真空接触，区别在于接触压力不同。目前紫外线硬接触与真空接触模式可以分别获得 1μm 和 0.5μm 的分辨率。接触式曝光设备广泛应用于科学研究，适合分立元器件和中小规模集成电路工艺。图 4.21（a）所示为德国 SUSS 制造的 SUSS MA6 型双面对准接触式紫外曝光机，该设备采用的紫外线波长为 350～450nm，分辨率达到 0.8μm。设备正面的套刻精度为 0.5μm，背面的套刻精度为 1μm，可支持 4 英寸晶圆的加工。

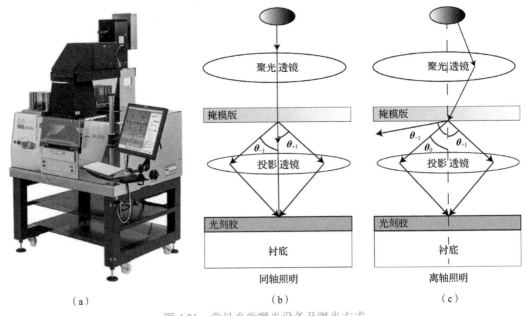

（a）　　　　　　　　　　　　（b）　　　　　　　　　　　　（c）

图 4.21　常见光学曝光设备及曝光方式

（a）德国 SUSS MA6 型双面对准接触式紫外曝光机　（b）同轴照明曝光方式　（c）离轴照明曝光方式

接近式曝光设备可以克服接触式的缺点，掩模版与光刻胶之间存有空隙，因此可以避免接触摩擦破坏铬层，也可以避免光刻胶黏附在掩模版表面，从而可以延长掩模版的寿命。这种设备中，掩模版与光刻胶保持 10～25μm 的间距，但是当光刻胶平面不均匀时会使胶表面光强分布不均，影响曝光的分辨率和均匀性。同时，接近式曝光也无法真实还原掩模版上的图形，实际应用中我们可以利用接近式曝光过程中的光衍射效应，如进行泊松亮斑曝光来制备纳米尺度图形。

在投影式曝光设备中，光源光线经过聚光透镜之后变成平行光并通过掩模版，由掩模版下方的投影透镜实现光线聚焦投影，并在光刻胶上成像。这种方法避免了接触式曝光设备损伤掩模版的缺点，延长了掩模版的寿命，同时掩模版的尺寸可以比实际尺寸大一些，克服了制备小图形掩模版的困难，同时也消除了光衍射效应和光散射现象。投影式曝光设备适合大批量生产领域，可以提高曝光的分辨率和效率。但是，投影式曝光设备系统复杂，许多光学镜头设计困难，价格比较昂贵。

除了缩短曝光波长这种方式外，还可以通过离轴照明、空间滤波、浸没式曝光、偏正控制、移相掩模和光学邻近效应校正等技术，或者采用具有特殊性质的光刻胶等工艺手段来提高分辨率。下面简单介绍离轴照明技术和浸没式曝光技术。

　　传统的投影式曝光设备多采用同轴照明的方式，如图 4.21（b）所示。而离轴照明技术是指采用倾斜照明的方式故意使入射光以一定的倾斜角度偏离主轴方向，如图 4.21（c）所示，由透过掩模图形的 0 级光和其中一束 1 级衍射光经透镜系统在光刻胶表面干涉成像。与传统的照明方式相比，离轴照明能够提高系统的分辨率，增加焦深并提高成像的对比度。但离轴照明方式的参数需要根据掩模版进行调整，系统比较复杂[13]。

　　在普通的光学曝光设备中，光源物镜镜头与光刻胶之间的介质是空气，而浸没式曝光设备使用液体作为镜头与光刻胶之间的介质，如图 4.22 所示。提高介质折射率可以增大投影物镜的数值孔径，从而提高系统的曝光分辨率。光在穿过液体之后，光源的波长会缩短，进而使分辨率提高，波长缩短的倍率即为液体的折射率。在目前较为先进的 193nm 光刻机的光源和光刻胶之间注入水，波长可以缩短为 132nm（水的折射率约为 1.4）。如果注入其他具有高折射率的介质，还可以进一步提高分辨率。但是由于浸没环境容易引起缺陷，因此研发与光刻胶相容并且具有高折射率的流体介质具有重要的意义。

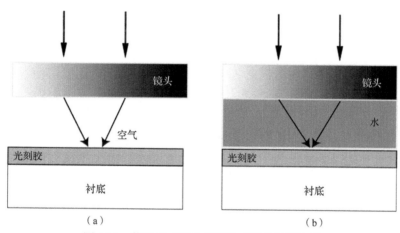

图 4.22　传统干式曝光及浸没式曝光原理比较

（a）传统干式曝光　（b）浸没式曝光

　　为了进一步提高光学曝光的精度，以适应集成电路加工的发展方向，多种先进的短波长光学曝光设备得到了很大程度的发展，如 DUV、EUV 与 X 射线曝光技术。目前使用较为广泛且技术先进的光刻机主要为 DUV 248nm 和 193nm 浸没式光刻机。该设备在国际市场上被几家大公司所垄断，最大的生产厂商包括荷兰 ASML、日本尼康精密（Nikon Precision）和日本佳能（Canon）。因为光学镜头在光刻机中起着至关重要的作用，因此尼康和佳能这种摄像机大厂有着得天独厚的优势。目前 ASML 已经垄断了高端光刻机领域，出货量和利润均居光刻机厂商首位[14]。图 4.23 所示为佳能生产的 248nm FPA-6300ES6a 型 DUV KrF 准分子激光光刻机，该设备的分辨率低于 90nm，可以加工 6 英寸晶圆，套刻精度低于 5nm，每小时可以加工超过 200 片晶圆。

图 4.23　佳能生产的 248nm FPA-6300ES6a 型 DUV KrF 准分子激光光刻机

　　随着工艺尺寸的缩小，更多厂商开始研发 193nm 的 DUV 光刻机[15]。2004 年美国半导体芯片制造技术研究与开发联合体 Sematech 和英国 Exitech 宣布联合研发全球第一台具有超高 N_A 的 193nm 浸没式光刻机，并于 2005 年研制成功。该设备的 N_A 为 1.3，曝光范围为 0.4nm，采用 ArF 光源，可满足 70nm、45nm 节点的工艺需求。之后众多厂商均研发出了多种型号的 193nm 浸没式光刻机，特别是对于 $N_A>1.0$ 的第二代光刻机，各大厂商的研发速度也非常快。ASML 随后推出了 N_A 为 1.2 的 193nm 光刻机，而尼康也于 2005 年下半年研发出了 N_A 为 1.07 的 NSR-S609B 型 193nm 浸没式光刻机，并于 2006 年推出了 N_A 为 1.3 的 NSR-S610C 型 193nm 光刻机。193nm 光刻机可以分为 ArF 浸没式扫描光刻机和 ArF 扫描光刻机，前者因为具有分辨率高等优点而成为当前市场上的主流产品，下面重点介绍 193nm ArF 浸没式扫描光刻机[16]。表 4.2 列出了目前部分光刻机厂商推出的 193nm 浸没式光刻机产品的典型参数[17-21]。

表 4.2　部分 193nm 浸没式光刻机产品的典型参数

年份	厂商	型号	N_A	分辨率/nm	浸没液折射率
2005	ASML	TwinScan AT: 1250i	0.85	65	1.44
2005—2006	ASML	TwinScan XT: 1400Ei	0.93	65/45	1.44
2005—2006	ASML	TwinScan XT: 1700Fi	1.2	45	1.44
2007	ASML	TwinScan XT: 1900i	1.35	≤40	1.44
2005	Sematech & Exitech	MS-193i	1.3	70/45	1.44
2005—2006	尼康	NSR-S609B	1.07	55/45	1.44
2006	尼康	NSR-S610C	1.3	45	1.44
2007	佳能	—	≥1.2	—	1.64
—	ASML	TwinScan NXT: 1970Ci	0.85～1.35	≤38	—
2015	ASML	TwinScan NXT: 1980Di	1.35	≤38	—
2018	ASML	TwinScan NXT: 2000i	1.35	≤38	—
—	尼康	NSR-S322F	0.92	≤65	1.44
—	尼康	NSR-S622D	1.35	≤38	1.44
—	尼康	NSR-S635E	1.35	≤38	1.44

图 4.24 所示为 ASML 推出的 TwinScan NXY: 2000i 型双工件台 DUV 光刻机，这款浸没式光刻机系统正广泛应用于 7nm 节点 DRAM 的大规模生产中。该型号首台光刻机于 2018 年开始出货，套刻精度可达 1.9nm。该设备适合大批量加工基片，每小时可以加工超过 275 片 12 英寸晶圆；系统采用波长为 193nm 的 ArF 准分子激光作为光源，采用了在线折返镜头设计方案，N_A 可以达到 1.35，设备分辨率（Resolution）低于 38nm。该设备扩宽了常规照明和离轴照明的范围，可以实现低 K_1，从而提高分辨率。该设备是 NXE:3400B 型 EUV 光刻机的有效补充，被各大集成电路制造厂商广泛使用[22,23]。

图 4.24　ASML TwinScan NXY: 2000i 型双工件台 DUV 光刻机

图 4.25 所示为尼康生产的 NSR-S635E 型 DUV 浸没式光刻机，该设备激光光源的波长为 193nm，N_A 为 1.35，分辨率低于 38nm，单机套刻精度低于 1.5nm，可用于加工 12 英寸的晶圆，每小时可以加工超过 275 片晶圆。NSR-S635E 进一步提高了重合精度与生产效率，可满足客户对生产线实现高精度与稳定量产的需求。

随着器件加工尺寸不断缩小，紫外线曝光所采用的光源波长也不断减小，EUV 曝光（Extreme Ultraviolet Lithography，EUVL）设备使用波长为 13.5nm 的 EUV 射线，可以大大降低设备分辨率。EUV 曝光系统由 EUV 光源、聚光系统、掩模、掩模工作台、投影物镜、样品台、对准和对焦系统组成。EUVL 设备的原理如图 4.26 所示。该设备利用激光激发等离子体，产生 EUV 射线，之后由复杂的光学系统对光束进行聚焦，聚焦后的光束通过投影系统将掩模版上的图形进行缩小并对衬底上的光刻胶进行曝光。

图 4.25　尼康 NSR-S635E 型 DUV 浸没式光刻机

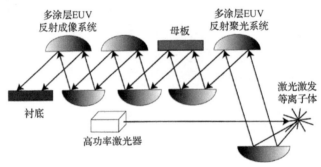

图 4.26　EUVL 设备的原理

EUVL 设备的技术含量极高，集人类目前最尖端的材料、精密机械和光电科技于一身，其制造难度可比拟被称为"工业皇冠上的明珠"的航空发动机。EUVL 设备的研发始于 20 世纪 80 年代，当时有近 40 个国家加入其中，但最终只有荷兰 ASML 成功实现了设备量产。图 4.27 所示为 ASML TwinScan NXE: 3400B 型 EUV 光刻机。该设备分辨率可达 13nm，N_A 为 0.92，每小时可以加工 125 片 12 英寸晶圆，支持 7nm 和 5nm 节点的批量加工工艺。

我国虽然在高端光刻机研发领域起步较晚，但是也取得了一定成果。上海微电子装备集团股份有限公司（简称上海微电子）是我国技术较为领先的光刻机制造商之一，在国内拥有较大的市场份额。图 4.28 所示为该公司生产的 SSX600/200 型光刻机。该设备分辨率最高可达 90nm，曝光光源采用 ArF 准分子激光，采用 4 倍缩小倍率的投影物镜、工艺自适应调焦调平技术，以及高速高精的自减振六自由度工件台掩模台技术，可满足 IC 前道制造 90nm、110nm 和 280nm 关键层和非关键层的光刻工艺需求，可用于加工 8 英寸或 12 英寸晶圆的集成电路生产线中。

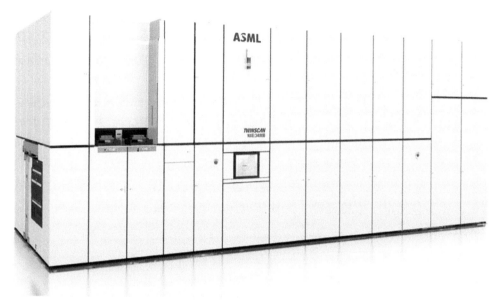

图 4.27　ASML TwinScan NXE: 3400B 型 EUV 光刻机

图 4.28　上海微电子 SSX600/200 型光刻机

4.3.2　电子束光刻设备

电子束曝光（Electron Beam Lithography，EBL）技术因具有较高的图形分辨率而被广泛用于制备磁性纳米结构和掩模版等。EBL 系统使用聚焦电子束取代光束进行曝光，产生微纳图形。EBL 所采用的电子束抗蚀剂对电子束比较敏感，受电子束辐照后，其物理性能和化学性能发生变化，在一定的显影液中表现出良溶（正性电子束抗蚀剂）和非良溶（负性电子束抗蚀剂）的特性。EBL 不需要掩模版，可以直接在抗蚀剂上进行图形的曝光[24-26]。

EBL 的优点是具有比较高的图形分辨率，电子可以非常方便地实现扫描和开关切换。但是系统需要在真空中运行，同时高分辨率的 EBL 设备通常记录速度较慢，生产效率较低，因此难以大规模生产。EBL 设备目前主要应用于制造光学光刻、DUV 光刻等设备所需的掩模版，或者在无掩模版的情况下直接制备精细结构的场景，在科研领域常用于制备各种新型结构和器件[27]。

　　EBL 系统可以分为扫描式 EBL 系统和投影式 EBL 系统。扫描式 EBL 是指电子束聚焦形成微束斑，投射到抗蚀胶表面，电子偏转系统使微束斑在抗蚀胶表面扫描形成微细图形。该方式不需要掩模版，但是生产效率较低，同一时间只有一个束斑在工作。投影式 EBL 系统的结构类似于光学光刻系统，该系统的优点是生产效率高且分辨率高，但是需要掩模版，系统设计复杂，仍有一些关键问题亟待解决。图 4.29 为典型 EBL 系统的结构示意图，主要包括电子束枪光源、光柱体电源、电子束枪、光柱体、束闸、图形发生器和偏转放大器等[28]。

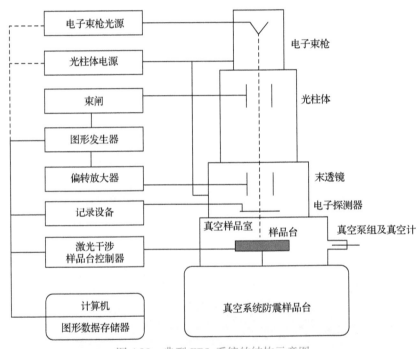

图 4.29　典型 EBL 系统的结构示意图

　　表 4.3 为当前电子束光刻设备机的研发现状，主要列出了当前国际主流的电子束光刻设备型号及特征尺寸。图 4.30 所示为德国 RAITH 生产的 RAITH150 Two 型高分辨率电子束光刻设备。该设备可以实现超高分辨率的电子束曝光，并且具有良好的高分辨成像能力，可在毫米级小样品至 8 英寸硅片样品上实现小于 8nm 结构的加工。设备配备的热稳定性控制系统可保证在稍差环境下也能得到所需的曝光结果，设备主要应用于纳米级光刻和高分辨成像及低电压电子束光刻等。此外，英国 NBL 生产的 NanoBeam nB5 型电子束曝光机和日本株式会社生产的 EBM-9500 型曝光机也在半导体加工中应用广泛。我国在电子束曝光设备研发领域虽然起步较晚，但也取得了长足的进步，其中中国科学院自主研发的小型电子束曝光系统性能稳定，在微纳米器件制作、新型半导体器件研究领域得到了广泛的应用。

表 4.3　当前电子束光刻机的研发现状

厂商	型号	加速电压/kV	曝光特征尺寸/nm
德国 RAITH	EBPG5200/5150	100	<8
德国 RAITH	RAITH150 Two	30	≥5
英国 NBL	NanoBeam nB5	20～100	8
日本株式会社	EBM-9500	50	7

图 4.30　RAITH150 Two 型高分辨率电子束光刻设备

4.3.3　其他图形制作设备

光学曝光技术作为集成电路加工的主流技术，其分辨率已经得到了极大的提升，但是当分辨率发展到纳米尺度之后，设备的复杂性、开发维护成本及加工等问题限制了其进一步发展。电子束光刻、聚焦离子束和激光直写等技术可以实现高精度的精细图形加工。为了进一步满足高效率制备的要求，纳米压印技术应运而生。同时，自组装技术作为一种自下而上的加工方法，可以实现低损耗和低维度纳米加工，成为微电子领域研究的热点[29,30]。本节简单介绍这几种设备。

无掩模激光直写设备专为实验室设计开发，适合半导体和自旋电子学等领域的微加工方案。无掩模光刻技术采用以软件设计电子掩模版的方式，可以降低开发成本，缩短开发周期。如图 4.31（a）所示，设备通过计算机控制数字微镜器件（Digital Micromirror Device，DMD）矩阵开关，经过光学系统调制，在光刻胶上直接进行曝光，绘出所要的图案。图 4.31（b）所示为德国 Heidelberg 生产的 DWL 66 型激光直写设备，其刻写最大面积为 200mm×200mm，聚焦距离达 0.6μm，最小分辨距离为 50nm，广泛应用于各大学及研究机构中。此外，英国 Durham Magneto Optics 研发的 Microwriter ML3 Pro 型激光直写设备也得到了广泛的应用。我国虽然研发起步较晚，但苏大维格生产的 Microlab 型设备因其优异的性能和良好的性价比也得到了各大科研机构的一致认可。

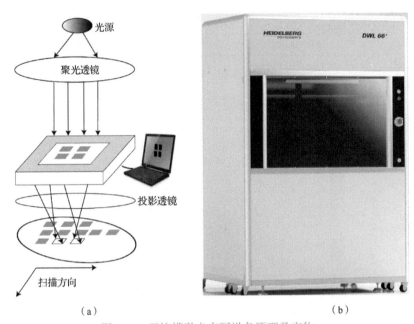

（a）　　　　　　　　　　　　　　　　　　　　　（b）

图 4.31　无掩模激光直写设备原理及实物

（a）激光直写设备原理　（b）德国 Heidelberg 生产的 DWL 66 型激光直写设备

纳米压印技术的原理相对简单，首先将压印胶涂覆在样品上，通过施加机械外力使具有微纳米结构的模板与压印胶紧密贴合，再让处于液态或者黏流态的压印胶填充模板上的微纳米结构，将压印胶固化后与模板分开，便可得到等比的微纳米结构图形。然后，经过合适剂量的等离子去胶使待刻蚀图形处的样品暴露，同时保留部分非刻蚀区的压印胶，即可完成图形的转移。纳米压印技术所需的设备并不复杂，主要包括压力控制系统、温度控制系统、样品托及腔室等。图 4.32（a）所示为瑞典 Obducat 生产的 Eitre Large Area 型纳米压印机，它可以复制 20nm 以下的图案，能够应用于特定的工艺场合。图 4.32（b）所示为中国科学院光电技术研究所（简称中科院光电所）自主研制的紫外纳米压印光刻机，该设备将纳米压印这一新型高分辨率光刻技术与具有低成本、高效率特点的紫外光刻技术有机结合，可以在同一加工平台上实现微米到纳米级的跨尺度图形加工，成功将加工制作成本降至同类设备的 1/3，使我国微纳设备的制造水平迈上了新的台阶。

聚焦离子束技术原理上类似于扫描电子显微镜。离子束在电磁场的作用下聚焦至亚微米甚至纳米量级，而后通过加速和偏转系统控制离子束的扫描运动实现微纳米图形的分析与微纳米结构的无掩模加工。系统可以加工高精度的微纳米结构，但是存在加工效率低、可加工面积小且无法避免离子注入等缺点。

上述各种传统的微纳米加工技术均是基于物理方法在衬底上制作微纳米图形的技术，属于自上而下加工，这种方式限制了图形关键尺寸的缩小。自组装（Self-Assembly）技术作为一种自下而上的方法可以避免上述传统工艺的缺陷。自组装技术较为复杂，简单来说是一种通过分子水平上具有较小方向性且强度较低的相互作用，如范德华力、疏水相互作用等把原子、离子或分子连接起来形成纳米结构的方法。

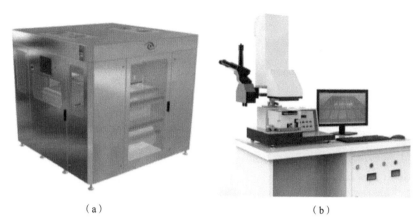

（a）　　　　　　　　　　　　　　　（b）

图 4.32　常见的纳米压印机

（a）瑞典 Obducat 生产的 Eitre Large Area 型纳米压印机　（b）中科院光电所自主研制的紫外纳米压印光刻机

4.4　图形刻蚀设备

集成电路工艺流程的下一步是将在光刻胶上形成的图形结构转移到功能材料上，因此图形转移设备也是微纳米加工工艺中重要的一环。本节首先介绍常用的图形转移方法——剥离法和刻蚀法，而后重点分析当前工艺中经常使用的几类图形刻蚀设备。

4.4.1　常用的图形转移方法

根据图形转移方法的不同，图形转移设备可以分为添加式和抽减式两种，前者采用的图形转移方法是剥离（Lift-off）法，后者采用的是刻蚀（Etching）法[31]。如图 4.33（a）所示，剥离法是指在沉积薄膜之前首先在衬底表面涂胶，然后进行曝光、显影和薄膜沉积，完成后再进行剥离去胶。经过剥离去胶之后，原先沉积在光刻胶表面的膜层被清除，留下特定的图形。而刻蚀法则与之相反，如图 4.33（b）所示，首先在衬底表面沉积薄膜，然后在薄膜表面涂胶并进行曝光、显影，完成后再进行刻蚀。光刻胶保护的薄膜能够存留下来，而未被光刻胶保护的部分便被刻蚀掉，最后通过去胶工艺便可以在衬底上留下特定的微纳米图形。

刻蚀工艺可以根据刻蚀时使用的物理或化学方法不同分为干法刻蚀和湿法刻蚀等。干法刻蚀主要通过等离子体对薄膜进行轰击实现刻蚀，可以实现垂直向下的刻蚀，能够留下较陡峭的边缘。干法刻蚀设备主要包括反应离子刻蚀（Reactive Ion Etching，RIE）设备、电感耦合等离子体（Induction Coupling Plasma，ICP）刻蚀机和离子束刻蚀（Ion Beam Etching，IBE）设备，同时还有离子轰击与化学反应相结合的反应离子束刻蚀（Reactive Ion Beam Etching，RIBE）设备和化学辅助离子束刻蚀（Chemically Assisted Ion Beam Etching，CAIBE）设备等。湿法刻蚀是指利用含有化学腐蚀剂的溶液来溶解暴露在抗蚀胶覆盖范围外的薄膜材料，从而实现刻蚀。湿法刻蚀属于各向同性刻蚀，很难实现高深宽比的刻蚀，因此在小于 1μm 的工艺中几乎无法使用。

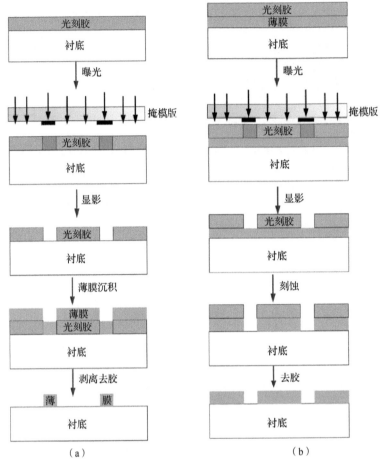

图 4.33　两种图形转移方法

（a）剥离法　（b）刻蚀法

刻蚀工艺的主要特征参数为刻蚀速率（Etching Rate）、选择比（Selectivity）、方向性（Directionality）、刻蚀深宽比和刻蚀粗糙度。刻蚀速率是指目标材料单位时间内刻蚀的深度。选择比又称抗刻蚀比，是刻蚀过程中掩模与刻蚀衬底材料的刻蚀速率之比。而方向性是指沿着各个方向的刻蚀速率之比，当只向一个方向刻蚀时称为完全各向异性刻蚀。图 4.34给出了不同方向性所形成的刻蚀剖面。刻蚀深宽比反映了刻蚀保持各向异性的能力，刻蚀粗糙度反映了刻蚀的均匀性和稳定性。

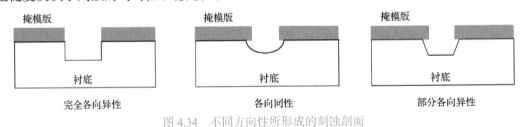

图 4.34　不同方向性所形成的刻蚀剖面

4.4.2　反应离子刻蚀设备

在刻蚀过程中，选择比与方向性是较为重要的两个指标，但是只依赖物理过程或只依赖化学过程很难保持较大的刻蚀深宽比，因此反应离子刻蚀设备应运而生。反应离子刻蚀是干法刻蚀的一种，是一种以物理刻蚀过程为主并辅以化学反应的刻蚀工艺，通过物理过程实现纵向的刻蚀，同时通过化学反应达到较大的选择比。反应离子刻蚀具有刻蚀速率高、各向异性好、选择比高和均匀性好的优点。

　　反应离子刻蚀的原理是在低气压（0.1～10Pa）下向反应腔体内通入反应气体，然后施加射频电场，反应气体会在射频电场的作用下发生辉光放电。辉光放电产生的等离子体在自偏压作用下使离子轰击阴极上的材料，在这一过程中活性离子也在发生化学反应，辅助物理刻蚀过程，从而完成高精度的图形刻蚀。

　　反应离子刻蚀设备的基本结构如图 4.35（a）所示，包括反应腔体、射频电源和进气口等。反应腔体接地，工作时首先通过真空泵组将反应腔体内的气压抽至一定范围，接着通入反应气体并开启射频电源，之后辉光放电产生等离子体。正离子在电压作用下轰击衬底发生刻蚀，这就是物理刻蚀过程。在该过程中，由于预先选择了合适的反应气体使得活性气体、自由基等与待刻蚀的材料发生了化学反应并产生了挥发性的产物，因此也发生了化学刻蚀过程。但两个过程并不是独立的，通常离子的轰击还会对刻蚀过程中的化学反应有增强作用。反应离子刻蚀工艺中通常使用氟基和氯基的气体，氟基气体通常用来刻蚀硅化物，氯基气体通常用来刻蚀Ⅲ-Ⅴ族材料。影响刻蚀效果的参数主要是气体流速、射频电源功率、反应腔体压强和样品表面温度等，因此需要对各种参数进行调节以达到理想的刻蚀效果。我国在反应离子刻蚀设备研发领域也取得了较大的进展，鲁汶仪器、中微半导体和北方华创等公司均推出了反应离子刻蚀设备。图 4.35（b）为鲁汶仪器 Haasrode-R150S 型反应离子刻蚀机，该设备由反应腔室、真空获得系统、下电极、射频电源及匹配器、反应气路、质量流量计、真空检测系统、电气控制系统以及控制软件等组成，可用于不同领域的微细加工，适用于实验室、微纳加工或小型生产领域。

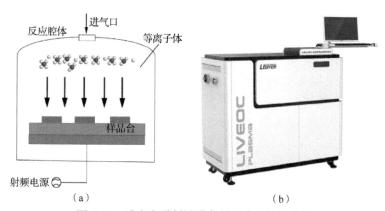

图 4.35　反应离子刻蚀设备的基本结构及实物

（a）反应离子刻蚀设备的基本结构　（b）鲁汶仪器 Haasrode-R150S 型反应离子刻蚀机

4.4.3　电感耦合等离子体刻蚀设备

　　随着微纳米结构加工要求的不断提升，微纳米器件要求的深宽比较大，因此需要设备具有较好的刻蚀方向性、较大的刻蚀选择比，并且需要保证对掩模版的损伤较小。但是传统的离子束刻蚀很难实现深刻蚀，因此一种新型的刻蚀设备——电感耦合等离子体（ICP）

刻蚀机被研发出来。ICP 刻蚀机配备的射频源（称为 ICP 源）通过外部电路，使得等离子体的产生区域与刻蚀区分开，可以施加较高的射频功率来提高气体的离化率。通过在样品台基板上连接另外一路射频源（RF 源）还可以实现 ICP-RIE 联合刻蚀，通过两个射频源实现对电离和加速偏置电压的独立控制，进而实现高刻蚀速率和大刻蚀选择比。图 4.36 所示为中微半导体开发的基于电感耦合技术的 12 英寸刻蚀设备，它配备低电容耦合三维线圈，可实现对离子浓度和离子能量的高度独立控制。该设备的反应腔内部涂有高致密性、耐等离子体侵蚀的材料，以获得更高的工艺重复性和生产率。设备还采用了多区细分的高动态范围温控静电吸盘，使加工出的集成电路器件尺寸均匀性更好。

图 4.36　中微半导体开发的基于电感耦合技术的 12 英寸刻蚀设备

4.4.4　离子束刻蚀设备

干法刻蚀利用辉光放电将惰性气体解离成带正电的离子，再利用偏压将离子加速，轰击被刻蚀物的表面，并将被刻蚀物材料的原子击出，同时还可以用化学反应和物理反应相结合的方式辅助刻蚀，其优势在于无须考虑衬底材料的硬度、熔点，应用场景广泛。采用干法刻蚀的典型设备是离子束刻蚀（Ion Beam Etching，IBE）设备。

IBE 是在硅技术早期发展起来的，也是最早的物理干法刻蚀方法。IBE 的原理源于 Dugdale 等人提出的以辉光放电形式从等离子体中提取离子的方法，任何向表面加速的离子都能在某种程度上从表面除去物质。由于在刻蚀过程中采用稀有气体确保了撞击时不会发生化学反应，因此 IBE 可以刻蚀任何材料。但是由于纯物理的刻蚀设备对任何材料都能够进行刻蚀，所以离子束刻蚀很难达到较大的选择比，难以实现较深的刻蚀，还可能对目标样品造成不可逆的损伤。为了克服这些缺点，随着技术进步，人们在离子束刻蚀系统中引入化学反应机制，将离子刻蚀和化学反应相结合，形成了反应离子束刻蚀（RIBE）和化学辅助离子束刻蚀（CAIBE）。

图 4.37 所示为 3 种 IBE 工作方式的原理。RIBE 是在 IBE 的基础上，根据被刻蚀的材料选择某种气体或者混合气体代替惰性气体进行刻蚀，这种气体被电离之后轰击到固体表面，可与受轰击的原子发生化学反应，形成的挥发性气体被真空泵组抽出。RIBE 经常使用的反应气体为氟基或者氯基的气体，经过电离会形成大量的卤族基离子，这些离子具有较强的化学活性，容易形成挥发性的产物。因为化学反应的存在，RIBE 过程中的轰击具有较好的选择性，也就是各向异性能力较强，同时大大提高了刻蚀的速率。

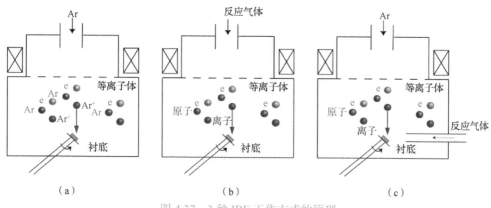

图 4.37　3 种 IBE 工作方式的原理

（a）常规 IBE　（b）RIBE　（c）CAIBE

人们在 RIBE 的基础上，进一步发展出了 CAIBE 技术。与 IBE 相比，CAIBE 技术增加了一路反应气体直接射向材料表面，这种操作可以分别调节化学反应速度与惰性离子轰击速度。该技术可以在保留 RIBE 效果的同时减小对材料的损伤，具有更好的灵活性和可控性。离子束刻蚀的刻蚀速率与刻蚀材料、离子电流密度、惰性气体种类和离子源的入射角度等因素有关，主要影响因素是刻蚀材料与离子电流密度。

值得注意的是，尽管绝对刻蚀速率会因为气体、离子束能量以及角度的不同而改变，但知道某一元素的刻蚀速率可以大致估算出其他元素的刻蚀速率，因此可以大致判断复杂多层膜的刻蚀时间。根据刻蚀的深度可以将刻蚀效果分为未刻蚀、完全刻蚀、过刻蚀和未完全刻蚀 4 种。实际生产实验过程中，样品的膜层往往比较多，未完全刻蚀和过刻蚀都会影响样品性质，因此对刻蚀程度的控制是非常有必要的。要精确地控制刻蚀深度，实现在到达某一层材料后停止刻蚀，就需要终点检测装置。

图 4.38 所示为终点检测的原理和装置实物。IBE 刻蚀设备基于气体分析法，通过终点检测装置的气体分析器进行质谱分析，检测原子量符合设定值的粒子，其在空间中的浓度变化反映了刻蚀的进展。因此可以通过实际刻蚀材料来设定停止的目标值，从而精确控制刻蚀的位置。

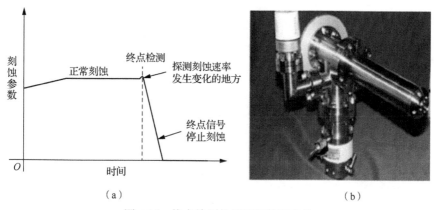

图 4.38　终点检测的原理及装置实物

（a）原理　（b）装置实物

　　图 4.39 为某一实际场景中的终点检测示意图，下面结合该图对终点检测进行说明。图中横轴为刻蚀时间，纵轴是离子浓度。刻蚀从 0s 开始，离子浓度的相对变化情况反映了刻蚀的深度。图 4.39 展示了钽、铂和钴 3 种元素的刻蚀过程。可以看到，在约 150s 时检测到钽元素的浓度开始下降，这表明钽层被刻蚀干净；在约 270s 时，钴元素浓度上升，这表明钴层正在被刻蚀。以此类推，可以分析出薄膜各层材料被刻蚀的时间，进而通过设定 IBE 设备的工作时间达到在特定膜层结束刻蚀的目的。

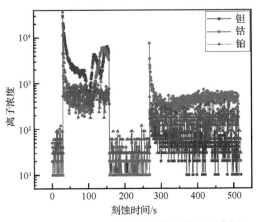

图 4.39　某一实际场景中的终点检测示意图

　　图 4.40（a）所示为 Meyer Burger Microsystems 制造的 IonSys 500 型 IBE 设备。设备主要包括刻蚀工艺模块、离子束源、气体控制系统、空压机与冷凝装置、真空系统和电源控制系统。设备工艺流程主要为：装载样品、样品传入、设置托盘姿态与气体参数、起辉、开启终点检测装置和刻蚀。IonSys 500 型 IBE 设备可以实现离子束刻蚀、反应离子束刻蚀和化学辅助离子束刻蚀。设备使用氩气作为主要刻蚀气体，在等离子体中通入活性气体实现反应离子束刻蚀，还可在反应腔内的气体装置（Gas Ring）中通入活性气体以实现化学辅助离子束刻蚀。

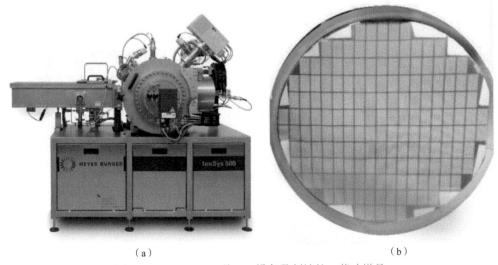

（a）　　　　　　　　　　　　　　　　　　（b）

图 4.40　IonSys 500 型 IBE 设备及刻蚀的 4 英寸样品

（a）IonSys 500 型 IBE 设备　（b）设备实际刻蚀的 4 英寸样品

图 4.40（b）所示为该设备实际刻蚀的 4 英寸样品，表面的金色部分为金膜，紫色部分为刻蚀后暴露出的下层的 SiN 膜层。MRAM 的核心器件磁隧道结中通常含有钴、铁及钽等不同元素，IBE 设备可以满足这种精细的微纳加工需求，受到了各大机构的广泛关注。

4.4.5　湿法刻蚀设备

湿法刻蚀技术又称化学湿法腐蚀技术，主要方法是将一个有掩模图形覆盖的衬底或功能材料浸入合适的化学液体中，化学液体会侵蚀衬底上暴露的部分而留下被光刻胶保护的部分。湿法刻蚀的优点是重复性好、选择性好、效率高、设备简单以及成本较低等，缺点是控制精度低、容易产生化学污染。湿法刻蚀基本上属于各向同性刻蚀，很难控制化学液体向各个不同方向侵蚀[32]，因此无法实现高精度的刻蚀，同时湿法刻蚀会不可避免地产生化学废物。

通常，湿法刻蚀机主要包含流量计、排液管道、散热元件和压力容器等。表 4.4 列出了部分材料常用的湿法刻蚀溶液。湿法刻蚀的结果还取决于溶液的浓度、温度，掩模图形的特征尺寸，腐蚀深度以及腐蚀过程中的搅拌程度等。除了控制时间以及测量腐蚀速率外，还可以通过电化学停刻和介质停刻等技术来实现对湿法刻蚀结果的控制。

表 4.4　部分材料常用的湿法刻蚀溶液

被刻蚀材料	刻蚀溶液
硅	KOH、EDP、TMAH、HNA
氧化硅	HF、BOE
氮化硅	热 H_3PO_4
铝	PAN
铜	$FeCl_3$
金	NH_4I/I_2

4.4.6　其他刻蚀设备

其他常见的刻蚀设备还有激光刻蚀设备和等离子体刻蚀设备等。激光刻蚀是指利用激光直接在材料表面刻写结构的工作方式，激光加工方式从传统的激光热处理技术发展为利用短波长的准分子激光来实现特定材料的"冷加工"，再到目前所使用的飞秒激光器来实现冷加工。目前的冷加工技术是指通过飞秒激光脉冲辐射材料表面，使能量以极快的速度集中到特定的区域，该区域的材料还来不及将激光能量转移为热量就直接被激发，从固态变成等离子体态后脱离材料表面，不经过任何融化过程。激光刻蚀是一种快速、直接的刻蚀技术，不需要制备掩模版。但是这种技术效率较低且刻蚀速率有限，难以实现大面积的刻蚀。

等离子体刻蚀（Plasma Etching）是一种各向同性的化学反应刻蚀，刻蚀设备由平板电极结构和反应容器组成，样品置于阳极表面，因此离子轰击的效应可以忽略不计，通过将样品置于等离子体中使刻蚀样品与具有化学活性的等离子体充分反应以达到刻蚀效果。

4.5　其他集成电路设备

除前文介绍的设备以外，集成电路行业中的常用设备还包含表征设备、测试设备、硅片制造设备、工艺检测设备和组装及封装等设备。本节首先介绍 X 射线衍射设备、原子力显微镜、透射电子显微镜和扫描电子显微镜这 4 种表征设备，然后介绍探针台、测试机和分选机这 3 种测试设备，最后介绍扩散设备、离子注入设备、化学机械抛光（Chemical Mechanical Polishing，CMP）设备这 3 种硅片制造设备。扩散设备和离子注入设备是通过控制晶圆中主要载流子的类型、浓度和分布区域，从而控制晶圆的导电性和导电类型的重要设备；化学机械抛光设备是硅片加工工序中的重要设备。关于其他设备的知识，读者可以参考由王阳元院士主编的《集成电路产业全书》（下册）中第 8 章的相关介绍，本书不再赘述。

4.5.1　表征设备

1. X 射线衍射设备

X 射线衍射（X-Ray Diffraction，XRD）的基本原理是将一束单色的 X 射线照射到样品上，样品中原子的电子受到 X 射线的作用而产生振动，成为发射球面电磁波的次生波源，所发射球面波的频率与入射的 X 射线一致。晶体结构内的原子排列是有规律的，晶体中各个原子（原子上的电子）的散射波可相互干涉而叠加，称为相干散射或衍射。X 射线在晶体中的衍射现象，实质上是大量原子散射波相互干涉的结果。每种晶体所产生的衍射花样都反映出晶体内部的原子分布规律，晶体内部的原子排列方式不尽相同，因此衍射花样也是不同的，可以根据衍射花样来判定晶体的晶格结构等。XRD 原理以 X 射线的相干散射为基础，涉及布拉格公式（ $2d\sin\theta = n\lambda$ ）、晶体理论和倒易点阵厄瓦尔德图解。

X 射线作为一种基本的结构测试手段，主要用来进行物相分析，确定材料中存在的物相和各相的含量，也可以用来对样品的结晶度进行检测，确定样品中结晶部分的比例，还可以用来精密测定点阵参数、晶体取向及织构，表征纳米材料粒径。

图 4.41（a）所示为 Jordan Valley 生产的 JV delta-X 型 XRD 设备，广泛应用于材料科学研究和工艺开发领域。该设备光源台和探测台中的光学元件可以实现全自动化调控，采用水平式样品台。该设备可以在常规衍射模式、高分辨衍射模式和 X 射线反射模式之间灵活切换，不需要手动调节光学元件，可以在程序控制下自动运行，从而保证每次切换都能达到最佳的光学准直状态。在集成电路领域，通常使用 XRD 设备测试沉积薄膜的结晶状态，表征薄膜的厚度等参数。

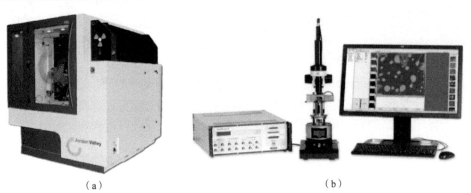

（a）　　　　　　　　　　　　　　　　　（b）

图 4.41　常见的 XRD 设备及 AFM 设备

（a）JV delta-X 型 XRD 设备　（b）Bruker 公司 multimode 8 型 AFM 设备

2. 原子力显微镜

原子力显微镜（Atomic Force Microscope，AFM）是利用探针的原子级针尖与样品接触，通过样品与针尖的作用力来探测和观察样品的微观形貌、厚度等信息的设备。通过探针对样品进行扫描可以获得样品的粗糙度、厚度和结晶度等信息。

AFM 主要由微悬臂、微悬臂运动和检测装置、激光检测与反馈回路、计算机控制及图像处理系统、显示系统组成。微悬臂十分敏感，可用于感知极其微弱的力。使用过程中，AFM 通过将微悬臂一端固定，另一端固定针尖来测试样品。样品与针尖之间的作用力会使微悬臂发生形变，通过内置的传感器检测微悬臂的微弱变化即可获得作用力的相关信息，从而反映样品的表面形貌结构等信息，设备具备纳米级的分辨率。

AFM 对样品没有特殊要求，测量范围比较广泛，与扫描电子显微镜相比，AFM 可以反映真正的三维界面图，不需要真空环境即可以进行测试，操作简单方便。图 4.41（b）所示为一款常见的 AFM，由 Bruker 公司制造，型号为 multimode 8。该设备应用广泛，具有较高的分辨率和性能，运行稳定。在微纳加工工艺中通常使用 AFM 获取薄膜的表面形貌信息，对薄膜样品的厚度进行测试。

磁力显微镜（Magnetic Force Microscope，MFM）是在原子力显微镜的基础上采用磁探针探测磁性材料的性能的一种设备。MFM 具有较高的磁学分辨率及灵敏度，可定量测量样品表面的磁场大小及空间分布，具有多种成像模式，在自旋电子领域具有极为广泛的应用，可以用于进行磁性纳米结构分析、铁磁/反铁磁磁畴成像、磁畴壁分析、电流分布成像、纳米尺度的温度测量和多铁材料扫描。MFM 通常集成在原子力显微镜机台上，作为原子力显微镜的可选模块。

3. 透射电子显微镜

透射电子显微镜（Transmission Electron Microscope，TEM）是并行成像的电子显微镜。TEM 采用由电子枪产生的电子束来照射样品，透过薄膜的透射电子束被电子透镜聚焦成像，使用荧光屏、胶片或电子图像采集元件记录并显示电子图像。TEM 可以获得样品的微观形貌等多种信息，目前设备的分辨率最高可达 0.2nm，可以看清在光学显微镜下无法看到的小于 0.2μm 的微细结构。

TEM 主要由电子束枪、照明电子光学系统和投射（聚焦成像）电子光学系统构成。电子束枪主要用于发射电子束，其中阴极发射的电子经过电子束枪内的电极和电子透镜加速，产生足够大的能量，然后电子束被聚焦，形成虚源（或交叉截面）。投射电子光学系统包含若干电子透镜和物镜光阑，物镜一般具有很短的焦距和很小的球差及色差系数。TEM 的主要参数包括加速电压范围、最高分辨率、放大系数变化范围以及景深。加速电压决定了设备的极限分辨率，理论上加速电压越高，极限分辨率越高。分辨率与放大倍数密切相关，与光学显微镜相比，电子显微镜具有非常大的景深。

图 4.42（a）所示的 Talos F200X 是新一代的场发射 TEM，可以定量表征纳米材料。该设备配备 Super-X 高亮度电子源和 4 个高效的能谱仪（Energy Dispersive Spectro meter，EDS）探测器，能够实现快速的元素成像分析；采用全新的大视场 4K CMOS 相机，可以快速采集 TEM 图像和电子衍射图案。该设备的成像分辨率更高、成像速度更快、成分分析更准确、分析数据更便捷，适合分析纳米级别的薄膜特性。

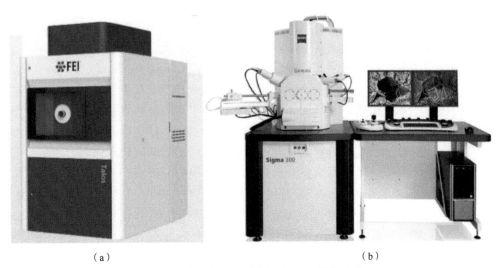

（a）　　　　　　　　　　　　　　　　　　（b）

图 4.42　常见的 TEM 设备及 SEM 设备实物

（a）Talos F200X 型场发射 TEM　（b）ZEISS Sigma 300 型场发射 SEM

　　一般的 TEM 虽然具有较高的分辨率，但是很难测量局部磁矩的三维取向，因此洛伦兹透射电子显微镜（Lorenta Transmission Electron Microscope，LTEM）应运而生。在自旋电子学领域，LTEM 可以在空间中直接观察和调控电子的自旋性质，有助于进一步理解材料的性质，推动自旋电子学器件的研发。LTEM 可以高分辨率地探测磁畴结构，能够确定纳米范围内的磁矩自旋取向，最终得到高分辨率的三维磁矩取向，多用于自旋电子学领域中斯格明子（Skyrmion）的测量。

　　4. 扫描电子显微镜

　　扫描电子显微镜（Scanning Electron Microscope，SEM）是一种工作方式介于 TEM 和光学显微镜之间的观察设备。该设备通过电子束与物质之间的相互作用来激发各种信息，通过对这些信息的收集、放大、处理成像从而对物体的微观形貌进行表征。根据电子束与物质间作用方式的不同，SEM 可分为透射式与反射式两种。

　　SEM 使用扫描电子探针来形成图像，即将电子束枪产生的电子束进一步缩小倍率并聚焦成像，形成尺寸非常小的微束斑。

　　完整的 SEM 主要包括用于产生高能电子束的镜筒、接收并处理信号的成像系统、记录图像信息的记录系统、真空系统和电源系统。SEM 的分辨率较高，放大倍数变化范围大且连续可调，观察样品的景深大、视场大、图像富有立体感，并且对样品制备要求较低，更接近物质的自然状态。SEM 主要用于三维形貌的观察和微区的成分分析。

　　图 4.42（b）所示为 ZEISS Sigma 300 型场发射 SEM。该设备具有极高的性价比，可以方便地对样品进行分析，是一种用于高品质成像与高级分析的场发射 SEM。设备采用成熟的 Gemini 电子光学元件，可以选用多种探测器来对颗粒、表面或者纳米结构成像。该设备还采用半自动的工作流程，可以大大提高探测效率；采用一流的背散射几何探测器，极大地提高了设备的分析性能，特别是对电子束敏感的样品具有非常优秀的分析能力。

4.5.2　测试设备

集成电路制造过程中常用的测试设备主要有探针台、测试机和分选机，可以实现对晶圆、成品功能和性能的验证。晶圆检测工艺主要是指晶圆加工完成之后且未进行封装前对晶圆上的芯片进行功能和电学参数测试，主要通过测试机和探针台实现。成品测试工艺是指芯片完成封装之后利用测试机和分选机实现的功能及电学参数测试。测试机实现对成品的检测，判断成品的良率后给出命令，控制分选机对芯片进行标记、分选等。下面将对这3 种设备分别进行介绍。

1. 探针台

探针台是利用高精密的探针系统将电学信号施加到芯片上，从而进行测试的设备，广泛应用于半导体行业中集成电路及封装的测试。探针台可以实现精密的电气测量，以确保芯片的良率，可以分为手动型、半自动型和全自动型。

探针台主要由显微镜、探针座、样品台、探针头和机械手等组成，可以根据测试的需求进行定制。图 4.43 所示为 MPI 生产的 TS2000-HP 型半自动化探针台测试系统。该系统支持 8 英寸及以下晶圆器件的高功率测量，可提供低噪声和屏蔽的测试环境，专为高电压和大电流量测应用而设计，适合最高 10kV/600A（脉冲）的晶圆级高功率组件量测。我国的测试设备市场主要被美国泰瑞达、日本爱德万以及美国安捷伦等海外厂商占据，近年来少数国内测试设备厂商也推出了自己的设备，取得了一定的成果。例如，长川科技、北京华峰等国内厂商制造的测试设备已进入了国内封测企业的供应链。

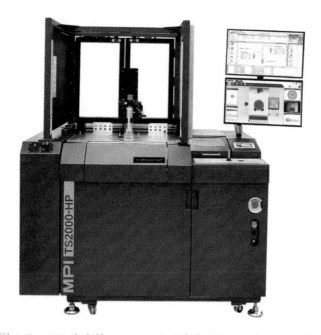

图 4.43　MPI 生产的 TS2000-HP 型半自动化探针台测试系统

2. 测试机

测试机是对集成电路进行测试的专用仪器设备，是保证集成电路性能和良率的关键设备。我国的长川科技和华峰测控的测试机产品已经得到了广泛的应用，占据了较大的市场。图4.44（a）所示为长川科技制造的CTT3280F型测试机。该设备是以量产功率半导体分立器件为目标的高性能集成电路测试机，适用于功率器件的芯片测试和成品测试，主要测试品种为MOSFET、IGBT、二极管和晶体管等三端器件。该系统通过主机上的测试头与针卡连接的方式，实现8/16site的并测硬件结构，主要用于多site芯片并测。图4.44（b）所示为华峰测控制造的STS 8200模拟集成电路测试系统，该系统可针对各类模拟产品、电源管理产品和信号链产品进行测试，具有全浮动、多通道的V/I源，拥有每路16位的驱动与测量分辨率，并具备高电压或大功率的选项（单通道1kV，浮动高电压源可叠加到2kV）。图4.44（c）所示为华峰测控制造的STS 8300模拟/混合集成电路测试系统，可针对高管脚数的模拟、混合信号及电源管理类器件进行多工位并行测试，提供硬对接（Hard Docking）的测试方案，具有较强的测试能力。

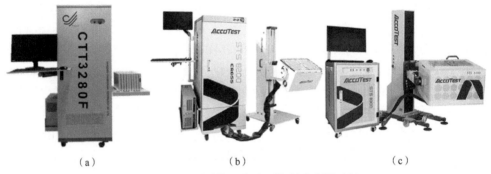

（a）　　　　　　　　　（b）　　　　　　　　　（c）

图4.44　长川科技和华峰测控制造的测试机

（a）CTT3280F型测试机　（b）STS 8200模拟集成电路测试系统　（c）STS 8300模拟/混合集成电路测试系统

3. 分选机

分选机是根据测试设备的测试结果对集成电路进行标记、传送和分选的设备。分选机的自动化批量作业要求其具有较好的稳定性，且能够根据测试电路的需要实现分选功能的快速切换。此外，分选机还需要根据集成电路的测试需求提供满足多温度、无磁场等条件的环境。图4.45所示为长川科技制造的CF系列平移式分选机。该系列设备针对的是测试时间长（≥2s），且需要测试编带工艺的产品，支持Tray in Reel out上下料模式，可应对BGA、LGA等封装形式。

图4.45　长川科技制造的CF系列平移式分选机

4.5.3 扩散设备和离子注入设备

集成电路工艺中，扩散工艺是指通过以扩散的方式向硅材料中注入杂质，控制晶圆的导电性和导电类型的一种方法。其中，对硅材料的扩散可以通过固态源、液态源和气态源3 种扩散源实现。在半导体行业，扩散工艺的目的主要有以下 3 个：

（1）令晶圆表面拥有一定的掺杂原子浓度；

（2）在晶圆表面下的特定位置形成 PN 结或 NP 结结构；

（3）在晶圆表面层形成特定的掺杂原子浓度和分布。

扩散工艺的核心步骤是淀积和推进。淀积是将掺杂剂注入晶圆表面，推进是将掺杂剂推进到期望的深度，推进时还可以进行氧化。该工艺使用的主要设备为卧式扩散炉，主要包含炉管压力平衡系统、高纯气路系统以及精确的反应室温度控制系统等。图 4.46 所示为北方华创制造的 HORIS D8572A 卧式扩散/氧化设备。该设备实现了系统的闭管形式，配备了大口径炉体、温区自动分布、控温软件开发、闭管结构、气流控制、尾气定向收集、炉体加工、自动上下料和工艺研发等一系列先进的设计与制造技术，保证了卧式扩散炉多工艺流程的高性能与长期可靠性，被广泛应用于国内外各大半导体和光伏生产线中。

图 4.46　北方华创制造的 HORIS D8572A 卧式扩散/氧化设备

离子注入工艺是指使具有一定能量的带电粒子（离子）高速轰击硅晶圆，并将其注入衬底中的过程。通过控制离子的能量，离子注入工艺可以精确地控制杂质注入的浓度和深度，且可重复性较好。与扩散工艺相比，离子注入工艺可以在低温条件下实现对晶圆的掺杂。但是与扩散设备相比，离子注入设备较为复杂，设备的研发难度较高。美国的 SPIRE 公司和 ISM Tech 公司的离子注入设备的市场占有率较高，北京中科信电子装备有限公司（简称北京中科信）、中国电子科技集团公司第四十八研究所和上海凯世通半导体股份有限公司等国内厂商在离子注入设备方面也取得了长足的进步。图 4.47 所示为北京中科信制造的高能离子注入机，该设备主要用于逻辑和存储器件、成像器件、功率器件的高能离子注入工艺，设备注入参数的控制精度高，均匀性和重复性好，工艺范围覆盖广泛。

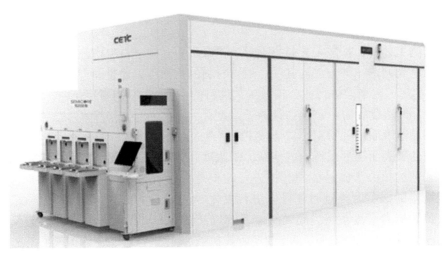

图 4.47　北京中科信制造的高能离子注入机

4.5.4　化学机械抛光设备

　　晶圆的制造过程主要包括：光刻、刻蚀、薄膜生长、扩散、化学机械抛光、金属化等。其中，化学机械抛光是指通过化学腐蚀与机械研磨的协同配合作用，实现晶圆表面多余材料的高效去除与全局纳米级平坦化。化学机械抛光是实现晶圆全局均匀平坦化的关键步骤，也是晶圆制造的关键制程工艺之一。我国厂商在化学机械抛光设备领域起步较晚，但是已经取得了长足的进步。近期，华海清科股份有限公司（简称华海清科）制造的 12 英寸化学机械抛光设备顺利出货至国际领先的先进封装企业，也证明了我国厂商在该领域取得了一定的突破。图 4.48 所示为华海清科生产的 Universal-300 系列 12 英寸化学机械抛光设备，该设备具有多个抛光单元和清洗单元，集成了多种终点检测技术，可以满足多种工艺的化学机械抛光需求。

图 4.48　华海清科制造的 Universal-300 系列 12 英寸化学机械抛光设备

本章小结

本章根据集成电路制造工艺的流程对集成电路工艺设备展开介绍。为了方便理解设备原理，本章首先介绍了集成电路工艺设备涉及的真空、薄膜和物理化学基础，然后分别介绍了薄膜沉积设备、图形制作设备、图形刻蚀设备和其他集成电路设备。对薄膜沉积设备的介绍主要从物理气相沉积设备和化学气相沉积设备两方面展开。图形制作设备部分主要介绍了光学曝光设备和电子束光刻设备的原理与基本结构。图形刻蚀设备部分主要介绍了离子束刻蚀设备、电感耦合等离子体刻蚀设备和反应离子刻蚀设备等。最后，介绍了集成电路工艺中使用的其他设备，包括表征设备、测试设备、扩散设备、离子注入设备，以及化学机械抛光设备等。集成电路工艺设备目前正朝着更精细、更智能的方向发展，了解前沿集成电路工艺设备的工作原理及结构，对实现设备革新、推动集成电路科学与工程的进步具有至关重要的作用。

思考与拓展

1. 磁控溅射设备中"磁控"的具体含义是什么？磁铁位于设备的什么位置？
2. 简述磁控溅射设备的溅射产额受哪些工艺条件影响，分别是怎么影响的。
3. 物理气相沉积和化学气相沉积的应用场合有何不同？
4. 浸没式光刻机与传统干式曝光光刻机相比有何区别？为什么浸没式光刻机可以提高曝光的分辨率？
5. 我国光刻设备的发展现状如何，与国际先进水平存在怎样的差距？
6. IBE 设备和 ICP 设备的共同点与区别是什么？
7. 光刻工艺中正胶和负胶的区别是什么？
8. 晶圆的制造流程包括哪几步？
9. 简述扩散设备和离子注入设备原理的区别和各自的优缺点。
10. 简述化学机械抛光设备的原理。

参考文献

[1] 田民波, 李正操. 薄膜技术与薄膜材料[M]. 北京: 清华大学出版社, 2011: 227-282.
[2] 方应翠, 沈杰, 解志强. 真空镀膜原理与技术[M]. 北京: 科学出版社, 2014: 1-35.
[3] 杨高琦. 集成电路制造工艺中的化学原理与应用[J]. 集成电路应用, 2020, 37(5): 36-39.
[4] Mahan J E. Physical Vapor Deposition of Thin Film Technology[M]. New York: McGraw-Hill, 1970.
[5] 韩秀峰, 等. 自旋电子学导论·下卷[M]. 北京: 科学出版社, 2014: 957-971.
[6] 顾长志, 等. 微纳加工及在纳米材料与器件研究中的应用[M]. 北京: 科学出版社, 2013: 1-73.

[7] 唐天同, 王兆宏. 微纳加工科学原理[M]. 北京: 电子工业出版社, 2010: 210-310.

[8] Jonker B T. A Compact Flange-Mounted Electron Beam Source[J]. Journal of Vacuum Science and Technology A, 1990, 8: 3883.

[9] Lee K Y, LaBianca N, Rishton S A, et al. Micromachining Applications of A High Resolution Ultrathick Photoresist[J]. Journal of Vacuum Science & Technology B: Microelectronics and Nanometer Structures Processing, Measurement, and Phenomena, 1995, 13(6): 3012-3016.

[10] 郑金红. 我国光刻胶的市场现状及发展趋势[J]. 精细与专用化学品, 2009, 17(9): 28-31.

[11] 宗楠, 胡蔚敏, 王志敏, 等. 激光等离子体 13.5nm 极紫外光刻光源进展[J]. 中国光学, 2020, 13(1): 28-42.

[12] Suzuki K, Matsui S, Ochiai Y. Sub-Half-Micron Lithography for ULSIs[M]. Cambridge: Cambridge University Press, 2000.

[13] 明瑞锋, 韦亚一, 董立松. 光学系统像差对极紫外光刻成像特征尺寸的影响[J]. 光学学报, 2019, 39(12): 281-287.

[14] 杨威, 苏治平. 借鉴 ASML 发展我国极紫外光刻机[J]. 中国新通信, 2019, 21(16): 133.

[15] 张德福, 李显凌, 芮大为, 等. 193nm 投影光刻物镜光机系统关键技术研究进展[J]. 中国科学: 技术科学, 2017, 47(6): 565-581.

[16] 孙磊, 戴庆元, 乔高帅, 等. 从特征尺寸的缩小看光刻技术的发展[J]. 微纳电子技术, 2009, 46(3): 186-190.

[17] 巩岩, 张巍. 193nm 光刻曝光系统的现状及发展[J]. 中国光学与应用光学, 2008, 1(Z1): 25-35.

[18] 翁寿松. 193nm ArF 浸没式光刻技术 PK EUV 光刻技术[J]. 电子工业专用设备, 2007(4): 17-18.

[19] 汪辉. 落水山鸡变凤凰——193nm 浸没式光刻技术之回顾与展望[J]. 集成电路应用, 2006(9): 12.

[20] 孔德生, 童志义. 193nm 浸液式光刻技术现状[J]. 电子工业专用设备, 2006 (7): 1-6.

[21] 本刊编辑部. 193nm 浸没式光刻技术发展现状及今后难点[J]. 电子工业专用设备, 2006(4): 1-2.

[22] 郑金红, 黄志齐, 陈昕, 等. 193nm 光刻胶的研制[J]. 感光科学与光化学, 2005(4): 300-311.

[23] 翁寿松. 193nm 浸入式光刻技术独树一帜[J]. 电子工业专用设备, 2005(7): 11-14.

[24] Yuasa S, Nagahama T, Fukushima A, et al. Giant Room-Temperature Magnetoresistance in Single-crystal Fe/MgO/Fe Magnetic Tunnel Junctions[J]. Nature materials, 2004, 3(12): 868-871.

[25] Auzelyte V, Dais C, Farquet P, et al. Extreme Ultraviolet Interference Lithography at the Paul Scherrer Institut[J]. Journal of Micro/Nanolithography, MEMS, and MOEMS, 2009, 8(2): 021204.

[26] 崔铮. 微纳米加工技术及其应用[M]. 3 版. 北京: 高等教育出版社, 2013.

[27] 顾文琪. 电子束曝光微纳加工技术［M］. 北京: 北京工业大学出版社，2004.

[28] 吴克华. 电子束扫描曝光技术［M］. 北京: 宇航出版社，1985.

[29] 刘明，陈宝钦，梁俊厚，等. 电子束曝光技术发展动态［J］. 微电子学，2000 (2): 117-120.

[30] Adachi M, Lockwood D J. Self-organized Nanoscale Materials［M］. Berlin: Springer Science& Media, 2006.

[31] Smith D L. Thin Film Deposition［M］. New York: McGraw-Hill, 1995.

[32] Bauerl E D. Chemical Processing with Lasers［M］. Berlin: Springer Verlag, 1986.

第 5 章　集成电路制造工艺

在过去的半个多世纪中，集成电路制造工艺以突破性技术创新为支撑，遵循按比例缩小规律不断发展，产业规模持续扩大。目前，集成电路的先进芯片制程正在从 5nm 向 3nm 及以下工艺节点过渡，随着产能需求的扩张，开发与新型材料、新型器件、新型设备相配套的集成电路制造工艺已经成为各大晶圆厂商提高竞争优势的关键。本章从传统 CMOS 制造工艺、新型 CMOS 制造工艺、先进集成电路工艺技术以及三维堆叠技术等方面介绍集成电路加工的主要工艺步骤和技术特点，帮助读者掌握集成电路制造工艺的相关知识。

本章重点

知识要点	能力要求
CMOS 工艺技术	1. 掌握传统 CMOS 工艺的基本加工流程 2. 了解 FD-SOI 和 FinFET 工艺的特点和基本流程 3. 了解 GAA 工艺的特点
先进集成电路制造技术	1. 掌握多重图形技术、混合刻蚀技术、硅通孔技术和新型互连线技术的基本原理及应用场景 2. 了解先进集成电路制造技术的基本工艺流程
三维堆叠技术	1. 掌握三维堆叠技术的基本工艺原理 2. 了解小芯片技术的技术特点和发展现状

5.1　传统互补型金属氧化物半导体制造工艺

互补型金属氧化物半导体（Complementary Metal Oxide Semiconductor，CMOS）工艺起源于硅平面技术，经历了从 IGBT 工艺、PMOS 工艺、NMOS 工艺到 CMOS 工艺的发展历程，经过技术的不断积累，加工流程已经基本成熟。本节简要介绍传统 CMOS 逻辑电路的制作技术，作为进一步理解集成电路加工工艺的基础。

5.1.1　互补型金属氧化物半导体制造工艺简介

1963 年，CMOS 工艺技术首先由仙童半导体公司的 F. M. Wanlass 和 C. T. Sah 提出[1]。1966 年，美国无线电公司研制出首颗基于 CMOS 工艺的芯片，但受限于当时的技术水平，该芯片的集成度与运行速度不佳。20 世纪 70 年代，得益于硅局部氧化隔离技术、离子注入技术以及先进光刻技术的发展，CMOS 工艺得到了极大的改善。20 世纪 90 年代，浅沟道隔离与金属硅化物等技术的应用，进一步更新了 CMOS 工艺制程。高速度、低功耗、高集成度、强抗干扰性以及宽电压控制范围等优势使得 CMOS 器件快速发展，CMOS 工艺逐渐成为集成电路制造的主流技术。进入 21 世纪，CMOS 工艺制程飞速发展，应变硅技术和 HKMG 技术的出现促使 CMOS 工艺特征尺寸缩小至几十纳米。在 22nm 工艺节点，传统的平面型 CMOS 器件结构面临着沟道尺寸缩小所导致的器件性能劣化问题。如本书第 3 章所介绍，美国加利福尼亚大学伯克利分校的胡正明教授提出的 FinFET 结构[2]使这一问题得到很大的缓解。据悉，2021 年台积电已经对 3nm 制程下的 FinFET 芯片开展了试验性生产，预计在 2022 年下半年进入量产阶段；在三星公布的技术路线中，他们将在 3nm 工艺节点采用 GAA 结构抢夺技术领先地位。在全球技术竞争日趋激烈的背景下，更多的集成电路制造工艺正等待着人们去发掘。

5.1.2　互补型金属氧化物半导体制造工艺流程

CMOS 器件一般在硅晶片上进行加工制备，其工艺流程可分为前道（Front End of Line，FEOL）工艺和后道（Back End of Line，BEOL）工艺。前道工艺主要完成元器件制作，后道工艺主要完成元器件之间的互连。以下为 CMOS 工艺的主要步骤[3]。

（1）在 P 型硅上使用浅槽隔离（Shallow Trench Isolation，STI）工艺形成 N 阱和 P 阱区域，并对阱区进行选择性注入掺杂。

（2）为 NMOS 和 PMOS 生长栅氧化层，形成多阱栅叠层；对多阱栅叠层进行图形化、再氧化、补偿与主隔离，完成 NMOS 和 PMOS 的轻掺杂漏（Lightly Doped Drain，LDD）工艺以及源/漏（S/D）掺杂注入工艺。

（3）沉积介质层，通过图形化、刻蚀与钨塞（W-plug）工艺形成金属接触。

（4）通过金属化互连工艺实现器件间的互连和多层互连。

（5）封装和产品测试。

下面具体介绍主要工艺的技术特点。

1．STI 技术

STI 是用于制作不同功能区间绝缘结构的工艺技术，如图 5.1 所示，其工艺流程主要包括以下步骤。

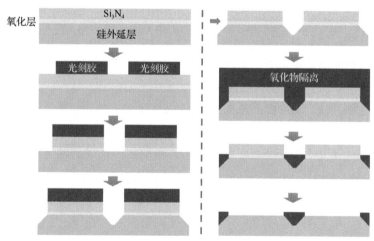

图 5.1　STI 工艺的流程

（1）对硅衬底进行热氧化，形成厚度为 10～20nm 的二氧化硅薄层，用于缓解硬掩模生长中的界面应力。

（2）通过 CVD 技术在半导体基底上沉积一层氮化硅（Si_3N_4），由于氮化硅要承受后续的微纳加工，因此其厚度一般要达到百纳米量级。沉积结束后，通过光刻工艺对样品进行图形化，形成氮化硅的硬掩模。

（3）对基底进行蚀刻，分隔相邻的元器件，并利用 CVD 技术在沟渠中填入氧化物。光刻、刻蚀及 CVD 技术在本书第 4 章进行了详细介绍，此处不再赘述。

（4）利用 CMP 技术对样品进行平坦化处理，去除残余的氮化硅和二氧化硅，形成元器件隔离结构。与传统的硅局部氧化隔离工艺相比，浅槽隔离技术的隔离特性更佳，因此被广泛应用于现代 CMOS 器件制造当中。

2. 双阱注入工艺

CMOS 是由 NMOS 和 PMOS 晶体管形成的互补结构，P 阱和 N 阱的形成包括掩模定义和离子注入两个主要过程，称为双阱注入工艺。双阱注入工艺的流程如图 5.2 所示，以下为具体步骤。

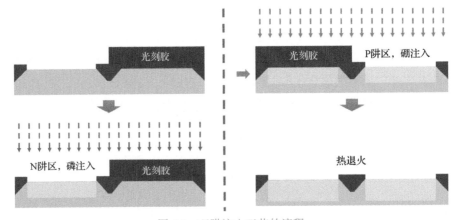

图 5.2　双阱注入工艺的流程

（1）在硅晶圆上涂布光刻胶，利用光刻技术定义 N 阱区域，并通过离子注入技术将磷元素注入硅晶圆，形成的 N 阱区用于后续 PMOSFET 的制作。

（2）用有机溶剂去除光刻胶，在硅晶圆上定义 P 阱区域，并利用离子注入技术，将硼元素注入硅晶圆，形成的 P 阱区用于后续制作 NMOSFET。

（3）去除光刻胶后，通过快速热退火（Rapid Thermal Annealing，RTA）工艺激活杂质并推进杂质的注入深度。

在双阱注入过程中，P 阱和 N 阱的形成顺序对最终的晶体管性能影响不大。

3. 栅氧和多晶硅栅工艺

栅氧化层是 CMOS 工艺中最薄的薄膜，加工难度大、工艺复杂度高。由于多晶硅栅决定着整个硅片的最小临界线宽，因此多晶硅栅对器件性能和集成度影响很大。栅氧和多晶硅栅工艺的流程如图 5.3 所示，以下为具体步骤。

（1）通过热氧化方法生长牺牲氧化层，并利用湿法刻蚀去除牺牲氧化层，暴露出光洁的样品表面。这一步的主要目的是减少样品的表面缺陷，提高样品质量。

（2）通过热氧化生长器件的栅氧化层，再通过 PECVD 技术沉积多晶硅层，利用光刻技术对栅氧化层进行图形化，通过离子刻蚀（RIE 或 ICP 刻蚀，详见第 4 章）去除多余的多晶硅层，再去除光刻胶后即可得到多晶硅硬掩模。

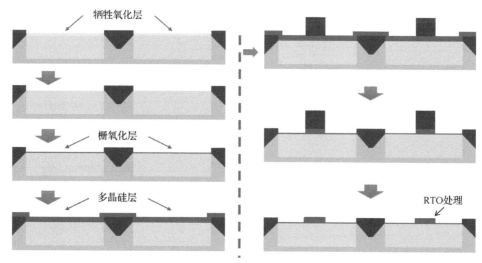

图 5.3　栅氧和多晶硅栅工艺的流程

（3）利用氧化炉或快速热氧化（Rapid Thermal Oxidation，RTO）技术进行多晶硅栅的再氧化，去除氧化层缺陷。

在 90nm 节点以下，栅氧和多晶硅栅工艺还需要进行补偿隔离等工艺步骤，防止轻掺杂过程中的横向扩散。

4. LDD 工艺

晶体管制备过程中的离子轻掺杂漏注入技术被称为 LDD 工艺。LDD 形成的浅结有助于减少源、漏间的沟道漏电流效应，一般使用砷与氟化硼离子等质量较大的掺杂材料进行注入。LDD 工艺的流程如图 5.4 所示，以下为具体步骤。

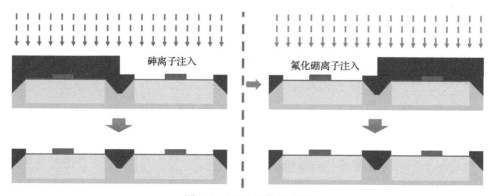

图 5.4　LDD 工艺的流程

（1）利用光刻工艺加工 N 区注入的图形，其他区域被光刻胶覆盖，然后进行低能量、浅深度、低掺杂的砷离子注入，最后去除光刻胶，形成 N 型 LDD。

（2）利用光刻工艺加工 P 区注入的图形，其他区域被光刻胶覆盖，再进行低能量、浅深度、低掺杂的氟化硼离子注入，形成 P 型 LDD。

有些工艺流程会在 LDD 后进行 RTA 处理，用来去除样品缺陷并激活杂质离子，而离子注入顺序会影响横向扩散，因此在实际生产中需要进一步优化。

5. 侧墙形成工艺

为了防止后续工艺中大剂量的离子注入造成源漏穿通，需要用侧墙来环绕多晶硅栅，其主要步骤为：首先利用 CVD 沉积一层较厚（120～180nm）的复合隔离层（一般由四乙基原硅酸盐氧化物和氮化硅构成），将多晶硅栅隔离，多晶硅侧壁隔离层的厚度应大于顶部的隔离层；然后对隔离层水平表面进行高精度的干法刻蚀，刻蚀掉水平表面的隔离层，同时保留多晶硅栅侧壁剩余的隔离层，形成侧墙（见图 5.5）。

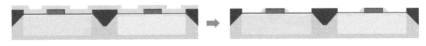

图 5.5　侧墙的形成

6. S/D 注入工艺

该工艺需要通过中等剂量的离子掺杂进行 S/D 注入，完成 CMOS 的基本结构。S/D 注入工艺的流程如图 5.6 所示。首先，在光刻胶掩模的保护下，对 NMOS 区域进行浅深度、重掺杂的 S/D 注入，注入离子为砷离子，形成重掺杂的 S/D 区。侧墙可以有效地避免多晶硅栅在这一过程中被掺杂。然后，去胶并再次施加掩模，利用氟化硼离子对 PMOS 区域进行浅深度、重掺杂的 S/D 注入，形成重掺杂的 S/D 区。最后去胶，并使用快速热处理（Rapid Thermal Process，RTP）工艺对硅片进行退火。

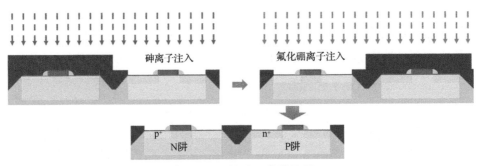

图 5.6　S/D 注入工艺的流程

7. 接触孔和钨塞的制备

接触工艺主要是为了使硅与金属电极结合得更紧密。钛（Ti）是一种可与硅充分反应又不与二氧化硅（SiO_2）发生反应的低电阻金属，是金属接触的理想材料。制备钛接触的主要步骤如图 5.7 所示。首先，在氢氟酸（HF）溶液中快速浸泡样品，去除表面氧化物，使栅、漏、源区的硅暴露出来。然后，利用溅射工艺在整个晶圆表面生长钛金属层。之后，需要利用 RTP 工艺，在温度大于 700℃时通入氮气，使钛和硅接触的区域反应形成二硅化钛（$TiSi_2$），无接触区域的钛不变，从而形成自对准硅化物。最后，利用湿法刻蚀将未反应的钛去掉，保留二硅化钛，形成硅和金属之间的欧姆接触。这一工艺步骤称为自对准多晶硅化物工艺，常用的硅化物除二硅化钛外，还有金属铂与硅形成的铂硅（PtSi）、金属钴与硅形成的钴硅（$CoSi_2$）等。

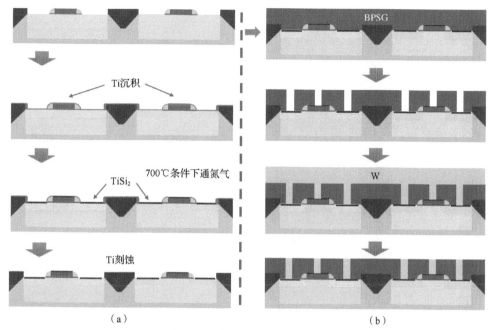

图 5.7　接触孔和钨塞的制备

自对准完成后，需要进行接触孔和钨塞的制备，如图 5.7 所示。一般可以使用 CVD 技术首先在样品表面沉积一层厚度约为 1μm 的硼磷硅玻璃（Boro-Phospho-Silicate Glass，BPSG）以改善薄膜的流动性并阻挡污染物。随后，利用 CMP 技术对硼磷硅玻璃进行抛光处理，使其表面光滑。利用光刻掩模和基于氟（F）的 RIE 将部分硼磷硅玻璃去掉，获得垂直的侧墙，形成接触孔，为金属和底层器件连接提供沟道。最后采用 CVD 技术沉积金属钨（W），经过 700℃的 RTA 处理和 CMP 工艺，钨塞就制备完成了。

8. 金属化和层间互连

CMOS 工艺的后续步骤主要是完成元器件之间的电路互连，包括局部互连、通孔以及金属互连，常用的互连工艺有铝工艺和铜工艺。铝工艺实现层间互连的步骤如图 5.8 所示。一般先沉积金属层，经过图形化、刻蚀后填充绝缘介质层；再经过平坦化与通孔工艺后，沉积第二层金属。重复上述步骤，即可实现多层互连。

与铝金属相比，铜金属具有更加优异的导电性，用铜导线代替铝导线可以有效降低器件功耗，提高器件集成度，节约生产成本。在目前的芯片产业中，铜工艺已经取代铝工艺成为 VLSI 的主流互连工艺。与铝相比，铜的刻蚀更加困难，工业上一般用镶嵌工艺完成其层间互连，又称双大马士革工艺。

铜工艺实现层间互连的主要步骤如图 5.9 所示。首先，沉积一层薄的氮化硅（Si_3N_4）作为刻蚀终止层，在氮化硅上沉积一定厚度的氧化硅。然后，光刻出微通孔（Via），对通孔进行部分刻蚀。之后，再光刻出沟槽（Trench），并继续刻蚀出完整的通孔和沟槽。下一步需要溅射扩散阻挡层（TaN/Ta），其中钽（Ta）的作用是增强与铜的黏附性。最后，利用电镀等技术进行铜沉积，将通孔及沟槽填满铜金属，经过退火和 CMP 处理，形成良好的接触。

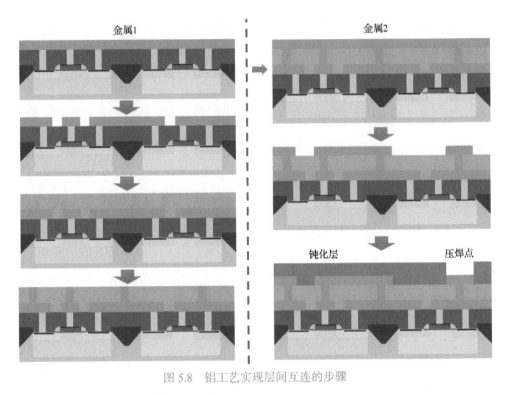

图 5.8　铝工艺实现层间互连的步骤

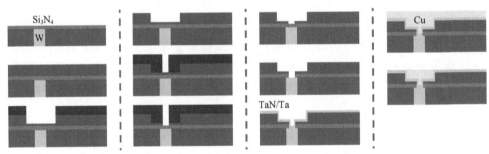

图 5.9　铜工艺实现层间互连的主要步骤

随着技术的迭代发展，新型金属互连工艺被不断开发出来。更加先进的金属互连工艺将在本书 5.3 节介绍。

9. 封装和产品测试

在上述流程完成后，集成电路制造工艺将进入后道环节，该环节主要包括封装和测试两大工序。其中，封装工序一般可分为晶片切割、黏晶、焊线、封胶、成形、印字等步骤。由于集成电路封装形式较多，篇幅所限，本书不再详细介绍具体步骤。在芯片完成封装后，需要对集成电路性能和基本参数进行测试，从而确保出厂芯片的质量。达标芯片数量与芯片总数之比即工艺成品率，该参数直接影响着集成电路的造价，因此对集成电路制造企业十分重要。本书第 4 章介绍了测试设备和表征设备的相关知识，此处不再赘述。

5.2　新型互补型金属氧化物半导体制造工艺

在传统 CMOS 工艺的基础上，近代集成电路加工技术通过引进新材料和新结构，使得工艺制程不断向前发展。本书第 3 章简要介绍了 SOI 器件、FinFET 和 GAAFET 等的结构和功能特性，本节在此基础上对其制造工艺展开进一步介绍。

5.2.1　绝缘体上硅制备工艺

如第 3 章所述，SOI 是在 CMOS 工艺基础上发展出来的，在硅衬底-二氧化硅绝缘层-表面硅薄层组成的多层结构上加工器件的方法。该方法可以有效避免闩锁效应，同时 FD-SOI CMOS 工艺还具备寄生电容小、便于实现浅结等优势，更适合深亚微米 CMOS 技术的发展需求。该工艺在应用过程中面临的首要挑战是开发高品质 SOI 晶圆的廉价制备方案，为了基于传统硅晶圆形成 SOI 的结构，需要在衬底表面通过氧化形成二氧化硅，并进一步在非晶二氧化硅表面生成单晶硅薄层，在工艺上实现难度极大。产业界制造 SOI 晶圆的常用方法是利用嵌入或键合技术形成 BOX，从而隔离顶硅层和衬底。目前制造 SOI 晶圆的技术主要有 3 种：注氧隔离（Separation by Implanted Oxygen，SIMOX）技术、键合减薄（Bondand Etch backSOI，BESOI）技术，以及智能剥离（Smart-cut）技术。

SIMOX 技术主要是通过氧离子注入技术形成 BOX，技术原理相对简单，其工艺流程如图 5.10 所示：将剂量约为 $1.8 \times 10^{18} \text{cm}^{-2}$ 的氧离子加速到 200keV 以上并注入硅晶圆，高能氧离子可以穿越硅晶圆表面到达晶圆内部一定深度；通过长时间高温退火处理，被注入的氧离子与硅发生氧化反应形成二氧化硅，同时硅晶圆顶部会留存一层厚度为数百纳米的单晶硅薄层，就形成了 SOI 结构。得益于离子注入技术的可控性，利用 SIMOX 技术制备的 SOI 晶圆可以在有限范围内调控 BOX 的深度，从而进一步控制顶硅层的厚度。但离子注入过程容易造成晶圆表面的损伤，对成品质量有一定影响。

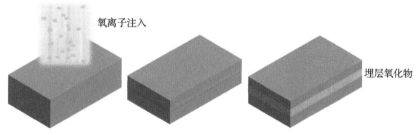

图 5.10　利用 SIMOX 技术制造 SOI 晶圆的工艺流程

BESOI 技术主要是先将一片表面生长了氧化层的硅晶圆与另一片晶圆键合，形成 BOX，再将其中一片晶圆减薄，形成顶硅层，从而完成 SOI 结构的制备。该技术的工艺流程如图 5.11 所示。该技术可以有效提升表面硅的质量，但不易形成很薄的表面硅，同时大面积硅晶圆键合的工艺难度较大，容易在界面处形成空隙，影响晶圆的整体质量。此外，大量刻蚀减薄也会耗费较多的晶圆材料，进一步提高晶圆的制备成本。

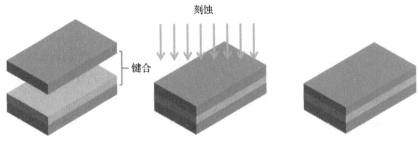

图 5.11　利用 BESOI 技术制造 SOI 晶圆的工艺流程

Smart-cut 技术在一定程度上结合了上述两种技术的优势，其 SOI 晶圆的制造工艺流程如图 5.12 所示，以下为具体步骤。

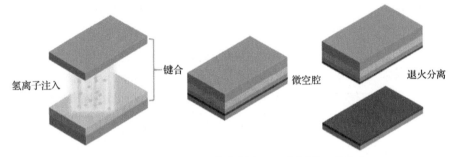

图 5.12　利用 Smart-cut 技术制造 SOI 晶圆的工艺流程

（1）准备一片表面生长了氧化层的硅晶圆，通过离子注入技术将剂量约为 $1.8 \times 10^{18} cm^{-2}$ 的氢离子注入硅晶圆衬底。

（2）将该晶圆与另一块硅晶圆键合，形成 BOX。第一块晶圆的氢离子聚集处会因离子注入产生微空腔，经 400～600℃ 的低温退火后，内部压强会使晶圆发泡断裂，从而在断裂面和氧化层间形成一层硅薄膜。

（3）将 SOI 结构晶圆进行高温退火，表面氢离子将逸散出来，同时晶圆键合强度会进一步增加。

（4）对晶圆表面进行 CMP 处理，即可形成高质量的顶部薄硅 SOI 晶圆。

SOI CMOS 与体硅 CMOS 的工艺流程类似，图 5.13 以 FD-SOI 工艺为例，给出了基于 SOI 晶圆的器件加工前道工艺流程[4]。该工艺利用外延生长技术使源和漏的有源区凸起，同时进行 S/D 掺杂。因为采用 FD-SOI 工艺的有源区厚度很薄，源和漏的有源区凸起后可以增加有源区的厚度和表面积，减小源和漏的接触电阻。此外，使用应变硅技术引入硅锗和碳化硅，可进一步提高载流子速度，最终达到提高 FD-SOI 器件速度的目的。

近年来，随着 SOI 晶圆制备技术的日渐成熟，纳米级 FD-SOI CMOS 得到迅速发展。与 FinFET 相比，SOI 在成本和性价比方面更有优势。全球半导体代工大厂格罗方德公布的数据显示，虽然衬底成本较高，但由于 FD-SOI 工艺的光刻层比 FinFET 工艺少了将近 50%，在生产 16nm 或 14nm 芯片时，其成本比 FinFET 降低了约 20%。对于在 FinFET 技术发展上明显受制的国内集成电路产业来说，FD-SOI 有望成为一条实现"换道追赶"的技术路径。但需要指出的是，FD-SOI CMOS 的微缩难度很大，在到达 12nm 节点之后或将迎来一个工艺瓶颈。

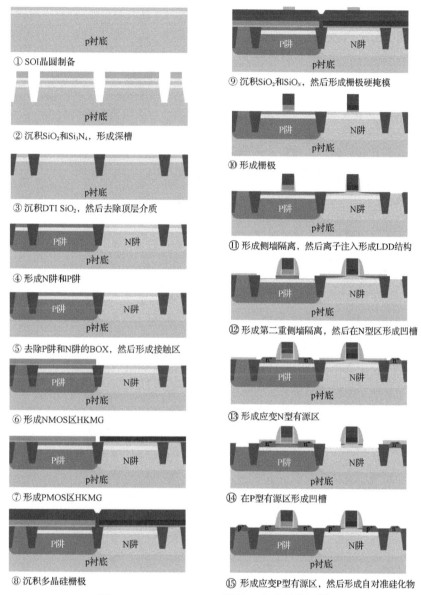

图 5.13　FD-SOI CMOS 器件工艺流程简图[4]

5.2.2　鳍式场效应晶体管工艺

　　与传统的平面晶体管沟道掺杂工艺相比，FinFET 制造工艺具有显著差异。传统的平面晶体管沟道掺杂工艺通常利用在沟道中掺杂的方式抑制短沟道效应，但是这个方法同时会导致散射作用增强，降低沟道中载流子迁移率，进而导致器件的响应速度变慢。对于 FinFET，Fin 沟道本身能够抑制短沟道效应，所以 FinFET 的栅极通常使用轻掺杂或不掺杂的硅，能够有效减弱掺杂带来的散射现象，保障器件的运行速度。并且，FinFET 的 Fin 结构能够增大栅极的有效面积，增强栅极对沟道的电学控制能力，进而抑制传统平面型 CMOS 结构中的短沟道效应，显著降低漏电流。同时，大多数 FinFET 的栅极氧化层更厚，也能够有效降低栅极漏电流。CMOS 晶体管的性能除了依赖晶体管结构和材料外，还依赖材料的晶格取向。例如，硅<100>晶向上电子的迁移率更大；硅<110>晶向上，空穴的迁移率更大。因此在 FinFET 加工过程中，大多使用硅(100)晶面作为 NMOS 的 Fin，并使用硅(110)晶面作为 PMOS 的 Fin，以此来提高载流子迁移率，提升器件的响应速度。

图 5.14 展示了 FinFET 的前道工艺流程[5]，以下为大致步骤。

① 硅衬底

⑧ 去除SiO₂

⑮ 沉积SiO₂和Si₃N₄作为侧墙

② 通过SADP形成
Fin有源区

⑨ 通过两次光刻和两次大角度
离子注入形成N阱和P阱，
Si₃N₄为Fin注入阻挡层

⑯ 刻蚀形成栅极侧墙

③ 去除有源区顶层SiO₂，填充
SiO₂并通过CMP平坦化有源
区顶层Si₃N₄作为停止层

⑩ 去除Si₃N₄

⑰ 沉积SiO₂作为外延阻挡层，并
通过光刻刻蚀暴露PMOS有源区

④ 回刻SiO₂，有源区凸出SiO₂
表面的高度即为Fin的高度

⑪ 沉积STI隔离SiO₂
并通过CMP平坦化

⑱ 外延生长PMOS源、漏区的
SiGe应变材料外延层

⑤ 去除Fin顶部的Si₃N₄

⑫ STI回刻，凸出Fin
有源区

⑲ 去除SiO₂，沉积SiO₂并通过
光刻刻蚀暴露NMOS有源区

⑥ 沉积SiO₂和Si₃N₄，作为硬
掩模和阱离子注入阻挡层

⑬ 通过两次光刻和两次
离子注入形成沟道

⑳ 外延生长NMOS源漏区的
SiC应变材料外延层

⑦ 光刻刻蚀去除Fin底部的Si₃N₄

⑭ 形成栅氧化物层和多晶
硅栅极或形成HKMG栅极

㉑ 去除SiO₂

图 5.14　FinFET 前道工艺的流程[4]

（1）采用 SADP 技术加工成对的 Fin 结构，并进一步对栅极下的衬底进行掺杂，形成 N 阱和 P 阱，隔离源区和漏区。Fin 结构能够抑制短沟道效应，可以选择性地进行掺杂。

（2）对填充于栅极之间的 STI 介质材料进行回刻处理，充当有源区的隔离氧化层。需要注意的是，回刻形成的 Fin 的均匀性、厚度和顶部拐角形貌等因素会显著地影响器件性能，是 FinFET 制造工艺的关键步骤。

（3）采用 SiO$_2$、多晶硅栅或 HKMG 完成栅极的制备。

（4）栅极形成后，紧接着沉积 SiO$_2$ 和 Si$_3$N$_4$，并将其作为侧墙，分隔源区和漏区。将外露的源区和漏区作为种子层，进一步进行硅基外延生长，增大源区和漏区的体积。NMOS 和 PMOS 分别外延生长 SiC 和 SiGe 应变材料，并进行源区和漏区掺杂。

5.2.3　环栅场效应晶体管工艺

2021 年 5 月 6 日，IBM 宣布制造出全球首个 2nm 芯片，该芯片采用了全新的 GAA 工艺方案，被认为是 FinFET 之后的下一代晶体管技术。作为一项尚处于研发中的工艺，各厂商的 GAAFET 技术路线不尽相同。其中，代表性方案有 IBM 提出的硅纳米线 FET（Nanowire FET）技术、新加坡国立大学的纳米线 PFET 技术、三星的多桥沟道 FET（Multi-Bridge Channel FET，MBCFET）技术（见图 5.15）等。此前，三星宣布将在 2022 年下半年实现基于 GAA 的 3nm 芯片大规模量产，但从目前披露的信息来看，产品良率可能成为限制其发展的重要因素。此外，英特尔、台积电等厂商也在讨论应用于 3nm 以下节点的 GAAFET 工艺方案，但目前公布的相关信息较少。

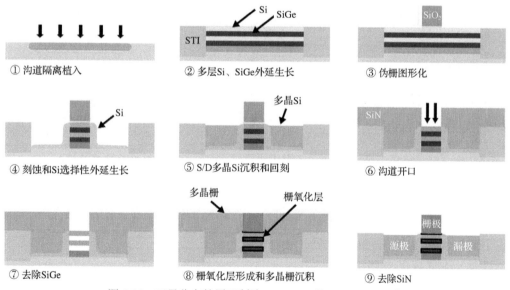

图 5.15　三星公布的用于制造 GAAFET 的 MBCFET 工艺

可以肯定的是，现阶段几乎所有的 GAAFET 方案都是基于 FinFET 结构在垂直于栅极的鳍片形状上做改变，在适应产线条件的同时尽可能简化制备流程。从三星公布的有关信息来看，GAAFET 的制造和传统的 FinFET 有一定的相似之处，需要通过外延生长方法在基底上制造超晶格材料，并利用多层硅锗或者硅材料的堆叠形成多层栅结构。其工艺中还涉及 STI、多晶硅伪栅成像、隔离层和内部隔离层成型、漏极和源极外延、沟道释放、HKMG 成型、隔离层中空，以及环形触点成型等工艺，此处不再进一步展开。综合来看，GAAFET 的工艺难度极高，尤其需要 EUV 光刻的配合，而后者技术尚不完善，容易在刻蚀的过程中出现随机缺陷，降低产品良率，因此相关芯片的技术开发和量产仍然面临诸多挑战。

5.3　先进集成电路制造工艺技术

如前文所述，随着集成电路性能的提升，晶体管特征尺寸一直在不断缩小，而相应的制造工艺难度也与日俱增。随着工艺节点的演进，工艺流程中的各个环节都需要更加先进的微纳加工技术来克服制约器件进一步微缩的难题。本节主要介绍光刻、刻蚀和互连方面的最新加工工艺，帮助读者了解相关前沿技术。

5.3.1　多重图形技术

本书第 4 章介绍过，光刻技术是利用特定波长的光进行图形转移的技术，其光学系统的分辨率（R）和焦深（DOF）决定了光刻工艺水平。在保证焦深合适的情况下，光刻所采用的光波波长越短，光学系统的分辨率越高。经过三十多年的发展，光刻所采用的光波波长已经从近紫外区进入极紫外区，相应的最小图形分辨率从 20 世纪 70 年代的微米尺度发展到现在的纳米尺度。如何进一步提升光刻技术，获得更小的图形分辨率，是保持摩尔定律"生命力"的关键。然而，光刻技术的提升并非一帆风顺。在 2009 年实现 32nm 工艺节点后，193nm 光刻波长已经达到了其分辨率极限。器件线宽的缩小使得光刻过程中的相邻光线会发生相互干涉，导致金属线边缘模糊，宽度和间距质量难以保证，这极大地阻碍了集成电路产业的发展。科研人员开始通过增大数值孔径和缩短光源波长的方式提高光刻分辨率。数值孔径方面，科研人员利用浸没式光刻技术将其增大到 1.35 后，研发成本变得十分高昂，难以继续增大。光源波长方面，波长为 13.5nm 的 EUV 光刻技术由于在曝光功率、掩模清洗及光刻胶等方面存在一系列问题，其大规模应用被推迟到 2019 年后。为提高图形分辨率，科研人员开始另辟蹊径。

1997 年，Steven R. J. Brueck 等人首先提出双重图形技术（Double Patterning Technology，DPT），通过拆分版图进行两次曝光，有效降低了制作小尺寸图形的难度，受到了工业界的广泛关注[6]。

双重图形技术的原理如图 5.16 所示：将一层密度较大的掩模版图形分解为两层密度较小的掩模版图形，分解的依据主要是单次光刻工艺的最小尺寸、图形密度对刻蚀的影响以及掩模之间的套刻误差等，以保证芯片制造能够顺利进行[7]。双重图形技术具有许多优点：第一，版图一分为二使得图形间距增大，从而降低了工艺难度；第二，能够在晶体管层、金属层和通孔等通用，应用范围广泛；第三，应用时无须改造当前的制造设备以及光刻所需的材料，具有很好的实用性。2006 年，ITRS 将双重图形技术列为进一步提升 193nm 浸没式光刻分辨率的潜在解决方案，双重图形技术开始成为半导体行业的研究热点。

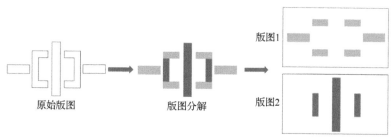

图 5.16　双重图形技术的原理

双重图形技术的实现工艺可以分为 3 种：光刻-刻蚀-光刻-刻蚀（Litho-Etch-Litho-Etch，LELE）工艺、光刻-冻结-光刻-刻蚀（Litho-Process-Litho-Etch，LPLE）工艺以及自对准双重图形（Self-Aligned Double Pattering，SADP）技术[8]。下面详细介绍这 3 种工艺的实现流程。

1. LELE 工艺

LELE 工艺需要进行两轮完整的光刻-刻蚀操作，如图 5.17 所示。首先进行第一次光刻，硬质掩模上方的光刻胶形成第一个掩模图案，随后经过一次刻蚀，将图形转移到硬质掩模上；然后进行第二次光刻，金属层上方的光刻胶形成第二个掩模图案；最后，以第一次的硬质掩模和第二次的光刻胶作为掩模进行第二次刻蚀，去除剩余硬掩模后即可得到完整的图案。该工艺流程简单，但缺点在于两次完整的图形转移操作成本太高，且不同掩模版之间的图案交叠对电路时序有较大影响。此外，硬质掩模的选择和保证硬质掩模在刻蚀过程中的均一性也是该工艺的一大难点。

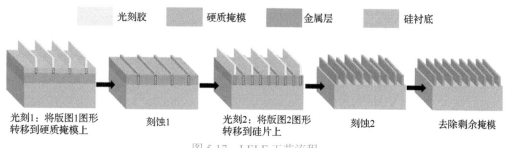

图 5.17　LELE 工艺流程

2. LPLE 工艺

顾名思义，LPLE 工艺只需要两次光刻和一次刻蚀操作，如图 5.18 所示。第一次光刻后，先在金属层上方的光刻胶形成第一个掩模版图案，再通过一系列化学处理使该图案冻结，确保第二次光刻时不发生光化学反应，之后在其表面涂上另外一层光刻胶，再进行光刻显影，最后经过一次刻蚀，得到完整的版图图案。该工艺是对 LELE 工艺的优化，省去了一次刻蚀步骤，加快了整个流程，改善了 LELE 工艺带来的成本问题，但也继承了 LELE 工艺的难点，如仍需要两次光刻过程、套刻精度要求高等。

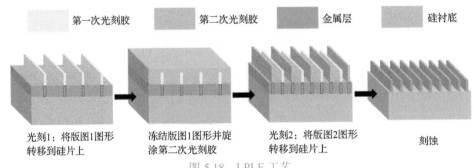

第一次光刻胶　　第二次光刻胶　　金属层　　硅衬底

光刻1：将版图1图形　　冻结版图1图形并旋　　光刻2：将版图2图形　　刻蚀
转移到硅片上　　　　涂第二次光刻胶　　　　转移到硅片上

图 5.18　LPLE 工艺

3. SADP 技术

SADP 技术又称侧墙图案转移（Sidewall Image Transfer，SIT）工艺，如图 5.19 所示。首先通过一次光刻形成辅助图形并沉积阻挡层，然后只保留辅助图形两端的侧壁（Side Wall）阻挡层，之后移除辅助图形只留下侧壁，最后以侧壁为掩模通过一次刻蚀，得到完整图案。该工艺易于控制套刻精度和线宽尺寸，完美地解决了双重图形技术中的交叠精度问题，但也需要花费更多的掩模版和采用更为复杂的图形布局拆分算法，并需要薄膜沉积、刻蚀以及 CMP 等工艺的紧密结合，多用于版图形状比较规则的设计中。

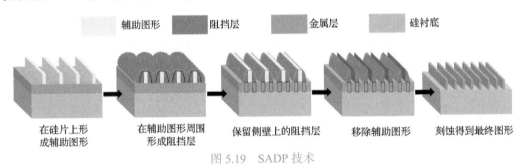

辅助图形　　阻挡层　　金属层　　硅衬底

在硅片上形　　在辅助图形周围　　保留侧壁上的阻挡层　　移除辅助图形　　刻蚀得到最终图形
成辅助图形　　形成阻挡层

图 5.19　SADP 技术

每一种工艺都有各自的利弊，需要在实际生产中取长补短。例如，对于 SRAM、DRAM 等以 2D 结构为主的产品，SADP 技术不再适用，只适合采用 LELE 工艺。除了以上提及的双重图形技术，还有紫外固化（UV Cure）、注入固化（Implant Cure）、正性光刻胶+负性光刻胶、正性光刻胶+双性显影液以及图形反转工艺等其他双重图形工艺，主要目的都是将第一次光刻胶冻结，使其不再发生光化学反应。

需要指出的是，浸没式 193nm 光刻工艺即便结合双重图形技术，依然难以满足间距为 40nm 以下的光刻要求。因此，从 22nm、20nm 开始，芯片制造商开始使用三重以上的多重图形技术（Multiple Patterning Technology，MPT）。MPT 能够有效实现高分辨率光刻，但由于光刻步骤更多，使得芯片制造流程的成本和周期都成倍增加。尽管如此，在 EUV 光刻技术正式投入大规模应用前，LELE 工艺和 SADP 技术仍是 10nm、7nm 工艺节点的最佳光刻解决方案。

2018 年，台积电绕过 EUV 光刻技术，通过浸没式 193nm 光刻工艺（数值孔径为 1.35）和多重图形技术，实现了 7nm 工艺节点，达成当时世界上最先进的制程工艺。该光刻机实现的分辨率极限为 38nm，结合 SADP 技术可以实现 20nm 的图形，结合自对准四重图形（Self-Aligned Quadruple Patterning，SAQP）技术则可以实现 10nm 的图形。SAQP 技术与 SADP 技术非常相似，相当于连续使用两次 SADP 技术，可将线宽缩小至 1/4。参考台积电的 N7

代 7nm 制程工艺的设计规则（Design Rules），其中 Fin 工艺采用自对准四重图形技术，多晶硅 Gate 工艺和部分金属互连工艺都采用自对准双重图形技术。需要说明的是，Fin 结构具有较高的高宽比，在刻蚀时会形成楔形形貌（详见图 5.14），使得 Fin 的顶端尺寸进一步减小并最终形成线宽为 6nm 的 Fin 结构。2019 年，我国中芯国际集成电路制造公司（简称中芯国际，SMIC）用同样的办法实现了 14nm 工艺节点，并于 2020 年正式量产商用（用于海思麒麟 710A 处理器），其"N+1"代工艺已于 2020 年 10 月流片成功，并有序推进"N+2"代工艺，对国内集成电路产业发展具有里程碑式的意义。

在成本控制和 193nm 光刻工艺的条件下，7nm 工艺已是技术极限。2019 年后，EUV 光刻机正式商用，得益于 13.5nm 的 EUV 光源，其单次曝光的分辨率能够达到 13nm，因此在 7nm 制程工艺中能够以更少的工艺步骤实现更好的成像质量。2019 年，台积电已经基于 EUV 光刻技术成功量产第三代 7nm 工艺芯片，与采用 DUV 量产的初代 7nm 工艺芯片相比，其在晶体管密度、功耗和性能上都有显著的提升。2020 年，台积电采用 EUV 技术成功量产了 5nm 工艺芯片。同年，我国的华为发布了 Mate40Pro 手机，其搭载的基于台积电 5nm 工艺的海思麒麟 9000 处理器集成了 153 亿个晶体管，成为当时全球最先进的芯片产品之一。此外，台积电有望于 2022 年内实现 3nm 工艺节点。未来，当 EUV 光刻技术达到极限后，配合 MPT 能够实现更加先进的工艺节点。

5.3.2 混合刻蚀技术

刻蚀技术在集成电路器件制备中占据着十分重要的地位，当器件尺寸缩小到 10μm 以下时，传统的湿法刻蚀由于精度低、可控性差，已很难满足器件加工需求。20 世纪 70 年代初，人们开发出以辉光放电产生的等离子体进行干法刻蚀的工艺技术，即 RIE 技术。在随后的四十多年中，干法刻蚀技术不断发展[9]。目前，集成电路生产中比较常用的干法刻蚀技术为 ICP 刻蚀技术和 IBE 技术。

ICP 刻蚀技术是通过电磁感应，利用随时间变化的磁场产生的电流作为等离子体源，在等离子体环境中利用溅射、化学反应和辅助能量离子进行刻蚀。该刻蚀过程同时包含化学刻蚀与物理刻蚀，可以精确地除去衬底表面一定厚度的物质，常用于加工硅基半导体、半导体氧化物和金属材料，还可用于去胶工艺，具有高速率、高选择比的优点。然而，化学刻蚀会对沟道侧壁产生一定的化学损伤，在刻蚀多层膜体系时容易形成内掏[见图 5.20（a）]，影响器件性能。同时，刻蚀非挥发性金属材料时，ICP 刻蚀技术可能引起器件侧壁和底部的二次沉积，产生金属沾污，尤其是金属沾污发生在隔离层时，会直接导致器件的绝缘层导通，丧失器件功能。

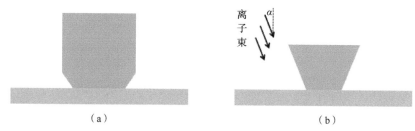

（a） （b）

图 5.20 器件内掏和 IBE 的刻蚀角度示意图

（a）器件内掏 （b）IBE 的刻蚀角度

IBE 利用辉光放电原理将氩气分解为氩离子，然后由栅极将离子呈束状引出并加速，利用具有一定能量的离子束轰击固体表面原子，使材料原子发生溅射，达到刻蚀目的，如图 5.20（b）所示。该过程属于纯物理刻蚀，具有方向性好、无钻蚀、陡直度高等优点，但其技术局限性也十分明显。一方面，IBE 采用一定的角度进行刻蚀，难以实现深刻蚀。对高宽比较高的器件，随着器件尺寸的减小，IBE 常用的角度不能达到器件的底部，最终会使得刻蚀结果达不到器件分离的需求，使得图形化失败。另一方面，由于 IBE 为纯物理刻蚀方法，难以精确控制各部分的刻蚀深度，容易产生过刻现象。此外，IBE 所需时间相对较长，严重限制了设备的产率。

为了克服 ICP 刻蚀和 IBE 的技术局限性，近年来，将上述两种刻蚀方法结合在一起的 ICP/IBE 混合刻蚀技术成为新的工艺发展方向。在混合刻蚀技术中，人们利用 IBE 来清理 ICP 刻蚀产生的沾污并修整破损的侧壁，利用 ICP 刻蚀解决 IBE 难以深刻、刻蚀速率低、容易过刻等问题。混合刻蚀技术在保证刻蚀精度的同时，获得了较高的刻蚀速率，是一种高质量的刻蚀方法。

ICP/IBE 混合刻蚀装置一般由几个功能不同的腔室组成，主要包括样品装载腔室、真空传输腔室、ICP 腔室和 IBE 腔室，还可能根据技术需要配备真空过渡腔室以及镀膜腔室等。各腔室通过真空互连技术结合在一起，在不中断真空的情况下，可以通过真空传输，在 ICP 腔室、IBE 腔室、镀膜腔室间依照特定工艺流程及条件对晶圆进行加工、处理，协同完成刻蚀工作。同时，真空互连的方式在实现 IBE 与 ICP 刻蚀结合的同时，保证了样品在整个加工过程中不与空气接触，避免了外界环境对刻蚀及材料性质的影响。

工业上针对不同的待刻蚀器件，运用混合刻蚀技术的工艺流程也有所区别。下面以磁性隧道结的加工工艺为例，参考鲁汶仪器的专利技术（该公司生产的 ICP/IBE 混合刻蚀设备如图 5.21 所示），介绍 ICP/IBE 混合刻蚀在器件制备中的工艺流程。

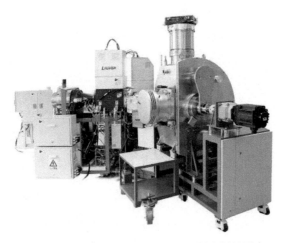

图 5.21　鲁汶仪器生产的 ICP/IBE 混合刻蚀设备

磁隧道结器件是磁传感和数据存储技术的核心器件，一般结构为铁磁层/非磁绝缘层/铁磁层构成的"三明治"结构，本书第 8 章将对以磁隧道结为基础构建的 MRAM 进行介绍。由于磁隧道结器件包含 Fe、Co 等磁性金属，对腐蚀性气体十分敏感，为了避免化学刻蚀中的器件沾污和侧壁损坏，传统的磁隧道结加工工艺一般通过 IBE 完成整个器件的制备。但长时间的物理轰击容易造成器件物理特性的改变，利用 ICP/IBE 混合刻蚀工艺可以有效优化器件加工过程，其基本流程如图 5.22 所示。

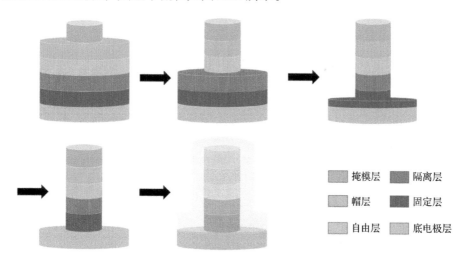

掩模层　　隔离层
帽层　　　固定层
自由层　　底电极层

图 5.22　ICP/IBE 混合刻蚀制备磁性隧道结的流程

（1）首先在半导体衬底上定义包含磁隧道结的待刻蚀结构，然后通过真空过渡腔室将样品送入 ICP 腔室，对样品进行第一步刻蚀，当刻蚀到绝缘隔离层时，停止刻蚀。刻蚀终点依靠刻蚀腔室中的自动光学终点检测仪进行判断。由于金属材料的非挥发性会产生纳米级的金属沾污，器件侧壁也会产生纳米级的损伤，因此第一次 ICP 刻蚀停止于隔离层可以有效防止金属沾污导通绝缘层。

（2）将样品送入 IBE 腔室进行刻蚀，当刻蚀到固定层中接近底电极金属层的位置时，停止刻蚀，保留少量固定层，并将样品送回真空传输腔室。由于 IBE 为纯物理刻蚀，选择性不够好，通过保留一部分固定层的方法可以避免过刻问题。

（3）将样品再次送入 ICP 腔室，进行第二次 ICP 刻蚀，由于 ICP 刻蚀的选择性好，刻蚀到底电极金属层时即停止刻蚀，不会产生严重的过刻现象。ICP 刻蚀完成后再次将样品送入 IBE 腔室，通过离子束刻蚀对样品进行短时间的刻蚀清洗，即可得到干净、完整的磁隧道结器件。加工完成的器件可以通过真空互连送入镀膜腔室进行镀膜和封装保护，以防止器件在后续工艺中因暴露于大气中而受到破坏，也实现了器件与器件的完全隔离。

高刻蚀速度和良好的均匀性一直是先进集成电路器件工艺发展的主要追求。与单一的刻蚀方式相比，ICP/IBE 混合刻蚀具有更高的刻蚀精度及效率。随着基片尺寸的不断增大和器件尺寸的不断缩小，混合刻蚀技术能够针对不同器件加工特点进行选择性刻蚀的优点将会更加凸显。可以预见，得益于多工艺真空互连系统的优势，ICP/IBE 混合刻蚀技术将在复杂结构加工、多材料体系刻蚀、特殊工艺研发等方面发挥优势。

5.3.3　硅通孔技术

硅通孔（Through Silicon Via，TSV）技术是 3D 集成技术的核心，是晶圆级封装的一种解决方案。通过实现晶圆之间的垂直互连，它可以大大缩短芯片互连线路，实现最小盘间尺寸，从而使得信号延迟、功耗、带宽与互连密度都获得相应的改善。硅通孔的概念可追溯至威廉·肖克利（William Shockley）1958 年的专利，但直至 20 世纪 80 年代才被日本工业界应用至三维集成电路的制造之中。当前，硅通孔已应用于微机电系统（Micro Electro Mechanical System，MEMS）、移动手机的射频模组、CMOS 图像传感器与存储器等诸多领域。

硅通孔的结构如图 5.23 所示。通孔两端是焊盘（Bond Pad）或金属层的引线（Contact），通孔结构由内到外分为 3 层：填充芯、阻挡层（Barrier Layer）和介电层。填充芯一般用于通孔两侧的电连接，常采用铜、钨或多晶硅；介电层用于将硅片与通孔内填充的导体进行电学隔离，通常采用二氧化硅或氮化硅；由于铜原子在后续的退火工序中可能会扩散到介电层中甚至穿过该层，导致该层不再绝缘，因此在介电层与铜填充芯之间设有阻挡层以防止铜的扩散，此外还可充当介电材料和导电材料的黏合层，常用的材料有钛、钽及其对应的氮化物。

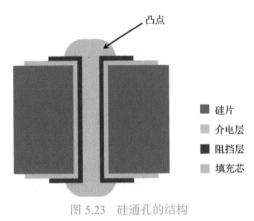

图 5.23　硅通孔的结构

图 5.24 展示了硅通孔的基本制造流程，主要涉及深孔刻蚀工艺、晶圆减薄工艺、介电层和阻挡层沉积工艺以及芯填充工艺。

（1）深孔刻蚀工艺，如图 5.24（a）所示。首先采用光刻工艺，暴露出待刻蚀区域；然后使用深反应离子刻蚀（Deep Reactive-Ion-Etching，DRIE）技术在晶圆上刻出高深宽比的盲孔（仅一端开放的深孔）。为了获得较高的刻蚀速率，DRIE 采用六氟化硫（SF_6）为气体源，其所产生的氟原子具有强反应活性，该法也由此得名。尽管如此，对于深宽比大于 10∶1 的通孔，单纯的 SF_6 刻蚀所提供的各向异性还远远不足以满足要求。为此，必须对通孔的侧壁采取钝化保护的措施。目前较为常用的是德国 Bosch 于 1994 年提出的方法，即采用 C_4F_8 气体在侧壁上形成钝化层，从而保护侧壁。其实际工艺流程为：定向刻蚀与钝化交替进行，使得通孔始终朝下拓展，最终在刻蚀结束后再用氧气和氩气等离子清理掉钝化层。美中不足的是，刻蚀和钝化交替进行会导致深孔侧壁出现周期性的扇贝纹。

（2）晶圆减薄工艺，如图 5.24（b）所示。欲使通孔能够完成垂直互连的任务，必须将晶圆（亚毫米量级）减薄至通孔贯穿晶圆（150μm 以下）。这一步在不同制程中所处的位置也不尽相同，在自下而上的密封凸点电镀法中，晶圆减薄必须在深孔刻蚀之后立即进行。

（3）介电层和阻挡层沉积工艺，如图 5.24（c）所示。根据通孔孔径的不同，介电层的沉积工艺选择也有所区别，通常使用 CVD 生长介电层，对于半径小于 3μm 的深孔，则需要采用台阶覆盖性更好的 ALD 工艺。阻挡层的沉积则需要根据材料类型选取相应的技术，例如金属材料应采用 PVD，金属氮化物应采用 CVD 或 ALD。

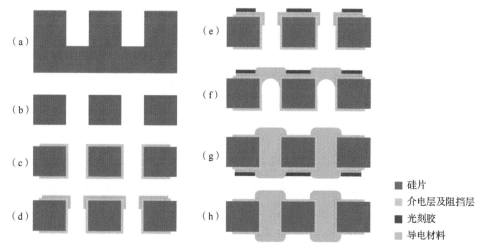

图 5.24　硅通孔的基本制造流程

（a）深孔刻蚀　（b）晶圆减薄　（c）沉积介电层和阻挡层　（d）生长种子层　（e）生成光刻图案　（f）形成密封凸点

（g）上下翻转，自底向上电镀填充　（h）洗去光刻胶，并刻去种子层，完成通孔的制造

（4）芯填充工艺，该工艺为整个通孔制造的核心工艺。在填充材料的选择过程中，通常情况下选择导电性更好的铜作为填充材料。但对于大尺寸、高深宽比（大于 10 : 1）的通孔，一般选用热膨胀系数较铜（$16.7×10^{-6}/℃$）更接近硅（$2.3×10^{-6}/℃$）的钨（$4.6×10^{-6}/℃$）作为填充材料。钨填充材料可直接采用 CVD 进行填充，铜填充材料可以采用电镀的方法，也可以采用无电镀沉积技术。其中，电镀可进一步分为：共形电镀、自下而上的密封凸点电镀和超共形电镀。图 5.24（d）～（h）展示了自下而上的密封凸点电镀工艺流程[10]，该方法分为 5 步：

①　用物理气相沉积在硅片表面生长铜的种子层，如图 5.24（d）所示；

②　生成光刻图案，即采用光刻工艺将待填充的通孔暴露出来，无关区域用光刻胶覆盖，如图 5.24（e）所示；

③　用电镀方法形成密封凸点，如图 5.24（f）所示；

④　将晶圆上下翻转，自密封凸点起，自底向上进行电镀填充，如图 5.24（g）所示；

⑤　再次上下翻转晶圆，洗去光刻胶并刻去种子层，如图 5.24（h）所示。

硅通孔技术实现了晶圆间的垂直互连，允许电路沿垂直方向堆叠起来，推动集成电路从二维迈向了三维，其中最显著的变化在制程。在平面集成电路中，整个制程可大致分为负责器件制造的前道工艺和负责互连封装的后道工艺；而在三维集成电路中，必须考虑通孔及其两端的电路在制造顺序上如何排列。若通孔制造先于前道工艺，则称为先通孔（Via-First）工艺；若位于前道与后道工序之间，则称为中通孔（Via-Middle）工艺；若放在后道工序之后，则称为后通孔（Via-Last）工艺。其中，后通孔工艺可进一步分为正面（Frontside）工艺和背面（Backside）工艺两种：正面工艺首先形成通孔，然后进行晶圆减薄、形成焊盘，之后晶圆可以统一正面朝上地堆叠起来，由于通孔是从晶圆正面刻蚀出的，故称"正面"；而在背面工艺中，晶圆先面对面对准和键合，进行晶圆减薄后，再形成通孔和焊盘，之后方可继续堆叠，此时晶圆是一正一反地堆叠，由于通孔是从晶圆背面刻蚀出的，故称"背面"。

　　除了制程工艺方面的改进，硅通孔还带来了系统架构层面的革新。在之前的平面集成电路中，由于互连的成本高、布线的空间资源有限等原因，经典的总线架构被发展出来，总线上各模块遵守同一套协议，借此实现跨模块的互连。在应用硅通孔技术之后，互连的成本下降，互连密度大幅度提升，电路设计逐渐转向一体化，因此有望打破传统的设计哲学，实现更高效率、更密集的跨模块通信。

5.3.4　新型互连线工艺技术

　　随着传统的 CMOS 技术节点缩小，互连金属线的节距也在不断减小。目前进入生产线的先进互连技术（即 10nm 和 7nm 技术节点），已使互连金属线的节距缩小至 36nm。技术节点的缩小使得互连工艺面临越来越严峻的挑战。本书第 2 章详细介绍了不同集成电路生产商针对新型互连材料的探索，而与新材料相配套的工艺研发在产业发展中占据了核心地位。英特尔正是因为未能解决钴金属互连中的核心工艺问题，在 10nm 工艺节点被台积电抢占技术先机，丢掉了近 20 年来半导体工艺绝对领导者的地位。目前，IMEC 已经制造出 21nm 节距下，通过 10 年寿命指标 TDDB（经时介电层击穿）和电迁移测试的钌金属线，同时证明了钼作为钨的潜在替代品是一种非常有前途的互连金属。在下一代工艺开发方面，IMEC 提出了用于未来互连的工艺"工具箱"，其中包括在双大马士革工艺中引入单次 EUV 光刻，与气隙结合的半大马士革工艺，以及可以实现更好的可布线性的 Supervia 结构微缩助推器技术等。下面简要介绍这些新颖的互连线工艺技术。

1. 双大马士革工艺与单次 EUV 光刻结合

　　IMEC 认为，将当前双大马士革工艺延伸到更小金属节距的关键是引入单次 EUV 光刻，用来处理图案化最密集的金属线和通孔。对于当前浸没式光刻的多重显影，单次显影 EUV 光刻具有更短的工艺流程。这一技术方案降低了工艺复杂性，其真正效益将在制作低于 30nm 节距的金属线时体现出来。

2. 半大马士革工艺

　　半大马士革工艺开始于通孔开口的光刻和刻蚀介电薄膜工艺步骤，即用金属钌（Ru）过填充通孔，直到在电介质上形成金属层，再刻蚀金属以形成金属线。与传统大马士革工艺相比，半大马士革工艺的真正优势在于能够降低工艺漂移，并在金属线之间形成气隙，用来代替传统电介质，因此不需要在电介质和导体之间扩散阻挡层，从而避免了电容增加，提升了器件性能。

3. Supervia 结构的微缩助推器

　　Supervia 技术可用于减少层间互连轨道数量，利用高深宽比的通孔连接不同金属层。例如，Supervia 可以通过自对准方式绕过中间层，提供从 N 到 $N+2$ 金属层的直接连接，Supervia 和常规通孔可以在同一设计中共存，用于实现更好的布线。

5.4　三维堆叠技术

　　伴随着半导体工艺节点的发展，传统的 2D NAND Flash 的集成度和存储密度不断提高。

当 2D NAND Flash 的尺寸缩小到十几纳米节点，相邻存储单元的串扰问题变得明显，可靠性降低，这使得通过降低工艺节点来提高密度的方式变得非常困难且不够经济。因此，业界开始着眼于 3D NAND Flash 技术，这部分内容将在本书第 8 章重点介绍。区别于通过缩小单元尺寸来提高存储密度，3D NAND Flash 技术是通过三维堆叠的形式提高存储密度。与此同时，三维堆叠的概念开始在晶圆级的功能设计和芯片制造中应用。本节介绍三维堆叠技术的有关概念和发展状况。

5.4.1 存储阵列的三维堆叠技术

2007 年，东芝将 3D 集成电路的概念引入 NAND Flash，提出了 3D NAND Flash 的概念，即把存储单元沿竖直方向堆叠起来，形成 3D 结构。基于此概念，东芝、三星、英特尔、美光与 SK 海力士等厂商都发展出了各自专有的制造工艺。

在谈论 3D NAND Flash 制造工艺时，需要首先明确其中所包含的两个任务：一是存储阵列的堆叠技术，即各个存储晶体管是如何堆叠成三维阵列的；二是外围电路和存储阵列是如何分层设计并实现垂直互连的。下面以东芝经典的位成本持续缩减（Bit Cost Scalable，BiCS）架构为例介绍存储阵列的堆叠技术，并在 5.4.2 节中介绍外围电路和存储阵列的堆叠技术。

BiCS 架构下存储阵列的三维结构如图 5.25 所示[11]，单元管采用 GAA 技术（详见本书第 3 章中关于 GAAFET 的介绍），沟道（黄色立柱）为垂直堆叠，绿色的层状结构表示字线连接单元管的控制栅。除此之外，图中的黄色基底表示电源线，蓝色横梁表示行选线，白色立柱是从行选线及字线到接触点的引线，橙色横梁表示从这些接触点引出的互连线，红色横梁表示位线。这些结构之间的空隙用绝缘体填充。需要注意的是，沟道的外壁会覆盖存储器膜（图 5.25 中未画出），其功能是利用悬浮栅技术或者电荷捕获技术来实现电荷存储，进而实现非易失存储。BiCS 架构 3D NAND Flash 的逻辑地址和物理位置的对应关系如下：逻辑地址中的块、字、位分别对应行选线、字线、位线，该单元的物理位置可由行选线、位线、字线确定，其中行选线和位线确定了单元管所属的沟道，字线确定了单元管在沟道中的位置。

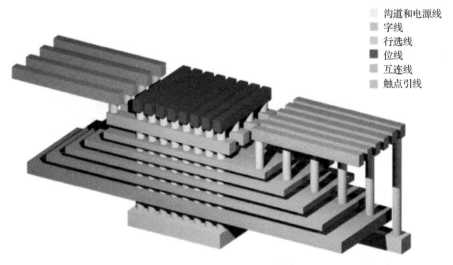

	沟道和电源线
	字线
	行选线
	位线
	互连线
	触点引线

图 5.25 BiCS 架构下存储阵列的三维结构

制造方法上，类似字线的层状结构可以采用栅极材料和绝缘体交替生长的方式制成；垂直结构可以采用打孔-栓塞（Punch-and-Plug）法制造出来。其中，Punch 指穿孔技术，Plug 指孔内填充技术，结合起来就可以用于制造垂直结构，如沟道和存储器膜。GAA 结构的单元管能通过这种方式很容易地制造出来。

Punch-and-Plug 法有 Gate-First 和 Gate-Last 两种制程。图 5.26（a）～（d）展示了 BiCS 架构所采用的 Gate-First 制程。该制程首先制造出交替排列的栅极和隔离各栅极的绝缘层，再刻蚀出一个贯穿材料的深孔，即 Punch 工艺；然后，在深孔内壁沉积存储器膜和沟道材料；最后，剩余空间用芯填充料填充，即 Plug 工艺。由于栅极是存储单元各部分中最先被制造出来的，故称为 Gate-First 制程[12]。三星的 V-NAND 架构采用的是 Gate-Last 制程。在该制程中，一开始生长的不是栅极材料/绝缘层的薄膜结构，而是 Si_3N_4/SiO_2 多层膜，制程与图 5.26（a）～（d）基本一致，之后通过深孔把 Si_3N_4 洗去，代以真正的栅极材料，如图 5.26（e）～（h）所示。由于栅极是存储单元各部分中最后被制造出来的，故称 Gate-Last 制程[13]。Gate-Last 制程的优势是能够在栅极表面覆盖一层三面包裹的薄膜，因而能够实现更复杂的存储器膜结构和更好的绝缘效果。

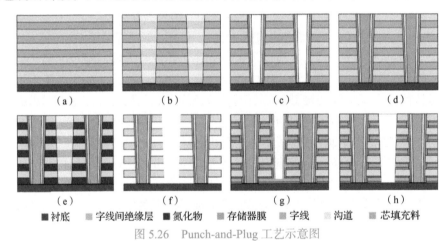

■ 衬底　　□ 字线间绝缘层　　■ 氮化物　　■ 存储器膜　　■ 字线　　□ 沟道　　■ 芯填充料

图 5.26　Punch-and-Plug 工艺示意图

最后需要说明一点，3D NAND Flash 的制程与其结构设计有着密不可分的联系：结构差异很大的两种架构，其物理位置到逻辑地址的映射方式不同，因此对"三维堆叠"的理解也很不相同。举例来说，对于 BiCS 架构，其堆叠可以通过垂直沟道（存储器串）在平面上形成阵列来理解，但对于日后发展出的其他 3D NAND Flash 架构，如 P-BiCS、VRAT 等，其所包含的 U 形存储器串、叉状字线[12]，尽管是出于性能的考虑而设计出的结构，但也折射出了"堆叠"这一概念的丰富内涵，由此造成了工艺制程上的重大区别。这也说明，在回答"存储阵列如何堆叠"这一问题时，必须具体架构具体分析。

5.4.2　控制电路和存储单元垂直堆叠技术

在传统的 NAND Flash 中，外围逻辑电路和存储阵列并排（Side-by-Side）放置，在同一片晶圆上制造出来。外围电路在芯片总面积中所占的比例可以达到 30%以上。在 3D NAND Flash 中，存储密度的提高主要由增加堆叠层数实现，而随着堆叠层数的增加，外围电路的复杂程度也在增加。与存储阵列不同，外围电路主要由 CMOS 逻辑电路组成，工作频率高且结构复杂，很难像存储阵列一样在竖直方向堆叠起来，只能通过增加面积来实现更复杂的功能。显然，如果能将外围电路放到存储阵列的上方或下方，实现这两个模块的"堆叠"，就可以节省至少 30%的面积用于扩大存储阵列的面积，进一步提高片上存储密度。

2015 年，美光和英特尔提出了 CuA（CMOS under Array）技术[12]，这是当前各厂商都广泛采用的一种将控制电路和存储单元垂直堆叠的结构。采用这一结构的 Flash，会先把外围电路（主要是 CMOS 逻辑电路）在衬底上制造出来，并保留一定的连接区（Hookup Area），用于连接位线以及充当公共源极，经抛光后可在其上继续制造存储阵列，阵列之上

还有一层互连电路，通过通孔与最底层外围电路的连接区实现电连接。在 2015 年 IEDM 上美光和英特尔两家公司受邀介绍该技术时，已经能将读出放大器（Sense Amplifier）和 CMOS 译码器（末级译码器一般作为字线驱动器）放置在存储阵列下；2017 年闪迪的专利则几乎将除互连线外的全部外围电路（包括位线驱动器、读出电路及各类数据锁存器）都置于底层[14]。通过这一技术，美光、英特尔采用 64 层堆叠 TLC（Three-Level Cell，每个 Cell 可表示 3 个比特，简称 TLC）时的存储密度可达到 $4.40Gbit/mm^2$，而采用传统布局的三星在同层数同类颗粒时，存储密度仅为 $3.42Gbit/mm^2$ [15]。美光采用 CuA 结构的 3D NAND Flash 产品如图 5.27 所示。

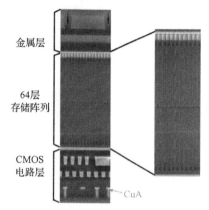

图 5.27　美光采用 CuA 结构的 3D NAND Flash 产品（Micron 版权所有）[16]

采用 CuA 结构后，外围电路和存储阵列分属不同层，但信号线又必须连至外围电路，以便加以控制或者执行读写操作，因此需要对原本的布线布局进行适应性改造。这可以从考虑如下问题入手。

（1）哪些信号线需要用垂直互连结构与外围电路层互连？

（2）哪些信号线可以不使用垂直互连结构直接与外围电路层互连？

（3）在哪里布置垂直互连结构？是否统一安置？

（4）如何利用同样作为垂直结构的沟道简化布局？

即便对于不同的 3D NAND Flash 架构，最终产生的布线布局方案也有相似之处。这里，我们以两种常见结构为例，介绍 CuA 在实际的设计中是如何实现的。

（1）作为垂直互连线的通孔（Via）结构。它可用于将存储阵列上方的信号线连接至阵列下方的外围电路层，在长江存储的相关文献中对应"贯穿阵列触点"（Through-Array Contact，TAC）这一术语。信号线指位线，如果把电源线或其他信号线也布置在阵列上方（如 P-BiCS 架构），则也可通过通孔将其引到外围电路层，如图 5.28 所示。为了将位线转接至各自的读出电路，外围电路层上会增设一层互连线路（路由层），通孔位置正下方的路由层中会预先埋好位线连接区（Bit Line Hookup Area），以备之后实现与通孔的电连接。每个存储器块（Block）会配备一排通孔，一般位于该块垂直于位线的中线上[14]。需要注意的是，通孔与沟道是完全不同的两种结构：沟道的材料是经过掺杂的硅，通孔的材料是金属；沟道外层包裹的是薄薄的存储器膜，通孔外层包裹的是非常厚的绝缘层；沟道周围

的栅极可以透过存储器膜对其施加电控制，通孔绝缘层外的导线几乎无法对通孔内的金属施加影响。

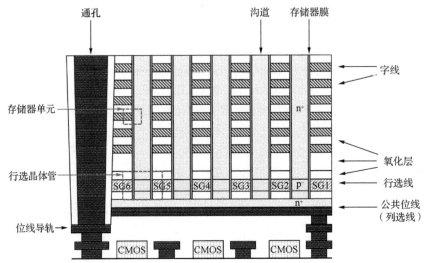

图 5.28　作为垂直互连线的通孔结构以及垂直沟道的公共位线

（2）与沟道等垂直结构相配备的公共信号线。它位于路由层，在不同架构中起到的功能不同，具体结构也有出入。在图 5.28 中，它被用作公共位线（Global Bit Line），承担位选的功能，向下与外围电路层的位线驱动器相连，向上与该位上的沟道形成欧姆接触。此外，在许多架构中它还可充当公共源极，作为块中全体沟道的源极接地。在 P-BiCS 架构中它还可充当背栅。这一结构利用同样作为垂直结构的沟道，简化了布局，节省了一些不必要的垂直互连线。

2022 年，在传统 TSV 设计工艺复杂，且专利技术基本被国外垄断并遭受严厉制裁的情况下，由华为提出的一种无 TSV 的芯片堆叠封装技术[17]应运而生。

对于一般的 3D 集成电路堆叠技术，各层芯片沿竖直方向堆叠，由于负责供电的扇出型布线层（Redistribution Layer，RDL）位于最下层，因此对上层芯片的供电需要通过在下层芯片预埋 TSV 来实现。这不仅使得芯片设计难以实现模块化，大大增加了设计工艺的复杂度，而且导致芯片封装的工艺成本大幅提高。为了在保证各层芯片耗电需求的同时避免使用 TSV 工艺，华为采取了使各层芯片沿斜向上的方向堆叠的结构。如此一来，各层芯片间不完全交叠，而在不交叠的区域可以采取先在芯片上制造铜柱等垂直互连结构，堆叠之后再在芯片间填充介电材料的办法，以此取代此前在芯片上进行穿孔的做法。该技术的工艺复杂度有所改善，美中不足的是堆叠的密度将受到一定限制。

5.4.3　Xtacking 堆叠技术

Xtacking 是一种晶圆级三维集成技术，最初由武汉新芯集成电路制造有限公司（简称武汉新芯）研发，之后被长江存储用于 3D NAND Flash 的制造，并以此命名该公司创制的 3D NAND Flash 架构。笼统地说，Xtacking 技术是为了解决 3D NAND Flash 架构中"外围电路如何安置"的问题而诞生的。Xtacking 技术实现了 CuA 结构在制造工艺上的技术革新。

传统的制造方法是在一个晶圆上逐层地搭建起一个完整的芯片，Xtacking 技术则是在两个晶圆上分别造出存储阵列和外围电路（甚至互连层），然后将二者面对面地对接起来。图 5.29 展示了长江存储利用 Xtacking 技术制备的存储芯片截面的电镜图（芯片编号为 UNIC2UNMEN05G21E31BS[15]），存储晶圆和外围电路晶圆被精准地键合在了一起，红色框线区域为键合界面的形貌。实现这一想法有以下两个工艺难点：第一，该方案是一种晶圆间的互连技术，外围电路和存储阵列是紧耦合的模块，二者之间的互连线远不止几根总线或几百根引脚，实际互连线总数可能在 10^9 这一量级；第二，长江存储意图做到的是垂直互连，即先将两个电路中需要互连的导线引至触点，然后对齐晶圆，将对应位置的触点连接在一起，这对晶圆的表面平整性提出了极高的要求。

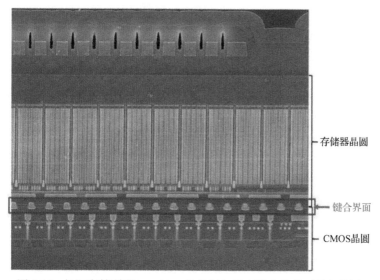

图 5.29　长江存储利用 Xtacking 技术制备的存储芯片截面的电镜图

图 5.30 展示了 Xtacking 技术的核心工艺。其中，阵列互连层（即前文所述的外围电路的一种）和存储阵列分别在不同的衬底进行加工。在每一层的加工过程中，留有对应的键合点，如图中红色圆柱所示。最后，将两个晶圆垂直对准键合。

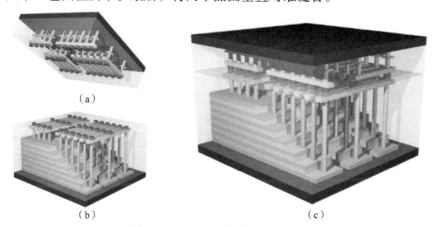

图 5.30　Xtacking 技术的核心工艺

（a）阵列互连层　（b）存储阵列　（c）两者对准键合后

与传统的平面堆叠以及美光、英特尔的堆叠技术相比，Xtacking 技术具有以下优势。

（1）显著提高存储密度。从数据来看，长江存储生产的 64 层堆叠的 3D NAND Flash 芯片采用 TLC，存储密度能达到 4.41Gbit/mm^2，已达到美光、英特尔的水平[15]。

（2）可以分别使用最优的制程生产外围电路和存储阵列，优化芯片性能。在同一片晶圆上制造时，外围电路和存储阵列的制程、工艺会相互牵制。具体来说，在存储阵列中，晶体管主要用于实现存储功能，而且电擦写需要很高的电压，因此在工艺上一般会选择更保守、成熟的方案，以保证耐久性和可靠性。但对于外围电路，晶体管主要用于实现读写的逻辑，为了提高性能，可以采用更先进的 CMOS 工艺。从数据上看，截至 2020 年，存储阵列最先进的工艺可达到 14nm，对于外围电路，尽管这种工艺远不是最优的技术方案，但由于两者在同一片晶圆上制造，因此必须迁就存储阵列而采用这一次等方案。如果分开制造，就可以分别使用各自最优的制程，外围电路不必迁就存储阵列，读写的性能可以得到提升。

（3）高带宽、低时延、低功耗。由于互连线布置在垂直方向，避免了一个平面内跨越式的连接，因此这一架构不仅能有更短的连接距离，而且可实现更多连接通道，从而降低传输时延，带来高带宽和低功耗的优势，加之前文所述的制程优化，读写电路的性能可进一步增强。实际结果证实了这一点，2020 年 4 月长江存储发布的 X2-6070 和 X2-9060 可在 1.2V 的 V_{ccq}（I/O 接口电平）电压下实现 1.6Gbit/s 的数据传输速率[18]，而同时期其他厂商中传输速率最快的是东芝的 BiCS5 架构（存储单元和外围电路并排放置），其速率也仅是 1.2Gbit/s。

（4）缩短研发和生产的周期。由于存储阵列和外围电路是分开独立制造的，因此可以实现相互平行的研发、制造、测试，直至最后互连封装。传统的 Flash 生产方式，必须是存储单元和读写单元都研发好了再一起流片，在技术验证阶段，只要其中一个单元在生产或者测试中出现问题，就必须检查整个方案，重新流片。采用 Xtacking 技术后，就能分模块进行研究，优化了设计团队的分工，允许考虑更复杂的功能，简化了技术验证流程，加快了技术的迭代周期，可以节约 20%的制造时间，加快产品上市。

（5）可以实现定制化生产。能够针对不同细分市场调整读写逻辑，更好地适应各种 Flash 使用场景。例如，固态硬盘和 U 盘的读写逻辑就非常不同，但是存储阵列的差别相比之下就小很多，因此可以通过实现读写逻辑的定制化生产来实现针对性调整。此外，对不同的市场（如面向个人用户和面向数据中心），需求方在存储颗粒、耐久性、可靠性上都可能提出特殊的需求，Xtacking 技术能够通过组合不同的读写单元和存储阵列，实现定制化的设计和制造。

根据武汉新芯对 Xtacking 的定义[19]，Xtacking 是一个晶圆级三维集成技术平台，能够在晶圆级上实现多片晶圆堆叠，利用互连技术将多片晶圆在垂直方向直接连接在一起。Xtacking 技术至少包括混合键合技术[20]、多晶圆堆叠技术[21]等，其中多晶圆堆叠需用到硅通孔、晶圆对准与晶圆减薄等技术。分析长江存储的各项专利，可知其在制造 3D NAND Flash 所用到的互连层转移技术[22]、多堆栈存储结构其实都依赖 Xtacking 技术。

5.4.4　芯粒技术

随着芯片制造的工艺尺寸突破 45nm，由于本征电流泄漏造成的晶体管静态功耗急剧升高。与此同时，先进制程芯片的设计成本也在不断增加，而市场对高性能、多样化芯片的需求却越来越旺盛。长期以来，芯片加工通常是在一个晶圆上完成的。以苹果 M1 芯片为例，它集成了 4 个高性能大核心和 4 个高效能小核心，配备 8 核 GPU、神经网络处理器，整个芯片基于台积电的 5nm 工艺制造而成，包含高达 160 亿个晶体管。从设计到生产，这种工艺流程所消耗的人力、物力极其巨大。为了解决不断加剧的工艺和成本问题，人们一直在探索芯片制造的新型工艺。

这种形势下，一种有望实现"即插即用"的芯粒（Chiplet）工艺模式近年来成为业界研究的焦点。Chiplet 直译为"小芯片"，是指一类满足特定功能的裸片（Die）。Chiplet 工艺模式通过系统级封装（System in a Package，SiP）将多个模块芯片与底层基础芯片集成在一起，从而构成多功能异构集成芯片[23]。该技术的使用有望以更快的速度和更低的成本研制、生产出更高性能的集成电路产品。

在 Chiplet 工艺模式下，开发人员希望构建一个包含丰富模块芯片库的生态系统，集成商根据需求设计芯片架构，自由选择模块芯片交给制造商进行制造与封装。与传统制造流程不同的是，集成商不再购买 IP（Intellectual Property），而是采购满足整体芯片架构的、即插即用的裸片，这样的裸片在工艺上不受其他模块的约束，工艺选择灵活。它既可以是逻辑芯片，也可以是模拟芯片。从理论上讲，Chiplet 工艺模式可以提供一种短周期、低成本的第三方芯片集成技术。表 5.1 列出了 Chiplet 工艺模式芯片、单片 SoC 和基于 PCB 集成芯片的技术对比。可以看出，Chiplet 工艺模式的长期发展有望给现有半导体产业链和商业模式带来巨大的变革。

表 5.1 Chiplet 工艺模式芯片、单片 SoC 和基于 PCB 集成芯片的技术对比[23]

指标	Chiplet 工艺模式芯片	单片 SoC	基于 PCB 集成芯片
设计成本	较低	高	低
设计时间	一般 12 个月	一般大于 18 个月	一般 6 个月
设计风险	较低	高，遗漏功能需要重新设计	低
性能	较高	高	低
功耗	接近单片 SoC 功耗	低	高
上市时间	较快	慢	快
产品尺寸	较小	小	大

Chiplet 工艺模式的发展核心在于构建一个丰富的模块芯片库，设计人员可以自由选择芯片模块，通过 SiP 技术形成复杂的异构系统，其发展目前主要面临 5 项挑战。

（1）互连标准。设计 Chiplet 工艺模式下的异构集成系统需要统一的标准，即制定裸片间的数据互连标准。为此，英特尔首先提出了高级接口总线（Advanced Interface Bus，AIB）标准。在 DARPA 的微电子通用异构集成与知识产权再利用策略（CHIPS）项目中，英特尔将 AIB 标准开放给项目中的企业使用[23]。2022 年 3 月 2 日，英特尔、超威半导体、ARM、高通、微软、谷歌、Meta、台积电、日月光、三星等 10 家企业宣布成立通用芯粒互连（Universal Chiplet Interconnect express，UCIe）产业联盟，以推动 Chiplet 接口规范的标准化。随后，芯原、超摩科技等国内半导体公司也宣布加入这一联盟。

（2）封装技术。将多个模块芯片集成在一个芯片中需要高密度的内部互连线，这是

Chiplet 工艺模式面临的第二项挑战。目前，可能的解决方案有硅内插技术、硅桥技术与高密度扇出型封装技术等。但不论采取哪种技术，互连线尺寸都将变得更小，这要求互连线做到 100%无缺陷，而互连缺陷将可能导致整个芯片无法工作[24]。

（3）测试技术。作为一个复杂的异构集成系统，保证 SiP 芯片功能正常比 SoC 更困难。SoC 芯片通常需要采购 IP，而目前 IP 的测试和验证已经很成熟。采用 Chiplet 工艺模式的芯片则不同，它采购或使用的是制造好的模块芯片。在 SiP 芯片中一个裸片的功能就将影响整个芯片的性能，这对单个裸片的良率要求非常高。同时在裸片设计中，还需要植入满足集成芯片的测试协议。对于 Chiplet 工艺模式下制备的芯片，由于引脚有限，如何单独测试每个裸片的性能和整体 SiP 芯片的性能也是一个难点。

（4）开发工具。上面提到的 3 项技术挑战，都需要软件工具的支持，这带来了对 EDA 工具开发的巨大需求。CHIPS 项目的工作重点之一就是设计工具的开发。Chiplet 工艺模式需要 EDA 工具从架构探索到物理设计，甚至到芯片实现提供全面的支持[23]。

（5）散热问题。传统的计算机可以通过在机箱上配置多个散热器解决散热问题，同时 CPU 和 GPU 等核心芯片也有专门的散热装置来保证其正常工作。在 Chiplet 工艺模式下，几个甚至数十个裸片封装在一个有限的空间中，互连线非常短，这让散热问题变得十分棘手。

2017 年，DARPA 推出 CHIPS 项目，主导 Chiplet 芯片架构和工艺模式的研究。该项目的参与者包含了制造封测企业（英特尔、诺斯罗普·格鲁曼和 Micross 等）、模块芯片开发企业（Ferric、Jariet、美光、Synopsys）、EDA 工具开发企业（Cadence 等）和高校（密歇根大学、佐治亚理工学院等）[24]。2018 年 12 月，英特尔推出了业界首个 3D 逻辑芯片集成技术——Foveros，该技术整合了 2D 封装技术，可以将多个模块芯片组合在一起[25]。如图 5.31（a）所示，Stratix10 是英特尔第一款使用嵌入式多芯片互连桥技术（Embedded Die Interconnect Bridge，EMIB）设计的芯片，极大促进了 Chiplet 工艺模式的发展。2019 年 6 月，台积电展示了自行设计的 Chiplet 工艺模式芯片 "This"，该芯片采用 7nm 工艺，面积仅 27.28mm^2。2019 年 1 月，极戈科技携手台积电和日月光，推出业界首个 Chiplet 工艺模式下的集成电路定制服务[23]，如图 5.31（b）所示。目前，基于 Chiplet 工艺模式的设计方法已被证明非常适用于超大算力芯片的设计，超威半导体、英特尔、亚马逊等行业领军企业均在其数据中心 CPU 上采用了 Chiplet 技术以实现量产。苹果公司 2022 年发布的 M1 Ultra 通过硅中介层（Silicon Interposer）及 UltraFusion 互连将两个 M1 Max 管芯结合在一起，形成具有 1140 亿个晶体管的芯片，其片间互连带宽达到 2.5TB，就是在一定程度上借鉴了 Chiplet 的理念。

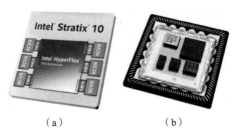

（a）　　　　　　　　（b）

图 5.31　采用 Chiplet 工艺模式制备的芯片结构
（a）Stratix10 芯片[25]　（b）极戈科技的 ZiP 芯片[23]

在集成工艺方面，基于硅中介层的 2.5D 集成技术允许区块化异构集成，生产中可用于 Chiplet 工艺模式的生产[25]。图 5.32 展示了基于硅中介层的 2.5D 集成芯片结构，功能区块安装在硅中介层的上方，区块之间通过硅中介层来连接，保证高速率和高密度互连。通过这种结构，每一个 IP 可以在它最合适的节点下设计成芯粒，然后安装到 SoC 上。设计人员只需要选择合适的现成芯粒并完成异构集成。通过重复使用预先设计完成的芯粒，可以极大地缩短设计时间，降低设计复杂度。此外，系统更新从之前需要重新设计整个 SoC 芯片变为更换必要的芯粒，更新流程得到了极大的简化。2019 年 7 月，麻省理工学院教授麦克斯·舒拉克（Max Shulaker）在 DARPA 电子复兴倡议峰会上展示了一块碳纳米管与 RRAM 通过金属层间通孔（Inter-Layer Via，ILV）堆叠而成的集成电路晶圆。这块晶圆的特殊意义在于，它是碳纳米管 +RRAM+ILV 三维集成电路技术第一次正式经由第三方代工厂（SkyWater Technology Foundry）加工而成，代表着以碳纳米管为基础的异质集成工艺正式走向商业化。该技术能提供远高于 TSV 的互连密度，从而为三维集成电路带来进一步的性能突破，这一技术的发展和应用也为 Chiplet 集成工艺提供了新的方案。

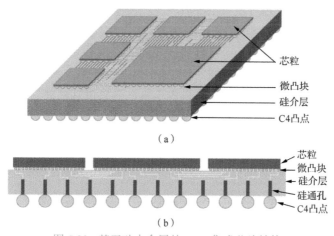

图 5.32 基于硅中介层的 2.5D 集成芯片结构

（a）基于硅中介层的 2.5D 封装集成 （b）2.5D 集成的横截面图

Chiplet 工艺模式的发展还有相当长的一段路要走，它是一次包含了芯片架构设计、封装测试技术、EDA 工具等方面的整体技术升级，有希望带来整个传统半导体产业链的重构。我们有充分的理由相信，随着越来越多的企业进入这一技术领域，Chiplet 工艺模式将会得到快速发展，受益于其对芯片设计时间和成本的优化，物联网、AI 技术、神经网络等智能产业的发展也将进一步加速。

本章小结

本章首先回顾了传统 CMOS 工艺的详细流程，在此基础上介绍了 SOI 工艺、FinFET 工艺、GAA 工艺的主要步骤，帮助读者全面认识目前主流的集成电路制造工艺技术。然后针对近年来在光刻、刻蚀及互连工艺领域出现的先进工艺手段，分别介绍了多重图形技术、混合刻蚀技术、硅通孔技术及 7nm 节点后的新型互连工艺技术。最后针对下一代三维堆叠技术，从存储阵列和外部电路的三维集成方案引入，介绍了 BiCS、CuA 和 Xstacking 堆叠工艺的技术细节，同时对 Chiplet 这一新兴集成工艺模式进行了介绍。

随着工艺节点的不断推进，硅集成电路制造按比例缩小的趋势已经放缓。在后摩尔时代，如何通过新技术的引入，持续提升集成电路的性能和算力，推动整个信息产业的继续发展是人们要共同面对的问题。近年来，随着我国对集成电路产业的重视，我国的集成电路制造工艺水平已经取得了长足的进步。相信随着产业规模的增长和人才培养的完善，我国集成电路产业的国际竞争力必将迈上新的台阶。

通过本书前 5 章的介绍，我们完成了对集成电路科学与工程从材料到器件、从设备到工艺的整体认识。本书的后续章节将聚焦芯片电路与系统，帮助读者从另一维度进一步认识集成电路科学与工程的研究内容。

思考与拓展

1. 列举 4 种以上 CMOS 工艺所用的生长技术、图形化技术及刻蚀技术，并分析其在具体工艺流程中的作用。
2. 给出 SOI 衬底制备的常见工艺方案，并简述其优缺点。
3. 调研 GAA 工艺的技术发展现状，并了解其主要工艺步骤。
4. 思考多重图形技术版图拆分的规则和来源，并简析其在拆分后对器件性能的影响。
5. 自行查阅相关文献，了解 Xtacking 中混合键合技术的实现原理。

参考文献

[1] Wanlass F M, Sah C T. Nanowatt Logic Using Field-Effect Metal-Oxide Semiconductor Triodes[C]// International Solid State Circuits Conference. NJ: IEEE, 1963, 2(20): 32-33.
[2] Hisamoto D, Lee W C, Kedzierski J, et al. FinFET-A Self-Aligned Double-Gate MOSFET Scalable to 20nm[J]. IEEE Transactions on Electron Devices. NJ: IEEE, 2000, 47(12): 2320-2325.
[3] 张汝京, 等. 纳米集成电路制造工艺[M]. 北京: 清华大学出版社, 2017: 44-51.
[4] 温德通. 集成电路制造工艺与工程应用[M]. 北京: 机械工业出版社, 2018.
[5] 刘佳, 骆志炯. 基于体硅衬底制作全耗尽 FinFET 器件的工艺方案[J]. 微电子学, 2013, 43(1): 120-124.
[6] Brueck S R J, Zaidi S H. Method and Apparatus for Extending Spatial Frequencies in Photo Lithography Images: US6042998 [P].1997-9-17.
[7] 潘意杰, 陈晔. 双重图形技术的优化设计[J]. 机电工程, 2008, 25(12): 35-38.
[8] Mack C A. Seeing Double[J]. IEEE Spectrum, 2008, 45(11): 46-51.
[9] Abe H, Yoneda M, Fujiwara N. Developments of Plasma Etching Technology for Fabricating Semiconductor Devices[J]. Japanese Journal of Applied Physics, 2008, 47(3R): 1435.
[10] Chiang C H, Kuo L M, Hu Y C, et al. Sealing Bump With Bottom-Up Cu TSV Plating Fabrication in 3-D Integration Scheme[J]. IEEE Electron Device Letter, 2013, 34:

671-673.

[11] 胡冬冬, 王珏斌, 蒋中原, 等. 一种单隔离层磁隧道结刻蚀方法: CN111146336A[P]. 2020-5-12.

[12] Rino M. 3D Flash Memories[M]. Berlin: Springer, 2016.

[13] Silvagni A. 3D NAND Flash Based on Planar Cells[J]. Computers, 2017, 6(4), 28.

[14] Hsiung C L, An Y, Chu A, et al. Architecture for CMOS Under Array: US20170309339A1[P]. 2017-10-26.

[15] James D, Choe J. Unlocking the Secrets of the YMTC 64-Layer 3D Xtacking® NAND Flash[J]. Semiconductor Digest, 2020, 2(3): 10-12.

[16] Micron Technology. Introducing 2nd Generation Micron® Mobile TLC 3D NAND: Industry-Leading Storage Solutions for Flagship Smartphones[Z/OL]. (2018-11-19)[2020-7-27].

[17] 张晓东, 张童龙, 李珩, 王思敏. 一种芯片堆叠封装及终端设备: WO 2021/062743[P]. 2021-4-8.

[18] 长江存储科技有限责任公司. 长江存储推出 128 层 QLC 闪存, 单颗容量达 1.33Tb[Z/OL]. (2020-4-10) [2022-7-27].

[19] 武汉新芯集成电路制造有限公司. XMC-三维集成技术平台[Z/OL]. (2020-12-12) [2022-9-4].

[20] 朱继锋, 胡思平, 陈俊. 一种混合键合结构及混合键合方法: CN201611265121.4[P]. 2017-5-10.

[21] 赵长林, 刘天建. 多晶圆堆叠结构及其形成方法: CN201810988464.6[P]. 2019-1-11.

[22] 肖莉红. 具有转移的互连层的三维存储器件以及其形成方法: 201980001290.2[P]. 2020-3-24.

[23] 王方林, 搜狐网. 搭积木一样造芯片? [Z/OL]. (2019-3-24) [2022-5-18].

[24] 赵元闯. Chiplet 时代来临[Z/OL]. (2019-10-14) [2022-5-18].

[25] CutressI ANANDTECH. Intel's Interconnected Future: Combining Chiplets, EMIB, and Foveros[Z/OL]. (2019-4-17) [2022-5-18].

第 6 章　大规模数字集成电路

数字集成电路是将电阻器、电容器、二极管、晶体管和 FET 等元器件和连线集成于同一半导体芯片上，用数字信号（即信号 0、1）进行算术和逻辑运算的电路或系统。随着集成电路工艺设备的升级及制造工艺的不断进步，与分立器件相比，大规模数字集成电路在可靠性、功能、面积、速度、功耗等方面都具有更大优势，已广泛应用于通信、电子计算机、物联网设备、航空航天等科学技术领域。截至 2020 年年底，基于 5nm 工艺的数字集成电路已实现量产，同时 3nm 工艺也已处于研发阶段。本章首先介绍数字集成电路基础和设计方法，然后介绍 4 种重要的大规模数字集成电路或系统，包括中央处理器、图像处理器、类脑计算芯片和片上系统。

本章重点

知识要点	能力要求
数字集成电路基础	1. 掌握组合逻辑电路与时序逻辑电路 2. 了解同步逻辑电路与异步逻辑电路的概念 3. 了解静态逻辑电路与动态逻辑电路
数字集成电路设计方法概述	了解 ASIC、FPGA 和可重构计算电路的原理、区别与联系
中央处理器	1. 掌握 CPU 的基本组成和运行原理 2. 掌握 CPU 的指令集架构 3. 掌握 4 种经典指令集架构
图形处理器	了解图形处理器的工作原理及应用
类脑计算芯片	1. 了解类脑计算芯片的基本概念和原理 2. 了解深度学习处理器和神经形态芯片的区别
片上系统	了解片上系统的概念

6.1　数字集成电路基础

数字集成电路是基于数字逻辑设计和运行的，用于处理数字信号的集成电路，属于数字电子系统的一种。早期的数字电子系统利用继电器实现简单的逻辑功能，其工作原理是当输入量的变化达到规定要求时，在输出电路中使输出量发生预定的阶跃变化。随后，真空管的出现为数字逻辑的实现提供了更优的选择。虽然早期的真空管多用于实现放大或变频等功能，以完成模拟电路设计，但人们很快就发现其可作为压控开关用于设计数字电路，从而开启了数字电子计算的时代。不过，真空管由于工作能耗过大，在晶体管出现后逐渐被晶体管取代。

基于双极型（NPN 或 PNP 型）晶体管的双极型集成电路（Bipolar Integrated Circuit，BIC）在 1958 年被提出，主要以硅材料为衬底，在平面工艺基础上采用埋层工艺和隔离技术，是最早出现的晶体管型数字集成电路。典型的 BIC 包括晶体管-晶体管逻辑（Transistor-Transistor Logic，TTL）电路、发射极耦合逻辑（Emitter Coupled Logic，ECL）电路、集成注入逻辑（Integrated Injection Logic，I²L）电路、二极管-晶体管逻辑（Diode-Transistor Logic，DTL）电路和高阈值逻辑（High Threshold Logic，HTL）电路等。其中，TTL 电路在 1962 年被提出，并一直占据数字电路市场的最大份额，直到 20 世纪 80 年代被 CMOS 数字集成电路取代（参见本书第 1 章）。

图 6.1　CMOS 数字集成电路的分类

本章主要介绍 CMOS 数字集成电路（见图 6.1），其按照逻辑功能的不同可以分为组合逻辑电路和时序逻辑电路（见 6.1.1 小节），按照时钟驱动特性的不同可以分为同步逻辑电路和异步逻辑电路（见 6.1.2 小节），按照逻辑的实现方式不同可以分为静态逻辑电路和动态逻辑电路（见 6.1.3 小节）。

6.1.1　组合逻辑电路与时序逻辑电路

组合逻辑电路是指在任意工作点，电路的输出状态仅取决于该时刻电路的输入，而与之前的状态无关的电路。常见的组合逻辑电路包括 3 种基本逻辑门（非门、或门、与门）和由它们相互组合而成的复杂逻辑门（与非门、或非门、加法器）等。时序逻辑电路是指任意时刻，电路的输出状态不仅取决于该时刻电路的输入，还与之前的状态有关的电路。时序逻辑电路中必然包含存储单元，而常见的存储单元有锁存器、触发器和寄存器（Register）等。图 6.2（a）（b）分别给出了组合逻辑电路和时序逻辑电路的示意图。

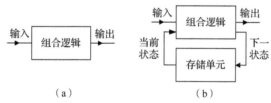

图 6.2　组合逻辑电路和时序逻辑电路示意图

（a）组合逻辑电路　（b）时序逻辑电路

1. 常见组合逻辑电路实例

3 种基本逻辑门的电路符号见表 6.1，通常认为高电平为逻辑 "1"，低电平为逻辑 "0"，并按照此定义对基本逻辑门的功能进行解释。非门（NOT Gate）又称反相器，是数字电路里最基本的逻辑单元，有一个输入端和一个输出端。当反相器的输入端为 1 时，其输出端为 0，反之亦然。或门（OR Gate）有多个输入端，只要其中一个是 1，输出就为 1，只有当输入全为 0 时输出才为 0。与门（AND Gate）也有多个输入端，但是只有所有的输入全为 1 时，输出才为 1，否则输出为 0。

复杂组合逻辑门是由 3 种基本逻辑门组合而成的，常见的有或非门、与非门和异或门等。或非门（NOR Gate）具有多个输入端和一个输出端，只要输入中有一个为 1，输出就为 0，而只有当所有的输入全为 0 时，输出才为 1。与非门（NAND Gate）具有多个输入端，一个输出端，当所有的输入同时为 1 时，输出才为 0，否则输出为 1。或非门后接一个反相器就可以构成或门，与非门后接一个反相器就可以构成与门。两输入异或门（XOR

Gate）有两个输入端和一个输出端，若两个输入逻辑值不同则输出为 1，相同则输出为 0，多输入异或门则可由多个两输入异或门组合而成。

表 6.1　常见的基本组合逻辑门和复杂组合逻辑门

图形符号	$A - \boxed{1} \circ - Y$	$\begin{matrix} A - \\ B - \end{matrix} \boxed{\&} - Y$	$\begin{matrix} A - \\ B - \end{matrix} \boxed{\geq 1} - Y$
名称	非门	与门	或门
表达式	$Y = \overline{A}$	$Y = AB$	$Y = A + B$
图形符号	$\begin{matrix} A - \\ B - \end{matrix} \boxed{\geq 1} \circ - Y$	$\begin{matrix} A - \\ B - \end{matrix} \boxed{\&} \circ - Y$	$\begin{matrix} A - \\ B - \end{matrix} \boxed{=1} - Y$
名称	或非门	与非门	异或门
表达式	$Y = \overline{A + B}$	$Y = \overline{AB}$	$Y = A \oplus B$

对于 CMOS 组合逻辑电路，每一种逻辑门都可以通过连接电源 V_{DD} 和接地 GND 的上拉网络（Pull Up Network，PUN）和下拉网络（Pull Down Network，PDN）组成。PUN 的作用是提供 V_{DD} 到输出端的数据通路，并将 V_{DD} 作为逻辑"1"输出；PDN 的作用是提供 GND 到输出端的数据通路，并将 GND 作为逻辑"0"输出。PUN 和 PDN 可分别由多个 PMOS 和多个 NMOS 组成，二者之间是互补关系。

最典型的 CMOS 组合逻辑电路是反相器，它是由一个增强型 PMOS 作为 PUN 和一个增强型 NMOS 作为 PDN 组合而成（增强型的定义可参考本书第 3 章），如图 6.3（a）所示。当输入 A 为 1 时，NMOS 处于导通状态而 PMOS 处于截止状态，即 PDN 导通而 PUN 关断，此时输出端与 GND 直接相连，输出 0。相反地，如果输入 A 为 0，PUN 导通而 PDN 关断，此时输出端与 VDD 直接相连，输出 1。

两输入与非门电路如图 6.3（b）所示，包括由两个并联的增强型 PMOS 构成的 PUN 和由两个串联的增强型 NMOS 构成的 PDN。两个输入 A 和 B 分别连接到一个 NMOS 和一个 PMOS 的栅极，当输入 A、B 中只要有一个为 0 时，就会使 PUN 导通而 PDN 关断，输出为 1；仅当输入 A、B 全为 1 时，才会使 PDN 导通而 PUN 关断，输出为 0。图 6.3（c）所示的两输入 CMOS 或非门电路也可做类似的讨论，此处不再赘述。

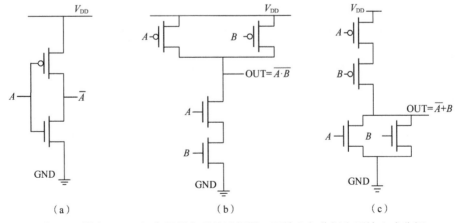

图 6.3　利用 CMOS 组合逻辑实现的反相器、两输入与非门和两输入或非门

（a）反相器　（b）两输入与非门　（c）两输入或非门

将上述基本逻辑门组合起来就可以构成更复杂的逻辑单元和功能模块，例如常见的运算功能块——加法器。加法是计算机系统中最常用的运算操作之一，而加法器常用作算术逻辑部件，执行逻辑、移位与指令调用等命令。由于加法器也是限制硬件速度的基础模块，因此在数字集成电路方面有很多关于加法器的研究。

一个一位全加器的门级结构和逻辑真值表如图 6.4 所示，它能够实现两个一位二进制数以及来自低位的一位进位数的相加。

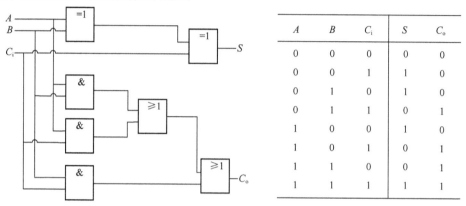

A	B	C_i	S	C_o
0	0	0	0	0
0	0	1	1	0
0	1	0	1	0
0	1	1	0	1
1	0	0	1	0
1	0	1	0	1
1	1	0	0	1
1	1	1	1	1

图 6.4 一位全加器的门级结构和逻辑真值表

图中 A 和 B 分别是全加器的两个加数，C_i 是进位输入，S 是和输出，C_o 是进位输出，S 和 C_o 的计算方式为

$$S = A \oplus B \oplus C_i \tag{6.1}$$
$$C_o = AB + BC_i + AC_i \tag{6.2}$$

将 N 个一位全加器电路并联起来即可构成一个 N 位全加器。加法器的优化可以在逻辑层和电路层同时进行：电路层的优化一般注重改变晶体管的尺寸和电路的拓扑连接，常见的加法器结构有静态加法器、镜像加法器、传输门型加法器和曼彻斯特进位链加法器等；逻辑层的优化一般需要重新优化逻辑表达式以得到一个面积较小或速度较快的电路，常见的加法器结构有进位旁路加法器、线性进位选择加法器、平方根进位选择加法器和超前进位加法器等。

2. 常见时序逻辑电路实例

假设有足够长的时间使所有逻辑门稳定下来，那么逻辑电路的输出就只与当前输入值有关，但实际电路中有些状态信息需要保存，这时就需要利用时序逻辑电路。在时序逻辑电路中，有以下几个与时序有关的概念。

（1）建立时间（Setup Time）：指在采样时钟边沿到来之前数据输入端必须保持稳定的时间。

（2）保持时间（Hold Time）：指在采样时钟边沿到来之后数据输入端必须保持稳定的时间。

（3）延迟时间 t_{C-Q}：指采样时钟边沿到来与完成数据采样之间的时间。

这三者之间的关系如图 6.5 所示，其中 D 为输入端数据，Q 为输出端数据，CLK 为采样时钟信号。在 CLK 信号的上升沿到来时，将 D 数据传递给 Q 作为输出数据。在 CLK 信号到来前，D 需要保持的建立时间为 T_{setup}，如图 6.5（a）所示；在 CLK 信号到来后，为保证数据采样的准确性，D 需要保持的保持时间为 T_{hold}，如图 6.5（b）所示；从 CLK 信号的上升沿到 Q 的上升沿的时间 t_{C-Q} 为延迟时间，如图 6.5（c）所示。

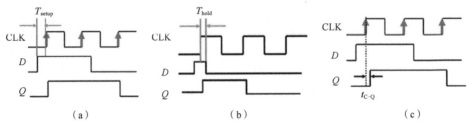

图 6.5　时序逻辑电路中的建立时间、保持时间和延迟时间

（a）建立时间　（b）保持时间　（c）延迟时间

在时序逻辑电路中，需要有存储单元来存储之前电路的状态，本小节重点介绍其中的锁存器和寄存器。

锁存器是一种对脉冲电平敏感的电路，其实现方式有很多种，但是最根本的工作原理都是基于双稳态电路对于数据的记忆功能。若按照电平敏感的类型，可以将锁存器分为低电平敏感的负锁存器和高电平敏感的正锁存器，如图 6.6 所示。对于负锁存器，只有当时钟信号 CLK 为低电平时，数据 D 可以被传送到 Q，处于透明模式；时钟信号 CLK 为高电平时，锁存器处于数据保持模式。正锁存器的工作模式则正好相反。

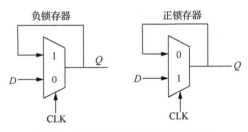

图 6.6　负锁存器和正锁存器示意图

不同于锁存器，寄存器只有在时钟上升沿或下降沿到来时才传输数据，其他时间保持数据。在时钟发生 0→1 翻转时采样的寄存器为正沿触发寄存器，在 1→0 翻转时采样的寄存器为负沿触发寄存器。一种实例如图 6.7 所示，它是由一个负锁存器（作为主锁存器）和一个正锁存器（作为从锁存器）构成的主从型寄存器。当时钟信号 CLK 为高电平时，主锁存器处于数据保持模式，Q_M 保持不变，从锁存器将 Q_M 传输给 Q 作为输出，此时输出的 Q 为时钟上升沿前的输入 D，其效果等同于正沿触发，因此为正沿触发寄存器。

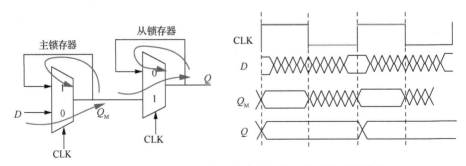

图 6.7　主从结构的边沿触发寄存器及其工作时的时钟信号

6.1.2　同步逻辑电路与异步逻辑电路

同步逻辑是指整个电路设计中只有一个本地时钟，而异步逻辑是指电路中存在多个时钟系统并且各个时钟之间没有固定的因果关系。同步逻辑电路是指所有时序逻辑单元采用同源时钟驱动，任意路径均满足时序建立时间约束和保持时间约束，其最高工作频率受限于时延最长的路径（关键路径）。根据信号与本地时钟的关系，同步逻辑电路可以进一步分为同步互连、中等同步互连和近似同步互连 3 种。

1. 同步互连

同步互连是指数据信号与本地时钟具有完全相同的频率和固定的相位差。由于数据信号与时钟同步，因此可以直接采样。图 6.8 展示了同步互连的方法，输入数据由寄存器 R_1 采样，产生与系统时钟同步的信号 C_{in}，经过组合逻辑模块，再经过一定稳定时间后输出 C_{out}，C_{out} 由寄存器 R_2 采样，通过时钟与输出同步。

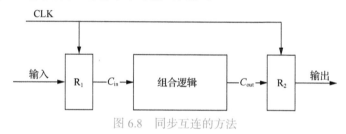

图 6.8　同步互连的方法

2. 中等同步互连

中等同步互连是指信号与本地时钟具有完全相同的频率，但具有未知的相位差。数据在两个不同的时钟域之间传送，需要采用中等同步器使之与接收模块的时钟同步。

图 6.9 展示了利用可变时延线实现的中等同步互连方式，其中，信号 D_1 和 CLK_A 同步，CLK_A 和 CLK_B 由于存在未知相位差，且模块 A 和模块 B 之间路径时延未知，所以 D_1、D_2 与 CLK_B 中等同步。通过调整可变延时线可以使信号 D_3 与模块 B 的时钟同步，寄存器 R_2 在确定期采样之后，信号 D_4 便可以和 CLK_B 同步。

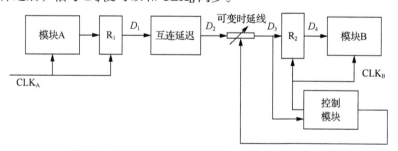

图 6.9　利用可变时延线实现的中等同步互连方式

3. 近似同步互连

近似同步互连是指信号与本地时钟具有名义上相同的频率，但真正的频率却稍有不同，两个时钟间的相位差将随时间漂移。当长距离通信（两个相互作用的模块具有各自独立的晶体振荡器）时，需要采用缓冲技术以保证能接收到所有的数据。

图 6.10 展示了一种利用先进先出（First In First Out，FIFO）寄存器的近似同步互连方

式。图中，C_1 和 C_2 近似同步，组合逻辑模块以 C_1 的频率产生数据，时序恢复模块将从数据序列里取出 C_3 并在 FIFO 寄存器中缓冲，这样 C_3 就和 FIFO 寄存器输入端的数据同步，与 C_1 中等同步。

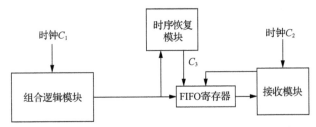

图 6.10　一种利用 FIFO 寄存器的近似同步互连方式

异步逻辑电路是指无时钟同步或者由非同源时钟驱动的时序逻辑电路，该电路性能取决于电路时延本身。异步信号不服从本地时钟，可以在任何时候随意变化。为实现异步逻辑电路不同模块之间的数据通信，有两种方法：一种是通过检测信号的随意变化并将等待时间引入与本地时钟同步的数据流中，以"同步"异步信号；另一种是完全取消本地时钟，采用自定时的异步电路，通过握手协议实现模块间正确的操作次序。图 6.11 展示了一种异步逻辑电路的设计方法，F 为自定时逻辑模块完成操作时产生的输出信号，握手信号把该数据传送到下一模块，下一模块会将该数据存储并在启动信号 E 有效后开始执行新的逻辑操作。

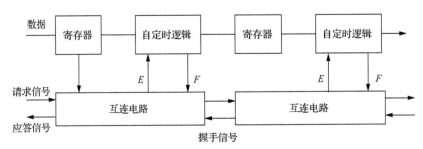

图 6.11　一种异步逻辑电路的设计方法

6.1.3　静态逻辑电路与动态逻辑电路

静态逻辑电路通过低阻通路连接到电源或地，从而实现逻辑 1 和 0。常见的静态逻辑电路有静态互补 CMOS 逻辑电路、传输管逻辑电路和有比逻辑电路等。动态逻辑电路通过维持保存在寄生电容器上的电荷来实现逻辑 0 和 1 的输出。二者相比，静态逻辑电路一般具有良好的稳定性，但所占面积大、延迟也大；动态逻辑电路在理想情况下延迟仅为静态互补 CMOS 电路延迟的 50%，但其抗噪声能力差、功耗高。

1. 静态互补 CMOS 逻辑

静态互补 CMOS 逻辑电路是静态逻辑电路里使用最广泛的类型，图 6.3 就属于该类型。如果将图 6.3 所示的 3 种逻辑门电路进行抽象，就得到了由 PUN 和 PDN 组成的静态互补 CMOS 逻辑电路的示意图，如图 6.12 所示。一个 N 输入的逻辑门，所有输入同时连接 PUN 和 PDN。在电路稳定状态下，两个网络仅有一个处于导通状态。若 PUN 导通，则电路将

提供一条在 V_{DD} 和输出 F 之间的通路，输出 F 为 1；若 PDN 导通，则电路将提供一条在 GND 和输出之间的通路，输出 F 为 0。一般来说，实现一个 N 输入的静态互补 CMOS 逻辑电路需要 $2N$ 个晶体管。

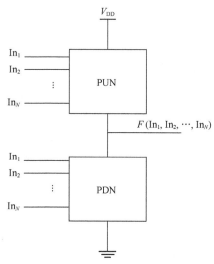

图 6.12　PUN 和 PDN 组成的静态互补 CMOS 逻辑电路示意图

2. 传输管逻辑

虽然采用静态互补 CMOS 逻辑电路简单且有效，但随着输入逻辑门数量的增加，需要用到的晶体管数量成倍地增加，电路面积开销增大，并且传播时延也会迅速增加。另一种不同于互补 CMOS 逻辑电路的类型是传输管逻辑电路，其通过输入驱动栅极和源漏极来减少实现逻辑所需的晶体管数量[1]。

图 6.13（a）所示为用 NMOS 作为传输管实现的两输入与门。实现该与门需要反相输入 B，因此一共需要 4 个晶体管，但如果用静态互补 CMOS 逻辑实现则需 6 个晶体管。虽然电路面积有所减小，寄生电容相应减小，但传输管逻辑也有缺点：用 NMOS 传输高电平和用 PMOS 传输低电平都存在阈值损失，并且由于体效应的存在，实际电平损失往往超过阈值电压。如图 6.13（b）所示，最终实现的逻辑高电平相对于 V_{DD} 会有一定的下降。

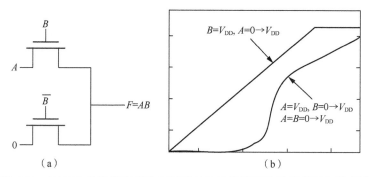

图 6.13　NMOS 传输管实现的与门设计和传输管逻辑的阈值损失示意图

（a）用 NMOS 作为传输管实现的两输入与门　（b）传输管逻辑的阈值损失示意图

3. 有比逻辑

有比逻辑以降低电路稳定性和增加功耗为代价，可以减少所需的晶体管数量（见图 6.14）。在有比逻辑中，PUN 被一个负载 R_L 代替，如图 6.15（a）所示。进一步地，可以使用栅极接地的 PMOS 代替负载 R_L，这种逻辑门又称为伪 NMOS 静态逻辑门。伪 NMOS 静态逻辑门与静态互补 CMOS 逻辑门相比，可以将晶体管数量从 $2N$ 减少到 $N+1$。该门的额定输出高电压为 V_{DD}，但额定输出低电压因为 PDN 和与栅极接地的 PMOS 之间存在通路而不为 0V，这样不仅会使噪声容限降低，同时也增加了额外的静态功耗。一般通过调节 NMOS 和 PMOS 的尺寸比来优化伪 NMOS 静态逻辑门的噪声容限、功耗和传播时延等参数，有比逻辑也因此而得名。

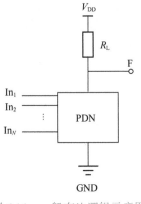

图 6.14　一般有比逻辑示意图

与伪 NMOS 静态逻辑门相比，动态 CMOS 逻辑门一般通过增加时钟输入达到减少晶体管数量的目的，同时规避静态功耗的问题。图 6.15（b）是一个 N 型动态逻辑门的基本结构示意图，由一个 PMOS、一个 PDN 和一个 NMOS 求值晶体管 VF_e 构成。动态电路的工作模式分为预充电和求值阶段，具体处于哪个阶段由时钟信号 CLK 决定。

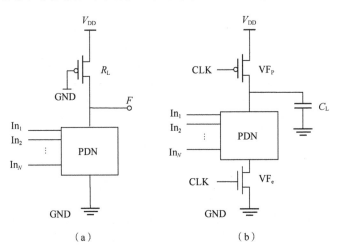

（a）　　　　　　　　　　（b）

图 6.15　伪 NMOS 静态逻辑门与 N 型动态逻辑门
（a）伪 NMOS 静态逻辑门　（b）N 型动态逻辑门

在预充电阶段，CLK 为 0，输出端被 PMOS 上拉至 V_{DD}。在求值阶段，CLK 为 1，求值晶体管 VF_e 导通。此时，若输入信号使 PDN 导通，则负载电容器 C_L 发生放电，输出电压降至 0；若 PDN 关断，则在 C_L 维持预充电位。

动态逻辑门的功能由 PDN 实现，晶体管数量与静态互补 CMOS 逻辑门相比减少为 $N+2$。由于 PMOS 的尺寸与正确实现逻辑功能方面并无直接关系，因此动态逻辑是无比逻辑。同时，动态逻辑门没有任何静态电流路径，所以理想情况下没有静态功耗，但由于有动态功耗的存在，因此动态逻辑门的总体功耗与静态 CMOS 逻辑门相比不会有明显降低。如果忽略预充放电时间对开关速度的影响，则动态逻辑门相对于静态互补 CMOS 逻辑门有较快的开关速度。

6.2　数字集成电路设计方法概述

进行数字集成电路设计时需要综合考虑性能、功耗、稳定性、面积、成本与产量等因素：性能指数字集成电路处理数字信号的吞吐量，在体系结构确定的情况下一般指电路工作时的主频；功耗是指电路工作时消耗的动态功耗和静态功耗的总和；稳定性指电路抗噪声、抗工艺涨落的能力；面积和成本成正比，成本指电路设计和加工成本、封装费用和测试成本的总和；产量指完成设计后工艺厂商的出货量。由于上述客观因素往往存在互相制约的关系，因此需要根据实际应用场景综合考虑数字集成电路的实现策略。例如，为提高市场竞争力，消费级微处理器应当具有高性能和低价格，但对于应用于国防安全领域的超级计算机，稳定性则是其首要因素。

如图 6.16 所示，数字集成电路的设计方法可以分为全定制设计、半定制设计和可重构设计 3 种。全定制设计即手工进行电路结构和物理设计，当数字集成电路的性能和面积成为主要考虑因素时，往往需要手工进行电路设计，这也是早期数字电路的唯一实现方式。然而随着数字集成电路制造工艺的发展、设计自动化软件功能的进步，全定制的电路设计所占比例逐渐下降，甚至在最先进的数字集成电路系统中，100%都是采用半定制设计。但是，全定制设计并没有完全消失，除将在本书第 7 章介绍的模拟集成电路之外，全定制设计仍然适用于满足以下条件的数字集成电路[1]：

（1）可复用模块，如标准单元和库单元等；

（2）产量极大的标准电路，如存储器和通用逻辑电路等；

（3）不计开发成本与时间的设计，如超级计算机和巨型计算机等。

现有的全定制数字集成电路主要是半定制电路中重要的模块，如处理器内核、高速串行总线接口等，而最常见的全定制电路便是库单元的设计，这部分内容将在本书第 10 章介绍。

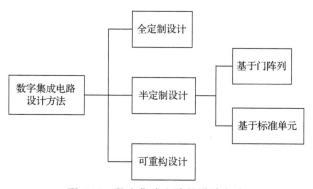

图 6.16　数字集成电路的设计方法

实现数字集成电路的另一种方法是半定制设计。半定制设计可以分为两大类：一类是基于门阵列的设计，典型应用是现场可编程逻辑门阵列（详见 6.2.1 小节）；另一类是基于标准单元的设计，这类电路一般称为专用集成电路（详见 6.2.2 小节）。需要特别指出的是，广义的专用集成电路与通用电路不同，包含了部分全定制电路与半定制电路，而狭义的专用集成电路一般指基于标准单元设计的数字集成电路。

除上述两种设计方法之外，随着物联网终端等对集成电路性能、面积和灵活性有综合要求的应用场景的出现，可重构设计方法开始受到关注（详见 6.2.3 小节）。可重构设计的最大优势在于通过空域硬件结构组织不同粒度和不同功能的计算资源，通过运行过程中的软件配置，定义并调整硬件功能，最终可以根据数据流的特点，使功能配置好的硬件资源互连形成固定的计算通路，进而以接近专用集成电路的方式进行计算。

6.2.1 基于门阵列的半定制电路

基于门阵列的半定制电路主要分为两类：一类是早期的预扩散门阵列或者门海，另一类是基于预布线的现场可编程逻辑门阵列（Field Programable Gate Array，FPGA）。FPGA 的应用领域及范围更为广泛，因此本小节主要介绍 FPGA 的发展历程。

FPGA 最初是作为专用集成电路（Application Specific Integrated Circuit，ASIC）领域中的一种半定制电路出现，既解决了 ASIC 灵活性不足的问题，又克服了可编程逻辑器件（Programmable Logic Device，PLD）门数量过少的缺点，在工业界得到了广泛应用[2]。在 PLD 出现之前，设计师们只能使用一些专用的小芯片来搭建系统，这些小芯片被称为离散逻辑芯片。每一种离散逻辑芯片实现的功能仅相当于几个逻辑门，为实现更复杂的逻辑功能，设计师可能需要使用几十个或更多的离散逻辑芯片，使得电路的布局布线难度大大增加，并极大地降低了系统的性能。

为改变这种状况，20 世纪 70 年代早期出现了第一类 PLD——可编程逻辑阵列（Programmable Logic Array，PLA）。PLA 中包含一些固定数量的与门、非门，分别组成了"与平面"和"或平面"，同时还包括基于熔丝工艺的仅可编程一次的连接矩阵，即"与连接矩阵"和"或连接矩阵"，可以实现一些相对复杂的逻辑功能。在 PLA 中，如果只能对与门的连接矩阵编程，而或门的连接矩阵是固定的，那么这种芯片被称为可编程阵列逻辑（Programmable Array Logic，PAL），由 Monolithic 提出。在 PAL 的基础上，莱迪思半导体发明出一种称为通用阵列逻辑（Generic Array Logic，GAL）的器件。GAL 在 PAL 的基础上有两点改进：采用了电可擦除 CMOS 工艺，增强了器件的可重配置性和灵活性；采用了可编程的输出逻辑宏单元，可以只用一个型号的 GAL 便实现所有 PAL 器件的输出电路工作模式，增强了器件的通用性。随着集成电路加工工艺的进步，在 PLA 的基础上又发展出了现场可编程逻辑阵列（Field Programable Logic Array，FPLA）。与 PLA 相比，FPLA 的优势是可以多次编程，增加了芯片的使用灵活性。

早期的可编程逻辑器件以 PLA、PAL、GAL 和 FPLA 这 4 种芯片类型为主，由于它们结构简单，开发人员可以利用软件工具进行快速开发和仿真，并立即在实际电路中进行测试，部分避免了 ASIC 制造过程中繁杂的工艺流程，提高了数字集成电路的开发速度。但是随着工艺的进步，人们对芯片集成度有了更高的追求，新的可编程逻辑器件——复杂可编程逻辑器件（Complex Programmable Logic Device，CPLD）诞生了。CPLD 可以看成是 PLA 器件的延续，其周围分布着一些宏单元，每个宏单元的内部结构和 PLA 类似，而其核心是一个连接矩阵，用于各个宏单元之间的互连。CPLD 的出现使得半定制数字集成电路的设计达到了一个新的高度，但随着时间的推移，CPLD 也不能满足日益增加的电路规模需求。在这样的情况下，FPGA 应运而生。

FPGA 和 CPLD 本质上都是高密度可编程逻辑器件，但又有所不同。FPGA 并没有沿用类似 PLA 的结构（即大量使用与门和非门），而是采用了逻辑单元阵列的概念，大量使用查找表和寄存器等单元。FPGA 主要由可编程输入/输出单元、可编程逻辑单元、嵌入式随机存储器、可编程布线、底层嵌入功能单元和内嵌专用硬核组成，其中可编程逻辑单元是 FPGA 的基本逻辑单元，由查找表和触发器构成，如图 6.17 所示。与 CPLD 相比，FPGA 所连接的单元更多，包括高层次的计算模块和存储器，如加法器和乘法器等，互连方式灵活且复杂。

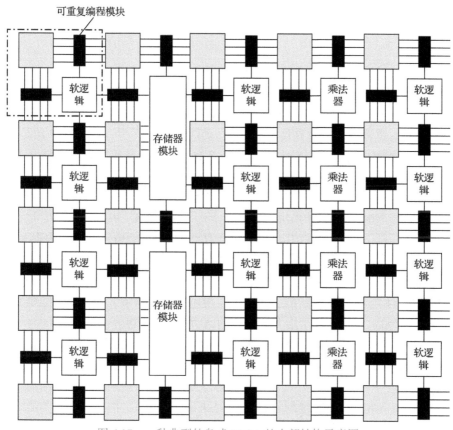

图 6.17　一种典型的岛式 FPGA 的内部结构示意图

1985 年，Xilinx 基于 2μm 工艺推出了第一款 FPGA 产品，含 64 个逻辑块，约 1200 个逻辑门。发展至今，FPGA 逻辑资源数量呈指数级增加，已经不宜再用逻辑门的数量来衡量。例如，Xilinx 于 2018 年发布了基于 TSMC 7nm 工艺的 FPGA 产品，该产品由数以百万计的逻辑单元构成，配置实现特定的逻辑功能非常复杂，需要使用电子设计自动化开发工具编译对应的配置文件以生成二进制码流。截至 2020 年，主流的 FPGA 厂商有 Altera（于 2015 年被英特尔收购）、Xilinx（于 2020 年被 AMD 收购）、Lattice 和 Atmel（于 2016 年被 Microchip 收购）等。

FPGA 设计方法的发展可划分为 3 个阶段，即硬件描述阶段、嵌入式软核阶段和异构系统阶段。在硬件描述阶段，设计人员根据电路功能使用硬件描述语言完成设计。鉴于模块化数字电路可被封装成知识产权（Intellectual Property，IP）核的形式，用 IP 核实现的 FPGA 可显著提高设计效率。在嵌入式软核阶段，设计师利用 FPGA 内部的逻辑资源搭建微处理器软核，再将输入/输出单元接口等 IP 软核连接到微处理器软核总线，构成可编程系统芯片。设计师可通过 C、C++等语言控制可编程片上系统工作，从而实现软硬件协同设计。在异构系统阶段，工业界对功耗、性能和开发时长提出了新的要求，以 CPU 为核心的冯·诺依曼结构和可编程逻辑电路皆可包含在同一 FPGA 中，使异构系统有了更多综合优势。例如，Altera 和 Xilinx 等厂商均推出了含 ARM 硬核的产品。另外，随着高层次综合工具的推出，FPGA 的 EDA 工具有了进一步发展，可直接使用 C、C++等语言直接对 FPGA 进行高层次综合（High Level Synthesis，HLS），可使不了解 FPGA 设计的软件工程师也能参与到 FPGA 产品开发中。

6.2.2　基于标准单元的半定制电路

需要特别指出的是，这里所提到的标准单元包含两类。一类标准单元是由生产厂商提供的可供逻辑门设计实体化的库文件，一般包括反相器、与非门、或非门、寄存器等。为了便于电路设计，逻辑门的物理高度是相同的，而宽度不同。另一类标准单元是指宏单元，不受限于统一的高度，往往占据较大面积，如 SRAM 和 IP 核等。这些宏单元不一定来自生产厂商，可以根据用户自身需求进行定制。前面提到，狭义的 ASIC 是基于标准单元的半定制设计电路，本小节重点介绍这类 ASIC 的设计与实现。

ASIC 是指针对特定用途专门定制的集成电路，与 CPU 和 FPGA 相比，它往往具有更好的性能和更低的功耗。现代 ASIC 芯片通常包括存储器（如 ROM、RAM、内存）、微处理器和其他 IP 功能块（常见的有锁相环、ADC、DAC、线性稳压器等）。而 ASIC 里常见的 IP 模块除了商业购买的第三方 IP 外，也有客户自有工具（Customer Owned Tooling，COT）模块。ASIC 大量应用于计算机、智能手机、汽车电子、通信设备，如海思的麒麟系列产品、高通的骁龙系列产品、AMD 基于皓龙处理器的 A 系列 APU 等。

一个大型、完整的 ASIC 设计流程一般是：顶层设计团队根据系统设计和规范（System Design and Specification）进行架构方面的设计并划片（Partition）；模块前端设计团队用硬件描述语言编写 RTL 代码，并进行功能仿真，如果制造厂商同时负责封装工作，那么封装设计团队也需要加入早期规划设计，同时决定芯片的尺寸；功能仿真完成后，需要综合优化产生网表，并由验证团队负责搭建测试平台，测试不同情境下的功能正确性，保证一定的功能正确覆盖率；最后可测性设计团队会插入一些与可测性设计相关的逻辑，最终生成一个门级网表。后端设计团队拿到网表后，物理设计团队需要不断进行布局、布线、时钟树综合工作以使芯片的时序、面积和功耗达到要求甚至达到最佳状态。在这个过程中，时序工程师需要和前端设计师和物理设计团队配合，不断完善设计约束文件，功耗分析工程师需要不断评估功耗并给出调整意见，时钟设计师需要不断调整顶层的时钟树综合以满足整个芯片的时序和功耗。整个设计迭代过程中还需要进行压降分析（IR Drop）以确保整个芯片能够正常工作，也需要保证网表的一致性和等价性。在此基础上，最终通过设计规则检查、版图和电路的一致性检查、时序收敛测试，以及其他各项细致的检查，确保无误后方可签核（Sign-off），交付给工艺厂商进行制造。一个典型的 ASIC 设计流程如图 6.18 所示。

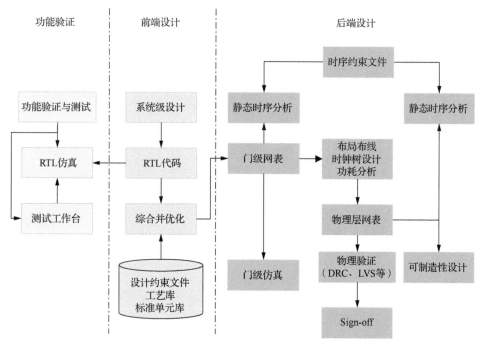

图 6.18　一个典型的 ASIC 设计流程

当然，ASIC 设计离不开 EDA 工具的帮助，这也是目前被大家广泛认可的我国半导体科技领域亟待解决的"卡脖子"问题之一。目前主流的 EDA 工具基本来自 Synopsys、Cadence 和 Mentor Graphics，国内做得比较出色的公司有华大九天等。具体来讲，系统设计与验证 EDA 工具有 Incisive、VCS 等，综合工具有 Design Compiler，物理设计工具有 Innovus、ICC2 和 Calibre，电路设计与仿真工具有 HSpice 和 Spectre 等，PCB 设计软件有 Sigrity 和 Xpedition 等。EDA 设计工具会在本书第 10 章详细介绍。

6.2.3　可重构计算电路

近年来，随着 5G、物联网和人工智能等大数据应用的兴起，数字集成电路的能量效率和配置灵活性成为衡量其性能的两个重要参数。一方面，随着摩尔定律逐渐逼近极限，大规模数字集成电路的功耗问题越来越突出；另一方面，鉴于应用场景的多样性及 ASIC 所面临的日益增长的一次性工程（Non-Recurring Engineering，NRE）费用，成本问题将成为技术之外的重要影响因素。能量效率和灵活性之间的折中关系使得可重构计算芯片被重新发掘，成为全定制芯片和半定制芯片之外的选项。

可重构计算的概念早在 20 世纪 60 年代就已经被提出，美国加利福尼亚大学洛杉矶分校的 E. Gerald 教授最早提出了基于一个主处理器和一个硬件的可重构架构。而可重构芯片的概念则要追溯到 20 世纪 80 年代，并随着高层次综合（High Level Synthesis，HLS）理论和方法的提出而受到关注。可重构芯片的主要特征包括：

（1）在芯片制造完成之后，其功能仍然可以订制，并应用于特定的任务；

（2）芯片计算功能的实现主要依靠软件功能到芯片的映射。

从这两项特征可以看出，可重构芯片同时具备高灵活性和高能量效率，如图 6.19 所示。

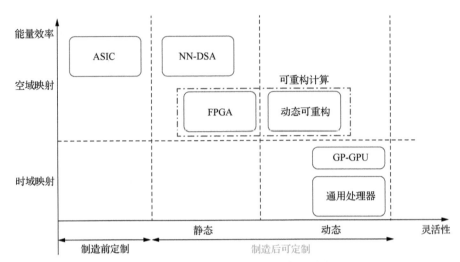

图 6.19　可重构计算架构与现有主流计算架构在能量效率和灵活性上的对比

从图 6.19 可以看出，可重构芯片的能量效率和灵活性介于通用处理器和专用处理器（ASIC、NN-DSA）之间。这一方面得益于其在制造完成之后仍然能够进行编程，另一方面得益于其在空域通过并行计算的方式完成计算任务，避免了通用处理器在时域中取指和译码的能量开销。也许有人会问，这不就是 FPGA 所实现的功能吗？实际上，从图 6.19 中可以发现，FPGA 的确是可重构计算的一种实现方式，但是 FPGA 的设计理念更接近于 ASIC，属于一种静态可重构处理器，而这里讨论的则是更接近于通用处理器的动态可重构芯片，例如基于粗粒度可重构阵列（Coarse Grained Reconfigurable Array，CGRA）的芯片。

关于动态可重构芯片的研究在 2000 年以后才开始大规模展开，2020 年前后在学术界仍处于百家争鸣的状态，但在工业界已经出现了不少基于动态可重构芯片的成功案例，例如三星提出的包含动态可重构功能模块的芯片已经作为视频编解码模块成功应用于其手机的 SoC 上。值得一提的是，由美国 DARPA 提出的电子复兴计划(Electronics Resurgence Initiative，ERI）中的一个研究课题就是软件定义硬件。而软件定义硬件其实就是让芯片根据软件的功能设置进行相应的调整，在保持高计算能效的同时提高其灵活性。国内关于动态可重构芯片的起步较晚，但是在借鉴了国外成熟经验后进步很快，目前已经接近国际领先水平。其中由清华大学魏少军教授牵头成立的清华大学可重构计算研究团队就是其中的典型代表。2017 年，该团队推出了第一代可重构人工智能芯片 Thinker-Ⅰ，随后又接连推出了 3 款 Thinker 系列芯片，并已在信息安全芯片和密码芯片中得到应用。

6.3　中央处理器

当前，台式计算机和便携式计算机已经成为每个人不可或缺的生产工具，在现代社会中发挥着重要作用。如图 6.20 所示，中央处理单元（Central Processing Unit，CPU）、内部存储器和 I/O 设备是计算机的 3 大组成要素。其中，CPU 通常也被称为中央处理器、微处理器或者处理器，是计算机系统中最重要的组成要素，被称为计算机的"大脑"，是计算机的运算核心与控制核心。它是计算机上控制指令、执行指令、控制时序和处理数据的核心组件，主要功能是从计算机程序或外围设备（键盘、鼠标和打印机等）获取输入，读取并理解相关指令，从而对数据进行处理并将运行结果输出到显示器或执行外围设备的请求任务。自发明以来，CPU 的集成度、功能和速度得到了极大的提升。英特尔 1971 年发布的第一个微处理器4004集成了2300 个晶体管,时钟频率为108kHz;2013 年发布的i7-4960X处理器采用 22nm 制程工艺，集成了 18.6 亿个晶体管，时钟频率为 3.6GHz；2020 年发布的 i9-10900K 采用 14nm 制程工艺，处理器时钟频率达到了 5.1GHz。CPU 的性能在极大程度上决定了计算机的性能，因此 CPU 的不断发展也推动着计算机的不断升级。

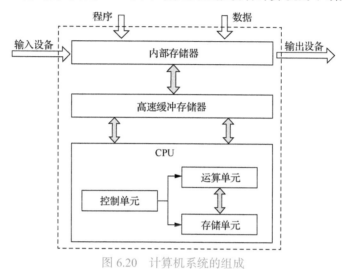

图 6.20　计算机系统的组成

6.3.1　中央处理器的功能和组成

1. CPU 的主要功能

计算机程序实际是由若干条指令组成的指令序列,而 CPU 是执行计算机程序指令的硬件。在一个计算机程序正常运行的过程中，CPU 起到至关重要的作用，其主要功能包括以下 4 个方面[3]。

（1）指令顺序控制。计算机程序是一个指令序列，这些指令有可能顺序执行，也可能并行执行，但是在执行过程中必须保证指令序列的执行顺序不能混乱，必须严格按照预先给定的顺序执行。CPU 则负责控制指令执行顺序,确保计算机按照预定顺序执行相关指令。

（2）操作信号控制。通常来讲，一条指令是由多个操作信号组成的，CPU 需要产生并管理每条指令对应的操作信号，把每一个操作信号发送给相应的硬件，从而控制相应硬件按照指令要求执行指定操作。

（3）时序控制。时序控制包括两个方面，一是严格控制组成一条指令的操作信号按照时序要求执行，二是严格控制不同指令按照时序要求执行。

（4）处理数据。CPU 需要根据指令对输入数据进行逻辑运算或算术运算，处理完成之后将处理结果输出给用户或外围设备。

CPU 最根本的任务是数据处理。处理数据的过程由以下 5 个基本步骤组成。

（1）取指令：每个指令都存储在内存中，并且有自己的地址，CPU 要进行运算，首先需要从内存中获取程序指令，该步骤被称为取指令。

（2）指令译码：所有要执行的程序都被编译成汇编代码，然后解码成 CPU 可以理解的二进制指令，这一步被称为指令译码。

（3）执行指令：在完成指令译码后，CPU 开始执行指令。根据操作命令与操作数，形成指令控制信号，完成相应的操作，如算术运算、逻辑运算、数据移动和地址跳转等。

（4）数据读写：在执行程序之后，CPU 向输出模块提供输出信息，然后输出模块为输出设备生成适当的信号。任务完成后，CPU 还将输出数据写入内存。

（5）指令完成：当前指令在完成相应运算或者操作后将会被注销。

2. CPU 的基本组成与运行原理

如图 6.21 所示，CPU 主要由 3 部分组成：控制单元、运算单元和存储单元。这 3 部分通过 CPU 内部总线实现互连。在 CPU 执行数据处理任务的过程中，需要进行取指令/数据，因此需要有存储单元存放指令和数据，该单元在 CPU 中被称为寄存器。在 CPU 执行指令的过程中，指令被分解为多个控制信号，并发送到不同的硬件，因此需要控制单元向相关硬件发出各种控制指令。CPU 执行指令的过程实际是完成数据运算的过程，因此需要有运算单元，该单元在 CPU 中被称为算数逻辑单元（Arithmetic and Logic Unit，ALU）。

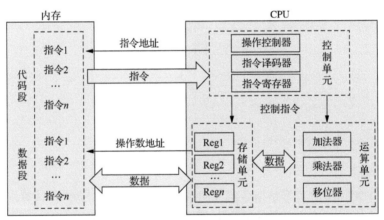

图 6.21　CPU 架构与工作原理示意图

（1）控制单元：作为整个 CPU 的控制中心，控制单元由操作控制器、指令寄存器和指令译码器等组成，主要负责指令执行与资源调度，保证计算机的有序运行。控制单元根据外设输入的指令或者预先编写的程序，从存储器中依次取出所有指令，并将指令放在指令寄存器当中。在指令译码器的辅助下，CPU 会分析出应如何执行给定指令，并将一条指令分解成多个微操作，通过操作控制器，向相应的硬件资源发出微操作控制信号，各子部件根据微操作控制信号及给定时序完成相应的操作。

（2）运算单元：运算单元主要负责执行算术运算与逻辑运算。其中算术运算包括加法、乘法等基础运算及其附加运算。逻辑运算包括移位运算、逻辑与、逻辑或和逻辑非等。在 CPU 运行过程中，运算单元接收控制单元的命令，并执行相关操作。

（3）存储单元：存储单元是暂时存放数据和指令的地方，由片内缓存和寄存器组成，通常具有非常快的访问速度。寄存器的使用可以有效减少 CPU 访问内存的次数，从而提高 CPU 的工作频率。受芯片面积和制作成本所限，寄存器容量比较小，根据作用的不同，可以分为专用寄存器和通用寄存器两类。专用寄存器的用途是固定的，寄存特定的数据，而通用寄存器的使用范围较为广泛，可以由程序员自行定义。

3. CPU 的性能评价指标

CPU 作为计算机最重要的组成部分，其性能决定了它所配置的计算机的性能，因此 CPU 的性能指标十分重要。主频、外频、基础字长、数据总线宽度、工作电压和制造工艺等是评价 CPU 性能的主要参考指标。

（1）主频：也被称为时钟频率，用来表示 CPU 内数字脉冲信号振荡的速度，单位是赫兹（Hz）。主频是 CPU 性能表现的一个方面，但并不能量化 CPU 的运行速度。CPU 的主频和实际的运行速度之间并没有明确的数值关系。对于同一厂商的 CPU，通常主频越高，运行速度越快。

（2）外频：即系统总线的工作频率，单位是赫兹（Hz），它决定了主板的运行速度。外频越高，表示 CPU 可以同时与更多的外围设备进行通信，进而提高整个系统的运行速度。CPU 主频与外频之间的倍数关系被称为倍频。

（3）基础字长：表示 CPU 在同一时间可处理二进制数的位数，字长越大表示 CPU 可同时处理更多数据，支持更大的内存容量。目前市场上大部分 CPU 的基础字长为 64bit。

（4）数据总线宽度：表示 CPU 与内存、外围设备进行通信时，一次数据传输的最大值。数据总线宽度决定了 CPU 与内存、I/O 设备之间一次数据传输的最大信息量。

（5）工作电压：指 CPU 正常工作所需的电压。早期 CPU 的工作电压一般为 5V，AMD 2020 年发布的锐龙 5000 处理器的工作电压约为 1.25V。通常，工作电压越小表示 CPU 功耗越低。

（6）制造工艺：指制造 CPU 所使用的工艺水平，通常工艺水平越先进，CPU 性能越好。AMD 锐龙 5000 采用的是台积电 7nm 工艺。

6.3.2　中央处理器的分层模型与指令集架构

逻辑运算与算术运算是处理器的基础功能，但想让电路实现运算并得到期望的结果，还需要人们在中间"架桥铺路"。以最简单的加法运算 $Z=X+Y$ 为例，人们很容易理解其代表的含义，但是处理器只能处理信号 0、1，并不认识 X 与 Y，也不理解"+"所代表的含义，更不知道 $Z=X+Y$ 与 $Z=Y+X$ 表达的是同一件事。因此，人们需要为处理器定义一套规则，使其能够理解人类的意图。

1. CPU 的分层模型

当前，无论是通用处理器还是专用处理器，都可以运行各种各样的软件或者处理多种不同的任务，形成了"硬件搭台、软件唱戏"的事实。在计算机发展的早期，硬件和软件是紧密地耦合在一起的，软件的编写是直接面向硬件系统的，这样的方式存在很大的弊端。早期的设计工作中，不同公司采用的处理器技术，以及具体的实现方式不尽相同，而且不同的处理器通常会使用不同的指令集合，这样就导致面向处理器 A 编写的软件只能运行在配备处理器 A 的计算机上，而无法适用于配备其他处理器的计算机。如果想要移植到其他硬件上，需要重新编写面向指定硬件的代码，然后再次进行编译后才可以运行。这种程序开发与硬件平台的紧耦合特性给软件开发带来了极大的不便。

为了打破软件与硬件之间的紧耦合，解决软件兼容性问题，研究人员提出在软件与硬件之间增加一个中间过渡层。IBM 在其 System/360 计算机中首次提出了指令集架构（Instruction Set Architecture，ISA）的概念。指令集架构在软件开发人员和处理器设计人员之间提供了一个抽象层，将软件开发人员所需要了解的硬件信息从硬件系统中提取出来。这样软件开发人员就可以面向指令集架构进行编程，而不再需要考虑具体的硬件实现细节。对于具有相同指令集架构的硬件平台，开发出来的软件无须修改便可以直接运行，大大增加了软件开发的效率。指令集架构相当于一个抽象的机器，而不是某种处理器的具体实现，从软件开发人员的角度来看，指令集架构由指令集和寄存器组成，描述了处理器所支持的指令，以及每条指令的具体作用。由此可见，指令集架构实现了软件与硬件的解耦合，有助于提高软件开发的效率以及系统的兼容性。

　　指令集架构只是定义了处理器支持的指令，但并没有定义指令的具体实现方式。在硬件系统中，指令集架构中每一条指令的具体实现被称为微架构（Microarchitecture）。类似于不同的老师对相同的知识点有不同的讲解方法，同一种指令集架构也可以具有不同的实现方式，即不同的微架构。通常来讲，微架构包括以下内容：指令数字电路、流水线结构、存储器结构、各指令的周期计数、缓存的数量和大小，以及管道长度和布局等。微结构的设计可能因为不同的设计目的和技术参数而有所不同。例如，英特尔的奔腾处理器与 AMD 的 Athlon 处理器均使用 x86 指令集，但是它们的微架构完全不同。微架构通常也被认为等同于内核（Core）。经典的微架构有英特尔的 Haswell 和 Nehalem，以及 ARM 的 Cortex 系列。

　　图 6.22 展示了处理器的分层模型。指令集架构是处理指令及数据的规范，它描述了处理器支持的每一条指令，以及支持的每条指令的功能。微架构是指令集架构的具体设计实现，定义处理器是怎么实现指令集架构中每一条指令的。处理器则体现了具体的实现过程，包括制程工艺的选择和实现方式的选择等。从图中可以看到，微架构处于指令集与处理器中间，它规定了指令在处理器中的实现方式。英特尔的 Core i7 处理器与 AMD 的 Ryzen 处理器均基于 x86 指令集，但使用不同的微结构。微架构可以标准化与维护基于同一指令集架构的程序的兼容性，使不同的机器与同一指令集架构相互兼容，从而保证同一程序可以在不同的机器上正确运行。x86 是由英特尔开发的，但我们看到几乎每年英特尔都会推出新一代 i 系列处理器。这些处理器采用的 x86 体系结构基本上保持不变，不同之处在于底层微体系结构，通过微架构的改进可以对处理器的性能进行改善。

指令集	x86		MIPS	ARMv8	ARM
微架构	Nehalem	Zen	GS464E	Cortex-A76	—
处理器	Intel Core i3/5/7	AMD Ryzen	龙芯中科 3B2000	华为 Kirin990	Apple M1

图 6.22　处理器的分层模型

2. CPU 指令集架构

　　指令集架构的提出显著降低了计算机软件开发对硬件系统的依赖，提高了软件系统的兼容性。指令集架构主要包含的内容如图 6.23 所示。

软件系统	文本处理软件	图形处理软件	影音处理软件
指令集架构	■ 指令格式 　● 编码长度 　● 编码方式 　● 操作数个数 ■ 数据类型 　● 定点数 　● 浮点数 　● 字符串 　● 链表	■ 寻址方式 　● 寻址范围 　● 寻址粒度 　● 访存方式 　● 地址对齐 ■ 寄存器 　● 含义 　● 宽度 　● 浮点 　● 矢量寄存器	■ 系统模型 　● 系统状态 　● 特权级别 　● 指令中断和异常 ■ 外部接口 　● 输入/输出接口 　● 管理
硬件系统	处理器	存储器	外围设备

图 6.23　指令集架构示意图

（1）指令格式：指用于表述指令的机器码（二进制格式）的结构形式。指令集架构规定了每条指令的编码长度（根据长度的不同，分为定长编码和变长编码）、机器码中每一位的含义（如操作码、寄存器编号和立即数等）和操作数的个数等。

（2）寻址方式：包括寻址范围、寻址粒度、访存方式和地址对齐等。

（3）系统模型：包括系统状态、特权级别、指令中断和异常等。

（4）数据类型：指令集架构定义了其所支持的数据类型，如 32/64 位定点数、浮点数、数据有无符号等。同时，指令集架构也会支持一些复杂的数据类型，如字符串、链表。

（5）寄存器：指令集架构规定了通用寄存器的数量以及每个寄存器的作用及宽度；根据数据类型的不同，寄存器也分为整数寄存器、浮点寄存器和矢量寄存器等。

（6）外部接口：主要用于与外部输出设备进行通信。

指令集架构中的指令可以根据不同的功能分为 3 类。

（1）运算指令：包括算术运算、逻辑运算、移位运算和矢量运算等。

（2）分支指令：包括条件分支指令和跳转指令等。

（3）访存指令：包括读取指令、存储指令、寻址模式和 I/O 指令等。

CISC 和 RISC 是当前 CPU 使用的两种主要架构。二者具有不同的设计理念与方法，在性能等方面也存在不同。英特尔与 AMD 使用的 x86 架构是 CISC 的代表，而 ARM、MIPS 和 RISC-V 则是 RISC 的代表。

CISC 具有两个显著的特点：一是指令功能丰富，二是指令数量多。最典型的 CISC 体系的结构是英特尔和 AMD 采用的 x86 指令集。英特尔 8086 处理器是最早使用 x86 指令集的处理器，发展到后来的奔腾系列，每出一代新的处理器，都会增加新的指令以满足更复杂任务的处理需求。同时，为了向下兼容旧版本处理器平台上的软件，旧的处理器上的指令集又必须保留，这就使指令集系统越来越复杂。长期以来，为了不断提高计算机的计算性能，人们开始将越来越多的复杂指令加入指令集系统中。通过增加硬件系统复杂度，把一些原来常用的、由软件实现的功能改用硬件的指令系统实现，满足计算机日益提升的性能要求。另外，在计算机发展早期，CPU 的处理速度较快，而存储器的访存速度较慢，二者无法匹配。为了尽量减少内存访问次数，提高系统的运行速度，指令集中增加了越来越多的操作指令，随着时间的推移，逐步形成了 CISC 系统。

采用 CISC 系统的处理器具有处理复杂任务的能力。然而随着指令集系统规模的不断增加，一些复杂的指令变得不易实现，这不仅增加了设计的时间与成本，也增大了出现设计失误的可能性。研究表明，CISC 系统中各种指令的使用频率差异悬殊，仅有 20% 的指令会被频繁调用，而这 20% 的指令将完成一个典型程序的运算过程中 80% 的工作。针对 CISC 系统的这些不足，美国加利福尼亚大学伯克利分校的 David Patterson 等人提出了精简指令的设想。在该设想中，指令系统主要由使用频率很高的指令组成，辅以部分与操作系统和高级语言有关的指令。按照这个原则发展而成的指令系统被称为 RISC，其基本出发点是通过缩小系统指令集的规模，降低计算机硬件设计的复杂度，以提高处理器的运行速度。这样，处理器就不需要增加硬件资源去设计那些复杂但使用频率很低的指令。在 RISC 中，所有操作均由简单指令的组合完成，且每一个周期都在执行指令，因而处理器的处理速度得以大幅提升。RISC 的研究先驱包括美国加利福尼亚大学伯克利分校的 David Patterson、斯坦福大学的 John Hennessy 以及 IBM 的相关人士等。

由于需要考虑软件兼容性问题，CISC 变得越来越庞大，性能提升也变得越来越困难。与 CISC 处理器相比，RISC 处理器具有更简洁的微架构，在功耗、性能上具有先天优势。然而，当前主流的计算机和服务器仍然采用英特尔或 AMD 处理器，也就是 x86 指令集架构。英特尔处理器采用的 x86 架构能在历史的潮流中经久不衰，其中一个重要原因是其在不断发展的过程中实现了 CISC 与 RISC 的有机结合。英特尔在奔腾 Pro 处理器时代开发了著名的 P6 微架构。在这个架构中，与顶层软件直接对接的仍是 x86 指令集架构，但在底层 x86 指令集会被解码为一些简单的微操作（Micro-operation）。这些微操作与 RISC 有很大的相似处，后续执行过程中采用类似 RISC 的内核，因此这种处理器架构既能保证优良的兼容性，又能发挥 RISC 的优势。

RISC 和 CISC 是目前设计、制造处理器的两种典型技术，表 6.2 展示了二者的主要区别。在指令集本身，CISC 架构的指令数量要远远大于 RISC 架构，为了节省存储空间，CISC 架构的指令多采用变长编码，而 RISC 架构的指令则使用定长编码。CISC 架构中不同的指令所处理任务的复杂度不同，因此指令执行周期也不相同，而 RISC 架构中的大部分指令都可以在一个时钟周期内完成。由于 RISC 架构的指令执行周期较为规整，因此可以有效降低流水线设计的复杂度。CISC 架构支持多种寻址方式，而 RISC 架构中几乎所有指令都采用寄存器寻址。在内存访问机制方面，CISC 架构支持指令直接访问内存数据，而 RISC 架构仅支持 LOAD 与 STORE 两个指令访问内存数据，并将数据保存在寄存器当中。因此，RISC 架构中的寄存器数量要多于 CISC 架构。

表 6.2　CISC 架构与 RISC 架构特性对比

指标	CISC	RISC
指令集规模	几百个	100 个左右
指令长度	变长	定长
指令执行周期	不定	1 个周期
寻址方式	复杂	简单
流水线设计	不利于流水线操作执行	利于流水线操作执行
内存访问	指令可直接访问内存	只有 LOAD、STORE 指令可以访问
寄存器数量	少	多

下面继续以加法运算 $Z=X+Y$ 为例，描述指令集的原理。在表达式 $Z=X+Y$ 中，X、Y 和 Z 称为操作数，加法 "+" 称为操作码。处理器中完成数据运算的是 ALU，加法为其中一个运算功能。在采用冯·诺依曼架构的计算机中，操作数存储在存储器中，当参与某一运算时，操作数首先会从存储器中被读取出来，并存放于 ALU 附近的寄存器中，运算完成之后，运算结果被存放在相应的存储器中。如图 6.24 所示，X、Y 和 Z 在存储器中对应的地址分别是 0x1000、0x1004 和 0x1008。R0～R2 为寄存器。一个基本的加法操作 $Z=X+Y$ 可以分下面 3 个步骤完成。

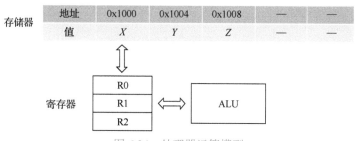

图 6.24 处理器运算模型

（1）分别从存储器 0x1000、0x1004 地址处载入操作数 X、Y，并存入寄存器 R1 与 R2 中。假设此步骤的指令为 LOAD。

（2）将寄存器 R1 与 R2 中的值送入 ALU 中，完成加法运算，并将结果存入寄存器 R0 中。假设此步骤的指令为 ADD。

（3）将寄存器 R0 中的值存储到存储器 0x1008 地址处。假设此步骤的指令为 STORE。

由于处理器只认识 0 和 1，不能认知上述文字，也不能识别 LOAD、ADD、STORE 这些指令，因此需要将这些文字编码为处理器能够识别的格式。

首先对指令进行编码。对于加法操作，只含有 3 个指令，即 LOAD、ADD、STORE。因此如表 6.3 所示，指令可以采用长度为 2 的编码方案。

表 6.3 指令编码

操作码名称	二进制编码
LOAD	00
ADD	01
STORE	10

然后对操作数进行编码，方便起见，只对寄存器进行编码。对于加法操作，需要 3 个寄存器。因此如表 6.4 所示，操作数可以采用长度为 2 的编码方案。

表 6.4 操作数编码

寄存器名称	二进制编码
R0	00
R1	01
R2	10

操作码和操作数的编码完成之后，我们可以按照表 6.5 所示的方案定义加法指令在计算机中的格式。

表 6.5　加法指令格式

字节 1		字节 2		字节 3		字节 4	
bit0	bit1	bit2	bit3	bit4	bit5	bit6	bit7
操作码		第一个操作数		第二个操作数		第三个操作数	

在一长串的二进制 0 和 1 中，指令格式规定了操作码和操作数的大小及位置，然后在 CPU 硬件电路中固定这些规则，让 CPU 在硬件层面识别这些格式，从而能识别出操作码和操作数。

加法操作的 3 个步骤按照表 6.5 所定义的指令格式，其机器码按照十六进制可表示为表 6.6 所示内容。

表 6.6　加法操作机器码

步骤	自定义指令	机器码（十六进制）
1	LOAD R1,0x1000	000100100000
	LOAD R2,0x1004	001004100000
2	ADD R0, R1, R2	01000110
3	STORE R0,0x1008	100008100000

步骤 1 中第一步的机器码为 000100100000。操作码占 1 个字节（即 2 位），处理器识别出第一个字节 00 为 LOAD 指令，即数据加载。根据指令定义可知该指令有两个操作数，分别是 1 个寄存器编码和 1 个立即数形式的内存地址。其中寄存器的编码为指令的第 2 个字节，其值为 01，即寄存器 R1 的编码；立即数的地址为机器码的剩余部分。这样便将内存 0x1000 地址中的数据载入寄存器 R1。同理，第 2 条机器码会将内存 0x1004 地址中的数据载入到寄存器 R2 中。

步骤 2 中，机器码为 01000110。操作码占 1 个字节，处理器识别出第 1 个字节为 01，表示该指令为 ADD，即加法运算。根据指令定义可知其有 3 个操作数，第 1 个是目的操作数寄存器编码，另外两个是源操作数寄存器编码。目的操作数寄存器编码的值为二进制 00，即寄存器 R0 对应的编码；源操作数寄存器编码的值分别为 01 和 10，即寄存器 R1 和 R2 对应的编码。该指令会将寄存器 R1 和 R2 中的数值相加，并将结果存入寄存器 R0。

步骤 3 中，机器码为 100008100000。CPU 读取机器码的第 1 个字节 10，表示该指令为 STORE，即数据保存指令。根据指令定义可知，其目的操作数是 1 个立即数形式的内存地址，源操作数是 1 个寄存器编码。机器码第 2 个字节为 00，即寄存器 R0 对应的编码，剩下的部分便作为立即数。该指令会将寄存器 R0 的值写入内存 0x1008 地址中。

6.3.3　经典指令集架构简介

本节介绍几种主要的指令集架构，包括 x86、ARM、MIPS 和 RISC-V。

1. x86

x86 是英特尔设计的一款 CISC，用于控制处理器运行的架构，已经广泛应用于个人计算机领域和服务器领域，是当前世界上最流行的指令集之一。

x86 指令集架构最早使用于英特尔在 1978 年推出的第 5 代处理器 8086 上，该处理器被 IBM 采用，作为其所生产计算机的 CPU。后续 10 年间，英特尔又相继推出了使用相同指令集架构的 80286（1982 年）、80386（1985 年）和 80486（1989 年），x86 因此而得名。英特尔在后续推出的奔腾等系列处理器中仍使用 x86 架构。一直以来，英特尔不断创新，在每一代微处理器上都对 x86 指令集体系结构进行了改进。以上处理器中，8086 和 80286 为 16 位处理器，内部包含 8 个 16 位的通用寄存器；80386 和 80486 为 32 位处理器。后来，AMD 依据 32 位 x86 架构将 CPU 升级为 64 位，为区分二者，64 位个人计算机又被称为 x86-64 架构。上述 32 位和 64 位是指 CPU 一次数据读取的最大量，即基础位长。32 位 CPU 一次只能从内存中读取 32bit 的数据，64 位 CPU 一次可以从内存中读取 64bit 的数据。因此，32 位的 CPU 所能读写的最大数据量是 4GB。

　　x86 架构能够垄断个人计算机市场的一个重要原因是其在发展过程中始终将架构的兼容性放在重要位置。英特尔推出的每款新处理器都包含了原有架构中的指令集。因而，当前的 64 位处理器仍然能够运行 32 位、16 位的程序。指令集兼容性的重要性在 x86 架构从 32 位发展到 64 位的过程中展现得特别明显。IA-64 是英特尔与惠普推出的第 1 个 64 位的 x86 架构，但其与原有的 32 位 x86 架构不兼容，因此并没有得到广泛应用。随后，AMD 推出了当前得到广泛使用的 x86-64 架构，是在 32 位 x86 架构基础上增加了 64 位扩展，很快获得了市场的认可。随后，IA-64 逐渐被 x86-64 架构淘汰。经过四十多年的发展，x86 指令集架构的软件生态得到了很大的完善与进步。

　　除兼容性之外，x86 指令集架构本身也在不断地发展与完善。在发展的过程中，x86 指令集架构不断加入新的指令与技术，提高了处理器性能的同时，保证了处理器的稳定性与安全性。1999 年，英特尔提出了数据流单指令多数据扩展指令集（Streaming SIMD Extension，SSE），该指令主要针对处理单精度浮点数据元素阵列（3D 几何体、3D 渲染以及视频编解码应用）的应用程序。在奔腾 4 处理器上，英特尔又扩展了 SSE2 指令集，增加了 144 条新的 128 位 SIMD 指令，可提高多媒体、内容创建、科学和工程应用的性能。为提高处理器的可扩展性与可管理性，推出了虚拟机扩展指令集（Virtual Machine Extension，VMX），使得平台能够运行多个虚拟系统，每个虚拟系统都能够在单独的分区中运行操作系统和应用程序。在系统安全性方面，添加了 AES 新指令（AES New Instruction，AES-NI），这是一种加密指令集，用于改进高级加密标准（AES）算法，加快英特尔处理器中数据的加密，从而为计算设备提供更快、更实惠的数据保护和更高的安全性。为加速哈希算法，英特尔还添加了 SHA 扩展指令集。在系统稳定性方面，推出了内存保护扩展指令集（Memory Protection Extensions，MPE），以增强软件稳定性，防止恶意攻击造成的缓冲区溢出。x86 指令集架构在自身不断完善的同时，也逐渐吸取了 RISC 架构的优势，在处理器内部，通过复杂的译码逻辑，将长度不定的复杂指令转换成定长的微码，然后利用流水线技术完成整个复杂指令的执行。

　　英特尔和 AMD 投入了巨大的研发成本，在工艺和架构等方面不断创新，不断提高处理器的性能，以弥补 x86 指令集架构的不足。Tick-Tock 战略模式（也被称为嘀嗒模式或者钟摆模式）是英特尔处理器研发过程中的重要特点。在该模式下，工艺制程的进步每两年进行一次。Tick-Tock 中，"Tick" 为新的工艺节点，代表着工艺的进步、晶体管尺寸的缩小；"Tock" 为新的微架构，代表在相同工艺的前提下进行微架构的革新。在制程工艺和核心架构两个重要的方向上交替进行技术上的革新，既保持了对市场的持续性刺激，也降低了二者同时革新带来的失败风险，对提升产品竞争力、保证市场占有率具有重要意义。随着工艺制程的进步，芯片设计难度越来越大。在发展到 14nm 工艺制程时，英特尔已经遇到较大困难。在该工艺下，英特尔已经发布了 5 代 CPU。2016 年，英特尔放弃 Tick-Tock 模式，采用新的"制程-架构-优化"（PAO）的三步走战略（见图 6.25）。在该战略模式下，英特尔将发布 3 个具有相同工艺节点的处理器版本：一个专注于发展新工艺，一个专注于革新的微架构，一个专注于优化流程和架构。

图 6.25　英特尔从 Tick-Tock 模式放缓到三步走战略

2. ARM

ARM 指令集架构又被称为进阶精简指令集机器（Advanced RISC Machine），更早时被称为 Acorn RISC Machine，是一个 32 位精简指令集处理器架构，广泛应用于移动设备和嵌入式系统，比如手机、平板电脑以及物联网芯片。ARM 使用 RISC，支持的指令较为简洁、功耗低，拥有高并发处理机制，同时具备良好的扩展性，可以满足众多应用需求。此外，ARM 在 5G 网络基础设施市场与 AI 领域加速推进，凭借在数据处理层面的优势和技术先发优势，填补了市场空白，能够应对几乎所有应用场景，尤其是物联网领域内的 AI 计算需求。2016—2019 年，基于 ARM 授权的芯片平均每年出货量为 220 亿颗；截至 2020 年 2 月，总出货量已达 1600 亿颗，市场占比超过 90%，几乎垄断了移动端芯片市场。

ARM 架构的主要特征如图 6.26 所示。ARM 是一种 RISC 体系结构，根据嵌入式系统的要求，对 RISC 体系结构进行了一些修改。ARM 处理器遵循"LOAD/STORE"类型的体系结构，仅对寄存器的内容执行数据处理，而不直接对内存执行数据处理。而且寄存器数据处理的指令与访问存储器的指令不同。ARM 的指令集统一且长度固定。32 位 ARM 处理器具有两个指令集：常规的 32 位 ARM 指令集和 16 位 Thumb 指令集。ARM 架构支持多级流水线，以加快指令流。在一个简单的三阶段流水线中，指令执行遵循 3 个阶段：获取、解码和执行。此外，ARM 架构具有 DSP 增强指令集，支持使用 ARM 的 Java Jazelle DBX 直接执行 Java 字节码，并具有内置的硬件调试等功能。

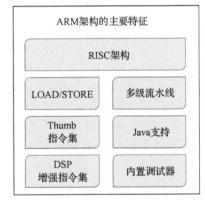

图 6.26　ARM 架构的主要特征
（图片来源：electronicshub 官方网站）

ARM 架构是随着时间的推移而不断迭代的，每个版本都基于以前的版本进行开发。图 6.27 展示了 ARM 架构从 v5 版本到 v8 版本的发展，每一代版本的更新都会在保留上一代成功经验的同时加入创新。

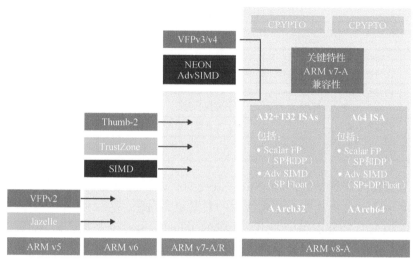

图 6.27　ARM 架构的发展历程（图片来源：ARM Developer）

ARM 并不生产与销售芯片，而是以出售其芯片设计方案为主营业务，授权其他厂商使用。ARM 架构的授权方式主要分为 3 个层级：使用层级授权、内核层级授权和架构层级授权（又称为指令集层级授权）。

使用层级授权权限最小。在该级权限下，芯片设计人员只能使用 ARM 设计好的 IP 核，但不能对 IP 核的内容进行任何修改。内核层级授权是指设计人员可以在 ARM 所提供的 IP 核基础上增加其他模块（如 SPI、ADC 等），组合在一起形成可用的芯片。该级授权主要有两种级别：一种是提供门级网表（Gate Netlist）以及一些仿真模型和测试程序，因此无法修改核心架构，使用这种授权模式的有三星的 Hummingbird 和 Exyno，苹果的 A4、A5 和 A5X 等；另一种是提供 RTL 级的处理器架构，厂商可以自行对源代码进行修改与优化，实现个性化开发，使用这种授权模式的有苹果、高通、华为、三星、博通和 Xilinx 等。架构层级授权可以使用 ARM 的指令集架构，内核可以自行设计，但仍需服从 ARM 架构，使用这种授权模式的有高通、苹果和华为等。

ARM 架构具有一套独特的指令集系统，可以根据适用范围的不同，开发不同的处理器体系结构。经过多年的发展与积累，面向不同类型计算，ARM 主要有以下几种体系结构。

（1）Cortex-A：被称为应用处理器（Application Processor），针对具有高计算要求、运行复杂操作系统并且需要提供交互媒体体验的应用领域，主要面向服务器、智能手机等高端处理器，时钟频率超过 1GHz。多款华为手机处理器中常出现的麒麟 900 就是一种基于 ARM 架构的处理器。

（2）Cortex-R：被称为实时处理器（Real-Time Processor），针对实时操作处理，适用于高实时性领域，支持大量的实时操作系统，时钟频率通常在 200MHz～1GHz，响应延迟非常低。主要面向嵌入式实时处理器，如汽车电子制动系统、无线通信基带控制等。

（3）Cortex-M：又被称为微控制器处理器（Microcontroller Processor），专为低功耗、低成本系统设计，流水线很短，时钟频率通常在 200MHz 以下，在嵌入式系统、IoT 领域较为常见。表 6.7 总结了 ARM 3 类处理器的特点。

表 6.7　ARM 3 类处理器的特点

类别	应用处理器	实时处理器	微控制器处理器
设计特点	高时钟频率、长流水线、高性能，支持媒体处理（NEON 指令集扩展）	较高时钟频率、较长流水线、低延迟	低功耗、低时钟频率、较短流水线
系统特性	内存管理单元、Cache Memory、ARM TrustZone 安全扩展	内存保护单元、Cache Memory、紧耦合内存	内存保护单元、嵌套向量中断控制器、唤醒中断控制器
目标市场	服务器、智能手机	工业微控制器、基带	微控制器、IoT、MEMS

3. MIPS

无内部互锁流水级的微处理器（Microprocessor without Interlocked Piped Stages，MIPS）的机制是尽量利用软件办法避免流水线中的数据相关问题，是一种 RISC 架构。MIPS 架构是在 20 世纪 80 年代初期由美国斯坦福大学的 John Hennessy 教授团队基于以下设计理念进行设计与开发的：使用相对简单的指令集，结合高性能的编译器以及支持以流水线形式执行指令的硬件，就可以用更少的资源生产出速度更快的处理器。在设计理念上，MIPS 架构强调软硬件协同提高性能，同时简化硬件设计。MIPS 架构被评价为一种简洁、优雅、具有较高可扩展性的处理器架构，是高效率、低功耗 CPU 设计原则中的成功案例，已经在移动和嵌入式工业领域取得较大成功。MIPS 涉及的产品包括游戏系统、机顶盒、路由器和打印机等。

1984 年，Hennessy 成立了 MIPS Computer Systems，对 MIPS 架构进行商业化运作。该公司分别于 1985 年、1988 年发布两款处理器芯片 R2000 和 R3000，这两款处理器是基于 MIPS I 的 32 位处理器，主要应用在 SGI 等公司的工作站当中。1991 年，MIPS 基于 MIPS III 架构发布了世界上第 1 款 64 位处理器 R4000。在接下来的几年中，MIPS 推出了 R8000、R10000 和其他处理器变体。每一代处理器当中，MIPS 体系结构都增加了更多功能。在此期间，MIPS 架构从 MIPS I、MIPS II、MIPS III、MIPS IV 发展到 MIPS V。2002 年，MIPS 在已有架构的基础上推出了 32 位 MIPS32-ISA 和 64 位 MIPS64-ISA 兼容的体系结构，通过此举，特权资源体系结构（PRA）和 ISA 被标准化，为未来的创新奠定了基础。目前，从嵌入式应用程序的小型微处理器到高端网络设备或半自动汽车中的多核高性能 CPU，两款 ISA（MIPS32 和 MIPS64）已被广泛应用。

目前，我国的龙芯中科正在开发基于 MIPS 指令集架构的国产 CPU。该公司拥有 MIPS 的永久授权，并基于 MIPS 架构开发了自主指令集架构 LoongArch。该指令集架构是一种 RISC，以先进性、扩展性和兼容性为设计目标，共拥有 2565 条原生指令，包括 337 条基础指令、10 条虚拟机扩展指令、176 条二进制翻译扩展指令、1024 条 128 位矢量扩展指令和 1018 条 256 位矢量扩展指令。LoongArch 指令集的开发有助于龙芯中科走出自己的一条路，为未来的可持续发展提供基础。

4. RISC-V

2010 年，美国加利福尼亚大学伯克利分校启动了名为 "RISC-V" 的实验室项目，该项目需要一种简单、高效、可扩展，且对与他人共享没有限制的指令集架构。然而，x86 架构被英特尔与 AMD 垄断，基本不对外授权，而 ARM 的指令集授权费用极为昂贵，MIPS 等也都存在或多或少的问题。在选择很有限的情况下，该项目的研究团队（常称伯克利研究团队）决定自主设计一套全新的指令集，称为 RISC-V。其中，"V"包含两层含义：一是该指令集是伯克利团队设计的第 5 代指令集架构，二是它代表了变化（Variation）。目前，伯克利研究团队已经完成了基于 RISC-V 指令集的顺序执行的 64 位处理器核心（代号为 Rocket）。Rocket 芯片的主频为 1GHz，与 ARM Cortex-A5 相比，实测性能高 10%，面积效率高 49%，单位频率动态功耗仅为 Cortex-A5 的 43%。在应用处理器领域，Rocket 已经具有和 ARM 争夺市场份额的能力。2016 年，RISC-V 基金会正式成立，该基金会是一个非营利性质的组织，旨在聚合全球学术界与产业界的创新力量，共同构建开放、合作的软硬件社区，打造 RISC-V 生态系统。如图 6.28 所示，4 年多来，包括华为、平头哥（T-HEAD）、中科院计算所、谷歌、高通和麻省理工学院等 500 多家企业和研究机构加入了 RISC-V 基金会。RISC-V 发明之后，受到了许多研究机构和项目的青睐，其中包括由 DARPA 资助的研究计划，通过专项方式支持 RISC-V 指令集的研究和实用化。2018 年 7 月，上海市政府发布了中国大陆首项支持 RISC-V 的政策，极大地推动了 RISC-V 指令集在中国的发展。2018 年 10 月，中国 RISC-V 产业联盟成立，有助于加快国内 RISC-V 生态系统的建设。

图 6.28　RISC-V 基金会部分成员

简洁、免费、开放是 RISC-V 指令集的主要特征。RSIC-V 的设计目标是满足从微控制器到超级计算机等各种复杂程度的处理器需求，支持 FPGA、ASIC 和人工智能芯片等多种实现方式。与已有的 RISC 架构相比，RISC-V 具有以下 5 个主要特点。

（1）开源。RISC-V 是一个开源指令集，没有高昂的授权费，允许任何人、任何公司使用，设计基于 RISC-V 指令集的芯片。

（2）后发优势。RISC-V 设计可以充分汲取 x86 和 ARM 架构中的经验与教训，同时无须向下兼容已经过时的指令。经过多年的发展，计算机体系结构遇到的问题都已经得到解决，因此新的 RISC-V 架构能够吸取历史经验与教训，更快地走上正确发展的道路。

（3）简洁。基本的 RISC-V 指令数据只有 40 多条，加上一些扩展指令，也仅有几十条。

与成熟的 x86 和 ARM 相比，RISC-V 显得短小而精悍。

（4）模块化。与其他常用的商业指令集架构相比，指令集模块化是 RISC-V 的最大特点与优势。RISC-V 指令集不仅高效、精简，而且其不同的部分还能以模块化的方式组织在一起，通过统一的设计实现满足不同应用需求的计算架构。模块化的 RISC-V 架构能够让用户根据自身需求灵活地选择设计模块，实现多样化的应用。

（5）兼具稳定性与可扩展性。RISC-V 指令集系统中的一些基础指令模块和标准扩展模块（压缩指令、矢量指令、逻辑操作指令和寻址指令等）在行业、研究团体和教育机构的共同努力下开发，开发稳定后会被锁定，为生态系统开发人员提供了稳定的开发环境。同时 RISC-V 指令集也允许开发人员扩展自定义的指令，以满足特定应用的需求。

6.3.4　中央处理器的发展趋势

摩尔定律预测，芯片上的晶体管数量每 18 个月将增加 1 倍。该定律指导了半导体工业的发展，描绘了计算机的光明前景。随着晶体管尺寸的缩小，计算设备的性能将随着时间呈指数级增长。最近，半导体产业面临着前所未有的挑战，长期以来，研究人员一直在预测摩尔定律的终结。但是，图 6.29 表明芯片上的晶体管数量仍随着时间呈指数级增加。数据显示，CPU 晶体管的缩小趋势依旧继续遵循 2014 年前的趋势。2019 年，AMD 发布的 EPYC 7000 系列 CPU——霄龙 7601 集成了高达 320 亿个晶体管。此外，图 6.29 还展示了 CPU 单线程性能、工作频率、典型电压和逻辑核数量的发展情况。

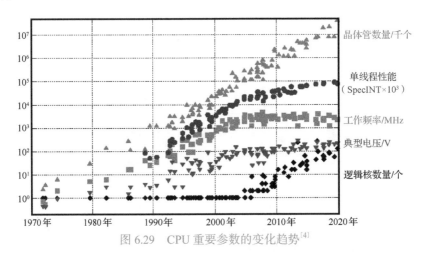

图 6.29　CPU 重要参数的变化趋势[4]

然而，随着摩尔定律逐渐逼近极限，之前依靠缩小工艺制程来提升芯片性能的做法已经变得越来越困难。为了进一步提升芯片系统的性能，设计人员提出采用高级封装技术配合异构计算的方法设计新的处理器。传统的 CPU 通常使用一块通用 IC 完成所有任务，在摩尔定律接近失效的今天难以满足应用的需求；而在高级封装技术和异构计算模式下，多块不同功能的模块可以紧密集成在一个芯片上，高能效地处理不同的应用任务。其中，3D IC 被认为是一种有效的解决方案，该技术可以将不同的芯片堆叠在一起，通过 TSV 技术实现芯片间的高速数据通信。此外，SoC 技术已经获得了学术界和工业界的广泛关注，被认为是处理器发展的重要方向。SoC 技术通常将 CPU、GPU、IP 核、存储器和基带等集成在单一芯片上，可以使应用产品实现小型化、轻量化、低成本，同时保证产品的低功耗、多功能、高速度等特性，具备较强的市场竞争力。

6.4　图形处理器

得益于人工智能的不断发展，图形处理器（Graphics Processing Unit，GPU）在 2010 年后成为人们关注的焦点。早期的计算机系统中，图形处理和显示都是由 CPU 完成的，随后出现了专门针对图形显示的加速处理电路单元和芯片，这成为计算机显卡的主要部件。对于 GPU 的定义，有人认为具有可编程功能的图形加速单元才是 GPU，但主流观点把专用的图形加速电路和可编程图形加速芯片统一称为 GPU[5]。GPU 在计算机领域里通常是独立芯片产品，或者是以电路模块的形式集成在 CPU 的内部。在移动设备产品上，GPU 往往以 IP 核的形式集成在 SoC 内部。当今图形处理芯片已从原来的图形加速专用芯片发展为大规模并行处理（Massively Parallel Processing，MPP）的系统级芯片。GPU 被广泛应用于个人计算机、工作站、嵌入式系统、移动设备和游戏机解决方案，以及服务器、数据中心、超级计算机等侧重高性能计算的设备当中。现在的 GPU 处理图像和图形的效率很高，这是因为其并行度很高，与 CPU 相比在大数据块并行计算上更具有优势。

1985 年 8 月 ATi 成立，同年 10 月该公司使用 ASIC 技术研发出了第一款图形芯片和图形卡，1992 年 4 月 ATi 发布了 Mach32 图形卡，集成了图形加速功能，1998 年 4 月 ATi 被国际数据公司评选为图形芯片的"市场领跑者"，但那时这样的芯片还没有被称为 GPU。在相当长的一段时间内，ATi 都把图形处理器称为 VPU，直到 AMD 收购 ATi 之后，其图形芯片才正式采用 GPU 这个名字。NVIDIA 在 1999 年发布 GeForce 256 图形处理芯片时明确提出了 GPU 的概念，其针对自动驾驶技术和汽车产品发布的包含 GPU 的 Xavier 芯片如图 6.30 所示。GPU 使显卡减少了对 CPU 的依赖，并能够执行部分原来属于 CPU 的工作，尤其是三维图形处理任务。

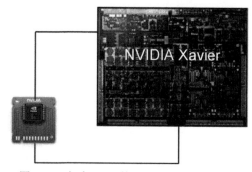

图 6.30　包含 GPU 的 NVIDIA Xavier 芯片

6.4.1　三维图形处理流程

典型的三维 GPU 的数据处理过程如图 6.31 所示[6,7]。

（1）顶点处理：根据图形程序接口指令处理三维模型顶点的变换、光照运算。GPU 通过读取三维图形的顶点数据，并据此确定三维图形的形状和位置关系，建立三维图形的框架。在某些 GPU 中，这部分工作由顶点着色器完成。

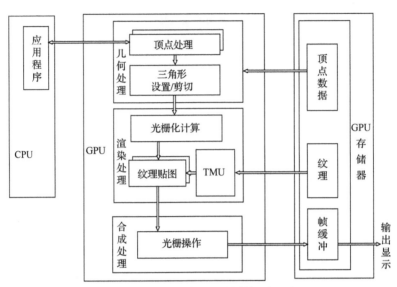

图 6.31　典型的三维 GPU 的数据处理流程

（2）三角形设置/剪切：将三维模型的顶点按视角映射到二维显示平面，将多边形分解为多个三角形的组合，并除去多余部分。

（3）光栅化计算：显示器显示的图像其实是由一个个像素构成的，处理时需要把图像上的点和线通过一定的算法转换成对应的像素点。利用光栅生成器将前一步保留的三角形由矢量图形转换为一系列像素点的过程就称为光栅化计算。

（4）纹理贴图：利用像素着色器对点阵图像的像素进行逐一处理，顶点处理生成的多边形只可以形成三维物体的一个轮廓，而纹理映射过程则会对多边形表面进行贴图。也就是说，纹理映射单元（Texture Mapping Unit，TMU）会将多边形的表面贴上相应的图片，从而生成实际的图形。利用 TMU 可查找像素的纹理值，确定像素最终的颜色值和透明度。

（5）合成处理：在对每个像素进行光栅化处理时，GPU 会完成对单个像素的处理和计算工作，进一步完成属性的最终确定，然后合成完整的图像并予以显示。

6.4.2　图形处理器的组成与架构

由 6.3 节可知，CPU 的架构为基于 x86 指令集的串行架构，从设计思路上来看适合尽可能快地完成一个任务。但是即便如此，CPU 在多媒体处理中的缺陷也很明显。多媒体计算通常要求较大的运算密度、多线程和频繁地访问存储器，而 x86 平台中 CISC 架构中的寄存器数量有限，导致 CPU 并不适合处理这类工作。

图 6.32 对 CPU 与 GPU 中的逻辑架构进行了对比，其中黄色显示的是控制器（Controler）、绿色的部分是算术逻辑单元（ALU）、橙色部分是缓存（Cache）和由 DRAM 构成的内存。从图中不难看出，GPU 的执行单元面积更大，其控制电路也较为简单，对缓存的需求较小，大部分开销都在计算单元。相反，CPU 需要同时照顾指令的并行执行和数据的并行运算，控制电路较为复杂，需要较多的控制单元和缓存。

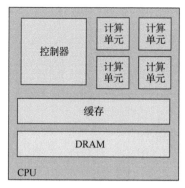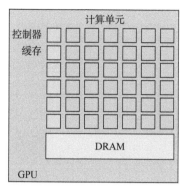

图 6.32　CPU 和 GPU 的逻辑架构对比

除此之外，CPU 和 GPU 还有以下不同点[8]：

（1）线程的轻重程度不同；

（2）CPU 可以看作"多核"处理器，而 GPU 则可以看作"众核"处理器；

（3）CPU 和 GPU 中寄存器与内存的数量和复杂度不同；

（4）CPU 和 GPU 的缓存机制不同。

从二者的对比不难总结出，CPU 有较复杂的控制逻辑、用来减小延迟的大容量缓存，适用于复杂的逻辑运算。而 GPU 大吞吐量的数据并行计算是通过大量线程来实现的，擅长处理逻辑分支简单、计算密度高的大规模并行数据运算。在图形处理过程中，需要计算大量顶点数据和像素信息，也要满足高速、并行、实时、大量的计算要求。随着 GPU 并行化体系结构的逐渐发展、软件编程环境和工艺的不断改进，GPU 不但能高效地执行图形相关的操作与运算，也适用于大规模通用数据计算任务，由此发展出通用图形处理器（General Purpose Computing on Graphics Processing Unit，GPGPU），甚至专业的计算卡产品。很多高性能计算机、超级计算系统都配置了 GPGPU 作为加速器与 CPU 搭建异构计算节点，以加强并行数据处理能力。由于 CPU 的体系结构适合执行指令流，GPU 的体系结构适合计算数据流，将二者结合在同一芯片上（即 CPU+GPU 异构系统架构），在系统架构层面协同工作，可根据任务性质自适应地选择执行部件，实现更高效的处理器架构。

鉴于其超强的计算能力，GPU 被广泛用于图形图像处理、数值模拟、机器学习算法训练等应用。国际各大厂商都推出了自己的通用并行计算架构，开发人员可以基于架构编写程序来实现对 GPU 计算的加速。NVIDIA 在 2006 年推出了统一计算设备架构（Compute Unified Device Architecture，CUDA），包含了 CUDA 指令集架构和 GPU 内部的并行计算引擎，使得 GPU 能够解决较为复杂的计算问题。开发人员现在可以使用 C 语言等高级编程语言来为 CUDA 架构编写程序，还可以基于 Java 语言库，通过 Java 本地接口（Java Native Interface，JNI）编写程序并转化成 C 语言，如图 6.33 所示。由于每个 GPU 厂商都推出自己的编程库将使学习成本大幅上升，因此苹果推出了标准的 OpenCL 编程库，希望仅通过这一套编程库就能对各种类型的 GPU 适用。当然，OpenCL 能做到通用是要付出代价的，即会带来一定程度的性能损失，例如在 NVIDIA 的 GPU 上，CUDA 的性能明显要比 OpenCL 强很多。目前 CUDA 和 OpenCL 是较为主流的两个 GPU 编程库。

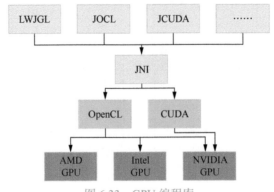

图 6.33　GPU 编程库

6.4.3　主流图形处理器简介

截至 2020 年 7 月 17 日，与 2020 年年初相比，NVIDIA 的股价已增长超过 70%。近 5 年以来，其股价飙升 2268%，甚至在美国时间 7 月 8 日收盘后，NVIDIA 以 222,513.1 亿美元的市值首超英特尔，成为美国市值最高的芯片制造商，也是全球市值第三的半导体公司。那么，业务一直处于上升状态的 NVIDIA 到底做对了什么？NVIDIA 的主要业务集中在 GPU 芯片领域，并且是其收入的主要来源，早期的主要应用是游戏。随着人工智能和数据中心的兴起，市场对 GPU 的需求激增。从 2016 年起，数据中心业务便成为 NVIDIA 业务增长的重要源泉。2020 年，NVIDIA 收购了 Mellanox，在云端和数据中心领域更进一步发展，使这方面业务成为其营收来源的第一位，超过了应用于游戏领域的 GPU 业务。

2020 年受到新冠肺炎疫情的影响，"宅经济"盛行，远程服务等应用持续刺激对数据中心的需求。NVIDIA 顺势推出采用最新 Ampere 架构的、基于台积电 7nm 工艺的 GPU A100。这款产品专为科学计算、云图形和数据分析而设计，其 AI 训练、推理的峰值算力都较上一代基于 Volta 架构的 GPU 有 20 倍的提升。如图 6.34 所示，A100 的核心面积达到 826mm^2，其上有 542 亿个晶体管，最大设计功耗为 400W，拥有 19.5TOPS（Tera Operations Per Second，每秒万亿次浮点运算）的 FP32 运算性能，6912 个 CUDA 内核，搭载高达 40GB 的显存，显存带宽为 1.6TB/s。

这款产品有以下 5 点创新[10]。

（1）使用了全新 Ampere 架构。Ampere 架构将 CUDA Core 与 Tensor Core 集成，方便实现 AI 计算任务，兼顾了 AI 训练和推理。

（2）使用了第 3 代 Tensor Core。支持各类格式的深度学习模型训练及各类 AI 应用。专门用于提高矩阵乘法计算和卷积的核心，在 GPU 中能兼顾通用性和专用性，会较大限度地提升某些 AI 计算的性能。

（3）采取了结构化稀疏技术。结构化稀疏是一种主要用在深度学习中的模型，可以提升软硬件协同的计算效率，可以在保证模型精度的同时按硬件资源特性排布数据，实现剪枝压缩和计算加速。A100 的 Tensor Core 支持 2：4 的稀疏计算，通过 Apex 扩展实现自动稀疏化，使用简便。

	适用于 NVLink 的 A100	适用于 PCIe 的 A100
FP64 峰值性能	9.7 TF	9.7 TF
FP64 Tensor Core 峰值性能	19.5 TF	19.5 TF
FP32 峰值性能	19.5 TF	19.5 TF
TF32 Tensor Core 峰值性能	156 TF | 312 TF*	156 TF | 312 TF*
BFLOAT16 Tensor Core 峰值性能	312 TF | 624 TF*	312 TF | 624 TF*
FP16 Tensor Core 峰值性能	312 TF | 624 TF*	312 TF | 624 TF*
INT8 Tensor Core 峰值性能	624 TOPS | 1,248 TOPS*	624 TOPS | 1,248 TOPS*
INT4 Tensor Core 峰值性能	1,248 TOPS | 2,496 TOPS*	1,248 TOPS | 2,496 TOPS*
GPU 显存	40 GB	40 GB
GPU 显存带宽	1,555 GB/s	1,555 GB/s
互联带宽	NVIDIA NVLink 600 GB/s PCIe Gen4 64 GB/s	NVIDIA NVLink 600 GB/s** PCIe Gen4 64 GB/s
多实例 GPU	Various instance sizes with up to 7MIGs @5GB	Various instance sizes with up to 7MIGs @5GB
外形尺寸	4/8 SXM on NVIDIA HGX™ A100	PCIe
最大 TDP 功耗	400W	250W
提供顶级应用性能	100%	90%

* 采用稀疏技术
** SXM 版 GPU 通过 HGX A100 服务器主板连接，PCIe 版 GPU 通过 NVLink 可桥接多达两个 GPU

图 6.34　NVIDIA A100 Tensor Core GPU 的详细性能参数（图片来源：NVIDIA 官方网站）[9]

（4）采用多实例 GPU（Multi-Instance GPU，MIG）技术。多实例 GPU 技术是用于 Ampere 架构的一种新技术，能够把单个 A100 GPU 划分为多达 7 个独立的 GPU，可以为不同规模的工作提供不同规格的算力。不同的工作可以同时在实例上独立运行，每个 GPU 实例都有专用的计算、显存和显存带宽资源。因此，不同的实例可以运行不同类型的工作，包括高性能计算、AI 推理、深度学习训练和交互式模型开发等。另外，由于各个实例相互独立，一个实例出现问题不会影响同一物理 GPU 上运行的其他实例。

（5）使用了第 3 代 NVLink。NVLink 是 NVIDIA 自主研发的 GPU 间通信总线技术，第 3 代 NVLink 拥有更快的通信速度。A100 支持高达 12 个第 3 代 NVLink 连接，总带宽为 600GB/s，是 PCIe 4.0 带宽的 10 倍，这使得 GPU 之间可以直接通信，加快了 AI 训练的时间和收敛速度。

6.4.4　图形处理器的发展趋势

GPU 的发展方向离不开人们对应用的需求，从"挖矿"（即开采加密货币）风靡一时的情况可见一斑。当时的 NVIDIA 迅速攻占市场，但是这股热潮来得快、去得也快，这也反映在 NVIDIA 当时的市场估值上。2020 年，新冠肺炎疫情引发的"宅经济"导致高性能计算和数据中心这部分应用得到了相当的重视，这部分的热度还将持续下去；未来 10 年，深度学习和人工智能驱动的应用大概率会持续刺激硬件发展，GPU 必然会在这方面占据一定市场。其中，自动驾驶的研发势必会占一席之地；游戏、娱乐还有专业视觉化的硬件需求如果没有大的刺激增长点，这部分应用需求或将持平；另外，随着医疗行业对可视化需求的增加，对硬件辅助治疗更加依赖，GPU 或将在医疗保健和生命科学领域逐渐发力。

不论未来应用需求如何变化，可以确定的是制程和工艺、架构和算法必须协同设计。

先进的制程和工艺是后续硬件设计创新的保障，更新的制程和工艺能够带来更优异的电路性能。但是架构也很重要，英特尔之前的 Tick-Tock 模式就是一年更新工艺、一年优化架构。以 NVIDIA 为例，其试验过基于 12nm 工艺的图灵架构 GPU 的计算效能可以超越基于 7nm 工艺的 GPU，这便是得益于架构的优化；算法同理，NVIDIA 通过对软件算法的优化，使得两年内 AI 性能提升了 4 倍。未来 GPU 总体算力、效能的提升，需要架构、算法、工艺等多个方面的共同优化。

6.5　类脑计算芯片

人工智能已成为目前引领新一轮产业变革、促进社会发展的重要因素。随着现代社会迈入信息化、智能化的大数据时代，数据的爆发式增长对传统的基于 CMOS 的计算芯片提出了新的挑战。类脑计算芯片模拟人脑神经网络感知信息和决策的方式进行信息的收集、传输、处理和存储，有望成为大数据及人工智能时代应对海量实时数据的颠覆性计算范式。

6.5.1　类脑计算芯片的发展机遇及挑战

现代计算芯片主要面临以下两方面挑战。

（1）存储墙和功耗墙问题。在经典的冯·诺依曼计算架构中，存储器与处理器是分离的，二者通过数据总线进行数据传输。但在大数据应用场景中，数据总线的带宽难以满足大数据应用快、准的响应需求，被称为存储墙挑战。同时，数据在存储器与处理器之间的频繁传输带来了严重的传输功耗问题，被称为功耗墙挑战。如图 6.35（a）所示，无论从片上 SRAM、片外 DRAM，还是从总线上搬运数据，所消耗的能量均远大于执行一次 64 位的浮点数运算所消耗的能量。存储墙与功耗墙问题并称为冯·诺依曼瓶颈。

（2）摩尔定律的终结。数据传输的功耗会随着晶体管特征尺寸的缩小而下降，但是这种趋势随着特征尺寸达到 7nm 而逐渐失效，如图 6.35（b）所示。这是由半导体特征尺寸逼近其物理极限时，量子效应引起的漏电流导致静态功耗增加造成的。摩尔定律的终结使得系统计算性能的提升不能再单纯地依靠尺寸微缩策略。

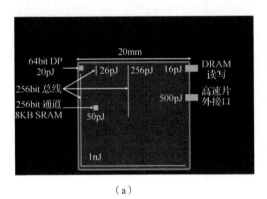
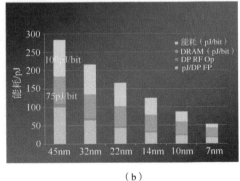

（a）　　　　　　　　　　　　　　　　　　　（b）

图 6.35　存储墙、功耗墙问题以及摩尔定律的终结[11]

（a）基于 20nm 片上存储的 64 位的浮点数运算与 DRAM、SRAM 数据传输功耗的数据对比

（b）执行运算的能量随着制程尺寸变化的示意图

综上所述，近年来随着晶体管尺寸缩小的物理极限逐渐逼近，集成电路产业工艺节点的推进放缓，传统集成电路采用的信息处理及交换方式成为制约人工智能技术发展的重要技术瓶颈之一。这导致人工智能在应用过程中无法针对应用场景和需求的变化进行实时、自适应的自我学习演化，难以实现智能化的数据和信息处理，阻碍了人工智能在手机、自动驾驶、视频监控等终端应用场景的离线部署和实时决策。为应对上述挑战，学术界和工业界开始寻求一种替代冯·诺依曼体系架构的新型计算范式——类脑计算芯片。

类脑计算并不是最近提出的概念，早在 1948 年，人工智能领域的开创者艾伦·麦席森·图灵（Alan Mathison Turing）就提出过"类脑计算"的构想，即设计一种可以通过训练实现自我学习和演化的计算硬件。早期的类脑计算（即人工神经网络），借鉴了生物神经网络中的神经元、突触连接性、网络结构等基本概念，并在此基础上进行简化，将生物神经网络抽象成由大规模"突触"连接的"神经元"构成的类似于生物大脑的神经网络，进而在网络拓扑和算法层面上实现对生物神经网络的模拟，其工作原理与生物神经网络存在较大的差异。

与传统的冯·诺依曼体系架构芯片不同，类脑计算芯片往往采用模拟人脑神经网络对信息感知和决策的方式进行信息的收集、传输、处理和存储，更适于在硬件平台上实现信息分布式计算与存储一体化，特别是在多感官跨模态等非结构化数据与智能任务处理应用场景下（如图像、语音识别和自动驾驶），其在功耗、能效、硬件开销方面的优势明显，有望成为大数据及人工智能时代应对海量实时数据的颠覆性计算范式。

目前，类脑计算芯片可以分为两大类（见图 6.36），即深度学习处理器和神经形态芯片。深度学习处理器借鉴大脑层级处理与学习训练的特性，基于人工神经网络（Artificial Neural Network，ANN），提供高性能的深度学习引擎。神经形态芯片借鉴大脑神经动力学的时空关联特性，基于脉冲神经网络（Spiking Neural Network，SNN），采用众核分布并行与存算一体的架构，致力于提供人工通用智能的解决方案。虽然深度学习处理器代表了目前人工智能领域的先进技术，并在某些方面超越了人脑，如 AlphaGo 等，但其时空表达能力和泛化通用性仍远不如人脑。神经形态芯片的信息处理方式虽然更接近于人脑，但其机理和应用尚不够清晰成熟。因此，这两种类脑计算芯片，目前正处于相互借鉴、彼此促进、协同发展的阶段。

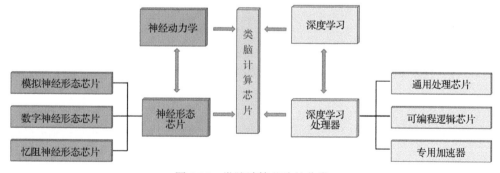

图 6.36　类脑计算芯片的分类

6.5.2　深度学习处理器

深度学习处理器的发展离不开深度学习理论的支撑。需要指出的是，这里所探讨的深度学习是指深度神经网络（Deep Neural Network，DNN）。DNN 作为 ANN 的一种网络类型，是机器学习研究的一个分支，同时也是实现人工智能的一种方法。深度学习与 ANN、机器学习及人工智能的关系如图 6.37 所示。

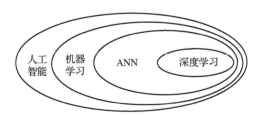

图 6.37　深度学习与 ANN、机器学习及人工智能的关系

深度学习理论的发展经历了以下 3 个阶段。

1. 单层感知器阶段（1943—1969 年）

1943 年，心理学家麦卡洛克（W. S. McCulloch）和数理逻辑学家彼特（W. Pitts）首次提出了 ANN 的概念以及人工神经元的数学模型，开启了深度学习时代。1958 年，罗森布拉特（F. Rosenblatt）提出了著名的感知器（Perceptron）概念，被认为是最简单的一种二元线性分类器，此后被广泛应用。但是到 1969 年，明斯基（M. L. Minsky）出版了《感知器》一书，并在书中给出了几条论断：单层感知器只能解决有限的问题，要解决更复杂的问题，必须把更多感知器连接起来，组成人工神经网络。但是，感知器不能处理线性不可分问题（如异或问题），且当时的计算机很难完成对大规模神经网络的训练，深度学习的发展第一次进入停滞状态。

2. 多层感知器（1974—1999 年）

1974 年，保罗·活伯斯（Paul J. Werbos）提出误差反向传播（Back Propagation，BP）有监督学习算法，可以训练多层感知器（Multi Layered Perceptron，MLP），并有效解决异或问题。1982 年，霍普菲尔德（J. J. Hopfield）提出了著名的霍普菲尔德神经网络。1986 年，鲁梅尔哈特（D. E. Rumelhart）提出了 BP 神经网络，系统地建立了多层感知器的 BP 学习算法。1989 年，杨乐昆（Yann LeCun）等人提出了卷积神经网络（Convolutional Neural Network，CNN）的 BP 训练方法。不过，到 20 世纪 90 年代，由于遇到了训练过程中的梯度消失等问题，深度学习的发展第二次进入停滞状态。

3. 深度神经网络（2006 年至今）

2006 年，杰弗里·辛顿（G. E. Hinton）等人在《科学》杂志发表了一篇文章，通过借鉴大脑对信息的分层处理特性，将单层受限玻尔兹曼机堆栈成多层深度信念网络，使得 ANN 的层数首次足够多，并且能够有效学习训练，从此开启了深度学习的新时代。2006 年也因此被称为深度学习元年。2012 年，在深度学习方法首次应用于 ImageNet 挑战赛并大获全胜之后，基于深度学习理论的深度学习处理器开始呈现爆炸式发展，并一直延续至今。约书亚·本吉奥（Yoshua Bengio）、杨乐昆、辛顿作为"深度学习三巨头"也获得了 2018 年的图灵奖。

到目前为止，已有多种深度学习处理器芯片在日渐成熟的深度学习理论基础上衍生出来，从电路实现的角度可以分为通用处理器（CPU、GPU 和 FPGA）和专门为神经网络算法开发的专用加速芯片。典型的专用加速芯片有谷歌（Google）研制的张量处理单元（Tensor Processing Unit，TPU）、麻省理工学院研制的卷积神经网络加速芯片 Eyeriss、中国科学院计算技术研究所研制的芯片 Diannao 和燧原科技推出的人工智能高性能芯片"邃思"等。专用加速芯片的特点是：针对人工神经网络算法的关键操作进行硬件固化或者加速，与传统 CPU 和 GPU 相比，具有速度更快和功耗更低的优势。但是这类芯片通常面向特定领域的专门应用，并且需要大量的数据训练神经网络，其较长的设计迭代周期也增加了芯片的开发应用成本。这 3 类典型深度学习处理器芯片的对比见表 6.8。

表 6.8　3 类典型深度学习处理器芯片对比

芯片类型	GPU	FPGA	专用加速芯片
定制化程度	通用型	半定制化	定制化
可编辑性	不可编辑	容易编辑	难以编辑
价格	普通	较高	高昂
部分应用场景	深度学习训练（如 NVIDIA DGX-1 超级计算机）、数据中心	硬件平台加速、数据中心、云端深度学习推断（如腾讯 FPGA 云服务器、百度大脑）	人工智能平台（如 Google TPU）、智能终端
编程语言/架构	CUDA、OpenCL 等	Verilog/硬件可编程	—
主要优点	具备 CUDA 和 OpenCL 等成熟架构、峰值计算能力强、产品成熟	平均性能较好、功耗较低、灵活性强、开发时间较短	平均性能很好、功耗很低、体积小
主要缺点	非专用 AI 芯片，效率不高	量产单价高、峰值计算能力较弱、编程语言难度较大	前期投入成本高、不可编译、研发时间长

从表中可以看出，不同深度学习处理器芯片有各自的优势和劣势，需要根据应用场景、需求和预算综合考量。而从深度学习处理器芯片的常见应用场景来看，可以分为以下 4 类。

（1）视频图像类：包括处理人脸识别和目标检测、图像生成与美化、视频分析与审核等。

（2）声音语言类：常见的场景包括语音识别、合成与唤醒、乐曲生成、智能导航等。

（3）文本处理类：包括文本分析、语言翻译、推荐系统等。

（4）控制处理类：包括自动驾驶、无人机、机器人和工业自动化设备等。针对具体的学习任务，目前已经衍生出多种深度神经网络模型，如用于语音识别、文本翻译、图形处理等学习任务的递归神经网络（Recurrent Neural Network，RNN）和 CNN 等。

为了迎合大数据发展的需求，神经网络层次变得越来越多，学习效果也越来越好，典型的如 MobileNet、Inception、ResNet、DenseNet 等，如图 6.38 所示。以 AlexNet 为例，其包含 5 层卷积层和 3 层全连接层，有超过 6000 万个权重参数和 7 亿多次乘加运算。目前，最复杂的深度神经网络模型层数已超过 1000 层，权重参数和乘加运算的数量也都比 AlexNet 提升好几个数量级，能实现的图像识别准确度已超越人眼。以打败围棋高手的 AlphaGo 为例，其涉及的算法模型需 1300 多个 CPU 和 280 个 GPU 来完成运算。要满足日益增长的深度学习算法和人工智能应用的需求，必须要有强大的处理器和存储器硬件作为支撑。但是目前人们关注的焦点仍集中于提升处理器芯片的性能，而对于与之匹配的存储器关注较少，这就造成了日益严峻的"存储墙"问题，例如 Google 研发的 TPU

可达到每秒 1.3TOPS 的运算能力，比普通的 GPU、CPU 组合快 15～30 倍，但是由于采用传统的 DDR3 内存架构，其数据带宽只有约 30GB/s，使得 TPU 的实际吞吐量仅约 10TOPS。为了提高深度学习处理器的计算效率，需要从计算架构和新型内存两方面入手进行研究。

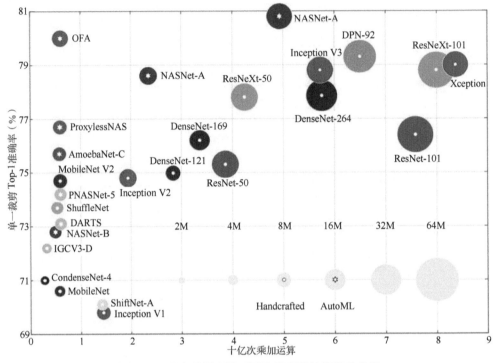

图 6.38　现有的深度学习网络类型及计算量示意图

6.5.3　神经形态芯片

基于人脑神经动力学模型的神经形态芯片为上述问题的解决带来了新的方向。在算法方面，神经形态芯片是以神经科学理论和生物学实验结果为依据，综合认知科学和信息科学，参考生物神经网络模型和架构进行数学模型抽象。在硬件层面，采用现有 CMOS 器件／电路或者新型非易失性器件模拟生物神经元和突触的信息处理特性，构建以人脑神经网络为蓝本的具备信息感知、处理和学习等功能为一体的智能化计算平台。

20 世纪 80 年代，美国加州理工学院的 C. A. Mead 教授最早提出了神经形态计算的概念，早期研究工作包括基于模拟电路技术的硅视网膜、硅耳蜗与硅神经元等。自 2004 年以来，国内外一系列"脑计划"的开展成功推动了基于传统 CMOS 工艺技术的神经形态芯片研究。这类神经形态芯片虽然区别于传统集成电路芯片和深度神经网络处理芯片，但构建芯片的基本结构——人工神经元及其连接人工突触仍然采用基于 CMOS 的数字电路或者数模混合电路来搭建，代表性成果主要包括模拟电路主导的 BrainScaleS、Neurogrid 芯片和全数字电路主导的 TrueNorth、SpiNNaker 和 Loihi 等。在这些芯片中，对单个神经元或者突触的行为的模拟往往要靠多个 CMOS 器件组成电路模块来实现，集成密度、功耗和功能模拟准确度都受到限制。尤其是在 CMOS 尺寸已经缩小到接近物理极限的情况下，依赖先进工艺的芯片能够构建的类脑神经网络中的神经元和突触数量还是远远小于人脑的规模。

受限于传统半导体器件物理偏差大、工作电流大及存储密度小等问题，脉冲神经形态芯片尚处于开放性研究阶段。随着新型纳米器件的不断兴起，高密度、低能耗人工神经突触与神经元器件及基于新型纳米器件物理机制的脉冲神经形态计算芯片成为当前的热门研究方向。不同于基于传统 CMOS 器件的神经形态芯片，基于新型非易失性器件的神经形态芯片从底层器件仿生的角度出发，在器件层面即开始模拟生物的基本信息处理单元——神经元和突触。现阶段，国内外研究机构已经基于 RRAM、MRAM、PCM 和 FeRAM 等新型存储器件实现了脉冲神经突触和神经元的功能。基于新型非易失性器件的神经形态芯片具有功耗更低、硬件代价更小、自适应、自学习、自演化、高容错等显著优势，但目前尚处于探索性应用阶段。目前，该技术在人工智能应用场景中的研究受到工业界的广泛认可与青睐。国际上，美国杜克大学、斯坦福大学、麻省理工学院等都开展了相关研究工作。我国在这方面的研究也取得了一系列创新成果，中国科学院微电子研究所、北京大学、清华大学、浙江大学等均有成果发表，且出现了清华大学的"天机芯"、浙江大学的"达尔文"等神经形态芯片。一些典型的神经形态芯片与人脑的数据对比见表 6.9。

表 6.9　典型的神经形态芯片与人脑的数据对比

芯片名称	BrainScaleS	Neurogrid	TrueNorth	SpiNNaker	Loihi	人脑
研发机构	海德堡大学	斯坦福大学	IBM	曼彻斯特大学	英特尔	—
能耗	100pJ	31.2pJ	45pJ	43nJ	23.6pJ	$1\sim100$fJ
神经元面积	$1500\mu m^2$	$1800\mu m^2$	$3325\mu m^2$	—	$0.4mm^2$	$100\mu m^2$
神经元数量/个	512	6.5×10^4	10^6	1.6×10^4	1.3×10^5	10^{11}
神经突触数量/个	10^5	10^8	2.56×10^8	1.6×10^7	1.3×10^8	10^{15}

6.6　片上系统

随着半导体技术、芯片设计与制造技术的不断发展，集成电路的集成度不断提升，从晶体管集成发展到逻辑门集成，当前已发展到知识产权核集成，将一个系统中不同的功能模块集成到一块芯片中，即 SoC。SoC 可以有效地提升芯片的性能、缩短开发周期、降低开发成本，是工业界将采用的最主要的产品开发方式。SoC 已经成为大部分领域的许多产品中不可缺少的一部分。自超大规模集成电路时代以来，SoC 一直被部署在通信、数据存储和高科技计算领域，随着模拟技术、传感器技术，及低功耗和信号处理能力强的高级集成技术的发展，SoC 正渗透到医疗、汽车和国防安全等领域。

6.6.1　片上系统概述

随着集成电路技术进入纳米时代，在单一芯片上实现一个复杂的电子系统变得可能，SoC 正是在集成电路向集成系统的发展潮流下出现的。基于 IP 核的 SoC 设计可以追溯到摩托罗拉在 1994 年发布的 FlexCore 系统和 LSILogic 在 1995 年为索尼设计的 SoC。SoC

即系统级芯片或片上系统，顾名思义，它是将整个信息处理系统集成在一个芯片上[12]。CPU 通常被称为一台计算机的大脑，而 SoC 则是一个包含大脑、心脏、眼睛和手的完整系统。如图 6.39 所示，SoC 一般包括一个或多个微处理器、GPU、DSP、嵌入式片上存储、图像信号处理器（Image Signal Processer，ISP）、基带单元（Base-Band Unit，BBU）、音频处理器、WiFi 模块、串行外设接口（Serial Peripheral Interface，SPI）模块和 DAC 等功能模块。随着人工智能技术的发展与应用，部分高端 SoC 也将 TPU、神经网络处理单元（Neural-network Processing Unit，NPU）集成在系统内。设计人员需要将这些单元集成到一个芯片上，并通过通信网络实现单元互连。SoC 的各个组成部分可以通过不同的实现方法进行独立设计，如全定制设计流程（模拟、混合信号块、锁相环电路和输入/输出接口电路）、标准单元设计流程（数字 SoC 核心），以及基于结构化阵列的设计流程（嵌入式存储器），并集成为单芯片或多个芯片进行堆叠封装。

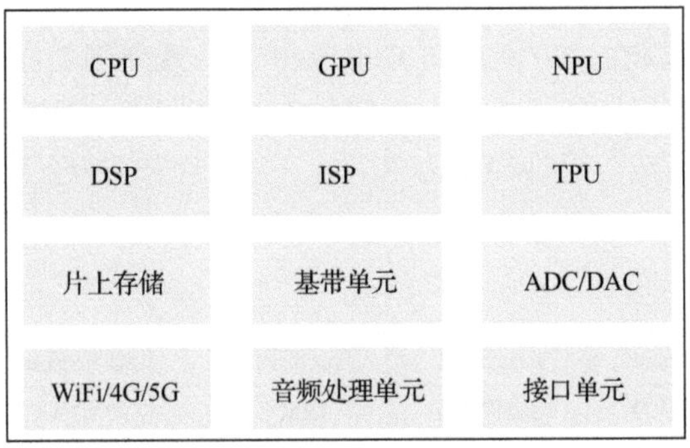

图 6.39　SoC 可包含的模块

在超大规模集成电路发展早期，为了降低系统功耗与成本，设计人员将多芯片板上系统（System on Board，SoB）迁移到包含数字逻辑、存储器、模拟/混合信号和 RF 模块的单个芯片上，不断提高 SoC 的集成度。与 SoC 相似的另一个概念是系统级封装（System in Package，SiP），使用通用的二维（2D）或三维（3D）衬底将单独的芯片封装到一个系统中，该技术适合于单芯片集成困难度高或成本太高的异构技术集成。实际上，SoC、SiP 和 SoB 之间并不是直接竞争的关系，而是在成本（包括开发成本、生产或单位成本）、功率、可测试性、上市时间和封装方面提供了不同的选择，人们可以根据给定的产品选择最佳的解决方案。

与其他集成电路技术相比，SoC 具有两个显著的特点。首先，SoC 基于第三方 IP 核进行设计，硬件规模庞大。与 CPU 和 GPU 相比，SoC 在单芯片上集成了更多的功能模块，节省了芯片面积和设计成本，通过高效的片上互连提高了芯片的运行速度。其次，SoC 涉及复杂的软硬件协同设计。SoC 的集成度与传统的微处理器系统相比更加复杂，对软硬件协同开发的依赖性也更高。在 SoC 开发中，研究人员通过软硬件协同设计方法学为 SoC 的软硬件找到一个最优的比例结构，使其在实现系统规范的同时，满足速度、面积、功耗和灵活性等要求。

6.6.2　可复用 IP 核

IP 核是知识产权核的简称，是基于 ASIC 或 FPGA 预先设计好的电路功能模块。IP 核将集成电路设计中经常使用但设计复杂的功能块设计成可修改参数的模块。芯片设计人员在完成更复杂的设计工作时，可以根据芯片的功能调用具有相应功能的 IP 核，并根据芯片的具体需求修改 IP 核参数。具有各种时序、面积、功率配置的可重用 IP 核是 SoC 的最高层次模块，也是其最重要的组成部分。在 SoC 设计过程中调用 IP 核是当前的一个发展趋势，该方法可以大大提高系统的设计效率，缩短系统的设计周期。

根据 IP 核的硬件描述实现程序，可以将它们分为 3 类：软核（Soft IP Core）、固核（Firm IP Core）和硬核（Hard IP Core）[13]。软核是使用 RTL 或更高级别的描述定义的功能块，不涉及电路的具体实现。由于硬件描述语言（Hardware Description Language，HDL）与工艺无关，可以综合到门级，因此它们更适合于数字核心。由于不涉及电路的物理实现，这种形式具有灵活性、可移植性和可重用性的优点，但缺点是电路性能无法得到保证。硬核是具有固定版图，并且针对特定应用程序和工艺进行了高度优化的功能块。它们的优势在于具有稳定的功能，以及可预测的性能，且更易于实现 IP 保护，劣势是缺乏灵活性及可移植性，这可能会极大地限制其应用领域。固核提供参数化描述的电路功能块，灵活的参数增加了电路性能的可预测性，方便设计人员根据特定的设计需求对核心进行优化。固核实现了软核和硬核之间的折中，比硬核更灵活和便携，可预测性比软核更好。

图 6.40 展示了 2019 年半导体 IP 核市场上几大核心厂商的市场份额。从图中可以看出，ARM 是全球领先的半导体 IP 核提供商，设计了一系列相互关联的 IP 核，包括微处理器、物理 IP 核以及支持软件和工具，2019 年销售额达到市场总份额的 43.2%，在数字电子产品的开发中处于核心地位。ARM 的半导体 IP 核广泛应用于手机、嵌入式设备、路由器、数字机顶盒等领域。Synopsys 的市场占用率达到 13.9%。Synopsys 为全球集成电路设计提供电子设计自动化软件工具，同时也提供知识产权和设计服务，为客户简化设计过程，降低产品的设计成本，缩短产品上市周期。Imagination Technologies 是市场份额排名第 3 的企业，该公司在 2012 年 11 月 5 日宣布收购 MIPS。在市场份额排名前 10 的企业中，Ceva 是主要的 DSP 内核授权厂商，Rambus 专门从事高速芯片接口的研发及设计，eMemory 为全球最大的嵌入式非易失性存储器（eNVM）技术开发厂商。

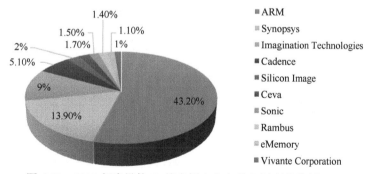

图 6.40　2019 年半导体 IP 核市场上几大核心厂商的份额

6.6.3　片上系统实例

当前，移动互联网和智能终端设备正在迅猛发展，终端设备正朝着越来越轻薄的方向发展，设备内部的空间非常珍贵，具有高集成度的 SoC 芯片可以有效地提高手机内部空间的使用率，降低手机的设计难度，缩短了手机的设计周期。以智能手机为例，现在手机的 SoC 包括了 CPU、GPU、ISP、声卡、基带和内存控制器等一系列芯片。

华为海思从 2004 年开始研发手机芯片，十年磨一剑，到 2014 年，其麒麟手机芯片开始跻身业界主流。2014 年华为海思发布麒麟 910 系列芯片，2016 年发布麒麟 955 芯片，累积出货量达到 1 亿颗。2019 年 9 月，华为海思发布麒麟 990 和 990 5G 芯片，其中麒麟 990 5G 手机是全球首款集成了 5G 基带的 SoC 芯片。

麒麟 980 是华为海思在 2018 年发布的旗舰芯片，采用了当时最先进的 7nm 工艺制程，集成了约 69 亿个晶体管。图 6.41 是麒麟 980 芯片的显微镜照片，从照片中可以看

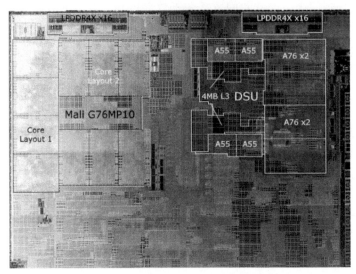

图 6.41　麒麟 980 芯片的显微镜照片

出，该芯片集成了多款 IP 核。照片左上角为 ARM 的 Mali-G76MP10 GPU 核心，右上角是 CPU 集群，包括 2 个主频达 2.60GHz 的 Cortex-A76 核、2 个主频达 1.92GHz 的 Cortex-A76 核，以及 4 个主频达 1.80GHz 的 Cortex-A55 核，这 8 个 CPU 均是基于 ARM 指令集架构设计而成。表 6.10 展示了 2017—2019 年华为海思旗舰 SoC 芯片的参数。从表中可以看出，在最新发布的麒麟 990 系列芯片中，华为海思还集成了自主研发的 NPU 核，晶体管数量超过 100 亿个。

表 6.10　华为海思旗舰 SoC 的参数（2017—2019 年）

参数	麒麟 9905G	麒麟 990（4G）	麒麟 980	麒麟 970
CPU	2×A76 @2.86G 2×A76 @2.36G 4×A55 @1.95G	2×A76 @2.86G 2×A76 @2.09G 4×A55 @1.86G	2×A76 @2.60G 2×A76 @1.92G 4×A55 @1.80G	4×A73 @2.36G 4×A53 @1.80G
GPU	G76MP16 700MHz	G76MP16 600MHz	G76MP10 720MHz	G72MP12 850MHz
NPU	2 + 1 Da Vinci	1 + 1 Da Vinci	2 Cambricon	1 Cambricon
通信芯片	Balong 5G	4G	4G	4G
DRAM	LPDDR4-4266 + LLC	LPDDR4-4266 + LLC	LPDDR4X-4266	LPDDR4X-3733
芯片尺寸/mm²	>100	≈90	74.13	96.72
晶体管数量/亿个	103	≈80	69	55

2020 年 11 月，苹果发布了其自研芯片的第一代产品——M1，其架构和内部结构如图 6.42 所示。发布会公开数据显示，这款用于计算机端的 SoC 基于台积电 5nm 工艺制造而成，集成了 160 亿个晶体管，具有 4 个高性能 CPU 核和 4 个高效能 CPU 核。M1 芯片具有超强的计算能力和并行处理能力，可以同时运行近 25,000 个线程，允许操作人员播放多条 4K 视频，并能够完成复杂的 3D 场景渲染。与上一代产品相比，M1 的运算性能提升了 3 倍，图像性能提升了 5 倍，同时功耗也大幅下降，具有 M1 芯片的便携式计算机可实现 20 小时续航。除此之外，M1 芯片还搭载了 16 核的神经网络加速引擎，每秒最高可完成 11 万亿次运算，能够有效实现卷积神经网络的加速运行。M1 芯片是第一个采用 ARM架构的桌面级 CPU，得益于苹果在微架构和指令编译方面的深厚积累，M1 芯片可以运行大部分现有软件。

无论是发布会公开的数据还是会后的评测表现，M1 芯片的单核性能和多核性能都超出业界预期，整体表现甚至超过了最新一代的英特尔与 AMD 处理器。与其他处理器相比，M1 芯片能够兼具高性能与低功耗，主要有 3 方面原因。

（1）M1 芯片是基于最新的台积电 5nm 工艺制造而成。先进的工艺对于处理器性能的提升具有极其重要的作用，根据台积电的数据，与上一代 7nm 工艺相比，使用 5nm 工艺制造而成的晶体管密度提升了 80%，速度提升了 15%，功耗降低了 30%。在最新工艺的支持下，M1 芯片在相同芯片面积下可以集成更多功耗更低、性能更好的晶体管。

（2）M1 芯片采用了先进的统一内存架构（Unified Memory Architecture，UMA）。从图 6.42 中的右图可以看到，苹果把内存颗粒与芯片封装在一起，缩短了存储单元与计算单元之间的物理距离，让 CPU、GPU 和 NPU 等能够更快地访问内存数据。此外，M1 芯片采用了内存共享机制，将数据放在同一个高带宽、低延迟的内存池中，可以有效降低数据在多个内存池之间复制与传输带来的能耗开销。

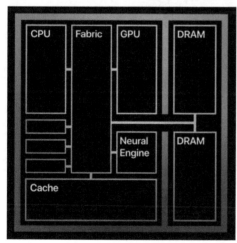

图 6.42　苹果发布的 M1 芯片架构示意图及内部结构[14]

（3）M1 芯片受益于苹果软硬件深度协同优化。众所周知，苹果处于一个深度封闭的生态中，拥有独立的操作系统以及面向该操作系统的生态环境，这使得苹果可以非常高效地针对特定硬件进行深度优化。脱离了苹果的生态，M1 芯片的性能优势将不复存在，甚至无法工作。

2021 年 10 月，苹果在 M1 芯片的基础上发布了新一代笔记本芯片——M1 Pro 和 M1 Max[15]。这两款芯片均采用 SoC 架构，并配备了 M1 芯片所采用的快速统一内存技术。通过进一步优化芯片架构，这两款芯片取得了业界领先的性能表现和能耗表现。

M1 Pro 芯片基于 5nm 工艺制造而成，集成了多达 337 亿个晶体管，达到 M1 芯片的 2 倍以上。该芯片由 10 个 CPU 组成，包括 8 个高性能核心（大核）以及 2 个高能效核心（小核），CPU 运行速度与 M1 芯片相比提高了 70%以上。据苹果官方网站的数据，与这两款芯片发布时市面上先进的 8 核笔记本芯片相比，在相同功耗下，M1 Pro 芯片的性能可提升 1.7 倍，在相同性能下，功耗可降低 70%。此外，M1 Pro 芯片提供了高达 200GB/s 的内存带宽，支持高达 32GB 的统一内存。

M1 Max 芯片同样采用 5nm 工艺，并采用了与 M1 Pro 同样的 CPU 配置，晶体管数量则达到了惊人的 570 亿个，是 M1 芯片的 3.5 倍。与 M1 Pro 芯片相比，M1 Max 芯片的内存带宽提高了 2 倍，达到 400GB/s，并支持高达 64GB 的统一内存。

2022 年 3 月，苹果在上述 3 款芯片的基础上发布了全新的 M1 Ultra 芯片[16]，该芯片通过封装架构的创新实现了性能的极大飞跃。M1 Ultra 芯片实际上是由两个 M1 Max 芯片拼装而成，集成了 1140 亿个晶体管，包含 20 个 CPU 核、64 个 GPU 核和 32 个神经网络引擎，可配置高达 128GB 的高带宽、低延迟的统一内存，算力可达每秒 22 万亿次。图 6.43 展示了苹果全系列 M1 芯片。

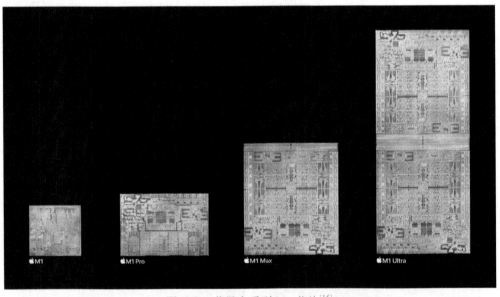

图 6.43　苹果全系列 M1 芯片[16]

M1 Ultra 芯片是对 M1 Max 芯片性能的进一步升级，该芯片具有如此突出的性能表现，与其所使用的 UltraFusion 架构具有密不可分的关系。该架构创新性地使用硅中介层和微型凸块（Micro-Bump）来连接多个芯片，可同时传输超过 10,000 个信号点，在两个 M1 Max 芯片之间实现了 2.5TB/s 的低延迟互连带宽。

由于 M1 Ultra 芯片是将两个 M1 Max 裸片拼接在一起构成的，这本质上属于一种 Chiplet 设计，但 UltraFusion 架构的互连带宽要远远高于其他互连技术，领先于英特尔发起的 UCIe。截至本书成稿之日，UltraFusion 架构的实现技术仍是一个未知解。有学者认为该架构是基于台积电的 CoWoS-S（Chip-on-Wafer-on-Substrate with Si interposer）技术，是一种基于 TSV 的芯片集成技术；也有学者认为该架构采用的是制造成本更低的扇出（InFO）与本地硅互连（LSI）方案。

本章小结

　　本章首先介绍了数字逻辑电路基础以及数字集成电路的设计与实现方法，然后介绍了当前常见的几种数字集成电路技术，包括 CPU、GPU、类脑计算芯片，最后介绍了数字集成电路集大成之作——SoC。自 20 世纪 60 年代问世以来，数字集成电路已成为集成电路领域最重要的研究方向之一，被广泛应用于计算机、通信、航天、家电等领域。未来随着数字化和智能化程度的提高，数字集成电路也将继续向更高集成度、更低功耗、更快速度的方向发展。

思考与拓展

1. 简述组合逻辑电路与时序逻辑电路的区别。
2. 简述 CPU、GPU、FPGA、人工智能芯片的不同。
3. 学习数字集成电路设计中使用的硬件编程语言，如 Verilog HDL、VHDL 等。
4. 简述 IP 的分类。
5. 通过官方报道或网络搜索，了解 CPU、GPU、人工智能芯片的最新产品，包括其工艺技术、架构特征、性能参数等。

参考文献

[1] 周润德. 数字集成电路——电路、系统与设计[M]. 北京: 电子工业出版社, 2004.
[2] 狄超, 刘萌. FPGA 之道[M]. 西安: 西安交通大学出版社, 2014.
[3] 白中英, 戴志涛. 计算机组成原理[M]. 6 版. 北京: 科学出版社, 2019.
[4] Sun Y, Agostini N B, Dong S, et al. Summarizing CPU and GPU Design Trends with Product Data[J/OL]. (2019-11-26) [2020-11-24]. arXiv:1911.11313.
[5] 韩俊刚, 刘有耀, 张晓. 图形处理器的历史现状和发展趋势[J]. 西安邮电学院学报, 2011, 16(3): 61-64.
[6] 王阳元.集成电路产业全书[M]. 北京: 电子工业出版社, 2018.
[7] CSDN. GPU 简介 [EB/OL]. (2008-3-21) [2020-11-24].
[8] CSDN. GPU 的介绍以及原理的分析 [EB/OL]. (2018-6-4) [2020-11-24].
[9] NVIDIA. NVIDIA A100 TENSOR CORE GPU [Z/OL]. [2020-11-24].
[10] 中国电子报, 电子信息产业网. "新基建"驱动力系列研究之算力加速: GTC2020, 英伟达领跑算力时代[EB/OL]. (2020-7-9) [2020-11-24].

［11］ Villa O, Johnson D R , O'Connor M , et al. Scaling the Power Wall: A Path to Exascale［C］// International Conference for High Performance Computing, Networking, Storage & Analysis. NJ: IEEE, 2014.

［12］ Saleh R, Wilton S, Mirabbasi S, et al. System-on-Chip: Reuse and Integration［J］. Proceedings of the IEEE, 2006, 94(6): 1050-1069.

［13］ Schor D. TSMC Talks 7nm, 5nm, Yield, and Next-Gen 5G and HPC Packaging［EB/OL］. (2019-7-28)［2020-11-24］.

［14］ 老石谈芯. 苹果 M1 芯片：如何开启一个时代［Z/OL］. (2020-11-20)［2020-11-24］.

［15］ Apple Inc.. Introducing M1 Pro and M1 Max: The Most Powerful Chips Apple has Ever Built.［EB/OL］. (2021-10-18)［2022-5-8］.

［16］ Apple Inc.. Apple Unveils M1 Ultra, the World's Most Powerful Chip for a Personal Computer.［EB/OL］. (2022-3-8)［2022-5-8］.

第 7 章　大规模模拟及通信集成电路

自然界中的绝大多数信号都是模拟信号，电子系统从现实世界接收的原始信号通常也是模拟信号，因此即便在数字化程度极高的现代社会，模拟集成电路的作用仍旧无法被替代，甚至对整个芯片系统的性能有着决定性的影响。另外，在无线通信领域，射频信号在复杂、恶劣的空域环境中进行传输，通常应满足高速、低噪声等需求，为此需要高性能通信集成电路。针对模拟及通信集成电路，本章主要介绍 3 部分内容：首先，介绍模拟集成电路的分类与设计思想，以运算放大器为例介绍如何对复杂的模拟信号进行放大、滤波、降噪等处理；然后，介绍 ADC 的功能与结构，以及如何将初步处理的模拟信号转换为数字信号，从而搭建起模拟世界与数字世界的桥梁；最后，介绍通信集成电路，包含 4G、5G 及 WiFi 芯片。

本章重点

知识要点	能力要求
基本模拟集成电路	1. 了解模拟集成电路与数字集成电路的区别 2. 掌握运算放大器的概念和用途 3. 了解常见模拟集成电路的种类和用途
ADC 和 DAC	1. 掌握 ADC 和 DAC 的概念和原理 2. 了解 ADC 和 DAC 的种类和特性
通信集成电路	1. 掌握主流通信集成电路的技术发展历程 2. 了解通信集成电路的种类和特性

7.1　基本模拟集成电路

与数字信号不同，模拟信号是指连续变化的物理量所描述的信息，如温度、电压、电流等。为了从自然界的模拟信号中提取出所需要的信息，需要构建具有信号放大、滤波、运算、调制解调、电源管理等功能的模拟集成电路。

现代科学技术飞速发展，晶体管的工艺尺寸日益缩小，高性能的数字集成电路模块不断推陈出新。与模拟域相比，数字域的处理方式更加简便，数字集成电路的设计可以通过Verilog、VHDL 等语言直接综合实现。由此推断，似乎只需要通过某种方式将模拟信号转为数字信号进行处理（通常由 ADC 完成，将在 7.2 节详细介绍），就可以在数字域实现所有的电路功能。但实际情况是，模拟信号千差万别，不可能不经任何处理就直接进入 ADC。更重要的是，模数转换也必然涉及模拟信号的处理，而且数字集成电路的物理实现最终仍旧要落实到具体的晶体管等基础器件。因此，从本质上讲，数字集成电路的模块设计也离不开模拟域的处理方法。与数字集成电路的标准化、模块化、易于迭代更新等优势不同，模拟集成电路设计需要考虑的因素远多于数字集成电路。因此，模拟集成电路的设计更倾向于人工定制，更需要经验的积累，与数字集成电路的设计存在显著不同：首先，模拟集成电路并不过分追求高端工艺制程，而是采用相对成熟的工艺制程；其次，模拟集成电路产品的研发周期和使用周期更长，产品更新迭代更加缓慢；最后，模拟集成电路产品的市场竞争格局更为集中，例如德州仪器和亚德诺半导体长期占据模拟芯片市场 1/4 左右的份额。

长期以来，集成电路的工艺尺寸沿着摩尔定律演进。然而，与数字集成电路相比，模拟集成电路的发展受摩尔定律的支配程度较弱，根源就在于模拟集成电路依赖人工、重视经验等特点。尽管如此，随着晶体管尺寸缩小、电源电压降低，电路的整体能耗也会随之降低，因此模拟集成电路仍然会从摩尔定律中获益。但是，这种收益要求模拟集成电路工程师比数字集成电路工程师付出更多的精力，因为工艺尺寸的缩小必然会改变晶体管的工作状态，当工艺尺寸演进至纳米级别，诸多之前可以忽略的微观效应也逐渐成为制约电路性能的主要瓶颈，对模拟集成电路工程师提出了更高的挑战。

模拟集成电路与数字集成电路在设计方法上存在较大的区别。数字集成电路的设计工具相对齐全，设计流程也相对固定：利用硬件描述语言 Verilog、VHDL 等进行建模、综合与验证。原则上，只要保证代码的正确性，就可以综合得到相应的数字集成电路，几乎不涉及电路参数的具体修改。但是，都采用统一的模块进行综合会不可避免地带来能耗和尺寸的负面影响。而模拟集成电路则不同，在设计之初，便需要综合考虑各项指标的折中、系统前后级的集成、工艺偏差等因素，围绕系统的性能指标进行设计，在设计完成之后，还需要进行大量的仿真验证。有时即使采用相同的主体结构，也会因参数的调整而适用于完全不同的应用场景。但也正因如此，模拟集成电路可以更大限度地贴合系统的要求，使得系统功耗、面积、性能等指标得到明显提升。

7.1.1　MOSFET 器件放大原理

MOSFET 是现代模拟集成电路所采用的基本器件。随着微纳加工工艺技术的发展，器件尺寸不断缩小，MOSFET 以其在小尺寸下的高速和低电压等优势战胜了 BJT，被广泛应用于模拟集成电路。如图 7.1（a）所示，MOSFET 是一个 4 端口器件，G 为栅极，S 为源极，D 为漏极，还有一个端口是衬底极，作图时一般不画出。通过在栅极施加电压，使得源极、漏极之间（即 S、D 之间）形成导电沟道，实现电流的导通。依据衬底和源极、漏极材料的不同，MOSFET 分为 NMOS 与 PMOS 两种，一般而言，NMOS 导通电阻小、工作速度快，而 PMOS 抗噪能力更强，具体的电流-电压特性（I-V 特性）取决于工艺制造技术。

放大是模拟集成电路最常用的功能，MOSFET 实现放大功能的基本原理是其固有的"电压控制电流"特性，即通过改变栅源电压 V_{GS} 的幅度来调控沟道电流 I_D 的大小。以 NMOS 为例，其典型的 I-V 特性曲线如图 7.1（b）（c）所示[1,2]。

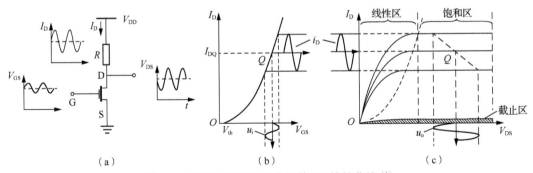

图 7.1　典型的 NMOS 电路及其 I-V 特性曲线[1]

　　按其沟道电流 I_D、漏源电压 V_{DS}、栅源电压 V_{GS} 和阈值电压 V_{th} 的关系，NMOS 的工作区域大致可分为截止区、线性区和饱和区 3 种。当 $V_{GS} < V_{th}$ 时，NMOS 工作在截止区，此时沟道电流 I_D 近似为 0，源极、漏极之间视为开路，这也是 V_{th} 被称为阈值电压或开启电压的原因。当 $V_{GS} \geq V_{th}$ 时，NMOS 的沟道电流 I_D 开始增加，源极、漏极之间的沟道开始导通。此时，依据 I_D 与 V_{DS} 的关系，NMOS 可工作于线性区或饱和区。由图 7.1（c）可见，在线性区，NMOS 的 I_D 与 V_{DS} 近似满足线性关系，此时的 NMOS 表现为线性电阻。因此，数字集成电路中的 MOSFET 大多工作在线性区，用作开关。在饱和区，I_D 几乎不随 V_{DS} 变化或随 V_{DS} 略有增大，而图 7.1（b）又表明此时 I_D 随 V_{GS} 迅速增大（近似为平方律关系），这一特性极其适用于信号的放大。因此，模拟集成电路中的 MOSFET 大多工作在饱和区。严格来讲，除上述 3 个工作区之外，还存在一个亚阈值区，即当 V_{GS} 略小于 V_{th} 时，NMOS 并非完全截止，而是存在随 V_{GS} 指数级增大的微弱电流 I_D。得益于指数变化关系，工作在亚阈值区的 MOSFET 器件在较小范围内可以实现很大的信号放大倍数，在一些低电压的应用中有所涉及。值得注意的是，MOSFET 的放大能力并非无限，栅源电压 V_{GS} 过大时，MOSFET 器件会被击穿而导致失效。

　　本书第 3 章已经介绍了半导体器件从 BJT 到 MOSFET 的发展过程，BJT 的工作原理是"电流控制电流"，也可以像 MOSFET 一样实现信号的放大。目前，BJT 仅在分立元器件电路和少数集成电路模块中有所应用，大部分模拟集成电路采用 MOSFET。相较而言，MOSFET 有以下 4 方面优势。

　　（1）MOSFET 的栅极与导电沟道是绝缘的，不需要电流输入，而 BJT 总是要从信号源输入电流。在工艺尺寸不断缩小、对低功耗需求日益迫切的情况下，MOSFET 不需要输入电流的优势使其在集成电路的应用中脱颖而出。

　　（2）MOSFET 的导电过程主要由多数载流子参与，而 BJT 则是同时利用多数载流子和少数载流子导电。由于少数载流子的浓度易受温度、辐射等外界条件的影响，因此在环境变化比较剧烈的条件下，MOSFET 是更加理想的选择。

　　（3）与 BJT 相比，MOSFET 的噪声系数较小，因此更适用于极端环境的微弱信号检测。

　　（4）MOSFET 的制造工艺便于集成化，可降低成本，因此在集成电路产品中更具优势。

7.1.2　运算放大器

　　虽然 MOSFET 本身就可以实现信号放大，但其实际的 $I\text{-}V$ 特性颇为复杂，难以通过简单的数学建模实现。在实际设计放大电路时，需要从直流大信号工作点，到交流小信号等效电路，再到放大倍数（增益）、输入阻抗、输出阻抗、频率特性等诸多方面进行综合计算，同时配合软件仿真与反馈调试，最终才能满足既定的性能指标。复杂的计算与烦琐的调试过程限制了放大电路的推广应用，因此人们开始寻求通用的方案，以灵活适应各种不同的应用场景，运算放大器（Operational Amplifier，OPAMP）正是在这种需求下应运而生。

　　运算放大器（简称运放）最典型的特征是具有极高的增益。得益于此特征，用户无须了解运放的内部工作原理，而是只需将其视为一个"黑盒子"，利用其输入输出端口搭建简单的反馈结构，就可以实现信号的放大、加减、乘除、积分、微分等一系列数学运算，这也是"运算"一词的由来。运放在实际应用中并不仅限于数学运算，还可以用在基准电源、有源滤波器、比较器等诸多电路中，能够有效提高系统线性度、降低噪声干扰、稳定信号等。因此，运放的设计是模拟集成电路中的一个核心议题。

常见的运放通常采用一对差分输入，接收一对相位相反的信号，其电气图形符号如图 7.2（a）所示。单级运放通常可以提供成百上千倍的增益，但需要更高增益时（大于 10,000 倍），往往采用两级甚至更多级运放。一个典型的无缓冲两级运放的内部结构如图 7.2（b）所示[3]。理论上，运放的增益可以通过增加级数而无限增加，但实际上整体运放的性能还受制于功耗、线性度、稳定性等各种因素，因此级数一般限制在 2～3 级，更多的放大级数需要更加复杂的设计和优化。

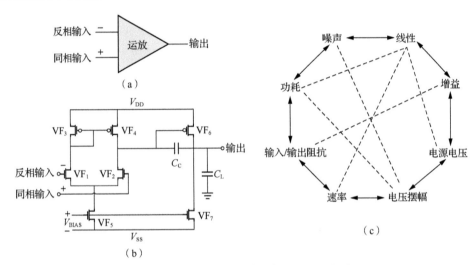

图 7.2　运放及模拟集成电路的八边形法则

（a）运放的常见电气图形符号[3]　（b）典型的无缓冲两级运放结构[3]　（c）模拟集成电路设计的八边形法则[2]

作为模拟集成电路的重要单元，运放有大量的性能指标需要考虑，例如开环增益、增益带宽积、输入阻抗、输出阻抗、共模抑制比、电源电压抑制比、等效输入噪声、总谐波失真等。在具体的应用场景中，还应考虑闭环放大倍数、带宽、增益裕度、相位裕度等因素。在此简要介绍部分性能指标的含义。

（1）开环增益（Open-Loop Gain）：开环（不加反馈结构）使用运放时的放大倍数。根据前文的定义，理想运放应该具有无穷大的开环增益，在实际情况中，开环增益通常可达到数千甚至上万倍。

（2）增益带宽积（Gain Band Width，GBW）：运放对交流小信号的放大倍数降为 1 时的频率。它在一定程度上反映了运放可处理的小信号频率上限。

（3）输入阻抗（Input Impedance）：在运放输入端测得的等效阻抗。理想情况下，运放的输入阻抗为无穷大，从而确保运放输入端没有电流输入。在实际情况中，运放的输入阻抗可达吉欧（GΩ）级别。

（4）输出阻抗（Output Impedance）：在运放输出端测得的等效阻抗。理想情况下，运放的输出阻抗为 0，从而提供强驱动能力。在实际情况中，运放通常具有较小的输出阻抗。

（5）输入失调电压（Input Offset Voltage）：在开环使用运放时，为使直流输出电平为 0

而加载在两个输入端之间的直流电压。理想情况下，运放的两个输入端完全对称，输入相同时，输出为 0。但实际电路无法达到理想效果，为此需要额外的补偿。

（6）共模抑制比（Common Mode Rejection Ratio，CMRR）：在使用运放时，输入端会同时接收共模信号（一对用于稳定直流工作点的同相信号）和差模信号（一对待放大的反相信号）。运放对差模信号和共模信号的放大倍数之比被称为共模抑制比。理想情况下，运放应该只放大差模信号，因此理想的共模抑制比为无穷大，但实际由于各种偏差等因素而无法达到。

（7）电源电压抑制比（Power Supply Rejection Ratio，PSRR）：表征运放对电源噪声的抑制能力。与共模抑制比类似，理想的电源电压抑制比也应该为无穷大。

（8）等效输入噪声（Input Reference Noise）：将运放本身视为无噪器件时，运放输出的噪声在输入端的等效值。它在一定程度上反映了运放的抗噪能力。

（9）转换速率（Slew Rate，SR）：运放对突变信号的响应速度。

（10）总谐波失真（Total Harmonic Distortion，THD）：信号通过运放产生的谐波总功率与基波功率之比，表征运放的线性度。优良的线性度确保信号在放大之后不发生畸变失真。

（11）增益裕度（Gain Margin，GM）：相频曲线下降 180°（相当于将信号反相）时对应的增益。

（12）相位裕度（Phase Margin，PM）：幅频曲线下降到 0dB（对应放大倍数为 1）时的相位裕量。相位裕度和增益裕度都可用于分析运放的稳定性。

在运放的设计过程中，折中的思想贯穿始终。各项指标之间存在竞争关系，设计人员无法同时使所有指标达到最优。换言之，理想的运放并不存在，只存在适合特定应用场景的运放。例如，在低频语音信号的处理场景中，运放工作频带在 10Hz～20kHz；而射频接收机中的运放工作在吉赫兹（GHz）级别。另一个例子是，运放的稳定性与其相位裕度有关，电路系统中一般需要相位裕度至少为 60°，以保障信号的稳定性。但过量的相位裕度又会影响运放的转换速率，因此在射频电路等高速应用场景中，会适当牺牲相位裕度，以换取更高的转换速率。总之，根据应用场景的不同，运放通常需要针对特定指标进行定制化设计。

实际上，包括运放在内的几乎所有模拟集成电路的各项指标之间都存在相互制约的关系，在设计过程中不可避免地要在各种指标之间折中优化。业界由此总结出模拟集成电路设计所要遵循的"八边形法则"[2]，如图 7.2（c）所示，这一法则充分体现了模拟集成电路设计所需要的全局意识和取舍意识。

运放在模拟集成电路中的应用极其广泛，处处可见它的身影。图 7.3 所示为基本信号运算电路的结构[1]，图中输出信号 u_o 通过对输入信号 u_i、u_1 或 u_2 执行某种运算而得。由图可见，各种运算电路的设计任务最终都能够落实为运放的设计。只要能够设计出性能优良的运放，信号运算电路的搭建就会变得简洁而直观。

依据应用场景的不同，运放可分为通用型运放、高输入阻抗型运放、低温漂运放、高速运放、低功耗运放、增益可调运放、低噪声运放、功率放大器等，它们都有各自的适用范围和优缺点。

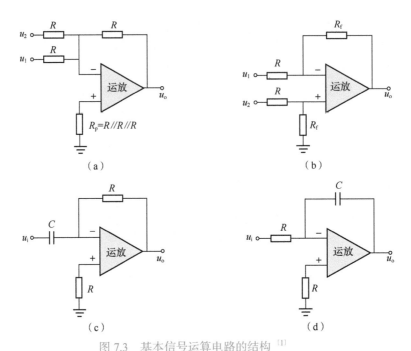

图 7.3　基本信号运算电路的结构 [1]

（a）反相加法电路　（b）减法电路　（c）微分电路　（d）积分电路

　　通用型运放可以用于普通的场景需求，但针对特定情况，则需要专用的运放；高输入阻抗型运放的差模输入阻抗极高，相应的输入电流极小，有利于接收小信号，但输入失调电压较大，需要额外的电路结构进行消除；低温漂运放由温度变化引起的输出偏移很小，主要用于仪表等高精度设备中；高速运放则大多用于模数转换中，具有大带宽和高转换速率，但增益较低；低功耗运放的功耗可以低至微瓦（μW）级，但其增益难以达到很高的数值；增益可调运放的增益可以在一定范围内调节，其中采用程控方式的增益可调运放，调节挡位难以增加，反馈的电阻或电容会对噪声、线性度等性能造成影响[4]。

　　低噪声运放（Low Noise Amplifier，LNA）常用于语音放大电路与射频接收电路，二者频带完全不同，所考虑的噪声因素也并不相同。低频时，$1/f$噪声占据主导地位；高频时，热噪声占据主导。$1/f$噪声与晶体管尺寸有关，因此，低频的 LNA 面积通常很大。对于高频 LNA，考虑到电阻热噪声的影响，会采用电感器等元件来优化性能。

　　功率放大器（Power Amplifier，PA）主要被用在射频发射端。在无线通信领域，为了使信号能够通过天线发射出去，必须将信号放大到足够的功率，因此需要射频功率放大器。图 7.4（a）所示为 LNA 在某耳机音频放大电路中的应用[5]，图 7.4（b）所示为射频接收机中 LNA 与 PA 的应用[6]。

　　综上所述，运放的使用要依据应用场景而确定，即使同样功能的运放也可能采用完全不同的结构。此外，某些应用场景下需要运放兼具多种特性，例如同时具有高输入阻抗与低温漂特性的运放，可以被用于放大传感器采集的微弱信号[7]。

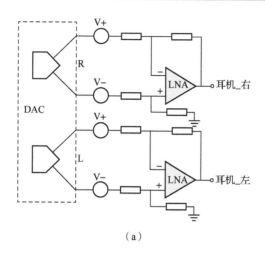

（a）

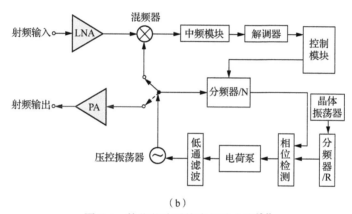

（b）

图 7.4　某些芯片系统中的放大器[5,6]

7.1.3　其他常见模拟集成电路

除了直接用来实现放大、数学运算、比较等功能的运放，常见的模拟集成电路还包括滤波电路、基准电路、低压差线性稳压电源、振荡电路等。

1. 滤波电路

滤波电路分为无源滤波和有源滤波两类，其中无源滤波是通过电阻器、电容器、电感器以及相应的组合实现低通、高通、带通、带阻的滤波。

图 7.5（a）（b）展示了最简单的无源滤波电路，其中图 7.5（a）所示为低通滤波电路，即输入信号中的低频成分能够以较小的衰减到达输出端，而高频成分则几乎被电容器吸收而难以输出。图 7.5（b）所示为高通滤波电路，其特性与低通滤波完全相反。当对滤波性能要求较高，尤其是对通带的上升与下降速度有较高要求时，简单滤波电路难以满足要求，此时会采用高阶传递函数进行拟合，使得滤波电路更为复杂。滤波电路的设计已成为大规模模拟集成电路中一个非常重要的课题。

有源滤波则是通过加入运放，在提供一定增益的情况下进行滤波，可以保证所需频带不被衰减。图 7.5（c）所示为使用运放实现的反相一阶有源低通滤波电路，通过设置合适的电阻值和电容值，可以调整低通滤波的频点。

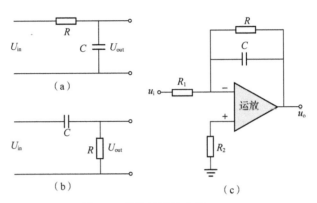

图 7.5　常见的滤波电路

（a）低通无源滤波电路　（b）高通无源滤波电路　（c）使用运放实现的反相一阶有源低通滤波电路

2. 基准电路

基准电路用于为模拟集成电路的其他模块提供基准电压。一般芯片的供电电源只能产生固定的电压，且可能会引入干扰，不适合作为基准电压。此外，工艺偏差和温度漂移也会引入波动，破坏电压的稳定性。因此，芯片中需要一个不受电源和温度影响的基准电压。常见的基准电路是带隙（Bandgap）基准电路，其结构如图 7.6（a）所示。该电路使用了两个 BJT（VT_1、VT_2），主要利用了它们的温度系数特性：VT_1 和 VT_2 的发射极电压的差值与绝对温度成正比，其温度系数为正值；VT_1 和 VT_2 自身的基极-发射极电压具有负温度系数。因此，通过调节电阻值，可以将正温度系数的电压与负温度系数的电压相抵消，从而得到一个与温度系数无关的基准电压 V_{BG}。由于这个电路提供的基准电压与硅的带隙电压很接近，为 1.25V 左右，因此称为带隙基准电路[8]。

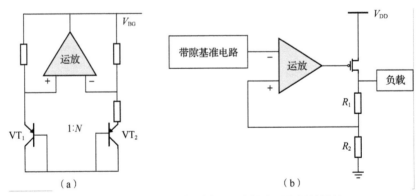

图 7.6　带隙基准电路和低压差线性稳压电源的结构

（a）带隙基准电路　（b）低压差线性稳压电源

3. 低压差线性稳压电源

在某些应用场景中，芯片输入端的电源电压无法满足内部电路的需要，此时需要通过低压差线性稳压电源（Low Dropout Regulator，LDO）将其转换为所需要的电源电压。典型的 LDO 结构如图 7.6（b）所示，其原理是通过运放的负反馈结构，控制工作在线性区的 MOSFET 的栅极电压，依靠电阻器 R_1 和 R_2 分压而得到需要的电源电压[9]。

由图 7.5 和图 7.6 可见，运放在有源滤波器、带隙基准电路和 LDO 中均发挥了重要作用，再次表明运放在模拟集成电路中的应用极其广泛。

4. 振荡电路

当芯片不采用外部时钟输入时，需要由内部的振荡电路产生时钟信号，供给数字模块使用，实现这一功能的电路通常为压控振荡器，它的输出频率受输入电压调制。常见的振荡方式有 RC（电阻-电容）振荡和 LC（电感-电容）振荡。集成电路通常采用如图 7.7（a）所示的石英晶体振荡电路。XT 指外部接入的晶体振荡源，通过石英晶体的压控谐振频率得到时钟信号 CLK，这一谐振频率与石英晶体的尺寸和物理结构相关，应依据具体需求确定。

5. 混频器

混频器（Mixer）的作用是对两个输入信号频率进行运算或组合，换言之，混频器对接收信号进行频域处理，在射频电路中有广泛应用。混频器的典型结构如图 7.7（b）所示，此处以接收端的混频器为例，接收信号 V_S 经由 LNA 放大后，由混频器将信号与载波 V_L 分离，再由滤波器滤去载波，从而得到所需的信号 V_I。

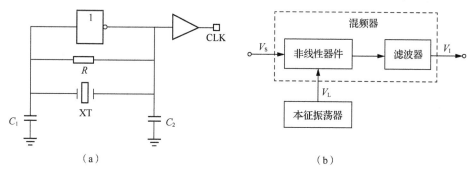

图 7.7　石英振荡电路和混频器的结构

（a）石英振荡电路　（b）混频器

7.1.4　模拟集成电路的设计流程

模拟集成电路的设计流程包括电路设计、前端仿真（简称前仿）验证、版图设计、后端仿真（简称后仿）验证 4 个主要环节。图 7.8 展示了从需求制定到最终流片的基本流程，其中除了不断地验证、反馈、修改，还有工艺制造人员的深入参与。模拟集成电路设计不是凭空进行，其根基建立在电路设计人员和工艺制造人员所积累的生产经验以及双方的深度合作之上。

此处以脑电信号等微弱信号的读出系统为例来进行说明。由传感器采集的微弱脑电信号，其电压峰值大概在微伏（μV）到毫伏（mV）级别，而后级模数转换电路的输入电压量程为伏（V）级别，二者之间需要采用运放实现信号的放大以匹配后级模数转换电路的量程。

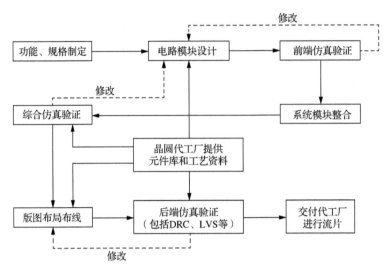

图 7.8　模拟集成电路从需求制定到最终流片的基本流程

首先，在进行设计时，要考虑前后级的参数影响，例如前级输入信号的驱动能力、缓冲级的使用等。此外，还需要考虑后级电路提取出的负载参数（电阻、电容等），因为这将影响系统的带宽。考虑到脑电信号探针接触人体，必然需要较低的功耗以避免伤害人体组织，同时考虑到输入信号的频率在千赫兹（kHz）级别，要求运放的工作带宽包含这一段频带。综合上述参数，就可以确定运放所采用的基本结构。然后，可以通过常用的"跨导电流比"方法计算运放的带宽、跨导等参数，进而得到电路中各个 MOSFET 的尺寸。由于微弱的脑电信号极易受噪声干扰，设计人员还需要对 MOSFET 的尺寸与电路结构做进一步优化处理，以达到低噪的效果。最后综合考虑所采用结构的优缺点以及仿真结果，确定是否还需要针对某一参数指标进行专项的提升[10]。

完成上述过程且经仿真验证功能无误之后，电路设计的初步工作基本完成。然后，设计人员还需要对电路进行各项指标的专项仿真。具体到运放，就是指前文介绍的开环增益、增益带宽积、输入阻抗、输出阻抗、共模抑制比、电源电压抑制比、等效输入噪声、转换速率、总谐波失真等一系列指标。在系统级应用中，还应该考虑与其他系统模块的联合仿真。此外，还需要考虑工艺制造方提供的工艺-电压-温度（Process-Voltage- Temperature，PVT）偏差数据，进行工艺角的仿真。在各种工艺条件下，仿真结果偏差均在可允许的范围内，方可进行下一步的版图设计。

模拟集成电路设计的最后一步是后仿验证。与版图设计之前的前仿验证不同，后仿验证是利用软件从绘制完成的版图中提取出寄生参数，将这些寄生参数考虑在内，模拟流片完成后的性能。对于优良的版图而言，后仿验证与前仿验证的差别很小。当出现无法容忍的偏差时，设计人员应当首先回顾版图设计是否出现差错，只有在排除了版图影响的情况下，才考虑对电路的参数进行调整和优化。后仿验证的顺利完成标志着整个设计流程的结束。

值得注意的是，与数字集成电路设计的高度自动化不同，模拟集成电路从电路到版图的设计流程仍然以手工实现为主。其原因在于，模拟信号对环境干扰较为敏感，模拟集成电路的各种性能指标之间相互约束较强。

以上介绍的仅是运放这一模块的设计流程，前文所述的基准电源、线性稳压电源等模块也属于模拟集成电路设计的范畴，同样需要与运放相同的设计流程。但在设计中，所需要考虑与优化的性能指标各有侧重，这些通常并不是一位设计人员能够完成的工作。因此，在模拟集成电路设计的过程中，合作与沟通至关重要，不可或缺。

7.1.5　模拟集成电路未来的发展与挑战

目前，随着各种传感器以及通信系统的发展，业界针对模拟集成电路也提出了各种新的需求。各种模拟集成电路相关成果层出不穷，在医疗、通信、汽车等各领域应用广泛。

随着 MOSFET 工艺尺寸的不断缩小，以及电源电压的不断降低，势必会有许多电路结构不再适应工艺的变化而被淘汰。同时，功耗的降低对模拟集成电路的影响比数字集成电路更加复杂，需要在设计时进行充分的仿真验证。随着集成度与复杂度的提高，模拟集成电路的仿真工作也会更加烦琐，这些都需要在设计理念与设计工具方面进行创新与突破。

7.2　模数转换器及数模转换器

如前文所述，自然界中的信号大多都是时间与幅度均连续的模拟信号，包括光、电、声、力、温度等。然而，为了便于存储与处理，人们日常使用的计算机、智能手机、数字仪表等电子设备所采用的是数字信号。外部模拟世界与电子设备内部的数字世界的交互，需要数据转换的"中介"，这个"中介"就是模拟与数字之间的桥梁——模数转换器（Analog-to-Digital Converter，ADC）与数模转换器（Digital-to-Analog Converter，DAC），如图 7.9 所示。

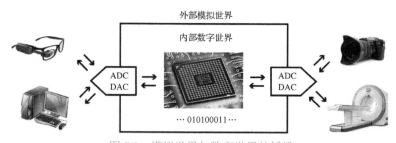

图 7.9　模拟世界与数字世界的桥梁

7.2.1　模数转换器

外部模拟世界的电子设备接收和感应到的模拟信号通过 ADC 转换为数字信号，传输给数字世界中的集成电路进行处理，再将处理后的数字信号经 DAC 转换为模拟信号，输出给外部电子设备，这就是数据转换器在电子设备中的典型应用。其中把模拟信号转换为数字信号的 ADC 是整个系统的关键[11]。图 7.10 为一款角度传感器芯片的结构框图[12]，芯片中用到了 Σ-Δ 型 ADC（详见本书 7.2.3 小节），它的作用是接收传感器采集的模拟信号，并将其转换为数字信号进行后续处理。

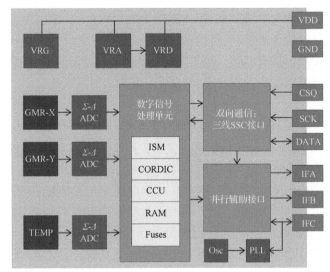

图 7.10　一款角度传感器芯片的结构框图（图片来源：英飞凌官方网站）

ADC 由抗混叠滤波器、采样、量化和数据编码 4 个模块级联而成，如图 7.11 所示。

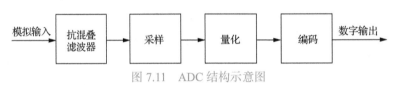

图 7.11　ADC 结构示意图

根据奈奎斯特采样定理，如果采样频率是输入信号频率的 2 倍以上，就不会发生频带的重叠。然而，这一条件不仅对信号成立，还对噪声和干扰成立。噪声有一个不可预测的频谱，可以在任何频率成分产生。因此，需要在采样器之前放置抗混叠滤波器，用于滤除模拟输入信号中能产生干扰的频率，防止采样时出现频率混叠。

采样模块将时间和幅值连续的模拟信号转换为时间离散的采样信号。图 7.12 所示为理想采样过程中的模拟信号输入与采样结果，采样后形成周期为 T 的一系列脉冲。在 ADC 将模拟信号转换为数字信号的过程中会产生噪声，通常采用模拟低通滤波器将其滤除。但是，模拟低通滤波器并没有绝对理想的滤除效果，它在大幅滤除截止频率以外的信号的同时，会对需要保留的信号产生一定的不利影响。为此，某些 ADC 会采取"过采样"的方式来有效降低噪声。

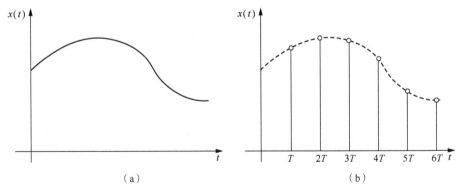

图 7.12　理想采样过程中的模拟信号输入与采样结果
（a）输入　（b）输出

时间离散的采样信号需要经幅值量化模块由连续电平转化为离散电平，如图 7.13 所示。量化器的动态范围被划分为若干相等的量化区间，每个区间由给定的模拟振幅表示。量化器将输入振幅表示为其所在的量化区间的值。通常表示量化区间的值是区间的中点，在某些情况下，用上界或下界代表区间。量化过程中会出现量化误差，以 3 位 ADC 为例，ADC 可以将满量程的模拟电压量化为 8 个数字信号，分别编码为 000～111，如图 7.13 所示。每一个数字编码平台都不可避免地有一定的量化误差，当比特数趋于无穷大时，量化误差才趋于 0。除量化噪声外，ADC 还会受到热噪声、闪烁噪声和时钟抖动等干扰，设计 ADC 时必须综合考虑不同干扰因素的影响。

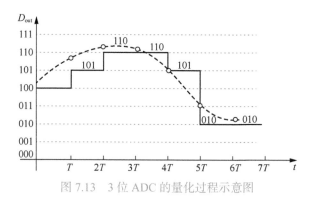

图 7.13　3 位 ADC 的量化过程示意图

量化后的信号在时间和幅值上均已成为离散数据，这些离散数据需要经过编码模块转换为数字信号输出。编码模块是 ADC 的最后一个模块，是信号进入数字世界的必经之路。

ADC 是芯片系统中负责沟通模拟信号与数字信号的关键模块，其性能参数种类繁多，最主要的参数有分辨率、带宽和功耗[13]。分辨率可以从静态和动态的角度分别进行衡量，其中积分非线性误差（Integral Nonlinearity，INL）、微分非线性误差（Differential Nonlinearity，DNL）、失调误差、增益误差等属于静态特性参数，而信噪比（Signal to Noise Ratio，SNR）、信噪失真比（Signal to Noise plus Distortion Ratio，SNDR）、有效位数（Effective Number of Bits，ENOB）、动态范围（Dynamic Range，DR）等属于动态参数[14]。带宽衡量 ADC 可以正常转换的输入信号的频带范围。功耗则表示 ADC 工作时需要消耗的能量。下面重点介绍 ADC 的几个动态特性参数。

1. 信噪比

经过 ADC 转换后的输出信号，包括承载有效信息的有用信号成分以及具有干扰作用的噪声信号成分，这两种信号成分的功率之比就是信噪比。若只考虑量化噪声（如前文所述，量化噪声不可避免，始终存在），则可以计算出理想 ADC 的最大信噪比。在实际情况下，由于热噪声和闪烁噪声等其他干扰因素的存在，ADC 的实际信噪比要低于理想值。

2. 信噪失真比

ADC 的信噪失真比在信噪比的基础上进一步考虑了非线性因素，它被定义为信号功率与"信号带内噪声功率及谐波功率之和"的比值。与信噪比相比，信噪失真比能更准确地反映 ADC 实际的工作性能。

3. 有效位数

由于噪声等非理想因素的存在，ADC 的实际量化位数通常有所损失，用"有效位数"来衡量。它可以根据信噪失真比计算而得。

4. 动态范围

动态范围被定义为 ADC 能够不失真测量的信号幅值上下限的比值。动态范围通常与信噪比相关，反映了 ADC 可以可靠处理的信号范围。

理想的 ADC 应该满足速度无限快、精度无限高、功耗无限低的要求，在实际的电路设计中无法实现，因此要综合考虑精度、速度、功耗这几个指标进行折中。同时，由于 ADC 的部分子模块由模拟集成电路构成，也要遵循如图 7.2（c）所示的模拟集成电路设计的八边形法则。

在此简要介绍 ADC 设计时需要考虑的一些特性[14]。输入模拟信号可分为单端、伪差分或差分。单端模拟信号是指 ADC 地端接公共地；伪差分信号相对于固定的参考电压是对称的，该参考电压可能与转换器的模拟地不同；差分信号不一定对称于固定电平，它们是输入或输出之间的差值，而与共模值无关。分辨率与参考电压共同决定了 ADC 的最小可检测电压。动态范围决定了最大信噪比，需要根据具体应用场景而定。绝对最大额定值包括工作温度范围、最高芯片温度等，是 ADC 允许使用的极限值，若超过这个值，电路可能会受损。在设计与使用 ADC 时均需慎重考虑这些参数。

7.2.2 数模转换器

在 ADC 的工作过程中，通常需要利用模数转换的"逆过程"——数模转换，实现此过程的电路被称为数模转换器（DAC）。它负责将多位二进制数字信号转换为与之成比例的模拟信号。DAC 通常是 ADC 系统的重要组成部分。如果一个 N 位的 DAC 的二进制数字输入为 $D=[D_{N-1} D_{N-2} \cdots D_0]$，则该 DAC 的数字输入对应权重为

$$D = \frac{D_0}{2^N} + \frac{D_1}{2^{N-1}} + \cdots + \frac{D_{N-1}}{2^1}$$

对应的模拟输出为

$$V_{\text{out}} = K V_{\text{REF}} \left(\frac{D_0}{2^N} + \frac{D_1}{2^{N-1}} + \cdots + \frac{D_{N-1}}{2^1} \right)$$

其中，K 为比例因子。

DAC 按数字码输入方式可分为并行输入式 DAC 和串行输入式 DAC，其中并行输入式 DAC 较为常用。下面介绍几种并行输入式 DAC。

1. 电压按比例缩放 DAC

以图 7.14 中 3 位电压按比例缩放 DAC 为例，使用电阻串获得 V_{REF} 和 GND 之间 8 个等差的参考电压，通过数字输入码字 $[D_2 D_1 D_0]$ 的不同来选通其中一个支路。给定任一固定的输入，有且只有一个支路导通，能保证输入输出的单调性。这种结构比较规则，易于实现，但当 DAC 的位数较大（大于 8 位）时，需要使用较多的电阻器和开关，会导致面积较大。

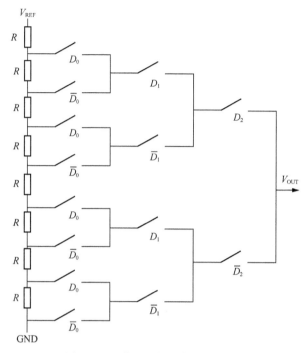

图 7.14　3 位电压按比例缩放 DAC

2. 电荷按比例缩放 DAC

图 7.15 所示为 4 位电荷按比例缩放 DAC。在复位状态，开关 S_0 闭合时，将所有电容器的电荷都置 0。在采样状态，开关 S_0 断开，依据数字码字调节开关 $S_1 \sim S_4$，对应码字为1 的开关接 V_{REF}，对应码字为 0 的开关接 GND，根据电荷守恒原理实现数模转换。电荷按比例缩放 DAC 有速度快、精度高的优点，但当 DAC 精度较高时，电容器的尺寸呈指数级增大，需要用特殊结构（如分段式电容阵列）解决面积开销过大的问题。

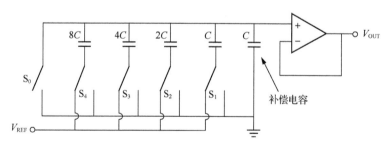

图 7.15　4 位电荷按比例缩放 DAC

3. 电流按比例缩放 DAC

电流按比例缩放 DAC 有二进制加权电阻 DAC、R-$2R$ 梯形 DAC、电流源式电流缩放 DAC等形式。图 7.16 所示为 4 位二进制加权电阻 DAC，其输出 $V_{OUT} = -R(I_0 + I_1 + I_2 + I_3)$。与电荷按比例缩放 DAC 类似，电流按比例缩放 DAC 依据数字码字调节开关，对应码字为 1 的开关接 V_{REF}，对应码字为 0 的开关接 GND。R-$2R$ 梯形 DAC、电流源式电流缩放 DAC 的原理与此类似，均采用电流缩放的原理。

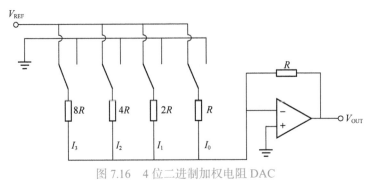

图 7.16　4 位二进制加权电阻 DAC

7.2.3　常用模数转换器的分类

不同种类 ADC 的性能各异。图 7.17 所示为不同种类 ADC 的性能对比，本小节将对几种常用 ADC 的原理进行介绍。

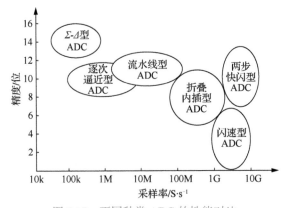

图 7.17　不同种类 ADC 的性能对比

1. 闪速型 ADC

闪速型 ADC（Flash ADC）是速度最快的 ADC，其原理直观清晰、易于理解：由分压电阻网络对基准电压进行电平划分，然后由比较器阵列对输入模拟信号进行初步量化，最后经编码器输出数字信号。由于整个过程以并行方式工作，闪速型 ADC 输出信号的每一位几乎在同一时刻得到，因此采样速度极快，尤其适合高速应用领域。

在此简要介绍闪速型 ADC 的工作原理。一个 N 位闪速型 ADC 需要 2^N 个电阻器和 2^N-1 个比较器来进行电平划分和量化。图 7.18 所示为 3 位闪速型 ADC 的结构。最左边串联的 8 个等值电阻串的阻值呈等差数列，能够产生等间隔的基准电压，它被连接到对应的比较器的一个输入端。所有比较器的另一个输入端被接在一起，用于接收输入电压信号。给定的某个输入电压值介于某两个基准电压值之间，因此以这两个基准电压值为分界线，低于此线的所有比较器都将输出逻辑电平"1"，而高于此线的所有比较器都将输出逻辑电平"0"。这种输出方式类似于水银温度计，输出码被称为温度计码，实际通常需要编码器将其转换为 N 位二进制输出。温度计码和二进制码的对应关系见表 7.1。

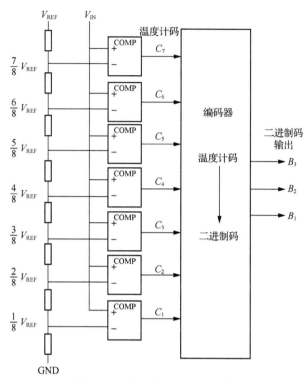

图 7.18　3 位闪速型 ADC 的结构

表 7.1　温度计码与二进制码的对应关系

温度计码							二进制码		
C_7	C_6	C_5	C_4	C_3	C_2	C_1	B_3	B_2	B_1
0	0	0	0	0	0	0	0	0	0
0	0	0	0	0	0	1	0	0	1
0	0	0	0	0	1	1	0	1	0
0	0	0	0	1	1	1	0	1	1
0	0	0	1	1	1	1	1	0	0
0	0	1	1	1	1	1	1	0	1
0	1	1	1	1	1	1	1	1	0
1	1	1	1	1	1	1	1	1	1

　　闪速型 ADC 虽然易于实现，但它所需的比较器数量随着转换位数的增加而呈指数级增长，由此带来了芯片面积和功耗的急剧增加。因此，闪速型 ADC 通常只用于 8 位分辨率以下的场景。此外，闪速型 ADC 的动态特性容易受到时钟抖动和信号失真的影响，难以处理快速变化的输入信号。

2. 两步闪速型 ADC

　　在分辨率较高的应用场景中，两步闪速型 ADC（Two-Step Flash ADC）比普通闪速型

ADC 更适用。两步闪速型 ADC 保证了更好的速度-精度折中。N 位两步闪速型 ADC 由两个 $N/2$ 位闪速型 ADC、一个高精度 $N/2$ 位 DAC，以及求和电路和运放等组成。图 7.19 所示为 6 位两步闪速型 ADC，以此为例介绍其工作原理，分为两步。

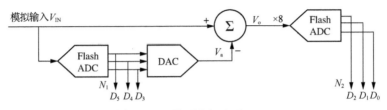

图 7.19　6 位两步闪速型 ADC

首先，输入的模拟信号 V_{IN} 经一个 3 位闪速型 ADC 处理，产生前 3 位输出 $N_1=[D_5 D_4 D_3]$。然后，该 3 位数字信号 N_1 由一高精度 DAC 转换为模拟信号 V_a。原始输入信号 V_{IN} 与 V_a 经运算后得到余差电压 V_o，并被输入另一个 3 位闪速型 ADC。由于两个闪速型 ADC 的精度相同，需要将余差电压 V_o 放大为与原始电压 V_{IN} 相同的量级，即放大 $2^{6/2}=8$ 倍，这也是数字信号左移 3 位的过程。这个放大后的信号经第 2 个闪速型 ADC 处理而产生后 3 位输出 $N_2=[D_2 D_1 D_0]$，则 $\{N_1 N_2\} = [D_5 D_4 D_3 D_2 D_1 D_0]$ 即为 6 位两步闪速型 ADC 的输出结果。

根据前文所述，普通闪速型 N 位 ADC 需要 2^N-1 个比较器，而两步闪速型 N 位 ADC 只需要 $2(2^{N/2}-1)$ 个比较器，因此缩小了芯片面积，降低了功耗。但是，由于两步闪速型 ADC 需要两步转换数据，增加了额外的时延。这体现了集成电路设计领域常见的"以时间换取空间"的思想。

3. 流水线型 ADC

在两步闪速型 ADC 的基础上继续级联，就形成了流水线型 ADC（Pipeline ADC）。流水线结构兼具高速、高分辨率、低功耗等优点，广泛应用于视频信号处理领域、无线通信领域和高速数据采集系统。

流水线型 ADC 的每一级包括一个采样保持电路、一个低分辨率 ADC（如闪速型 ADC）、一个高分辨率 DAC、一个求和运算电路和一个可提供增益的级间放大器。它的工作方式与两步闪速型 ADC 类似。以图 7.20 中的 12 位 4 级流水线型 ADC 为例，每一级的闪速型 ADC 产生 3 位数字信号，余差信号被放大 4 倍（对应于数字信号左移 2 位），以流水线的形式依次传递，最后一级输出的信号由一个高精度 4 位闪速型 ADC 转换为 4 位数字信号。各级产生的信号需要经过 DSP 模块进行处理，每级的数字输出中产生 2 位最终输出，剩余的 1 位作为冗余位用于 DSP 模块的数据校准，总共输出位数为 2+2+2+2+4=12。

流水线型 ADC 采用了多级结构，且每一级具有独立的采样保持电路，允许各级同时对多个采样信号进行处理，极大地提高了模数转换的速度。但流水线型 ADC 的级数并非越多越好，因为整体的转换延迟随级数的增加而线性增长。此外，由于转换位数受到前级电路匹配精度的制约，因此过多的级数将无法保证模数转换的精度。

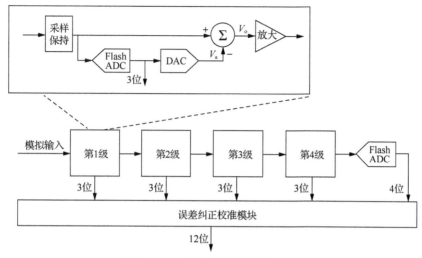

图 7.20　12 位 4 级流水线型 ADC

4. 折叠内插型 ADC

在介绍折叠内插型 ADC（Folding-Interpolating ADC）之前，首先简要介绍折叠和内插技术。折叠技术用于将输入电压分区并减小幅值，从而使比较器需要处理的电压范围缩小。图 7.21 分别展示了一次、两次折叠的结果，每次折叠电压幅值都会变为原来的一半。内插技术用于产生两个电压中间的电压。以图 7.22 为例，内插后的输出电压值在 V_1 和 V_2 之间，其值可以通过调整 R_1 与 R_2 的比值来改变。当 $R_1=R_2$ 时，内插电压为 V_1 与 V_2 的中间电压。内插技术可用于生成闪速型 ADC 所需要的参考电压。使用内插技术的 3 位闪速型 ADC 结构如图 7.23 所示，图中的两个电阻串中的电阻值分别相同，比较器由一个前置放大器和一个锁存器组成。对比图 7.23 与图 7.18 可知，内插技术的使用可以减少闪速型 ADC 前置放大器的数量，从而缩小芯片的面积，降低功耗。

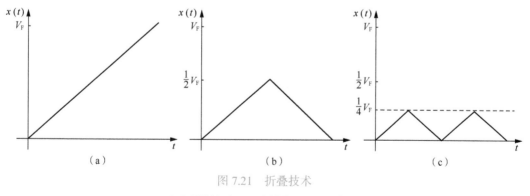

图 7.21　折叠技术
（a）原信号　（b）一次折叠　（c）两次折叠

折叠内插型 ADC 的结构如图 7.24 所示，大致包括粗量化和细量化两个模块。以两次折叠为例，两次折叠将信号分为 4 个区间（见图 7.21）。粗量化过程产生 4 位数字信号，作为定位折叠区间的信号。细量化时，折叠技术可以缩小比较器的工作电压范围，内插技术可以减少比较器中放大器的数量。每个折叠区间并行细量化产生各自的数字信号，经编码电路后产生最终输出。由于两个量化过程同时进行，因此折叠内插型 ADC 的处理速度可以达到较高的水平。

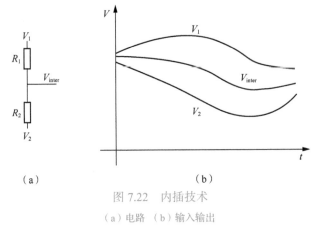

图 7.22　内插技术

（a）电路　（b）输入输出

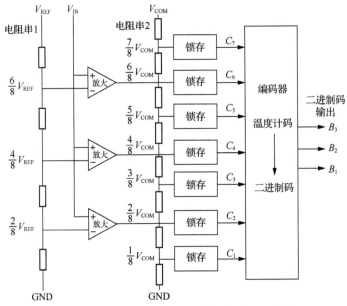

图 7.23　使用内插技术的 3 位闪速型 ADC 结构

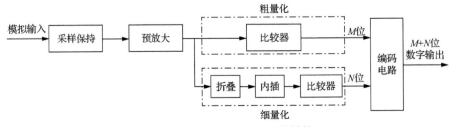

图 7.24　折叠内插型 ADC 的结构

5. 逐次逼近型 ADC

逐次逼近型（Successive Approximation Register，SAR）ADC 的基本结构如图 7.25 所示，由采样保持模块、比较器、DAC、逐次逼近逻辑寄存器、逻辑控制模块等组成。

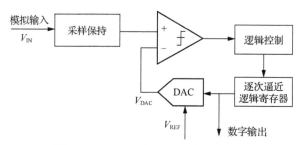

图 7.25 逐次逼近型 ADC 的基本结构

逐次逼近型 ADC 使用基于二分法的二进制搜索算法，从而使 DAC 的输出电压逼近输入模拟电压。在此以 4 位逐次逼近型 ADC 为例，介绍其转换过程。比较器的两个输入分别是输入模拟电压 V_{IN} 以及 DAC 的输出电压。首先确定最高位，将最高位预置为 1，其他位全部清 0，DAC 输出 1/2 V_{REF}。如果 $V_{IN} > V_{REF}/2$，则比较器输出 0，最高位输出 1，否则比较器输出 1，最高位输出 0，由此可以确定 ADC 的最高位。在本例中，假定最高位为 1。然后确定次高位，将次高位预置为 1，由于最高位为 1，此时的 DAC 输出为 $3V_{REF}/4$，将 V_{IN} 与 $3V_{REF}/4$ 进行比较，按相同原理确定 ADC 的次高位。在本例中，假定次高位为 0。继续确定第 3 位，以此类推可知，DAC 输出为 $5V_{REF}/8$，V_{IN} 与 $5V_{REF}/8$ 比较从而确定 ADC 的第 3 位。依据相同的原理，可继续确定最低位。此过程的 DAC 输出电压如图 7.26 所示。

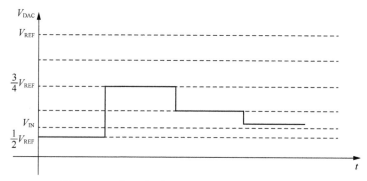

图 7.26 4 位逐次逼近型 ADC 的 DAC 输出电压

经过逐次比较、移位，使用二分法排除无用区间、逼近正确值，最终经过 N 次循环之后，可得到最终的输出。其最终结果是最后一次比较所在的区间，也是该逐次逼近型 ADC 的精度。

逐次逼近型 ADC 的性能在很大程度上取决于 DAC 和比较器。逐次逼近型 ADC 大多使用电容阵列型 DAC，可以有效降低功耗，并降低逐次逼近过程中开关转换的难度，但容易产生电容失配，影响 ADC 结果的准确率，在设计中要额外考虑减小电容失配的措施。而比较器的失调会影响 ADC 结果的正确率，实际中多采用输入失调存储、输出失调存储等方法予以消除。

逐次逼近型 ADC 的系统结构简单，各模块功耗较低，因此被认为是低功耗模数转换应用场景下的首选方案。但逐次逼近型 ADC 需要多个逼近周期才能完成一次转换，因此其速率较慢。随着集成电路先进工艺的发展，逐次逼近型 ADC 中的逻辑控制模块的性能优化余地也不断增加，这使得它成为当前 ADC 领域内的研究热点。

6. *Σ-Δ* 型 ADC

在一些对模数转换精度要求极高的应用场景中（如精密工业测量、高品质音频等），*Σ-Δ* 型 ADC 是一个比较理想的选择。它可提供高达 24 位的分辨率，而且它的高度数字化架构极其适用于现代先进的 CMOS 工艺，便于扩展和集成数字功能。此外，由于 *Σ-Δ* 型 ADC 使用"过采样"，对模拟抗混叠/抗镜像滤波器的要求显著降低。图 7.27 展示了 *Σ-Δ* 型 ADC 的结构，整个流程高度数字化。

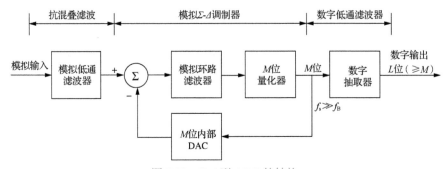

图 7.27　*Σ-Δ* 型 ADC 的结构

7. 时域交织型 ADC

时域交织型 ADC 采用时间交错结构，通过使用多个并行工作的 ADC 来同时量化输入模拟信号，从而提高数据转换器的转换率。把多个 ADC 的转换结果适当地组合起来，就等于把单个 ADC 的速度增加了一个倍数，这个倍数等于通道的数量。

图 7.28 展示了时域交织型 ADC 的系统结构。各个通道的 ADC 按一定的时序依次开始和结束数据转换。在所有通道均完成数据转换后，经数据处理得到最终的数字输出信号。如果单通道采样率为 f，则整体采样率为 Mf。时域交织型 ADC 受失配和失调影响较大，这也是其性能受限之处。

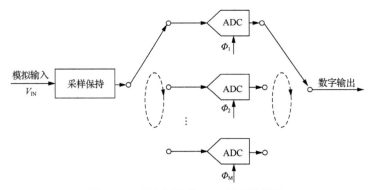

图 7.28　时域交织型 ADC 的系统结构

除了上面介绍的几种 ADC 之外，还有如积分型 ADC、双积分型 ADC、混合型 ADC 等结构。在选用 ADC 时，需要根据其应用场景的要求选用不同的类型。

7.2.4　模数转换器的发展趋势

不断提高的电路集成度会使电子设备的性能不断提升，信号也更加偏向低压化，从而对 ADC 的要求也越来越高。不论在军用还是民用领域，诸多设备都要求高精度、高速度、低功耗的 ADC，因为它是模拟域和数字域的"桥梁"，决定了整机的性能。目前，ADC 快速发展，不断有结构的优化和性能的提升。由于 ADC 的设计蕴含了集成电路领域的诸多关键思想，因此针对 ADC 的研究也带动了整个集成电路产业的发展，衍生出许多高性能应用，如高速示波器、无线电设备、通信系统、导航系统等。

随着大数据、云计算、物联网等应用的兴起，人们对信息处理的速度提出了更高的需求。在诸多信息系统中，ADC 的性能是决定信息处理速度的关键，因此，高速 ADC 成为业界不断追求的研究目标，也是世界各国争相抢占的技术制高点。然而，高速 ADC 的研究面临诸多技术挑战，正如模拟集成电路的八边形法则一样，高速 ADC 的设计也需要考虑各种性能的折中。图 7.29 展示了近二十多年来发表在集成电路顶级学术会议 ISSCC 和 VLSI 国际研讨会（Symposium on VLSI Technology and Circuits）上的 ADC 的性能汇总情况[15]。图中 $\text{FOM}_{w,hf}$ 和 $\text{FOM}_{s,hf}$ 是综合衡量 ADC 功耗、带宽和有效位数等性能的参数，$\text{FOM}_{w,hf}$ 越低代表 ADC 的综合性能越好，而 $\text{FOM}_{s,hf}$ 越高代表 ADC 的综合性能越好。由图可见，随着速度的提升，ADC 的功耗和信噪比等性能均有所下降，其主要原因是受到热噪声和失配等因素的限制。在选型方面，近年来高速 ADC 选用较多的是 SAR 结构和时域交织结构。SAR ADC 无须过于复杂的模拟电路，因此适合先进工艺，随着 CMOS 工艺的进步而备受青睐。时域交织型 ADC 采用多通道子 ADC 交替采样、转换，能够有效提升速度。据统计[15]，近二十多年来在 ISSCC 和 VLSI 国际研讨会上发布的高速 ADC 中，采用时域交织结构的 ADC 占比超过 60%，其中又有超过 50% 的时域交织型 ADC 采用了 SAR ADC 作为通道的子模块。

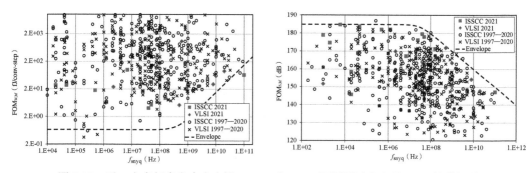

图 7.29　近二十多年来发表在会议 ISSCC 和 VLSI 国际研讨会上的 ADC 性能汇总

7.3　通信集成电路

随着模拟集成电路的发展，尤其是 ADC 和 DAC 性能的提升，20 世纪 80 年代出现了具有模拟纯语音服务的第一代（1G）通信网络，该网络中数据的最高传输速度约为 2.4kbit/s。2G 通信网络始于 1991 年的芬兰，使手机开始支持呼叫、文本加密、收发图片消息和彩信等功能，最大传输速度约为 50kbit/s。能够传输更多数据，实现视频通话和移动互联网的 3G 通信网络最早出现于 1998 年，在固定设备上最大传输速度可以达到 2Mbit/s，在移动车辆上达到 384kbit/s。4G 通信网络于 2000 年发布，其数据传输速度比 3G 通信网络快 500 倍，已经能够支持高清移动电视和视频会议等。在设备移动时（如与手机一起移动或在汽车中），4G 网络的最高数据传输速度可达 10Mbit/s；而在设备静止时，最高数据传输速度可达 100Mbit/s。由于每个基站由多个用户共享，因此单一用户可体验到的速度通常为 10～100Mbit/s。随着移动设备和物联网的不断发展与普及，到 2024 年预计将有多达 240 亿个第 4 代蜂窝网络（Cellular Network）设备需要支持，这远远超出了产能，从而催生了 5G 技术。这里的蜂窝网络是指现在可以使用的 2G、3G、4G、5G 网络，这些移动网络（Mobile Network）通信系统使用的都是蜂窝网络技术。各通信网络基站的信号构成是六边形覆盖，使整个网络像一个蜂窝，从而得名。蜂窝网络和 WiFi 的主要区别是：一个是广域网的技术，一个是局域网的技术。

4G 和 5G 之间的主要区别是峰值容量、延迟和带宽，例如 5G 超宽带扇区的峰值容量以 Gbit/s 为单位，而 4G 以 Mbit/s 为单位。此外，在 5G 网络中，等待时间或从设备发送信息直到被接收者使用的时间将大幅缩短，从而实现更快的上传和下载速度。通常来说，5G 的等待时间低于 1ms，而 4G 的等待时间为 30～70ms。除了车联网和物联网中其他设备的网络需求之外，5G 还能够支持未来更多的设备。本节主要介绍 4G、5G 和 WiFi 芯片中的通信集成电路。

7.3.1　4G 通信集成电路

4G 的主要应用包括移动 Web 访问、游戏服务、IP 电话、视频会议、移动高清电视和 3D 电视等。首版长期演进（Long-Term Evolution，LTE）标准最早于 2009 年在挪威的奥斯陆和瑞典的斯德哥尔摩进行商业化，随后在全球范围内推广。2009 年 3 月，国际电信联盟的无线电通信部门（International Telecommunication Union-Radio Communication Sector，ITU-R）制定了一套 4G 标准，称为国际先进移动通信（International Mobile Telecommunications-Advanced，IMT-A）规范，将 4G 服务的峰值速度设置为 100Mbit/s，低移动性通信的传输速度为 1Gbit/s [16]。与前几代相比，4G 系统不支持传统的电路交换电话服务，但支持所有以网际协议为基础的通信。同时 4G 不再使用 3G 扩频技术，而是采用正交频分复用接入（Orthogonal Frequency-Division Multiple Access，OFDM）多载波传输和其他频域均衡（Frequency Domain Equalization，FDE）方案，可以支持传输速率非常高的多径无线电。多输入多输出（Multiple-Input and Multiple-Output，MIMO）通信采用智能天线阵列，从而更进一步提高 4G 峰值数据传输速率。

1.　4G LTE 芯片

4G 通信集成电路中有以下 7 项关键技术[17]。

（1）MIMO：通过包括多天线和多用户在内的空间处理来获得超高频谱效率[18]。

（2）频域均衡：利用频率选择信道特性，保证频谱利用率的均衡技术。

（3）上行链路中的频域统计复用：例如通过 OFDM 或单载波多用户接入技术对不同的用户分配不同的子信道，实现相应数据传输速率的频道技术。

（4）调制与编码技术：如 Turbo 纠错码，在接收侧使所需的 SNR 最小化。

（5）链路自适应技术：系统运用智能技术自适应地进行资源分配，对通信过程中实时变化的业务流进行处理，从而达到通信要求。

（6）智能天线和时空编码技术。

（7）多用户检测技术。

4G LTE 芯片中基于 CMOS 的数字部分由核心处理器和其他组件构成（见图 7.30），主要包括处理器 ARM Cortex M3 IP 核、无线电收发机、LTE 调制解调器等。其中，无线电收发机支持收发 450～2100MHz 的宽带射频信号，内置射频前端系统、射频收发器和全球导航卫星系统（Global Navigation Satellite System，GNSS）共享天线（支持北斗、GPS、格洛纳斯和伽利略系统）。LTE 调制解调器常采用高通 LTE 物联网（Internet of Things，IoT）调制解调器，其主要性能如下：下行（Downlink，DL）峰值速度为 127kbit/s，上行（Uplink，UL）峰值速度为 158.5kbit/s；频段为

图 7.30　4G LTE 芯片的架构

700MHz～2.1GHz；用于全球漫游，支持 LTE 低频带（B5、B68、B8、B12、B13、B14、B17、B18、B19、B20、B26、B28、B71、B85）；用于全球紧急服务、网络协议和多种安全协议，支持中频带（B1、B65、B70、B2、B25、B66、B3、B4）。

2. RF 前端中的模拟集成电路

RF 前端芯片模块是具有收发功能的模拟模块，如图 7.31 所示。RF 前端芯片模块由多个模拟器件组成，主要包括功率放大器、天线调谐器、低噪声放大器、滤波器和 RF 开关。功率放大器通常基于化合物砷化镓（GaAs）、硅锗（SiGe）或 RF SOI 的工艺。

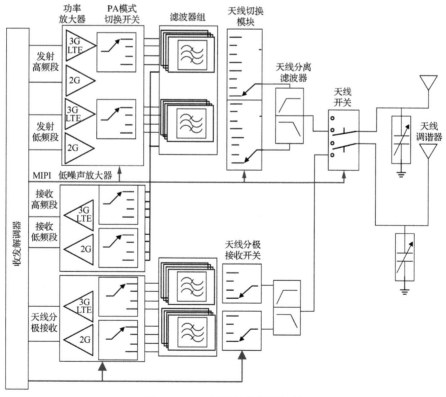

图 7.31　RF 前端芯片模块架构

　　RF 前端芯片模块中的 RF 开关和天线调谐器都是基于 RF SOI 工艺。RF 开关将信号从一个通路切换到另一个通路，而天线调谐器可帮助天线调整到任何需要的工作频段[19]。2000 年以来，无线电频谱被划分为多个频段，手机中的 RF 器件数量也随之不断增加。运营商同时承载了 2G、3G 和 4G 的无线网络。2G 有 4 个频段，3G 有 5 个频段，4G 有 40 多个频段。4G 频段包含 2G 和 3G 频段，而且还包含许多个 4G 独有频段，例如中国电信 4G FDD-LTE 的频段为上行 1755~1785MHz、下行 1850~1880MHz。不同国家和地区分配的频谱范围不同，所以 LTE 在各个国家和地区工作的频率不同。由于频段的数量不断增多，手机中的 RF 器件增多，价格也随之提高。例如，2000 年一部手机中的 RF 器件价格为 2 美元，而如今手机的 RF 器件价格为 12~15 美元，第一批 5G 智能手机中的 RF 器件价格在 18 美元以上[19]。为了处理多频段，RF 模块中有多达 30 个器件，包括多频段滤波器、RF SOI 开关、功率放大器和低噪声放大器等。现有的 LTE 手机拥有主天线和分集天线在内的多个天线。主天线用于实现发送和接收功能；分集天线为下行链路提供多种选择，从而提高数据速率。

　　RF 前端模块的工作原理是发射端基带信号进入功率放大器，然后进入滤波器，随后信号进入一系列 RF 开关。现有的智能手机拥有超过 10 个 RF 开关，信号经由这些开关控制再通过天线发射出去。信号到达接收端主天线，经天线调谐器调整至工作频带，然后经过双工器、滤波器和一系列 RF 开关，最终通过低噪声放大器和 ADC 在基带进行数字处理。整个过程给 RF 前端模块的制造带来了极大挑战。同时，插入损耗增加会引起信号功率的衰减，RF 前端模块的信号隔离度不好会使系统的性能大大降低，所以设计厂商需要降低插入损耗并提高信号隔离度。功耗和尺寸是 RF 前端模块模拟集成电路设计的关键挑战。

　　除了以上考虑之外，我们还需要注意 RF 系统的设计指标。发射端系统的设计指标包括 1dB 压缩点（P1dB）、互调失真、杂散发射等。

　　1dB 压缩点是输出功率的性能参数。当输入功率增加到某个点，输出不再上升反而下降，当输出功率减小到与预想输出差 1dB 的位置，称为 1dB 压缩点，这点对应的输入功率称为输入 1dB 压缩功率，对应的输出功率称为输出 1dB 压缩功率。

　　互调失真（Inter-Modulation Distortion，IMD）是两个或多个信号在非线性系统中，一个信号的谐波与另外信号的基波或谐波混频后所产生的混频信号。

　　杂散发射（Spurious Emission）是发射机指定信道之外的谐波或其他信号，包括发射机中各种非发射信号，如寄生信号、谐波、频率转换产物和互调失真，但不包括带外其他发射信号。整个发射链路中的元器件要综合考虑，例如混频器和功率放大器的非线性及滤波器的频率选择设计。

　　接收端系统的设计指标包括噪声系数（Noise Figure，NF）、接收机灵敏度、邻信道干扰（Adjacent Channel Interference，ACI）等。噪声系数表征接收机对信噪比影响的情况，等于输入端信噪比和输出端信噪比的比值。接收机灵敏度是接收机在噪声中能检测到的最小信号功率。邻信道干扰是指相邻或相近的信道之间的互相干扰，尤其指接收微弱信号时周围环境产生的干扰。接收链路中的元器件也要统一考虑，例如混频器、低噪声放大器和滤波器的噪声和非线性。优化 RF 系统的接收和发射链路的设计指标才能提高 SoC 的整体性能。

　　总之，智能手机的频带复杂性推动了射频模块的发展。越来越多的频段和标准需要手机支持，这就意味着在输入和输出电路的滤波器中，需要更多 RF SOI 器件。

7.3.2 5G 通信集成电路

5G 是蜂窝网络的第 5 代技术标准，于 2019 年开始在全球范围内部署，是 4G 网络的后继产品，可与当前大多数手机兼容。5G 网络的服务区域被划分为称为"蜂窝"的小型地理区域[20]。每个小区域中的所有 5G 设备均通过无线电波通过本地天线连接到互联网和电话网络。5G 网络的主要优点是它们将具有更大的带宽，提供更快的下载速度，最高可达 10Gbit/s[21]。由于带宽的增加，预计 5G 网络不仅将像现有的蜂窝网络一样为手机服务，还将成为便携式计算机和台式计算机的通用互联网服务，并与有线互联网等现有互联网服务供应商竞争，并且还将使物联网、机器与机器的互联等新应用成为可能。

通过使用比当前的 4G 网络频率更高的无线电波，5G 网络可以部分提高传输速率。但是，更高频率的无线电波的传输范围比 4G 网络信号发射塔的范围更小，需要更小的分区。因此，为确保稳定的服务，5G 网络可在低、中、高 3 个频段上运行[22]。根据频段的不同，5G 网络由 3 种不同类型的区域网络组成，每种类型都需要不同的天线，且都给出了下载速度、距离和服务区域之间的不同权衡。5G 手机和无线设备将通过其位置范围内速度最高的天线连接到网络。

低频段 5G 网络使用的频率范围与当前的 4G 手机相似，为 600~700MHz，下载速度比 4G 网络稍快，为 30~250Mbit/s[23]。低频段蜂窝塔的覆盖范围与现有的 4G 信号塔相似。

中频段 5G 网络使用频率为 2.5~3.7GHz 的微波，目前允许 100~900Mbit/s 的速度，每个蜂窝塔可提供半径达数英里（1 英里≈1.6 千米）的服务范围。中频段是覆盖最广的频段，2020 年已开始在大多数城市地区提供服务。某些国家/地区没有采用低频段，因此中频段就被作为低频段使用[24]。

高频段 5G 网络使用的频率为 25~39GHz（接近毫米波段的底部），可达到 1~3Gbit/s 的下载速度，与有线互联网相当。但是，毫米波（Millimeter Wave，mmWave）的范围半径仅约 1.6km，需要许多小单元，并且难以穿过某些类型的建筑物墙。由于成本较高，目前的计划是仅在人口稠密的城市环境、体育馆和会议中心等人群聚集的地区部署这些单元。1~3Gbit/s 是 2020 年实际测试中达到的速度，正式推出时速度有所提高[25]。

5G 超大的移动宽带可实现更高速率的数据通信、更广泛的网络覆盖范围和更好的移动性，这使得 5G 网络具有与以太网相似的性能和用户体验。可靠的低延迟通信对于公共安全、自动医疗、电子健康、自动驾驶和"触觉"互联网都至关重要[26]。大规模的机器到机器（M2M）通信提供大量终端设备之间的紧密连接。这些设备将需要密度更大的网络连接、更高的计算能效、更长的电池寿命以及更低的连接成本，从而实现万物互联[27]。

5G 客户端与 5G 基站之间的 5G 协议是在互相连接过程中通过计算获取细节的信息[28]。4G 及更早的安全性和会话管理保持不变，此处不再赘述。5G 的新要求包括：通过功率管理控制最小功率来减少客户功率输出，从而延长电池寿命；通过监控信噪比并调整传输功率保持可靠的连接；在建立通话时，标识客户端设备的位置而定位，并为移动客户端设备进行连续的位置更新；5G 基站根据天线阵列架构和 5G 会话协议计算客户的位置、角度和距离，根据到基站天线的距离和与垂直线的夹角计算出客户的地理位置；5G 基站通过天线跟踪客户端设备的速度和路径，将无线电波束直接对准移动客户。

5G 网络规范提供了可靠性能方面的新网络技术[29]，包括利用平面和分布式网络架构提供最短路由通路，不需要运营商核心网络。4G 网络的所有数据均通过核心网络进行路由。5G 客户端网络的移动边缘计算服务器，直接通过互联网服务接入多种无线电技术。5G 网络与其他接入网络的互相操作有：多路径访问及传输使设备可以同时使用多种协议，如 3G、4G、WiFi 和蓝牙，可增强可靠性和提高数据传输速率；多路径 TCP 可同时打开多个 TCP 会话设备，从而增加吞吐量和路径容量及减少信道错误。5G 使用改进的路径切换控制来提高移动性并减少等待时间，使用多重超时控制切换中断时间最小化，并改善切换决策资源分配。

5G 虚拟网络功能（Virtual Network Function，VNF）和软件定义网络（Software Defined Network，SDN）的基础架构[20]是 5G 指定的核心要求之一，核心网络系统均基于软件虚拟化。传统的网络基础结构包括专用的物理设备，这些设备在管理、部署和扩展方面灵活性较差。网络功能虚拟化（Network Function Virtualization，NFV）是基于虚拟网络功能的网络体系结构。网络功能包括网络路由管理、数据包处理系统、安全性管理等。SDN 是通过虚拟化技术定义的物理网络。虚拟网络和物理网络相似，但同时具备虚拟化技术的优势，包括服务业务流程优化和数据包管理的 VNF 链接服务。

5G 网络资源可以被"分割"，每个网络切片可以创建服务租户或有特定服务要求的网络，也可创建从移动边缘开始的端到端隔离逻辑网络，并持续通过 5G 核心的无线电接入网移动传输。客户可获得订制的网络特性，如可靠性、延迟大小或带宽。特定服务的网络将具有关键性能指标要求，以满足特定的业务需求。多用户使用网络切片为独立服务商创建隔离的逻辑网络，可以定义具有不同性能特征和服务级别的用户网络[29]。

设备到设备（D2D）通信是 5G 的特点之一，同时也是"智能"物联网设备中的一种新兴趋势，这些系统可以进行通信并共享数据和知识，然后利用共享知识进行操作[29]，如计算物联网中设备之间的通信和共享数据状态。5G 客户可以直接与其他 5G 客户通信而无须运营商参与，从而减少移动运营商网络的数据流，降低通信成本，如车对车通信（Vehicle to Vehicle，V2V）、车辆和路边单元（Road-Side Unit，RSU）通信。

5G 要求支持相同频率的全双工网络通信[30]。在全双工方式下，通信系统可以同时发送和接收信号，进行双向通信。传统网络通信广泛采用的半双工方式是设备一次只能发送或接收。在半双工模式下，数据可以在两个方向上进行，但不能同时进行收发。较早的全双工发送和接收是在不同的频率下才能同时工作。5G 的全双工方式支持在相同的频带上同时发送和接收信号，与半双工方式相比，系统支持的容量有可能翻倍。

毫米波是 5G 指定的射频频率[30]，更高的频率能够提供更大的网络带宽、更低的延迟和更多的接入用户。但同时，更高的频率也面临着传输距离缩短的问题，需要增加更多的小范围分区。5G 网络的工作频率是 24GHz 或更高，而 4G 网络的工作频率则是 700MHz～2.5GHz。毫米波的优势是高达 20Gbit/s 或更大的网络吞吐量、更小的网络延迟和更快的数据传输速率，支持更大的网络连接容量，同时支持更多设备和用户，从而降低费用和每个网络连接的成本；缺点是辐射范围小，因此每个分区半径缩小至约 300m，需要增加小分区天线的数量。

大规模 MIMO 是 5G 的主要技术之一，它是一种在相控阵中配置多个天线的技术。大规模 MIMO 系统是拥有多达几百个天线的大型系统，被接到控制无线电信号发送和接收的基站[30]。多个天线配合使用具有以下优点：多个共用天线具有更大的增益，可为 5G 客户端的多路径提供更高的信噪比；可以通过波束成形技术将信号功率向客户端集中，从而抑制干扰；天线阵列可以识别和跟踪 5G 客户端，并根据客户端的距离和速度保持网络连续性，将传输波束指向指定的客户端。因此，大规模 MIMO 系统较好地满足了 5G 的高网络吞吐量和多客户端连接的应用需求。

1. 5G 芯片

5G 芯片符合第 3 代合作伙伴计划（the 3rd Generation Partnership Project，3GPP）标准。根据国家及地区进行分配后，它可以在各个频段的射频上工作，通常分为小于 1GHz 的低频段，1～6GHz 的中频段和大于 6GHz 的 3 个高频段。由于大规模 MIMO 系统和 5G 网络与自身之间的延迟较小，5G 芯片提供了很大的上下行吞吐量（5G 手机支持的吞吐量是 4G 手机的 10 倍）。5G 芯片可以兼容 2G、3G、4G、WLAN、蓝牙、GNSS 等。如图 7.32 所示，5G 芯片具有外差架构（Heterodyne）的优势。5G 芯片通常包括由 DSP 和 CPU 组成的基带（用于控制数据和消息）、RF 收发器（用于发射和接收射频信号）、ADC/DAC 芯片（用于连接 RF 和基带部件），以及电源管理单元（Power Management Unit，PMU）和 LDO。

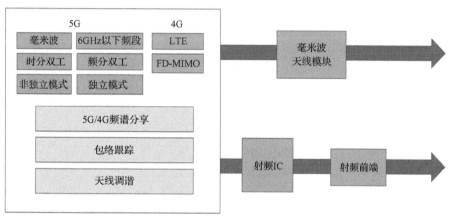

图 7.32　5G 芯片的架构

下面介绍目前国际上最主要的 2 家 5G 手机芯片生产厂商——华为和高通的产品。华为发布了全球首款旗舰 5G SoC 芯片——麒麟 990 5G，这是一款采用台积电 7nm + EUV 光刻工艺制造的、包含 103 亿个晶体管的芯片[31]，如图 7.33 所示。

麒麟 990 5G 芯片是华为 Mate 30 手机中的关键芯片。它有两种版本：一种支持 5G，另一种则支持 4G。除此之外，二者的主要区别是 5G 版本的芯片是基于 7nm 工艺生产的，NPU 具有 2 个大型内核。5G 和 4G 版本的架构均基于 8 核 CPU 和 16 核 Mali-G76 GPU。5G 芯片的 CPU 是由 2 个运行频率为 2.86GHz 的 Cortex-A76 大型

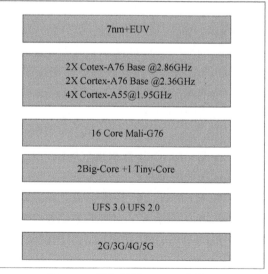

图 7.33　华为麒麟 990 5G 芯片

内核、2 个运行频率为 2.36GHz 的中间内核，以及 4 个运行频率为 1.95GHz 的小型内核组成。与上一代麒麟芯片（即麒麟 980）相比，麒麟 990 的 CPU 架构可实现 20% 的整体性能提升和 30% 的能源效率改进。

高通宣布了基于 5G 调制解调器-RF 系统的 Snapdragon 8 系列、7 系列和 6 系列上扩展 Snapdragon 5G 平台产品的计划，于 2020 年推出[31]。这些系列支持所有关键区域和频带，包括毫米波和 6GHz 以下频谱、时分双工（Time Division Duplex，TDD）和频分双工（Frequency Division Duplex，FDD）模式、5G 多 SIM 卡、动态频谱共享以及独立组网和非独立组网的网络架构，从而在全球范围内实现 5G 网络部署路线图。该系列产品基于 2019 年 2 月发布的 X55 5G 调制解调器-RF 系统，此系统集成了商用 5G 调制解调器、RF 收发器、RF 前端、毫米波天线模块以及用于高级节能和性能增强 5G 技术的软件框架。该系列中的第一款产品为 Snapdragon 7 系列 5G 移动平台，于 2019 年第 4 季度投入商用。该平台将把 5G 集成到 7nm SoC 中，并具备更多的高级功能。高通表示，包括 OPPO、realme、Redmi、Vivo、摩托罗拉、HMD Global（诺基亚智能手机的生产商）和 LG Electronics 在内的 12 个全球领先的代工厂和品牌，都在 5G 移动设备中使用了新的集成式 Snapdragon 7 系列 5G 移动平台。

2. 5G RF 前端模拟芯片

图 7.34 为 5G RF 前端芯片模块架构的基本框图。如图所示，该芯片是包括基带部分、数字射频接口（如数字射频、ADC/DAC 和 RF 收发器）、RF 前端模块和多个单片微波集成电路（Monolithic Microwave Integrated Circuit，MMIC）的集成式前端波束成形器。MMIC 将有源、无源和互连组件集成在一个基片上，其设计工作频率可达 300GHz。尽管硅和硅锗 MMIC 也被广泛使用，尤其是在同一芯片上处理复杂混合信号的情况下，但当今大多数 MMIC 是在化合物衬底上制造的，如 GaAs、InP 和 GaN。MMIC 设备上的输入和输出经常匹配到 50Ω 的特性阻抗，有利于和其他设备连接使用。单片 MMIC 是在半导体衬底上形成有源或无源微波电路，从而使微波电路真正成为一个整体的功能块。MMIC 技术具有一些优点，如尺寸小、成本低和可重复性好；主要缺点是芯片制造出来之后很难调整性能。成功的 MMIC 设计的关键是拥有功能完善的器件模型和铸造工艺模型。波束形成（Beamforming）技术是通过调节各个天线的相位使信号进行有效叠加，产生更大的增益来克服路经损耗，从而为 5G 通信信号的传输质量提供了强大的保障。特别是对于毫米波段的 5G 通信系统，波束成形技术是有效对抗路损的重要方法。

射频前端模块控制接口（RF Front-End Control Interface，RFFE）的信号用于承载发射信号强度指示器（Transmitter Signal Strength Indicator，TSSI）和接收信号强度指示器（Received Signal Strength Indicator，RSSI）的信息[32]。TSSI 指示发射器信号强度，从而进行功率控制；而 RSSI 指示接收器信号强度，从而进行增益控制。RFFE 同时也执行 MMIC 波束成形模块的温度控制及其校准。5G 使用天线阵列支持大规模 MIMO 和波束成形，基本组件和 4G 相似。5G 射频前端用多工器替代双工器来支持更多频带。图 7.34 中的四工器（Quadplexer）用于 4 个射频的多路复用和多路分离，可以降低 5G 手机的成本和重量，并缩小手机的面积。5G 手机模块架构同时支持 2G、3G、4G、5G 和毫米波频段。为了支持大规模 MIMO 波束成形，5G 手机设计中有多个 PA、LNA、移相器、RF 滤波器和单刀双掷（Single Pole Double Throw，SPDT）开关。

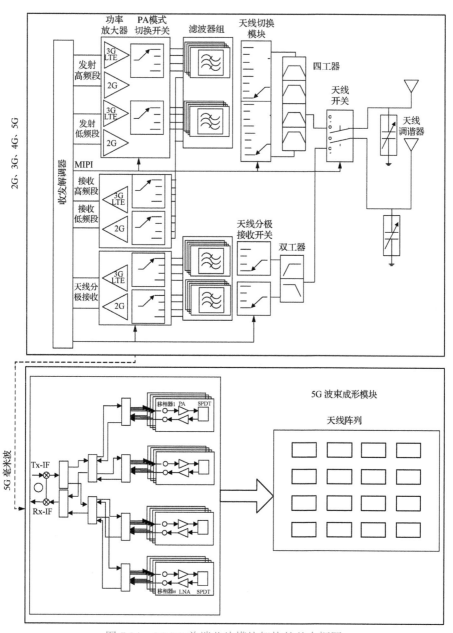

图 7.34　5G RF 前端芯片模块架构的基本框图

对于 5G 网络，信号质量变得非常重要。为了获得最佳信号质量，PA 和 LNA 需要尽可能靠近天线放置，为此使用 RF SOI 集成了 PA 和 LNA。下一步，5G 也会运行在毫米波频段内（包括 30～300GHz 的频谱带），射频架构需要覆盖 2G、3G、4G 和毫米波频段，RF 收发器将由中频收发器、下变频器和基于 CMOS 的毫米波 RF 前端两个模块组成，因此 5G 手机 RF 射频前端的复杂性急剧增加。由于 RF 射频前端的尺寸有限，急需更优化、紧凑的解决方案。现阶段 5G 采用分离的解决方案，但不久一定会被集成了 PA、滤波、交换和 LNA 功能的 RF 前端模块替代[19]。

当我们使用 5G 时，根据地区的不同可能还会有更多的频段，它们将以各种组合在全世界不同的地方得到应用。5G 将结合多种复杂的调谐及天线复用来优化上下行链路管理和多路 MIMO 的配置，这都是为了提高数据传输速率。5G 采用更多载波聚合，需要更多的天线调谐、滤波器、开关和更复杂的 RF 前端模块，以结合这些多功能模块、功率放大器和低噪声放大器。简而言之，为了保证 5G 提供更多数据，需要更多的 RF 集成。RF 收发器、RF 前端、毫米波天线模块都会被纳入 5G 技术高级节能和性能增强的硬件框架。图 7.35 展示了 Broadcom AFEM-8072 5G 射频模拟芯片模块的布局。

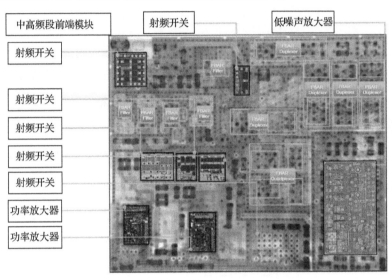

图 7.35　Broadcom AFEM-8072 5G 射频模拟芯片模块的布局（图片来源：TechInsights）

7.3.3　WiFi 通信集成电路

WiFi 是基于 IEEE 802.11 系列标准的无线网络技术，通常用于设备的局域网和互联网访问[33]。截至 2010 年，WiFi 联盟已有来自世界各地的 375 家公司加入。截至 2009 年，WiFi 芯片每年出货约 5.8 亿个[34]。可以使用 WiFi 技术的设备包括台式计算机和便携式计算机，智能手机和平板电脑、智能电视、打印机、数字音频播放器、数码相机、汽车和无人机等。WiFi 使用 IEEE 802 协议系列的多个部分，并与其他有线以太网无缝对接。兼容的设备可以通过无线访问点相互连接，也可以通过有线设备和互联网进行网络连接[35]。WiFi 的不同版本由各种 IEEE 802.11 协议标准指定，其中不同的无线电技术确定无线电频带、最大范围和可达到的速度[36]。WiFi 通常使用 2.4GHz 和 5GHz 无线电频段，这些频段细分为多个通道。通道可以在网络之间共享，但只能在一个通道上传输。

WiFi 的波段具有较高的吸收率，在空间内主要是直线传播，大部分信号可以穿透障碍物，小部分会发生反射和衍射。电磁波信号穿透障碍物时会损失大量的能量，接收机多数情况下收到的是反射和衍射的信号。为最大限度地减少复杂情况下不同网络的互相干扰，一个接入点在室内的工作范围是 20m 左右，而在室外有些接入点可达 150m。通过使用中继接入点和智能无线网状网（Meshing），接入点的工作范围可以是一个房间，也可以是几平方公里。随着无线技术的发展，WiFi 的速度和频谱效率大幅提高。截至 2020 年，WiFi 已可以实现超过 1Gbit/s 的数据传输速度。

任何人都可以尝试访问无线网络接口控制器，所以 WiFi 比有线网络更容易受到网络攻击。用户需要网络名称（Service Set Identifier，SSID）和密码连接到 WiFi 网络，这个密码可以加密 WiFi 数据包，从而防止黑客入侵。WiFi 保护访问（WiFi Protected Access，WPA）是为了保护个人和企业 WiFi 网络中移动的信息，为用户提供更强大的保护。

1. WiFi 芯片

下面以 BCM59350 芯片为例，来了解 WiFi 芯片的架构[37]（见图 7.36）。这款 WiFi 芯片集成了 IEEE 802.11 a/b/g/n/ac 基带无线电、蓝牙 4.1 + EDR（提高数据传输速率）、FM 接收器，支持无线充电联盟标准。无线充电功能与无线电源传输（Wireless Power Transfer，WPT）协同工作。这款芯片的前端 IC 采用了一种外形尺寸较小的解决方案，具有最少的外部组件，从而降低了批量生产的成本，并保证了手持设备在尺寸、形式和功能上的灵活性。芯片拥有全面的电源管理电路和软件，可确保系统满足高度移动设备的需求（这些设备需要最小的功耗和可靠操作）。该芯片还配备了单天线和双天线，单天线中，BT 和 WLAN 共享 LNA；双天线中，一个天线用于接收 BT，另一个天线用于接收 WLAN。

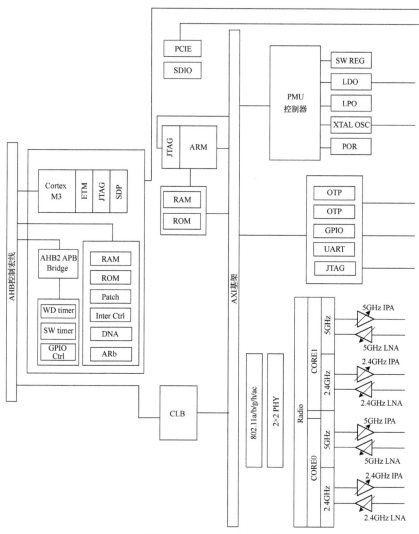

图 7.36　WiFi 芯片的架构

2. WiFi 射频前端

WiFi 芯片的射频系统包含一个集成的双频 WLAN RF 收发器。该收发器已针对 2.4GHz 和 5GHz 无线网络进行了优化（全球 WiFi 可用的频段有 2.4GHz 或 5GHz），旨在为运行在此环境中的应用程序提供低功耗、低成本和可靠的通信。发送和接收部分包括所有片上滤波、混合和增益控制功能，提供 16 个 RF 控制信号（每个内核 8 个）来驱动外部 RF 开关，并支持可选的外部功率放大器以及每个频段的 LNA。射频零中频接收机具有宽动态范围，采用高阶片上滤波器确保在嘈杂的 2.4GHz 频段或整个 5GHz 频段可靠地运行。2.4GHz 的片上 LNA、蓝牙和 WLAN 接收器共享核心中的路径，而 5GHz 接收路径和核心 2.4GHz 接收路径拥有专用的片上 LNA。可变的控制信号也支持在每个频段上使用外部 LNA，从而可以将接收灵敏度提高几 dB。基带数据分别被调制和上变频到 2.4GHz 或 5GHz 频段。片内 PA 能够提供高输出功率，同时满足 IEEE 802.11ac 和 IEEE 802.11a/b/g/n 规范，不需要外部功率放大器。使用内部 PA 时，闭环输出功率控制已完全集成。

射频前端具有动态和自动片内校准功能，可实现温度连续补偿和跨组件工艺变化。这些校准例程在正常的无线电操作过程中定期执行。其中一种自动校准算法用于优化发射和接收性能的基带滤波器校准，以及本地振荡器馈通（Local Oscillator Feed Through，LOFT）减少载流子泄漏的校准。此外 *IQ* 校准、*RC* 校准和压控振荡器（Voltage-Controlled Oscillator，VCO）校准均在芯片中执行，无须在制造测试中进行，这有助于最大限度地缩短测试时间并降低大批量生产的成本。

3. WiFi6 芯片

WiFi6 是国际 WiFi 联盟组织（WiFi Alliance，WFA）推行的第 6 代无线网络技术标准（IEEE 802.11ax），是当前 WiFi 的规范标准，并且是 IEEE 802.11 无线局域网标准的最新版本[38]。1～6GHz 间的所有 ISM（Industrial Scientific Medical）频段均可用于 IEEE 802.11。支持 WiFi6 的芯片产品可以在先前分配的 2.4GHz 和 5GHz 频段上工作，而最近发布的 WiFi6E 是 WiFi6 的增强版，可支持产品在 6GHz 以上频段工作。

在 2018 年全球消费类电子产品展览会（International Consumer Electronics Show，CES）上展示的 WiFi6E，其通信理论数据速率达 11Gbit/s[39]。对于密集型部署，WiFi6 的吞吐速度比 IEEE 802.11ac 高 4 倍，数据速率最多加快 37%，延迟下降 75%。为了提高频谱利用效率，WiFi6E 引入了更好的功率控制方法（以避免与相邻网络的干扰）、正交频分多址（Orthogonal Frequency Division Multiple Access，OFDMA）、更高阶的正交幅度调制 1024 正交幅度调制（1024-Quadrature Amplitude Modulation，1024-QAM）模式，以及在下行链路上添加了上行链路方向[40]。另外，WiFi6E 还采用了 MIMO 和多用户多输入多输出（Multi-User Multiple-Input Multiple-Output，MU-MIMO）技术，可以进一步提高吞吐量，并提高功耗和安全协议的可靠性[41]。

WiFi 的普及及其对其他无线技术的补充，使人们随时随地使用无线网络的愿望有了实现的可能。WiFi6 提供了进一步改进和新功能，使 WiFi 设备可以在最密集、最具动态性的连接设置中高效运行。WiFi6 的关键功能有：

（1）OFDMA 有效共享信道，以提高网络效率并降低高需求环境中上行链路和下行链路流量的延迟；

（2）MIMO 允许一次传输更多下行链路数据，从而使接入点（AP）可以同时连接更多设备；

（3）160MHz 的信道利用率提高了带宽，以较短的延迟提供了更高的性能；

（4）目标唤醒时间（Target Wake Time，TWT）可显著提高网络效率和设备电池寿命，包括物联网设备；

（5）1024-QAM 通过在相同频谱量内编码更多数据来提高新兴的带宽密集型应用的吞吐量；

（6）发射波束成形可在特定范围内增加信号强度，实现更高的数据速率，从而扩充网络容量。

除了 OFDMA、MU-MIMO 和发射波束成形技术之外，WiFi6 还包括其他一些关键技术：目标唤醒时间可以通过信号控制无线电的打开和关闭，从而节省电池电量；空间频率复用可以让更多设备共存于同一网络或相邻网络的不同通道，从而支持更宽的传输频率通道。

WiFi6 标准于 2019 年 9 月被正式批准，当时，博通、高通、英特尔、联发科技等公司的 WiFi6 芯片已经出货超过 2 年。该标准为很多新兴的应用场景带来了实现的可能，例如帮助电子学习、远程教学和医疗保健成为现实。它还可以为运营商提供更多应用，以支持零售、网上支付、体育场和交通枢纽中的连接加强，以及基于 WiFi 定位的更多应用程序和服务。

目前，美国联邦通信委员会（Federal Communications Commission，FCC）允许未经许可的 WiFi 使用 5.9～7.1GHz 频段，并且可以使用全新的 WiFi6E 标准来标记支持这些新频率的设备。这些频率在美国只能作为未许可的频谱使用，而其他国家也可能要花费几年的时间批准使用。支持 WiFi6 和 WiFi6E 的终端设备和路由器采用了相同的技术，主要区别是支持 WiFi6E 的设备可以在 2.4GHz、5GHz 和 6GHz 频段上使用，而 WiFi6 设备不能在 6GHz 频段上使用。这些判断遵守着同样的物理定律：相同的传输功率下，频率越高，传播的距离就越短，并且穿过较厚物体的可能性越小。实际上，2.4GHz WiFi 信号传播得最远，但是 6GHz 可以使用高达 160MHz 的信道带宽，这是 WiFi6 的优势之一。值得一提的是，WiFi6E 在新 6GHz 频率上增加 7 个不同的 160MHz 信道，也就是 14 个 80MHz 的信道。

综上所述，由于 WiFi 和蜂窝网络的设备拥有相当深厚的应用积累，可能的结果是这两种网络将并存一段时间。由于各种技术的不断发展和融合，最终它们的相似度会越来越高，但是也有可能由于业务模型不同而互补。同时，得益于 5G 和 WiFi 技术的快速发展，我们将拥有比以往任何时候都更快、更广泛、更强大的连接选择。

7.3.4　超宽带通信集成电路

近年来，新兴的物联网等应用场景对低功耗、高速率、高精度定位有更高的要求，然而 WiFi 和蓝牙技术难以完全满足此类应用需求。为解决此问题，一种被称为超宽带（Ultra Wide Band，UWB）的传统通信技术重新引起了业界的关注。早在 20 世纪 60 年代后期，业界已涌现了诸多对 UWB 射频领域有杰出贡献的知名学者[42]，包括美国天主教大学的 H. F. Harmuth[43]，斯佩里兰德公司的 G. F. Ross 和 K. W. Robbins[44]，以及美国空军罗马航空发展中心的 P. Van Etten[45]。1969—1984 年间，H. F. Harmuth 发表了一系列著作和论文，让

UWB 收发机的基本设计在商业领域获得成功。大约同一时期，G. F. Ross 和 K. W. Robbins 申请了重要专利，率先将 UWB 信号及其编码方案应用到从通信到雷达的诸多领域。H. F. Harmuth、G. F. Ross 和 K. W. Robbins 都将匹配滤波技术应用于 UWB 系统。随后，P. Van Etten 对 UWB 雷达系统的实验测试促进了 UWB 系统设计的进步，并推动了 UWB 天线概念的发展。1974 年，R. N. Morey 设计了一种能够穿透地面的 UWB 雷达系统[46]，并由地球物理探测公司（GSSI）成功实现了商用。随后，多种地下 UWB 雷达设计不断涌现。

1994 年，T. E. McEwan 开创了 UWB 雷达的先河，发明了用于精准测距的微功率脉冲雷达（Micropower Impulse Radar，MIR）[47]，它结构紧凑、价格低廉，搭载了第一款超低功率 UWB 雷达，正常工作仅消耗微瓦级电量，并且拥有当时最高的信号接收灵敏度。除了精准测距之外，UWB 在雷达成像方面也有广泛的应用，包括近期兴起的传感器数据收集、精确定位和目标跟踪等。

随着过去几年业界对 UWB 商业化的兴趣日益高涨，FCC 批准通过了 UWB 技术的民用化，UWB 的发展步伐开始逐渐加快。UWB 在实时定位系统中具有极高的应用价值，它的精密特性和低功耗优势使其非常适合射频敏感环境。在 2019 年左右，业界开始推出支持 UWB 的高端智能手机。例如，苹果于 2019 年 9 月推出了具有 UWB 功能的 iPhone 11；2021 年，三星 Galaxy 系列也开始支持 UWB；2021 年 8 月发布的小米 MIX4 也支持 UWB，能够更加灵活地连接到物联网设备。

从 1990 年开始，美国陆军研究实验室（Army Research Laboratory，ARL）开发了各种基于 UWB 的、可穿透障碍物的固定式和移动式雷达平台，用于探测和识别安全距离内是否藏有爆炸装置或敌人。UWB 雷达也被用于监测人体的生命体征，如心率、呼吸信号和人体步态。一个典型的商业案例是婴儿监护仪 RayBaby，它可以检测呼吸和心率，以确定婴儿是否入睡。Raybaby 的检测范围为 5m，可以检测到距离小于 1mm 的精细运动。UWB 还被用于雷达电磁成像及自动目标识别，如检测坠落到地铁轨道上的人或物体。

我国对 UWB 芯片的研发起步较晚，主要的 UWB 定位系统大都采用美国 Decawave（全球领先的 UWB 芯片生产商之一）的芯片。在 UWB 雷达芯片领域，商用市场的技术代表是挪威 NOVELDA，该公司的 UWB 传感器获得了 2021 年最佳传感器技术奖，是目前最精确、最灵敏的脉冲雷达传感器，能够探测到 10m 以外的人类呼吸。

UWB 的基本原理是扩频通信，即在更宽广的频谱上传输信息，主要用于以低功率密度进行短距离数据传输。如图 7.37 所示，在现有的应用中，UWB 在 3.1～10.6GHz 的频谱上使用短时脉冲。2002 年，美国 FCC 发布了针对商业市场的 UWB 频谱规范，推动了 UWB 通信技术的发展。随后，国际电气和电子工程师协会（Institute of Electrical and Electronics Engineers, IEEE)802.15 工作组指定了无线个域网（Wireless Personal Area Network，WPAN）标准。IEEE 802.15 中的任务组（Task Group，TG）将 UWB 技术用于 802.15.3 高速率和 802.15.4 低速率通信场景，关键技术包括多频段正交频分复用（Multi-Band Orthogonal Frequency Division Multiplexing，MB-OFDM）和脉冲直接序列超宽带（Direct Sequence UWB，DS-UWB）。2006 年，当 IEEE 802.15 TG3a 结束该项目后，无线媒体联盟（WiMedia Alliance）采用 MB-OFDM 来支持无线视频。IEEE 802.15 TG4a 利用 DS-UWB 进行精确测距，并于 2007 年发布了第一个相关标准。2011 年，IEEE 802.15.4 将 TG4a 作为物理层选项之一，然后在 2015 年完成了标准的修订。随着相关标准的不断完善，UWB 的应用范围不断拓展，目前已逐渐用于通感一体化、电磁成像和生命体征感知等领域。

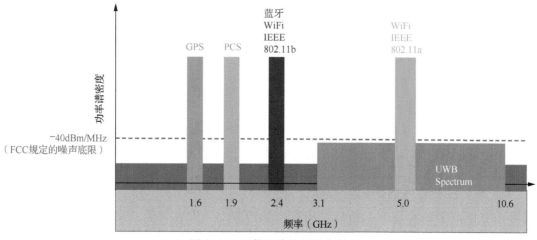

图 7.37　通信芯片的频谱分布

本章小结

　　本章聚焦于模拟及通信集成电路，重点介绍了放大器、ADC、4G/5G 通信芯片和 WiFi 芯片、UWB 芯片等常用模块。现在，它们的应用极其广泛，每个人在日常工作和生活中都会不可避免地使用它们。在可预见的未来，模拟及通信集成电路仍将在电子信息系统中发挥不可替代的巨大作用。

　　放大器作为模拟集成电路中的一类基本单元，被视为学习模拟集成电路的基础。小到耳机、传感器，大到基座的发射机、接收机，都以放大器作为系统与环境交互的接口。无论是使用既有的运放来实现功能，还是为某一系统定制放大器，都需要对信号特性和系统指标进行统筹分析，非常考验电路设计人员的综合水平。随着器件工艺尺寸的不断缩小，电源电压的不断降低，以及系统性能需求的不断提高，放大器的设计也不断面临着新的挑战。

　　如果说放大器是外界环境和电子系统的"桥梁"，ADC 则是电子系统中模拟世界和数字世界的"桥梁"。源于自然界的模拟信号，经过 ADC 中的采样、量化、编码等步骤转化为数字信号，才能在系统中进行进一步的计算、存储等操作。种类多样、性能各异的 ADC 可以适用于不同的应用场景，并且随着应用需求的增长，不断向更高精度、更高速度的方向发展。性能卓越的高端 ADC 芯片是体现集成电路设计水平的重要标志，是世界各国竞相争夺的技术制高点。

　　无线通信已成为人类生活的重要部分。蜂窝网络和无线局域网络发展迅猛，从 3G、4G 到 5G，从 WiFi4、WiFi5 到 WiFi6，UWB 射频通信模块适用于越来越多的模式和工作频带。随着产品尺寸的缩小，降低损耗和提高隔离度是射频通信模块面临的主要挑战。在芯片工艺的选择方面，SOI 技术与 SiGe、GaAs 甚至 GaN 材料结合，有望达到最优的射频通信性能。除了本章介绍的增益、功率输出、带宽、功率效率、线性度、噪声、输入和输出阻抗匹配以及散热等因素，省电节能也是射频通信模块设计的目标之一。基于对各种通信系统和射频分立电路元器件的要求，复用 LNA、PA 和其他电路是必然的选择。此外，除了提高工艺水平，多模多频率模块也是发展趋势。

思考与拓展

1. 结合图 7.1，详细阐述 MOSFET 将输入信号 u_i 放大为输出信号 u_o 的原理。

2. 至少列举 3 种日常生活中见到的放大器，判断它们所属的类型，并思考它们在电子系统中的作用。

3. 假设一个逐次逼近型 ADC 的参数为：精度为 5 位，参考电压 V_{REF} 为 3.2V，输入电压 V_{IN} 分别为 2.32V、0.49V。描述该 ADC 的工作过程，并画出 DAC 的输出电压示意图。

4. 随着无线通信的发展和数据流量需求的增长，射频环境变得愈发拥塞。传统的固定频谱分配政策将频段分配给特定的用户或服务，导致容量极其受限。因此，频谱共享的概念最近受到了极高的关注，它有助于改善频谱利用率。频谱共享意味着多个用户可以共享频谱并根据需要和占用情况进行使用，而不会造成互相干扰。鉴于此，频谱共享成为灵活频谱规则和共享激励资源的潜在候选方案之一，有望推动认知无线电技术的进步，为射频模块的设计带来了新的方向。请发挥特长，设计一个可行的模块方案，从而实现频谱共享。

5. 简述 4G、5G、WiFi 和 UWB 芯片的特性和用途。

参考文献

[1] 童诗白，华成英. 模拟电子技术基础[M]. 5 版. 北京：高等教育出版社，2015.

[2] 拉扎维. 模拟 CMOS 集成电路设计[M]. 2 版. 陈贵灿，程军，张瑞智，等，译. 西安：西安交通大学出版社，2019.

[3] Allen P E, Holberg D R. CMOS 模拟集成电路设计[M]. 2 版. 冯军，李智群，译. 北京：电子工业出版社，2011.

[4] 陈书旺，安胜彪，武瑞红. 实用电子电路设计及应用实例[M]. 北京：北京邮电大学出版社，2014.

[5] ALLDATASHEET. ADI-SSM6322[EB/OL]. (2017-3-2) [2021-12-18].

[6] ALLDATASHEET. TI-CC1000[EB/OL]. (2022-1-5) [2022-5-18].

[7] 高晋占. 微弱信号检测[M]. 3 版. 北京：清华大学出版社，2019.

[8] Fayomi C J B, Wirth G I, Achigui H F, et al. Sub 1V CMOS Bandgap Reference Design Techniques: A Survey[J]. Analog Integrated Circuits and Signal Processing, 2010, 62(2): 141-157.

[9] Sansen W M C. 模拟集成电路设计精粹[M]. 北京：清华大学出版社，2008.

[10] Harrison R R, Charles C T. A Low-Power Low-Noise CMOS Amplifier for Neural Recording Applications[J]. IEEE Journal of Solid-State Circuits, 2003.

[11] Yao L, Steyaert M, SansenW. Low-Power Low-Voltage Sigma-Delta Modulators in Nanometer CMOS[M]. Dordrecht: Springer, 2006.

[12] ALLDATASHEET. TLE5012[EB/OL]. (2018-6-20) [2021-12-28].

[13] Madsen J S. High Performance Data Converters[D]. Copenhagen: Technical University of Denmark, 1999.

[14] FMaloberti F. Data Converters[M]. Dordrecht: Springer, 2007.

[15] Murmann B. ADC Performance Survey 1997-2021[EB/OL]. (2021-6-28) [2022-5-8].

[16] ITU-R. Requirements Related to Technical Performance for IMT-Advanced Radio Interface(s) (M.2134 Report) [EB/OL]. (2008-4-3) [2022-9-1].

[17] Feitweis G, Zimmerman E, Bonneville H, et al. High Throughput WLAN/ WPAN[Z/OL]. (2004-11-18) [2022-9-1].

[18] Vilches J. Everything You Need to Know About 4G Wireless Technology[Z/OL]. (2016-2-7) [2022-9-1].

[19] Mitchell B. Explained 802.11 Standards: 802.11ax, 802.11ac, 802.11b/g/n, 802.11a[EB/OL]. (2020-5) [2022-9-1].

[20] Loper C D. What is 5G? Will Explain the Next Generation Network[EB/OL]. (2020-9-17) [2022-9-1].

[21] Hoffman C. What is 5G, and How Fast Will It Reach?[EB/OL]. (2019-7-21) [2022-9-1].

[22] Horvitz J. The Definitive Guide to 5G Low, Mid and High Band Speeds[EB/OL]. (2019-8-13) [2022-9-1].

[23] Singh S. Eight Reasons 5G is Better than 4G[EB/OL]. (2018-3-28) [2022-9-1].

[24] CLX Forum. 1 Million IoT Devices Per Square Kilometer — Are We Ready for 5G Transformation?[EB/OL]. (2019-6-9) [2022-9-1].

[25] Segan S, Davis Z. What is 5G?[J/OL]. (2018-8-22) [2022-9-1].

[26] Rappaport T S, Mayzus R, Azar Y, et al. Millimeter Wave Mobile Communications for 5G Cellular: It Will Work![J]. IEEE Access, 2013, 1: 335-349.

[27] Nordrum A, Clark C. Everything You Need to Know About 5G[J/OL]. (2019-9-12) [2022-9-1].

[28] Rodriguez J. Fundamentals of 5G Mobile Network[M]. New York: Wiley, 2015.

[29] 3GPP. 3GPP TS 23.501 V15.4.0[S]. 2018.

[30] 5G PPP Architecture Working Group. View on 5G Architecture (version 2.0) [EB/OL]. (2017-10-15) [2022-9-1].

[31] Dahad N. Top Ten 5G Chipsets[EB/OL]. (2019-1-3) [2022-9-1].

[32] HuoY M, Dong X D, Xu W. 5G Cellular User Equipment: From Theory to Practical Hardware Design[J]. IEEE Access, 2017 (5): 13992-14010.

[33] Lapedus M. RF SOI wars Begin[EB/OL]. (2018-5-17) [2022-9-1].

[34] Bill, Ji F. What is Wi-Fi (IEEE 802.11x)? Webopedia Definition[EB/OL]. (2012-12-20)

　　　[2022-9-1].

[35] Schofield J. The Danger of Wi-Fi Radiation (Updated)[EB/OL]. (2007-11-19) [2022-9-1].

[36] Hapic J. Global Shipments of Short-Range Wireless ICs Will Exceed 2 Billion in 2010[J/OL]. (2019-4-6) [2022-9-1].

[37] Cypress. Cypress CYW4356[Z/OL]. (2016-11-22) [2022-9-1].

[38] Wi-Fi Alliance® Introduces Wi-Fi 6[EB/OL]. (2018-9-30) [2022-9-1].

[39] Shankland S. Here Come Wi-Fi 4, 5 and 6 in Plan to Simplify 802.11 Networking Names —The Wi-Fi Alliance Wants to Make Wireless Networks Easier to Understand and Recognize[EB/OL]. (2018-10-3) [2022-6-13].

[40] Carr J. Wi-Fi 6E: What is it and How is it Different from Wi-Fi 6? The Same Standard, New Spread Spectrum[EB/OL]. (2020-5-14) [2022-9-1].

[41] Dignan L. D-Link, Asus Touted 802.11ax Wi-Fi Routers, but You Have to Wait until Later in 2018[EB/OL]. (2018-8-2) [2022-9-1].

[42] Barrett T. History of Ultra Wide Band (UWB) Radar & Communications: Pioneers and Innovators[C]// Progress in Electromagnetics Symposium 2000 (PIERS2000). [S. l.: S. n.], 2000.

[43] Harmuth H F. Transmission of Information by Orthogonal Functions[M]. 1st ed. NY: Springer, 1969.

[44] Ross G F, Robbins K W. Base-Band Radiation And Reception System: US3739392[P]. 1973-6-12.

[45] Van Etten P. The Present Technology of Impulse Radars[J]. Proceedings of the International Conference. 1977: 535-539.

[46] Morey R N. Geophysical Survey System Employing Electromagnetic Impulses: US3806795A[P]. 1974-04-23.

[47] McEwan T E. Ultra-Wideband Radar Motion Sensor: US5361070[P]. 1994-11-1.

第 8 章　先进存储器技术

通过第 6 章和第 7 章的介绍，相信读者已经对数字集成电路和模拟集成电路的相关知识有了初步了解。除 CPU 之外，计算机中还有一种非常重要的组成部件——存储器。回顾历史，存储器的发展经历了从 4 万年前的洞穴壁画、6000 年前刻有楔形文字的泥板、3000 年前古埃及人广泛采用的莎草纸、19 世纪末的穿孔卡片到现代信息产业中的电子存储器这一漫长的过程，并且直到今天仍未停止。在过去的 50 年间，基于硅基材料的半导体存储器逐渐成为主流，并且已经渗透到我们日常生活的各个角落，如 U 盘、SD 卡、手机中的嵌入式内存、计算机中的内存条等。随着大数据时代的到来，海量数据的存储需求对半导体存储器提出了更高的性能要求，而当半导体加工工艺微缩到深亚微米甚至纳米级工艺尺寸时，量子隧穿效应导致的漏电流（或静态功耗）成为制约传统半导体存储器发展的重要因素。在此背景下，新型非易失性存储器件的出现为存储器技术的发展指引了新的方向，存储器在计算任务中扮演的角色也在发生变化。本章首先介绍存储器在计算机系统中的分级结构及分类，然后介绍当前主流的半导体存储器与新型非易失性存储器，最后介绍以存储器为中心的存算一体技术。

本章重点

知识要点	能力要求
存储器技术的发展	1. 了解衡量存储器性能的基本指标 2. 掌握存储器的分类方法
半导体存储器技术	1. 了解半导体存储器的分类与原理 2. 掌握随机存取存储器的原理与发展历程 3. 掌握闪速存储器的原理与发展历程
新型非易失性存储器技术	1. 掌握新型非易失性存储器的原理 2. 了解新型非易失性存储器的发展现状
存算一体技术	1. 了解存算一体技术的基本原理 2. 了解存算一体技术的发展现状

8.1　存储器概述

存储器是用来存储计算过程中使用的指令和数据的关键部件，是计算机系统的必要组成部分。存储器的发展伴随着整个计算机技术的演进，其性能的优劣在很大程度上直接影响计算机系统的性能。

8.1.1　存储器的主要指标和架构

衡量存储器性能的主要指标有存储容量、访问时间、存储周期、存储字长和存储带宽等。

　　存储容量是指存储器中包含的存储单元总数。在现有的计算机系统中，数据是以二进制的"0"和"1"来存储的，因此存储容量的大小可以用二进制数的字数（bit）或字节数（B）来衡量，如 64Kbit、512KB 等。为表示更大的存储容量，可以采用 MB、GB、TB 等单位，它们的换算关系是 1KB=1024B、1MB=1024KB、1GB=1024MB、1TB=1024GB。存储器中有两种存取数据的方式，分别是字寻址和字节寻址，如图 8.1 所示。

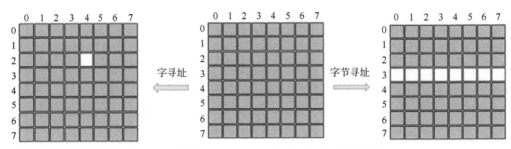

图 8.1　存储器的字寻址和字节寻址方式示意图

　　访问时间是将数据送入存储器以及从存储器中取出数据所需的时间总和，即完成一次存取操作所需要的时间，通常以纳秒（ns）作为单位。另一个比较容易混淆的概念——存取周期则是指对存储器进行连续两次存取操作所需要的最小时间间隔。

　　存储字长是指对存储器进行一次读取操作所能访问的存储单元数，由于 1B=8bit，因此存储字长通常为 8 的倍数，如 8 位、16 位、32 位等。

　　存储带宽是指在单位时间内存储器所能访问的数据量，可以用存储器在单位时间内读取或写入的位数或字节数来表示，单位是位/秒（bit/s）或字节/秒（B/s）。作为衡量存储器数据传输速率的重要技术指标，存储带宽与访问时间和存储字长有关，如存取周期为100ns，每个存取周期可访问 32 位，则存储带宽为 320Mbit/s。

　　随着半导体加工工艺的不断升级，系统总线的访问速度不断提高，存储器的访问速度远远无法与之匹配。出于成本、容量、速度和功耗等因素的综合考虑，计算设备中的存储系统一般采用层次化的组织架构，如图 8.2 所示。存储器按照在计算机系统中的相对位置可分为缓冲存储器（简称缓存）、主存储器（简称主存）和外存储器（简称外存）。缓存用于存储计算过程中的"热数据"，其优点是速度快，但是存储容量小且功耗高；内存用于存储计算过程中的"温数据"，其优点是能够兼顾速度和存储容量，但是掉电挥发且功耗仍较高；外存主要用于存储"冷数据"，其优点是超大的存储容量和非易失性，但是读写速度较慢。通常情况下，缓存中数据的访问时间为 4～75 个时钟周期，主存中数据的访问时间为几百个时钟周期，而外存中数据的访问时间为几千甚至上万个时钟周期。层次化存储架构的优势在于：在系统运行时，将使用最频繁的程序和数据存储在缓存中，将经常使用的程序和数据存储在主存中，将不太常用且占用存储空间较大的程序和数据放在外存中，可以有效提高存储系统的工作效率。但是，并非所有计算设备的存储系统都严格遵守这一架构，例如，由于受到芯片面积的限制，嵌入式系统通常只有高速缓存和嵌入式内存，不包括外存。

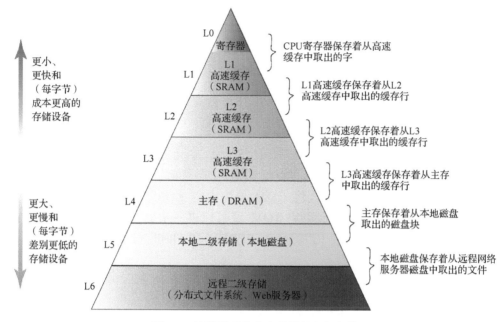

图 8.2　计算机系统中存储器的组织架构

8.1.2　存储器的分类

随着存储器技术的不断发展与演进，出现了种类繁多的存储器。它们可以根据存储原理和存储介质等分为不同的类别：按照存储原理及断电后能否保留数据，可以将存储器分为易失性存储器（Volatile Memory，VM）与非易失性存储器（Non-Volatile Memory，NVM）两类；按照存储器所采用的存储元件不同，可分为利用光学特性存储的光学存储器（如DVD、VCD 等），利用磁特性存储的磁性存储器（如机械磁盘、软盘等），利用电特性存储的半导体存储器（如 DRAM、SRAM）等。其中，半导体存储器是目前市场的主流，也是应用最广泛的存储器。

8.2　半导体存储器

半导体存储器是用半导体集成电路工艺制成的能够存储二进制信息的固态电子器件，是现代计算机等大型数字系统中最常用的存储器。半导体存储器按照对所存储数据的操作性可分为两类，即只读存储器（Read-Only Memory，ROM）和随机存取存储器（Random Access Memory，RAM）。其中，ROM 在正常工作状态下只能从中读取数据，不能修改或者重新写入数据。ROM 的优点是电路结构简单，而且掉电以后数据不会丢失，缺点是无法修改，一般只用于固定程序及数据的存储，如计算机中的自检程序、初始化程序等。RAM 中的"随机"指存储器的内容可以按任意顺序存放，同时可以在任意时刻，对任意选中的存储单元进行数据的写入或读出操作。ROM 与 RAM 的主要区别是：正常工作时，外部设备从 RAM 中既可以读出数据，也可以写入数据；而 ROM 只能读出数据。RAM 的优点是存取方便、使用灵活，既能非破坏性地读取数据，又能随时写入新的数据，缺点是一旦断电，所存内容将全部丢失。ROM 与 RAM 的性能对比见表 8.1。

表 8.1　ROM 与 RAM 的性能对比

性能	ROM	RAM
读取	√	√
写入	×	√
易失性	断电后数据不丢失	断电后数据丢失
数据类型	程序、常数、表格	临时数据、中间计算结果

如图 8.3 所示，常用的 RAM 包括静态的 SRAM 和动态的 DRAM。SRAM 中的存储单元相当于一个锁存器，而 DRAM 则是利用电容器存储的电荷来保存数据。根据是否允许用户对 ROM 写入数据，可以将 ROM 分为固定 ROM（或掩模 ROM）和可编程 ROM。根据数据擦除的方式，可编程 ROM 又可以进一步分为一次可编程只读存储器（Programmable ROM，PROM）、EPROM、EEPROM 和 Flash。下面对上述半导体存储器技术进行逐一介绍。

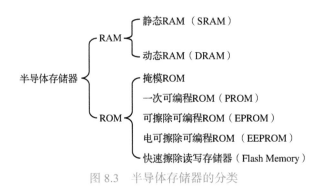

图 8.3　半导体存储器的分类

8.2.1　静态随机存取存储器

SRAM 作为最重要的半导体存储器之一，在现代计算机系统中扮演着非常重要的角色。SRAM 具有与标准 CMOS 工艺完全兼容、快速存取、低功耗、超低工作电压等特性，在高性能处理器中被广泛用作缓冲存储器，应用于便携式电子设备、生物医疗芯片等。在所有的半导体存储器中，SRAM 是最具代表性的超大规模集成电路技术之一，是鉴定某个工艺节点是否可以进行量产的首款电路。因此，SRAM 的设计与优化和半导体加工工艺技术的进步息息相关。

1. 存储单元

SRAM 通常包含行/列译码器、存储阵列和输入/输出（I/O）电路等几个部分，如图 8.4 所示。其中 $A_0 \sim A_{n-1}$ 是 n 根地址线，$I/O_0 \sim I/O_{m-1}$ 是 m 根输入/输出数据线，因此该 SRAM 的存储容量为 $2^n \times m$ 位。WE（Write Enable）是写使能信号，OE（Output Enable）是输出使能信号，CE（Control Enable）是片选信号。只有在 CE=0 时，SRAM 才能完成正常的读写操作，否则三态缓冲器均为高阻态，SRAM 无法工作。除了图 8.4 中给出的电路模块之外，为降低功耗，SRAM 中一般还包含电源控制电路、输入驱动电路和读出放大器等模块，以便降低读写功耗和提高数据存取的精度。

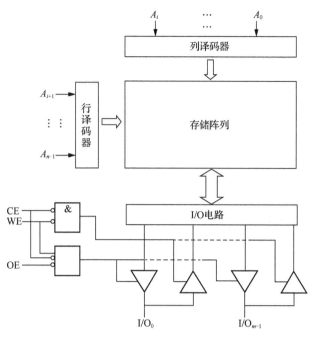

图 8.4　SRAM 的基本架构

存储阵列是 SRAM 的基础和核心，用于存储一位二进制"0"或者"1"数据。SRAM 的存储单元通常由 6 个 MOSFET 组成，如图 8.5 所示。

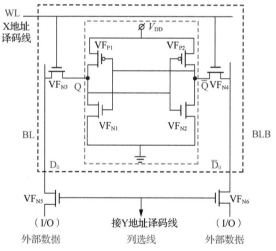

图 8.5　SRAM 的 6T 基本存储单元

每一行存储单元共享一条字线（Word Line，WL），每一列存储单元共享一条位线（Bit Line，BL）和反位线（Bit Line Backup，BLB）。一个存储阵列规模为 $M \times N$ 的 SRAM 共有 M 条字线和 N 条位线。译码器电路的作用是将地址编译成 WL 上的选通信号，对于一个 k 位地址的 SRAM 来说，通过译码器的字线有 2^k 条。而外围读、写电路则是将 BL 的数据读出，或者将片外的数据经过 BL 写入存储单元中。SRAM 的存储核心是一对完全对称、首尾相连、交叉耦合的反相器（即图 8.5 中由 VF_{P1} 和 VF_{N1} 构成的一个反相器，由 VF_{P2} 和

VF_{N2} 构成的另一个反相器）。两个反相器交叉耦合形成一个正反馈环，结点 Q 和 $\overline{Q}$ 则是存储单元的两个存储结点。在正常情况下，两个结点存储的状态是相反的。两个完全对称的传输晶体管 VF_{N3} 和 VF_{N4} 用于数据的写入和读出，它们的源极分别与两个存储结点 Q 和 $\overline{Q}$ 相连，漏极则分别与 BL 和 BLB 相连，而栅极都与 WL 相连。

2. 存储操作

SRAM 存储单元共有 3 种工作状态，分别为保持态、数据读出态和数据写入态。在保持态时，图 8.5 中的 WL 被下拉至低电平，而 BL 和 BLB 则被预充电至高电平，两个传输晶体管 VF_{N3} 和 VF_{N4} 关断，数据通过两个存储结点 Q 和 $\overline{Q}$ 之间的电位差进行保存。在数据读出状态中，如图 8.6（a）所示，首先 BL 与 BLB 被预充电至高电平；然后 WL 被置为高电平，两个传输晶体管导通，原本处于高电平的存储结点 $\overline{Q}$ 的电平不变，而原本处于低电平的存储结点 Q 的电平会被 BL 拉高，与该存储结点相连的 BL 通过 VF_{N1} 与 VF_{N3} 进行放电；最后，读出电路通过比较 BL 和 BLB 上的电平，判断该存储的单元中存储数据为 "0" 还是 "1"。由于 MOSFET 存在寄生电阻，在 SRAM 存储单元设计过程中，需要使传输晶体管的电阻大于下拉晶体管，以保证 BL 的放电过程不会导致对应存储结点电平大幅升高。否则，存储单元内存储的数据可能会发生翻转，出现读取错误。同时，为减少读取错误，在保证可以正常读出数据的前提下，还可以尽量降低 BL 上的预充电平。

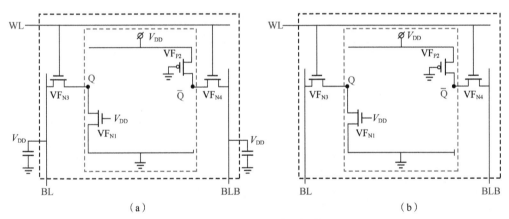

图 8.6　SRAM 的读写操作

在数据写入过程中，如图 8.6（b）所示，首先根据待写入数据，BL 与 BLB 中的一个被预充电至高电平，另一个被置为低电平；然后 WL 被置为高电平，两个传输 NMOSFET 导通，BL 与 BLB 上的电压分别作为两个反相器的输入电压，使两个反相器处于预期的状态，数据被成功写入存储单元。假设存储单元中原存储数据为 "0"，在数据写入过程中，通过将 BL 预充电至高电平，并将 BLB 置为低电平，可以将数据 "1" 写入该存储单元中。最后，断开两个传输 NMOSFET，数据就被写入 SRAM 单元中并进入保持状态。

3. 发展历史与现状

SRAM 存储单元的核心由两个反相器组成，根据其负载的不同，可以将 SRAM 存储单元的演变分为 4 个时期。第 1 个时期为 SRAM 发展初期，反相器主要以双极型晶体管为负载，其特征工艺尺寸大于 3μm。第 2 个时期为 1980—1990 年，SRAM 进入发展的早期，其反相器以多晶硅电阻器为负载。与 NMOS 负载相比，多晶硅电阻负载型 SRAM 的存储单元面积小，可以缩小芯片的面积，此时 SRAM 的特征尺寸大于 0.5μm。20 世纪 90 年代，多晶硅电阻负载型 SRAM 逐渐被淘汰，进入了 SRAM 存储单元发展的第 3 个时期，即采用薄膜场效应晶体管（Thin Film Transistor，TFT）作为反相器负载的时期。TFT 负载型 SRAM 进一步缩小了存储单元的面积，其工艺进入深亚微米级（0.25μm 及以下）。进入深亚微米级后，影响 SRAM 性能的指标主要为功耗、噪声容限（衡量 SRAM 可靠性）、单元稳定性。由于 CMOS 型 SRAM 有在更低的电压下运行的能力、较高的可靠性、更好的电压稳定性和可缩小性，因此在第 4 个时期，SRAM 存储单元的反相器采用 CMOS 为负载。

　　由于 SRAM 的存储单元主要由晶体管和导线组成，因此 CMOS 器件加工工艺的进步对 SRAM 性能提高起着重要的推动作用，而 CMOS 器件的发展历程在本书 3.1.3 节中已有较为详细的介绍，故在此不再重复。图 8.7 展示了 1978—2006 年日立（Hitachi）公司的 SRAM 技术演进路线[1]。1974 年，第一代 SRAM 问世，存储容量为 4Kbit，在随后的四十多年中，SRAM 的存储单元面积不断缩小、集成度不断提高。在 1996 年之前，SRAM 主要采用双极型晶体管和 NMOS 工艺制备。1996 年，由于 SRAM 存储单元采用了 CMOS 工艺，其存储容量出现短暂的减小。之后，随着 CMOS 加工工艺的进步，SRAM 的存储容量快速增加，到 2006 年已经达到 70MB。但是受限于面积增大而导致的访问时间的非线性增长、缓存面积增大导致芯片容纳不下和功耗升高等原因，现有计算机 CPU 中基于 SRAM 的缓存存储容量仍停留在兆字节（MB）量级，没有继续增加，例如英特尔酷睿 i9 7900X 中二级缓存为 10MB，三级缓存为 13.75MB。

开始量产时间	1978	1981	1984	1987	1990	1993	1996	1999	2002	2004	2006
特征尺寸/μm	3	2	1.3	0.8	0.5	0.35	0.25	0.18	0.13	0.09	0.065
容量/bit	16K	64K	256K	1M	4M	16M	4/8M	4/8M	16/32M	32M	70M
单元面积/μm²	898	304	97	45	15	11	8	4	2	1.4	0.57
单元大小/F²	100	76	57	70	60	90	128	120	120	170	135
单元技术	H	stacked			stacked		6T				
电源电压/V	5					3.3	2.5	1.5	1.2	1	0.7/1.2
晶圆尺寸/mm	90	100	125	150	200				300		
S/D	Single	DDD	LDD				LDD/Halo				
金属结构	Al-Si		Al-Cu-Si				Al-Cu		Cu		
绝缘层	SiO₂								SiOF	低介电材料	
势垒金属	—		MoSi	TiW		TiN			TaN		*

图 8.7　1978—2006 年日立的 SRAM 技术演进路线

　　SRAM 的市场主要与其应用有关，如 1995 年个人计算机市场和 2003 年手机市场的快速增长，都带动了 SRAM 市场份额的增长。目前，SRAM 的主要生产厂商包括赛普拉斯、英特尔、三星、SK 海力士、美光科技等。

8.2.2　动态随机存取存储器

DRAM 的主要用途是作为主存，也就是我们通常所说的内存。与 SRAM 相比，DRAM 需要对存储的信息不停地刷新，这是它们之间最大的区别。

1.　存储单元

DRAM 的基本存储单元是由一个晶体管和一个电容器构成的 1T1C 结构，如图 8.8（a）所示。

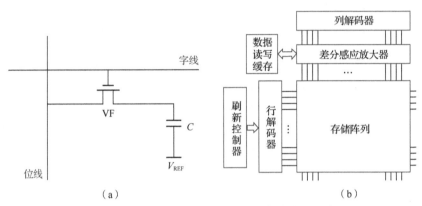

图 8.8　DRAM 的基本存储单元和存储阵列电路

（a）基本存储单元　（b）存储阵列电路

DRAM 中，数据以电荷的形式直接存储在电容器 C 上，以电容器两端电压差的大小来表示逻辑"1"和"0"，参考电压 V_{REF} 通常取供电电压的一半（$V_{CC}/2$）。VF 的导通或截止决定了外围读写电路是否对电容器进行写入或读出操作。具体而言，读出数据时，字线设置为高电平，晶体管导通，读取位线上的电压状态；写入数据时，提前将位线设置为需要写入的电平状态，再打开晶体管，使得电容器中的电压与位线电压一致。但是，上述读写方式可能会出现以下问题。

（1）由于外部电容器导致的位线电压变化过小。实际上，外部逻辑电路的电容值远大于存储数据的电容值 C，当 C 中存储的信息为高电压"1"时，晶体管导通后位线上的电压变化会非常小，外部电路无法直接读取。

（2）进行读取操作会改变 C 中存储的电荷量，可能导致原本存储信息的丢失。

（3）由于晶体管本身存在漏电流，C 中存储的电荷即使在不进行读写操作的情况下也会不断流失，造成数据的丢失。

针对上述问题，DRAM 引入了差分感应放大器和刷新控制器，如图 8.8（b）所示。为解决电压变化过小和读取导致的信息丢失问题，DRAM 采取差分感应放大器设计，将读操作分为预充电（Pre-Charge）、导通（Access）、感应（Sense）、复原（Restore）4 步。读取前先对位线进行预充电，将位线电压抬升至 V_{REF}，进而使晶体管导通，电容器中存储的电荷将使位线电压发生变化，根据所存储的数据不同，形成电压略高的 V_{REF+} 或略低的 V_{REF-} 两种信号，通过将该信号与 V_{REF} 进行差分比较即可读出所需的数据。读取结束后，位线读取数据产生的高电平或低电平将对电容器中存储的数据进行复原,从而使系统回到读取前的状态。

为避免漏电导致的数据丢失,DRAM 需要每隔一段时间对电容器中的数据进行刷新,这也是 DRAM 名称中"动态"(Dynamic)一词的来源,这一过程由刷新控制器进行控制。一般而言,在不进行读写操作的情况下电容器能够保持数据的时间是 64ms,因此刷新控制器必须至少每 64ms 对整个存储阵列中的电容器刷新一次,以保持电容器中信息不丢失。具体的刷新过程通过差分感应放大器进行,与读取过程类似,每次选中一行进行刷新,刷新间隔与存储阵列行数有关。通常一个 DRAM 存储单元阵列有 4096 行或 8192 行,如果在 64ms 内完成一次整体刷新,则 4096 行中每一行的刷新间隔为 15.625μs,8192 行为 7.8125μs。DRAM 的刷新模式分为自动刷新(Auto Refresh)与自刷新(Self Refresh)。在自动刷新模式下,刷新计数器依次自动生成行地址。由于刷新和读写操作所使用的电路相同,刷新过程中 DRAM 将停止工作,占用约 9 个时钟周期的时间,这表示 DRAM 每 64ms 都将有 9 个时钟周期用于刷新操作。自刷新模式主要用于休眠模式下的数据保持,此时 DRAM 不再依赖系统时钟周期,仅依据内部时钟进行刷新操作,所有外部信号无效。

与 SRAM 相比,DRAM 的优点在于所需要的晶体管数量更少、存储密度更大,是现代计算机系统内存的首选。但是,它同时也存在性能上的损失,例如存取速度相对较慢、需要定时刷新、刷新期间 CPU 不能对其进行读/写访问等。

2. 内部构造

DRAM 的内部构造多采用堆叠式电容器和掩埋字线结构,能够有效缩小存储单元在硅片上的面积,增大存储密度。堆叠式电容器将电容器做成一个在径向具有多层结构的圆柱形,利用圆柱形内外的侧表面作为电容器的两个电极,以达到以较小的芯片面积获得所需电容值的目的,其俯视剖面图如图 8.9(a)所示。为实现尽可能大的存储密度,电容器之间往往采用蜂窝式结构排列。掩埋字线技术是在衬底中刻蚀出沟槽,将由金属形成的字线沉积在沟槽中,如图 8.9(b)所示。早期 DRAM 的位线形成在衬底上方的金属层中,而字线形成在硅衬底表面的多晶硅栅极层处。掩埋字线设计具有两个优点:一个优点是位线和字线之间的寄生电容更小,从而降低了功耗,提高了信号裕量;另一个优点是将 TiN 金属栅极用于阵列晶体管,使得晶体管中不存在栅极耗尽,可以形成较大的导通电流以及较快的单元存取速率,这同时也能减小栅氧化层的厚度。

DRAM 沿字线的侧剖电镜图如图 8.9(c)所示[2]。为获得足够的电容量,往往将电容器圆柱的面积尽量做小,同时增加电容器的高度,电容器圆柱面积的缩小比逻辑电路中晶体管的微缩更为困难,因此对 DRAM 工艺尺寸的微缩在进入 20nm 及以下节点后进展缓慢。

由于 DRAM 需要在硅衬底上完成金属掩埋字线,因此无法在单一硅片上进行多层堆叠。为了增加 DRAM 的带宽,可以采用 TSV 技术将多片 DRAM 芯片堆叠,形成 HBM,从而达到增加存储带宽和提高存储密度的目的[3]。但是这一技术更像是一种封装技术,无法降低单位存储密度的制造成本,因此 HBM 仅作为一种高带宽应用而非 DRAM 的未来替代技术。

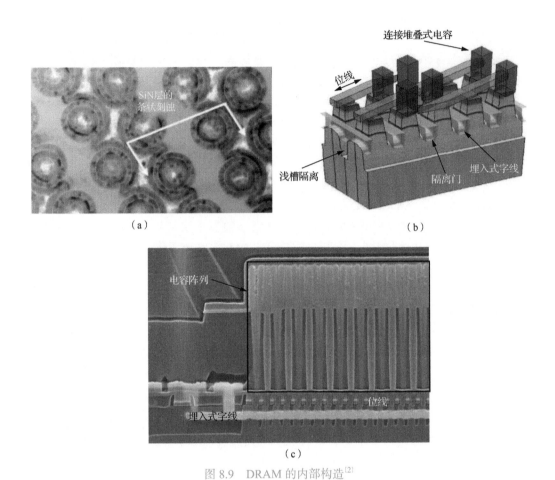

图 8.9　DRAM 的内部构造[2]

（a）DRAM 电容阵列部分俯视剖面　（b）掩埋字线 DRAM 单元结构　（c）DRAM 沿字线的侧剖电镜图

3. 发展历史

为配合 CPU 的高速发展，在近六十年的发展历史中，DRAM 技术也在不断地发展、创新，如图 8.10 所示。1966 年，IBM 的罗伯特·登纳德（Robert H. Dennard）最早提出电容存储刷新的概念。在 20 世纪 60～70 年代，最早的内存被称为增强型 DRAM（Enhanced DRAM，EDRAM），它有两个特点：一是采用了一种场屏蔽结构的新型 CMOS 制造工艺，能够有效地隔离芯片上的晶体管并降低它们的结电容，使晶体管开关加速；二是在 DRAM 芯片上增加了一个存储容量较小的 SRAM 高速缓存。随后，在此基础上又发展出高速缓存型 DRAM（Cache DRAM，CDRAM），它是在 DRAM 芯片上增加一级存储容量更大的 SRAM 高速缓存，以提高 DRAM 的存取速度。1982 年，CPU 进入 80286 时代，出现了最早的存储容量为 30Pin-256KB 的内存条。1988 年，CPU 进入 386 和 486 时代，72Pin 快页模式（Fast Page Mode，FPM）DRAM 出现并被成功应用在 486 及奔腾系列计算机上。但是由于数据读取和写入经过同一电路，FPM DRAM 的存取速度并不是很快。1991 年出现的外扩充数据（Extended Data Out，EDO）模式 DRAM 由于采用了全新的寻址方式，存取速度要比 FPM DRAM 快 15%～30%，单条内存的存储容量达到 4～16MB。

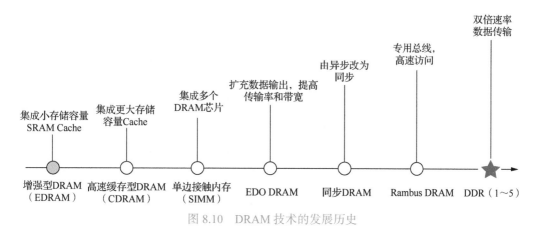

图 8.10　DRAM 技术的发展历史

1997 年，随着英特尔 Celeron 系列以及 AMD K6 处理器的推出，内存开始进入同步动态内存（Synchronous DRAM，SDRAM）时代。SDRAM 的工作原理是将 DRAM 与 CPU 以相同的时钟频率进行控制，从而使 DRAM 和 CPU 的外频同步，避免了等待时间。SDRAM 经过了从 PC66 到 PC100，再到 PC133 的发展，存储带宽达到 1GB/s。期间，英特尔还曾与 Rambus 联合推出过一种 Rambus DRAM，采用了高速简单内存架构，目的是降低数据的复杂性、优化系统性能。但是由于 Rambus DRAM 工艺复杂、价格过高，因而未能成为市场主流。

Rambus 双向脉冲的特点为 DDR SDRAM 的出现带来了启发。DDR SDRAM 的存储原理是在相同频率的基础上，在时钟信号的上升沿与下降沿各完成一次数据采样，这使得 DDR SDRAM 的数据传输速率为传统 SDRAM 的 2 倍。为方便起见，也经常用 DDR 代指上述类型的 DRAM。从此，DRAM 进入 DDR 时代，演化出从 DDR 到 DDR5 的多种标准，并针对不同的应用需求衍生出了 LPDDR 以及 GDDR 标准。这些标准对应的性能指标见表 8.2。

表 8.2　SDRAM 相关技术标准对比

类型	发布年份	内部时钟频率/MHz	数据传输速率	电压/V	预取数据	存储容量
SDRAM	1993	100～150	100～150Mbit/s	3.3	$1n$	—
DDR	2000	100～200	200～400Mbit/s	2.5/2.6	$2n$	256MB～1GB
DDR2	2003	100～266	400～1066Mbit/s	1.8	$4n$	512MB～4GB
DDR3	2007	133～300	1066～2400Mbit/s	1.35/1.50	$8n$	1～8GB
DDR4	2014	133～300	2133～4800Mbit/s	1.20	$8n$	2～16GB
DDR5	2019	133～200	4266～6400Mbit/s	1.10	$8/16n$	8～64GB
HBM2	2016	1000～1200	2～2.4Gbit/s	1.25/1.35	$16n$	8GB
GDDR5	2012	625～1000	5～8Gbit/s	1.35/1.50	$8n$	4～8GB
GDDR6	2016	1000	16Gbit/s	1.35	$16n$	8～32GB

DDR 标准最早由三星于 1996 年提出。2004 年，AMD 的速龙 64 处理器引领整个内存产业进入 DDR2 的时代。DDR2 将数据预取位数提升至 $4n$（n 代表芯片位宽），数据传输速率与 DDR 相比再次翻倍，最大达到 1066Mbit/s，电压降至 1.8V。随着第一代 Core i7 处理器的问世，内存的升级也在持续。第三代 DDR3 进一步将预取位数提升至 8n，内存数据传输速率达到系统时钟频率的 8 倍，与 DDR2 相比再次翻番。与此同时，由于预取位数的增加，

DDR3 的延迟也进一步升高，延迟值一般在 9～11，与 DDR2 相比翻了一番。

DDR4 与 DDR3 相比有 3 点改进：一是数据传输速率为系统时钟频率的 16 倍，同样内核频率下理论速率是 DDR3 的 2 倍；二是具有更可靠的传输规范，数据可靠性得以提升；三是工作电压从 DDR3 的 1.5V 降至 1.2V，功耗更低。需要指出的是，在内部时钟频率无法大幅提升的情况下，DDR4 并没有增加预取位数，而是通过提升内存核心的内存库（Bank）数量变相提高了数据吞吐率，每一个 Bank 都包含一个 $8n$ 预取缓冲器，并通过一个多路复用器输出。这使得其数据传输速率从 DDR3 的 1～2.4Gbit/s 大幅提升到 2.1～4.8Gbit/s。第一款 DDR4 由三星电子于 2011 年 1 月 4 日宣布研发完成，并采用 30nm 级工艺制造了首批样品。从最初的单倍数据速率（Single Data Rate，SDR）SDRAM 传输到现在的 DDR4，DRAM 内存的数据传输性能已经有了接近 25 倍的提升，电压也降到了接近原来的 1/3。

随着应用的多样化，DDR 也逐渐演变出针对移动平台的 LPDDR 和针对图像应用的 GDDR 两种不同的分支。2009 年 4 月，固态技术协会（Joint Electron Device Engineering Council，JEDEC）首次公布了 LPDDR2 标准，并在 2013 年 6 月进行了更新。这一标准通过提高内存密度，实现了性能改善、体积缩小和功耗降低。与 DDR 多采用内存条的产品形式相比，LPDDR 通常直接与处理器集成在一起或直接焊接在主板上，其与处理器的通信距离更短。并且，LPDDR 没有固定的总线宽度，通常使用 32 位的总线，比 DDR 位宽更窄、功耗更低。此后，随着智能手机的蓬勃发展，2012 年 5 月 JEDEC 又发布了 LPDDR3 标准，2014 年 8 月推出了 LPDDR4 标准，将读写速率提升到了 LPDDR3 的 2 倍，即 4266Mbit/s。2017 年 3 月，JEDEC 更新了 LPDDR4X 标准，将供电电压从 1.1V 降到了 0.6V，大幅降低了功耗。2021 年 7 月，JEDEC 更新了 LPDDR5 与 LPDDR5X 标准：LPDDR5 的传输速率为 6400Mbit/s，供电电压进一步降至 0.5V；LPDDR5X 的传输速率最高达 8533Mbit/s。

在图像应用方面，为满足高带宽应用需求，DRAM 可以通过牺牲一定的延迟性能而提升带宽。现在主流的 GDDR5 标准是基于 DDR3 演变而来，采用双向数据滤波控制（Data Pin Strobe，DQS）并行设计，同时数据传输时钟与控制时钟分离，与 DDR3 相比在数据带宽上取得了进一步的提升。2016 年，JEDEC 在 GDDR5 基础上又推出了 GDDR5X，将预取数据位宽提升至 16 位，同时采取 4 倍数据倍率（Quad Data Rate，QDR）技术。与 GDDR5 利用 2 条数据总线实现等效 QDR 技术不同，GDDR5X 在实现 QDR 时利用给时钟添加相位偏差的方法，将原本的时钟分为 4 个相差为 1/4 的同频率时钟，利用这 4 个同频率时钟的上升沿传输数据，实现了 4 倍数据传输速率。

此外，高带宽领域还衍生出了 3D 堆叠的 HBM 和 HMC 技术。二者从本质上来说都是将内存从平面转向 3D 立体，原理都是基于硅穿孔工艺的堆栈内存，但是接口并不兼容。HBM 是三星电子、超微半导体和 SK 海力士开发的一种基于 3D 堆栈工艺的高性能 DRAM，适用于高存储器带宽需求的应用场合，如图形处理器、网络交换及转发设备（如路由器、交换器）等。首款使用 HBM 的设备是 AMD Radeon Fury 系列显示核心。2013 年 10 月，HBM 存储器正式被 JEDEC 采纳为业界标准。第二代高带宽存储器（HBM2）于 2016 年 1 月被 JEDEC 采纳。NVIDIA 在同年发布的新款旗舰型 Tesla 运算加速卡——Tesla P100 中也采用了 HBM2。HMC 是由美光科技与英特尔共同开发，采用层叠式内存芯片配置，形成紧凑的"立方体"。它可以分为 3 个层次：顶部是堆栈的 DRAM 核心，中间是逻辑层，最下面则是封装层，并使用高效的全新内存接口。与 HBM 相比，HMC 的优势在于既可以作为近场内存，也可以作为远场内存，部署更加灵活。二者最大的区别在于 HBM 与 GDDR 相似，专注于提升 GDDR 的带宽，使用更多的并行互连；而 HMC 更加注重存储容量的提升，并且不使用 DDR 信号，使用内存包进行处理器和内存之间的高速串行数据传输，能够在有限的互连条件下实现更大的存储容量，如图 8.11 所示。需要注意的是，HBM 与 HMC 在制造工艺上需要多片晶圆通过 TSV 进行堆叠封装，并不是在同一片晶圆上进行存储单元的 3D 堆叠，并不能从根本上降低单位存储成本，这一点与 3D NAND Flash 有根本的不同。

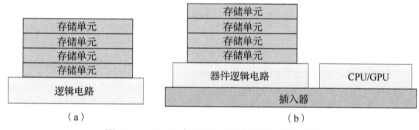

图 8.11　HMC 与 HBM 的存储结构示意图

（a）HMC　（b）HBM

4. 工艺演进

DRAM 的制造工艺直接决定了产品的成本和功耗。由于存储器属于标准化产品，成本是其最主要的竞争力。更小的工艺节点可以获得更大的存储密度，同时缩小芯片面积，使得每片晶圆能够产出更多的芯片颗粒，从而降低单颗芯片的成本。另外，更小的芯片面积也同时意味着更低的功耗。因此，和逻辑电路类似，DRAM 的工艺制程发展也是在不断地追求更小的工艺节点。

与逻辑电路的工艺已经进入 7nm 甚至 5nm 不同，DRAM 的微缩在进入 10nm 量级后变得更为困难。通常将 DRAM 的工艺节点按区间分类，如 40nm 级（49～40nm）称为 4xnm，30nm 级称为 3xnm，以此类推。在 2016 年以前，DRAM 工艺进步迅速：2008 年时为 4xnm，2010 年为 3xnm，2011 年就达到了 2xnm，2016 年进入 1xnm。而直到本书成稿之日，DRAM 的工艺制程仍在 10nm 量级。在这一阶段，制造商们将不同的技术代命名为 1xnm（1 代）、1ynm（2 代）及 1znm（3 代），分别对应 18～19nm、17nm、16nm。2020 年，三星实现了 1anm（4 代），特征尺寸为 14nm。这些技术节点的每一代与前代相比都具有更小的裸片面积，在单晶圆上能够获得更多的芯片数量，见表 8.3。

表 8.3　DRAM 10nm 量级技术节点情况

节点名称	技术代	特征尺寸/nm	单晶圆芯片数量/个	研发成功时间
1xnm	1	18～19	1510	2016 年
1ynm	2	17	1875	2018 年
1znm	3	16	2300	2019 年
1anm	4	14～15	2800	—
1bnm	5	—	—	—
1cnm	6	—	—	—

DRAM 存储数据的关键在于其电容器元件，该电容器必须足够大，通常为30fF，才能达到数据存储的目的。要在减小电容器所占用的晶圆面积的同时保持电容值不变，就必须增加电容器的高度，这使得电容器的长宽比变得很大，成为制造中的一大难点。电容器过高也会使得其顶部的电荷积累更困难，影响整体电容值的有效使用。此外，随着单元尺寸的缩小，字线与位线的相对长度增加，电荷进入电容器以及沿线路传播的时间将会延长。综合上述结果，在进入 10nm 量级后，DRAM 的单元微缩变得非常困难，并且几乎不可能实现小于 10nm 的节点，DRAM 技术的进步或许只能寄希望于新材料（如 IGZO 等）。

5. 应用场景

根据应用场景的不同，现有的 DRAM 可以分为 3 类，即用于 PC、服务器的标准 DDR SDRAM，用于手机等移动设备的低功耗型 LPDDR SDRAM，以及用于显卡等数据密集型业务的 GDDR SDRAM，如图 8.12 所示。

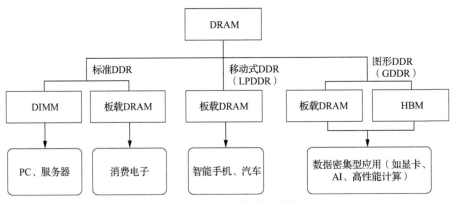

图 8.12　DRAM 分类示意图

标准 DDR 主要面向服务器、PC 以及消费类应用，具有更大的通道宽度、存储密度及不同的形状尺寸。目前主流的 DDR4 标准支持 3200Mbit/s 的数据传输速率。更新的 DDR5 标准已经于 2020 年发布，并将逐步成为市场主流。

LPDDR 通常适用于功耗敏感型的移动和汽车应用。与 DDR 相比，LPDDR 的通道宽度较窄，但具备低功耗的特点。目前主流的 LPDDR4 标准支持 4267Mbit/s 的数据传输速率，同时还有在低功耗方面更为优化的 LPDDR4X。新一代的 LPDDR5 也已经问世。

GDDR 主要面向数据吞吐量极大的数据密集型应用，其特点是更多的通道数量和数据位宽，但牺牲了时延性能，适合大规模对时延不敏感的数据传输。目前主流的标准为 GDDR5，此外还有堆栈式的 HBM 技术，下一代的 GDDR6 和 HBM2 也已经有产品推出。

6. 未来发展趋势

从接口技术上看，未来 DRAM 将会继续沿着现有体系进一步发展 DDR5、LPDDR5 及 GDDR6 的接口技术。

DDR5 的正式标准于 2020 年 7 月发布，包括 DRAM 制造商和 EDA 软件厂商在内的公司早已经准备好推出相应的产品和设计 IP。DDR5 将具备 $8n$ 或 $16n$ 两种预取位数，数据带宽达到 32GB/s，包含从 DDR5 4266 到 DDR5 6400 的系列内存产品（对应于

4266Mbit/s 和 6400Mbit/s 的数据传输速率）。目前，英特尔发布的第十二代酷睿处理器已支持 DDR5 内存，而该公司的新一代服务器处理器 Sapphire Rapids 预计在 2023 年发布，该处理器将建立在完善的 10nm+硅制造节点上，支持多通道 DDR5 内存。AMD 在 2022 年 5 月正式发布了基于 ZEN4 架构的锐龙 7000 处理器，该处理器仅支持 DDR5 内存。AMD 也将通过其即将面世的下一代 ZEN4 微体系结构支持 DDR5。预计该体系结构将于 2022 年面世。

2019 年 2 月，JEDEC 发布了 LPDDR5 标准，成为第一个引入 Bank 分组技术的 LPDDR 标准，其数据传输速率达到 6400Mbit/s，采用 $16n$ 的预取位数。三星、小米等手机厂商随即跟进，于 2020 年发布了基于 LPDDR5 的三星 S20 和小米 10 系列手机。

显存方面，最新的 GDDR6 标准早在 2018 年就已经发布，该标准采用 QDR 技术，将传输速率从 GDDR5 的 8Gbit/s 大幅提升至 16Gbit/s。NVIDIA 的 GeForce 20 系列显卡均采用 GDDR6 显存。

从制造技术来看，EUV 光刻技术将会成为未来 DRAM 降低成本的利器。目前主流的 DUV 光刻机的光源波长为 193nm，通过浸没式和多重曝光甚至可以实现 7nm 制程的光刻。而 EUV 光刻技术采用波长为 13.5nm 的 EUV 光作为光源，极大地提升了单次光刻的分辨率。DRAM 在没有重大突破的前提下，工艺制程水平将停留在 10nm 量级，理论上只需要 DUV 光刻。但 DUV 光刻需要进行 4 重曝光，而 EUV 光刻只需要单次曝光。采用 EUV 光刻将极大地提升生产效率、降低生产成本，使用 EUV 光刻技术的 DRAM 产品将在市场竞争中占据极大优势。因此，三星在 2020 年 3 月宣布将 EUV 光刻技术用于 DRAM 制造。

2020 年 12 月，IMEC 报道了利用氧化铟镓锌（IGZO）晶体管实现的无电容 DRAM，或成为未来发展的趋势。IGZO 具有比硅材料小 10 个数量级的漏电流，IMEC 的研究人员构造了一种"2T0C"结构，利用 IGZO 晶体管的寄生电容实现了类似 DRAM 的数据存储功能。这一技术突破了 DRAM 中电容无法微缩和三维堆叠的问题，并且具有更好的工艺兼容性，理论上可以实现 10nm 以下或是三维集成 DRAM，使得现有 DRAM 存储容量获得数量级的提升。目前这一技术仍处于实验室初步验证阶段，但也为 DRAM 未来的三维集成发展提供了一种可能性。

8.2.3 可编程只读存储器

ROM 的存储阵列结构主要包括地址译码器、存储矩阵、输出缓冲器等。由于 ROM 通常只能完成数据读取，而不能像 RAM 那样方便地进行改写，因此常用于存储各种固定程序和系统数据。典型产品是掩模式 ROM，在制造过程中将数据以一种特制光罩烧录于电路中，之后不能更改，其结构如图 8.13 所示。另一种 ROM 为一次可编程只读存储器（Programmable ROM，PROM），典型结构是"熔丝结构"与"PN 结型结构"。与掩模式 ROM 相比，PROM 可以进行一次编程：通常在芯片生产后，所有单元都预先置为数据"1"（即所有熔丝都为连接状态），然后在使用过程中通过熔断熔丝来得到数据"0"。熔断熔丝的方法有多种，如紫外线、大电流等，但是熔断后不可恢复，因此 PROM 只能进行一次编程操作。

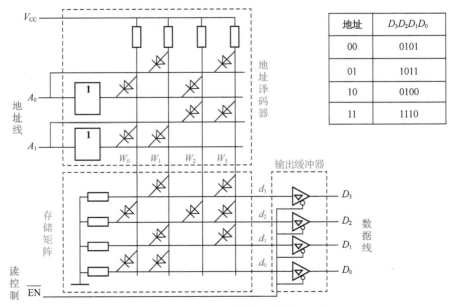

地址	$D_3D_2D_1D_0$
00	0101
01	1011
10	0100
11	1110

图 8.13　掩模式 ROM 存储阵列结构示意图

EPROM 与 PROM 相比最大的优势是可实现重复擦除和写入。EPROM 是由以色列工程师 Dov Frohman 发明的，被高于常用电压的编程器件分别实现数据写入。数据写入后，只能用强紫外线通过 EPROM 顶部预留的一个透明玻璃窗口来擦除其中的数据。因此，在实际使用中，通常需要用不透光的贴纸或胶布把 EPROM 顶部的玻璃窗口封住，以免其在受到阳光照射后发生数据丢失。需要注意的是，EPROM 的擦除操作通常会将整个芯片上的数据全部擦除。

EEPROM 的基本结构与 EPROM 类似，但二者最显著的区别是 EEPROM 没有感光孔，如图 8.14 所示。除此之外，二者的数据写入和擦除方式也有所不同。EEPROM 需要通过生产厂商提供的专用刷新程序，并基于一定的编程电压实现数据写入。同时，数据的擦除是以电信号来完成的，并且是以字节为最小擦除单位。因此，EEPROM 可以访问和修改任何一个字节，与 EPROM 相比具有更好的可编程性，但是电路设计也更为复杂，制造成本也更高。EEPROM 的存储容量一般介于 1～1024KB 之间，可擦写次数最高可达 100 万次，多用于存储主板上的 I/O 管理程序等固化的数据，替代擦写不便的 EPROM。

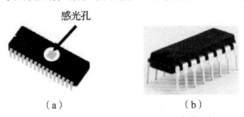

感光孔

（a）　　　　　　　　　（b）

图 8.14　EPROM 和 EEPROM 实物对比
（a）EPROM　（b）EEPROM

8.2.4　闪速存储器

闪速存储器简称闪存（Flash），是一种特殊的、允许在工作中被多次擦写的只读存储器。由于 Flash 在使用上类似 EEPROM，有些书籍中便把其称为 EEPROM 的一种，但是二者实际上存在很大差异。Flash 是现代存储技术中发展最快的技术之一，其优点包括：存储密度大、成本低、非易失、快速（读取，而非写入）以及电可擦除等。这些优点使 Flash 被广泛地运用于各个领域（包括嵌入式系统），如手机、电信交换机、蜂窝电话、网络互联设备、仪器仪表、汽车器件、数码照相机、数字录音机等。作为一种 ROM，Flash 在系统中通常用于存放程序代码、常量表以及一些在系统掉电后需要保存的用户数据等。表 8.4 将 Flash 与 8.2.3 小节中列举的几种 ROM 进行了性能参数对比。

表 8.4　Flash 与各种 ROM 的性能参数对比

	掩模式 ROM	PROM	EPROM	EEPROM	Flash
制备工艺	FET	熔丝结构	FGMOSFET	FGMOSFET	FGMOSFET
可否擦除	否	是	是	是	是
擦除次数	0	1	多次	多次	多次
擦除方式	—	电流熔断	紫外线	电流/电压	电流/电压

1. Flash 的分类

根据存储阵列结构不同，Flash 主要分为 3 类：与非（NAND）型、或非（NOR）型和 AG-AND 型。其中，NOR 型和 NAND 型是两种最主流的 Flash 类型，它们的基本结构如图 8.15 所示。

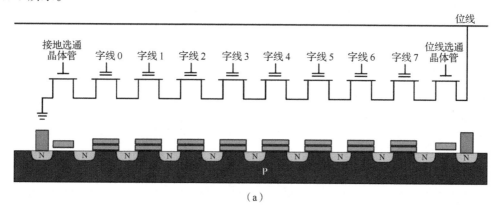

（a）

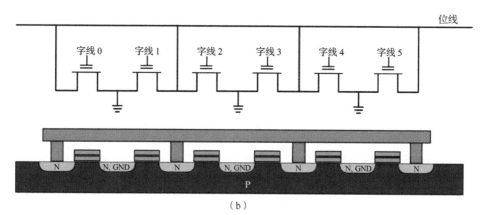

（b）

图 8.15　NAND Flash 和 NOR Flash 的基本结构

（a）NAND Flash　（b）NOR Flash

从应用的角度分析，NOR Flash 主要用于嵌入式存储，而 NAND Flash 主要用于大规模独立式数据存储。基于 NAND Flash 的固态硬盘（Solid State Disk，SSD）正逐渐替代机械硬盘成为主流的外部存储器，拥有 10 倍于 NOR Flash 的市场空间，在服务器、手机、U盘、存储卡等应用中大量使用。Flash 的概念最早是 1984 年由日本东芝的桀冈富士雄（Fujio Masuoka）博士提出的，其特点为非易失、记录速度快。1988 年，英特尔推出了一款 256Kbit NOR Flash 芯片，结合了 EPROM 和 EEPROM 两项技术，并拥有一个 SRAM 接口，成为世界上第一个量产 Flash 存储芯片的公司。随后，东芝在 1989 年提出了 NAND Flash 的结构。由于内部采用非线性宏单元模式，具有存储容量大、擦写速度快等优点，NAND Flash 为固态大容量存储提供了廉价、有效的解决方案，因而得到了越来越广泛的应用。

从二者的性能比较来看，NAND Flash 具有更短的擦写时间、更小的存储单元面积、更大的存储密度与更低的成本。但需要指出的是，NAND Flash 并不是完美的，它的 I/O 接口没有随机存取功能，因此必须搭配相应的控制模块，以区块（Block）的方式进行读写，典型的 Block 大小是数百至数千比特。由于大数据时代带来的日益增长的数据存储需求，NAND Flash 技术的研发和应用得到飞速发展。与描绘 CMOS 器件密度增长的摩尔定律类似，黄定律（Hwang's Law）揭示了 NAND Flash 的存储密度增长趋势，如图 8.16 所示。

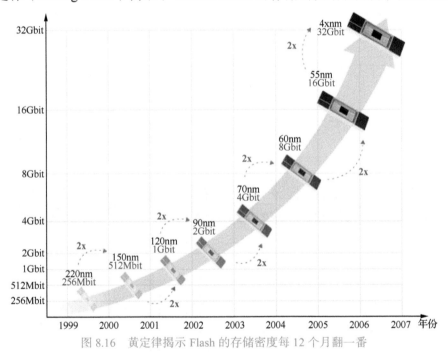

图 8.16　黄定律揭示 Flash 的存储密度每 12 个月翻一番

2. 存储原理

Flash 的存储单元为三端口器件，分别为栅极、源极和漏极。但是 Flash 与普通 MOSFET 的最大区别在于有 2 个栅极：一个如普通 MOSFET 栅极一样，用导线引出，称为控制栅；另一个则处于控制栅与硅衬底之间，被二氧化硅绝缘层包围，不与任何部分相连，用来保护其中的电荷不会泄漏，称为浮置栅极或浮栅。采用这种结构能够使 Flash 的存储单元具有电荷保持能力，如图 8.17 所示。通常情况下，浮栅不带电荷，Flash 处于截止状态，漏极电压为高，表示数据"1"，反之则表示数据"0"。

图 8.17　Flash 的基本存储单元和存储原理示意图

　　Flash 是一种电压控制型存储器件，其存储操作包含数据写入、擦除和读取 3 个过程，其中向数据单元内写入数据的过程的本质是向电荷势阱注入电荷。数据写入有 2 种技术路径，即热电子注入和 F-N 隧道效应，其中热电子注入是通过源极为浮栅充电，F-N 隧道效应则是通过硅基衬底为浮栅充电。NOR Flash 通过热电子注入方式给浮栅充电，而 NAND Flash 则是通过 F-N 隧道效应给浮栅充电。在写入新数据之前，必须先将原来的数据擦除，2 种 Flash 的数据擦除操作都是通过 F-N 隧道效应完成的。上述 3 个过程如图 8.18 所示。

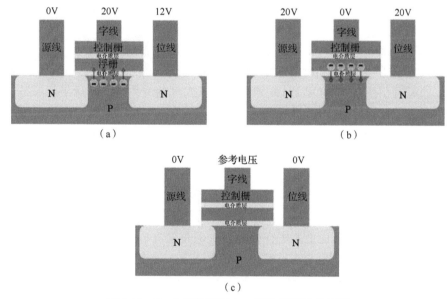

图 8.18　Flash 的数据写入、擦除和读取的过程

（a）数据写入　（b）数据擦除　（c）数据读取

　　如图 8.18（a）所示，在 Flash 中，当需要写入数据时，会在图中的控制栅施加高电压，源极则接地。此时，大量电子由源极经由底部的反型层（N 沟道）流向漏极，形成相当大的电流。如果电流足够大，电子获得足够能量，便会越过浮栅底部的电介质层（SiO$_2$ 层）被浮栅捕获，并在浮栅上形成电子团，这个过程被称为量子隧穿效应。一旦电子进入浮栅，即使移除电源，只要没有足够的能量，就无法脱离电介质层，该状态便会一直维持下去，保存时间可以长达十数年。

　　数据擦除的过程与数据写入刚好相反，如图 8.18（b）所示。此时控制栅上所加电压为 0，而在 P 型衬底上施加高电压（图中未画出），同时在源极和漏极施加高电压，根据 F-N 隧道效应原理，浮栅上的电子将重新穿过电介质层，完成数据擦除操作。

　　读取数据时，同样会在控制栅施加电压，如图 8.18（c）所示。但所施加的电压值小于写入数据时的电压值，以便在保持浮栅中电子数量的同时让 N 沟道流过电流。利用电流来感应浮栅中电子的数量，靠感应强度转换为二进制的"0"与"1"完成数据读取操作。

3. 存储单元

由于 Flash 是根据浮栅中电子的数量实现数据的存储，具有连续变化的特点，因此可以根据实际的需要将其划分为不同的存储位数。在三维堆叠技术出现之前，常用的提高 Flash 存储密度的方法就是提高单个存储单元所能存储的位数，由此衍生出单阶存储单元（SLC）、多阶存储单元（MLC）、三阶存储单元（TLC）和四阶存储单元（QLC）。在 SLC 中，每个 Flash 存储单元存储 1bit 数据，而 MLC 则利用不同电位的电荷，通过电压控制精准读写使得每个单元存储 2bit 数据。以此类推，每个 TLC 和 QLC 分别可存储 3bit 和 4bit 数据，如图 8.19 所示。

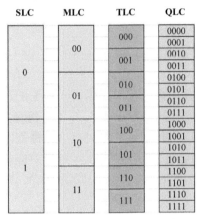

图 8.19　SLC、MLC、TLC 和 QLC 所能存储的数据位数

在 20 世纪 90 年代初期，Flash 技术一直是基于二维平面结构（2D）的 SLC Flash，制造工艺从微米级别逐步进入纳米级别。SLC NAND Flash 的市场被三星、东芝等公司占据，而英特尔在 SLC NOR Flash 领域占据较大市场份额。MLC 最早是英特尔在 1997 年 9 月研发成功的，通过使用大量的电压等级，每个单元可存储 2bit 数据，数据密度相当于 SLC 架构芯片的 2 倍。2003 年以后，上述公司相继推出基于 MLC 结构的 NAND Flash，并将 4Gbit 和 8Gbit 的 MLC NAND Flash 芯片投入市场。2009 年，TLC NAND Flash 由东芝研发成功，制造成本进一步降低。之后三星也迅速加入，使得 TLC NAND Flash 技术被大量应用于终端产品上。TLC NAND Flash 虽然储存容量更大、成本更低，但数据访问所需时间变长、传输速率更慢。QLC 拥有比 TLC 更大的存储密度，同时成本比 TLC 更低，可以在相同的存储空间中集成更大的存储容量。但是随着电压状态的增多，控制难度也加大。因此采用 QLC 颗粒的 SSD，虽然存储容量更大、价格更便宜，但是稳定性较差，并且寿命较短。上述不同类型的 Flash 存储单元的性能参数见表 8.5。

表 8.5　多种 Flash 存储单元的性能对比

	读取时间/μs	存储密度/（bit/cell）	可擦写次数	应用场景
SLC	25	1	≥100,000	工业级
MLC	50	2	10,000	商业级
TLC	75	3	3000	消费级、商业级
QLC	100	4	1000	消费级、商业级

2D Flash 存储器件的特征尺寸微缩并非易事。尤其是对于 NOR Flash，在进入 65nm、55nm 工艺节点后，虽然有向 40nm 发展的趋势，但一直没有重大技术突破，产品的更新换代较慢。与此同时，NAND Flash 则迅速地向 20nm 及以下工艺演进，目前最新工艺已达到 10nm，但随着其特征尺寸的微缩，技术转换难度也在加大。由于 2D Flash 的设计及生产制造工艺已到达瓶颈，为了提高存储容量、降低生产成本，亟待新的技术方案出现。

4．3D NAND Flash 颗粒技术

为解决 2D Flash 存在的问题，3D NAND Flash 技术随之出现。2007 年东芝率先提出了基于三维垂直架构的 3D NAND Flash，使得 Flash 的发展由 2D 向 3D 垂直结构设计的方向演进。三星于 2012 年推出业界第一款 3D NAND Flash 芯片。典型的 3D NAND Flash 结构如图 8.20 所示。

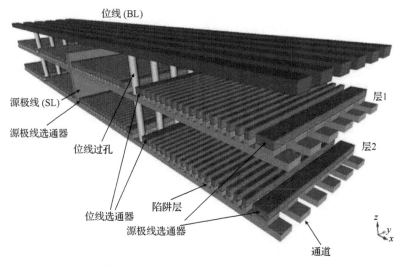

图 8.20　典型的 3D NAND Flash 结构

由 2D NAND Flash 向 3D NAND Flash 的发展可以用建筑楼层来诠释。如果 2D NAND Flash 是平房，那么 3D NAND Flash 就是高楼大厦，大厦的楼层数就是每个存储单元所包含的存储层数。典型的存储层数包括 32 层、64 层和 128 层。2022 年，美光宣布实现了 232 层 3D NAND Flash，目前已实现量产的最大的层数是 176 层。通过把存储单元立体化，换算得到的存储 1bit 数据的面积得以大幅下降。

2016 年以来，3D NAND Flash 已经成为 Flash 技术发展的主流，国际大厂纷纷投入人力和物力进行研发。从制造能力来看，国际大厂分为 4 个阵营，三星、铠侠（原东芝）/西部数据、SK 海力士和美光。三星为 IDM 厂商，具备 3D NAND Flash 的完整量产能力，被公认为技术最先进的厂商。西部数据凭借收购闪迪进入 NAND Flash 领域，由于闪迪为纯设计企业，自身没有制造能力，其产品制造依靠铠侠代工。英特尔和美光采取合作研发模式，因此通常被划分至一个阵营。我国的长江存储也已经具备 3D NAND Flash 的制造能力。长江存储采用独有的 Xtacking 堆叠技术，即在两片硅片上分别制造 3D NAND Flash 的存储单元和逻辑控制单元，再通过 TSV 技术将两片硅片叠在一起。这一技术的优点在于能够根据存储单元和逻辑单元的不同特点选择不同的制造工艺，同时也实现了高带宽。随着 3D NAND Flash 层数的不断增加，Xtacking 堆叠技术的成本及其他优势也将逐渐显现。

5．NAND Flash 控制技术

由于 NAND Flash 不能被 CPU 直接读写，因此需要内置一个存储控制芯片，负责控制包括读取、写入数据，执行垃圾回收，耗损均衡算法，以及纠错、加密等操作。存储控制

芯片对 NAND Flash 的性能具有非常重要的影响。NAND Flash 的芯片形式多样，可根据不同的应用场景分为嵌入式多媒体控制器（embedded Multi Media Card，eMMC）、通用 Flash 存储器（Universal Flash Storage，UFS）和 SSD。eMMC 和 UFS 主要针对移动应用，强调功耗低、体积小，适用于手机、平板电脑、U 盘、存储卡等应用领域。在手机等实际应用中，这一类型的 NAND Flash 通常只有一块，与存储控制芯片封装在同一芯片中。eMMC 属于较早期的技术，采用 8 位并行接口，eMMC 5.1 理论上可以达到 400MB/s 的读取速率。UFS 使用高速串行接口取代并行接口，极大地提升了数据传输速率，其中 UFS3.1 能够实现 1800MB/s 的读取速率和 700MB/s 的写入速率。当前主流的智能手机普遍采用 UFS 作为外部存储器。另外值得一提的是，苹果从 iPhone6 开始在手机中使用非易失性存储接口协议（Non-Volatile Memory express，NVMe），这使得 iPhone6 的数据读取速率在当时远超安卓手机。但随着 UFS3.0 及 3.1 标准的应用，UFS 协议在读写速率上已经超过 NVMe 协议。

SSD 主要用于取代服务器、PC 上的硬盘，在存储容量、性能方面更加突出。为了获得更大的存储容量，一块 SSD 中通常会有多颗 NAND Flash 存储芯片，存储控制芯片需要同时对这些存储芯片进行管理。此外，SSD 在读写数据、冗余设计、纠错、加密等环节也更为复杂。因此，SSD 的主控芯片是最为复杂的 Flash 存储控制芯片，内部结构示例如图 8.21 所示。

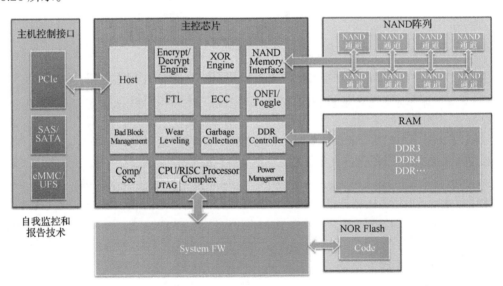

图 8.21　SSD 主控芯片的内部结构及与外部系统通信示意图（图片来源：半导体工程网）

在设计时，SSD 的主控芯片需要兼容计算机主板上的串行总线（Serial Advanced Technology Attachment，SATA）接口、高速串行计算扩展总线（Peripheral Component Interconnect express，PCIe）标准或 M.2 接口，其所能满足的接口标准也成为评价性能的标准之一。SATA 和 PCIe 既是一种接口标准也是总线标准，M.2 则是一种采用 PCIe 总线标准的针对移动应用设计的接口标准。SATA 接口相对成熟，但性能较差，已经逐步被 PCIe 接口淘汰。SATA 3.0 接口的理论传输带宽为 6Gbit/s，折合 750MB/s，实际此类 SSD 的传输速率一般只能达到 500MB/s。PCIe 接口发展至今一共有 5 代，根据物理接口带宽的区别可以分为 x1、x4、x8、x16 等，见表 8.6。目前主流的 PCIe 3.0 x4 接口可以达到 4GB/s 的传输速率。2019 年，AMD 在锐龙 3000 系列处理器上首次应用了 PCIe 4.0 技术。英特尔也不断发力，在 2021 年发布的第十二代酷睿处理器上率先支持 PCIe 5.0 技术。目前，各 SSD厂商也在积极跟进。PCIe 6.0 技术与 PCIe 7.0 技术的规范已于 2022 年公布，其中 PCIe 7.0最高可实现 128GT/s 的传输速率。

表 8.6　不同 PCIe 接口的性能指标

PCIe 版本	传输速率*	带宽			
		x1	x4	x8	x16
1.0	2.5GT/s	250MB/s	1GB/s	2GB/s	4GB/s
2.0	5GT/s	500MB/s	2GB/s	4GB/s	8GB/s
3.0	8GT/s	1GB/s	4GB/s	8GB/s	16GB/s
4.0	16GT/s	2GB/s	8GB/s	16GB/s	32GB/s
5.0	32GT/s	4GB/s	16GB/s	32GB/s	64GB/s

*GT/s 为每秒传输次数（Giga Transaction per Second）。

6. NAND Flash 未来技术发展趋势

从目前的发展情况来看，NAND Flash 仍将沿着更多堆叠层数和更多单元存储比特数的方向发展。存储单元方面，能够存储 5bit 信息的 PLC 颗粒已经研发成功，但其寿命与读写速度的问题尚未解决。西部数据等公司认为，2025 年后才有可能看到基于 PLC 颗粒的 Flash存储器。值得注意的是，NAND Flash 的存储单元并非是简单的替代关系，按照性能来看SLC>MLC>TLC> QLC>PLC，而按照存储容量和节省成本来看则相反。因此，不同的存储单元将会同时存在并满足不同的应用需求。PLC 将会进一步降低 SSD 的价格并提升总存储容量，而在高性能领域，MLC 甚至 SLC 都将同时存在。堆叠层数方面，美光、SK 海力士与三星都已经推出 176 层堆叠的 3D NAND Flash 产品，我国的长江存储也实现了 128 层 3DNAND Flash 芯片的量产。未来，NAND Flash 的存储容量将随着堆叠层数的提高进一步增加。目前主要 3D NAND Flash 生产厂商的技术路线如图 8.22 所示。

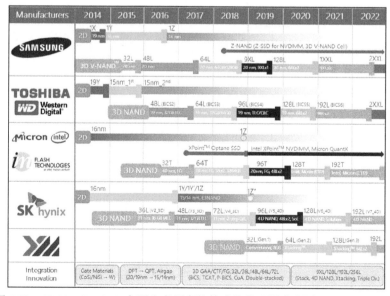

图 8.22　3D NAND Flash 主要生产厂商的技术路线（图片来源：TechInsights）

8.3　新型非易失性存储器

现有的多级存储架构虽然在一定程度上解决了存储器速度与存储容量以及非易失性之间的矛盾，但随着制造工艺水平的提高、半导体纳米器件尺寸的微缩，传统半导体存储器件上所能存储的电荷总数也随之减少，这将在物理层面带来严重的问题：第一，漏电流变得更大；第二，电荷总数的微小扰动会带来更大的影响；第三，纳米尺度下的加工过程会遇到工艺扰动的挑战。此外，在计算架构层面，由于现有的半导体存储器之间性能差距太大，在缓存与内存、内存与外存之间形成了一个由上下两级读取速率差产生的"存储墙"，严重制约计算机性能及计算能效的进一步提升。同时，近年来，物联网、人工智能等数据密集型应用的兴起加剧了"存储墙"对半导体存储器整体性能的影响[4]。

为解决上述问题，在传统半导体存储器的范畴内主要有两种解决方案。一种方案是缩短内存和处理器之间的数据传输距离，增加片上缓存容量，采用近存计算或者存算一体（见 8.4 节）的新型计算范式，例如本书第 6 章提到的苹果 M1 芯片采用了先进的、包含片外内存的系统级封装方法，将片上存储容量提高了 6 倍。另一种方案是采用三维堆叠技术增加存储容量，例如本书 8.2 节提到的 HBM 技术和 3D NAND Flash 等。但是，这两种技术的设计复杂度和制造成本都非常高，在未来数据规模持续扩大的背景下，需要打破基于电荷存储的原理约束，探索基于不同物理机制的新型存储器。在此背景下，以 MRAM、RRAM、PCM 和 FeRAM 为代表的新型非易失性存储器件受到业界的广泛关注。由于存储的原理不同，这些新型非易失性存储器在功耗、读写性能、访问速度和寿命上具有不同的特点，它们与半导体存储器的一些基本性能参数对比见表 8.7。

表 8.7　半导体存储器与新型非易失性存储器的性能参数对比

性能参数	半导体存储器				新型非易失性存储器			
	SRAM	DRAM	NOR Flash	NAND Flash	FeRAM	PCM	RRAM	STT-MRAM
非易失性	否	否	是	是	是	是	是	是
存储单元面积/F^2	50～120	6～10	10	5	15～34	6～12	6～10	6～20
读取时间/ns	1～100	30	10	50	20～80	20～50	10～50	2～20
写入时间	1～100ns	15 ns	1000ns	1ms	50ns	60～120ns	10～50ns	2～20ns
擦写次数	10^{16}	10^{16}	10^5	10^5	10^{12}	10^8	10^8	>10^{15}
动态功耗	低	低	非常高	非常高	低	高	低	低
静态功耗	漏电流	更新电流	—	—	—	—	—	—
操作电压/V	—	3	6～8	16～20	2～3	1.5～3	1.5～3	<1.5

8.3.1　磁性随机存取存储器

电子具有 3 个内在属性：质量、电荷和自旋。但长期以来，只有电子的电荷属性被应用于存储器件，而自旋属性则往往被忽视。在传统的半导体存储器件中，可以利用电场移动电荷，利用电容存储电荷。人们所熟知的自旋属性的应用则是在传统磁存储技术中，利用电子自旋的宏观表现——磁性来存储数据，通过磁场来读取和写入数据。这种状况随着 1988 年由 Albert Fert 教授和 Peter Grünberg 教授分别独立发现巨磁阻效应（Giant

Magnetoresistance，GMR）而发生改变[5]。从此之后，自旋电子学为电子的自旋属性在人类社会生活中的应用打开了一扇新的大门。三十多年以来，随着隧穿磁阻（Tunnel Magnetoresistance，TMR）效应等基础理论的完善和磁控溅射等微纳加工技术的进步，自旋电子学在传感、存储及计算等领域都得到了广泛应用。

　　MRAM 正是基于自旋电子学而发展起来的一种新型存储器。区别于传统半导体存储器技术，MRAM 最突出的特征就是利用电子自旋方向的差异实现数据存储，并具有非易失性。MRAM 的核心器件是磁隧道结（Magnetic Tunneling Junction，MTJ），其结构如图 8.23（a）所示，由包含铁磁层/金属氧化层（隧穿层）/铁磁层的"三明治"结构组成，典型的如 CoFeB/MgO/CoFeB 型 MTJ[6]。MTJ 中一个铁磁层的磁场极化方向是可改变的，称为自由层；而另外一个是固定的，称为固定层。通过改变自由层的自旋极化方向，可以得到两个不同的电阻状态，从而存储 1bit 数据。根据铁磁层薄膜易磁化轴方向，可以将 MTJ 分为面内磁各向异型和垂直磁各向异型两类。根据 MTJ 写入方式的不同，可以将 MRAM 分成不同的种类，当前主流的写入方式是通过注入电流引起的自旋转移矩（Spin Transfer Torque，STT）效应，如图 8.23（b）所示。当电流从固定层流向自由层时，首先获得与固定层磁化方向相同的自旋角动量。随后，该自旋极化电流进入自由层时，与自由层的磁化相互作用，导致自旋极化电流的横向分量被转移。由于角动量守恒，被转移的横向分量将以力矩的形式作用于自由层，迫使它的磁化方向与固定层接近，该力矩被称为自旋转移矩。同理，对于相反方向的电流，固定层对自旋的反射作用使自由层磁化获得相反的自旋转移矩。STT-MRAM 的基本存储单元由 1 个 MTJ 与 1 个访存晶体管构成，称为 1T1MTJ 结构，如图 8.23（c）所示。

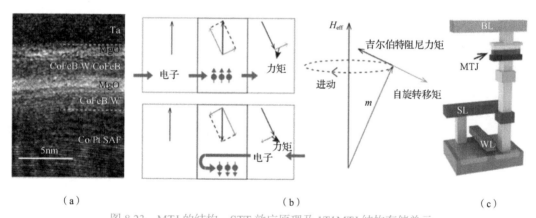

图 8.23　MTJ 的结构、STT 效应原理及 1T1MTJ 结构存储单元

（a）基于 MgO/CoFeB 的垂直磁隧道结膜层结构扫描电子显微镜图　（b）STT 效应原理示意图
（c）基于 STT-MRAM 的 1T1MTJ 结构存储单元示意图

　　MRAM 被认为是后摩尔时代最具潜力的非易失性存储器解决方案之一。经过近二十年的学术研究，2006 年，美国 Everspin 率先将基于磁场驱动的 Toggle-MRAM 商业化，从此掀起了 MRAM 产业的发展热潮。但是，基于磁场驱动的 Toggle-MRAM 集成度较低、动态功耗较高、可扩展性较差，因此应用空间与发展潜力受限。为了解决这些问题，学者们开始研究新型驱动机制在 MRAM 中的应用。2012年，Everspin 发布第一片基于 STT-MRAM 的存储芯片。STT-MRAM 直接采用电流进行驱动，与基于磁场驱动的 Toggle-MRAM 相比，

集成度更高、动态功耗更低、可扩展性更好。从 2016 年开始，各大半导体厂商，如三星、东芝、台积电、IBM、TDK、霍尼韦尔、飞思卡尔、Crocus、格罗方德（Global Foundries）等，纷纷斥巨资进行 STT-MRAM 芯片的研发。相关初创公司也纷纷成立，如 Avalanche、eVaderis、Spin Transfer Technologies、Inston 等。2017 年是 STT-MRAM 产业化进程当中非常重要的一年，三星、台积电以及格罗方德相继宣布 2018 年嵌入式 STT-MRAM 的产业化量产制程。从 2019 年开始，基于 STT-MRAM 的 22nm 芯片已成为报道的热点，如英特尔于 2019 年国际固态电路会议（International Solid-State Circuits Conference，ISSCC）上公布的基于 FinFET 工艺的 22nm STT-MRAM 芯片，和台积电于 2020 年 ISSCC 上公布的基于 22nm 超低漏电流（Ultra-Low-Leakage，ULL）技术的 STT-MRAM 芯片等。随后，台积电在 2022 年的 ISSCC 上发布了一款 4Mbit 的 STT-MRAM 芯片，采用的是 22nm 工艺。我国在 STT-MRAM 芯片的产业研究方面与国外研究单位有一定差距，但也不甘落后，如中电海康-驰拓、上海磁宇、致真存储（北京）、上海亘存等也纷纷加入 MRAM 产业化的进程当中。经过近十年的发展，STT-MRAM 的技术水平已经有了长足进步，存储容量已从最初的 64Mbit 发展到现在的 1Gbit。本书对 2012 年以来已报道的 STT-MRAM 芯片及相关参数进行了初步整理，如表 8.8 所示。

表 8.8　2012 年以来已报道的 STT-MRAM 芯片及相关参数

年份	研究团体及企业	存储容量	CMOS 技术节点
2022	台积电	4Mbit	22nm
2021	瑞萨电子	20Mbit	16nm
2020	中国台湾清华大学、台积电	1Mbit	22nm
2020	台积电	32Mbit	22nm
2019	Everspin	1Gbit	28nm
2019	三星电子	1Gbit	28nm FDSOI
2019	格罗方德	40Mbit	22nm FDSOI
2019	英特尔	16Mbit	—
2019	三星电子	8Mbit	28nm FDSOI
2019	台积电	32Mbit	22nm
2019	台积电	16Mbit	40nm
2019	东北大学	64Kbit	40nm
2019	英特尔	7.2Mbit	22FFL
2018	美国密歇根大学、台积电	1Mbit	28nm
2018	格罗方德	40Mbit	22nm FDSOI
2018	三星电子	8Mbit	28nm FDSOI
2018	东北大学	128Mbit	array
2018	中国台湾清华大学	32Kbit	28nm
2017	SK 海力士、东芝	4Gbit	—
2016	三星电子	8Mbit	—
2016	高通	1Gbit	array
2016	东芝、东北大学	4Mbit	65nm
2015	东芝	1Mbit	65nm

续表

年份	研究团体及企业	存储容量	CMOS 技术节点
2015	高通、TDK-Headway	1Mbit	40nm
2015	三星电子、韩国成均馆大学	8Mbit	40nm
2015	霍尼韦尔	1~16.64Mbit	—
2015	IBM	4Kbit	array
2014	TDK-Headway	8Mbit	90nm
2014	TDK-Headway	8Mbit	90nm
2013	东芝	1Mbit	65nm
2013	台积电	1Mbit	40nm
2013	英飞凌、慕尼黑工业大学	8Mbit	40nm
2013	东芝	1Mbit	65nm
2013	东芝	512Kbit	66nm
2013	东北大学、日本电气公司	1Mbit	90nm
2013	日本电气公司、东北大学	1Mbit	90nm
2013	台积电	1Mbit	40nm
2012	Everspin	64Mbit	90nm

虽然 STT-MRAM 受到工业界和学术界的广泛关注，但是该技术也面临着一定的性能瓶颈，其中一个关键的问题是 STT-MRAM 的存储单元为两端口器件，因此读操作和写操作需要共用一个电流通路。由于 MTJ 势垒层 MgO 的厚度一般不超过 1nm，因此在读写操作电流的反复作用下会逐渐老化甚至被击穿，这一问题在高速缓存等以读写速度为核心的应用中尤为突出。为解决这一问题，学术界提出基于自旋轨道矩（Spin Orbit Torque，SOT）的写入方式，通过在 MTJ 自由层下方增加一条由铂（Pt）、钽（Ta）、钨（W）等重金属制备的薄膜，利用流经其中的电流引发力矩以驱动自由层的磁化翻转。与 STT 效应相比，SOT 效应的产生机理较为复杂，学术界尚无统一的结论。一般认为 SOT 效应的产生可以归因于界面拉什巴效应（Rashba Effect）、自旋霍尔效应（Spin Hall Effect，SHE）或二者兼有。SOT-MRAM 有望实现亚纳秒级别的数据写入速度，且写入路径与读取路径相互分离，便于读写性能的独立优化，已成为学术界研究的重点。为降低 STT-MRAM 写入过程中的动态功耗，学术界还提出了基于电压调控磁各向异性（Voltage Control of Magnetic Anisotropy，VCMA）的写入方式，通过施加电压来降低数据写入时的垂直磁各向异性和热稳定性，使得数据写入时 MTJ 中没有电流流过。VCMA-MRAM 无须晶体管提供较大的驱动电流，从而可以缩小晶体管尺寸、增大存储密度，因此也是自旋电子领域的重要研究方向。

在上述研究的基础上，为充分发挥以上 3 种 MRAM 各自的优势，学术界又提出了多种复合写入型 MRAM 器件原型：

（1）基于 STT 与 SOT 协同翻转效应的 TST-MRAM 是在写入数据前，先利用 SOT 效应进行数据擦除操作，然后采用 STT 效应实现被选位元的数据写入；

（2）基于 VCMA 辅助 SOT 翻转的 VCSOT-MRAM 器件利用 VCMA 效应降低 MTJ 的翻转势垒和翻转时间，进一步通过 SOT 电流提高 MTJ 的能量利用效率。

其中，TST-MRAM 已经被国际知名芯片代工厂格罗方德列入 MRAM 的技术路线图中，未来有望进入量产阶段。除此之外，基于磁畴壁（Domain Wall）和斯格明子（Skyrmion）的赛道存储器等下一代磁存储技术也在研究当中[7]。限于篇幅，本书不再详细介绍上述新型磁性存储器技术，感兴趣的读者可以自行查阅相关资料。基于写入方式的 MRAM 技术演进路线如图 8.24 所示。

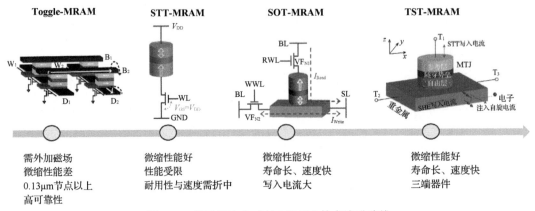

图 8.24　基于写入方式的 MRAM 技术演进路线

8.3.2　阻变随机存取存储器

RRAM 又称忆阻器，是除电阻器、电容器和电感器之外的"第四种无源器件"。早在 1967 年，Simmons 和 Verderber[8] 就发现了电阻变化现象，但并未引起重视。RRAM 最早是由美国加利福尼亚大学伯克利分校的著名华裔科学家蔡少棠于 1971 年从电路理论角度提出，用来描述电荷与磁通量之间的非线性关系。2000 年，美国休斯敦大学的 S. Q. Liu 等人[9] 发布了氧化物薄膜中出现的电阻变化现象，这种电阻变化能够到达 10 倍以上的电阻值差异，并且不消失。这一发现引起了研究 RRAM 的热潮。同时由于其简单的二端结构，RRAM 随即成为学术界和工业界研究的热点。2002 年，L. P. Ma 等人[10] 发表了采用 AIDCN/Al/AIDNC 结构作为存储层的 RRAM 器件，其电阻值变化速度达到 10ns，高低态电阻值之比大于 10^4，擦写次数可达 10^6 次，并且在断电的情况下可以保持数月之久。同年，夏普率先在微电子器件领域的顶级会议 IEDM 上发表了关于 RRAM 的论文。随后在 2004 年和 2005 年 IEDM 上，三星、Spansion 均发表了关于 RRAM 的论文[11,12]。2008 年，惠普的科学家在实验中首次发现 TiO_x 具有忆阻器的特性。2019 年，Yachuan Pang 等人利用 RRAM 在晶态与非晶态时电阻值的正态随机分布，将 RRAM 器件用作物理不可克隆单元来产生真随机数，实现了可重构非易失性物理不可克隆单元，避免了以前由工艺过程波动产生随机数的不可控性。

典型的 RRAM 器件利用某些薄膜材料在电激励作用下电阻值在高阻态和低阻态之间变化的现象实现数据存储。RRAM 一般采用上下两极为金属、中间为阻变材料的"三明治"结构，如图 8.25（a）所示。用于阻变材料层的电子类材料（如 NiO 等）可以根据外界施加电压大小和方向的不同发生电阻值变化，从而记录所需要存储的逻辑值。RRAM 的电阻值变化范围介于高阻态和低阻态之间，其中由高阻态向低阻态的转变的过程称为置位（SET）操作，由低阻态向高阻态变化的过程称为复位（RESET）操作。

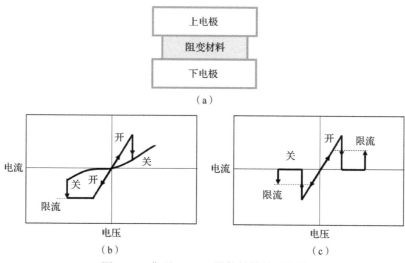

图 8.25　典型 RRAM 器件的结构及特性

（a）典型的 RRAM 器件结构　（b）单极型 RRAM 的 *I-V* 特性曲线

（c）双极型 RRAM 的 *I-V* 特性曲线

RRAM 的阻变存储特性主要体现在其电流-电压（*I-V*）特性曲线上。大量研究结果表明，基于不同材料的 RRAM 器件，根据电阻值发生变化时所施加的电压极性可以分为单极型（Unipolar）和双极型（Bipolar）两大类，二者的区别从 *I-V* 特性曲线上不难看出。典型的单极型 RRAM 的 *I-V* 特性曲线如图 8.25（b）所示，器件电阻值在高阻态和低阻态之间的变化并不依赖电压的极性，而只与电信号的幅值大小有关。假设器件制备后的初始状态为高阻态，对器件施加电压，当电压增大到 SET 阈值电压时，器件突然变化到低阻态。此后，重新从电压为 0 时开始扫描，在某个 RESET 阈值电压时，器件变回高阻态。而在双极型 RRAM 中，SET 和 RESET 则发生在不同极性的电压扫描过程中，如图 8.25（c）所示。国际上关于 RRAM 的电阻变化机理的观点主要分为以下几种：针对单极型 RRAM，普遍认为是热化学效应（Thermochemical Mechanism，TCM），而双极型 RRAM 的电阻变化主要基于以电场驱动的离子移动为前提的电化学金属化效应（Electrochemical Metallization Mechanism，ECM）和空位交换效应（Valence Change Mechanism，VCM）。

在 RRAM 的应用研究中，松下是先驱者，不仅最早实现了 RRAM 的量产，同时也公布了 RRAM 阵列的可靠性和良率数据。2013 年 8 月，松下推出了以 RRAM 作为嵌入式存储模块的微控制芯片 MN101LR，实现了高速数据改写功能和较长的待机时间。该芯片的制造工艺采用 CMOS 180nm 工艺，RRAM 采用金属氧化物的氧化还原反应实现改写，从而获得高速改写和高可靠性。2016 年 12 月，松下又和富士通联合推出了 4Mbit 的分立式 RRAM 存储芯片 MB85AS4MT，采用 SPI 接口，支持 1.65～3.6V 的宽电源电压范围，在工作频率为 5MHz 时平均读操作电流仅为 0.2mA。除了已量产的芯片之外，英特尔在 2019 年超大规模集成电路（VLSI）国际研讨会上，宣布其 22nm 低功耗 FinFET（FFL）工艺已经准备好生产 RRAM。但需要指出的是，RRAM 的芯片工艺目前还不够成熟，主要表现在器件的可靠性（特别是耐久性）还不够好，无法达到量产的要求。但是，随着 RRAM 器件可靠性的提升，其可微缩性好、与 CMOS 工艺兼容等优点将使其成为嵌入式存储器的有力竞争者。我国科研人员在 RRAM 的研究领域也取得了一系列成果，其中一些代表性的研究团队有中国科学院微电子研究所刘明院士团队、北京大学黄如教授与康晋锋教授团队、清华大学杨华中教授与吴华强教授团队等。

　　RRAM 具有结构简单、功耗低、可微缩性好等优势，是 40nm 以下工艺节点嵌入式存储应用的重要解决方案。但要实现产业化应用，还存在一些关键科学及技术问题，如在大规模生产平台中的工艺集成问题、RRAM 器件参数离散性引起的可靠性问题、RRAM 与 SoC 系统集成的问题等。

8.3.3　相变存储器

　　PCM 基于硫系相变材料在不同温度下展现出不同状态的特性，通过电脉冲控制 PCM 介质单元的温度来改变单元中介质的状态，利用晶态与非晶态所体现出的不同的电阻值来实现数据存储。相变存储材料要求能够在晶体（低阻态）和非晶体（高阻态）两个状态之间快速切换，来满足数据快速写入的需求。通常情况下，如图 8.26 所示，在写入数据时，需要施加强度中等、持续时间较长的电脉冲，使相变存储材料被加热至晶化温度（T_g）以上、熔化温度（T_c）以下，材料由非晶态转化为晶态，数据被成功写入（SET）。或者施加一个强度高但持续时间短的电脉冲，使得材料温度达到 T_c 以上。电脉冲关闭以后，材料迅速降温至 T_g 以下，避免晶化过程，直接形成非晶体，材料实现从晶态到非晶态的转化（RESET）。读取数据时，则施加强度较弱的电脉冲，避免将材料加热至 T_g 以上，实现非破坏性读取。相变存储材料在晶态和非晶态表现出的阻值差异能够达到几个数量级，因而能够很容易通过电流或电压强度判断材料的状态[13]。

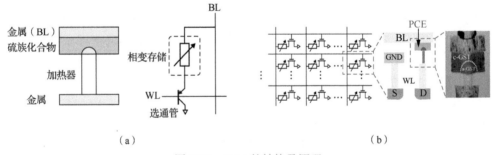

图 8.26　PCM 的结构及原理

（a）PCM 器件结构及连接线　（b）PCM 存储阵列

　　相变存储材料性能与 PCM 性能之间的关系见表 8.9。自 1968 年美国 ECD 的 Ovshinsky 博士发现硫系化合物的晶态与非晶态在电场作用下可以快速转变后，陆续有多种金属氧化物材料也被证明具有晶态和非晶态两种形态，但硫系化合物依旧是最理想的相变存储材料。目前使用最广泛的相变存储材料为锗（Ge）、锑（Sb）和碲（Te）的合金，如 $Ge_2Sb_2Te_5$（GST）、$GeSb_2Te_4$ 和 $GeSb_4Te_7$ 等。材料的结晶温度越高，非晶态热稳定性越好，数据保持能力也越好，因此科学家们研究出在 Ge-Sb-Te 体系中掺入 N、O 可提高薄膜的结晶温度。2002 年，Njoroge 等人的实验结果表明，Ge-Sb-Te 结晶过程中由于薄膜密度的变化，材料相变前后体积会发生变化，进而会影响与电极的接触[14]。同时，随着薄膜厚度变薄，材料的结晶速度会变慢。提高结晶速度从而提高写入数据速度的目标，可通过掺入锡（Sn）来实现[15]。

表 8.9　相变存储材料性能与 PCM 性能之间的关系

相变存储材料性能	PCM
晶化时间短（长）	写入速度快（慢）
非晶态与晶态对应电阻值差异大	易读取
熔点低	易擦除
非晶态热稳定性好	数据保存时间长
晶化温度高	工作温度高
相变前后体积变化小	可多次循环使用

为了增加 PCM 的擦写次数、提高结晶温度、增大电阻值差异、延长数据保持时间，一些新型相变存储材料被开发出来，如 GeSb、SiSb 等。无 Te 富 Sb 型相变存储材料不仅更加符合环保的要求，在热稳定性和数据保持时间上均有所提升。

PCM 在 2000 年以后进入发展的黄金时代，英特尔、美光、三星等都积极推进 PCM 的研发，出现了多款测试芯片，存储容量从兆比特（Mbit）级别到吉比特（Gbit）级别不等。最初 PCM 是作为 NAND Flash 的替代技术而受到关注，因为其可以直接擦写，无须块擦除。但是随着 3D 堆叠技术的出现，NAND Flash 的存储密度迅速提升，占据了高密度存储的大部分市场。2007 年英特尔推出了 128Mbit 的 PCM 样片，被视为 NOR Flash 的替代品。2009 年和 2012 年，三星、美光都曾试图对 PCM 进行量产，而且各自推出了相应的产品，但是与 NAND Flash 存储容量的提升速度相比，PCM 没有表现出足够的竞争力。2011 年，中国也首次完成第一批基于 PCM 的芯片产品[16]。直到 2015 年，英特尔和美光联合推出了革命性的 3D-XPoint 技术并且在 2016 年年底实现大规模量产，PCM 才算真正意义上进入市场。目前 3D-XPoint 因能够提供高于 NAND Flash 的读写速度和带宽而受到关注。我国 PCM 方面的研究也取得了一系列创新成果，代表性研究团队有中国科学院上海微系统与信息技术研究所宋志棠教授团队、华中科技大学缪向水教授团队等。表 8.10 列举了 PCM 技术发展的重要节点及事件。

表 8.10　PCM 发展的重要节点及事件

年份	事件
1968	S. R. Ovshinsky 基于相变存储材料的阈值转换特性首次提出相变存储技术的概念
1970	R. G. Neale 等人制备出利用 PN 结选通的 256 位的 PCM 阵列
1978	R. R. Shanks 等人制备出了 1024 位的 PCM 阵列，该存储阵列的写入时间为 15ms，写入电流为 6mA，擦除时间为 2μs，擦除电流大小为 25mA
1999	专门从事相变存储技术研究的公司 Ovonyx 成立
2000	英特尔注资 Ovonyx，并从 Ovonyx 获得相变存储技术的授权；STMicroelectronics 从 Ovonyx 获得相变存储技术授权
2004	三星发布利用 MOSFET 选通的 64Mbit PCM 芯片，该芯片写入时间最低为 150ns，写入电流为 0.3mA，擦除时间最低为 10ns，擦除电流为 0.6mA，循环擦写次数可达 10^9 以上
2008	三星基于 90nm 工艺制备出利用二极管选通的 512Mbit PCM 芯片，该芯片在 1.8V 的供电电压下最高可以实现 4.64MB/s 的写入速度
2010	Numonyx 推出基于 45nm 工艺、利用晶体管选通的 1Gbit PCM 芯片，该芯片供电电压为 1.8V，写入电流为 100μA，擦除电流为 200μA，循环擦写次数可达 10^9
2010	华中科技大学与武汉新芯（长江存储公司全资子公司）合作研制成功 1Mbit PCM 芯片
2011	中国科学院上海微系统与信息技术研究所和中芯国际合作研制出 180nm 8Mbit PCM 芯片，实现语音演示应用

续表

年份	事件
2015	英特尔与美光发布了基于双层 1S1R 的 3D-XPoint PCM 芯片，擦写速度和循环次数比 NAND Flash 高 1000 倍，存储容量为 128Gbit
2017	中国科学院上海微系统与信息技术研究所和中芯国际合作研制出 130nm 嵌入式 PCM 芯片，该芯片是全球首款实现量产销售的嵌入式 PCM 芯片，销售量超过 1600 万个
2018	中国科学院上海微系统与信息技术研究所和中芯国际合作研制出 40nm 128Mbit PCM 芯片，该芯片采用厚度仅为 3nm 的刀片电极，工作电压为 1.8V，写入时间为 200ns，擦除时间为 30ns，循环擦写次数大于 10^9，晶圆芯片良率大于 90%
2018	ST 发布用于汽车传动系统、先进安全网关、安全/ADAS 系统以及车辆电动化等领域的车载微控制器的 128～256Mbit 28nm FDSOI PCM 样片
2019	中国科学院上海微系统与信息技术研究所和长江存储签署 3D PCM 合作协议，在自主相变存储材料、自主 OTS 材料、3D PCM 芯片设计等方面展开合作
2019	长江存储获得华中科技大学 93 项专利许可，并与华中科技大学合作开发三维 PCM 芯片产品
2021	斯坦福大学在 Science 上发表基于柔性沉底的 PCM 新研究成果

　　3D-XPoint 是基于 PCM 和双阈值开关（Ovonic Threshold Switch，OTS），在传统 Crossbar 结构基础上垂直堆叠的一种新型 PCM 技术。第二代 3D-XPoint 技术能够实现 4 层堆叠，从而大大增加存储器的密度[17]。如图 8.27 所示，3D-XPoint 存储器阵列利用 PCM 存储逻辑数据，利用 OTS 作为选择器，既实现了数据的非易失性存储，又解决了行间串扰的问题。尽管 2016 年美光和英特尔各自发布了自己的 3D-XPoint 产品（即 QuantX 固态硬盘和 Optane 固态硬盘），但这种结构依旧面临很多问题，例如当存储器的规模逐渐变大、器件尺寸逐渐变小，由于 BL 和 WL 之间的间距较小，线间耦合电容导致的压降会破坏信号完整性，另外还存在严重的热串扰问题。3D-XPoint 存储器复杂的制造工艺和高成本限制了它的市场占有率，使其短期内还无法替代 NAND Flash，但它优越的性能依旧让人们对这一新型的存储器技术充满期待。

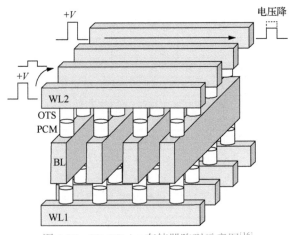

图 8.27　3D-XPoint 存储器阵列示意图[16]

8.3.4　铁电随机存取存储器

　　FeRAM 是利用铁电材料的铁电极化特性存储数据。铁电材料中存在自发极化，外加电场可以逆转自发极化的极化方向，在去掉外加电场后，材料中原子的极化方向不变。利用不同的极化方向来存储数据，因此数据的存储是非易失性的。FeRAM 主要分为两种类型，一种是场效应晶体管式（即 FeFET），另一种是电容式（Capacitor-Type）。1955 年贝尔实验室首次提出 FeRAM 时，便提出场效应晶体管式的拓扑结构。1974 年该结构首次被 Wu 制造出来。场效应晶体管式结构与一个 N 沟道增强型 FET 类似，利用铁电材料与半导体界面之间的电学性质进行数据的存储。但由于铁电材料与半导体界面之间的电学性质较差，对该结构的研究在 20 世纪 80 年代几乎停滞。2017 年，S. Dünkel 等发布了 FeFET 作为嵌入式非易失性存储器与 22nm FDSOI CMOS 工艺结合的成果[18]。如图 8.28 所示，经过正向的栅电流后，铁磁层极化方向向下，阈值电压（V_T）状态为低[见图 8.28（a）]；经过反向栅电流后，铁磁层极化方向向上，V_T 状态为高[见图 8.28（b）]。

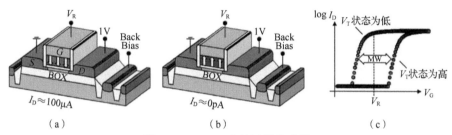

图 8.28　FeFET 存储过程示意图

在场效应晶体管式结构研究停滞的时期，科学家们提出利用铁电电容器的极化方向来存储数据，并利用极化反转电流来读出数据。这种电容式结构的稳定性远高于 FeFET。在 20 世纪 90 年代，人们对电容式 FeRAM 的研究达到高潮。通过对铁磁层薄膜淀积条件进行改进，增加钝化层防止氢渗透，利用 IrO_2 和 $SrRuO_3$ 等导电氧化物来防止铁磁层的极化疲劳等方法，FeRAM 的读写次数可达 10^{12} 以上。由于 SBT 铁电薄膜不存在极化疲劳的现象，所以采用 SBT 材料作为铁电薄膜的 FeRAM 的读写次数可达 10^{13} 以上[19]。至 2012 年，商用量产的 FeRAM 的最大存储容量为 4Mbit，采用 $PbZr_xTi_{1-x}O_3$（PZT）材料的 FeRAM 的工作电压为 1.5V，采用 $SrBi_2Ta_2O_9$（SBT）材料的铁电电容器的工作电压为 0.9V。

如图 8.29（a）所示，FeFET 结构中，铁磁层极化时也会使沟道形成电荷积累或者形成反型层，通过栅漏极之间的电流大小可以实现数据的非破坏性读取[20]。电容式 FeRAM 器件的存储单元结构主要分为两种：一种是由一个 NMOS 与一个铁电电容器构成的 1T1C 结构，如图 8.29（b）所示；另一种是由两个 NMOS 与两个铁电电容器构成的 2T2C 结构，如图 8.29（c）所示。1T1C 单元与 2T2C 单元的工作原理是基本相同的，最主要的差异在于存储状态的判别方式。在 2T2C 单元中，敏感放大器通过比较位线 BL 与 BLN 上的电压大小，判断存储数据是"0"还是"1"。而在 1T1C 单元中，敏感放大器将位线 BL 上的电压值与一个额外的参考电压进行比较，作为判断依据。2T2C 单元在写入数据后，两个铁电电容器处于相反的极化状态。通常来说，2T2C 单元具有更好的抗干扰能力。但无论是 1T1C 还是 2T2C，由于数据的读取都需要极化反向电流，即需要对铁电电容器施加强电场，根据铁电电容器原极化方向和 BL 上电压变化的不同，读出所存储的数据。这无疑破坏了铁电电容器中原有的数据，所以电容式 FeRAM 在读取数据后，通常需要重新写入[21]。

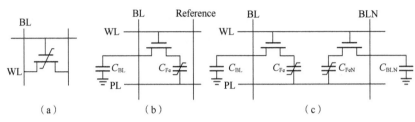

图 8.29　FeFET、1T/1C FeRAM 和 2T/2C FeRAM 的读取方式

第 1 代 FeRAM 由于存储密度小以及单元之间的干扰问题无法商业化。随着半导体技术的进步，使用 MOSFET 作为选择器件可以保护未寻址的单元，使其免受干扰。基于 1T1C 结构，Ramtron 制造出第一个商用的基于 PZT 铁电材料的电容式 FeRAM 产品，作为第 2 代 FeRAM 诞生并应用至今。第 3 代 FeRAM 以兼容 CMOS 工艺、可 3D 集成、低介电常数、高矫顽场为主要特征，以掺杂的 HfO_2 材料为代表。随后，基于其他氧化物的铁电材料（如 ZrO_2 和 AlO_x）也相继被报道，第 3 代 FeRAM 得到了迅猛发展，并向着更高的工艺节点发展。2016 年格罗方德采用 28nm 工艺实现了基于 Si 掺杂 HfO_2 的 1T 结构的 FeRAM 阵列。2017 年格罗方德把 FeRAM 的工艺节点推进到 22nm。2020 年，中国科学院微电子研究所推出了第一个掺杂 HfO_2 基 FeRAM。

第 3 代 FeRAM 经历了近十年的发展，已经验证了其可微缩性和 3D 集成的优势，然而，可靠性的问题依然是其真正走向应用的最大障碍。因此，国际上格罗方德、三星、SK 海力士等各大公司相继布局，国内的华为、华润微、拍字节等公司也在推进第 3 代 FeRAM 的量产。国内学术界包括中国科学院微电子研究所、北京大学、清华大学、复旦大学、浙江大学、西安电子科技大学、山东大学、电子科技大学等也在铁电机理及可靠性方面开展了工作。

第 3 代 FeRAM 以嵌入式存储作为突破口逐步进入市场，并随着技术的不断完善，有可能在非易失性 DRAM 和高密度三维存储领域得到应用。发展自主新型高性能嵌入式 FeRAM，核心是解决以下 3 个关键科学与技术问题：

（1）新型铁电材料的极化起源；

（2）新型 FeRAM 的性能优化与调控；

（3）大规模集成与可制造性问题。

8.4　存算一体技术

前文提到，数据的爆发式增长对经典的冯·诺依曼计算架构提出了存储墙和功耗墙的挑战。为应对这种挑战，一种方案是提高数据带宽，增加片上内存容量，同时缩短内存和处理器之间的数据传输距离，例如采用 3D 内存和 TSV 技术的 HBM 技术。另一种方案是使数据尽可能靠近计算单元，降低数据搬运的功耗，例如多级缓存技术、嵌入式 DRAM 技术等。这两种方案的基本思想都是把更多的内存集成在处理器周围，以减少处理器芯片内外的数据迁移，可以统称为近存计算（Processing Near-Memory，PNM）技术。但是，近存计算技术并没有改变经典冯·诺依曼计算架构，因此只能在一定程度上缓解，并不能从根本上解决冯·诺依曼瓶颈。未来的计算架构需要从根本上改变这种结构，其中一个重要的研究方向就是存算一体（Processing In-Memory，PIM）技术。PIM 最早的基本思想是通过在存储器中嵌入一定的计算能力（如在内存芯片内部或附近集成少量计算单元），来执行一些计算简单、延迟敏感但带宽密集的任务，从而减少数据迁移，满足数据带宽与传输功耗的需求。最终目标是构建一个 PIM 化软硬件平台，使存储器本身既能存储数据，也能处理数据，且其数据存储能力与处理能力能够动态可重构，在保留外部处理器的同时增加数据存储单元内部的计算功能，完成由计算为中心到以存储为中心的计算架构转变。本节重点介绍基于不同计算范式和不同存储器类型的 PIM 技术及其应用。

8.4.1　技术概述

与 PNM 相比，PIM 的本质特征是存储器既能存储数据，也能处理数据，因而可以彻底消除存储器与处理器之间的数据迁移，突破冯·诺依曼计算架构瓶颈。斯坦福研究所的 Kautz 等人于 1969 年最早提出了 PIM 的概念[22]，期望直接利用内存进行一些简单的计算。后续的研究工作主要围绕电路、计算架构与系统应用等开展[23]。但是，受限于电路设计复杂度与制造成本问题，以及缺少"杀手级"大数据应用进行驱动，早期的 PIM 仅停留在研究阶段，并未得到大规模应用。2010 年以来，随着数据量不断增大以及 HBM 等技术的出现，PIM 技术重新获得青睐。在 2017 年国际微架构研讨会上，NVIDIA、英特尔、微软和三星等公司都推出了 PIM 芯片原型[24-26]。随后，DARPA 启动了集成电路专项研究计划——JUMP，目标是未来 5 年内提供颠覆性集成电路技术，共设立了 6 个研究方向，其中一个就是智能内存与 PIM 技术。

按照所使用的存储器的种类，目前的 PIM 技术可分为两条技术路径：一种是基于传统半导体存储器，如 SRAM、DRAM 和 Flash；另一种是基于新型非易失性存储器。由于半导体存储器的制备工艺已相对比较成熟，而 PIM 可以在原有芯片架构的基础上进行修改，因此该技术是目前最接近实际应用和量产的技术路径，已经有不少流片成功的案例。例如，N. Verma 教授提出的基于 6T SRAM 阵列的 PIM 方案，首先将权重数据存入 SRAM，然后将 BL、BLB 预充电，通过 WL 将模拟信号输入，在 BL 和 BLB 产生累加电流，最后通过差分放大器得到计算输出[27]。但是 PIM 技术需要对内存芯片进行频繁访问，因此内存的性能（如速度、功耗）非常关键。基于电荷属性的传统内存技术，计算单元要求的高能效与内存单元要求的高密度难以在同一芯片中同时满足，在很大程度上限制了 PIM 技术的性能提升。以谷歌张量处理器（Tensor Processing Unit，TPU）为例，第一代 TPU 的峰值吞吐量约为 90 兆操作数每秒（Tera Operations Per Second，TOPS），但是采用传统的 DDR3 内存架构，其数据带宽只有约 30GB/s，使得 TPU 实际吞吐量仅约 10TOPS。

新型非易失性存储器（包括上文提到的 MRAM、RRAM、PCM 和 FeRAM）的快速发展，为 PIM 技术的高效实施带来了新的曙光。这些新型非易失性存储器的电阻式存储原理可以提供固有的计算能力，因此可以在同一个物理单元地址同时集成数据存储与数据处理功能。惠普实验室的 Williams 教授团队在 2010 年就提出并实验验证利用 RRAM 实现简单布尔逻辑功能[28]。2016 年，英特尔、美光联合推出的基于 PCM 的 3D XPoint 技术被认为是实施 PIM 的一种理想的技术解决方案[17]。2016 年，美国加利福尼亚大学圣塔芭芭拉分校的谢源教授团队提出利用 RRAM 构建基于 PIM 架构的深度学习神经网络——PRIME，受到业界的广泛关注[29]。

8.4.2 小节将分别从数字逻辑和模拟计算两个角度介绍 PIM 技术的具体实现方式。每一种具体实现的方式又可以归结于读取、写入或两者混合的 3 种信号操作模式。目前基于不同类型存储器的 PIM 技术将在 8.4.3 小节介绍。

8.4.2　基于不同逻辑范式的存算一体技术

1. 数字存算一体技术

现代大规模集成电路主要为数字电路，而数字集成电路则由许多的逻辑门组成。因此，为了利用存储器实现数字 PIM 技术，最重要的研究课题就是利用现有的存储器阵列和外围电路实现数字逻辑。目前，比较流行的逻辑计算范式可以归纳为 3 类：布尔逻辑、大数逻辑、蕴涵逻辑。这 3 类计算范式都能实现完备的逻辑计算功能集，但是存储器的单元结构、控制电路、操作方式、计算复杂度都不同。

基于读取电路的逻辑计算是出现最早，也是最容易理解的一种 PIM 技术实现方式，核心是布尔逻辑。图 8.30 给出了利用改进的读取放大器电路和现有的存储单元实现 3 种逻辑运算 [与（AND）、或（OR）、异或（XOR）] 的实例。对于传统的存储器阵列来说，每次读取都是选择阵列中的一个单元进行操作，读取其中存储的值。但当进行数字逻辑计算时，由于输入至少为 2 个，因此需要同时选中 2 个或多个存储单元进行读取操作。如图 8.30 所示，待选择的存储单元只有 2 种状态。因此，如果同时选中 2 个单元施加读取电压，则可被读取的阻值状态共有 3 种：2 个均为高阻值，整体体现为高阻值；2 个全为低阻值，整体体现为低阻值；如其中 1 个为高阻值，另 1 个为低阻值，整体对外体现为中间阻值。而阻值高低的判断是通过比较经过这两个存储单元进入比较器的电流 I_{in} 和参考电流 I_{ref} 的大小来实现的。具体来说，当进行"与"运算时，将 I_{ref} 设置为介于高阻值和中间阻值之间的值，只有当 2 个单元都为"1"的时候，输出结果才为"1"，否则为"0"；当进行"或"运算时，将 I_{ref} 设置为介于低阻值和中间阻值之间的值，只有当 2 个存储单元全为低阻态的时候，输出结果才为"0"；而"异或"运算是前 2 种运算的集合，需要同时设置上述 2 种参考信号，只有当读取的信号介于 2 种参考信号之间时才会输出逻辑"1"。以上就是基于读取电路的数字逻辑实现的基本方式。

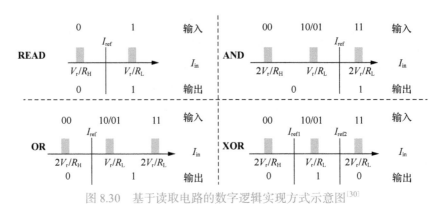

图 8.30　基于读取电路的数字逻辑实现方式示意图[30]

基于读取电路的数字逻辑运算操作的优点在于不需要对于原有的存储阵列进行修改，只需要修改外围读取电路，且计算速度快。但同时也面临着不少问题：首先，由于器件本身存在工艺偏差，即使存储单元只有 2 种可能的存储状态，仍然面临读取误差的问题。而当存储状态为多比特的时候，读取误差出现的概率将会更大。其次，为了实现上述精准的参考电流，需要设计更复杂的读取电路，这将会带来不小的面积开销及功耗增加。最后，要完成这种基于读取操作的数字逻辑计算，需要将 2 个输入单元所存储的数据搬运到同一条位线上，而搬移的过程中产生的功耗损失及路由开销也是不容忽视的。

　　基于多个存储单元的数字逻辑的实现实际上是读取式 PIM 和写入式 PIM 相融合的方法，一般需要多个存储单元协同实现。图 8.31 给出了基于多个 RRAM 存储单元实现数字逻辑运算的实例，其中 2 个存储单元（A 和 B）作为逻辑输入端，存储要进行计算的操作数，另 1 个存储单元（Y）存储运算结果，也是需要完成写操作的存储单元。A、B 和 Y 这 3 个存储单元通过字线连接在一起。以"与"逻辑运算为例，首先 Y 需要初始化为高阻态，代表逻辑"1"。A 和 B 的下端接在电源端，即高电平，Y 下端接地。当 A、B 都存储高阻态时，WL 上的电压值较小，流过 Y 的电流值也比较小，无法使 Y 发生电阻变化。而当 A 和 B 其中任意一个为低阻态的时候，WL 电压将变为高电平，此时加载在 Y 两端的电压足够使得其电阻状态发生变化，变成低阻值，即逻辑"0"。通过上述操作可以发现，只有当 A、B 均为"1"时，Y 的值会保持在逻辑"1"，即实现了"与"运算。利用这种方式，也能实现各种基础的逻辑门，如或（OR），异或（XOR）等。然后，通过字线上多个存储单元的逻辑组合及外部写入信号控制可以实现更为复杂的逻辑运算，如加法器、乘法器等。与读取式的方法类似，基于多个存储单元的数字逻辑实现的最大问题是需要完成存储阵列的重新配置。因此，对于复杂的组合逻辑运算，通常需要在计算的过程中不断地进行数据搬移。

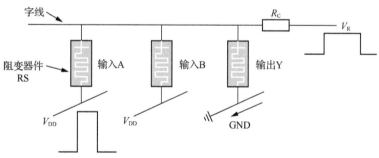

图 8.31　基于多个 RRAM 存储单元实现数字逻辑运算[31]

　　基于单个存储单元的数字逻辑实现是利用非易失性存储器的写入操作来实现布尔逻辑运算。一般来说，在完成存储单元的写入操作时，存储器只关注写入的数据是否符合预期。但是在实际操作中，还有许多信号值得参考，例如电压控制磁各向异性 VCMA-MRAM 中的外加偏置电压、1T1R 结构中访存晶体管的栅极电压等。通过这些外部的写入控制信号和存储单元的共同控制，就可以通过单个存储单元的写入操作来实现逻辑运算。图 8.32（a）给出了以 1T1MTJ 结构实现"与""或""异或"逻辑操作的方式。对于一个正常的存储单元，首先设定其访存晶体管栅极电压为逻辑操作数 A，高电压为"1"，低电压为"0"；写入电流的方向为逻辑操作数 C，写"0"的方向为低电平，写"1"的方向为高电平；MTJ 内部存储的数据为逻辑操作数 B，高阻值为"1"，低阻值为"0"。根据上述定义，可以得到状态转移图，如图 8.32（b）所示。只有当 $A=1$、$C=1$ 和 $A=1$、$C=0$ 的时候才会发生状态改变。同时，据此列出逻辑操作数 A、B、C 之间的真值表，如图 8.32（c）所示。其中 B_{i+1} 是存储单元的下一个状态。根据真值表可以得到核心逻辑表达式：

$$B_{i+1} = AC + \overline{A}B_i \tag{8.1}$$

观察式（8.1）不难发现，这里操作数 C 的作用为控制逻辑运算的种类，而操作数 A 和 B 实际参与运算。当 $C=0$ 的时候，式（8.1）变为

$$B_{i+1} = \overline{A}B_i \tag{8.2}$$

即实现了"与"操作。当 $C=1$ 的时候，式（8.1）变为

$$B_{i+1} = A + B_i \tag{8.3}$$

即实现了"或"操作。最后当 $C = \overline{B_i}$ 时，式（8.1）变为

$$B_{i+1} = A\overline{B_i} + \overline{A}B_i = A \oplus B_i \tag{8.4}$$

即实现了"异或"操作[见图 8.32（d）]。其他类型的布尔逻辑也都可以通过这 3 种逻辑的组合来实现。

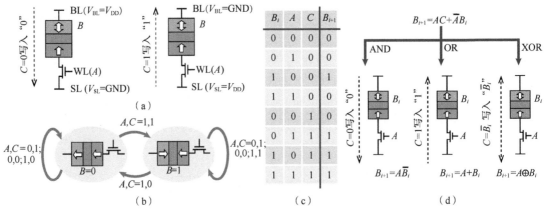

图 8.32　基于自旋磁随机存储器单元的写入式逻辑范式

综上所述，基于数字逻辑的 PIM 技术有读取式和写入式两种，其中写入式又可以分为多个存储单元协同和单个存储单元 2 种实现方式。其实这 3 种实现方式在原理上是相同的，均为基于存储器的基本逻辑门及其组合。但从电路实现角度进行比较，读取式比写入式的电路设计复杂度更低。这是因为读取式的写入信号只有 2 种状态，和传统的数据存储单元的运行模式完全相同。此外，该方式并不需要额外的初始化操作，单元内部所存储的数据将作为操作数直接参与运算，从而节省一步写入操作。但是，写入式的数字逻辑实现的方式具有更高的灵活性，不需要提前对存储阵列进行复杂的配置，从而可以对存储阵列中的任意单元进行逻辑计算，但同时写入时延也会增大。

2．模拟存算一体技术

除了数字型 PIM，另一个热门的研究方向是利用非易失性存储器，基于施加的模拟电压或电流信号实现神经网络计算。根据所使用的非易失性存储器的器件特性，可以将模拟型 PIM 分为 2 类：一类是基于单比特存储器件，如只有两种阻态的 STT-MRAM；另一类是基于多比特存储器件，如 RRAM、PCM 等。本小节分别介绍这 2 种类型。

利用单比特非易失性器件进行神经网络计算主要有 2 种思路。第 1 种思路是利用单个存储单元存储 1bit 权重数值，实现二值神经网络。由于二值神经网络的权重值只有"1"

和 "0" 两个状态，因此可以满足条件。实现二值神经网络的过程如下：对字线上的单元每行施加不同的输入电压（只有 2 种），在位线上通过模数转换将汇集起来的电流转换为数字逻辑值，即得到乘加运算的结果。

第 2 种思路是利用多个单元构成一个宏存储单元，存储多比特权重数值，由此实现精度更高的神经网络运算，例如以 3 个单元存储 3bit 权重。但这种实现方式会占用大量的存储面积。随着精度的提高，面积开销会变得呈指数增加，从而变得不可接受。其工作过程与上述二值神经网络基本相同，除了每行的输入电压不再是二值的而是在一个区间内有多个可选值的电压范围。理论上，基于单比特存储器件的模拟计算适用于所有的非易失性存储器。但是由于在实际操作中对于计算准确度的要求较高，器件的工艺偏差将会成为一项非常重要的制约因素。

与阻态数量有限的存储器相比，拥有多阻态的非易失性存储器在模拟计算，尤其是在神经网络方面的模拟计算上有着天然的优势，这是由于其多阻态值可以与模拟神经网络中的权值实现一一对应。其中，基于 RRAM 的 Crossbar 结构实现全连接神经网络中的矩阵乘加运算是最典型的例子，如图 8.33 所示。全连接权重矩阵存储于 RRAM 阵列中，并以阻值的形式对外呈现。在计算时，首先将输入的数字信号转化为模拟的电压信号，施加到每一行上。然后，根据欧姆定律，不同的电压值通过 RRAM 存储单元产生不同的电流信号，相当于完成了乘法操作。最后，根据基尔霍夫定律，每一列的电流汇聚在一起，被下方的 ADC 转换为数字信号输出，完成加法运算。模拟型 RRAM 作为一种典型的忆阻器件，是一类新型的电子突触器件，可以根据施加的激励信号，实现电导权重值的连续调节，表现出类似生物突触的特性。受此启发，基于 RRAM 的 PIM 芯片得到广泛关注。

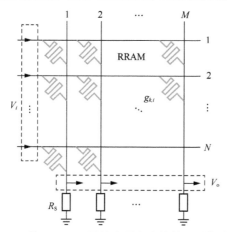

图 8.33　利用 RRAM 的 Crossbar 结构实现全连接神经网络中的矩阵乘加运算

这种方案看似十分简单，但在实际操作中仍有一些重要的问题亟待解决。首先是线性度的问题，为使计算准确，存储权值的非易失性存储器必须有良好的线性度。能否控制写入的信号以获得良好的线性度，会直接影响神经网络的预测准确度。其次，使用模拟计算实现神经网络的一个出发点就是降低功耗，但在该方案中需要用到模数和数模转换设备，因此设计低功耗、高精度的模数转换电路十分必要。最后，RRAM 作为非易失性存储器存储权值，还存在电阻曲线漂移的问题，如何减少漂移或定期更新以确保权值始终准确，仍是值得研究的问题。对基于 RRAM 阵列的、具有片上训练能力的 PIM 系统的研究仍处于起步阶段，需要器件建模、算法改进、端到端的编译器和仿真器等顶层工具链的支持。

8.4.3　基于不同存储器的存算一体技术

本小节分别介绍以 SRAM、DRAM、Flash、RRAM 和 MRAM 这 5 种不同存储器作为计算介质实现 PIM 技术的原理和具体案例。

1.　基于 SRAM 的 PIM 技术

如本书 8.2.1 小节所述，SRAM 的基本存储单元是由 6 个 MOSFET 组成的 6T-SRAM 结构，如图 8.34（a）所示。基于该结构实现 PIM 的设计思路是将 WL 拆分为一条 WL 与一条反字线（Word Line Backup，WLB）。如图 8.34（b）所示，WL 与结点 Q 相连，WLB 与结点 $\overline{Q}$ 相连。通过读取过程，可以实现存储于其中的数据与输入数据之间的乘法操作；通过 BL 上累积的电流，可实现加法操作；通过多行同时选通，可实现多比特的矩阵乘加运算，并可以成功应用于神经网络等应用中[32]。在 6T-SRAM 的基础上增加两个 MOSFET，可以形成 8T-SRAM 结构，如图 8.34（c）所示。8T-SRAM 具有独立的读字线（Read Word Line，RWL）与读位线（Read Bit Line，RBL），从而可以将数据读写操作分离，部分解决了读写干扰问题[33]。为了实现片上训练，另一种移位的 8T-SRAM 结构被设计出来。该结构增加了双向访问，即在 6T-SRAM 结构的顶层增加了一个 NMOS 与一个 PMOS，实现了双向的读取操作：正向过程中 NMOS 被激活，C_RWL 作为激活输入，C_RBL 读取输出；反向过程中 PMOS 被激活，R_RWL 作为误差输入，R_RBL 读取输出。8T-SRAM 结构可以加快训练过程，如图 8.34（d）所示[34]。

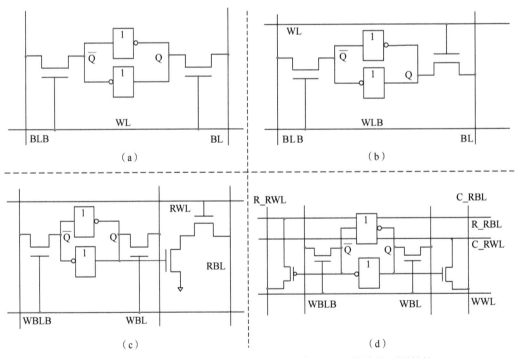

图 8.34　SRAM 存储单元的结构及基于此实现 PIM 设计的不同结构

SRAM PIM 芯片具有写入速度快、计算效率高的特点，可以用于构建神经网络加速器。同时，由于 SRAM 基于成熟的 CMOS 工艺制造而成，能够以最快的速度实现从原型技术到产品应用的不断迭代，因此得到了学术界和产业界的广泛关注。表 8.11 展示了 2018—2021 年已报道的代表性 SRAM PIM 芯片数据，这些芯片涵盖了 7～65nm 的多个工艺节点。虽然已经在技术上取得了很大的进展，但是截至本书成稿之日，SRAM PIM 芯片在面积和功耗方面仍存在一些问题，包括：每个存储单元至少包括 6～8 个 MOSFET，这造成了面积与功耗方面较大的开销；为实现8bit 或 16bit 的高精度运算，需要搭配相应的高精度ADC，这对 ADC 也提出了更高的要求，等等。

表 8.11　2018—2021 年已报道的代表性 SRAM PIM 芯片数据

年份	参考文献	SRAM 结构	阵列尺寸/Kbit	工艺节点/nm	能量效率/（TOPS/W）
2018	[35]	S6T	4	65	55.8
2018	[36]	10T	16	65	28.1
2019	[37]	T8T	3.8	55	18.4
2019	[38]	6T	16	65	117.3（1b/1b）
2019	[39]	8T	147	28	119.7（峰值）；46.6（AlexNet）
2020	[40]	8T	4	7	262.3～610.5（4b/4b）
2020	[41]	6T	64	28	68.44（4b/4b）；16.63（8b/8b）
2020	[42]	6T	64	28	7～7.6
2020	[43]	8T	4	65	158.7
2021	[44]	6T	64	22	89（4b/4b）；24.7（8b/8b）
2021	[45]	6T	384	28	22.75

注：表中，xb/yb 指 "xbit weight/ybit input"，表示在 xbit 权重与 ybit 输入条件下的能量效率。

2. 基于 DRAM 的 PIM 技术

如本书 8.2.2 小节所述，DRAM 的基本存储单元是由 1 个 MOSFET 与 1 个电容器组成的 1T1C 结构。由多个基本存储单元组成的阵列，再加上读出放大器（Sense Amplifier，SA）与 CMOS 译码器，共同组成了 DRAM。DRAM 也是易失性存储器，它利用电容器储存的电荷存储数据，需要不断刷新。当多个基本存储单元被选通时，由于电容器存储的数据不同，BL 上各个存储单元的电压存在差异，电容器中的电荷会因此发生交换共享，从而实现逻辑计算，这就是 DRAM PIM 技术的实现原理，如图 8.35 所示[46]。由于计算过程可以发生在 SA 中或 SA 后，DRAM PIM 技术可据此分为模拟型和数字型两种。DRAM 是现代计算机系统内存的首选，其作为 PIM 介质的优点在于工艺成熟、结构简单、静态功耗低。但是，DRAM 中的数据需要定时刷新，因此计算速度和能效比都会受到影响，且难以实现较高的计算精度。

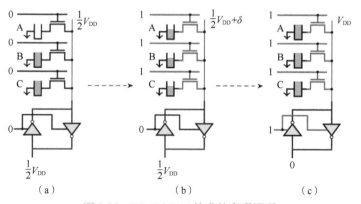

图 8.35　DRAM PIM 技术的实现原理

（a）最初状态　（b）电荷共享后　（c）经过感知放大器后

3. 基于 Flash 的 PIM 技术

易失性存储器的静态功耗问题无法避免，因此在 Flash 等非易失性存储器中实现 PIM 设计变得非常有吸引力。基于 2D NOR Flash 的 PIM 设计与 8.4.2 小节介绍的基于 RRAM 的模拟 PIM 设计有相似之处，都是利用 Crossbar 结构实现矢量矩阵乘法（Vector Matrix Multiply，VMM），如图 8.36（a）所示。基于 2D NOR Flash 的 PIM 设计的结构比较简单、权重存储稳定、计算效率高，最早在 2021 年就已经实现产品化和应用。其中，具有代表性的两款芯片是美国 Mythic 推出的 M1076 与国内知存科技推出的 WTM2101，分别如图 8.36（b）（c）所示。但目前基于 2D NOR Flash 的 PIM 设计还无法完成复杂的逻辑运算，并且受到制造工艺的限制，器件的可微缩性仍然是个挑战。为了应对该挑战，基于 3D NAND Flash 的 PIM 芯片正在研究之中。作为目前 Flash 技术的主流，基于 3D NAND Flash 的 PIM 技术的实现同样是基于 Crossbar 结构，但是与 2D NOR Flash 相比，其最大的优势在于可以在第 3 个维度上实现垂直集成，从而可以大大增加可用的存储器带宽，提高计算能效比[47]。虽然基于 3D NAND Flash 的 PIM 技术目前仍处于研究初期，但是相信随着 3D 集成技术和三维片上互连等技术的发展，该技术在未来会有非常广阔的应用前景。

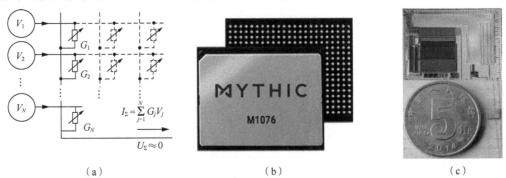

（a） （b） （c）

图 8.36 基于 2D NOR Flash 的 PIM 的实现原理与代表性芯片

4. 基于 RRAM 的 PIM 技术

RRAM PIM 设计的典型结构分为两种：一种是 8.4.2 小节介绍的 Crossbar 结构，另一种是 1T1R 结构。由于 Crossbar 结构简单、紧凑，可以实现很高的集成密度，因此早期的 RRAM PIM 技术的研究都是基于该结构，通过阵列内部的欧姆定律和基尔霍夫定律的联合使用实现大规模 VMM。目前，已报道的基于 Crossbar 结构的 RRAM PIM 设计包括 12×12 的 Crossbar 感知器原型[48]、可实现人脸识别任务的 128×8 的 Crossbar 阵列[49]、128×64 的 Crossbar 系统[50]等。但是，随着阵列规模的扩大，Crossbar 结构将面临一系列挑战，包括寄生效应和由未被选择的行/列产生的串扰。

1T1R 结构的 RRAM PIM 设计使用传统 1T1R 阵列或改进的伪 Crossbar 阵列。采用传统 1T1R 阵列的 RRAM PIM 设计结构如图 8.37（a）所示，输入通过 WL 开启晶体管，与权重相乘后在 BL 累加，实现乘积累加运算（Multiply Accumulate Computation，MAC）。由于 WL 只起到开关晶体管的作用，不能表示输入精度，所以多比特 MAC 需要多个时钟周期才能完成。改进的伪 Crossbar 阵列如图 8.37（b）所示，BL 与 WL 平行放置，在发生计算时 WL 打开，BL 对输入进行编码，最终计算结果从 SL 获取[51]。

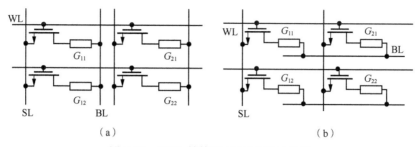

图 8.37　1T1R 结构的 RRAM PIM 设计

表 8.12 展示了 2018—2021 年已报道的代表性 RRAM PIM 芯片数据，这些芯片涵盖了 22～180nm 的多个 CMOS 工艺节点。与表 8.11 所示的代表性 SRAM PIM 芯片相比，RRAM PIM 芯片具有阵列规模更大、能量效率更高、ADC 精度更高等优点，但其能量效率通常低于 SRAM PIM。

表 8.12　2018—2021 年已报道的代表性 RRAM PIM 芯片数据

年份	参考文献	工艺节点/nm	容量	ADC/SA	能量效率/（TOPS/W）
2018	[52]	65	1Mbit	3bit	19.20
2018	[53]	180	4Mbit	1bit	20.70
2019	[54]	55	1Mbit	4bit	53.17
2020	[55]	22	2Mbit	6bit	121.38
2020	[56]	130	64Kbit	—	148.00
2020	[57]	90	8Kbit	1bit	51.40
2020	[58]	130	1Mbit	8bit	11.00
2020	[59]	90	8Kbit	3bit	24.10
2020	[60]	130	—	—	—
2020	[61]	130	158.8Kbit	8bit	78.40
2021	[62]	40	64Kbit	4bit	56.67
2021	[63]	40	100Kbit	4bit	118.44

5．基于 MRAM 的 PIM 技术

MRAM PIM 技术为解决冯·诺依曼计算架构的瓶颈提供了新方案。根据硬件实现方式或计算范式的不同，MRAM PIM 技术可以分成不同的类别：保持存储阵列不变，设计执行布尔逻辑运算的外围电路模式；利用 MRAM 的存储单元实现逻辑运算的存储阵列模式；模拟计算模式；数字计算模式。下面对这 4 种模式各举一例说明。

（1）外围电路模式。普渡大学提出的 STT-CiM 结构就是典型的外围电路模式。该结构对读出电路与参考生成电路进行了修改，同时保持 STT-MRAM 阵列不变，通过设计 SA 实现两个基本单元的或运算和或非运算。具体实现过程：对 BL 施加偏置电压，根据要实现的逻辑运算类型设置 SA 的参考电流 I_{ref}，从而通过比较得到相应的逻辑输出[64]。如图 8.38 所示，I_{0-0} 表示 $R_i=0$ 且 $R_j=0$ 时 SL 的电流，I_{0-1} 表示 $R_i=0$ 且 $R_j=1$ 时 SL 的电流。为实现或（OR）运算，I_{ref} 需要设置在 I_{0-0} 与 I_{0-1} 之间，当且仅当 SL 电流为 I_{0-0} 时，SA 输出为 0。进一步地，基于或、或非两种逻辑运算，以及与、与非等基本逻辑运算，可以组成全加器等复杂逻辑功能模块。

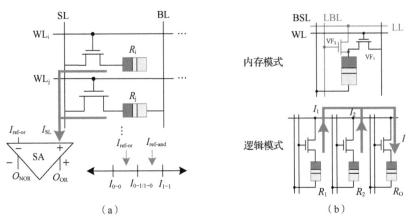

（a）　　　　　　　　　　　　　　（b）

图 8.38　STT-CiM 结构与 CRAM 结构运算单元示意图

（2）存储阵列模式。明尼苏达大学提出的 CRAM 结构是典型的存储阵列模式。CRAM 使用由 2 个 MOSFET 与 1 个 MTJ 组成的 2T1M 结构，如图 8.38（b）所示[65]。当 WL 置为高电平、逻辑位线（Logic Bit Line，LBL）置为低电平时，CRAM 工作在内存模式，此时的结构与 STT-MRAM 相同。当 WL 置为低电平、LBL 置为高电平时，CRAM 工作在逻辑模式，此时 VF_2 开启，同时 MTJ 与每一行的逻辑线连接，将 BSL 置于合适的电平，流过输入端的电流使输出端 MTJ 的状态保持不变或发生翻转，从而实现逻辑运算。

（3）模拟计算模式。2022 年，三星在 *Nature* 上发表了一种基于 64×64 的 Crossbar 结构 STT-MRAM 的模拟 PIM 芯片，并基于其上部署的两层感知机在 MNIST 数据集上实现了 93.25% 的识别准确率。该芯片的每个基本存储单元都由两个并列的 STT-MRAM 器件组成，分别用于存储输入与权重，如图 8.39（a）所示。由于使用电阻求和而不是电流求和，每个存储单元的输入与权重均通过点积计算得到列电阻 R，因此可实现最高精度为 6bit 的点积计算，如图 8.39（b）所示[66]。这个设计取代了在标准 Crossbar 结构中使用基尔霍夫定律求电流和的方法，可极大地增大运算过程的电阻，从而降低了功耗。从 MRAM 产业化的角度看，基于 MRAM 的 PIM 芯片量产的可能性很大，有助于将 PIM 技术推向实际应用。

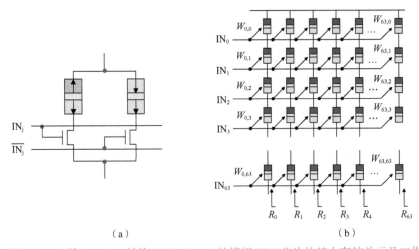

（a）　　　　　　　　　　　　　　（b）

图 8.39　基于 64×64 的 Crossbar 结构 STT-MRAM 的模拟 PIM 芯片的基本存储单元及工作原理[66]

（4）数字计算模式。2022 年，韩国高丽大学提出了基于 SOT-MRAM 的数字 PIM 设计方案 CRISP，可以实现基本的布尔逻辑运算和 MAC 运算[67]。CRISP 使用了 2T1M 结构，其中，电平 $W_{[m]}$ 与输入端 IN_1 的 MTJ 进行 NAND 运算，并利用 VCMA 效应，通过电流控制输出端 OUT_1 或 OUT_2 的 MTJ 状态保持不变或发生翻转，如图 8.40（a）所示。全加运算则通过连续的多数表决操作实现：若 3 个 MTJ 中超过 2 个为低阻态，产生的累积电流就可以超过阈值，使 MV_3 的 2 个 MTJ 状态翻转；若 5 个 MTJ 中超过 3 个为低阻态，产生的累积电流就可以使 MV_5 的 MTJ 状态翻转，如图 8.40（b）所示。此外，该结构的矩阵乘法运算由多个 MAC 单元组合完成。

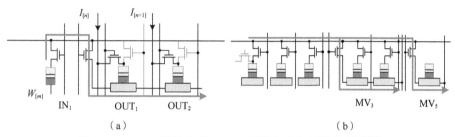

图 8.40　CRISP 结构实现 NAND 运算与全加运算示意图[67]

本章小结

本章重点介绍了半导体存储器、新型非易失性存储器，以及它们在 PIM 技术中的应用。在种类繁多的存储器中，半导体存储器无疑是现阶段最值得关注的。经过多年的发展，半导体存储技术（包括 SRAM、DRAM 及 Flash）已经成为集成电路领域中产值最大的存储器类别。但是，由于半导体存储技术无法实现数据高速访问与数据非易失性存储的结合，导致现有计算存储架构分级体系复杂、能效较低、运算单元与存储器之间速度失配，严重制约了计算机性能及能效的进一步提升。以 RRAM、MRAM、PCM 和 FeRAM 为代表的新型非易失性存储器，有望从根本上解决上述问题。同时，随着数据量的增加，存储器将不仅仅承担数据存储功能，还将在计算中发挥更重要的作用，因此，PIM 技术将会成为推动计算架构变革的重要技术之一。

思考与拓展

1. 结合本书第 5 章的内容，思考 3D NAND Flash 技术与 2D NAND Flash 技术相比，有哪些制造难点？

2. 分别调研目前国内外 DRAM 和 Flash 的主要生产厂商和市场占有率，分析我国在半导体存储器领域所处的地位。

3. 如何看待传统半导体存储器的演进与新型非易失性存储器的变革？我们应该持续推动传统半导体存储器技术演进，还是加快新型存储技术的研究？

4. 分析本书 8.3 节介绍的几种新型非易失性存储器的优势与应用前景。

5. 调研相关文献，并从功耗、面积和可靠性等方面比较 SRAM、DRAM、MRAM 和 RRAM 在 PIM 技术中的应用前景。

参考文献

[1] Ikeda S. Technology for High-Density and High-Performance Static Random Access Memory [D]. Tokyo: Tokyo Insititute of Technology, 2003.

[2] James D. Recent Innovations in DRAM Manufacturing[C]// 2010 IEEE/SEMI Advanced Semiconductor Manufacturing Conference (ASMC). NJ: IEEE, 2010: 264-269. doi: 10.1109/ASMC.2010.5551462.

[3] Lee J C, et al. High Bandwidth Memory(HBM) with TSV Technique[C]// 2016 International SoC Design Conference (ISoCC). NJ: IEEE, 2016: 181-182. doi: 10.1109/ISoCC.2016. 7799847.

[4] B. Pan, et al. Skyrmion-Induced Memristive Magnetic Tunnel Junction for Ternary Neural Network[J]. IEEE Journal of the Electron Devices Society, 2019, 7: 529-533.

[5] Prinz G A. Magnetoelectronics[J]. Science, 1998, 282: 1660-1663.

[6] Julliere M. Tunneling between Ferromagnetic Films[J]. Phys. Lett. A, 1975, 54: 225-226.

[7] Fert A, Cros V, Sampaio J. Skyrmions on the Track[J]. Nature Nanotechnology, 2013, 8(3): 152-156.

[8] Simmons J G, Verderber R R. New Conduction and Reversible Memory Phenomena in Thin Insulating Films[J]. Proc. R. Soc. A-Math. Phys. Scis., 1967, 301: 77-102.

[9] Liu S Q, Wu N J, Ignatiev A. Electric-Pulse-Induced Reversible Resistance Change Effect in Magnetoresistive Films[J]. Applied Physics Letters, 2000, 76: 2749-2751.

[10] Ma L P, Liu J, Yang Y. Organic Electrical Bistable Devices and Rewritable Memory Cells[J]. Applied Physics Letters, 2002, 80: 2997-2999.

[11] Baek I G, Lee M S, Seo S, et al. Highly Scalable Nonvolatile Resistive Memory Using Simple Binary Oxide Driven by Asymmetric Unipolar Voltage Pulses[J]. Proceedings of International Electron Devices Meeting, 2004: 587-590.

[12] Chen A, Haddad S, Wu Y C, et al. Non-Volatile Resistives Witching for Advanced Memory Applications[J]. Proceedings of International Electron Devices Meeting, 2005: 746-749.

[13] Tang J, et al. Bridging Biological and Artificial Neural Networks with Emerging Neuromorphic Devices: Fundamentals, Progress, and Challenges[J]. Advanced Materials, 2019, 31(49): 1902761.

[14] Njoroge W K, Han W W, Wuttig M. Density Changes upon Crystallization of Ge_2Sb_2 Films[J]. Journal of Vacuum Science & Technology A: Vacuum, Surfaces, and Films，2002.

[15] Wu H, et al. Resistive Random Access Memory for Future Information Processing[J]. Proceedings of the IEEE, 2017, 105: 1770-1789.

[16] Lee B C, et al. Phase-Change Technology and the Future of Main Memory[J]. IEEE Micro, 2010, 30(1): 143. doi: 10.1109/MM.2010.24.

[17] Son K, Cho K, Kim S, et al. Modeling and Signal Integrity Analysis of 3D XPoint Memory Cells and Interconnections with Memory Size Variations During Read Operation [C]// 2018 IEEE Symposium on Electromagnetic Compatibility, Signal Integrity and Power Integrity (EMC, SI & PI). NJ: IEEE, 2018: 223-227. doi: 10.1109/ EMCSI.2018. 8495304.

[18] Dünkel S, et al. A FeFET Based Super-Low-Power Ultra-Fast Embedded NVM Technology for 22nm FDSOI and Beyond[C]// 2017 IEEE International Electron Devices Meeting (IEDM). NJ: IEEE, 2017: 19.7.1-19.7.4. doi: 10.1109/IEDM.2017. 8268425.

[19] Ishiwara, Hiroshi. Erroelectric Random Access Memories[J]. J. Nano Nanotechnology, 2012, 12(10): 7619-7627.

[20] Araujo C, Mcmillan L, Joshi V, et al. The Future of Ferroelectric Memories[C]// 2000 IEEE International Solid-State Circuits Conference. NJ: IEEE, 2000.

[21] Mikolajick T, Schroeder U, Slesazeck S. The Past, the Present, and the Future of Ferroelectric Memories[J]. IEEE Transactions on Electron Devices, 2020, 67(4): 1434-1443. doi: 10.1109/TED.2020.2976148.

[22] Kautz W H. Cellular Logic-in-Memory Arrays[J]. IEEE Trans. Computers, 1969, C-18(8): 719-727.

[23] Patterson D, Cardwell N, Fromm R, et al. A Case for Intelligent RAM[J]. IEEE Micro, 1997, 17(2): 34-44.

[24] Li S, Niu D, Malladi K T, et al. DRISA: A DRAM-Based Reconfigurable in-Situ Accelerator[C]// IEEE/ACM Micro. NJ: IEEE, 2017: 288-301.

[25] Seshadri V, Lee D, Mullins T, et al. Ambit: In-Memory Accelerator for Bulk Bitwise Operations Using Commodity DRAM Technology[C]// IEEE/ACM Micro. NJ: IEEE 2017: 273-287.

[26] Agrawal S R, Idicula S, Raghavan A, et al. A Many-Core Architecture for in-Memory Data[C]// IEEE/ACM Micro. NJ: IEEE, 2017: 245-258.

[27] Zhang J, Wang Z, Verma N. In-Memory Computation of a Machine-Learning Classifier in a Standard 6T SRAM Array[J]. IEEE Journal of Solid-State Circuits, 2017, 52(4): 915-924.

[28] Borghetti J, Snider G S, PKuekes P J, et al. Memristive Switches Enable Stateful Logic Operations Via Material Implication[J]. Nature, 2010, 464(7290): 873-876.

[29] Chi P, Li S, Wang Y, et al. PRIME: A Novel Processing-in-Memory Architecture for

Neural Network Computation in Reram-based Main Memory[J]. ACM SIGARCH Comput. Archit. News, 2016, 44(3): 27-39.

[30] Su F, Chen W H, Xia L, et al. A 462GOPs/J RRAM-based Nonvolatile Intelligent Processor for Energy Harvesting IoE System Featuring Nonvolatile Logics and Processing-in-Memory[J]. IEEE VLSL Circuits, 2017: C260-C261.

[31] Hamdioui S, Du Nguyen H A, Taouil M, et al. Applications of Computation-in-Memory Architectures based on Memristive Devices[C]// Design, Automation & Test in Europe Conference & Exhibition (DATE) . NJ: IEEE, 2019: 486-491.

[32] Rastegari M, Ordonez V, Redmon J, et al. XNOR-Net: Imagenet Classification Using Binary Convolutional Neural Networks[J]. Proceedings of European Conference on Computer Vision (ECCV), 2016: 525-542.

[33] Yue J, et al. A 65nm Computing-in-Memory-based CNN Processor with 2.9-to-35.8TOPS/W System Energy Efficiency Using Dynamic-Sparsity Performance-Scaling Architecture and Energy-Efficient Inter/Intra-Macro Data Reuse[C]// 2020 IEEE International Solid-State Circuits Conference (ISSCC). NJ: IEEE, 2020.

[34] Jiang H, Peng X, Huang S, et al. CIMAT: A Compute-in-Memory Architecture for on-Chip Training based on Transpose SRAM Arrays[J]. IEEE Trans. Computers, 2020, 69(7): 944-954.

[35] Khwa W S, et al. A 65nm 4Kb Algorithm-Dependent Computing-in-Memory SRAM Unit-Macro with 2.3ns and 55.8TOPS/W Fully Parallel Product-Sum Operation for Binary DNN Edge Processors[C]// 2018 IEEE International Solid-State Circuits Conference (ISSCC). NJ: IEEE, 2018: 496-498.

[36] Biswas A, Chandrakasan A P. Conv-RAM: An Energy-Efficient SRAM with Embedded Convolution Computation for Low-Power CNN-based Machine Learning Applications[C]// 2018 IEEE International Solid-State Circuits Conference (ISSCC). NJ: IEEE, 2018: 488-490.

[37] Si X, et al. 24.5 A Twin-8T SRAM Computation-in-Memory Macro for Multiple-Bit CNN-based Machine Learning[C] 2019 IEEE International Solid-State Circuits Conference (ISSCC). NJ: IEEE, 2019: 396-398.

[38] Kim H, Chen Q, Yoo T, et al. A 1-16b Precision Reconfigurable Digital in-Memory Computing Macro Featuring Column-MAC Architecture and Bit-Serial Computation[C]// IEEE 45th European Solid-State Circuits Conference (ESSCIRC). NJ: IEEE, 2019: 345-348.

[39] Yang J, et al. 24.4 Sandwich-RAM: An Energy-Efficient in-Memory BWN Architecture with Pulse-Width Modulation[C]// IEEE International Solid-State Circuits Conference (ISSCC). NJ: IEEE, 2019: 394-396.

[40] Dong Q, et al. 15.3 A 351TOPS/W and 372.4GOPS Compute-in-Memory SRAM Macro in

7nm FinFET CMOS for Machine-Learning Applications[C]// IEEE International Solid-State Circuits Conference (ISSCC). NJ: IEEE, 2020: 242-244.

[41] Si X, et al. 15.5 A 28nm 64Kb 6T SRAM Computing-in-Memory Macro with 8b MAC Operation for AI Edge Chips[C]// IEEE International Solid-State Circuits Conference (ISSCC). NJ: IEEE, 2020: 246-248.

[42] Su J, et al. 15.2 A 28nm 64Kb Inference-Training Two-Way Transpose Multibit 6T SRAM Compute-in-Memory Macro for AI Edge Chips[C]// IEEE International Solid-State Circuits Conference (ISSCC). NJ: IEEE, 2020: 240-242.

[43] Yue J, et al. 14.3 A 65nm Computing-in-Memory-based CNN Processor with 2.9-to-35.8 TOPS/W System Energy Efficiency Using Dynamic-Sparsity Performance-Scaling Architecture and Energy-Efficient Inter/Intra-Macro Data Reuse[C]// IEEE International Solid-State Circuits Conference (ISSCC). NJ: IEEE, 2020: 234-236.

[44] Chih Y D, et al. 16.4 An 89TOPS/W and 16.3TOPS/mm^2 All-Digital SRAM-based Full-Precision Compute-in Memory Macro in 22nm for Machine-Learning Edge Applications[C]// IEEE International Solid-State Circuits Conference (ISSCC). NJ: IEEE, 2021: 252-254.

[45] Su J W, et al. 16.3 A 28nm 384kb 6T-SRAM Computation-in-Memory Macro with 8b Precision for AI Edge Chips[C]// IEEE International Solid-State Circuits Conference (ISSCC). NJ: IEEE, 2021: 250-252.

[46] Seshadri V, Lee D, Mullins T, et al. Ambit: In-Memory Accelerator for Bulk Bitwise Operations Using Commodity DRAM Technology[C]// 2017 50th Annual IEEE/ACM International Symposium on Microarchitecture (MICRO). NJ: IEEE, 2017: 273-287.

[47] Wang P, et al. Three-Dimensional NAND Flash for Vector-Matrix Multiplication[J]. IEEE Transactions on Very Large Scale Integration (VLSI) Systems, 2019, 27(4): 988-991.

[48] Prezioso M, Merrikh-Bayat F, Hoskins B D, et al. Training and Operation of an Integrated Neuromorphic Network based on Metal-Oxide Memristors[J]. Nature, 2015, 521(7550): 61-64.

[49] Yao P, et al. Face Classification Using Electronic Synapses[J]. Nature. Communications, 2017, 8(1): 1-8.

[50] Li C, et al. Long Short-Term Memory Networks in Memristor Crossbar Arrays[J]. Nature Machine Intelligence, 2019, 1(1): 49-57.

[51] Yu S, Chen P Y, Cao Y, et al. Scaling-Up Resistive Synaptic Arrays for Neuro-Inspired Architecture: Challenges and Prospect[C]// IEEE International Electron Devices Meeting(IEDM), 2015.

[52] Chen W H, et al. A 65nm 1Mb Nonvolatile Computing-in-Memory Reram Macro with Sub-16ns Multiply-and-Accumulate for Binary DNN AI Edge Processors[C]// IEEE International Solid-State Circuits Conference (ISSCC). NJ: IEEE, 2018: 494-496.

［53］ Mochida R, et al. A 4M Synapses Integrated Analog ReRAM based 66.5 TOPS/W Neural-Network Processor with Cell Current Controlled Writing and Flexible Network Architecture［C］// IEEE Symposium on VLSI Technology. 2018: 175-176.

［54］ Xue C X, et al. 24.1 A 1Mb Multibit ReRAM Computing-in-Memory Macro with 14.6ns Parallel MAC Computing Time for CNN based AI Edge Processors［C］// IEEE International Solid-State Circuits Conference (ISSCC). NJ: IEEE, 2019: 388-390.

［55］ Xue C X, et al. 15.4 A 22nm 2Mb ReRAM Compute-in-Memory Macro with 121-28TOPS/W for Multibit MAC Computing for Tiny AI Edge Devices［C］// IEEE International Solid-State Circuits Conference (ISSCC). NJ: IEEE, 2020: 244-246.

［56］ Wan W, et al. 33.1 A 74 TMACS/W CMOS-RRAM Neurosynaptic Core with Dynamically Reconfigurable Dataflow and In-Situ Transposable Weights for Probabilistic Graphical Models［C］// IEEE International Solid-State Circuits Conference (ISSCC). NJ: IEEE, 2020: 498-500.

［57］ He W, et al. 2-Bit-Per-Cell RRAM-based in-Memory Computing for Area-/Energy-Efficient Deep Learning［J］. IEEE Solid-State Circuits Letters, 2020, 3: 194-197.

［58］ Yao P, et al. Fully Hardware-Implemented Memristor Convolutional Neural Network［J］. Nature, 2020, 577(7792): 641-646.

［59］ Yin S, Sun X, Yu S, et al. High-Throughput in-Memory Computing for Binary Deep Neural Networks with Monolithically Integrated RRAM and 90-nm CMOS［J］. IEEE Trans. Electron Devices, 2020, 67(10): 4185-4192.

［60］ Wan W, et al. A Voltage-Mode Sensing Scheme with Differential-Row Weight Mapping for Energy-Efficient RRAM-based in-Memory Computing［C］// IEEE Symposium on VLSI Technology, 2020: 1-2.

［61］ Liu Q, et al. 33.2 A Fully Integrated Analog ReRAM based 78.4TOPS/W Compute-in-Memory Chip with Fully Parallel MAC Computing［C］// IEEE International Solid-State Circuits Conference (ISSCC). NJ: IEEE, 2020: 500-502.

［62］ Yoon J H, Chang M, Khwa W S, et al. 29.1 A 40nm 64Kb 56.67TOPS/W Read-Disturb-Tolerant Compute-in-Memory/Digital RRAM Macro with Active-Feedback-based Read and in-Situ Write Verification［C］// IEEE International Solid-State Circuits Conference (ISSCC). NJ: IEEE, 2021: 404-406.

［63］ Yoon J H, Chang M, Khwa W S, et al. A 40nm 100Kb 118.44TOPS/W Ternary-Weight Computein-Memory RRAM Macro with Voltage-Sensing Read and Write Verification for Reliable Multi-Bit RRAM Operation［C］// IEEE Custom Integrated Circuits Conference(CICC). NJ: IEEE, 2021: 1-2.

［64］ Jain S, Ranjan A, Roy K, et al. Computing in Memory With Spin-Transfer Torque Magnetic RAM［J］. IEEE Transactions on Very Large Scale Integration(VLSI) Systems, 2018, 26(3): 470-483.

［65］ Zabihi M, Chowdhury Z I, Zhao Z, et al. In-Memory Processing on the Spintronic CRAM: From Hardware Design to Application Mapping［J］. IEEE Transactions on Computers, 2019, 68(8): 1159-1173.

［66］ Jung S, Lee H, Myung S, et al. A Crossbar Array of Magnetoresistive Memory Devices for in-Memory Computing［J］. Nature, 2022, 601(7892): 211-216.

［67］ Kim T, Jang Y, Kang M G, et al. SOT-MRAM Digital PIM Architecture with Extended Parallelism in Matrix Multiplication［J］. IEEE Transactions on Computers, 2022, 3: 1-13.

第 9 章 先进传感器技术

传感器是一类重要的器件或装置，主要用于感知外部物理量并将其转换成可识别的信号。传感器作为重要的人机交互接口，在现代生产和生活的各个行业，如服务、交通、制造、医疗、通信等领域，发挥着举足轻重的作用。传感器的种类繁多，主要包括物理量传感器、化学量传感器、生物传感器以及其他新型传感器等。本章从常见传感器切入，以微机电系统（Micro Electro Mechanical System，MEMS）传感器为主要示例，逐步介绍传感器技术的发展背景和应用领域。本章主要包括以下几部分内容：首先，简要介绍传感器的基本概念、分类及常见的传感原理；其次，结合 MEMS 传感器的发展历史及应用领域，详细阐述 MEMS 传感器的设计、工艺和主要应用；最后，对新型磁学传感技术和医工交叉传感器技术进行简要介绍。

本章重点

知识要点	能力要求
传感器的基本知识	1. 了解传感器的基本概念 2. 掌握传感器的分类方法和特点 3. 掌握传感器的常见传感原理
MEMS 传感器	1. 熟悉 MEMS 传感器的定义和组成 2. 了解 MEMS 传感器的三大发展阶段 3. 掌握 MEMS 传感器的设计和工艺原理 4. 了解主流物理量传感器的原理、分类和应用 5. 熟悉激光雷达和医工交叉两类新型传感器技术

9.1 传感器简介

传感器可以将外部物理量转换为设备及系统可识别并处理的信号，是物理世界和电子设备之间的主要接口。随着物联网、工业互联网以及人工智能的不断发展，传感器已经成为人们日常生产生活的关键组成部分。本节主要介绍传感器的基本概念、分类及特点，并介绍几种常见传感器的传感原理。

9.1.1 传感器概述

如果将具有计算、存储和分析功能的 CPU 类比为大脑，传感器就如同身体的感觉器官和神经系统，可以感知并传递外部信息，帮助大脑对外部信息做出相应的判断和响应，从而协调系统的各部分协同运作，实现整体功能。图 9.1 展示了几种常见的传感器应用，涉及航空航天、交通运输和消费电子等行业。各领域关键设备都需要装配多个传感器来获得相应的外部信息，实现数据的采集和处理，从而保证设备的正常运行。在我们的日常生活中，传感器也无处不在，一块智能手表就装配了加速度传感器、陀螺仪、气压计、心率传感器、血氧传感器、环境光传感器、地磁传感器以及声学传感器等。传感器为现代智能设备提供了有价值的数据供给和保障。

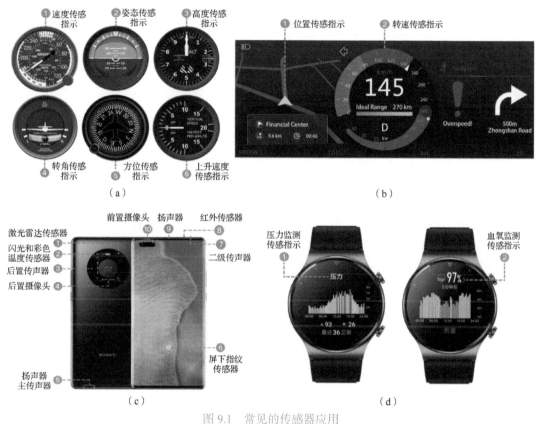

图 9.1　常见的传感器应用

（a）飞机导航仪表[2]　（b）电动汽车数字仪表[3]　（c）智能手机中的传感器[4]

（d）智能手表的压力监测和血氧监测[5]

传感器系统通常由敏感元件、信号转换电路和电源设备组成。敏感元件可直接感知或响应外界物理量，信号转换电路能将感知量转换成适合传输或测量的信号类型[1]。图 9.2 展示了典型传感器系统的主要组成部分。由于敏感元件的性能优劣决定了整个传感器的优劣，因此当前关于传感器的研究主要围绕敏感元件展开。

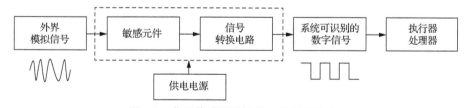

图 9.2　典型传感器系统的主要组成部分

在实际工程应用中，作为系统接收内外部信息第一环节的关键器件，传感器需要对内外部环境的不同种类信息进行采集。实际应用中，传感器在做到精确、快速的同时，也要具备稳定、可靠的特性。一个合格的传感器应同时满足以下 6 个要求：

（1）具有足够的量程范围，保证一定的抗过载能力；

（2）具有良好的接口兼容性，确保与主系统之间通信顺畅；

（3）具有较快的反应速度和一定的可靠性；

（4）对测量对象的影响较小，自身噪声小并能抵抗干扰；

（5）具有一定的精度和较高的稳定性；

（6）使用成本可控且工作寿命满足要求。

除此之外，在特定的测量环境下或面对特殊的测量对象时，传感器也需要具备更强的性能。

9.1.2 传感器的分类及特点

传感器技术涉及设计、加工、封装和可靠性测试等多个流程，具有前期研发投入大、产品周期长、技术门槛高等特点。传感器的分类方式也千差万别，可以按照信号形式、原理、制造工艺、被测量等方式进行分类，其中按信号类型进行分类是较为常见的方法。如图 9.3 所示，根据输入信号的不同可以将传感器分为物理型、化学型和生物型；根据输出信号的不同可以将传感器分为模拟信号型和数字信号型。在实际的生产生活中，为更直观地体现传感器的应用场景，人们更倾向于按被测量对传感器进行分类，如温度传感器、加速度传感器、图像传感器等。在此基础上，往往还会根据材料和原理再进行分类，如温度传感器又可以划分为热敏电阻温度传感器和热敏二极管温度传感器等。

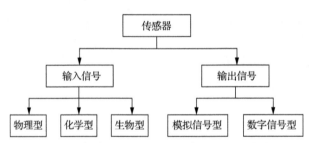

图 9.3　传感器按输入、输出信号类型的分类

传感器的应用涉及国防、航空、通信、服务、交通和医疗等诸多领域，从小型便携设备到大型工程机械，从传统制造业到新兴高科技产业，都有传感器的身影，其应用场景也千差万别。这决定了传感器的设计制造需要多个领域不同学科的交叉融合。当前传感器已经发展成一门独立的科学，具有多学科交叉、研发周期长、技术复杂、应用功能细分化等特点。未来传感器向智能化、小型化和集成化发展的趋势也日益明显。以集成电路制造技术为基础发展起来的 MEMS 加工工艺，已经能实现微米级甚至纳米级的传感器设计制造，极大提高了传感器的良率，同时降低了传感器制造成本。伴随着集成电路制造技术的飞速发展，浸润式光刻、各向异性腐蚀、等离子刻蚀、牺牲层技术、电铸以及纳米压印等先进工艺极大地提高了传感器的工艺集成度及制造精度。与此同时，利用先进的封装技术还能将不同传感器与接口电路集成在同一封装内，减小了信号通路对传感器性能的影响，提高了信噪比。

9.1.3 常见传感原理

电容式传感器和压电式传感器作为两种常见的传感器类型得到了广泛应用。本小节简要介绍这两类传感器的基本传感原理。

1. 电容传感原理

电容式传感器是通过电容值的变化来反映被测物理量变化的一种传感器。根据物理学公式，两平行金属极板间的电容值 C 定义为

$$C = \frac{Q}{V} = \frac{\varepsilon S}{d} \tag{9.1}$$

从式（9.1）可以看出，电容值 C 与两极板有效面积 S 成正比，与两极板间距 d 成反比，是两极板间介质的介电常数 ε 的函数。因此，电容式传感器分为变极距型、变面积型和变介质型 3 种。

变极距型电容式传感器由固定极板和可动极板构成，如图 9.4（a）所示，当可动极板受被测物体作用发生位移时，两极板之间的距离 d 被改变，从而使电容值 C 发生变化。为提高传感器的灵敏度，初始极距 d_0 一般要求尽量短，这就导致了这类传感器的量程较小，一般用于微米量级的位移精确测量。变面积型电容式传感器主要分为线位移式结构［见图 9.4（b）］和角位移式结构［见图 9.4（c）］，原理是可动极板发生位移而改变与固定极板间的有效面积 S，从而改变电容值 C，多用于检测厘米量级的线位移、角位移、尺寸等参数。如图 9.4（d）所示，变介质型电容式传感器利用各种极间电介质介电常数 ε 的不同，使电容值 C 发生相应的变化，通常应用于测量非导电液体的液位变化或固体电介质的厚度变化。另外，根据介电常数与温度、湿度的函数关系，这类传感器还可用于测量介质材料的温度、湿度等。结构简单、功耗低和响应快等优点使电容式传感器被广泛应用于位移、加速度、压力、温湿度、厚度、液位等参数的测量中。在汽车、消费电子、医疗器械等行业中，电容式传感器的需求量在持续增长。此外，部分电容式传感器的电容结构还可作为促动器使用，产生静电驱动力（详见本书 9.3.1 小节）。

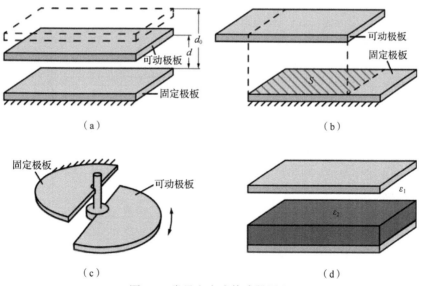

图 9.4 常见电容式传感器原理

（a）变极距型电容式传感器 （b）线位移式变面积型电容式传感器
（c）角位移式变面积型电容式传感器 （d）变介质型电容式传感器

电容式传感器可当作电容器置入测量电路中，使电容值的变化转化为更直观的频率或电压值的变化。如将电容式传感器接入调频电路中，传感器电容值的变化使得电路振荡频率也随之改变：

$$f \mp \Delta f = \frac{1}{2\pi\sqrt{L(C_0 \pm \Delta C)}} \tag{9.2}$$

式中，C_0 为传感器未工作时的初始电容值，L 为调频电路的电感值。当将电容式传感器作为反馈元件接入运放电路中时，根据放大器工作原理：

$$u_o = -\frac{C}{C_s}u \tag{9.3}$$

将式（9.1）代入式（9.3）得

$$u_o = -\frac{Cu}{\varepsilon S}d \tag{9.4}$$

式中，C 为固定电容值，C_s 为传感器电容值，u 为输入电压信号，u_o 为输出电压信号。根据上述原理，可将电容值的特定变化和输出信号的电压或频率联系起来，设计相应的传感器接口电路。常见的电容式传感器测量电路包括桥式电路、双 T 形电桥电路和脉宽调制电路等。

2. 压电传感原理

压电效应于 19 世纪晚期被发现，它指某些电介质在机械应力的作用下发生形变，进而产生电极化现象。电介质的某两表面出现极性相反的电荷积累，且表面电荷密度与应力大小成正比，这种现象被称为正压电效应。反之，在电场作用下这些电介质也会发生机械形变，这种现象被称为逆压电效应。具有正压电效应的材料也必定同时具有逆压电效应。

压电材料都是晶体，具有强烈的各向异性。如图 9.5 所示，压电晶体的正应力分量方向分别与直角坐标系中 x、y、z 轴一致，并将其极化方向选定为与 z 轴一致。在沿极化方向施加机械应力 T_z 时，z 轴方向电极面上极化强度 P_z（或电极面上的电荷密度 σ，单位为 C/m^2）由式（9.5）表示：

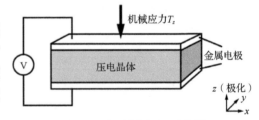

图 9.5 压电效应原理示意图

$$P_z = \sigma = d_{zz}T_z + \varepsilon E \tag{9.5}$$

式中，d_{zz} 为压电晶体只受到 z 方向应力时在 z 方向产生的极化强度分量的压电常数（单位为 C/N），ε 为介电常数，E 为外加电场。从式（9.5）可以看出，电极化由机械应力和电偏置两部分引起。

常见的压电传感器主要利用电介质的正压电效应，其敏感元件由压电材料制成，将压力转化为电荷量或电压值作为输出信号，具有灵敏度高、瞬态响应快、信噪比大、结构尺寸小且可靠性高等优点。常用的压电传感器有加速度传感器、压力传感器、声学传感器和流量传感器等，广泛应用于汽车船舶、航空航天、生物力学、医疗技术和消费电子等领域。

图 9.6（a）所示为压电式加速度传感器的基本结构，主要包括压电敏感元件、质量块、弹簧、外壳和基座。当固定在一起的惯性传感器和被测物体的运动状态发生变化时，质量块由于惯性在压电敏感元件上施加应力 T，根据式（9.5）和牛顿第二定律可知，压电敏感

元件电极面产生的电荷量 Q 为

$$Q = \sigma A = d_{zz}TA = d_{zz}F = d_{zz}ma \tag{9.6}$$

式中，A 为压电敏感元件的受力面积，F 为质量块作用在压电敏感元件上的力，m 为质量块的质量，a 为加速度。由式（9.6）可知，只需要测得压电敏感元件输出的电荷量，即可进一步得到加速度大小，且加速度的数值与电荷量成正比。

压电式压力传感器的基本结构如图 9.6（b）所示，主要由压电敏感元件、膜片、外壳、质量块和基座构成。当外界待测应力 T 通过膜片施加在压电敏感元件上时，可根据式（9.1）求得两电极面的电势差 V：

$$V = \frac{Q}{C} = \frac{\sigma A}{\dfrac{\varepsilon A}{t}} = \frac{td_{zz}T}{\varepsilon} \tag{9.7}$$

式中，A 为压电敏感元件的受力面积，ε 为压电敏感元件的介电常数，t 为压电敏感元件的厚度。因此，根据传感器输出的电压值即可求出待测压力大小。

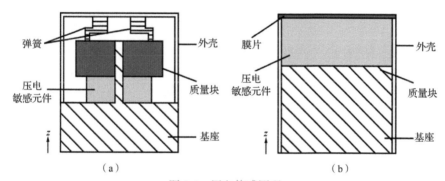

图 9.6　压电传感原理

（a）压电式加速度传感器的基本结构　（b）压电式压力传感器的基本结构

9.2　微机电系统传感器

MEMS 传感器起源于美国，在欧洲被称为 Microsystems，在日本被称为 Micromachines。MEMS 的主要特点是采用与集成电路兼容的制备工艺，可大批量生产。MEMS 主要分成两个类型：微传感器和微执行器[6]。微传感器又称为 MEMS 传感器，是 MEMS 中用于采集外部信号的一类重要器件，也是传感器家族的主要成员。本节重点介绍 MEMS 传感器的定义、发展历史和常见应用。

9.2.1　微机电系统的定义

如图 9.7 所示，一个 MEMS 模组主要由 MEMS 传感器、MEMS 执行器和信号处理电路单元 3 部分构成。MEMS 传感器感测环境中力、热、光等物理量，并将其转换成可被接口电路识别的能量形式，以电信号为主。接口电路的信号处理单元对输入的信号进行降噪、滤波、模数/数模信号转换等处理，以便进一步通过 MEMS 执行器执行相应的功能[7]。MEMS 中包含的传感器和执行器通常采用微尺度结构，例如微米级的通道、孔、膜、腔和悬臂梁等，可实现高度集成化和超小型化。

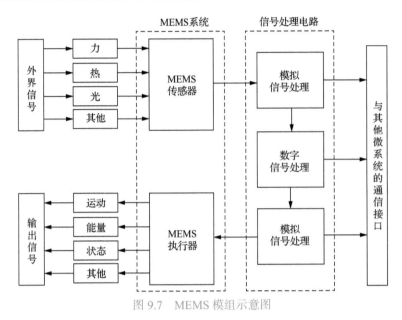

图 9.7　MEMS 模组示意图

　　与传统机械电子装置相比，MEMS 传感器具有多学科交叉、可集成化、可批量生产等特点。MEMS 传感器的尺寸通常在微米级与纳米级之间，其内部的微观尺度效应明显。同时 MEMS 传感器的设计和加工需要考虑材料、工艺、性能、成本等不同因素，是一门涉及材料、化学、物理等多学科交叉的技术。另外，MEMS 传感器的加工技术与集成电路工艺兼容，不同 MEMS 传感器以及相关电路模块也可以通过封装技术集成，形成功耗低、可靠性高、功能多样的微系统。也正是由于 MEMS 传感器的制造工艺是在集成电路工艺的基础上发展起来的，其工艺成熟度高，在单片晶圆上可实现单品种 MEMS 传感器的批量生产或实现相同工艺多个不同 MEMS 传感器的设计加工，即多项目晶圆（Multiple Project Wafer，MPW）。大批量的晶圆加工服务和小批量的 MPW 加工途径都可以极大地降低产品开发风险和生产成本。

9.2.2　微机电系统技术的发展历史

　　纵观整个 MEMS 技术的发展历史，按照时间和技术特点可以将其划分为 3 个发展阶段。第一个发展阶段为 20 世纪 60 年代到 80 年代，被称为 MEMS 的萌芽阶段。1954 年，贝尔实验室 C. Smith 发现硅、锗等材料的压阻效应，为 MEMS 压力传感器的研究制造奠定了相关理论基础[8]。1959 年，R. P. Feynman 在名为 "There's Plenty of Room at the Bottom" 的报告中指出 "整个百科全书都可以写在大头针上"，表明在微观尺度上有巨大的可用空间和发展潜力，还提出 "加工一台边长不到 1/64 英寸的电动机" 这一宏观机械小型化的预言[9]。伴随着相关理论和技术路线的提出，第一个基于体硅工艺的 MEMS 压力传感器在 1961 年问世，随后相继涌现出 MEMS 静电驱动器、MEMS 加速度计和 MEMS 喷墨打印头等小型化功能器件。同时，针对 MEMS 相关工艺的研究也相继出现，1967 年美国西屋电气发明表面微加工工艺，成为第一个可工程化量产的 MEMS 专用工艺[10]。在此期间，MEMS 相关理论和器件已经开始出现，但对该领域的整体发展情况和方向还没有明确的定义。

　　第二个发展阶段为 20 世纪 80 年代到 21 世纪初，该阶段以 MEMS 领域的第一届国际学术会议 Transducers 为开端，开启了 MEMS 技术的黄金时代。1982 年，K. Peterson 发表了针对 MEMS 领域的第一篇综述性文章 "Silicon as a Mechanical Material"，该文章的发表使 MEMS 技术成为一个独立的技术分支[11]。同年，德国 Karakul 研究所利用 X 射线的高穿透性和短波长特点，发明了可以实现高深宽比结构的 X 光深层光刻加工工艺。通过该工艺可实现 MEMS 微型电动机的加工，如图 9.8（a）所示[12]。1987 年，美国加利福尼亚大学伯克利分校研发出转子直径在 120μm 的硅基微静电驱动电动机[13]，如图 9.8（b）所示。同年，MEMS 作为世界性学术用语被正式提出。随着工艺技术的不断革新，各式各样的 MEMS 传感器也相继问世。1989 年，W. C. Tang 等人发明了第一个侧向驱动的微型谐振器；1993 年，德州仪器和亚德诺分别研制出数字微镜显示器和商业化的微型加速度计，标志着 MEMS 商业化的开端。MEMS 技术在其发展的黄金时代，从设计、工艺到测试均与集成电路工艺发展产生交集。同时，MEMS 的特有应用场景和多样性功能使其逐渐成为一个单独的学科分支。该阶段的 MEMS 传感器主要由半导体、电磁介质材料制成，利用材料的不同特性、针对不同应用场景分别设计出多种类型的 MEMS 传感器。

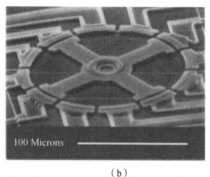

（a）　　　　　　　　　　　　　　　　（b）

图 9.8　MEMS 微型电动机和硅基微静电驱动电动机[12,13]

（a）MEMS 微型电动机　（b）硅基微静电驱动电动机

2000 年至今，MEMS 技术处于第 3 个发展阶段。该阶段以智能 MEMS 传感器概念的提出为起点，在传感原理、器件集成和系统架构等方面的相关科学研究得到开展。与原有的 MEMS 传感器相比，智能 MEMS 传感器对外界信息具有一定的检测、诊断、数据处理以及自适应能力。智能 MEMS 传感器的基本架构是将微处理器、信号调节电路、微计算机、存储器及接口电路集成到一块芯片上，使传感器具有一定的人工智能特性，是微处理器与微机电相结合的产物。随着智能家居、智慧城市和工业互联网的兴起，新一代智能 MEMS 传感器将发展成为一类重要的功能器件。智能 MEMS 传感器也将向着结构微型化、功能集成化、系统复杂化、无线网络化等方向发展。

我国针对 MEMS 技术的研究始于 20 世纪 80 年代末，在"八五""九五"期间，其发展得到了教育部、科技部、中国科学院、国家自然科学基金委和原国防科工委的大力支持，主要研究领域包括微纳加工技术、微流控技术、微纳传感器等。经过四十多年的发展，我国在多种 MEMS 传感器和执行器研制方面取得了诸多成果和进展。目前，我国 MEMS 传感器产品主要以压力传感器、硅传声器、加速度计等成熟产品为主。在相关学术研究领域，全国超过 100家高校和研究所从事 MEMS 的相关研究，其中清华大学、北京大学、北京航空航天大学和西北工业大学等多所高校在工业控制、航空航天、智能穿戴设备等领域具有相关的研究基础。

9.2.3　微机电系统传感器的应用领域

随着数字化和智能化的不断推进，MEMS 传感器在日常生活中扮演的角色也变得日益重要。根据所涉及的学科领域不同，可以将 MEMS 传感器按照图 9.9 所示的方式进行分类。主要分为生物传感器、物理传感器和化学传感器 3 个大类，根据不同学科领域和应用场景，还可以进一步细分。本小节重点介绍 MEMS 传感器在航空航天、汽车工业和消费电子领域的相关器件和典型应用场景，帮助读者对常见的 MEMS 传感器形成一定的认识。

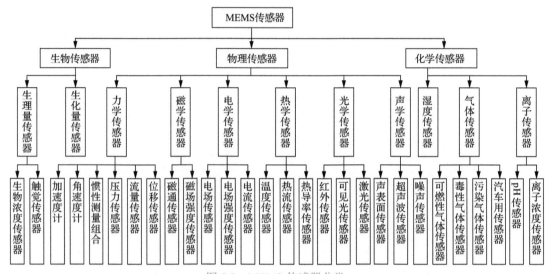

图 9.9　MEMS 传感器分类

1.　航空航天领域中的 MEMS 传感器

MEMS 传感器在航空航天领域的应用最早可以追溯到 20 世纪 90 年代。为了实现航空航天系统智能化、低功耗化和小型化，以 DARPA 为主的相关研究机构将 MEMS 技术应用于航空航天、全球制导等领域，发展出了基于 MEMS 传感器的战术卫星、分布式传感网络和无人飞行器。MEMS 加速度计和陀螺仪相结合组成的微机电惯性测量单元可用于导航和姿态的定位；惯性测量单元结合 MEMS 执行器可以为小型飞行器、探测器以及空间机器人等提供必要技术保障。与传统机械式传感装置相比，应用于航空航天领域的 MEMS 传感器具有质量轻、功耗低、抗冲击能力强和集成度高等优点。如图 9.10 所示，在飞行姿态控制过程中，由 MEMS 惯性传感器、磁力计、压力传感器及相应信号处理单元组成的姿态航向参照系统起到至关重要的作用[14]。

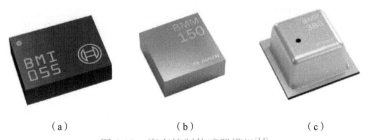

（a）　　　　　　　　　　（b）　　　　　　　　　　（c）

图 9.10　姿态控制传感器模组[14]

（a）一款由 MEMS 加速度计和陀螺仪组成的惯性传感器　（b）磁力计　（c）压力传感器

2. 汽车工业领域中的 MEMS 传感器

由于 MEMS 传感器本身具有可靠性高、测量精度高和可大批量生产等特点，汽车工业领域中的防抱死系统、安全气囊系统和引擎管理系统均采用 MEMS 传感器，用于汽车自身状态监测、意外保护、发动机和动力状态管理等。MEMS 传感器已成为现代汽车传感系统中的重要组成部分，其中压力传感器、流量传感器、加速度计和陀螺仪在整个汽车系统中传感器的占比达 99%[15]。汽车中的 MEMS 压力传感器广泛应用于测量安全气囊、油箱燃料、发动机机油、进气管道、轮胎等模块的压力，保证汽车工作性能和行驶安全。图 9.11 所示为汽车中 MEMS 传感器的应用情况，列举了博世半导体的 3 款 MEMS 传感器，分别是应用于惯性导航系统的集成惯性传感器、应用于安全气囊系统的加速度传感器以及应用于发动机管理系统的大气压力传感器。在节能减排和汽车智能化、自动化趋势的推动下，MEMS 传感器在汽车集成化和小型化控制系统中的作用日渐突出。

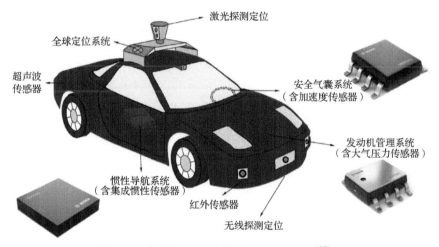

图 9.11　汽车中 MEMS 传感器的应用情况[15]

3. 消费电子领域中的 MEMS 传感器

MEMS 传感器增强了产品与用户之间的人机交互能力，提高了产品的智能化水平。MEMS 传感器在消费电子领域中的应用主要包括人机交互界面、电源管理系统、计数系统等多个方面，极大地促进了用户体验的优化。如图 9.12 所示，智能手机中的 MEMS 传感器包含传声器、3D 加速度计、射频主动与被动组件、陀螺仪等。近年来，由于 MEMS 传感器的微型化、低功耗、高性能的优点与智能穿戴设备的要求十分吻合，智能穿戴设备成为 MEMS 传感器在消费电子领域的主要应用。MEMS 传感器在智能穿戴设备中的代表性应用包括活动感知、影像监测、环境监测及生物特征监测 4 大类别。随着物联网技术的快速发展，MEMS 传感器作为获取外界环境信息的关键器件，在越来越多的领域得到了应用。

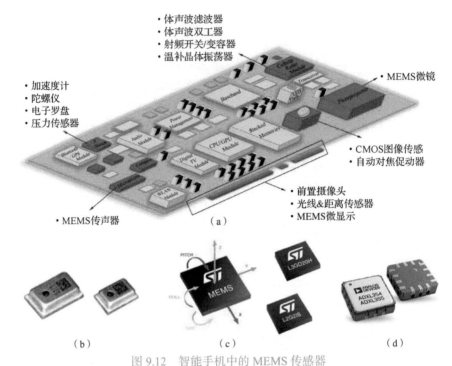

- 体声波滤波器
- 体声波双工器
- 射频开关/变容器
- 温补晶体振荡器

- 加速度计
- 陀螺仪
- 电子罗盘
- 压力传感器

- MEMS微镜

- CMOS图像传感
- 自动对焦促动器

- 前置摄像头
- 光线&距离传感器
- MEMS微显示

- MEMS传声器

（a）

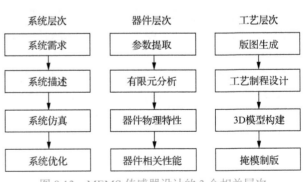

（b）　　　　　　　　（c）　　　　　　　　（d）

图 9.12　智能手机中的 MEMS 传感器

（a）主要分布情况　（b）MEMS 传声器[16]　（c）MEMS 陀螺仪[17]　（d）MEMS 加速度计[18]

9.3　微机电系统传感器的设计

MEMS 传感器的设计主要强调功能化、集成化和整体性。在设计中必须从系统角度出发确定传感器的目标需求和性能指标，进而对 MEMS 传感器的材料、结构、工艺进行明确规划和建模分析。为了更好地辅助设计，模拟微观效应和多物理场耦合环境，MEMS 传感器的设计常采用计算机辅助设计（Computer Aided Design，CAD）的手段来实现传感器的结构建模、特性仿真和工艺分析。利用 CAD 软件，可以提取 MEMS 传感器的结构参数并优化工艺流程，实现微观尺度下的力、热、电、磁等效应的综合模拟，进而降低设计成本、缩短设计周期。当前，CAD 技术不断更迭，使得 MEMS 传感器设计也逐渐趋向自动化、智能化。随着物联网和万物互联概念的提出，未来 MEMS 传感器在功能集成化和设计复杂度上会面临更严苛的挑战。因此，自顶向下的设计方法成为未来 MEMS 传感器设计的发展趋势。MEMS 传感器自顶向下的设计可分为系统、器件和工艺 3 个层次。如图 9.13 所示，在系统层次上，针对实际应用问题，提出解决方案和技术路线；在器件层次上，借助

系统层次	器件层次	工艺层次
系统需求	参数提取	版图生成
系统描述	有限元分析	工艺制程设计
系统仿真	器件物理特性	3D模型构建
系统优化	器件相关性能	掩模制版

图 9.13　MEMS 传感器设计的 3 个相关层次

相关 CAD 软件对器件的结构参数、微观效应和工作环境等进行分析；在工艺层次上，通过工艺仿真软件实现器件结构和工艺流程的可行性分析。

9.3.1　微机电系统传感器的设计理论

MEMS 传感器的大小通常为 $1\sim100\mu m$。与传统宏观传感器相比，尺寸的缩小使 MEMS 传感器在功耗、集成度、灵敏度以及信噪比等方面都具有明显的优势。然而，尺寸的缩小也对宏观理论的适应性和加工制造的精度提出了挑战[19]。例如，随着尺寸缩小，表面效应逐渐起主导作用，进而引起黏附失效等问题。因此，对相关理论的理解有助于更系统地分析影响 MEMS 传感器设计的因素。本小节概述 MEMS 传感器设计实践中需要考虑的几个主要因素，包括尺度效应、微观力学和静电致动原理。

1.　尺度效应

如图 9.14 所示，在宏观尺度下，假设存在一个边长为 L 的正方体（也可以称 L 为该正方体的特征尺寸），则物体的表面积 S 与体积 V 之间的关系为

$$S \propto V^{\frac{2}{3}} = V^{0.67} \qquad (9.8)$$

通过式（9.8）可得出结论：当一个物体的体积缩小时，其表面积会以体积缩小进度的 2/3 次方的速度缩小，即表面积缩小的速度远落后于体积的缩小速度。如图 9.14 所示，当该物体的 L 缩小至 $L/100$ 时，其体积和表面积缩小为原来的 $1/10^6$ 和 $1/10^4$，即其表面积和体积之比增大为原来的 10^2 倍。

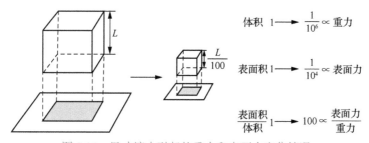

图 9.14　尺寸缩小引起的重力和表面力变化情况

由此可得出一个普遍性结论：随着特征尺寸 L 减小，与表面积相关的力学特性，如摩擦力、静电力、表面张力和黏性力等的作用显著增加，而与体积相关的力学特性，如重力、电磁力等的作用会相对减弱[20]。表 9.1 总结了在 MEMS 传感器设计中常见的物理特性与 L 之间的关系。在日常生活中可以发现很多与尺寸效应相关的自然现象。

（1）由于液体的表面张力与 L 成正比，而物体的重力与 L^3 成正比，因此，蜻蜓等生物可以在水面上行走。

（2）由于物体的强度与 L^2 成正比，因此蚂蚁可以搬动比其重 50 倍的物体，而人类只能举起与自己体重相当的物体。

表 9.1　常见的物理特性与特征尺寸 L 之间的关系

物理特性	与 L 的关系	物理特性	与 L 的关系
重力	L^3	电磁力	L^4
黏附力	L^2	动能	L^3（速度恒定）

物理特性	与 L 的关系	物理特性	与 L 的关系
摩擦力	L^2	重力势能	L^3（速度恒定）
表面张力	L	弹性势能	L^2
静电力	L^2	强度	L^2

2. 微观力学

MEMS 传感器会对作用力的激励做出响应，接下来介绍微观力学的相关概念和物理意义。微观力学可分为固体力学和流体力学两大分支。固体力学主要研究可变形体在外界因素作用下的固体应变，包括强度、刚度和振动等；流体力学是研究具有易流性的气体或液体在 MEMS 传感器中的运动和力学分析。流体力学的相关概念在微流控芯片及痕量生物传感器设计中应用广泛。多数情况下，MEMS 传感器在力的作用下产生的形变可使用胡克定律对线性弹簧的分析进行计算，即

$$F = -k\delta \tag{9.9}$$

式（9.9）表明，力 F 与形变量 δ 成比例，比例常数为 k。由此可以得出更具有普遍性的结论，材料发生的形变量（即应变张量 ε）与导致形变的应力 σ 线性相关。以 MEMS 传感器中常见的悬臂梁结构为例，假设梁长为 L，张力 F 作用的横截面积为 A，当施加张力 F 时，梁会延伸 ΔL，则有

$$\sigma = \frac{F}{A} \tag{9.10}$$

$$\varepsilon = \frac{\Delta L}{L} \tag{9.11}$$

$$\sigma = E\varepsilon \tag{9.12}$$

根据式（9.10），应力 σ 可定义为单位面积 A 受的力 F。如式（9.11）所示，应变张量 ε 可定义为单位长度 L 的伸长量 ΔL。在式（9.12）中，应力 σ 与应变张量 ε 之间的比例常数设定为 E，即弹性模量（又称杨氏模量），其物理含义是某一具体材料的硬度，单位为 GPa。

此外，对悬臂梁结构施加一个压力，其抗压应力的临界值称为欧拉屈曲极限，定义如式（9.13）所示（其中 t 代表悬臂梁结构的厚度）：

$$\sigma_{\text{Euler}} = -\frac{\pi^2}{3} E \left(\frac{t}{L} \right)^2 \tag{9.13}$$

另外一个有关 MEMS 传感器的重要物理量是泊松比 ν。泊松比主要描述的是施加一个方向的力而导致物体其他方向的多维变化趋势。例如，对于一个可压缩的圆柱体，当在其底面施加一个垂直作用力时，圆柱体的整体高度会减小，而底面的半径会增大。如式（9.14）所示：

$$\nu = -\frac{\varepsilon_{\text{transvere}}}{\varepsilon_{\text{axial}}} = -\frac{\varepsilon_x}{\varepsilon_y} \tag{9.14}$$

其定义为相关的收缩应变 $\varepsilon_{\text{transvere}}$（又称横向应变 ε_x）除以相关的拉伸应变 $\varepsilon_{\text{axial}}$（又称轴向应变 ε_y）。大多数材料的泊松比为 $0 \sim 0.5$。多晶硅的泊松比约为 0.22，单晶硅的泊松比在 0.28 左右。泊松比为负值时就说明，在固体状态下，一种物质在某一方向拉伸（或压缩）产生形变 ΔL 时，与之垂直的方向，该物质就会出现相应缩小（或增加）的形变 ΔL。

式（9.10）～式（9.12）主要以悬臂梁结构为例介绍了当在梁表面施加一个正向轴向力 F 时，使梁偏斜的力学情况，如图 9.15（a）所示。除此之外，当在表面施加一个水平切向力 S 时，也可能引起悬臂梁结构的偏斜，如图 9.15（b）所示。切向应力 τ 可由式（9.15）给出，即

$$\tau = \frac{S}{A} \tag{9.15}$$

假设切向力 S 使悬臂梁偏斜了角度 δ，称为切向应变。对应的切向应变张量 γ 与 δ 的关系为

$$\gamma = \frac{\delta}{h} \tag{9.16}$$

另外，切向应力 τ 和切向应变张量 γ 之间存在如下对应关系：

$$\tau = G\gamma \tag{9.17}$$

式中，G 代表剪切模量。对于各向同性介质，剪切模量与弹性模量之间存在如式（9.18）所示的比例关系（其中 ν 代表泊松比）：

$$G = \frac{E}{2(1+\nu)} \tag{9.18}$$

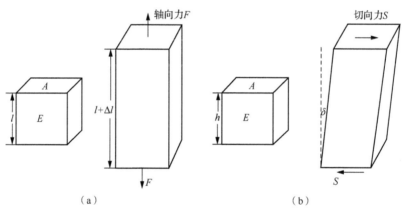

图 9.15　轴向力、切向应力和它们的应变张量

在 MEMS 流体力学中，常用雷诺数来表征物体在某一特定流体介质中的不同流动特性和热传递特性，这些流动特性与介质的种类、长度 L、流速 V 和黏度 η 有关。物体在流体介质中的雷诺数 Re 定义为

$$\mathrm{Re} = \frac{\rho VL}{\eta} \tag{9.19}$$

实际的流体都具有黏性，主要体现在流体具有抵抗剪切变形能力、强表面附着性和摩擦特性。黏性在流体力学中用动力黏度 η（其国际单位为 Pa·s，简称黏度）和运动黏度 ν（其国际单位为 m²/s）来量化。雷诺数 Re 通常用来预测和区分层流和湍流两种流动状态的转变，层流即代表流体的流动可以通过层来区分，层之间不会发生相互干扰，而在湍流状态下，流体的流动会相对无序。在微流控芯片中，由于其通道尺寸为微米级且流速缓慢，流体的雷诺数 Re 一般小于 1。因此，微流控芯片内部的流体呈现出层流状态。

3. 静电致动

MEMS 传感器和致动器的本质是将某一种形式的能量转换成另外一种能量形式。

MEMS 致动器的能量转换方式主要包括静电致动、压电致动、热致动、形状记忆合金致动和电磁致动。其中静电致动是将电能转化成机械能（形变能、动能）的方式，被广泛应用在加速度计、重力传感器中，起到力学反馈的作用。静电致动可以看作两块带相反电荷的平行电极板相互吸引，产生变形而致动。常见的结构包括平行电极板结构和梳齿形结构两种。图 9.16（a）展示了平行电极板的结构，电极板参数包括面积 A、电荷 Q 和初始间隙 g_0，当在两电极板之间施加电压时，两电极板之间的吸引力会产生位移 z。电压和电荷之间存在如式（9.1）所示的关系，其中电容值 C 可通过式（9.20）进行计算。

$$C = \varepsilon_0 \frac{A}{g} = \varepsilon_0 \frac{A}{g_0 - z} \tag{9.20}$$

其中，ε_0 为真空中的介电常数（$\varepsilon_0 = 8.85 \times 10^{12} \text{F/m}$），$A$ 为电极板的面积，g 为两电极板之间的间距。当施加电压后，两电极板会产生相对位移 z，即两电极板间距缩小。

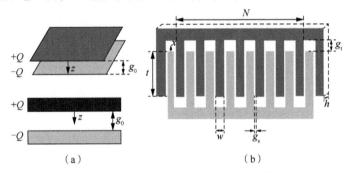

图 9.16　常见的静电致动 MEMS 传感器结构
（a）平行电极板结构　（b）梳齿形结构

由式（9.1）和式（9.20）可知，在施加电压一定的情况下，该间距的缩小导致了两电极板间电容值 C 的变化，进而引起电极板间电荷量 Q 的变化，改变了电极板存储的势能。其静电力大小可用施加电压 V、电极板面积 A 和电极板间距 g 进行计算，即

$$F_e = -\frac{1}{2}V^2 \frac{\Delta C}{\Delta z} = \frac{\varepsilon_0 A}{2} \frac{V^2}{(g_0 - z)^2} \tag{9.21}$$

从式（9.21）可得结论：两电极板之间的静电力与电极板两端电压的平方成正比，与电极板间距成反比。对于间隙为 1μm、面积为 1μm² 的电极板，在工作电压为 10V 的情况下，其电容器产生的静电力约为 0.44nN。

与平行电极板静电致动结构相比，梳齿形静电致动结构主要是通过一组互穿梳齿之间的重叠区域的变化来改变电容值。如图 9.16（b）所示，图中浅色为 N 个活动梳齿，深色为 $N+1$ 个固定梳齿，宽度为 w，高度为 h，两梳齿的间距为 g_s，初始重叠长度为 t，初始间隙为 g_t。在两梳齿之间施加电压后，两梳齿会由于静电致动产生的吸引力而靠近，产生的位移为 x。假如将固定梳齿和活动梳齿分别看作两个电极板，则在梳齿形静电致动结构中存在两组电容值，分别是由两组梳齿间的间距 g_s 和初始间隙 g_t 引起的电容值，分别记为 C_s 和 C_t，有

$$C_s = 2N \frac{\varepsilon_0 h(t+x)}{g_s} \tag{9.22}$$

$$C_t = 2N \frac{\varepsilon_0 hw}{g_t - x} \tag{9.23}$$

同平行电极板的静电力的计算类似，梳齿形 MEMS 结构的静电力可利用随 g_s 变化的 F_s 和随 g_t 变化的 F_t 两部分进行计算。F_s 和 F_t 可由梳齿数量 N、梳齿长度 $d=t+g_t$、施加电压 V 和位移变化 x 得出，即

$$F_s = N \frac{\varepsilon_0 dt}{g_s} V^2 \tag{9.24}$$

$$F_t = N \frac{\varepsilon_0 dw}{(g_t - x)^2} V^2 \tag{9.25}$$

9.3.2　微机电系统传感器的设计流程与方法

与传统机电系统的模块化设计相比，MEMS 传感器的设计流程不是设计模块的简单组合，而是需考虑不同设计约束和设计因素的综合流程。本节具体介绍 MEMS 传感器设计的基本流程和两种主要的设计方法。

1. MEMS 传感器设计的基本流程

在设计前期，需要对 MEMS 传感器的设计要素进行综合评估和分析。图 9.17 展示了 MEMS 传感器设计的总体流程和设计要素。如图所示，当产品定义被确定后，MEMS 传感器的设计即可从设计约束、材料选择、工艺选择、信号处理和封装这几方面进行综合考虑，为后续初始构型设计奠定基础。在初始构型设计阶段，工程师从结构参数、尺寸参数、材料以及工艺等方面进行 MEMS 传感器的设计。在设计分析阶段，对传感器的工艺和机电系统进行更详细、深入的解析，确定设计方案的技术路线和可行性。最后，通过模拟仿真的方式，完成传感器设计原型的验证，分析是否满足产品定义的性能，进而对初始设计中考虑的因素进行针对性的优化。

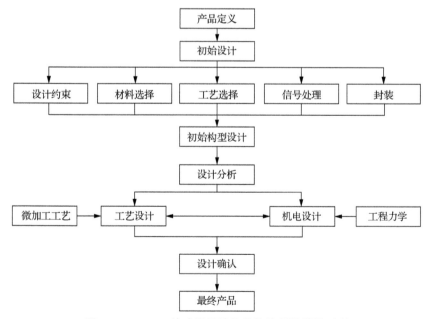

图 9.17　MEMS 传感器设计的总体流程及设计要素

在系统层级，需要对 MEMS 传感器的功能需求进行概括和定义。除满足基本设计要求

外，还要考虑工作环境对传感器的特殊性能要求。基于系统对功能的需求，MEMS 传感器在器件层级上要综合考虑材料、工艺、信号和封装等因素，在满足功能需求的前提下，实现器件尺寸、功耗和成本的最优化。影响设计的约束还包括 MEMS 传感器的工作环境，涉及热学、化学和生物学等不同学科领域。最后如何实现 MEMS 传感器的加工也是设计需要考虑的重要问题，在满足产品开发周期的同时尽可能降低生产成本，是决定 MEMS 传感器能否走向商用的一个关键因素。因此，从产品角度考虑，在 MEMS 传感器设计初期，应对其成本进行相关分析，该分析最终会转变为对材料、工艺、接口电路和封装参数的设计约束。如表 9.2 所示，在不同的应用阶段，MEMS 传感器设计考虑的侧重点也有所不同。

表 9.2　MEMS 传感器设计中不同应用阶段对设计要素的侧重

应用阶段	市场需求	创新性	竞争力	是否掌握制备工艺	制造成本
技术探索	—	√√	—	√√√	—
仪器研发	√√	√√√	√	√√√	√√
商业化产品	√√√	√√	√√√	√√	√√√

注：√的数量代表重要程度。

2. MEMS 传感器设计方法概述

MEMS 传感器的设计流程主要分为两种模式。

（1）自底向上的设计。这种设计方法适合结构和功能相对简单的 MEMS 传感器设计，常在实验室和技术探索中采用。主要包括：工艺级验证，通过几何建模和物理仿真，提取 MEMS 传感器的结构和材料参数；器件级验证，使用解析或数值计算方法对传感器的不同能量域进行求解，最后通过多物理场耦合模拟传感器在实际环境中的性能；系统级验证，将传感器从原有的三维高自由度模型转换为能量等效的低自由度模型，通过对低自由度模型进行整合，将多个传感器模型构成的系统看作只明确输入和输出关系的"黑匣子"，通过框图和电路模型进行表示，对其整体性能和行为进行仿真。

（2）自顶向下的设计。这种方法适用于复杂 MEMS 传感器的设计，需要复杂的材料、工艺模块支持，是目前 MEMS 传感器设计的发展趋势。主要包括：系统级建模，根据系统的总体设计目标建立模型并描述总体物理性能，在系统层级不考虑技术细节和具体方案，着重考虑系统的临界参数，包括用一系列的常微分方程来描述系统的特征；器件级建模，主要通过 CAD 软件来描述传感器的实际工作情况；工艺级建模，主要采用工艺仿真软件根据工艺流程预测和评估加工后的 MEMS 传感器的结构参数和良率，同时优化其材料选择。

9.3.3　微机电系统传感器的设计与仿真软件

1. 计算力学分析方法：有限元分析

有限元分析是当前工程技术领域中最常用、最有效的数值计算方法，被广泛应用于 MEMS 传感器的设计和分析中，受到了学术界和工业界的普遍重视。有限元分析本质上是一种寻求复杂数理方程解析解的近似计算过程，其主要思想是通过离散化来解决模型连续性导致的复杂度增加问题，是求解模型关于某一特定物理场函数的近似方法。通过将模型分成不同的子区域，对处理复杂边界条件具有很好的适应性。下面是有限元分析的求解步骤。

（1）结构离散化。将需计算的模型离散成有限个子单元，对集合体中每个子单元进行近似求解。

（2）设定变量。对于每一个节点，选定场函数的节点值作为基本未知量，并在每一个单元中设定一个相对应的近似插值函数来表示其在模型中的分布变化[21]。该步骤主要是提取每一个子单元的边界和内部的场函数，并对其分布规律进行数学符号化。

（3）求解有限元方程组。利用数理方程通过变分原理建立用于求解节点未知量的有限元求解方程组，将连续域的自由度无限大的求解转换成对内部独立的离散子单元的自由度有限的求解，通过解值反推确定针对不同物理场的模型所需参数的场函数。

2. MEMS 设计与仿真软件

（1）版图设计软件 Tanner Pro。Tanner Pro 软件包括 S-Edit、T-Spice、W-Edit、L-Edit 与 LVS 5 大功能模块，覆盖 MEMS 相关的电路设计、工艺仿真模拟及系统级的电路布局，实现了 MEMS 全流程设计的可估化。MEMS 版图和 IC 版图之间的最大区别在于是否使用了独特的不规则形状。在 IC 设计中，电路设计一般采用方形或直角多边形，或在布线时采用的 45°边缘的多边形；而 MEMS 设计中可采用多种多样的设计形状，因此 MEMS 设计涉及的领域更加广泛，包括机械、光学、生物等。MEMS 设计也可以采用其他主流的集成电路版图设计软件。

（2）MEMS 集成化分析设计软件 Coventor。Coventor 软件用于在 MEMS 晶圆上实现微米级甚至纳米级的 3D 结构设计模拟，该公司的软件分为 CoventorWare、MEMS+、SEMulator3D，分别对应 MEMS 的器件整体设计模拟、MEMS 机电耦合分析和 3D 模拟求解的特色功能。该公司的软件主要应用在 Sensors/Actuators、RF-MEMS、Bio-MEMS、Optical MEMS 这 4 大领域，其功能基本涵盖了 MEMS 全流程，如 MEMS 设计、工艺流程仿真模拟、器件级的多物理场耦合仿真分析以及系统级的响应特性仿真等，可实现 MEMS 传感器的全流程设计。

（3）通用有限元分析软件 ANSYS。ANSYS 作为业内标准的多物理场耦合仿真软件，获得了诸多专业技术协会的认证。ANSYS 在传感器设计中的主要功能包括结构力学分析、热力学分析、流体动力学分析、电磁场分析、声学分析和多物理场耦合分析等，可以完整实现对传感器真实工作环境的模拟。此外，ANSYS 在非线性分析方面的功能相较其他软件更完善，在网格划分和求解能力上具有更优的性能。ANSYS 通过采用并行计算技术，实现与不同硬件平台的兼容，并具有可与建模软件、编程软件集成的数据接口，实现功能的定制化。另外一种常用的有限元仿真软件是 COMSOL，它与 ANSYS 原理类似，但功能上各有侧重。

9.4　微机电系统传感器的制程

MEMS 技术是由集成电路技术拓展而来，经过较长时间的发展，已衍生出独特的材料体系和特殊工艺，并成为一门独立的学科分支。MEMS 传感器与微电子器件在工艺材料、工序和设备上具有一定的兼容性，而在集成和封装工艺上存在一定差异。MEMS 传感器所用的材料既要满足微纳加工的规则要求，又要具备良好的微机械性能，石英、硼硅酸玻璃、高分子聚合物以及陶瓷等都是 MEMS 的常用材料。工艺方面，MEMS 在刻蚀的基础上形成了体硅微加工、表面微加工等独特工艺来制作不同结构的传感器。

9.4.1　微机电系统传感器材料

MEMS 传感器材料的种类繁多，主要以 MEMS 的结构、功能和工艺参数为基准进行选择。硅及硅的化合物、Ⅲ-Ⅴ族元素化合物和高分子聚合物等常用于 MEMS 传感器，而形状记忆合金、磁致或电致伸缩材料常用于微执行器模块。本小节主要以 MEMS 传感器中常见的 3 类材料为核心，简要介绍 MEMS 传感器制程中材料的基本电学和机械特性及其应用。

1.　硅及硅的化合物

MEMS 加工工艺来源于集成电路制备技术，因此在 MEMS 传感器的制备中最常用的材料就是硅和硅的化合物。MEMS 传感器的衬底作为微观机械动作转换的支撑点和信号转换单元，宜采用具备特定电学和机械特性的单一晶面材料，因此具有稳定的晶体结构和物理特性的硅及硅的化合物是最佳选择。硅在 MEMS 传感器上具有以下优势：

（1）良好的力学和电学稳定性；

（2）高熔点及低热膨胀系数；

（3）硅在集成电路领域已经具备成熟的工艺体系。

因此硅基 MEMS 传感器具有高强度、低成本和可大规模制造等优点。但是单晶硅本身也存在韧性差、易破碎等不足，需要根据设计要求选择使用。

二氧化硅（SiO_2）具有良好的化学稳定性和电绝缘性，可以有效释放热应力并防止金属线间短路。与单晶硅相比，SiO_2 具有硬度高、致密性好的特点，因此在 MEMS 制程中常用来有效阻挡离子注入并保护微纳结构免受划伤和损害。其他常见的硅化合物（如 SiC 和 Si_3N_4）在具备良好的化学稳定性和电绝缘性的同时，兼具耐高温和高稳定性的特点，因此常用作工作在极端环境的 MEMS 传感单元的绝缘层和抗氧化层，或用于制造 MEMS 传感器的机械轴承。此外，由于可以有效阻止水和离子扩散，SiC 和 Si_3N_4 还可用作 MEMS 传感器的掩模层或防水层材料。

2.　Ⅲ-Ⅴ族元素化合物

与硅基和锗基半导体材料相比，Ⅲ-Ⅴ族元素化合物大幅提高了电子迁移率，具有更快的响应速度，更适合应用于 MEMS 传感器的高速调控和信号处理单元。此外，Ⅲ-Ⅴ族元素化合物具有直接带隙，因此这种材料适用于发光领域，是制作辐射源、微波器件和光电器件的重要材料（内容详见第 3 章）。同时，Ⅲ-Ⅴ族元素化合物材料也具备与硅基半导体相似的耐高温特性，在制备 MEMS 传感器时可以作为热绝缘层以保护微机械结构。但是Ⅲ-Ⅴ族元素化合物材料也存在不足，由于材料的屈服强度较小，因此这种材料很少被用作衬底材料。此外，与目前已成熟的硅基工艺体系相比，采用Ⅲ-Ⅴ族元素化合物材料的 MEMS 传感器具有制程复杂、成本昂贵和良品率低等问题。

3.　高分子聚合物

近年来，高分子聚合物越来越多地应用于 MEMS 传感器的工艺工序和设计制造中，尤其是生物 MEMS 传感器和微流控芯片等器件，极大地拓展了高分子聚合物的使用范围。由于高分子聚合物的分子结构是由长链的有机分子碳氢化合物组成，采用该类材料制备的 MEMS 传感器具有柔性变形、可弯曲和质量轻等优点，广泛应用于可穿戴设备和柔性 MEMS 器件。常用的高分子聚合物包括聚酰亚胺（PI）、聚二甲基硅氧烷（PDMS）以及聚甲基丙烯酸甲酯（PMMA）等。在 MEMS 传感器的制备中，高分子聚合物材料主要应用于以下几方面：

（1）光阻高分子聚合物材料可用于图形工艺，将图案转移至基底材料上进而加工成理想的微机械结构；

（2）部分高分子聚合物材料可以满足高深宽比的器件结构要求；

（3）大多数高分子聚合物材料具有良好的电绝缘性，可以用作 MEMS 传感器的绝缘层；

（4）部分高分子聚合物材料可用作 MEMS 传感器的衬底材料或功能结构材料，实现柔性可弯曲；

（5）具有导电性的高分子聚合物材料也可用于屏蔽 MEMS 传感器的电磁干扰，保证传感器工作的高灵敏度和准确性。

9.4.2　微机电系统传感器的加工工艺

加工工艺是 MEMS 传感器产业链的重要组成部分。MEMS 传感器的制备工序与集成电路工艺的基本加工步骤相似，包括光刻、刻蚀、沉积、氧化、划片和封装等。图 9.18 展示了简单的光刻-蒸镀-剥离工艺流程。这些工艺加工步骤的不同排列结合能够将宏观机械构件微观化，制备出复杂的微机械结构。根据工艺工序和参数的差异，MEMS 传感器制程中形成了 3 种常用工艺体系，分别是体硅微加工、表面微加工和 LIGA。本小节详细介绍这 3 种工艺体系，并简要介绍 MEMS 传感器的加工制造过程，部分工艺及相关设备可参考本书第 4 章内容。

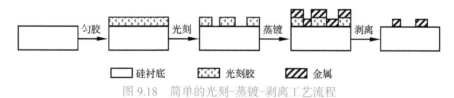

图 9.18　简单的光刻-蒸镀-剥离工艺流程

1. 体硅微加工

体硅微加工是通过刻蚀方式有选择性地除去衬底的部分材料以形成独立的机械结构或特殊三维结构的工艺，广泛应用于高深宽比的微机械结构制造。图 9.19 给出了利用体硅微加工制备微尺度楔形结构的工艺流程。在这一过程中，光刻步骤将图形由掩模版转移到光刻胶上，接下来的二氧化碳刻蚀和硅刻蚀工艺进一步在衬底上形成楔形结构。

在体硅微加工中，选取的衬底不同，刻蚀所采取的方式也会相应地产生差异。表 9.3 给出了常用的干法刻蚀和湿法刻蚀的原理和特性。根据刻蚀方向性的不同，刻蚀还可分为各向同性刻蚀和各向异性刻蚀两大类。如图 9.20（a）所示，各向同性刻蚀是指各个方向具有相同的刻蚀速率，各向异性刻蚀是指与其他方向相比，某一特定方向的刻蚀速率最快。在实际的 MEMS 传感器制程中，由于传感单元的形状和尺寸参数固定，常采用各向异性刻蚀来制成具有一定深宽比的微型结构。

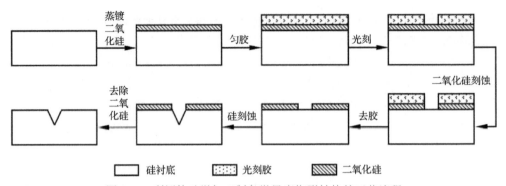

图 9.19　利用体硅微加工制备微尺度楔形结构的工艺流程

表 9.3　干法刻蚀和湿法刻蚀的原理和特性

原理和特性	干法刻蚀	湿法刻蚀
刻蚀装置	等离子体或气相刻蚀机	液态化学刻蚀装置
刻蚀剂原理	物理、化学	化学
方法原理	等离子体或气相轰击及反应	化学反应有效碰撞
典型刻蚀速率	由慢到快	较快
成本	高	低
环境影响	低	高
临界尺寸控制	非常好	差

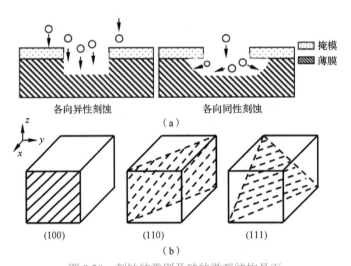

图 9.20　刻蚀的类别及硅的微观结构晶面

（a）各向同性刻蚀与各向异性刻蚀比较　（b）硅的(100)(110)(111)晶面示意图

材料的各向异性由材料的微观结构晶面决定。以面心立方结构的单晶硅为例，(100)(110)和(111) 3 个晶面常用于 MEMS 传感器的制备。如图 9.20（b）所示，不同晶面的原子密度排序：(111)晶面 >(110)晶面 >(100)晶面。不同晶面与次表面产生的共价键数量排序：(111)晶面 >(110)晶面 >(100)晶面，其中共价键数与晶面硅原子的被束缚程度成正比。由于晶面的原子密度与共价键数共同影响材料的各向异性特征，因此(100)晶面的各向异性刻蚀速率最快。

2. 表面微加工

表面微加工是在衬底上通过逐层材料生长与逐层刻蚀技术形成微机械结构的工艺，常用于制造附着于衬底上的 MEMS 结构。如图 9.21（a）所示，通过表面微加工可以实现悬臂梁结构的制备。常用的结构层/牺牲层的材料组合是多晶硅/磷硅玻璃。首先在硅衬底上沉积牺牲层，通过刻蚀工艺实现牺牲层的图形化；随后利用掩模版，沉积多晶硅材料形成微结构；最后去除牺牲层，形成悬臂梁结构。在去除牺牲层生成微机械结构时，可以采用氢氟酸溶液，这是因为氢氟酸溶液对磷硅玻璃具有较快的腐蚀速率，但腐蚀多晶硅层的速率较慢。

表面微加工与体硅微加工最大的不同在于制造微悬浮结构时采用了牺牲层刻蚀技术，没有移除基底材料。图 9.21（b）表明了体硅微加工与表面微加工制备悬臂梁的区别。左图是采用体硅微加工形成的微型悬臂梁结构，右图是采用表面微加工工艺制备的微型悬臂梁结构。体硅微加工中经多晶硅腐蚀而成的悬臂梁结构会浪费大量衬底材料，而表面微加工制备的多晶硅悬臂梁会被直接约束在衬底上，可以在节约材料的同时形成深宽比较大的结构。但是表面微加工的工艺工序所使用的掩模数量要远超体硅微加工，工艺难度相对较大。

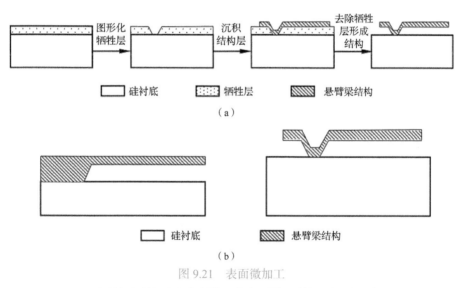

图 9.21　表面微加工

（a）制备悬臂梁　（b）体硅微加工与表面微加工制备悬臂梁的区别

3. LIGA 工艺

LIGA 是德语光刻（Lithographie）、电镀（Galvanoformung）和压模（Abformung）的缩写。LIGA 工艺的出现解决了体硅微加工和表面微加工工艺中两个较为突出的缺点：

（1）深宽比小，即纵向深度与表面尺寸的比例小；

（2）形成微立体结构的尺寸深度受限。

LIGA 工艺的基本原理是利用 X 射线进行光刻，由于 X 波段的光子具有高能量和高穿透性的特点，可以将掩模版的图案转移到厚度为数百微米的光刻胶上，再利用电镀和压模工艺实现大深宽比、边沿垂直光滑的三维立体微结构制备。X 射线是短波，因此可以提高光刻精度和结构的分辨率，制备出高性能的 MEMS 传感器。

LIGA 工艺的制备流程如图 9.22 所示，主要包括光刻、电铸制模、压模与脱模 3 个工艺步骤。

（1）光刻。该步骤利用 X 射线将图形从掩模版转移至光刻胶上，与普通的光刻工艺相比又有很多区别。首先，需要选用导电性好的衬底，这是由于 LIGA 工艺的后续步骤需要电镀，适宜用作衬底的材料包括奥氏休钢、表面蒸镀钛或银/铬的硅晶片、表面蒸镀有金、钛或镍的铜片，镀有金属的玻璃板等；其次，LIGA 工艺中使用的 X 射线具有极强的穿透性，普通掩模板不再满足要求，需要采用高吸收系数的大原子量金属作为吸收体，其厚度取决于 X 射线的强度和光刻胶的厚度；最后，LIGA 工艺需要特殊的光刻胶，目前广泛应用的光刻胶是聚甲基丙烯酸甲酯，但存在光感性和抗压性差的缺点，为解决相关问题，聚甲醛、聚烷基、聚甲醛丙烯酸亚胺以及丙交醚等光刻胶材料也常应用于 LIGA 工艺中。

（2）电铸制模。利用导电衬底作为阴极，对图案结构进行电镀，在光刻形成的大深宽比空隙中填充金属，直到形成一定厚度的微结构，去掉残余光刻胶，保留金属结构，形成铸模。电镀工艺中常用的金属包括镍、铜、金、镍铁合金和镍钨合金等。

（3）压模与脱模。利用电镀形成的铸模作为模版，采用注塑或模压成型工艺，可以制备含有微结构特征的模具，用于大批量制造所需的 MEMS 结构。

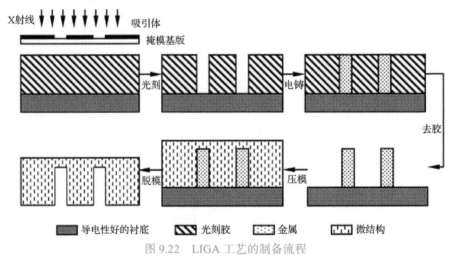

图 9.22　LIGA 工艺的制备流程

9.5　主流物理量传感器

作为获取信息的关键器件，MEMS 传感器已经完全融入人们的生产和生活，由最早的航空航天、工业控制走向消费电子等民用领域。本节从 MEMS 传感器的声学、光学、电学、磁学和多物理量融合这几大应用方向切入，分别介绍消费电子产品中常见的 MEMS 传声器、产业快速增长的红外热电堆检测传感器、惯性导航系统中应用广泛的 MEMS 加速度计和 MEMS 陀螺仪，以及常见的磁学传感器和多轴传感器。

9.5.1　声学应用：微机电系统传声器

传声器俗称麦克风，是采集声音信号的关键器件。与驻极体电容式传声器（Electret

Capacitance Microphone，ECM）相比，MEMS 传声器具有低功耗、大信噪比和高工艺集成度等优势，因此 MEMS 传声器在消费电子领域中得到了广泛的应用[22]。随着物联网和可穿戴设备的兴起，MEMS 传声器作为重要的人机交互接口，在智能家居、语音控制、自动驾驶等领域具有广阔的应用前景[23]。图 9.23 展示了目前消费市场上一种典型的内置 6 枚 MEMS 传声器的智能音箱产品和一款内置 3 枚 MEMS 传声器的无线降噪耳机。

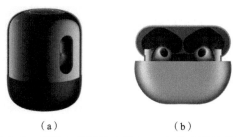

（a）　　　　　　　　　（b）

图 9.23　市场上典型的内置 MEMS 传声器的产品

（a）集成 6 枚 MEMS 传声器的智能音箱[24]　（b）集成 3 枚 MEMS 传声器的无线耳机[25]

声学传感的整个过程包括信号采集、信号转换、信号处理和信号输出。MEMS 传声器主要负责声音信号的采集、转换和处理，主要由 MEMS 芯片和专用集成电路（Application Specific Integrated Circuit，ASIC）组成。其中，MEMS 芯片主要负责采集外部声音信号，并具有将采集到的声音信号转换为电信号的功能。ASIC 主要由 LNA 和 ADC 组成，负责将从 MEMS 芯片输出的模拟信号进行降噪处理和模数转换，使信号能被音频 IC 部分读取和识别。

目前，MEMS 传声器主要有压容式、压电式和光学 3 种类型。压容式 MEMS 传声器采用刚性穿孔背电极与振动膜构成电容器，如图 9.24（a）所示，当有声音产生，振动膜发成位移使电容值变化，将声音信号转化为电信号输出。与压容式 MEMS 传声器相比，压电式 MEMS 传声器具有更快的响应速度，可以更及时地捕捉关键语音信号。压电式 MEMS 传声器的结构如图 9.24（b）所示，压电层由压电材料与支撑层组成，通过声波的压力使膜片发生形变，压电材料能快速响应这种形变并产生和施加声压成正比的电负载，从而将声音信号转化为电信号[26]。2016 年，美国 Vesper 推出了全球首款市场化的压电式 MEMS 传声器，被广泛应用在智能终端等互联设备中。除压容式和压电式 MEMS 传声器外，基于光学原理的 MEMS 传声器也已进入市场化阶段。目前，奥地利维也纳技术大学初创公司 Xarion 已推出无振膜光学 MEMS 传声器，可通过声音来改变光束的特征，以实现信号转换，不再需要将声音信号转化为电信号输出。与压容式和压电式 MEMS 传声器相比，基于光学原理的 MEMS 传声器具有更大的频率响应范围，然而其尺寸较大、成本较高，尚未在消费电子领域大规模普及。

由于制造工艺和器件集成度相对成熟，压容式 MEMS 传声器一直处于市场的主导地位。以歌尔的某款压容式 MEMS 传声器为例，其产品尺寸仅为 3.76mm×2.95mm×1.1mm，灵敏度高、信噪比大，性能优异，适用于智能手机、真无线耳机、平板电脑以及物联网等诸多领域。MEMS 传声器的应用领域广泛，市场前景巨大，2019 年全球市场规模已高达 120 多亿美元。目前，全球 MEMS 传声器的前 3 大厂商分别为楼氏电子、歌尔和瑞声科技，其中歌尔是国内 MEMS 传声器领域的龙头企业。根据麦姆斯咨询（MEMS Consulting）的统计，在 2019 年歌尔获得了超过 30%的全球 MEMS 传声器市场份额，为国产高性能声学传感器逐步取得国际领先地位奠定了基础。

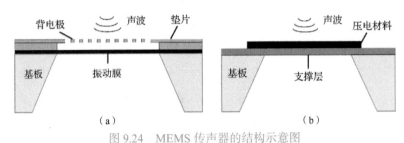

图 9.24　　MEMS 传声器的结构示意图

（a）压容式 MEMS 传声器结构　（b）压电式 MEMS 传声器

9.5.2　光学应用：红外热电堆检测传感器

红外热电堆检测传感器是利用 MEMS 技术生产的检测环境温度的热学量传感器，红外测温是红外传感器应用最广泛的领域。

热电偶是最常用的热量检测传感器。依据塞贝克原理，不同材料的两根金属线在一个结点处结合，可以在该点构成热电偶，结点处温度高于环境温度可产生电压[27]。但使用单独的热电偶作为传感器时，较小的尺寸会使输出信号减弱。为实现器件小型化并保持输出信号的完整性，采用多个热电偶相连构成热电堆，其中在两个热电偶的连接处，温度高的一端称为热结，温度低的一端称为冷结。传感器工作时，热电堆中热结的红外吸收层可吸收外界的红外辐射，并将其转化为热量，温度的变化会导致热电堆中载流子浓度发生变化，进而形成电势差，电势差与吸收的红外辐射成正比。式（9.26）给出了电压 V 与被测物体温度的关系，其中 β 为塞贝克系数，ΔT 冷结与热结的温度差[28]。

$$V = \beta \Delta T \tag{9.26}$$

MEMS 红外热电堆检测传感器主要包括 3 种结构，分别为封闭膜、悬梁臂和悬浮结构。不同结构中，热结位置也不同。封闭膜结构中，红外吸收层在探测器的中央构成热结，在基体上形成冷结；悬梁臂结构中，热结在前端，冷结在基体上；悬浮结构的热结在中央的悬浮薄膜处，冷结在基体上[29]。目前市场中常见的红外热电堆检测传感器结构以封闭膜结构为主，如图 9.25（a）（b）所示。

MEMS 红外热电堆检测传感器具有测温方式便捷、测量结果稳定与易于集成的优势，目前被广泛应用在无接触测温、高温检测和红外成像等场景中。例如，比利时麦来芯（Melexis）生产的某款贴片式红外热电堆检测传感器，能够实现高精度的非接触式温度测量，测量温度范围为 20～100℃，人体温度测量精度高达±0.2℃。图 9.25（c）（d）展示了麦来芯的两种不同 MEMS 红外热电堆检测传感器实物。在新冠肺炎疫情暴发的背景下，体温是判断是否患新冠肺炎的重要依据之一，以热电堆为核心的非接触式红外测温计应用的市场需求不断攀升。目前，华为已将 MEMS 红外热电堆检测传感器与手机结合，以应对严峻的疫情形势。全球主要的红外热电堆生产厂商有比利时麦来芯、德国海曼器件以及瑞士泰科电子等，国内有上海烨映、郑州炜盛以及深圳美思先瑞等公司。

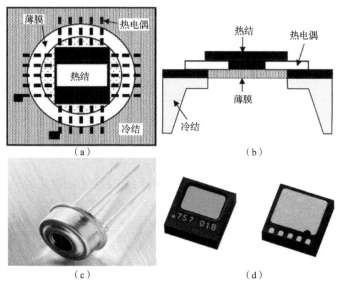

图 9.25　封闭膜结构红外热电堆检测传感器的结构及实物

（a）封闭膜结构俯视图　（b）封闭膜结构主视图　（c）一种即插即用的红外热电堆检测传感器[30]

（d）一种贴片式数字红外热电堆检测传感器[31]

9.5.3　电学应用：微机电系统惯性传感器

MEMS 惯性传感器主要包括 MEMS 加速度计和 MEMS 陀螺仪两种类型，如图 9.26 所示。前者能够对轴向加速度进行感知；后者可感知运动体相对于惯性空间的运动角速度。本小节将围绕 MEMS 加速度计和 MEMS 陀螺仪的基本原理、技术手段和典型应用展开介绍。

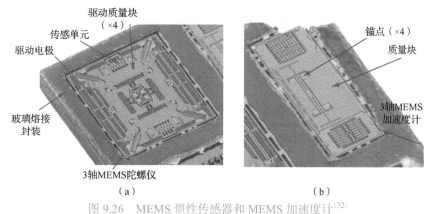

图 9.26　MEMS 惯性传感器和 MEMS 加速度计[32]

（a）MEMS 陀螺仪　（b）MEMS 加速度计

1. MEMS 加速度计

与传统的加速度计相比，MEMS 加速度计具有体积小、质量轻、性能好以及功耗低等优点，在消费电子、汽车工业、航空航天以及医疗电子等领域得到了广泛应用。例如，在汽车工业领域，安全气囊的弹出系统、导航系统、防滑系统中，MEMS 加速度计都起着关键作用。依据信号检测方式的不同，MEMS 加速度计可分为电容式、压阻式以及压电式等。表 9.4 中给出了 3 种 MEMS 加速度计的性能对比。

表 9.4　电容式、压阻式、压电式 MEMS 加速度计的性能对比

技术指标	电容式	压阻式	压电式
温度影响	小	大	中
线性误差	中	低	中
灵敏度	高	中	中

　　电容式 MEMS 加速度计通常采用活动的质量块作为一个电容极板，与一个固定的极板构成一个电容器。加速度的产生会使质量块发生位移，使电容值变化，通过对电容值变化量的实时测量，就能计算出加速度的数值。常用的 MEMS 加速度计采用叉指形结构，可以将电容值的变化范围提高至皮法（pF）量级。图 9.27 展示了一种采用叉指形结构的电容式 MEMS 加速度计[33]。电容式 MEMS 加速度计的灵敏度高且稳定性好，目前应用非常广泛。压阻式 MEMS 加速度计由悬臂梁、质量块以及悬臂梁上的压阻组成，加速度使与质量块相连的悬臂梁发生形变，会导致压阻薄膜形变，进而使电阻率发生变化，通过测量压阻薄膜两端的电压便可得到加速度。压电式 MEMS 加速度计的动态范围宽、工作频率高，但易发生电荷泄漏现象，不适合测量线加速度。压阻式 MEMS 加速度计易受温度影响，应用范围相对有限。

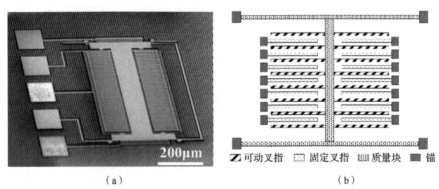

（a）　　　　　　　　　　　　（b）

图 9.27　一种采用叉指形结构的 MEMS 电容式加速度计

（a）扫描电镜图[33]（b）结构示意图

　　目前，MEMS 加速度计正朝着高精度、小型化和高可靠性的方向发展。由于 MEMS 加速度计的应用领域十分广泛，各研究机构与厂商为其研发投入了大量的资源。全球设计和生产 MEMS 加速度计的厂商主要有美国 ADI、SiliconDesigns 以及 Endevco 等公司，其中以 ADI 的产品最为丰富，市场占有率最高。

　　2.　MEMS 陀螺仪

　　陀螺仪（Gyroscope）是一种用来感测与维持方向的装置，多用于导航、定位等系统。传统陀螺仪主要是由可绕自转轴旋转的转子和外框架构成。当转子高速旋转且没有任何外力矩作用时，根据角动量守恒，自转轴在惯性空间中的指向保持稳定不变，同时具有抗拒任何改变转子轴向外力的趋向。因此，当陀螺仪所在系统做旋转运动时，陀螺仪的自转轴会变化，可依靠自转轴的方向变化来推算出角速度的值。然而，传统陀螺仪具有体积大、结构复杂、精度差和难以小型化的特点，随着电子设备的小型化，体积小、精度高和可靠性好的 MEMS 陀螺仪已经在市场中得到广泛应用。MEMS 陀螺仪实物如图 9.28（a）所示。

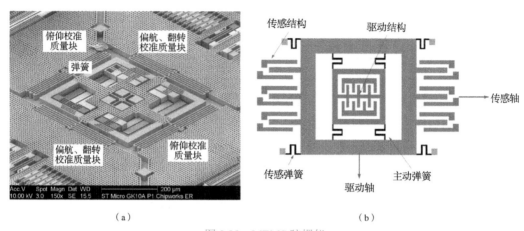

图 9.28　MEMS 陀螺仪

（a）MEMS 陀螺仪实物[34]　（b）MEMS 陀螺仪的结构

与传统陀螺仪不同，MEMS 陀螺仪的核心原理为科里奥利力（Coriolis Force）。科里奥利力是一种惯性力，是对旋转体系中进行直线运动的质点，由于惯性相对于旋转体系产生偏移的一种描述，其计算公式如式（9.27）所示。MEMS 陀螺仪内部通常有两个方向的可移动电容板，分为径向的梳齿状驱动结构和横向的电容板传感结构，如图 9.28（b）所示。MEMS 陀螺仪的工作原理：在径向驱动结构加振荡电压后物体会进行径向运动，横向感知结构会在系统运动后将感知横向科里奥利力带来的电容变化，由于科里奥利力与角速度成正比，因此可由电容的变化计算出角速度。

$$F_{coriolis} = -2m(w \times v) \qquad (9.27)$$

其中，m 为质量，w 为角速度，v 为运动速度。

根据感知角速度的方式不同，MEMS 陀螺仪可以分为振动臂式、振动盘式和环形谐振式。振动臂式 MEMS 陀螺仪通过测量扭转振动幅度和扭转振动相位来获取角速度，而振动盘式 MEMS 陀螺通过测量元件与底部之间电容量的变化来获取角速度。环形谐振 MEMS 陀螺仪则是通过测量磁场变化来获取角速度。

近年来，伴随着 MEMS 技术的进步及工艺水平的提高，MEMS 陀螺仪、MEMS 加速度计的成本得到大幅降低，性能得到可观的提升。MEMS 惯性传感器在测试精度与环境适应性等方面也有了显著进步。未来，新工艺、新机理的发现和应用，能够使 MEMS 惯性传感器的性能达到更高的水平，如利用 SiC、SiN 和聚合物等材料制作的微机械谐振式加速度计和陀螺仪。此外，集成化、低功耗、低成本的 MEMS 惯性传感器也将在需求日益增加的民用消费领域得到广泛应用，如智能手表、降噪耳机、增强和虚拟现实等。

9.5.4　磁学应用：磁学传感器

磁学传感器是将外界磁信号的变化转换成电信号的变化，以磁学物理量来感知速度、加速度、角度以及音频等信号。与电学传感器相比，磁学传感器具有热稳定性好、灵敏度高、响应速度快和抗干扰能力强等特点。最早的磁学传感器可以追溯到我国四大发明之一——指南针。随着科技的不断进步，磁学传感器的种类也不断更迭，主要包括：霍尔式磁学传感器，结型磁敏传感器（含磁敏二极管、磁敏晶体管等），磁阻式磁学传感器（含半导体磁阻传感器、韦根德器件、铁磁性金属薄膜磁敏电阻器、巨磁阻效应器件等），机械式、感应式与磁通门式磁学传感器，磁共振式（含光泵式及质子旋进式）及超导式磁学传感器，光纤式磁学传感器等[35]。

高灵敏度、低功耗、小型化的微型磁传感器是新一代磁学传感器的发展方向之一。随着微型磁传感器市场规模的扩大，应用于集成电路的微型磁传感器技术也在不断迭代。目前主流的微型磁传感器包括霍尔传感器、各向异性磁阻（Anisotropic Magnetoresistance，AMR）传感器、巨磁阻（Giant Magnetoresistance，GMR）传感器和隧穿磁阻（Tunneling Magnetoresistance，TMR）传感器。其中，GMR 传感器与 TMR 传感器具有电阻变化率大、灵敏度高和功耗低的特点，在工业生产、卫星导航和智能家居等方面有着广泛的应用前景。本小节以霍尔传感器、结型磁敏传感器、GMR 传感器和 TMR 传感器为例介绍磁学传感器件。

1. 霍尔传感器

霍尔传感器是依据霍尔效应制造的一类的磁学传感器。霍尔效应是指在磁场中运动的粒子受洛仑兹力作用引起偏转，从而在垂直于电流和磁场的方向上产生霍尔电压的现象。利用半导体的霍尔效应制备的霍尔元件与集成电路的集合称为霍尔传感器[35]。霍尔传感器可用于表征半导体材料的载流子浓度、迁移率等参数，是目前商业化最成熟的磁学传感器之一。霍尔传感器具有原理简单、制造成本低等优势，但也具备功耗高、线性度差等缺点。为了克服以上缺陷，低功耗、易集成的磁阻传感器逐渐引起了人们的关注。

2. 结型磁敏传感器

结型磁敏传感器是指由 PN 结构成的磁敏器件，其电阻随外界磁场方向和大小的改变而变化。结型磁敏传感器可分为磁敏二极管和磁敏晶体管，二者工作原理类似。以磁敏晶体管为例，它采用双注入、长基区结型晶体管结构，当无外加磁场时，发射极电流大多成为基极电流，小部分流入集电极。当施加外界磁场时，集电极电流发生变化。其中，磁场方向影响电流的增减，磁场强度控制电流变化量。结型磁敏传感器主要应用于磁场测量、转速测量、位置控制等工业自动化领域。

3. GMR 传感器

在铁磁/非铁磁金属/铁磁的 3 层膜结构中，2 个铁磁层的相对取向会极大地改变薄膜的电阻率，平行排列时电阻率小，反平行排列时电阻率大，该现象被称为 GMR 效应。两位发现 GMR 效应的科学家 Albert Fert 教授和 Peter Grünberg 教授共获得了 2007 年的诺贝尔物理学奖。1991 年，IBM 的 B. Dieny 提出一种 4 层自旋阀结构，把 GMR 效应正式推向实际应用[36]。如图 9.29（a）所示，GMR 自旋阀由铁磁自由层、非铁磁隔离层、铁磁钉扎层和反铁磁层（Antiferromagnetic Layer，AFM）组成。在交换耦合作用下，铁磁钉扎层和反铁磁层形成偏置场，铁磁钉扎层的磁化方向会被该偏置场固定；而铁磁自由层的磁矩在较小磁场的作用下自由翻转。因此，GMR 自旋阀结构可以在微弱的磁场中实现电阻值的剧烈变化，如图 9.29（b）所示，可用于探测微弱磁场变化，具有很高的磁场探测灵敏度。

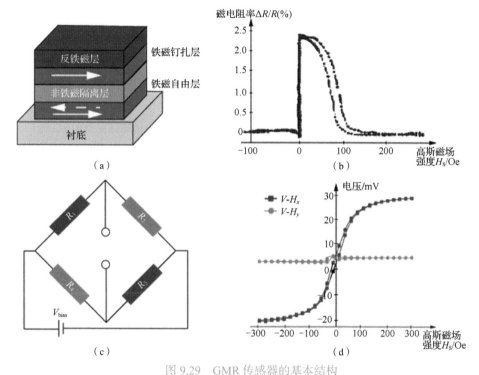

图 9.29　GMR 传感器的基本结构

（a）GMR 自旋阀的基本结构（b）GMR 膜堆 *R-H* 磁阻特性曲线[36]

（c）GMR 全桥传感器的惠斯通全桥结构（d）GMR 全桥传感器的磁传感特性曲线[37]

　　此外，为减小外界温度对传感测试的影响，GMR 传感器一般采用惠斯通电桥连接的形式来提高传感器的输出稳定性。惠斯通电桥可将电阻值的变化量转换成电压信号，在实际应用中，常采用如图 9.29（c）所示的惠斯通全桥结构进行连接。惠斯通全桥的桥臂由 4 个磁阻单元串联而成。相对桥臂的磁阻响应特性相同，相邻桥臂的磁阻响应特性相反，这种差动特性可有效消除外界对传感器的干扰。GMR 全桥传感器的磁传感特性曲线如图 9.29（d）所示，可见该 GMR 传感器对 *x* 方向的磁场变化敏感[37]。

4．TMR 传感器

　　TMR 传感器是近几年新兴的磁学传感器。与 GMR 传感器相比，TMR 传感器具有更大的电阻值变化率、线性范围和更低的功耗，近年来已在工业控制、消费电子以及生物医疗等领域展开商业化应用。TMR 传感器的典型结构为磁隧道结（Magnetic Tunnel Junction，MTJ）。如图 9.30（a）所示，MTJ 采用钉扎层（铁磁层）、绝缘层、自由层（铁磁层）的"三明治"结构。当钉扎层和自由层的磁化方向互相平行时，多数自旋子带的电子将隧穿进入多数自旋子带的空态，隧穿电流较大，MTJ 呈现低阻态；当钉扎层和自由层的磁化方向反平行时，多数自旋子带的电子将隧穿进入少数自旋子带的空态，隧穿电流较小，MTJ 呈现高阻态。因此，TMR 效应和 GMR 效应随 2 个铁磁层相对取向的变化规律是一致的。图 9.30（b）展示了 MTJ 的典型磁阻特应曲线[38]。在 TMR 效应的发展历史中，氧化镁隧穿势垒的采用具有重要意义。得益于氧化镁独特的自旋过滤效应，室温下 TMR 效应的磁电阻率可高达

600%，远远高于 GMR 效应的最大磁电阻率，因此引起了广泛的关注。将 TMR 效应应用到传感器中，需 MTJ 的电阻值在一定范围内随外磁场呈线性变化。目前实现线性化输出的方法包括：在 MTJ 附近集成永磁体，调节器件长宽比，自由层采用超顺磁材料，器件结构改为双钉扎层结构等。

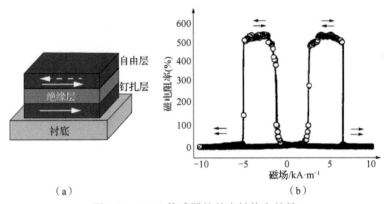

（a）　　　　　　　　　　　　　（b）

图 9.30　TMR 传感器的基本结构和特性

（a）MTJ 的基本结构　（b）MTJ 的典型磁阻特性曲线[38]

目前，TMR 传感器可依据应用领域的不同分为读取磁头、开关、矢量传感器（角度传感器和地磁传感器）、无损检测、微弱磁场探测等，广泛应用于导航定位、汽车工业、自动化控制等领域。TMR 传感器的高灵敏度及高操作性使其在自旋-MEMS 传感器、自旋-MEMS 传声器、TMR 生物传感器、可穿戴技术等新领域前景广阔[39]。

商用产品方面，近年来，TMR 传感器的优异性能引起了国内外电子厂商的注意，基于 TMR 效应的磁阻传感器得到了快速发展。美国的 NVE 和 Micro Magnetics、日本的 TDK、德国的英飞凌、我国的多维科技等在该领域推出了相应的商用产品。以 TDK 推出的 TMR 角度传感器（TAD2140）为例，该传感器温度范围大、响应速度快、角度精度高的特点使其在工业控制方面前景广阔。

9.5.5　多物理量融合：多轴传感器

多轴传感器一般指加速度传感器、角速度传感器和磁感应传感器的组合。多轴传感器的测量数据可以在坐标系中沿轴向分解，获得需要描述的物理参量。因此，上述传感器又可称为三轴加速度计、三轴陀螺仪、三轴磁力计。

三轴加速度计、三轴陀螺仪、三轴磁力计都有其各自的功能特点及应用：三轴加速计可以测量设备在空间中各方向的加速度，三轴陀螺仪可以测量设备自身的旋转运动，三轴磁力计可以定位设备的方位。三者的排列组合实现了传感器件的集成化和功能化，可以衍生出满足不同应用需求的多轴传感器，弥补了单个传感器在计算空间位置和运动情况时的不足。多轴传感器的命名方式为轴数的相加，如六轴传感器或九轴传感器。通过处理这些传感器获得的数据，并经过融合算法实现姿态的重构，可以实现精度和准确率更高的物体姿态检测。图 9.31（a）展示了六轴传感器中的陀螺仪与加速度计。

九轴传感器一般是指三轴加速度计、三轴陀螺仪、三轴磁力计的组合。集成化、小型化的九轴传感器可应用于无人机、可穿戴设备、物联网等高精度运动检测领域，如智能手机、平板电脑、AR、VR 等设备。与分立式解决方案相比，集成式的九轴传感器的尺寸优势对于空间受限产品而言极具吸引力。例如，某公司新推出的运动智能手表就采用了九轴传感器实现运动状态的高精度感知，如图 9.31（b）所示。

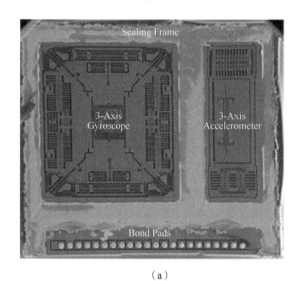
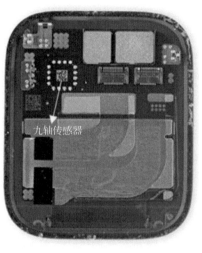

（a）　　　　　　　　　　　　　　　　　　　（b）

图 9.31　多轴传感器

（a）六轴传感器的 SEM 图[40]　（b）九轴传感器在运动手表中的应用

目前，商用九轴传感器的生产制造主要集中在博世、意法半导体、TDK 等厂商。其中，TDK 的 ICM-20948 型九轴 MEMS 运动传感器、博世的 BMX055 型数字九轴传感器、意法半导体的 LSM9DS1 型九轴惯性模块等都在市场上得到了广泛应用。

9.6　新型传感器技术

随着科学和工业技术的不断发展，新型传感器不断涌现。智能传感器作为一种新型传感器形态被提出，结构如图 9.32 所示。智能传感器在感知外部信号的同时具备信息预处理的功能，可看作传感器与微处理器相结合的产物。然而，从传感元件本身出发，新型传感器的发展方向仍可从工艺开发角度入手，结合新材料、新原理和新封装技术进行技术革新。

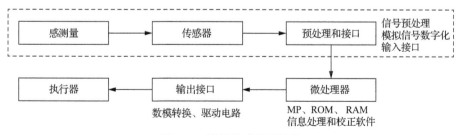

图 9.32　智能传感器的结构

9.6.1　微机电系统激光雷达

近年来，微机电系统激光雷达（MEMS-LiDAR）在工业、军事、消费电子等领域已得到广泛应用。MEMS-LiDAR 采用 MEMS 微振镜作为激光光束扫描元件，兼具"固态"和"运动"两种属性，也被业界称为"混合固态"，具有体积小、宏观结构简单、可靠性高、功耗低等优势，是目前激光雷达实现落地应用的最合适的技术路径。

MEMS-LiDAR 的核心是 MEMS 微振镜结构，这是一种硅基固态电子元件。按照驱动方式的不同，MEMS 微振镜可划分为静电驱动、电磁驱动、电热驱动以及压电驱动 4 种类型。MEMS 微振镜的结构如图 9.33 所示，其中心是一块微振镜面，通过控制电流来让微振镜产生平动或者扭转。MEMS 微振镜的扫描原理是当一束激光到达微振镜时，电流控制微振镜运动实现激光的不同角度反射，进而实现与机械式激光雷达相似的效果。与机械式微振镜相比，硅基 MEMS 微振镜的尺寸小、可量产、成本低、性能可控性好且可快速扫描。然而，由于 MEMS 微振镜属于振动敏感性器件，车载环境的振动和冲击容易对其使用寿命和工作稳定性产生影响，同时硅基 MEMS 微振镜的悬臂梁结构非常脆弱，外界的振动或冲击极易致其直接断裂。此外，MEMS 微振镜的振动角度有限，导致其视场角比较小（<120°），大视场角需要多子视场拼接，这对后续算法和其稳定度要求都较高。同时，受限于 MEMS 微振镜的镜面尺寸，MEMS-LiDAR 接收端的收光孔径非常小，远小于机械激光雷达，而光接收峰值功率与接收器孔径面积成正比，这导致其功率进一步下降、信噪比降低、有效探测距离缩短。

目前，MEMS-LiDAR 从增加镜面尺寸、使用更长波长、多通道联合扫描等方向不断优化。截至本书成稿之日，MEMS-LiDAR 的最大镜面尺寸已可达 7.5mm，通过优化工艺有望实现 10mm；探测距离可达 250m；多通道联合扫描可以将多个 MEMS-LiDAR 合成 1个，实现性能的提升。

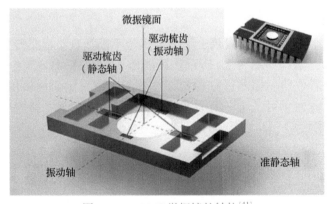

图 9.33　MEMS 微振镜的结构[41]

9.6.2　医工交叉传感器

随着医疗健康需求的日益增长，传感器技术也在不断发展以适应这种需求。传感器技术在医疗器械的便携化和小型化方面发挥着不可替代的作用。近年来，诺贝尔奖先后被授予"磁共振成像"（2003年）"超分辨率荧光显微镜"（2014年）"分子机器"（2015年）"冷冻电镜"（2017年）等革命性技术。这些技术的诞生都离不开医科和多学科融合。如图 9.34 所示，医工交叉传感器作为一种新型传感器，融合了机械、材料、电子等学科领域，有助于人们积极应对当今生命科学领域的一系列重大挑战。

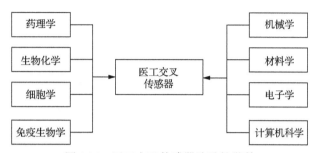

图 9.34　医工交叉传感器涉及的学科

实际上，全球范围内对医工交叉的探索已有数十年。从 20 世纪 70 年代开始，世界顶尖研究型大学（如哈佛大学、斯坦福大学和普林斯顿大学等）纷纷投入巨资开展医工交叉传感器的研究。我国的医工交叉传感器相关探索兴起于 20 世纪 80 年代末期。近年来，理工院校和医学院校的强强联合成为趋势，许多重点高校纷纷建立了以医工结合为特征的交叉学科研究实体，为医工交叉传感器的相关研究提供了广阔的舞台。

在医工交叉传感器领域中，实现精准、可靠、低侵入的医学传感及检测成为研究热点。其中，以液体活检为目标的医工交叉传感器研究近年来受到人们的广泛关注。与侵入性检测或组织化验的传统医学方法相比，液体活检是利用血液等液体中的生物标志物来分析病理，具有创伤小和灵敏度高的特点，在早期筛查和精准医疗方面具有较大的临床应用潜力。此外，微流控（Microfluidics）技术能够利用 MEMS 工艺制备微米尺度的器件，用于精确操控和检测生物样品。微流控技术可将生物分析过程中的样本制备、反应、分离、检测等基本操作集成到微米尺度的芯片上，具有体积小、样品少、能耗低、速度快、可并行处理等优点，是液体活检研究领域中的重要技术基础。由于微流控技术在医疗设备小型化和集成化方面的突出作用，该技术目前已经发展成为生物医学、电子学、材料学等多学科交叉的特色研究领域。

目前在微流控芯片的液体活检领域，基于电学和磁学检测的方法受到越来越多的关注。图 9.35（a）展示了一种基于电学的微流控传感系统。该系统采用玻璃基底，通过光刻技术完成微流体通道的制备。通过微流体通道进行流体引导和流量控制，同时通过通道电阻值完成细胞捕获动作，实现细胞计数检测[42]。再如图 9.35（b）所示，研究人员将柔性衬底材料应用于微流控技术，实现可贴近皮肤的柔性微流控芯片系统[43]。此外，基于磁学的微流控传感器在近几年也受到了学术界和工业界的关注。如图 9.35（c）（d）所示，通过对目标样本进行一定的磁学修饰，并在微流体通道附近设置一定梯度的磁场，可实现目标样本操控，进而实现对目标物的高效精准分选和检测[44]。

近年来，如何对样本中的分子成分，如蛋白质、葡萄糖等痕量特征进行感知和鉴别成为医工交叉传感领域的又一研究热点，太赫兹传感技术在该领域具有一定的应用潜力。太赫兹波是指频率范围在 0.1～10THz（1THz=10^{12}Hz）的电磁波，相应的波长在 3mm～30μm。

太赫兹波在生物传感方面的独特优势在于很多生物大分子的振动和转动能级都位于太赫兹波段，具有"生物指纹"属性。同时，太赫兹波的低能量特性不会对生物分子造成明显损伤。太赫兹波检测的典型脉宽在皮秒（ps）量级，在实现高时间分辨传感的同时，也可实现较大的信噪比。由于部分生物样本受限于多种因素无法大量获取，同时样品内被测成分含量通常较小。因此开发具有痕量检测能力的太赫兹生物传感器意义重大[45]。现有的太赫兹痕量检测技术包括太赫兹衰减全反射光谱、太赫兹差分时域光谱和超材料技术等。其中，太赫兹超材料生物传感技术可利用微纳加工技术，设计实现与生物样本谐振频点对应的微结构，实现对某一特征频率范围内生物信号的感知，在生物传感领域具有较高的应用价值。随着基于太赫兹超材料的传感研究的迅速发展，有机物传感器、生物分子传感器、近场生物传感器以及太赫兹微流控传感器等应用陆续出现[46]。

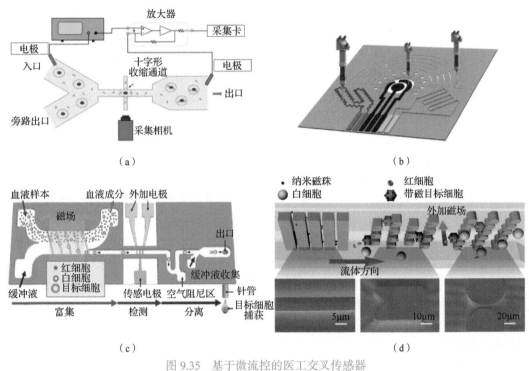

（a）　　　　　　　　　　　　　　　　　　（b）

（c）　　　　　　　　　　　　　　　　　　（d）

图 9.35　基于微流控的医工交叉传感器

（a）电学细胞分选芯片[42]　（b）柔性微流控芯片[43]

（c）侧向磁细胞分离芯片[44]　（d）高通量生物细胞传感富集芯片

图 9.36[47-50]分别展示了 4 种基于不同超材料结构的太赫兹生物传感器。值得注意的是，由于太赫兹波长处于微米到毫米尺度，可将 MEMS 等微纳加工工艺应用到太赫兹生物传感器制程中。如图 9.36（a）所示，太赫兹波结合超材料结构可通过特征峰的频谱移动来实现生物传感。如图 9.36（b）所示，将微流控技术和超材料集成，可构成太赫兹痕量生物传感器。此外，可通过外加标记来进行生物样本的处理，实现对生物 i 样本的定量传感，如图 9.36（c）所示。同时，如图 9.36（d）所示，针对太赫兹近场生物传感技术的挑战，通过在超材料背面集成宽带自旋太赫兹发射源，可设计实现自旋太赫兹源集成超材料，利用该超材料结构对介电环境敏感的特点，能够解决生物样本的近场高分辨检测难题[50]。

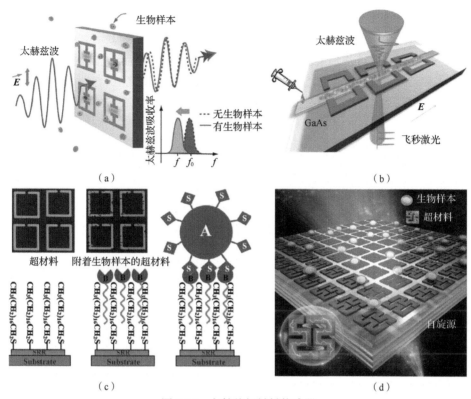

图 9.36　太赫兹超材料传感器

（a）基于 LC 谐振超材料的太赫兹生物传感器[47]　（b）微流控技术与超材料集成的太赫兹痕量生物传感器[48]

（c）基于免疫标记的太赫兹生物传感器[49]　（d）自旋集成超材料太赫兹生物传感器[50]

本章小结

本章主要聚焦传感器的基本概念、设计制造及主要应用领域，重点介绍了 MEMS 传感器的设计方法、工艺流程和典型应用，并对新型的磁学传感器和医工交叉传感器进行了简述和展望。在当今"万物互联"的时代，随着物联网技术的融合创新和规模化发展，产业界对传感器的需求与日俱增。同时，在人工智能技术的带动下，传感器与人工智能技术的深度融合为传感器技术在未来的发展提出了以下要求。

（1）微小型化。随着消费电子产品尺寸的缩小，电子元器件的布局空间也随着缩小，促使 MEMS 传感器走向纳机电系统（Nano Electro Mechanical System，NEMS）传感器，带来成本降低、微系统功能密度增加和功耗降低等优势。目前，NEMS 传感器在惯性传感和电化学传感方面已经有部分商用产品。

（2）高集成化。通过先进封装技术赋予传感器更多功能，如将逻辑电路、射频单元以及电源等模块与 MEMS 传感器进行系统集成，从而增加传感系统的附加价值。目前与传感器相关的先进封装技术主要包括 SiP、晶圆级封装（Wafer Level Package，WLP）、TSV 和 SoC 等。此外，随着 MEMS 传感器工艺制程的不断成熟，MEMS 传感器制程正与标准 CMOS 工艺走向兼容，因此可以采用标准集成电路工艺将 MEMS 器件和 CMOS

逻辑控制电路结构集成到单个芯片上，可在减小尺寸的同时大大降低成本、提高良率。

（3）多传感器融合。传统传感器主要应用于单一外部数据的获取，而多传感器融合应用，可整合多维度数据，使传感器系统能够对周边环境进行综合评估预测，实现传感器的智能化。目前常见的多传感器融合技术包括：将加速度计、陀螺仪和地磁计集成，形成九轴惯性测量单元；环境传感器将气体传感器、温/湿度传感器、压力传感器和传声器集成在一起，实现对环境大气、压力和音频特性数据的全方位读取；将不同频谱的光传感器进行一体化集成，可形成全频段光学传感等。

思考与拓展

1. 根据自己的学科和专业特色，调研并概述在该专业领域中 MEMS 传感器的应用实例。

2. 选择一种高分子聚合物材料，描述其机械、化学、物理特性，设计并制造一种基于选中高分子聚合物材料的膜式压力传感器。

3. 以硅基传声器为例，结合本章 9.4 节介绍的内容，选择合适的工艺进行工艺流程设计，并简要说明实现过程和涉及的设备。

4. 以图 9.16 为例，以表面微加工工艺对梳齿形静电致动 MEMS 传感器进行工艺流程设计。

5. 至少调研两款来自不同公司的压力传感器（或其他类型传感器）的产品性能，总结并比较这两款产品的性能，并阐述这些产品的应用场景和当前市场规模等。至少列举 3 个以上关键性能指标，解释相关定义和意义。

6. 至少讨论两种新型 MEMS 传感技术（MEMS-LiDAR、医工交叉传感器除外），并从其传感原理、性能指标、结构设计、加工工艺和市场应用场景等方面进行总结。

参考文献

[1] 樊尚春. 传感器技术新发展[J]. 世界电子元器件, 2002(12): 26-27.

[2] 搜狐网. 飞机仪表你了解多少[EB/OL]. (2019-8-25) [2022-5-15].

[3] 站酷. 全液晶汽车数字仪表——《以特斯拉为例 Reloadin》[EB/OL]. (2016-5-3) [2021-5-15].

[4] 华为技术有限公司. Know Your Device (HUAWEI Mate 40 Pro) [EB/OL]. (2020-12-21) [2021-5-15].

[5] 华为技术有限公司. 华为智能手表 WATCHGT 2 Pro 产品介绍 [EB/OL]. (2017-12-20) [2021-5-15].

[6] 苑伟政, 乔大勇. 微机电系统（MEMS）制造技术[M]. 北京: 科学出版社, 2014.

[7] 刘昶. 微机电系统基础[M]. 北京: 机械工业出版社, 2008.

[8] Smith C, Charles S. Piezoresistance Effect in Germanium and Silicon[J]. Physical Review, 1954, 94(1): 42-49.

[9] Feynman R P. There's Plenty of Room at the Bottom[J]. Journal of Microelectromechanical

Systems, 1992, 1(1): 60-66.

[10] Peterson K. Silicon Torsional Scanning Mirror[J]. IBM Journal of Research and Development, 1980, 24(5): 631-637.

[11] Petersen K. Silicon as a Mechanical Material[J]. Proceedings of the IEEE, 1982, 70(5): 420-457.

[12] Tai Y C, Muller R S. IC Processed Electrostatic Synchronous Micromotors[J]. Sensors & Actuators, 1989, 20(1.2): 49-55.

[13] 新浪网. MEMS 传感器在航空航天领域的应用[EB/OL]. (2017-2-20) [2021-5-15].

[14] 博世汽车电子事业部. MEMS 传感器：初 "芯" 不变 守护驾乘安全[EB/OL]. (2019-3-25) [2021-5-15].

[15] 焦登宁, 王旭飞. 车用 MEMS 传感器的市场分析[J]. 内燃机与配件, 2019(20): 179-181.

[16] 歌尔股份有限公司. 歌尔 MEMS 麦克风 S12OT421 和 S15OT421 产品介绍[EB/OL]. (2020-3-17) [2021-5-15].

[17] 意法半导体. MEMS 陀螺仪产品介绍[EB/OL]. (2020-8-13) [2021-5-15].

[18] Analog Devices Inc. ADXL35x Accelerometers [EB/OL]. (2020-4-12) [2021-5-15].

[19] 林忠华, 胡国清, 刘文艳, 等. 微机电系统的发展及其应用[J]. 纳米技术与精密工程, 2004, 2(2): 117-123.

[20] 韩光平, 刘凯, 褚金奎. 微电子机械系统尺寸效应的泛函分析[J]. 机械设计, 2004, 21(2): 17-19.

[21] 张海霞, 郭辉, 张大成, 等. 集成化微机电系统工艺设计技术的研究[J]. 纳米技术与精密工程, 2004, 2(3): 229-233.

[22] Helm R. MEMS 麦克风的应用优势加速取代传统驻极体麦克风[J]. 电子与电脑, 2008(3): 20-23.

[23] Kanaya M. MEMS 麦克风技术满足音量市场的性能要求[J]. 电子产品世界, 2017, 24(6):73-75.

[24] 华为技术有限公司. 华为智能音响 Sound X 产品介绍[EB/OL]. (2019-10-21) [2021-5-15]

[25] 华为技术有限公司. 华为无线降噪耳机 Freebuds pro 产品介绍[EB/OL]. (2020-9-10) [2021-5-15].

[26] 华晴, 沈拓, 张轩雄. 带封装的压电麦克风声电模型[J]. 传感器与微系统, 2018, 37(11): 42-44.

[27] 万兹蒂. 红外技术的实际应用[M]. 张守一, 等, 译. 北京: 科学出版社, 1981.

[28] 王楷群. 热电堆红外探测器的设计与性能测试[D]. 太原: 中北大学, 2010.

[29] 雷程. 双端梁 MEMS 热电堆红外探测器关键技术研究[D]. 太原: 中北大学, 2016.

[30] Melexis. 一种即插即用的红外热电堆传感器[EB/OL]. (2019-3-12) [2021-5-15].

[31] Melexis. 一种贴片式数字红外热电堆传感器[EB/OL]. (2019-10-15) [2021-5-15].

[32] Yole Developemnt. STMicroelectronics MEMS IMU Die Opening [EB/OL]. (2021-10-19) [2022-5-30].

[33] Wen L, Wouters K, Haspeslagh L, et al. An in-Plane SiGe Differential Capacitive

Accelerometer for Above-IC Integration[J]. Journal of Micromechanics and Microengineering, 2011, 21(7): 074011.

[34] MEMS Journal. L3G4200D Gyroscope Proof Mass Elements [EB/OL]. (2011-1-20) [2022-5-30].

[35] 陈建元. 传感器技术[M]. 北京: 机械工业出版社, 2008.

[36] Dieny B, Speriosu V S, Parkin S S, et al. Giant Magnetoresistive in Soft Ferromagnetic Multilayers[J]. Physical Review B, 1991. 43(1): 1297.

[37] Yan S, Cao Z, Guo Z, et al. Design and Fabrication of Full Wheatstone-Bridge-based Angular GMR Sensors[J]. Sensors, 2018, 18(6): 1832.

[38] Lee Y M, Hayakawa J, Ikeda S, et al. Effect of Electrode Composition on the Tunnel Magnetoresistance of Pseudo-Spin-Valve Magnetic Tunnel Junction with a MgO Tunnel Barrier[J]. Applied Physics Letters, 2007, 90(21): 212507.

[39] 周子童, 闫韶华, 赵巍胜, 冷群文. 隧穿磁阻传感器研究进展[J]. 物理学报, 2022, 71(5): 333-349.

[40] Fraux R. Teardown Compares Combo Sensors[EB/OL]. (2014-5-21)[2022-6-22].

[41] Maurer A. Microscanner mirrors replace human vision[EB/OL]. (2021-1-4)[2022-6-22].

[42] Ye Y, Zhao, W, Chen J, et al. Single-Cell Electroporation and Real-Time Electrical Monitoring on a Microfluidic Chip[C]// 2020 IEEE 33rd International Conference on Micro Electro Mechanical Systems (MEMS). NJ: IEEE, 2020: 1040-1043.

[43] Yang Y, Song Y, Bo X, et al. A Laser-Engraved Wearable Sensor for Sensitive Detection of Uric Acid and Tyrosine in Sweat[J]. Nature Biotechnology, 2020, 38(2): 217-224.

[44] Kim J, Cho H, Han S I, et al. Single-Cell Isolation of Circulating Tumor Cells from Whole Blood by Lateral Magnetophoretic Microseparation and Microfluidic Dispensing[J]. Analytical Chemistry, 2016, 88(9): 4857-4863.

[45] Xu W, Xie L, Ying Y. Mechanisms and Applications of Terahertz Metamaterial Sensing: A Review[J]. Nanoscale, 2017, 9(37): 13864-13878.

[46] 霍红, 延凤平, 王伟, 等. 基于超材料的太赫兹高灵敏度传感器的设计[J]. 中国激光, 2020, 47(8): 330-340.

[47] Zhang M, Yeow J T. Nanotechnology-based Terahertz Biological Sensing: A Review of Its Current State and Things to Come[J]. IEEE Nanotechnology Magazine, 2016, 10(3): 30-38.

[48] Serita K, Murakami H, Kawayama I, et al. A Terahertz-Microfluidic Chip with a Few Arrays of Asymmetric Meta-atoms for the Ultra-Trace Sensing of Solutions[J]. Photonics, 2019, 6(1): 12.

[49] Wu X, Quan B, Pan X, et al. Alkanethiol-Functionalized Terahertz Metamaterial as Label-Free, Highly-Sensitive and Specificbiosensor[J]. Biosensors and Bioelectronics, 2013, 42: 626-631.

[50] Bai Z, Liu Y, Kong R, et al. Near-Field Terahertz Sensing of HeLa Cells and Pseudomonas based on Monolithic Integrated Metamaterials with a Spintronic Terahertz Emitter[J]. ACS Applied Materials & Interfaces, 2020, 12(32): 35895-35902.

第 10 章　集成电路电子设计自动化技术

随着电路集成度和复杂度的大幅提升，集成电路的设计方法逐渐向定制化和智能化方向发展，演变为集成电路电子设计自动化（Electrical Design Automation，EDA）技术，其核心是搭载于计算平台上的计算机辅助设计（Computer Aided Design，CAD）软件包。EDA 技术融合了人工智能、电子科学与技术、计算机科学与技术等多个学科[1]，可以辅助集成电路设计人员实现芯片设计的全自动化。如图 10.1 所示，集成电路制造厂商通过 EDA 工具给集成电路设计公司提供工艺设计包（Process Design Kit，PDK），而集成电路设计公司通过 EDA 软件进行电路设计并最终向制造厂商提供版图。如果没有 EDA 软件包的辅助，电路设计人员无法完成超大规模集成电路的设计，制造也就无从谈起。相应地，集成电路制造技术的快速进步又对 EDA 技术提出更新、更高的要求。本章从 3 个方面介绍集成电路设计常用的 EDA 工具，包括 EDA 技术的起源、发展现状和分类，模拟电路 EDA 设计和数字电路 EDA 设计。最后，简单介绍基于人工智能的 EDA 技术。

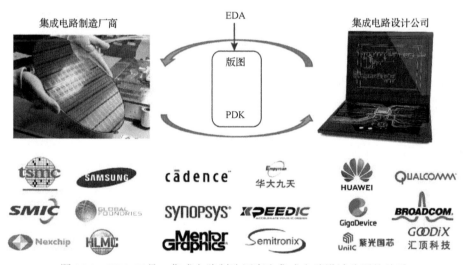

图 10.1　EDA 工具、集成电路制造厂商和集成电路设计公司的关系

本章重点

知识要点	能力要求
电子设计自动化技术	1. 了解 EDA 技术的起源和发展历程 2. 认识 EDA 技术的国内外发展现状 3. 了解 EDA 工具的分类
模拟集成电路设计自动化	1. 了解模拟集成电路设计流程 2. 掌握模拟集成电路仿真工具的使用 3. 掌握模拟集成电路版图设计和验证的工具
数字集成电路设计自动化	1. 掌握数字集成电路设计流程 2. 掌握数字集成电路的综合语言和工具

10.1　电子设计自动化技术简介

随着半导体产业的日益扩大，EDA 技术在电子产业中发挥着越来越重要的作用。EDA 工具能够帮助电路设计人员全方位地评估电路的性能和论证工艺可行性，从而提高流片的成功率。为了帮助读者对 EDA 技术有更全面的了解，本节首先介绍 EDA 技术的起源及发展现状，然后介绍常用的 EDA 工具及分类。

10.1.1　电子设计自动化技术的起源

根据功能和涉及的关键技术，全球 EDA 产业的发展基本可以分为以下 4 个阶段（见表 10.1）[2]。

（1）诞生阶段。在集成电路发展的初级阶段，设计主要采用人工布线的方式进行。随着大规模商用计算机的不断升级，集成电路规模的大幅提升对人工布线模式形成了巨大的冲击。20 世纪 70 年代，CAD 软件进入高速发展的时期，EDA 技术由此诞生。

（2）自动化阶段。到了 20 世纪 80 年代，工程化设计的实现使得集成电路的设计更加便捷，由此进入计算机辅助工程阶段，软件开发人员将多种 CAD 工具聚合在同一套系统中，通过电气连接网络将电路的功能和结构设计结合在一起。

（3）全自动化阶段。进入 20 世纪 90 年代，微型计算机的迅猛发展使得研究人员对芯片设计提出了更高的要求，出现以高级语言描述辅助电路设计人员进行系统级仿真与综合为特点的 EDA 工具。

（4）智能化阶段。21 世纪以来，超大规模集成电路、电子系统设计和计算机技术的快速发展促使现在 EDA 技术的形成。该技术能大大缩短集成电路的开发周期，而且能实现性能的日益完善和性价比的快速提升。

表 10.1　EDA 产业的出现及演化

阶段	主要技术	特点
诞生 （20 世纪 70 年代）	计算机辅助设计	利用计算机技术取代人工布线模式辅助完成 PCB 布局布线、IC 版图编辑等任务
自动化 （20 世纪 80 年代）	计算机辅助工程	可用计算机实现电路原理图输入、功能仿真、性能分析、布局布线、后仿真等操作
全自动化 （20 世纪 90 年代）	电子系统设计自动化	以系统仿真与综合优化（Synthesis）、高级语言描述为特征
智能化 （2000 年以后）	集成电路设计自动化	以基于硬件描述语言的设计文件为核心，可自动完成以下任务：从软件方式描述的电子系统到硬件系统的逻辑编译、化简、分割、综合和优化，以及逻辑仿真与布局布线，最终完成对特定目标集成电路的适配编译、逻辑映射与编程下载等工作

目前，EDA 技术已经在多种涉及国计民生的产业中得到广泛应用：从电路与系统设计、功能验证、性能分析到产品模拟等，都可以完全利用 EDA 工具进行开发和验证。EDA 技术已经随着电子产品的普及，在各大产业中起着中流砥柱的作用，同时也进入人们日常生活的各个领域，从新兴的人工智能、生物科技、智慧医疗，到传统的电子、电力、通信、航空科技、化工、军事等领域，都在利用 EDA 技术加速产品的开发与应用。

10.1.2　电子设计自动化技术的发展现状

在整个集成电路产业链中，EDA 技术的市场规模占比较小，但作用却至关重要。在 EDA 技术出现的早期（20 世纪 80～90 年代），市场上曾涌现出一大批从事 EDA 技术开发的公司。经过残酷的市场竞争，EDA 行业中的大多数企业已被淘汰出局，从早期的"群雄逐鹿"发展到了如今"三分天下"的局面，成为一个高度垄断的行业。截至 2018 年，三大巨头公司 Cadence、Synopsys 和 Mentor Graphics 稳居全球 EDA 行业前三，占据超过 60% 的市场份额（见图 10.2）。在国内，三巨头也长期占据超过 90% 的份额，还有 ANSYS 等外企参与瓜分剩下的市场，本来起步就晚的国产 EDA 企业举步维艰，与三巨头之间存在着很大的差距[3]。

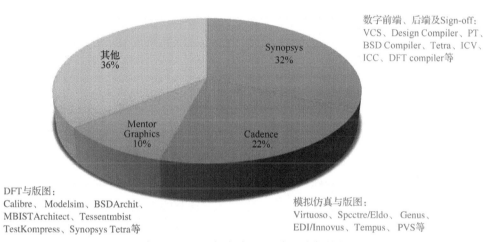

图 10.2　2018 年全球 EDA 产业市场格局

全球 EDA 市场处于长期稳定增长的状态，年平均增长率约为 6%，2018 年市场规模为 97 亿美元。前三大 EDA 公司已经建立了完整的集成电路设计工具链，包括 Synopsys 的逻辑仿真、逻辑综合、物理布局布线、时序分析、形式验证、参数提取、版图检查、签核（Sign-off）和可测性设计（Design for Test，DFT）工具等；Cadence 的原理图设计、功能仿真、版图设计、布局布线和版图验证等；Mentor Graphics 的 DFT、电路版图设计、布局布线和物理验证等。相对来说，Synopsys 的优势在于数字前端/后端和 Sign-off 工具，而 Cadence 的优势在于模拟/混合信号的定制化电路与版图设计，另外 Mentor Graphics 在 DFT、布局布线和版图验证方面比较强。这三大公司提供的软件可高效地辅助完成模拟/数字电路的全流程设计，因此被大多数集成电路设计公司和研究机构所采用。

我国 EDA 市场规模的年平均增长率超过 20%，2016 年市场规模约为 4.1 亿美元，但基本被上述三大国际巨头垄断。虽然近年来取得了快速的发展，国内 EDA 公司与国际巨头之间的差距仍然十分明显，这种差距主要表现在以下几个方面。

（1）模拟 EDA 工具对先进工艺节点的支撑水平不足。截至 2017 年，国际先进模拟 EDA 软件可以为 10nm、7nm、5nm 等工艺节点服务，而我国 EDA 软件最高只能满足 40nm 工艺节点的全流程设计需求。

（2）数字全流程 EDA 工具基本处于空白。长期以来国内缺乏以自动布局布线、逻辑综合与等效性检查为基础的数字全流程 EDA 工具，也缺乏相关的人才与技术积累。

（3）企业的体量较小，抗风险能力较弱，竞争力明显不足。2017 年我国 EDA 企业营收大约为 0.2 亿美元，从业人员数量少于 400 人，规模体量明显不足，产品大多集中在单点 SPICE 仿真和良率优化设计方面，体系性和抗风险能力差。

2008 年以来，我国国内涌现了大量优秀的 EDA 公司，包括华大九天、概伦电子、芯和半导体、广立微电子、国微集团和芯愿景等。我国 EDA 产业的主要公司及产品见表 10.2。近几年，我国 EDA 技术遭遇"卡脖子"以来，国家开始大力扶持国产 EDA 工具的发展，国内 EDA 企业如雨后春笋般涌现出来，出现了包括芯华章、行芯科技和芯行纪等在内的多家优秀 EDA 企业。

表 10.2　我国 EDA 产业的主要公司及产品

公司名称	主要产品
华大九天	提供 SoC 后端设计分析、全流程数模混合信号芯片设计系统、SoC 后端设计分析及优化解决方案、FPD 全流程设计系统、IP 以及面向晶圆制造企业的相关服务，为液晶平板显示领域提供全流程 EDA 设计解决方案
概伦电子	打造存储器设计全流程 EDA，实现设计工艺协同优化（Design Technology Co-Optimization，DTCO）真正落地的、从数据到仿真的创新 EDA 解决方案
芯和半导体	提供差异化的软件产品和芯片小型化解决方案，包括射频模拟混合信号设计、高速数字设计和 IC 封装设计等
广立微电子	提供三大工具（VirtualYield、SmtCell、DataExp）和两个测试设计平台，即对设计划片槽和 MPW 测试芯片提供完整解决方案的 TCMagic 平台，及对大型可寻址及划片槽内可寻址测试芯片提供解决方案的 ATCompiler 平台

其中，华大九天在 EDA 软件方面拥有超过 30 年的技术积累，是我国规模最大、产品最全、技术力量最强的 EDA 研发企业[4]。华大九天现有的 EDA 产品包括数字设计分析优化 EDA 系统、模拟设计全流程 EDA 系统、平板显示（Flat Panel Display，FPD）设计全流程 EDA 系统等。模拟设计全流程 EDA 系统可完整支持 40nm 及以上工艺，是全球四大模拟设计全流程解决方案之一，也是除欧美三大 EDA 巨头之外的唯一模拟全流程解决方案。该解决方案已通过认证，进入全球最大的模拟晶圆制造厂 TowerJazz 的设计参考流程，其中高精度、高速模拟电路仿真产品技术达到国际领先水平。国内外多家世界级 IC 设计公司将数字设计分析优化 EDA 系统列入标准设计流程中。另外，时序分析优化技术，超大规模版图分析处理技术和工艺质量评估技术已经达到国际领先水平。华大九天的产品还包括全球最早提出的物理版图级时序优化解决方案（被用在全球第 1 颗 16nm SoC 和第 1 款 7nm SoC 开发中）、全球显示速度最快的超大规模 SoC 版图集成和分析软件等。

华大九天的 FPD 设计全流程 EDA 系统是全球唯一商业化的全流程设计系统，多项技术达到国际领先水平，在国内占有率超过 90%。其 FPD 设计软件平台无缝集成了电路设计、仿真分析、版图绘制、电阻电容模拟和版图验证等多个工具，在保证设计质量的同时将设计效率提升了至少 2 倍。同时，配合中国面板产业升级，华大九天创新地研发出了异形设计（即圆角、曲面屏、折叠屏等）、OLED 建模、全面板仿真、IR-Drop 和良率分析等多个功能，得到用户的广泛认可。华大九天的产品已经在国内外近三百家企业中得到广泛应用，客户涵盖中国 IC 设计企业前十强中的 7 家、全球 IC 设计企业前十强中的 5 家、全球晶圆制造代工厂前十强中的 7 家，以及国内所有的 CPU 设计企业、国内 90% 以上的平板显示制造企业等。

作为提供大规模高精度集成电路仿真、高端半导体器件建模、半导体参数测试解决方案的厂商，概伦电子是国内具有国际竞争力的 EDA 领军企业。公司技术实力雄厚，拥有众多全自主知识产权、国际领先的 EDA 技术和产品，致力于打造存储器设计全流程 EDA，实现 DTCO 真正落地的从数据到仿真的创新 EDA 解决方案。公司推出的 NanoSpice 是新一代大容量、高精度、高性能并行 SPICE 电路仿真器，特别对高精度模拟电路和大规模后仿电路的仿真功能进行优化，同时满足高精度、大容量和高性能的高端电路仿真需求。另外，公司自主创新的 NanoSpiceGiga 是千兆级的晶体管级 SPICE 电路仿真器，能够通过基于大数据的并行仿真引擎处理 10 亿个单元以上的电路仿真，可以用于各类存储器电路、定制数字电路和全芯片的仿真验证。采用高精度 SPICE 仿真引擎确保了先进工艺节点下芯片设计中功耗、漏电、时序和噪声等的精度要求，并通过先进的并行仿真技术在不降低仿真精度的情况下实现高速电路仿真，因而可以成为存储器 IP、芯片设计验证的标准 Signoff 仿真器。NanoSpicePro 是一款具备卓越性能、超大容量的革命性的 Fast SPICE 电路仿真器。它能显著提升芯片设计人员的生产力，解决大规模存储器（如 DRAM、SRAM、Flash、MRAM）、FPGA、定制数字和系统级芯片（SoC）等复杂设计的验证难题。另外，公司还开发了良率导向设计平台 NanoYield、大容量波形查看器 NanoWave、先进器件建模平台 BSIMProPLus、人工智能驱动的参数自动提取平台 SDEP、器件建模软件 MeQLab、集成电路工艺与设计验证评估平台 ME-Pro、PDK 验证软件 PQLab 等高性能的新型 EDA 工具。

随着人工智能（Artifical Intelligence，AI）向各个领域的渗透，将 AI 引入 EDA 工具将是今后的发展趋势。高效的 AI 算法可以帮助设计人员达到最优化的性能目标，最终能够快速开发出功能更加强大和性能更加稳定的集成电路。在此背景下，AI 算法将成为 EDA 厂商的主战场。国内大量的应用场景和需求，为国产 EDA 软件在新的领域内抢先占领市场、实现国产替代提供了良好的契机。

10.1.3　常用工具及分类

EDA 工具的种类和应用场景相当广泛，包括现代信息产业的各个领域。本书提及的 EDA 工具，主要是针对电子电路设计与仿真、Layout/PCB 设计和集成电路设计相关的软件。总体而言，电子电路领域中的 EDA 设计可以分为系统级、电路级和物理实现级。而从应用领域来讲，EDA 工具又可以分为集成电路（Integrated Circuit，IC）设计、印制电路板（Printed Circuit Board，PCB）设计和可编程逻辑电路（Programmable Logic Device，PLD）设计。表 10.3 列出了这 3 种分类的代表性软件和功能。

IC 设计工具主要面向全定制化集成电路，包含模拟 IC 和数字 IC，是 EDA 的核心技术。模拟 IC 是从晶体管出发，通过电路设计、仿真与版图设计等步骤最终完成电路设计。而数字 IC 是通过逻辑设计、综合时序分析和布局布线等步骤完成电路设计。设计人员对于电路的全部参数有完全的控制权，如晶体管的尺寸、各层金属间距等。

表 10.3　代表性 EDA 工具及功能

类型	IC 设计工具	PCB 设计工具	PLD 设计工具
功能	模型创建、电路设计、功能仿真、版图绘制、版图验证、逻辑电路综合、布局布线	电路设计、功能仿真、模拟控制、PCB 绘制、PCB 验证、波形输出、系统设计、数据输出	硬件描述语言、数字集成电路、FPGA、CPLD、电路原理图、状态机、布尔表达式、可编程逻辑器件
代表软件	SPICE、Synopsys、Cadence Virtuoso、Mentor Grahpics	Protel、PowerPCB、HSPICE、PSPICE、Cadence Orcad	Viewlogic、Altera、Quartus、Xilinx、Actel、Lattice、Quicklogic

PCB 设计工具主要面向电子系统的设计，是离完整电子产品最近的 EDA 技术。PCB 设计工具一般以元器件或模块为设计单元，通过电路设计、仿真分析和 PCB 绘制等完成电子系统的设计。其关键技术是高速信号处理、多层 PCB 设计和信号完整性分析等。

PLD 设计工具主要应用于半定制的大规模集成电路开发与功能验证。结合计算机软件技术，设计人员使用 PLD 设计工具可以快速、方便地构建数字系统，可以综合考虑多种逻辑能力、特性、速度和电压特性的标准成品部件，灵活地改变其配置，从而完成多种不同的功能。

下面以模拟集成电路、数字集成电路的全流程设计为主线来介绍 EDA 工具的功能和使用方法。

10.2 模拟集成电路设计自动化

模拟电路设计通常依托于 Cadence 软件平台完成。Cadence 是一个大型的 EDA 软件技术供应商，提供完成电子设计各步骤的软件，其中包括用于 ASIC 设计、FPGA 设计和 PCB 设计的 EDA 工具。Cadence 在电路原理图设计、功能仿真、版图设计与验证和布局布线等方面占据绝对优势。另外，Mentor Graphics 提供的 Calibre 是集成电路版图验证软件，所提供的图形模式可以单独启动或嵌入 Cadence Virtuoso 等软件中，使用比较便捷。下面主要以模拟集成电路设计流程为主线，介绍 Cadence 和 Calibre 的部分功能以及在集成电路设计中的使用[5-8]。

如图 10.3 所示，Cadence 的全定制 IC 设计工具包括：原理图设计工具（Virtuoso Schematic Composer）、模拟信号设计环境（Analog Design Environment，ADE）、仿真器（Spectre/Eldo）和版图设计工具（Virtuoso Layout Editor）。Calibre 集成的版图验证工具包括：设计规则检查（Design Rule Check，DRC）、版图与电路图一致性检查（Layout Versus Schematic，LVS）和寄生参数提取（Parasitic Extraction，PEX）。图 10.3 中的后仿真也是在 Cadence 中完成的。本节重点从 3 个方面来介绍模拟集成电路设计工具：库文件与器件模型、电路设计与仿真、版图设计与验证。

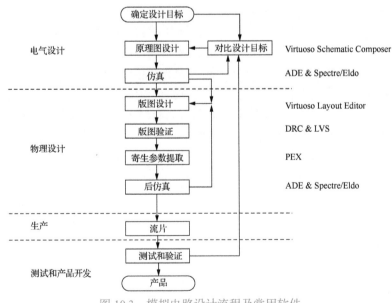

图 10.3 模拟电路设计流程及常用软件

10.2.1　库文件与器件模型

Cadence Virtuoso 是常用的模拟电路设计工具，主要用于在晶体管层面开发出性能最优的电路设计。在 Virtuoso 中，所有的设计都从新建设计库（Library）开始。Library 是 Virtuoso 的工作空间（相当于一些软件中的 project），包含整个设计的所有文件与数据，如子单元（Cell）以及子单元中的多种视图（View）[5]。View 可以是电路图（Schematic），也可以是符号（symbol，用于代表比较复杂的电路图，方便更高层次的电路图设计调用），还可以是版图（layout）、模型（VerilogA）等，如图 10.4 所示。

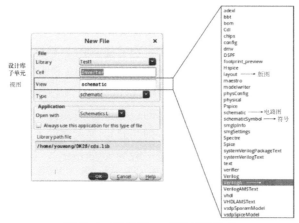

图 10.4　新建 View 可选择的种类

1. 库文件

在新建设计库时，如果需要建立掩模版或者其他的物理数据（如 layout 等），可以选择连接到一个集成电路工艺厂商（如中芯国际、台积电等）提供的 PDK。如图 10.5 所示，PDK 中包含器件的仿真模型（SPICE Model）、参数化单元（Parameterized Cell，Pcell）、标准单元库、工艺文件、物理验证规则文件等，是集成电路设计的必备工具，统称为工艺库。

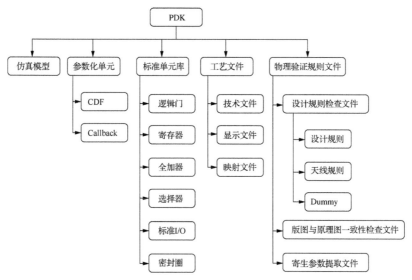

图 10.5　PDK 中包含的内容

下面详细介绍这几种文件。

（1）仿真模型通常由工艺厂商提供，所描述的设计单元必须与所制造器件的电学行为特性一致，且需要通过 SPICE 的仿真验证。

（2）参数化单元是一种可编程单元，允许用户通过定义参数创建实例。在调用参数化单元的过程中为参数赋不同的值，可以创建不同的参数化单元实例，从而极大地简化了器件的使用。参数化单元一般用 SKILL 语言编写或者用 Virtuoso Pcell 应用程序以图形方式创建，将器件的仿真模型、符号以及版图建立一一对应关系，用 Cadence 提供的可视化用户接口定义功能（Component Description Format，CDF）或者 SKILL 语言中的 Callback 函数，配置可自由定义的参数。参数化单元所对应的版图设计已经通过物理设计检查的验证。

（3）标准单元库是工艺厂商预先设计好的优化的库单元，可以极大地提高使用者的设计效率，加快产品研发进程。标准单元库除了包含逻辑门、寄存器、全加器和选择器等常用逻辑模块外，还包含芯片与外界通信的接口（标准 I/O）和防止芯片在划片过程中受到损伤的密封圈（Seal Ring）。作为芯片与外界通信的接口，I/O 电路必须具有较大的驱动能力、抗噪声干扰能力以及足够的带宽和可靠的过电保护功能。

（4）工艺文件主要包括技术文件（后缀一般为.tf）、显示文件（后缀一般为.drf）和 GDS II 的数据与工艺代码数的映射关系文件（后缀一般为.layermap）。具体内容在 10.2.3 小节详细介绍。

（5）物理验证规则文件则包括了设计规则检查、版图与原理图一致性检查和寄生参数提取等文件。其中，设计规则检查需要用到设计规则、天线效应和 Dummy 3 种文件，具体内容在 10.2.3 小节详细介绍。

如果需要用到尚无成熟工艺的新型器件（如第 8 章中介绍的 MRAM、RRAM 等），用户可自行创建器件库以完成电路设计[①]，这类库文件统称为自定义库。另外，还有一些基本的共享库文件可以供设计人员使用，如基本库（Basic）、模拟库（Analoglib）和功能库（Functional）等。这些库主要定义了一些常用的电路元件，如电压源电流源、地线、电阻等，统称为参考库。

上述 3 种库文件之间的关系如图 10.6 所示，所有的电路设计工作都在设计库中进行，工艺库和参考库提供设计所需的元器件和标准单元。

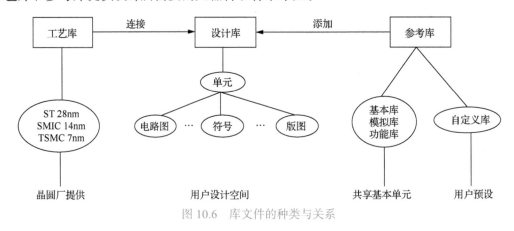

图 10.6　库文件的种类与关系

---

① 可参考 SPINLIB 网站。

2. 器件模型

自定义库是对新型器件进行电路设计所必需的，而器件的仿真模型（Spice Model）是自定义库的基本元素。VerilogA 是 Cadence 提供的建模语言，同时也是一种常用的 View 名称[6]。VerilogA 与大多数 SPICE 仿真器兼容，如 HSPICE、Spectre 等，也与大多数晶圆厂提供的工艺库兼容。优化的迭代方式可以加快仿真速度，从而提高电路设计的效率。用 VerilogA 语言对器件或功能单元进行电学行为的模块化描述，可以达到减少仿真时间、加快设计进度和有效提高仿真精度的目的[9]。

VerilogA 是一种高层次硬件描述语言，它用模块化的方式对器件或系统的内部结构和电气行为进行描述。其中，结构描述是阐明不同子模块在系统中的用途以及子模块之间的连接关系，完整的结构描述需要包括对信号、端口和基本参数的定义[9]。行为描述是指用一系列的数学表达式或者传输函数来描述器件或系统的行为，描述范围涵盖基本的电阻器、电容器、电感器以及相对复杂的运算放大器或滤波器等模拟系统。总的来说，该语言有以下特色：

（1）提供丰富的、多层次的行为和结构模型描述函数，方便建模人员实现模拟电路系统性能与物理实现之间的优化设计，例如经常使用的时间微分函数 ddt 等；

（2）提供事件驱动函数，如 cross、above、initial 等函数，便于设计器件的瞬态特性；

（3）提供蒙特卡罗仿真设计功能，方便进行现工艺角仿真相关的建模；

（4）简单的用户接口设计，为建模人员提供了方便的用户友好界面设置方法。

建模人员可以利用 VerilogA 语言的库文件中所提供的函数，结合对信号的定义，完成对各种模拟电路模块的行为描述。另外，VerilogA 还提供了一些特定的函数，方便建模人员将客观存在的固有偏差、时延、噪声等加入行为描述中，使模型更加符合实际情况，从而提高模型的可靠性。最后，可以利用 Cadence 提供的 Spectre 等仿真器来验证新模块的功能，通过分析大量的仿真结果，调整模型中添加的各种不同类型的参数直至达到设计目标。

下面以一个简单的电阻模型来展示 VerilogA 建模的流程：

```
'include "disciplines.vams"         //加载库文件（常用库和数学库）

'define sqrt(x) pow( (x), 0.5)      //定义全局变量和函数关系

'define e 1.6e-19

module load(p);                     //定义模型端口，开始创建模型

electrical p, gnd;                  //声明节点的电气类型

ground gnd;

parameter real R=50.0;              //定义参数类型、参数初始值及取值范围

real Vp;                            //声明局部变量

analog begin                        //建立模拟行为

@(initial_step)                     //初始化局部变量

begin

Vp=R*I (p, gnd) ;                   //为局部变量赋予对电气节点的某种依赖性

end
```

```
Vp= R * I(p, gnd);            //描述模拟行为
V(p) <+ Vp;                   //将局部变量的数值赋予对外提供的电气节点
end                   //结束模拟行为描述
endmodule             //结束模型定义
```

上面的 VerilogA 程序完整地描述了器件的电学行为，但并不适用于电路设计的可视化界面。因此，Cadence 中为建模提供了与 VerilogA 相互关联的 symbol，以方便后续进行电路设计。用户可根据 VerilogA 模型的输入/输出接口新建一个 symbol 的 View，将 VerilogA 语言所描述的电学行为模型赋予 symbol。同时，模型设计人员可利用 Cadence 为 VerilogA 语言提供的 CDF 功能，配置模型使用者可自由定义的参数。

10.2.2　电路设计与仿真

在电路设计的目标和方案确定以后，就可以用 Cadence 进行电路原理图设计了。此处需要用到的软件为 Virtuoso Schematic Composer，可实现电路原理图的编辑和修改。由于对电路原理图的修改是建立在仿真结果反馈的基础上的，所以这两部分将放在一起介绍。设计流程与相对应的软件操作如图 10.7 所示[5]。

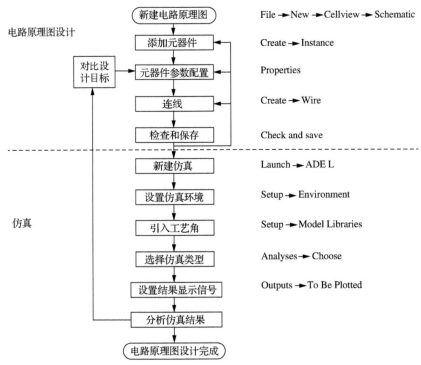

图 10.7　电路原理图设计与仿真流程及各步骤对应的软件操作

下面重点介绍电路原理图设计、仿真设置和结果分析 3 个方面。

1. 电路原理图设计

工艺厂商提供的 PDK 包含 Spice model 和标准单元库，可以帮助使用者更高效地进行集成电路设计。Spice model 不但描述了器件的电学行为特性，而且集合了各种实际中存在的问题，如针对温度波动、工艺偏差等场景下的不同性能评估方法（最差情况分析、蒙特

卡罗分析等），使用者可以在设计阶段考虑到所有效应来验证电路设计的可行性，从而节约大量不必要的流片成本，提高集成电路的流片成功率。在电路层面，标准单元库提供了常用的电路，且每种单元都对应多个不同器件尺寸和不同驱动能力的电路。种类丰富的标准单元库可以有效提高电路设计和版图设计的效率，也使得设计人员可以更加自由地在性能、面积、功耗和成本之间进行平衡。

另外，模块化设计能够增强电路的层次性，方便进行功能验证和性能提升。功能完整的模拟电路通常都比较复杂，如果全都放在一起进行设计和仿真，必然会引起组织混乱，在出现错误时无法快速找到错误根源，设计效率不高。为避免这种问题，在设计启动之前，需要对照电路设计目标将总任务分为不同的模块。这些模块相互独立，但又配备必要的接口以实现互连。在电路设计的过程中，可以分别对各个子模块进行电路原理图设计和功能仿真，待功能和性能确认完好后，再将所有模块进行连接，做最后的测试。对于每个子模块，可以创建 symbol 用于整体设计和仿真，这相当于用户给自己建立不同的单元库，最后将所有单元综合起来完成电路设计目标。

2. 仿真设置

仿真设置主要包含 4 个部分：环境设置、工艺角设置、类型设置和输出信号设置。

环境设置主要包括许多跟环境有关的参数设置，其中最常用的是温度和视图转换列表（Switch View List）。视图转换列表中罗列出所有工艺库和参考库所包含的视图名，基本的 schematic、symbol、layout 和 spectre 等一般都默认添加在内；如果有用户创建的模型，一般需要加入 VerilogA；如果是用于后仿真，则需要加入 calibre。

工艺角设置是针对需要要用到的工艺库添加相应的工艺角文件，同时为不同的仿真类型设定其中的特征值，如最差情况分析和蒙特卡罗分析等均需要修改相应元器件在工艺角文件里的特征值。仿真执行的过程中，软件通过调用工艺角文件中的元器件参数与电学特性进行整个电路的性能参数计算。

Cadence 提供了几十种仿真类型，其中有瞬态、直流扫描、温度、噪声等各种选项可供选择，使用者可以在设计阶段考虑到所有效应来验证电路设计的可行性。例如，瞬态仿真可用于验证电路的时序，温度仿真可用于研究电路在不同环境下的稳定性，而噪声仿真可用于研究电路的抗噪能力，这些指标对于射频和传感器相关的电路尤为重要。由于仿真的步长是根据不同的仿真目标随机设定，因此需要根据电路设计的要求进行设置。如果一个信号读取电路的目标要求是延迟小于1ns，那么做瞬态仿真时的最大步长必须远小于 1ns；如果一个温度传感器对温度的分辨率为 0.1K，那么做温度仿真时的最大步长应该远小于 0.1K。所有设置完成后，执行仿真操作。

3. 结果分析

通过对仿真结果进行分析，调整电路原理图直至达到设计目标。图 10.8 展示了一个反相器的电路原理图与瞬态仿真结果，从结果中可以获得电路的延迟和功耗等性能参数。除了可视化界面外，Cadence 也提供了用网表进行仿真的功能。网表中可以用脚本语言描述电路元器件以及它们之间的相互连接关系、环境参数、仿真类型等，最终用指令完成仿真和输出结果。

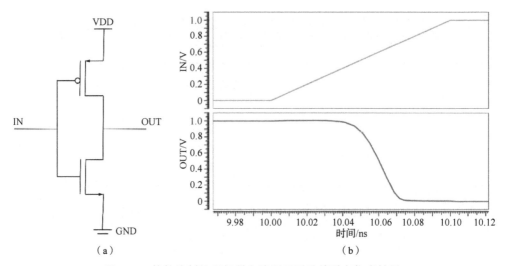

（a）　　　　　　　　　　　　　　（b）

图 10.8　软件绘制的反相器电路原理图及其瞬态仿真结果

（a）电路原理图　（b）瞬态仿真结果

　　此外，Cadence 还提供了蒙特卡罗仿真功能，可对电路的情况进行全方位的评估，为电路原理图的修改提供有效的反馈，从而提高电路稳定性与可靠性。蒙特卡罗仿真的原理如下：系统根据用户选择的方差范围（σ）和仿真次数（N），利用数学方法来进行模拟，用高斯分布的模型对原始参数在预定的方差范围 σ 内进行 N 次随机抽样，从而进行电学参数计算。图 10.9 展示了蒙特卡罗仿真结果，从图中可以看到 100 次仿真的情况，电路设计人员可以对比自己的设计目标做出判断。如果最差的结果也在可接受范围内，那么电路设计部分宣告完成；如果不符合设计预期，那么需要对电路原理图进行分析，对相关元器件及参数进行调整，然后继续仿真直至达到设计目标为止。如果设计结果显示各种性能参数均已达到目标，则可以进入下一环节，即版图设计与验证。

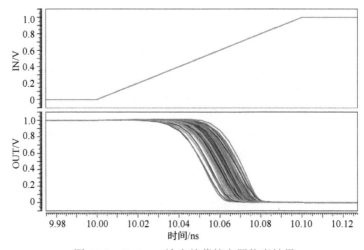

图 10.9　Cadence 输出的蒙特卡罗仿真结果

10.2.3　版图设计与验证

　　在电路功能与性能均达到设计目标的前提下，可以开始进行版图设计。版图设计是将电路原理图转化为可以提供给工艺厂商进行制造的物理设计。版图设计主要是在 Cadence Virtuoso Layout Editor 中完成，它的优点是图形用户界面友好、操作方便快捷、功能强大完备，可以高效和准确地完成版图设计[7]。而版图验证主要是通过嵌入 Cadence 的 Calibre 插件完成，包括 DRC、LVS 和 PEX 等。这几种操作所需要的文件都是用标准验证规则格式（Standard Verification Rule Format，SVRF）语言编写的[8]。下面依次介绍版图的基本概念、版图设计、版图验证和面向先进工艺节点的版图验证工具。

1. 版图的基本概念

在开始版图设计之前，需要了解以下基本知识：器件的版图、金属互连层、工艺文件和设计规则。

（1）器件的版图。以 NMOS 为例，NMOS 的电路图形符号如图 10.10（a）所示，主要有两种，衬底一般与源极相连。图 10.10（b）所示为 NMOS 的立体图，虽然省略了实际 MOS 结构中的细节，但可以帮助理解版图。图 10.10（c）所示为 NMOS 的版图，也就是立体图的俯视图。NMOS 的 3 个端口 G、S、D 是按照功能来区分的，但在绘制版图的时候，通常以制作时的材料或者方法区分。于是，S 和 D 统称为扩散区（Diffusion），G 为多晶硅（Poly）。PDK 中包含的参数化单元将器件的 Spice model、symbol 和 layout 中的参数相互关联，设定参数变化范围，为设计人员提供便捷的操作方法。例如，在设置好电路原理图中器件的参数后，相应的器件版图也会随之变化，无须人工修改。随着工艺节点的不断微缩，器件的版图也越来越多样化。图 10.11 展示了中芯国际 14nm FinFET 的立体图和相对应的版图，可以看到 S 和 D 是以多条 Fin 的形式存在。

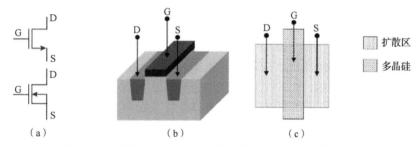

图 10.10　软件中 NMOS 的电路图形符号、立体图及版图

（a）NMOS 的电路图形符号　（b）NMOS 立体图　（c）NMOS 版图

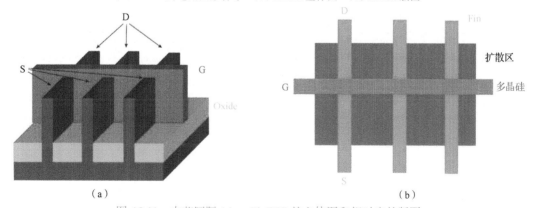

图 10.11　中芯国际 14nm FinFET 的立体图和相对应的版图

（a）立体图　（b）版图

（2）金属连接层（Metal）。由于没有绝缘体外层，作为芯片内部的导线，Metal 在交错时就需要分层。一般情况下，芯片至少有一层 Metal，已大规模商用的中芯国际 14nm FinFET 工艺最多可以做到 13 层 Metal。2 层 Metal 在连接时需要打通孔（Via），而 Metal 不能越层连接，即 Metal1 只能通过 Via1 连接到 Metal2 之后再通过 Via2 连接到 Metal3，而不能直接连接到 Metal3。另外，Metal1 既可以和扩散区相连，也可以和多晶硅相连，连接孔为 Contact。另外，Metal 不是唯一可以实现连接的层，其他层如多晶硅和扩散区也同样可以作为导体。

（3）工艺文件。工艺文件中，Graphic Data System II（GDSII/GDS2）是记录版图信息的一种文件格式，最终需要交付给代工厂进行流片。由于 GDSII 是一种二进制的流文件（Stream File），因此必须使用专门的版图工具（如 Virtuoso）才能看到图形内容。

映射文件（Layermap）定义各层的 GDSII 编号，版图中的每个 Metal 或 Via 都具有特定的 GDSII 编号，具有唯一性。在进行 DRC、LVS 等规则检查时，相应的规则文件通过调用该 GDSII 编号来识别版图中所使用的对应层，达到提取版图信息、完成规则检查的目的。

技术文件（Technology File）作为核心工艺文件，定义了工艺库的所有变量。在工艺厂商给定的成熟 CMOS 工艺库里面添加用户自定义的工艺设计库时，需要通过这个文件来完成两部分工艺的叠加。设计版图时若需要自定义层，同样需要在这个文件里面定义。对于自定义层，需要在此文件里定义层名（layer names）、层编号（layer numbers）、层性质（purposes）、层功能（functions）和层规则（rules）等。

显示文件（Display File）定义各层的显示形式，以便在版图编辑器中清晰地区分各个层次，包括颜色、形状和填充图案等。

（4）设计规则（Design Rule）主要是由集成电路制造的实际工艺水平和良率要求决定。实际工艺水平主要包括光刻特性、刻蚀能力和对准容差等，反映到设计规则上为各工艺层及层间的几何尺寸限制，主要包括最小线宽、最小间距、最小交叠、最小覆盖和最小面积等。这些规则可以防止掩模图形出现断裂、连接和一些不良物理效应。另外，每个元器件和互连线都占有有限的面积，由设计人员来决定整体的集合图形。总体而言，设计规则定义了一些对几何图形的最小尺寸限制，辅助电路设计人员和生产人员将设计图形精确地转移到芯片上。设计规则可以使芯片尺寸在尽可能小的前提下，避免线宽的偏差和不同层版套准偏差可能带来的问题，尽可能地提高电路制备的良率。随着工艺的日益精进，设计规则也越来越复杂。图 10.12 展示了最常见的 5 种设计规则。

另外，长金属连线在刻蚀的时候会吸引大量的电荷，如果该金属恰好与晶体管的栅极相连，可能会在栅极形成高电压，影响栅氧化层质量，降低电路的可靠性和缩短寿命，称为天线效应。因此设计规则检查中包括天线效应检查。另外，芯片在制造过程中有可能会出现曝光过度或不足而导致的蚀刻失败。为了避免光刻过程中光的反射与衍射影响到关键元器件物理图形，还需要增加一些没有实际电学作用的金属。对于版图中不符合密度规则的 Metal，还可通过运行 Dummy 文件来添加 Dummy 金属，以避免制造过程中各层金属分布不均匀导致的其他问题。

2. 版图设计

图 10.13 展示了版图设计与版图验证的流程和各步骤对应的软件操作。下面将从布局、布线和设计技巧方面来介绍版图设计。

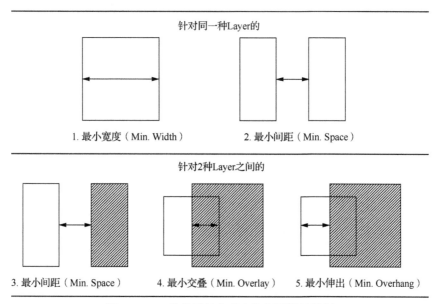

图 10.12　5 种常见的集成电路版图设计规则

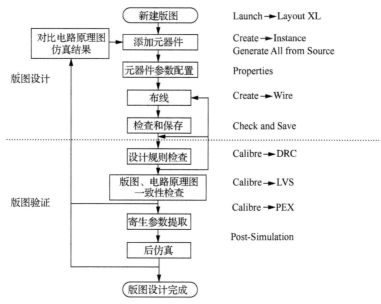

图 10.13　版图设计与版图验证的流程和各步骤对应的软件操作

（1）版图的设计一般采用自顶向下（Top-Down）的方式。首先需要对照设计目标完成版图的整体规划布局，即根据电路的规模依次确定以下内容：主要单元的大小、形状以及位置安排，输入、输出引脚的放置，电源和地线的布局，严格确定每个模块的引脚属性与位置，统计整个芯片的引脚个数等。然后，与电路原理图设计相对应，分模块进行版图设计，每个模块除了确保符合设计规则外，还需要按照确定好的引脚位置引出之间的连线，保证可测性。最后，在完成子模块版图的设计和验证后，再进行整体版图的设计与验证。

（2）在版图设计中，布线是影响整个电路性能的重要环节，需要遵循特定的原则。首先，为了保证主信号通道不受干扰，连线需要进行优化，尽量减少长连线或拐弯带来的冗余电阻。其次，为使电源线的寄生电阻尽可能较小，避免各模块的电源电压不一致，不同模块的电源、地线要完全分开，以防止干扰。再次，金属线产生的寄生电阻会引起电压产生漂移，导致额外的噪声产生，寄生电容耦合会使信号之间互相干扰。可以通过将存在对称关系的信号的连线也保持对称、加粗金属线等方式减小寄生电阻。如图 10.14 所示，为了减小寄生电容，则需要避免时钟线和信号线的交叠、信号线间长距离平行、输入信号线和输出信号线交叉等，并且应该在易受干扰的信号线两侧加地线保护和严格隔离模拟电路的数字部分。最后，在保证版图功能与性能良好的情况下，尽可能用更细的金属线以得到最紧凑的版图面积。

图 10.14　需要避免的容易产生寄生电容的布线方式

（3）还有一些设计技巧也能提升版图的整体性能。例如，尽可能把电容器、电阻器和较大的晶体管放在周边，可有效提高电路的抗干扰能力。另外，对于电路中连接到电源和地的晶体管，周围需要加保护环来防止闩锁效应。接触孔周围的电流比较集中，更容易发生电迁移，因此需要根据电路在最坏情况下的电流值来确定金属线的宽度以及接触孔的排列方式和数量，以避免电迁移现象的出现。另外，可以通过插入金属跳线来消除天线效应，或者把低层金属导线连接到扩散区来避免损害。

在版图设计中，添加元器件和布线都可以选择人工和自动两种方式。选择人工的方式，需要根据电路原理图——找出对应的元器件、对元器件形状进行定制化设计、修改器件参数和进行连线；选择自动的方式，软件会根据电路原理图自动添加所有的元器件并完成连线。前者的优点是可以根据整体电路的情况设计元器件的形状、摆放位置和完成连线，缺点是比较耗时；后者则是软件根据预设的程序添加元器件和布线，因而速度较快，但方案未必最优。

自动布局布线是 EDA 软件的重要功能之一，也是设计标准单元的终极目标。为实现这一目标，10.2.2 小节中所述标准单元库的版图需要遵循以下特殊规则。

（1）为防止非常规尺寸的元器件或模块影响整体布局，所有标准单元的高度均统一设置为基本高度的整数倍。

（2）为避免整体布局布线时出现不匹配的问题，从而导致 DRC 错误，需使用统一模板进行所有版图的设计。

（3）经典布线器采用基于网格的方法，可以有效地简化布线工具的算法和减少计算机占用的内存资源。因此，为提高布线器的效率，所有单元的输入/输出端口的位置、大小、形状都需要尽量满足网格间距的要求。

（4）为方便系统层面的互连，尽量缩小芯片的面积，所有标准单元的电源线和地线一般放置于上下边界。

3. 版图验证

版图验证是衡量版图设计成功与否的重要环节，主要包含以下 4 个步骤：DRC、LVS、PEX 和后仿真。

（1）DRC 主要是检查版图中所有因违反设计规则而可能存在的短路、断路或不良效应（如天线效应等）的物理验证过程。由于设计规则是根据工艺水平而定，执行 DRC 可以确保所设计的版图是工艺可靠的，能够被顺利制造出来。

（2）LVS 主要验证的是元器件之间的电气连接关系。通过 DRC 验证并不代表版图就是正确的，电路对应位置的版图缺失并不会导致 DRC 报错，所以还需要将版图与电路原理图作对比，即用电路提取软件将版图的几何定义文件扩展为各层的几何图形与其布局的描述，经过对此描述的遍历可找出所有元器件和电路的连接，并提取成一个网表（网表是一组用来定义电路的元器件和它们的连接的语句）。而电路原理图本质上也是网表，将两种网表进行对比即可发现不同之处，反映在图形化界面所报出的错误中。图 10.15 展示了一个 STT-MRAM 的电路架构图和版图。

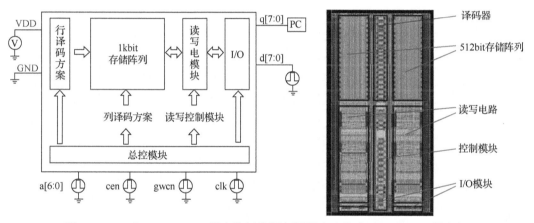

图 10.15　一个 STT-MRAM 的电路架构图和版图（已通过 DRC 和 LVS 检查）

（3）PEX 可以提取电路连接的详细情况，用来计算版图面积和每个电路层上各个结点的参数。这些面积和参数可用于精确计算有效元器件的寄生电容和寄生电阻。基于所得到的寄生参数，可以进行精确的模拟以保证版图设计的准确性。寄生参数提取完成后，电路的库文件中会多出一个 calibre 的视图，这就是寄生参数提取后的模型，可用于后仿真。

（4）后仿真。用版图生成的 calibre 文件进行后仿真，更接近实际制造出的芯片性能。此时需要在仿真环境中添加 calibre 的视图，进行包含寄生参数的仿真。如图 10.16 所示，由于版图设计中引入的不确定性，后仿真的结果一般与电路原理图仿真结果有一定的差别，主要反映在电阻和电流等电学特性上，会造成延迟增加和功耗升高等使性能降低的现象。分析后仿真与电路原理图仿真结果之间的差距，通过调整电路原理图设计或者版图设计方案，尽量缩小差距。当后仿真结果已经达到设计目标或在设计目标可接受的误差范围内，电路的设计工作就宣告完成，可以将设计的版图数据发给晶圆代工厂进行生产制造。

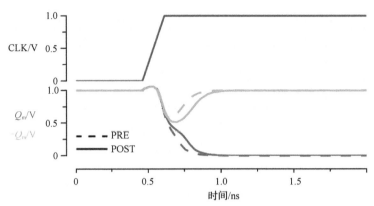

图 10.16　读电路原理图仿真（PRE）与后仿真（POST）结果对比

4. 面向先进工艺节点的版图验证工具

随着工艺节点的快速微缩，版图验证工具也在不断改进，以适应集成度和复杂度更高的版图设计。其中，Synopsys 推出的 StarRC 解决方案是 EDA 行业寄生参数提取的"黄金标准"，为片上系统、定制数字、模拟/混合信号、存储器和 3D 集成电路设计提供了高精度和高性能的提取解决方案。另外，StarRC 为先进工艺节点提供物理效应建模，支持 16nm、14nm、10nm、7nm、5nm 及更先进的 FinFET 制程。它能无缝集成到行业标准的数字和定制实现系统、时序、信号完整性、功耗、物理验证和电路仿真流程，还具有调试能力，具有很高的易用性和效率，能够加快设计收敛及 Sign-off 验证。总的来说，StarRC 具有以下 9 个明显优势：

（1）作为晶圆厂用于确保提取准确性的行业标准，得到最为广泛地认证和采用；

（2）高级建模包括 FinFET 和 10nm、7nm、5nm 及更高制程的感色模式多重图形；

（3）提供高性能和大容量的门级和晶体管级提取，由多核分布式处理和同时多工艺角（SMC）提取实现；

（4）用于插入器和堆叠式裸片技术的 2.5D 和 3D-IC 提取解决方案；

（5）为关键路径、IP 和定制电路提取提供统一的 Rapid3D 快速场求解器；

（6）灵活的高级网表精简功能，加快仿真周转时间；

（7）与行业领先的 Fusion Compiler™、IC Compiler II 和 PrimeTime®解决方案紧密集成，加快全流程 ECO 周转时间；

（8）可集成到 IC Validator 物理验证、CustomSim™/FineSim™/HSPICE®电路仿真器、Synopsys Custom Compiler ™以及其他第三方解决方案，提高设计人员的生产效率；

（9）借助寄生参数浏览器，实现可视化版图调试。

10.3　数字集成电路设计自动化

VLSI 集成设计涉及包括计算机科学、数学及电路与系统等在内的多领域交叉，是一个庞大而复杂的工程。数字集成电路集成度正在不断提高，单片晶体管数量已突破 100 亿个，在日益增长的功能以及性能的驱动下，其设计自动化技术也在不断进步。

10.3.1　设计流程概述

数字集成电路自动化设计的流程可以分为两部分：前端设计和后端设计。图 10.17 给出了一个常见的设计流程[10]。前端设计主要包括系统功能需求描述、寄存器传输级（Register Transfer Level，RTL）电路设计及前仿真、逻辑综合及门级仿真、静态时序/功耗分析；后端设计主要包括物理设计、寄生参数提取、时序/功耗分析及后仿真、设计规则及版图一致性检查。这些步骤相互独立又相互作用，作为一个整体流程实现 VLSI 电路的计算机辅助设计。整个集成电路设计流程从芯片需求开始，根据芯片的功能选择所需的基础电路元器件，同时设计各电路元器件之间的逻辑关系和连接关系。然后根据集成电路的制造工艺等因素设计出电路原理图，并将电路的连接关系转化成版图形式，最终目标是生产一个封装好的芯片。数字集成电路设计中使用最广泛的方法是层次化设计，包括自顶向下和自底向上两种方法。整个层次化设计包括行为域、结构域和几何域。行为域设计主要考虑电路功能的描述，明确电路的具体要求（如功能、功耗、频率等），但并不考虑实现细节，对应于设计流程中的 RTL 电路；结构域设计的目的是确定电路的具体结构，设计完成电路各个功能的电路形式，包括选择元器件并确定互连关系等，对应于设计流程中逻辑综合后的门级电路；几何域设计是将电路原理图转换成物理版图，为集成电路最终的生产制造提供掩模数据，对应于设计流程中最终的版图级电路。

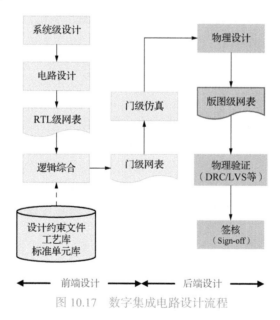

图 10.17　数字集成电路设计流程

在系统功能需求描述阶段[11]，芯片设计人员将根据市场要求制定芯片的整体目标以及系统的高层要求，包括芯片功能、功耗、物理维度和产品工艺。系统描述主要是做好总体设计方案，同时确定集成电路的设计规格，是集成电路系统抽象度最高的描述，其描述的内容主要包括系统功能、性能、制造工艺、设计模式等。在该阶段，设计人员通常会给出系统所有子模块之间的连接关系以及时序图，并通过文字对各子模块的功能及其相互依赖关系进行简洁的描述，有助于用户和设计人员理解集成电路的功能和内部结构。从系统应用角度看，系统描述阶段需要说明该设计对输入和输出的要求，以及系统的功能特性。根据系统功能需求，设计人员还需要设计一个满足系统需求的基础结构，如模拟电路和数字电路的集成、内存控制、功耗要求、软硬 IP 核的使用等。一旦系统结构确定下来，每一个模块（如处理器内核）的功能和连接关系就必须确定。

在 RTL 设计阶段，设计人员要通过硬件描述语言在 RTL 级进行逻辑设计[12]，进而在逻辑级定义芯片的功能与时序，并进行功能验证与时序分析。RTL 设计完成后，将进行功能仿真验证，保证逻辑设计的结果满足电路的功能要求。当前，VHDL、Verilog HDL 和 System Verilog 是最常用的硬件描述语言。

在给定 RTL 级描述及工艺库之后，逻辑综合工具可以将采用硬件描述语言定义的功能从布尔表达式转化为一系列信号线网或门级网表，并指定所对应的电路元器件，如标准单元（Standard Cell）或者寄存器[13]。由于门级表述具有更加详细的内部逻辑实现以及工艺库的时序信息，逻辑综合完成之后可以利用仿真工具（如 SPICE）预先验证芯片的正确性，从而确保门级网表表述与之前的行为级描述在功能上保持一致。

在确定门级网表的正确性之后，根据集成电路工艺库的要求对电路进行物理设计。物理设计也称为版图综合、版图设计[14]。该阶段主要进行布图规划、布局、布线，同时也将执行供电网络分析、时钟树综合等操作。该阶段结束之后，前一阶段设计的电路元器件及互连关系将被反映到芯片的具体物理位置上，生成符合设计要求的版图，并利用相关软件进行寄生参数提取，然后重新反馈到 EDA 软件中，进行时序优化，直到电路时序满足要求。此时，EDA 软件可以导出包含精确寄生信息的标准时延格式文件，结合布线过程生成的网表文件，进行更精确的时序分析。

物理验证阶段将对版图进行设计规则检查，如果有违反设计规则的情况，必须修改电路版图。在经过反复的设计、修改与优化后，物理版图将被制作成标准的版图文件进行流片生产，制造完成并通过封装与测试之后交付用户使用。

VLSI 电路设计流程涉及多次迭代，既有同一阶段内的迭代也有不同阶段间的迭代[15]。整个设计流程可以看作不同阶段间表达方式的传递。每一个阶段都会分析并产生一个新的表达方式，通过迭代的方式不断完善，进而达到系统的设计要求。这种表达方式的转变被称为综合（Synthesis），是指从较高层次的设计描述到较低层次的设计描述的转换、映射并包含一定的设计优化的过程。下面重点介绍数字集成电路设计过程中的 RTL 设计、逻辑综合与物理设计 3 个阶段。

10.3.2　RTL 设计

本书第 6 章已经提到，数字集成电路是由组合逻辑电路和时序逻辑电路组成的。RTL设计就是指利用硬件描述语言对上述两种逻辑电路进行描述，因为这种描述是以数据在寄存器之间的传递为基础的，所以称为 RTL 设计。

硬件描述语言是具有特殊结构，能对硬件逻辑电路的功能进行描述的一种高级编程语言，可用文本形式描述数字系统的结构和行为。该语言起源于美国国防部提出的超高速集成电路研究计划，至今已成功应用于设计的各个阶段，包括建模、仿真、验证、综合等。VHDL 和 Verilog HDL 是当前最流行且成为 IEEE 标准的硬件描述语言。与电路原理图相比，硬件描述语言能形式化地抽象表示电路的行为和结构，与设计过程及实现工艺无关，具有很强的可移植性，有利于设计重用，且具有易于存储、阅读等优点。硬件描述语言可以通过 3 种建模方式完成电路的 RTL 设计：结构级建模、数据流建模和行为级建模。结构级建模是指根据电路原理图，实例引用内置的基本门级器件、用户定义的元器件或其他模块，来描述电路结构图中的元器件以及元器件之间的连接关系。数据流建模通常是指根据电路的逻辑表达式，通过连续赋值语句（assign）描述电路结构。行为级建模是指通过描述电路的逻辑行为对硬件电路进行建模。图 10.18 以 Verilog HDL 为例，展示了图 6.4 中的一位全加器的 3 种建模方法。

```
module add(a, b, ci, s, co);
    input a, b, ci;
    output s, co;
    xor u0(n1, a, b),
        u1(s, n1, ci);
    and u2(n2, a, b);
        u3(n3, a, ci);
        u4(n4, b, ci);
    or u5(n5, n2, n3);
        u6(co, n4, n5);
endmodule
```
（a）

```
module add(a, b, ci, s, co);
    input a, b, ci;
    output s,co;
    assign s = a^b^ci;
    assign co = (a&b)
                | (a&ci)
                | (b&ci);
endmodule
```
（b）

```
module add(a, b, ci, s, co);

    input a, b, ci;
    output s, co;
    always @ (*) begin
     {co, s}=a+b+ci;
    end
endmodule
```
（c）

图 10.18　通过 Verilog HDL 设计电路的 3 种建模方法（以全加器为例）
（a）结构级建模　（b）数据流建模　（c）行为级建模

除了独立完成 RTL 代码的编写，硬件设计人员还可以利用高层综合工具实现从算法级的行为描述到 RTL 的硬件描述的转换。该方法将行为描述文件编译成数据流图（Data Flow Graph，DFG），然后将 DFG 映射到从资源库中选择的功能单元，并满足设计目标（功率、面积和性能），最后根据目标技术和微体系结构选择生成 RTL 描述。基于此可以大大缩短设计周期，允许在设计过程中尝试更多可替代的电路实现方法，从而为集成电路设计寻找更多的优化设计空间。

高层综合通常由资源分配、时序规划、资源绑定、代码生成 4 个阶段组成。资源分配是分配硬件资源或功能单元以执行给定操作的过程。该过程会根据功能描述文件确定为电路分配多少加法器、乘法器、寄存器等，同时还定义了满足设计约束所需的硬件资源（如功能单元、寄存器和多路复用器）的类型和数量。硬件资源从 RTL 设计库中选择，同时设计库需要给定各个硬件资源的参数（如面积、延迟和功率），以供后续其他综合过程使用。时序规划是为设计规范中所定义的操作规划正确的执行步骤的过程。在功能描述中定义的每一个操作都需要从寄存器中读取数据，并将数据传输到相应的功能单元，然后将结果保存在寄存器中。时序规划过程会定义所有操作的执行步骤。在资源绑定过程中，高层综合工具将所分配的硬件资源与每一个逻辑操作进行绑定。例如，将 3 个乘法操作与 1 个乘法器绑定（3 个乘法串行执行），乘法操作数与若干寄存器进行绑定。理想情况下，高层综合会尽早估计连接延迟和面积，以便后续步骤能够更好地优化设计。在资源分配、时序调度和资源绑定确定之后，高层综合工具便可以生成 RTL 代码。图 10.19 展示了高层综合的总体流程与约束条件。

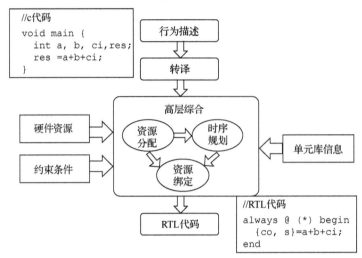

图 10.19　高层综合的总体流程与约束条件

在过去的几十年里，研究人员提出了多种高层综合解决方案。其中，比较著名且有效的算法分类如图 10.20 所示。根据构造原理的不同，高层综合算法可以分为构造式算法（如力指向算法）、解析式算法（如整数线性规划算法）、启发式算法（如模拟退火算法）等[16]。

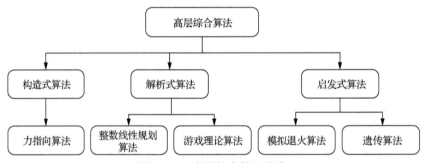

图 10.20　高层综合算法分类

10.3.3　逻辑综合

逻辑综合是 ASIC 前端设计流程中的关键环节，通常是指将 RTL 代码所描述的逻辑功能和用户所要求的性能，基于一个完备的逻辑单元库，转换成满足相关约束条件的门级网表的过程。图 10.21 描述了逻辑综合的一般过程。逻辑综合过程通常包含 3 个输入：一是 RTL 代码描述的逻辑功能或程序模块；二是综合工具支持的工艺库，如 TTL 工艺库、MOS 工艺库、CMOS 工艺库；三是逻辑综合的约束条件，用于决定综合过程中的优化函数。约束条件中一般包含芯片面积、工作频率、芯片功耗、负载要求、设计规则等。根据用户要求设计不同的约束，综合结果可以在速度、面积与功耗之间实现权衡，生成不同性能（包括速度、面积、功耗）的网表。逻辑综合由 3 个过程组成，分别是转译（Translation）、优化（Optimization）、映射（Mapping）。

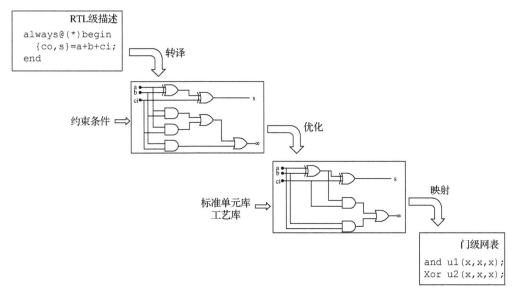

图 10.21　逻辑综合示意图

（1）转译过程中，逻辑综合工具以电路的 RTL 描述为输入，并将 RTL 描述转译成所对应的功能块及功能块之间的连接关系。转译过程将生成电路的布尔函数的表达，但该过程不做任何的逻辑重组和优化。

（2）优化过程中，逻辑综合工具将基于所给定的时序约束和面积约束等条件，通过相应算法对转译结果进行逻辑电路的重组和优化。主要采用的优化方法有：公因子提取、资源分配、交换律和结合律的运用、公共子表达式、死代码消除及常量合并、代码移位等。在该过程中，逻辑综合器的优化算法不会考虑实际所采用的制造工艺，因此也称为工艺无关的综合。

（3）映射过程中，逻辑综合工具根据所给定的时序约束和面积约束等条件，从目标工艺库（Target Technology）中选择符合条件的逻辑门单元来构成实际电路，基于优化后的布尔描述，利用从工艺库中得到的逻辑和时延的信息生成等价的门级网表，并确保得到的门级网表能达到设计所要求的功耗、频率和面积等指标。这一步也称为工艺相关的综合。

10.3.4　物理设计

物理设计阶段是 VLSI 电路设计流程中最耗时的一个阶段，也是集成电路设计流程中与芯片的生产制造直接相关的一个设计阶段。物理设计连接着集成电路设计过程与制造过程，直接影响到集成电路的设计与生产成本、芯片质量和上市周期。物理设计的输入是门级网表以及电路和元器件的描述，根据工艺要求，物理设计将每个元器件的电路以及元器件之间的互连线网转换成几何图形，其最终输出是电路的版图。根据布局模块和布线位置的不同，版图有多种模式，常用的模式有积木块（Building Block Layout，BBL）模式、门阵列（Gate Array）模式、门海（Sea of Gates）模式和标准单元（Standard Cell）模式等。标准单元设计模式是一种具有高度灵活性的半定制设计方法，由于其设计效率高、设计周期短、自动化程度高，因而得到了广泛应用[10]。随着集成电路的发展，物理设计依次经历了人工设计、计算机辅助设计以及自动化设计阶段。但无论采用何种版图模式、设计方法，物理设计都需要满足电路的功能及性能要求，并且严格遵守特定工艺要求的版图设计规则。集成电路集成度的不断提高使得物理设计的复杂度越来越高。为降低问题的研究复杂度，整个物理设计过程一般分成布图规划、电源网络设计、布局、时钟树综合和布线等子阶段。本节重点介绍布图规划、布局和布线 3 个阶段，并以一个 28nm 的设计为例展示每个阶段完成后芯片版图的变化。

1. 布图规划

布图规划的主要目的是为整个芯片和各个子模块设计一个高质量的布图方案。布图规划过程决定了每个子模块的具体形状和位置坐标，同时也决定了外部 I/O 端口、IP 核以及宏模块的摆放位置。

传统的布图规划输入为：

（1）电路划分过程之后的 N 个电路子模块，即 $M = \{m_1, m_2, \cdots, m_N\}$；

（2）子模块间的互连网表（Netlist）；

（3）各子模块的尺寸；

（4）各线网引脚在模块上的相对位置。

布图规划输出为：N 个子模块在芯片上的位置坐标以及取向（镜像或翻转）。

布图规划的优化目标为：

（1）最小化所有模块外包矩形边框的面积；

（2）优化设计的总线长。

布图规划的约束条件为：模块之间必须满足不重叠的约束。

根据结构的不同，布图规划可以分为两类：二分结构（Slicing Structure）布图和非二分结构（Non-Slicing Structure）布图。如图 10.22（a）所示，二分结构布图通过在横向或纵向上对布图区域进行迭代划分，获得布图结果；而非二分结构布图则无法通过迭代算法获得布图结果，如图 10.22（b）所示。通常来讲，二分结构布图相对简单，在早期研究中多被采用，但是该结构对布图的形状有限制；而非二分结构布图更具有一般性，当前越来越多的布图工具采用该结构。

布图规划算法可以大体分为随机优化算法和确定性算法两类。随机优化算法通常利用迭代的方法寻找最优解。在每一轮迭代中，该算法会根据上一轮结果随机产生新解，并基于布图目标对新解进行评估，根据评估结果判断是否接受最新解。随机优化算法可以在理论上找到最优解，能够对解空间进行完全搜索，具有跳出局部最优解的能力。同时，由于算法的框架较为固定，在更改或增加优化目标时，模型修改较为容易，因而具有较好的兼容性和通用性。随机优化算法通常迭代次数较多，导致运行时间长，且每次运行结果不同。遗传算法（Genetic Algorithm，GA）和模拟退火算法（Simulated Annealing，SA）是两种最具有代表性的随机优化算法。与随机优化算法的不可重复性不同，确定性算法返回的结果是唯一确定的。确定性算法又可分为启发式算法和解析式算法两个子类。启发式算法通常是基于贪心策略，求解过程中没有迭代，算法运行速度快。在算法设计中，研究人员通常会将一些已有的设计经验加入到算法设计当中，作为启发式策略应用到搜索过程当中，用于简化解空间。在解析式算法中，研究人员通常会通过一定的假设对原问题进行一定的简化建模。这是由于布图规划问题本身是 NP 难问题，很难直接用解析模型进行建模。

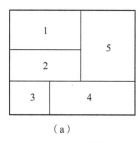
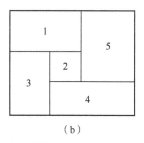

图 10.22　两种布图结构

（a）二分结构　（b）非二分结构

图 10.23 中左图为布图规划之前的版图，右图为布图规划执行之后的版图。从图中可以看出，布图规划过程改变了芯片的形状和面积，同时为 4 个 IP 模块指定了摆放的位置。

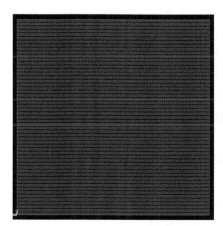
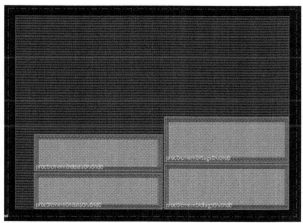

图 10.23　布图规划执行前后，芯片版图的变化

2. 布局

布局阶段的输入是布图规划之后生成的网表，以及一些相应的工艺库，其任务是为所有标准单元实例（Instance）确定其在各子模块中的具体位置和摆放方向，其目标是最小化芯片面积，同时考虑芯片的可布行、拥挤度、时延等其他条件。在 VLSI 电路设计中，布局过程由总体布局、详细布局 2 个子过程组成。总体布局确定所有标准单元的大致分布位置，是布局中最为关键的步骤，对整个布局结果起到决定性作用。总体布局完成后，标准单元实例之间还存在部分的重叠。详细布线阶段会将标准单元实例放置到行（Row）上，同时消除所有单元之间的重叠。详细布局过程由于需要调整标准单元实例的位置，会不可避免地增加芯片面积和线长，并在一定程度上破坏总体布局阶段的其他优化目标。所以，详细布局阶段还将对单元位置进行进一步的调整，进行局部的问题修复和优化。

布局问题是一个组合优化问题，其求解算法复杂度为 NP 难。每一个子模块的电路通常被抽象为一个超图，记为 $G=(V,E)$。其中 V 是结点的集合，每个标准单元实例表示为一个结点；E 是超边的集合，每个连接关系对应一条超边。每条超边实际上是一个结点子集。

布局算法可分为构造型算法和迭代型算法 2 类。基于给定的摆放规则，构造型算法是依据电路的结构直接计算得到各个单元的摆放位置。这类算法运行速度快，但是布局结果质量较差。迭代型算法中，布局器首先有一个初始布局结果（如位置相同、位置随机给定），然后在初始解的接触式上不断迭代与优化，直到满足布局算法的迭代终止条件。这类算法迭代次数多、运行时间长，但是通常可以取得高质量的布局结果。下面简单介绍迭代型算法中比较典型的基于划分策略的布局算法、基于模拟退火的布局算法以及解析式布局算法和力驱动布局算法。这些方法都是行之有效的布局算法。

布局问题的复杂度随着标准单元实例数量的增加呈超线性增长，如果能减少每次布局问题中的标准单元实例数量，将会大大缩短布局耗时。基于划分策略的布局算法采用自上而下、分而治之的思想。在一定的约束条件下，该算法把一个规模较大的布局问题划分成若干规模较小的布局问题。通过调整约束条件，可以再把每一个规模较小的布局问题进行类似地划分，获得规模更小的布局问题。在区域划分过程中，通过保证对线网切割数量最小的约束，基于划分策略的布局算法能得到比较好的布局结果。目前使用基于划分策略的布局算法的布局器有 Dragon、Fengshui、Capo、NTUplace2 等。

如前文所述，模拟退火算法被广泛地应用到布图规划与布局问题中。在解空间未知的情况下，模拟退火算法对于获得最优解非常有效。模拟退火算法在每一次迭代过程中检查布局问题的可行解，算法会从当前可行解根据相应的计算规则获得下一个可行解，并且用目标函数评价新的可行解的布局质量。随着算法迭代过程的进行，温度不断降低，粒子运动的随机性越来越弱，直到达到一个最优解。为了避免陷入局部最优解，在温度比较高的时候，基于模拟退火的布局算法也接受部分质量较差的布局结果。基于模拟退火的布局算法主要有 TimberWorf、SAGA 等。

解析式布局算法的核心思想是将布局问题转化成带有约束的最优化问题，以最小化线长、时延等为目标函数，以拥挤度等为约束条件。解析式布局算法中的目标函数多是基于二次线长模型。假设标准单元实例 i、j 的物理位置分别是 (x_i, y_i) 和 (x_j, y_j)，通过线网 e 相连。e 的线性线长是 $L_e = |x_i - x_j| + |y_i - y_j|$，$e$ 的二次线长是 $Q_e = (x_i - x_j)^2 + (y_i - y_j)^2$。多端线网可用类似的方法得到其线性线长和二次线长。减小芯片的连线总长度是布局算法的主要优化目标。因此，准确地估算芯片线网长度对于布局算法至关重要。其中，线性线长能够较为准确地评估线网的实际连线长度，而二次线长模型对长线网线长的估算通常是过量的。但是，由于二次线长函数具有可导性，可方便地运用数值计算方法进行求导运算，所以解析式布局算法通常会采用二次线长模型。这种方法的布局速度非常快且布局效果相对较好。

力驱动布局算法将布局问题和力学问题进行类比，首先将多端线网按照某种线网模型拆分成两端线网，然后每个标准单元视为一个质点，每个两端线网视为一段弹簧，这样每个标准单元就会受到不同线网的作用力，而当所有标准单元都处于力平衡状态时，就得到了一个理想的布局结果。力驱动的布局算法通常以二次线长作为线长的优化目标。二次线长的计算公式是

$$\text{wirelength} = \sum_{i,j} w_{i,j} [(x_i - x_j)^2 + (y_i - y_j)^2]$$

将其写成矩阵形式是

$$\phi(x) = \frac{1}{2} x^{\mathrm{T}} Q_x x + c_x^{\mathrm{T}} x + \text{const}$$

为了求解二次线长的最小值，只需令其一阶导数等于 0，即

$$Q_x x + c_x = 0$$

由此产生的力称为线网收缩力。其中，矩阵 Q_x 描述标准单元和标准单元之间的作用力，矩阵 c_x 描述标准单元和固定单元之间的作用力。因为目标是线长最小，所以同一线网中的单元会有收缩到一起的趋势，从而产生了线网收缩力。但是，为了得到合法的布局结果，必须消除单元之间的重叠，还需要添加一个力，将标准单元向着重叠较小的方向拉扯。于是力驱动的布局算法的最终形式化表达是

$$Q_x + c_x + f_x = 0$$

其中，f_x 就是迫使标准单元进行移动的力，称为扩散力，因为这个力的作用是将重叠的标准单元拉开，使他们相对均匀地分布在整个布局区域中。mFAR、SimPL、Ripple 等都是典型的力驱动布局器。

图 10.24 所示为布局完成之后的芯片版图及布局放大图。从图中可以看出，布局阶段会把所有的实例（Instance）摆放在芯片的空白位置，同时不改变 IP 核的摆放。从右方的局部放大图可以看出，所有的实例都具有相同的高度，按给定的行（Row）摆放在芯片上，且实例与实例之间不存在交叉。

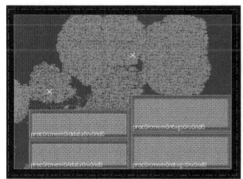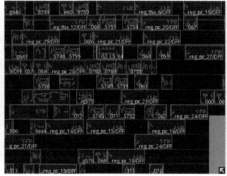

图 10.24　布局完成后的芯片版图及局部放大图

3. 布线

布线是物理设计的最后一个步骤，它根据网表文件给出的逻辑互连关系以及布局阶段提供的单元的具体位置［见图 10.25（a）］确定线网互连方案，以保证芯片功能的正确性。该阶段的基本要求是在满足物理设计规则的前提下实现所有线网的百分百互连。在此基础上进一步考虑其他优化目标，如功耗、时延、冗余通孔插入等。考虑到当前集成电路的复杂度，布线一般会分为 2 个步骤完成。第一步是总体布线（Global Routing，GR），如图 10.25（b）所示，其任务是完成布线资源的合理分配，以提高布通率、降低拥挤度为目标，将布线资源合理地分配给各个线网。该阶段并不会考虑元器件的详细几何信息以及精确位置，只是为所有线网提供粗粒度的路径分配方案。第二步是详细布线（Detailed Routing，DR），其任务是将根据粗粒度的路径分配信息进行模块之间、点到点之间的连接，最终确定金属线和通孔的精确位置，如图 10.25（c）所示。该阶段在完成模块互连的过程中要考虑模块的几何信息，同时必须满足设计工艺给定的物理设计规则，比如线宽、线间距等。有些布线工具在总体布线和详细布线之间会加入轨道分配（Track Assignment，TA）。轨道分配则是

根据布线轨道信息，将总体布线线网分配到布线轨道上。轨道分配可以为详细布线提供过点（Cross Point）信息，也可以考虑到区域内部线网对资源的占用信息，同时可以减少长线网之间的串扰（Crosstalk）。采用这种2阶段或3阶段的布线方法可以更好地规划布线资源的分配，显著提高其成功率，同时也降低了布线问题的求解复杂度，减少布线耗时。

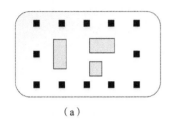 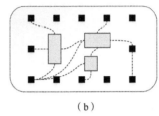 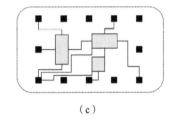

（a）　　　　　　　　　　　（b）　　　　　　　　　　　（c）

图 10.25　布线示意图

在布局完成之后，集成电路中所有的电路模块和引脚都有了固定的位置。网表也给出了相应的连接关系。布线则是完成所有线网的连接并确定线网几何版图的过程。

对于一个布线问题，其输入一般是：

（1）网表，记录了所有的逻辑线网，以及每条逻辑线网的 I/O 端；

（2）布局信息，包括电路模块的位置、引脚的位置、芯片 I/O 端口的位置；

（3）特殊线网的时延信息，对于一些重要的线网，特殊的时延约束可以保证芯片运行的稳定性；

（4）每层线网单位长度金属线的电容、电阻信息，以及每种通孔的电容、电阻信息；

（5）版图设计规则。

布线问题的输出一般是：通过几何版图完成所有线网的连接，同时满足设计规则要求，并优化给定的目标参数。

广义来讲，布线问题是一个有约束的优化问题，根据芯片功能和用户要求的不同，其算法需要优化不同的目标。布线问题的优化目标一般包括以下 5 点。

（1）布通率：布线的首要任务是完成所有线网的连接，达到100%布通率。如果布线阶段线网没有全部布通，那么剩余的线网必须由电路设计人员手工完成。由于当前布线规模巨大，手工布线是一个非常费时的过程，即使是有经验的设计人员完成剩余线网的布线也需要很长时间，这将严重影响芯片的设计周期。

（2）布线总线长：通常情况下，线网越长，芯片制造的成本会越高，线网的时延也会越大。在布线过程中，要尽可能避免发生绕线以缩短线网的长度。

（3）通孔数量：与金属走线相比，通孔占用更多的布线资源，同时具有更大的时延，减少通孔数量将有助于提高芯片布线的质量。同时，在纳米工艺下，芯片特征尺寸不断缩小，通孔失败的可能性越来越大，减少通孔数量也有助于提高芯片的良率、延长芯片的生命期。

（4）串扰和时延：当不同的线网并行走线过长时，线网之间将产生串扰问题，布线算法要避免不同线网并行走线过长，进而避免产生串扰。在集成电路进入纳米时代后，由于线网之间的电容、电感等物理学现象变得越来越严重，线网的时延不再由布线线长决定，布线算法要考虑如何处理时延敏感线网以减小芯片时延。时延优化问题一般在总体布线阶段考虑。由于时延在详细布线阶段可优化的空间不大，详细布线算法一般不考虑时延问题。

（5）可制造性设计：纳米时代，芯片在制造阶段遇到很多困难，导致芯片生产的良率降低。为了有效解决芯片设计与制造之间的不协调性，工业界建议在芯片设计阶段考虑芯片的可制造性。而布线作为芯片设计的最后一个阶段，在布线算法中考虑芯片的可制造性，如冗余通孔插入问题，将有利于提高的芯片的可靠性和良率。

为了保证芯片的电学功能稳定，布线算法在根据布线目标完成布线任务的同时还需要满足设计人员或者制造工艺给定的约束。布线算法考虑的约束一般包含以下 3 点。

（1）线网连接的正确性。这里主要指布线过程中，不同的线网不能相互交叉，否则会导致芯片发生短路（Short），进而影响芯片运行的稳定性和功能的正确性。

（2）布线障碍。在布线区域，可能存在某些布线资源被占用，布线算法要避免使用这些区域进行布线。布线问题中的障碍主要指标准单元中的障碍、为保证芯片功能的稳定性设置的布线障碍（Routing Blockage）以及已布线网（如电源地线网、时钟线网等）。

（3）版图设计规则。版图设计规则一般与芯片制造过程中的制造细节有关。为了提高芯片性能的稳定性和芯片的可制造性，线网的连接需要满足一些给定的设计规则。纳米工艺给定了很多设计规则，布线算法需要考虑的设计规则一般包括：金属线以及通孔的宽度，不同的布线层可能拥有不同的宽度；不同线网之间的线间距应该大于工艺文件给定的最小线间距值；金属线与布线障碍之间的距离也要大于给定的最小间距；在每一层布线层上，一条金属线的面积要大于给定的面积最小值。由于金属线宽度是固定的，这条设计规则也被称为最小长度约束。

在数十年的集成电路发展历程中，布线算法研究一直是集成电路设计自动化领域的热点内容。工业界和学术界提出并发表了大量的布线算法。下面简要介绍迷宫布线算法（Maze Routing Algorithm），线搜索算法（Line-Search Algorithm）以及 A*搜索算法（A* Search Algorithm）。

在为两端线网寻找路径的问题中，William C. Y. Lee 在 1961 年提出的李氏算法（Lee's Algorithm）是应用最广泛的一种算法。从本质上讲，李氏算法是对图论问题中最短路径算法在布图设计中的扩展。该算法采用广度优先策略，通过模拟波传播的过程完成两端线网的连接。但是最初的李氏算法搜索空间大、运行时间长，而且对内存有较高要求。在李氏算法被提出之后，业界提出了很多基于李氏算法的改进策略，以提高其布线效率。除此之外，还有一些减少迷宫布线搜索空间的策略，如双向填数方法、源点优先原则、预置搜索边界技术。李氏算法及其改良算法被统称为迷宫布线算法。

迷宫布线的任务是为一对结点寻找连接路径，这一对结点中其中一个被称为源点 S（Source Node），另一个被称为目标点 T（也被称为漏点，Target Node）。迷宫布线的目标就是在布线图中为源点 S 和漏点 T 找到一个最短连接路径，并且绕开布线区域内的障碍。迷宫布线过程是一个波扩散的过程，一般分为两个阶段，分别是扩展填充和回溯查找。扩展过程从源点 S 开始，源点作为波前，所有与源点相邻的空白布线区域标记为1，然后更新所有标记为 1 的区域作为新的波前，继续扩展，直到波前到达目标点 T。一旦波前探测到目标点，迷宫布线将进行第二阶段，根据波的扩散轨迹回溯寻找。在这一阶段，迷宫布线将从目标点开始，根据标记数字从大到小回溯，直到回溯至源点，确定两点之间的连接路径。在回溯过程中，通常情况下会找到源点到漏点的多条长度相同的路径。为了减少拐弯或者通孔的数量以及对后续待布线网的影响，路径回溯查找时应该优先选择弯道较少的路径。如果源点和目标点之前存在通路，即使布线区域中存在复杂的布线障碍，该算法也总能保证找到该路径并且保证该路径最短。

迷宫布线的主要不足在于占用内存过多以及运行时间过长。虽然业界提出了很多改进的办法，但是迷宫布线算法的时间复杂度和空间复杂度并没有降低。为了节省存储空间和运行时间，业界提出了一种线搜索（也被称为线探索）算法。Mikami 和 Tabuchi 在 1968 年首次提出了线搜索算法。与迷宫布线主要采用广度优先策略不同，线搜索算法是采用深度优先策略的算法。该算法首先选择源点 S 和目标点 T 作为基准点，并分别从 2 个基准点产生 2 条第 1 级直线，包括 1 条水平线和 1 条竖直线，产生的直线不能穿越障碍物或者边界。接下来，以第 i 级线段上的每一个点依次作为基准点，在基准点上产生 1 条与第 i 级线段相垂直的第 i+1 级直线。这一过程不断迭代，直到从源点产生的线段和从目标点产生的线段相交。这时探索结束，从相交点分别向源点和目标点回溯即可找到路径。Hightower 在 1969 年提出了另外一种与 Mikami-Tabuchi 算法相似的线探索算法。两种算法唯一的不同在于基准点的选择方法上。Mikami-Tabuchi 算法中，线段中的每一个点都是基准点，可以产生垂直方向的新线段。而 Hightower 算法中，线段中至多有 2 个基准点，这 2 个基准点分别位于障碍物的两端。与迷宫布线相比，这两种算法搜索空间都小很多，因此可以极大地降低布线所需内存以及布线时间。它们的空间和时间复杂度均为 O(L)，L 为算法产生的线段数量。

迷宫布线在搜索过程中采用的是一个对称扩展的行为，并没有任何优先选择策略，因此迷宫布线被认为是一种盲目搜索，而这也是迷宫布线速度慢的一个重要原因。直观地看，如果一个布线器不去探测那些不会出现在最终布线版图里的点，那么布线速度将会大大提升。下面介绍的 A* 搜索算法就是一种"聪明"的布线算法。A* 搜索算法是 Hart 在 1968 提出的一种基于广度优先策略的图搜索算法。该算法通过下面的函数计算一个结点的费用：

$$f(v) = g(v) + h(v)$$

其中，$g(v)$ 表示当前结点 v 到源点 S 的走线费用；而 $h(v)$ 是一个预测函数，函数的值是当前结点 v 到达目标点 T 的预测费用。在搜索过程中，该算法并不是对路径中所有的点进行探索，而是选择路径中费用最小的点去扩展。因为 A* 搜索每次都选择那些最有可能达到目标点的结点进行扩展，因此也被称为最优优先搜索。A* 搜索的性能很大限度上决定于预测函数 $h(v)$ 的定义。在实际布线中，$h(v)$ 一般设定为当前结点到目标结点的最小曼哈顿距离（Manhattan Distance）。Clow 在 1984 年将 A* 算法应用到 VLSI 布线算法中，McMurchie 在 1995 年将其应用到 FPGA 布线中。

图 10.26 所示为布线完成之后的芯片版图和局部放大图，图中颜色不同的线处于不同的布线层，不同布线层的走线通过通孔完成连接。

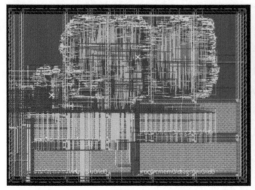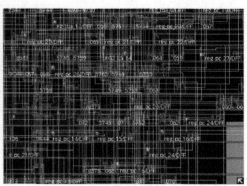

图 10.26　布线完成后的芯片版图及局部放大图

10.4　基于人工智能的 EDA 技术

人工智能技术在 EDA 中的应用可以追溯到 20 世纪 90 年代，但由于缺乏足够的算力和高效的计算模型，该技术在 EDA 中并没有得到广泛应用。随着近几年技术的不断发展以及算力的大幅提升，基于人工智能的 EDA 技术取得了较大进展。人工智能算法可以通过大数据获得良好的学习能力，也可以吸收现有的设计经验，帮助硬件工程师达到更优的设计目标，开发更高性能的芯片。同时，人工智能可以进一步减少芯片设计的迭代次数，加快上市速度。

近年来，基于人工智能的 EDA 技术是学术界研究的热点课题之一，提出了许多基于人工智能技术解决 EDA 问题的有效方法。根据理论的不同，现有算法可以分为以下 3 类。

（1）集成于传统方法中的决策算法。这类算法基于传统方法的结果对模型进行训练，为传统算法中的参数选择等问题提供指导，以取代经验选择和暴力搜索。

（2）预测算法。这类算法基于现有方案设计训练模型，并基于训练好的模型对新设计的质量、性能进行预测。该算法可以取代现有的综合过程，帮助设计师对新设计进行快速评估。

（3）自动化设计算法。深度学习技术，尤其是强化学习技术的发展促进了全自动算法的研究。该方法利用自主模型训练与预测，自动调整执行策略，对设计空间进行探索。

这些工作几乎覆盖了芯片设计的所有阶段，包括高层次综合、逻辑综合、物理综合验证测试、制造等。表 10.4 列出了近几年基于人工智能的 EDA 技术。

表 10.4　基于人工智能的 EDA 技术

设计阶段	主要功能	人工智能技术	代表文献
高层次综合	质量预测、设计空间探索	高斯过程、随机森林、决策树	[17][18][19]
逻辑综合	优化器探索、优化综合流程	深度学习、强化学习、图神经网络	[20][21][22]
布局	质量预测、设计空间探索	支持向量机、深度学习、强化学习	[23][24]
布线	拥挤度预测、热点检测、可布性预测	CNN、对抗神经网络	[25][26]
电源地网络	电压降预测	XGBoost、对抗神经网络、多层感知机	[27][28]
制造	检测版图热点	支持向量机、CNN、注意力机制	[29][30][31]
制造	光学邻近效应修正	CNN、对抗神经网络	[32][33]

在工业界，基于人工智能的 EDA 也成为各家公司的重点研发项目。2017 年 9 月，为进一步推进电子复兴计划，DARPA 发布了 6 个新的投资项目，其中之一便是为电子复兴计划电路设计领域提供技术支撑的电子资产智能设计（Intellignet Design of Electronic Assets，IDEA）项目，重点突破优化算法、7nm 以下芯片设计支持、布线和设备自动化等关键技术难题。该项目希望通过将机器学习、优化算法和专家系统等人工智能技术与 EDA 工具相结合，提供一条无须大型设计团队即可快速开发下一代电子系统的道路，实现"设计过程无人干预"的目标，解决集成电路领域设计人才的巨大缺口和经济压力，降低与前沿电子设计相关的成本。

2020 年 ISSCC 的主题是"用集成电路推动 AI 新时代"，谷歌人工智能的负责人 Jeff Dean 在会上介绍了该公司基于强化学习技术开发的用于芯片设计的布局器[23]，可高效完成宏单元和标准单元的布局，同时满足布线密度和布线拥挤度的要求。本书 10.3 节中已经提到，布局是芯片设计过程中最复杂和最耗时的阶段之一，而谷歌的实验数据显示，该算法可在一天时间内完成 TPU 的设计，且在功耗、性能、面积方面都超过人类专家花费数周完成的设计成果。

美国 Synopsys 在 2020 年 3 月 11 日推出了一款基于人工智能的 EDA 工具，即设计空间优化 AI 工具 DSO.ai™，并称其为业界首个用于芯片设计的人工智能应用程序。该工具可以在大量的芯片设计解决方案中自主搜索最优目标，极大地提高硬件设计团队的工作效率。2020 年 9 月，美国 Cadence 发布了基于人工智能技术的逻辑仿真器 Xcelium ML。公开数据表明，利用人工智能技术和核心计算软件，Cadence®Xcelium™ 逻辑仿真器的吞吐量得到了有效提高，Xcelium 的验证速度提高了 5 倍。另外一家 EDA 巨头 Mentor Graphics 则使用机器学习算法对预化学机械抛光表面轮廓中的测量数据进行灵敏度分析，生成精确的沉积后轮廓，增强了化学机械抛光建模，极大地提高了化学机械抛光过程的精度。

人工智能已经成为解决高度复杂问题的强大技术，在 EDA 技术中引入人工智能算法将有助于缩短产品设计周期、提高设计品质，同时让设计工程师更专注于芯片的创造、研发和设计工作，更好地体现人类的创新力。

本章小结

本章首先回顾了 EDA 工具的起源、发展历程与现状及分类。然后，根据集成电路的设计流程，介绍了模拟电路和数字电路设计需要用到的 EDA 软件及其使用方法。其中，模拟电路 EDA 部分基于 Cadence 软件进行了详细的步骤介绍，主要包括电路设计与版图设计两大模块；数字集成电路 EDA 主要介绍其设计流程及常用算法，并通过一个设计实例展示设计过程中 3 个主要阶段的电路版图变化。最后，简要介绍了基于人工智能的 EDA 技术。随着集成电路的规模越来越大，EDA 工具也向着高效、智能化、定制化的方向发展，希望本章能够帮助读者对 EDA 工具形成更进一步的认识。

思考与拓展

1. 目前集成电路设计行业内应用较广泛的 EDA 工具有哪些？我国最大的 EDA 工具供应厂商是哪家？我国的 EDA 工具与国际巨头间的差距在哪里？

2. 模拟电路设计与数字电路设计的 EDA 工具有什么不同？

3. 在设计基于新型第三代半导体器件的电路时，首先要做什么？需要用到什么工具或编程语言？

4. 在模拟集成电路设计中，版图设计和验证分别需要用到哪些文件？

5. 简述数字电路设计流程。

参考文献

[1] 戴澜. CMOS 集成电路 EDA 技术[M]. 北京：机械工业出版社，2016.

[2] 鲁馨. 常用 EDA 设计工具[J]. 生产技术, 2018, 373: 16-20.

[3] 前瞻经济学人. 2020 年全球 EDA 软件行业市场竞争格局分析: 三巨头三足鼎立 [EB/OL]. (2020-12-29) [2022-5-18].

[4] 华大九天. 华大九天公司介绍[EB/OL]. (2020-4-20) [2022-5-18].

[5] Cadence. Virtuoso Schematic Editor User Guide[EB/OL]. (2003-6-20) [2022-5-18].

[6] Cadence. Cadence Verilog-A Language Reference[EB/OL]. (2004-11-15) [2022-5-18].

[7] Cadence. Virtuoso Layout Editor User Guide[EB/OL]. (2002-7-10) [2022-5-18].

[8] Mentor Graphics. Standard Verification Rule Format Manual[EB/OL]. (2014-2-6) [2022-5-18].

[9] 刘帝曦. 基于 Verilog-A 行为描述模型的 VCO 设计[J]. 电路与系统学报, 2005, 10(6): 25-28.

[10] 贾小涛. 基于多商品流模型的纳米级详细布线算法研究[D]. 北京: 清华大学, 2016.

[11] Camposano R, Wolf W. High-Level VLSI Synthesis[M]. Berlin: Springer Science & Business Media, 2012.

[12] Berman C L, Trevillyan L H. Functional Comparison of Logic Designs for VLSI Circuits[M]. Berlin: Springer, 2003.

[13] Hachtel G D, Somenzi F. Logic Synthesis and Verification Algorithms[M]. Berlin: Springer Science & Business Media, 2006.

[14] Alpert C J, Mehta D P, Sapatnekar S S. Handbook of Algorithms for Physical Design Automation[M]. Florida: CRC Press, 2008.

[15] Sherwani N A. Algorithms for VLSI Physical Design Automation[M]. Berlin: Springer Science & Business Media, 2012.

[16] Logesh S M, Ram D S, Bhuvaneswari M C. A Survey of High-Level Synthesis Techniques for Area, Delay and Power Optimization[J]. International Journal of Computer Applications, 2011, 32(10): 3935-3952.

[17] Liu H Y, Carloni L P. On Learning-based Methods for Design-Space Exploration with High-Level Synthesis[C]// ACM/IEEE Design Automation Conference. NJ: IEEE, 2013.

[18] Wang Z, Schafer B C. Machine Leaming to Set Meta-Heuristic Specific Parameters for Highlevel Synthesis Design Space Exploration[C]// ACM/IEEE Design Automation Conference. NJ: IEEE, 2020: 1-6.

[19] Makrani H M, Sayadi H, Mohsenin T, et al. XPPE: Cross-Platform Performance Estimation of Hardware Accelerators Using Machine Learning[C]// IEEE/ACM Asia and South Pacific Design Automation Conference. NJ: IEEE, 2020: 727-732.

[20] Hosny A, Hashemi S, Shalan M, Reda S. DRiLLS: Deep Reinforcement Learning for Logic Synthesis[C]// 25th Asia and South Pacific Design Automation Conference (ASP-DAC). NJ: IEEE, 2020: 581-586.

[21] Haaswijk W, Collins E, Seguin B, et al. Deep Learning for Logic Optimization Algorithms[C]// IEEE International Symposium on Circuits and Systems. NJ: IEEE, 2018: 1-4.

[22] Neto W L, Austin M, Temple S, et al. LSOracle: A Logic Synthesis Framework Driven by

Artificial Intelligence: Invited Paper[C]// IEEE/ACM International Conference on Computer-Aided Design. NJ: IEEE, 2019: 1.

[23] Mirhoseini A, Goldie A, Yazgan M, et al. Chip Placement with Deep Reinforcement Learning[Z/OL]. (2020-4-22) [2022-5-8]. arXiv:2004.10746.

[24] Ward S I, Ding D, Pan D Z. PADE: A High-Performance Placer with Automatic Datapath Extraction and Evaluation Through High Dimensional Data Learning[C]// Design Automation Conference. NJ: IEEE, 2012: 756-761.

[25] Qi Z, Cai Y, Zhou Q. Accurate Prediction of Detailed Routing Congestion Using Supervised Data Learning[C]// IEEE 32nd International Conference on Computer Design (ICCD). NJ: IEEE, 2014: 97-103.

[26] Chan W T J, Du Y, Kahng A B, et al. BEOL Stack-Aware Routability Prediction from Placement Using Data Mining Techniques[C]// IEEE 34th International Conference on Computer Design (ICCD). NJ: IEEE, 2016: 41-48.

[27] Cao Y, Kahng A B, Li J, et al. Learning-based Prediction of Package Power Delivery Network Quality[C]// IEEE/ACM Asia and South Pacific Design Automation Conference. NY: ACM, 2019: 160-166.

[28] Chhabria V A, Kahng A B, Kim M, et al. Template-based PDN Synthesis in Floorplan and Placement Using Classifier and CNN Techniques[C]// IEEE/ACM Asia and South Pacific Design Automation Conference. NJ: IEEE, 2020: 44-49.

[29] Ding D, Gao J R, Yuan K, et al. AENEID: A Generic Lithography-Friendly Detailed Router based on Post-RET Data Learning and Hotspot Detection[C]// ACM/IEEE Design Automation Conference. NJ: IEEE, 2011: 795-800.

[30] Chen R, Zhong W, Yang H, et al. Faster Region-based Hotspot Detection[J]. IEEE Transactions on Computer-Aided Design of Integrated Circuits and Systems, 2020, 41(3): 669-680.

[31] Geng H, Yang H, Zhang L, et al. Hotspot Detection Via Attentionbased Deep Layout Metric Learning[C]// IEEE/ACM International Conference on Computer-Aided Design. NJ: IEEE, 2020: 1-8.

[32] Yang H, Li S, Ma Y, et al. GAN-OPC: Mask Optimization with Lithography-Guided Generative Adversarial Nets[J]. IEEE Transactions on Computer-Aided Design of Integrated Circuits and Systems, 2019, 39(10): 2822-2834.

[33] Yang H, Zhong W, Ma Y, et al. VLSI Mask Optimization: From Shallow to Deep Learning[C]// IEEE/ACM Asia and South Pacific Design Automation Conference. NJ: IEEE, 2020: 434-439.

缩略语表

英文简称	英文全称	中文
2-DEG	2-Dimensional Electron Gas	二维电子气
2-DEGFET	2-Dimensional Electron Gas Field-Effect Transistor	二维电子气场效应晶体管
3C	Computing, Communication and Consumer Electronic	3C 电子
3GPP	The 3rd Generation Partnership Project	第三代合作伙伴计划
ADC	Analog-to-Digital Converter	模拟数字转换器
ADE	Analog Design Environment	模拟信号设计环境
AFM	Atomic Force Microscope	原子力显微镜
AIB	Advanced Interface Bus	高级接口总线
ALD	Atomic Layer Deposition	原子层沉积
ALU	Arithmetic and Logic Unit	算术逻辑单元
AMR	Anisotropic Magnetoresistance	各向异性磁阻
ASIC	Application Specific Integrated Circuit	专用集成电路
BEOL	Back End of Line	后道工艺
BESOI	Bond and Etch Back SOI	键合回刻技术
BIC	Bipolar Integrated Circuit	双极型集成电路
BJT	Bipolar Junction Transistor	双极结型晶体管
BOX	Burrier Oxide	氧化物埋层
BW	Band Width	带宽
CAD	Computer Aided Design	计算机辅助设计
CAE	Computer Aided Engineering	计算机辅助工程
CAIBE	Chemically Assisted Ion Beam Etching	化学辅助离子束刻蚀
CBRAM	Conductive-Bridging RAM	导电桥式随机存取存储器
CDF	Component Description Format	元件描述格式
CFET	Complementary Field-Effect Transistor	互补场效应晶体管
CISC	Complex Instruction Set Computer	复杂指令集计算机
CMOS	Complementary Metal Oxide Semiconductor	互补型金属氧化物半导体
CMP	Chemical Mechanical Polishing	化学机械抛光
CMRR	Common Mode Rejection Ratio	共模抑制比
COT	Customer-Owned Tooling	客户自有工具
CPLD	Complex Programmable Logic Device	复杂可编程逻辑器件
CPU	Central Processing Unit	中央处理器
CTE	Coefficient of Thermal Expansion	热膨胀系数
CuA	CMOS under Array	CMOS 控制电路衬于存储芯片下方
CUDA	Compute Unified Device Architecture	统一计算设备架构
CVD	Chemical Vapor Deposition	化学气相沉积
DAC	Digital-to-Analog Converter	数字模拟转换器

英文简称	英文全称	中文
DDR	Double Data Rate	双倍速率
DELTA	Depleted Lean-Channel Transistor	全耗尽的侧向沟道晶体管
DG	Double Gate	双栅极
DNL	Differential Nonlinearity	微分非线性误差
DPT	Double Patterning Technology	双重图形技术
DQS	Bidirectional Data Strobe	双向数据滤波
DR	Dynamic Range	动态范围
DRAM	Dynamic Random Access Memory	动态随机存取存储器
DRC	Design Rule Check	设计规则检查
DRIE	Deep Reactive-Ion-Etching	深反应离子刻蚀
DSP	Digital Signal Processor	数字信号处理器
DTI	Deep Trench Isolation	深槽隔离
DTL	Diode-Transistor Logic	二极管-晶体管逻辑
DUV	Deep Ultra-Violet	深紫外
EBL	Electron Beam Lithography	电子束曝光
ECL	Emitter Coupled Logic	发射极耦合逻辑
ECM	Electret Capacitance Microphone	驻极体电容式传声器
EDA	Electronic Design Automation	电子设计自动化
EDO	Extended Data Out	扩展数据输出
EDR	Enhanced Data Rate	增强速率
EEPROM	Electrically-Erasable Programmable Read-Only Memory	电可擦除可编程只读存储器
eMMC	embedded Multi Media Card	嵌入式多媒体控制器
EOT	Equivalent Oxide Thickness	等效氧化层厚度
EPROM	Erasable Programmable Read-Only Memory	可擦除可编程只读存储器
ERC	Electrical Rule Check	电气规则检查
EUV	Extreme Ultra-Violet	极紫外
FDD	Frequency Division Duplex	频分双工
FDE	Frequency Domain Equalization	频域均衡
FD-SOI	Fully Depleted SOI	全耗尽型 SOI 器件
FEOL	Front End of Line	前道工艺
FeRAM	Ferroelectric Random Access Memory	铁电随机存取存储器
FET	Field-Effect Transistor	场效应晶体管
FIFO	First In First Out	先进先出
FinFET	Fin Field-Effect Transistor	鳍式场效应晶体管
FPGA	Field Programable Gate Array	现场可编程逻辑门阵列
FPLA	Field Programable Logic Array	现场可编程逻辑阵列
FPM	Fast Page Mode	快页模式
GAA	Gate All Around	环绕栅
GAL	Generic Array Logic	通用阵列逻辑
GBW	Gain Bandwidth	增益带宽积

英文简称	英文全称	中文
GDDR	Graphics Double Data Rate	图形用双倍数据传输率
GM	Gain Margin	增益裕度
GMR	Giant Magnetoresistance Ratio	巨磁电阻
GNSS	Global Navigation Satellite System	全球导航卫星系统
GPGPU	General-Purpose Computing on Graphics Processing Unit	通用图形处理器
GPU	Graphics Processing Unit	图形处理器
GSI	Giga Scale Integration	千兆规模
HBM	High Bandwidth Memory	高带宽内存
HEMT	High Electron Mobility Transistor	高电子迁移率晶体管
HFET	Heterojunction Field-Effect Transistor	异质结场效应晶体管
HKMG	High-k Metal Gate	高介电常数的介质和金属栅极
HMC	Hybrid Memory Cube	混合内存立方体
HSQ	Hydrogen Silsesquioxane	氢硅倍半环氧乙烷
HTL	High Threshold Logic	高阈值逻辑
IIL	Integrated Injection Logic	集成注入逻辑
IBE	Ion Beam Etching	离子束刻蚀
IC	Integrated Circuit	集成电路
ICP	Induction Coupling Plasma	电感耦合等离子体
IDM	Integrated Design and Manufacture	垂直整合制造
IGBT	Insulated Gate Bipolar Transistor	绝缘栅双极型晶体管
ILV	Inter-Layer Via	金属层间通孔
IMT-A	International Mobile Telecommunications-Advanced	国际先进移动通信规范
INL	Integral Nonlinearity	积分非线性
IoE	Internet of Everything	万物互联
IoT	Internet of Things	物联网
IP	Intellectual Property	知识产权
IRDS	International Roadmap for Devices and System	国际器件与系统路线图
ISA	Instruction Set Architecture	指令集架构
ISM	Industrial Scientific Medical	工业、科学、医学
ITRS	International Technology Roadmap for Semiconductors	半导体技术国际路线图
JFET	Junction Field-Effect Transistor	结式场效应晶体管
LDD	Lightly Doped Drain	轻掺杂漏
LDO	Low Dropout Regulator	低压差稳压器
LED	Light Emitting Diode	发光二极管
LNA	Low Noise Amplifier	低噪声放大器
LOCOS	Local Oxidation of Silicon	硅局部氧化
LOFT	Local Oscillator Feed Through	本地振荡器馈通
LPDDR	Low Power Double Data Rate	低功耗双倍数据传输率
LPF	Low-Pass Filter	低通滤波器
LSI	Large Scale Integration	大规模集成

续表

英文简称	英文全称	中文
LTE	Long-Term Evolution	长期演进
LTEM	Lorentz Transmission Electron Microscope	洛伦兹透射电子显微镜
LVS	Layout Versus Schematics	版图与电路原理图一致性检查
M2M	Machine to Machine	机器到机器
MBE	Molecular Beam Epitaxy	分子束外延
MCU	Micro-Controller Unit	微控制器
MEMS	Micro-Electro-Mechanical System	微机电系统
MFM	Magnetic Force Microscope	磁力显微镜
MIMO	Multiple-Input and Multiple-Output	多输入多输出
MMIC	Monolithic Microwave Integrated Circuit	单片微波集成电路
mmWave	Millimeter Wave	毫米波
MOCVD	Metal Organic Chemical Vapor Deposition	金属有机化合物气相沉积
MODFET	Modulation doped Field-Effect Transistor	调制掺杂场效应晶体管
MOSFET	Metal Oxide Semiconductor Field-Effect Transistor	金属氧化物半导体场效应晶体管
MPP	Massively Parallel Processing	大规模并行处理
MPT	Multiple Patterning Technology	多重图形技术
MR	Magnetoresistance Ratio	磁电阻
MRAM	Magnetic Random Access Memory	磁性随机存取储器
MSI	Medium Scale Integration	中规模集成
MSQ	Methylsilsesquioxane	甲基倍半硅氧烷
MTJ	Magnetic Tunneling Junction	磁隧道结
NFV	Network Function Virtualization	网络功能虚拟化
NMOS	N-channel Metal Oxide Semiconductor	N 型沟道金属氧化物半导体
NVM	Non-Volatile Memory	非易失性存储器
NVMe	Non-Volatile Memory express	非易失性存储接口协议
OFDMA	Orthogonal Frequency-Division Multiple Access	正交频分复用接入
OPAMP	Operational Amplifier	运算放大器
PA	Power Amplifier	功率放大器
PAL	Programmable Array Logic	可编程阵列逻辑
PCIe	Peripheral Component Interconnect express	高速外设部件互连标准
PCM	Phase-Change Memory	相变存储器
PDK	Process Design Kit	工艺设计包
PDN	Pull Down Network	下拉网络
PD-SOI	Partially Depleted SOI	部分耗尽型 SOI 器件
PECVD	Plasma Enhanced Chemical Vapor Deposition	等离子体增强化学气相沉积
PET	Potential-Effect Transistor	势效应晶体管
PEX	Parasitic Extraction	寄生参数提取
PIM	Processing In-Memory	存算一体
PLA	Programmable Logic Array	可编程逻辑阵列
PLD	Pulsed Laser Deposition	脉冲激光沉积

续表

英文简称	英文全称	中文
PLD	Programmable Logic Device	可编程逻辑器件
PM	Phase Margin	相位裕度
PMC	Programmable Metallization Cell	可编程金属化单元
PMOS	P-Channel Metal Oxide Semiconductor	P 型沟道金属氧化物半导体
PNM	Processing Near-Memory	近存计算
PROM	Programmable Read-Only Memory	一次可编程只读存储器
PSRR	Power Supply Rejection Ratio	电源电压抑制比
PTFE	Polytetrafluoroethylene	聚四氟乙烯
PVD	Physical Vapor Deposition	物理气相沉积
PVT	Process-Voltage-Temperature	工艺-电压-温度
PWM	Pulse Width Modulation	脉冲宽度调制
QAM	Quadrature Amplitude Modulation	正交幅度调制
QDR	Quad Data Rate	4 倍数据速率
RAM	Random Access Memory	随机存取存储器
RF	Radio Frequency	射频
RFFE	RF Front-End Control Interface	射频前端控制接口
RIBE	Reactive Ion Beam Etching	反应离子束刻蚀
RIE	Reactive Ion Etching	反应离子刻蚀
RISC	Reduced Instruction Set Computer	精简指令集计算机
ROM	Read-Only Memory	只读存储器
RRAM	Resistive Random Access Memory	阻变随机存储器
RSSI	Received Signal Strength Indicator	接收信号强度指示器
RSU	Road-Side Unit	路侧单元
RTA	Rapid Thermal Annealing	快速热退火
RTL	Register Transfer Level	寄存器传输级
RTO	Rapid Thermal Oxidation	快速热氧化
RTP	Rapid Thermal Process	快速热处理
SADP	Self-Aligned Double Patterning	自对准二次图形化
SAQP	Self-Aligned Quadruple Patterning	自对准四重图形技术
SATA	Serial Advanced Technology Attachment	串行总线接口
SCE	Short Channel Effect	短沟道效应
SDHT	Selective Doped Heterojunction Transistor	选择掺杂异质结晶体管
SDIO	Secure Digital Input Output	安全数字输入输出接口
SDN	Software Defined Network	软件定义网络
SDR	Single Data Rate	单倍数据速率
SDRAM	Synchronous DRAM	同步动态内存
SEM	Scanning Electron Microscope	扫描电子显微镜
SI	System Integration	系统集成
SIMOX	Separation by Implanted Oxygen	注氧隔离技术
SIT	Sidewall Image Transfer	侧墙图案转移

续表

英文简称	英文全称	中文
SNDR	Signal to Noise plus Distortion Ratio	信噪失真比
SNR	Signal to Noise Ratio	信噪比
SoC	System on Chip	片上系统
SOI	Silicon on Insulator	绝缘体上硅
SOS	Silicon On Sapphire	蓝宝石上硅
SPDT	Single Pole Double Throw	单刀双掷
SPICE	Simulation Program with Integrated Circuit Emphasis	仿真电路模拟器
SR	Slew Rate	转换速率
SRAM	Static Random Access Memory	静态随机存取存储器
SSD	Solid State Disk	固态硬盘
SSI	Small Scale Integration	小规模集成
SSID	Service Set Identifier	服务集标识
STI	Shallow Trench Isolation	浅槽隔离
SVRF	Standard Verification Rule Format	标准验证规则格式
TAC	Through-Array Contact	贯穿阵列触点
TDD	Time Division Duplex	时分双工
TEM	Transmission Electron Microscope	透射电子显微镜
TFET	Tunneling Field-Effect Transistor	隧穿场效应晶体管
TG	Tri-Gate	三栅
THD	Total Harmonic Distortion	总谐波失真
TMD	Transitional Metal Dichalcogenide	过渡金属硫化物
TMR	Tunnel Magnetoresistance	隧穿磁阻
TOPS	Tera Operations Per Second	兆操作数每秒
TPU	Tensor Processing Unit	张量处理器
TSSI	Transmitter Signal Strength Indicator	发射信号强度指示器
TSV	Through Silicon Via	硅通孔
TTL	Transistor-Transistor Logic	晶体管-晶体管逻辑
TWT	Target Wake Time	目标唤醒时间
UART	Universal Asynchronous Receiver/Transmitter	通用异步收发传输接口
UFS	Universal Flash Storage	通用闪速存储
ULSI	Ultra Large Scale Integration	甚大规模集成
USB	Universal Serial Bus	通用串行总线
V2X	Vehicle to Everything	车与万物互联
VCO	Voltage-Controlled Oscillator	压控振荡器
VLSI	Very Large Scale Integration	超大规模集成
VNF	Virtual Network Function	虚拟网络功能
WPA	WiFi Protected Access	无线网络加密标准
XMCD	X-Ray Magnetic Circular Dichroism	X 射线磁圆二色性
XRD	X-Ray Diffraction	X 射线衍射